普通高等教育“十一五”国家级规划教材
普通高等学校计算机教育“十二五”规划教材

Protel DXP 电路设计与制版实用教程

（第 3 版）

APPLICATIONS OF PROTEL DXP
(3rd edition)

李小坚 郝晓丽 ◆ 主编
成丽君 贾宗维 王晓芳 李静 李众 ◆ 副主编

人 民 邮 电 出 版 社
北 京

图书在版编目（CIP）数据

Protel DXP电路设计与制版实用教程 / 李小坚，郝晓丽主编. -- 3版. -- 北京 : 人民邮电出版社，2015.1（2024.1重印）
普通高等学校计算机教育“十二五”规划教材
ISBN 978-7-115-37801-9

Ⅰ. ①P… Ⅱ. ①李… ②郝… Ⅲ. ①印刷电路－计算机辅助设计－应用软件－高等学校－教材 Ⅳ. ①TN410.2

中国版本图书馆CIP数据核字(2014)第289478号

内容提要

本书详细地介绍Protel DXP的基本功能与操作技巧，主要内容包括印制电路板与Protel DXP概述、原理图设计基础、设计电路原理图、制作元器件与建立元器件库、设计层次原理图、生成报表和文件、PCB设计系统、PCB元器件封装、生成PCB报表以及电路仿真。本书非常注重实际操作技能训练，在讲解基础知识的同时，配以丰富的实例进行说明，强调理论与实践相结合。此外，每章的最后附有综合范例与课后习题。附录列出了Protel DXP中的详细技术规范、常用的快捷键以及参考教学日历。

本书适合作为高校电子类、计算机类、自动化类和机电类等相关专业的教材，也可以作为培训教材以及相关工程技术人员、电子爱好者和自学人员的参考书。

◆ 主　　编　李小坚　郝晓丽
副 主 编　成丽君　贾宗维　王晓芳　李　静　李　众
责任编辑　邹文波
责任印制　沈　蓉　彭志环

◆ 人民邮电出版社出版发行　　北京市丰台区成寿寺路11号
邮编　100164　　电子邮件　315@ptpress.com.cn
网址　http://www.ptpress.com.cn
北京天宇星印刷厂印刷

◆ 开本：787×1092　1/16
印张：18.75　　2015年1月第3版
字数：492千字　　2024年1月北京第18次印刷

定价：42.00元

读者服务热线：(010)81055256　印装质量热线：(010)81055316
反盗版热线：(010)81055315

第3版前言

Protel 是由 Protel Technology 公司开发的、功能强大的电子电路设计软件，历经 Protel for DOS、Protel 98、Protel 99、Protel 99SE 等版本，2002 年 Protel Technology 公司更名为 Altium 公司，并推出 Protel DXP。

Protel DXP 主要应用于电子电路设计与仿真、印制电路板（PCB）设计及大规模可编程逻辑器件的设计。它是第一个将所有设计工具集成于一身，完成从电路原理图到最终印制电路板设计全过程的应用型软件。同时，Protel DXP 将项目管理方式、SCH 图和 PCB 图的双向同步技术、多通道设计、拓扑自动布线、电路仿真等技术进行了完美的结合，成为当今最为流行的电路设计制版软件。

本书采用知识点和实例、效果相结合的方式详细地介绍了 Protel DXP 的基本功能、操作方法和技巧。书中结构合理，语言通俗易懂，概念和理论部分均结合范例进行阐述。在范例选择上，要求典型实用，每个范例都较好地体现了所学的知识点。在结构安排上，每章的开始首先用准确且通俗易懂的语言使读者理解概念及知识点，接着通过精心设计的实例使读者知道如何应用知识点，最后通过综合范例和课后习题巩固所学的知识，从而达到学以致用的目的。

全书共分为 10 章，各章的主要内容分别如下。

第 1 章：介绍印制电路板设计基本知识、Protel DXP 的诞生与发展及其新增功能特性、Protel DXP 的操作界面、Protel DXP 的工作流程以及 Protel DXP 的基本操作。

第 2 章：介绍电路原理图设计的一般步骤、原理图设计工具、相关的参数设置和文件的组织和管理。

第 3 章：介绍设计电路原理图的流程和元器件的加载、编辑与调整。

第 4 章：介绍元器件的制作与元器件库的加载和管理，同时介绍了元器件绘图工具以及如何生成元器件列表。

第 5 章：介绍层次原理图的基本知识、设计方法、建立方法以及如何生成 I/O 端口符号、生成网络表文件等内容。

第 6 章：介绍 Protel DXP 所提供的各种报表的作用以及生成这些报表的步骤和方法。

第 7 章：介绍与 PCB 设计密切相关的一些基本概念和知识，包括 PCB 设计的基本原则、结构组成、设计流程、参数设置以及如何生成 PCB 报表文件和打印输出 PCB 图。

第 8 章：介绍 PCB 元器件封装的基本知识、两种创建元器件封装的方法以及如何生成几种元器件封装报表。

第 9 章：介绍在完成 PCB 设计后，生成各种 PCB 报表的方法与步骤。

第 10 章：介绍电路仿真的特点、仿真器的设置、仿真元器件及设计仿真原理图的方法与技巧。

本书的特点是知识全面、结构合理，语言通俗易懂，范例丰富而实用。相信通过本书的学习，读者可以充分掌握 Protel DXP 的基础知识和应用，并掌握使用 Protel DXP 进行电路设计与制版的设计流程以及各种方法和技巧。

为方便老师教学和读者自学，本书配有相应的电子教案以及参考教学日历；另外，每章的综合范例、操作题以及实战练习中用到的素材、源文件、生成文件等均放在人民邮电出版社教学服务与资源网（http//www.ptpedu.com.cn），读者可根据需要下载。

本书由李小坚、郝晓丽担任主编，成丽君、贾宗维、王晓芳、李静、李众担任副主编，参与编写的有郝晓丽、成丽君、贾宗维、王晓芳、李静、李众、王高、龙怀冰等，参加部分编写和审核工作的还有洪华、苏峻、卢效峰、周玉基、倪洋、李巨韬、兰娟等。其中，郝晓丽编写了第 1 章和第 2 章，成丽君编写了第 3 章和第 4 章，贾宗维编写了第 5 章，王晓芳编写了第 6 章，李静编写了第 7 章，李众编写了第 8 章，王高编写了第 9 章，杨顺民编写了第 10 章，龙怀冰编写了附录 A、附录 B、附录 C。

由于编写时间仓促和水平有限，书中难免存在不足和疏漏，恳请广大读者不吝指正。

编　者

2015 年 1 月

目 录

第1章 印制电路板与 Protel DXP 概述

本章要点：

（1）印制电路板设计的基本知识；

（2）Protel DXP 的诞生与发展；

（3）Protel DXP 的新增功能与特性；

（4）Protel DXP 的界面介绍；

（5）Protel DXP 设计电路板的一般工作流程；

（6）Protel DXP 的基本操作。

本章导读：

本章首先介绍印制电路板设计的基本知识、Protel DXP 的诞生与发展及其功能特性，然后对其操作界面进行简要的介绍，接着通过一个完整的实例介绍 Protel DXP 的工作流程，最后介绍 Protel DXP 的基本操作。通过本章的学习，使读者对印制电路板设计和 Protel DXP 有一个大概的了解，为今后设计原理图和印制电路板打下坚实的基础。

1.1 印制电路板设计的基本知识

1.1.1 印制电路板的组成

印制电路板（Printed Circuit Board, PCB）主要由焊盘、过孔、安装孔、导线、元器件、接插件、填充等组成，如图 1-1 所示。

印制电路板上各个组成部分的功能如下。

◇ 焊盘：用于焊接元器件引脚的金属孔。

◇ 过孔：用于连接各层之间元器件引脚的金属孔。

◇ 安装孔：用于固定印制电路板。

◇ 导线：用于连接元器件引脚的电气网络铜膜。

◇ 接插件：用于电路板之间连接的元器件。

◇ 填充：用于地线网络的敷铜，可以有效地减小阻抗。

◇ 电气边界：用于确定电路板的尺寸，所有电路板上的元器件都不能超过该边界。

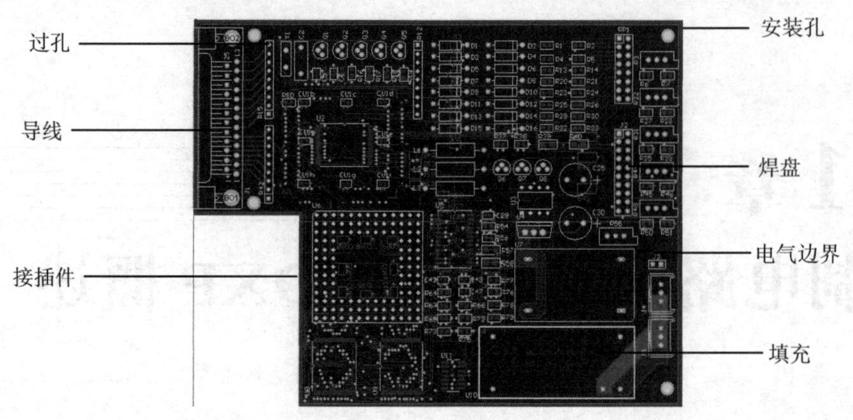

图 1-1　印制电路板组成

1.1.2　印制电路板的板层结构

印制电路板常见的板层结构包括单层板（Single Layer PCB）、双层板（Double Layer PCB）和多层板（Multi Layer PCB）3 种，下面对这 3 种板层结构进行简要介绍。

（1）单层板：即只有一面敷铜而另一面没有敷铜的电路板。通常元器件放置在没有敷铜的一面，敷铜的一面主要用于布线和焊接，如图 1-2 所示。

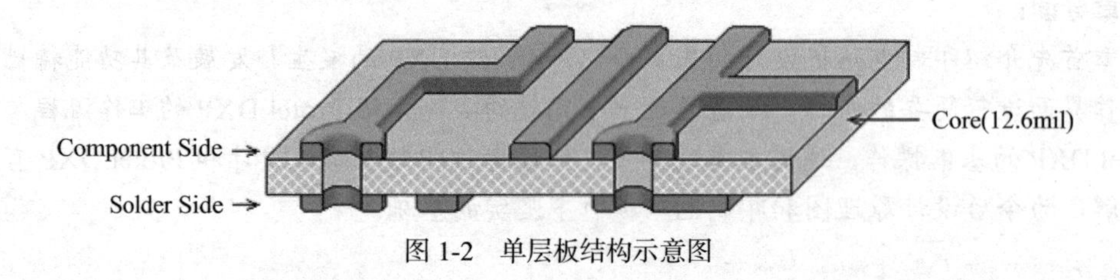

图 1-2　单层板结构示意图

（2）双层板：即两个面都敷铜的电路板，通常称一面为顶层（Top Layer），另一面为底层（Bottom Layer）。一般将顶层作为放置元器件面，底层作为元器件焊接面，如图 1-3 所示。

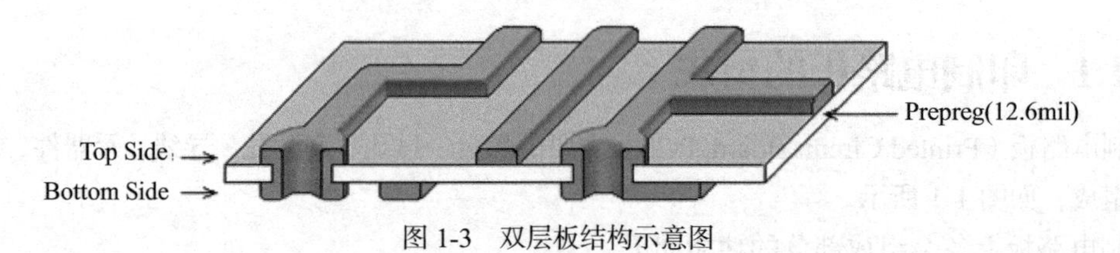

图 1-3　双层板结构示意图

（3）多层板：即包含多个工作层面的电路板，除了顶层和底层外还包含若干个中间层，通常中间层可作为导线层、信号层、电源层和接地层等。层与层之间相互绝缘，层与层的连接通常通过过孔来实现。图 1-4 所示为 4 层板结构的印制电路板，这个 4 层板除了顶层和底层外还有一个中间地层和一个中间电源层。

Protel DXP 支持多达 72 层板的设计，但在实际应用中，6 层板就已经基本满足电路设计的要求，板层过多将给设计带来很多的麻烦，并且造成很大的浪费。

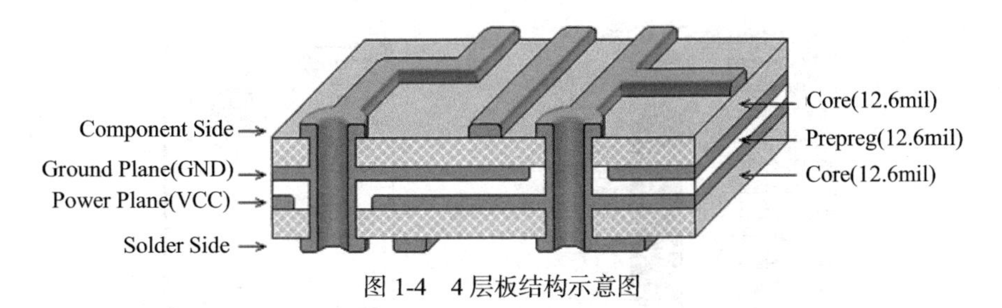

图 1-4　4 层板结构示意图

1.1.3　印制电路板的工作层类型

印制电路板包括许多类型的工作层，如信号层、防护层、丝印层、内部层等，下面就各层的作用进行简要介绍。

（1）信号层：主要用来放置元器件或布线。Protel DXP 通常包含 30 个中间层，即 Mid Layer1 ~ Mid Layer30，中间层用来布置信号线，顶层和底层用来放置元器件或敷铜，如图 1-5 所示。

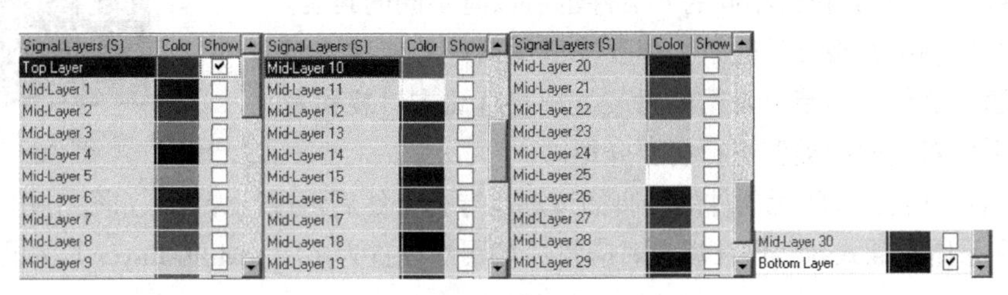

图 1-5　信号层

（2）防护层：主要用来确保电路板上不需要镀锡的地方不被镀锡，从而保证电路板运行的可靠性，如图 1-6 所示。其中，Top Paste 和 Bottom Paste 分别为顶层阻焊层和底层阻焊层；Top Solder 和 Bottom Solder 分别为锡膏防护层和底层锡膏防护层。

（3）丝印层：主要用来在印制电路板上印上元器件的流水号、生产编号、公司名称等，如图 1-7 所示。

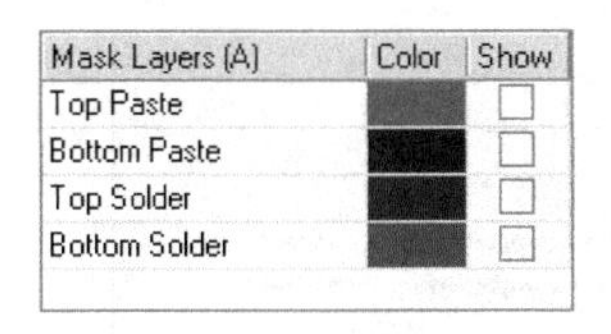

图 1-6　防护层

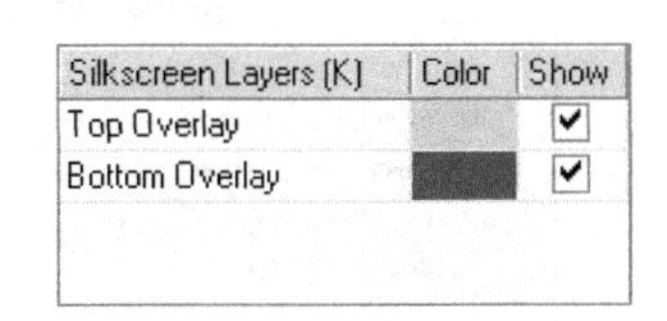

图 1-7　丝印层

（4）内部层：主要用来作为信号布线层，如图 1-8 所示，Protel DXP 中共包含 16 个内部层。

（5）其他层：如图 1-9 所示，包括如下 4 种类型的层。

◇ Drill Guide（钻孔方位层）：主要用于印制电路板上钻孔的位置。

◇ Keep-Out Layer（禁止布线层）：主要用于绘制电路板的电气边框。

◇ Drill Drawing（钻孔绘图层）：主要用于设定钻孔形状。

◇ Multi-Layer（多层）：主要用于设置多层。

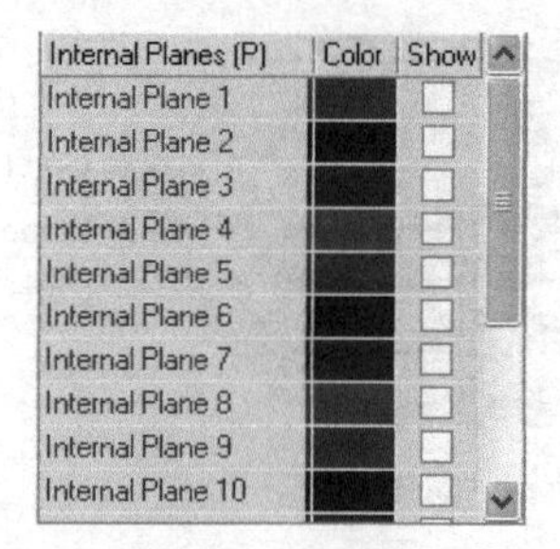

图 1-8　内部层

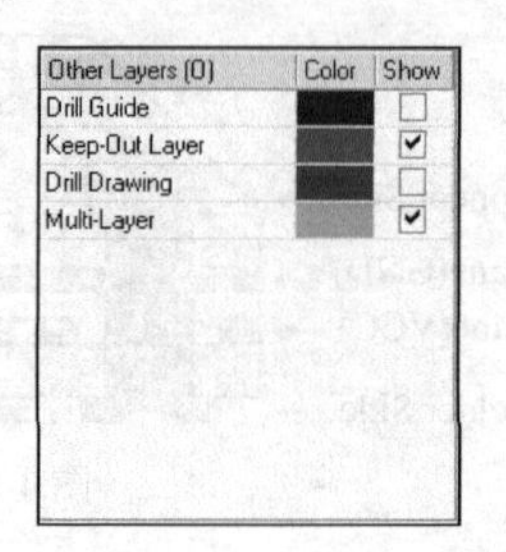

图 1-9　其他层

1.1.4　元器件封装的基本知识

元器件封装，是指元器件焊接到电路板上时，在电路板上所显示的外形和焊点位置的关系。它不仅起着安放、固定、密封和保护芯片的作用，而且是芯片内部世界和外部沟通的桥梁。不同的元器件可以有相同的封装，相同的元器件也可以有不同的封装。因此，在进行印制电路板设计时，不但要知道元器件的名称、型号，还要知道元器件的封装。常用的封装类型有直插式封装和表贴式封装，下面对这两种类型进行简要介绍。

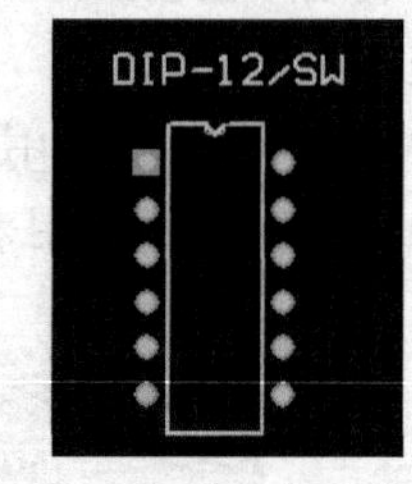

图 1-10　直插式封装元器件外观

（1）直插式封装：指将元器件的引脚插过焊盘导孔，然后再进行焊接，如图 1-10 所示。值得注意的是，在采用直插式封装设计焊盘时应将焊盘属性设置为多层（Multi-Layer），如图 1-11 所示。

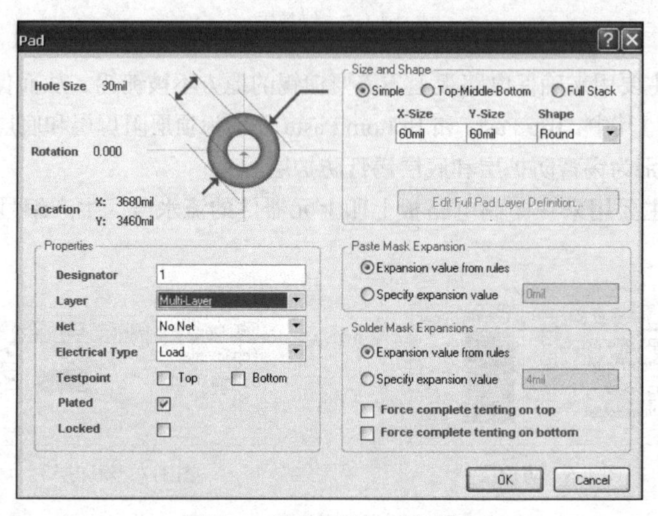

图 1-11　焊盘属性设置为多层

（2）表贴式封装：指元器件的引脚与电路板的连接仅限于电路板表层的焊盘，如图 1-12 所示。其中焊盘属性应设置为 Top Layer 或 Bottom Layer，如图 1-13 所示。

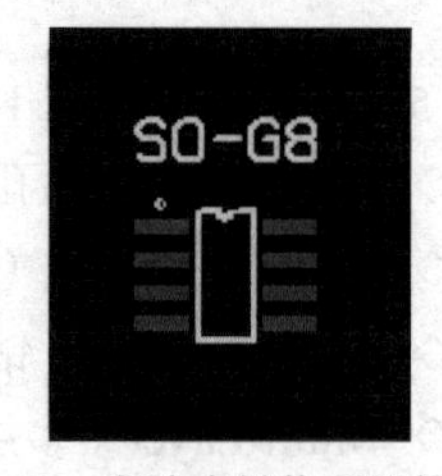

图 1-12　表贴式封装元器件外观

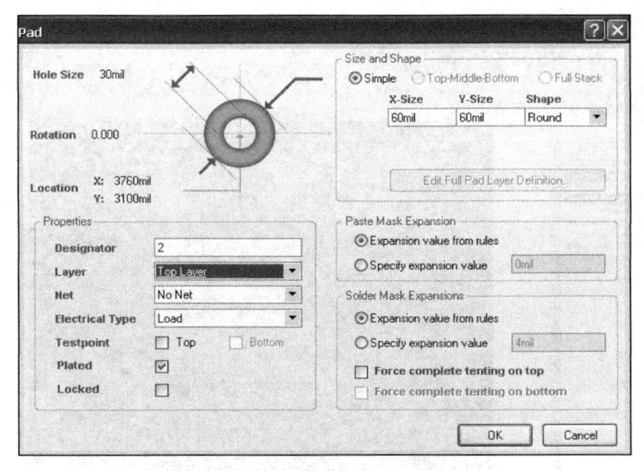

图 1-13　焊盘属性设置为 Top Layer

1.2　Protel DXP 的诞生与发展

随着时代的进步以及新技术、新材料的出现，电子工业技术得到了蓬勃的发展，大规模、超大规模的集成电路不断出现并越来越复杂，像以往单一靠手工绘图已不可能，这就促进了计算机辅助设计和绘图的发展，Protel 正是在这样的环境和背景下产生的。它由始建于 1985 年的 Protel 公司设计推出，历经 Protel for Dos、Protel 98、Protel99、Protel 99SE 等版本，2002 年该公司更名为 Altium 公司，并推出 Protel DXP 版本。Protel DXP 以其界面的友好、直观和用户操作的便利，成为世界范围内应用于电子线路设计与印制电路板设计方面最流行的软件。

1.2.1　Protel DXP 的应用领域

Protel DXP 主要应用于电子电路设计与仿真、印制电路板（PCB）设计及大规模可编程逻辑器件的设计，它是第一个将所有设计工具集成于一身，完成从电路原理图到最终印制电路板设计全过程的应用型软件。例如，利用 Protel DXP 可以绘制出如图 1-14 所示的电路原理图，还可以将电路原理图直接生成为如图 1-15 所示的 PCB 图。

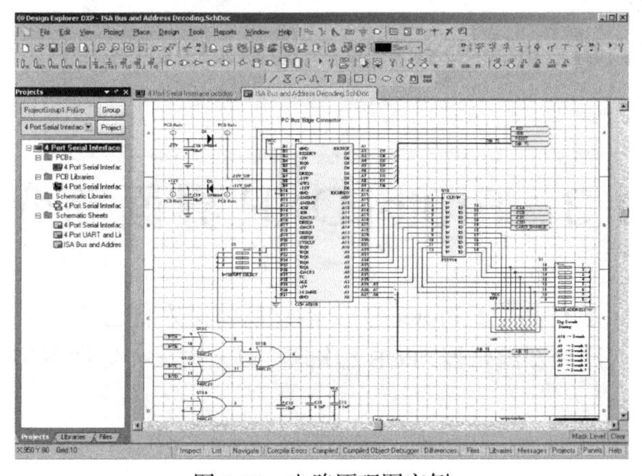

图 1-14　电路原理图实例

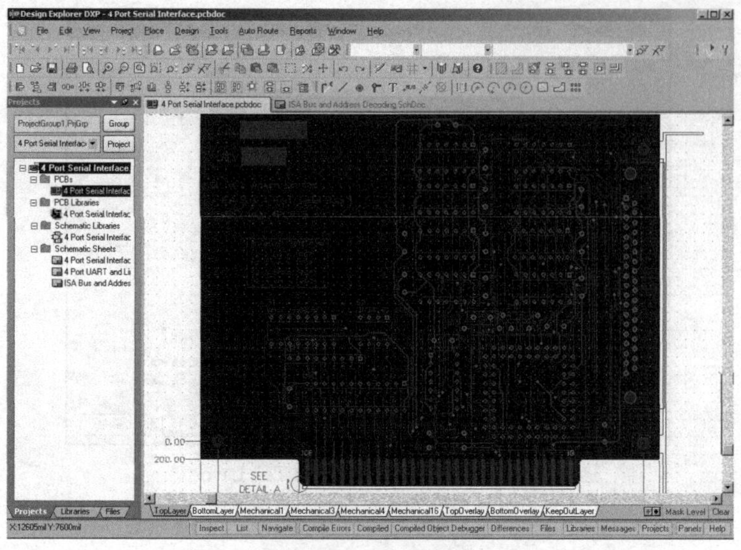

图 1-15　PCB 图实例

1.2.2　Protel DXP 的新增功能与特性

Protel DXP 的新增功能与特性主要体现在以下几方面。

（1）Protel DXP 支持自由的非线性设计流程即双向同步设计。

（2）Protel DXP 支持 VHDL 设计和混合模式设计。

（3）Protel DXP 增强了电路原理图与电路板之间的双向同步设计功能。

（4）Protel DXP 支持多重组态设计，对于同一个文件，可以指定使用或不使用其中的某些元件，然后形成元件表或插置文件等。

（5）集成式元件与元件库。Protel DXP 采用集成式元件，一个元件特性包括元件符号（Symbol）、封装（Footprint）形式、SPICE（集成电路仿真）元件模型和 SI 信号完整性元件模型。

（6）可接受设计者自定义的元件与参数。Protel DXP 可以提供不受限制的设计者自定义元件基引脚参数，所定义的参数可存入元件库和原理图中。

（7）强化设计检验。Protel DXP 可使原理图与电路板之间的转换更加顺畅，另外，还使交互参考的操作变得更容易。

（8）强大的尺寸线工具。Protel DXP 提供了一组强大的尺寸线工具，可在移动元件时自动更正尺寸。

1.3　Protel DXP 界面简介

与其他版本的 Protel 软件相似，Protel DXP 启动后将进入自己的主界面，在主界面中可以完成新建或打开文件，进入原理图编辑器、PCB 编辑器，以及进入元器件库编辑器等操作，如图 1-16 所示。

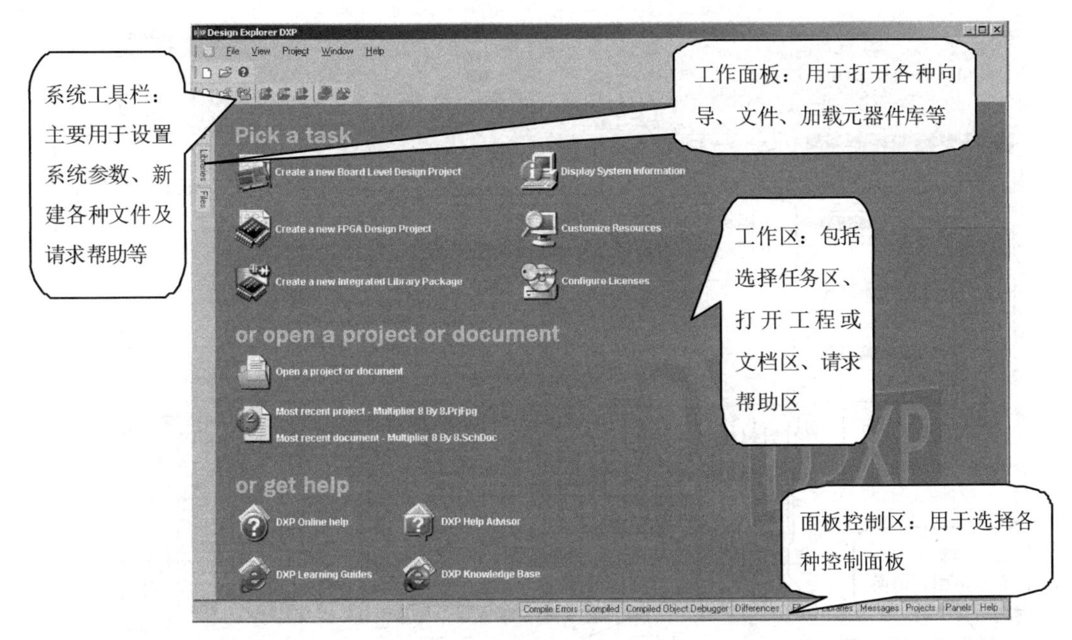

图 1-16　Protel DXP 主界面

下面对工作区中所包含的内容进行简要的介绍。

1. Pick a task （选择任务）栏

Create a new Board Level Design Project：新建一个电路板设计项目。

Display System Information：显示系统的信息。

Create a new FPGA Design Project：新建一个 FPGA 设计项目。

Customize Resources：自定义系统资源。

Create a new Integrated Library Package：新建一个集成库文件。

Configure Licenses：配置许可认证。

2. or open a project or document（打开工程或文档）栏

Open a project or document：打开一个项目或文档。

Most recent project or Most recent document：最近打开的项目或者最近打开的文档。

3. or get help（请求帮助）栏

DXP Online help：Protel DXP 联机帮助。

DXP Help Advisor：Protel DXP 帮助指导。

DXP Learning Guides：Protel DXP 学习指导。单击该命令，系统将自动链接到 Protel DXP 网站。

DXP Knowledge Base：Protel DXP 知识库。单击该命令，系统将自动链接到 Protel DXP 网站。

单击图标，即可建立一个电路板设计工程。在该工程下面可以新建各种所需要的文件，如原理图文件和 PCB 文件。主界面将根据设计者当前所使用的编辑器来改变工具栏和菜单，一些控制面板的名称将会显示在工作区右下角，在这些名称上单击将会弹出控制面板，这些面板可以通过移动、固定或隐藏来适应设计者的工作环境。图 1-17 所示为当几个文件和编辑器同时打开并在窗口进行平铺时的界面。

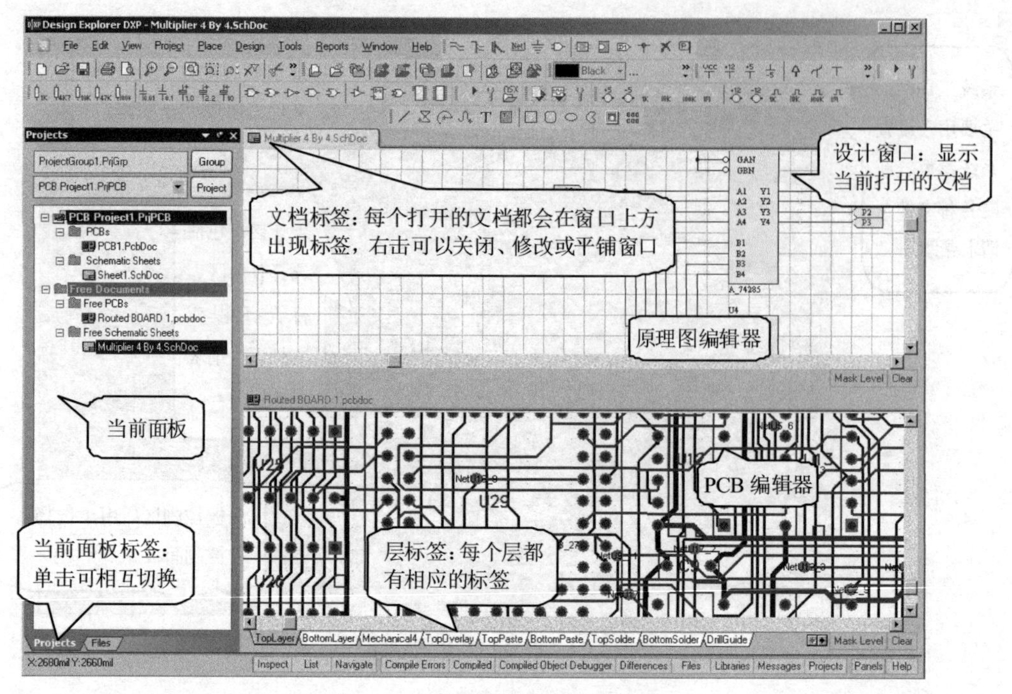

图 1-17　多个文件同时打开时的界面

Protel DXP 主要包含 4 个模块，即电路原理图设计模块、电路原理图仿真模块、印制电路板（PCB）设计模块和可编程逻辑芯片（FPGA）设计模块。

电路原理图设计模块是 PCB 设计的基础，PCB 设计的好坏直接受原理图设计的影响。电路原理图仿真模块主要用于验证电路原理图的各项性能指标是否符合设计的要求。

印制电路板（PCB）设计模块主要是将经过仿真后确认无误的电路原理图生成虚拟的 PCB，设计者可以对其中不妥的布线进行手工调整，从而达到设计要求。可编程逻辑芯片（FPGA）设计模块，主要用于可编程逻辑器件的设计。

1.3.1　菜单栏

Protel DXP 的菜单栏随着用户打开不同的程序而相应变化，主要有如图 1-18 所示的两种菜单栏。

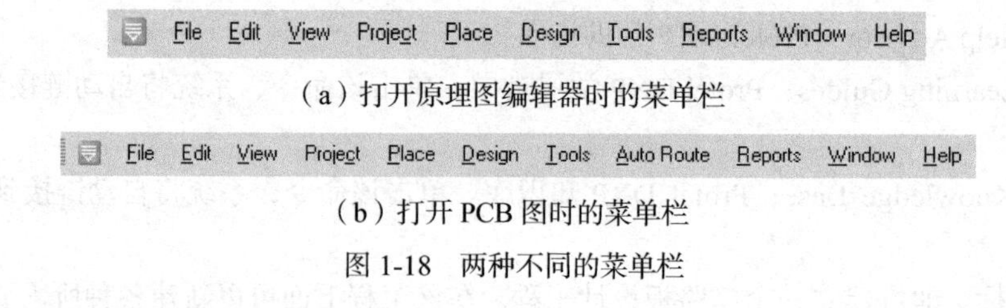

（a）打开原理图编辑器时的菜单栏

（b）打开 PCB 图时的菜单栏

图 1-18　两种不同的菜单栏

下面对主要菜单的功能进行简要介绍。

◇ File：文件菜单，包括打开、关闭、导入、导出等有关文件操作的命令。

◇ Edit：编辑菜单，包括编辑图元，包括剪切、复制、粘贴、选择、移动等操作命令。

◇ View：视图菜单，包括图元的放大与缩小、3D 显示、刷新，工具栏与面板的显示与关闭等操作命令。

◇ Project：工程菜单，包括打开、关闭、新建、添加工程、比较工程以及最近使用的工程列表等命令。

◇ Place：布局菜单，包括绘制导线、总线、圆弧，放置填充、节点、焊盘、方块图等命令。

◇ Design：设计菜单，包括生成各种报表、进行原理图仿真、设置电路规则等命令。

◇ Tools：工具菜单，包括查找元器件、元器件流水号设置、检查网络报表、加焊滴等命令。

◇ Reports：报表菜单，包括生成元器件报表、元器件交叉参考报表、电路板信息报表等命令。

◇ Auto Route：自动布线菜单，包括控制布线的一些命令。

◇ Window：窗口菜单，包括用于设置窗口的开关、排列形式等命令。

◇ Help：帮助菜单，包括帮助主题、版本信息、命令参考、语言参考等命令。

1.3.2　工具栏

Protel DXP 工具栏主要包括工程工具栏、标准工具栏、布局工具栏和元器件调整工具栏。下面对各种工具栏所能实现的功能进行简要介绍。

◇ 工程工具栏：用于工程的新建、打开和关闭等，如图 1-19 所示。

◇ 标准工具栏：用于一些基本操作，如新建、打开、保存、打印、放缩、移动等，如图 1-20 所示。

图 1-19　工程工具栏

图 1-20　标准工具栏

◇ 布局工具栏：包括原理图布局工具栏和 PCB 布局工具栏，作用都是为完成原理图设计或 PCB 设计提供必要的工具，如图 1-21 所示。

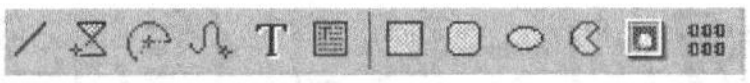

（a）原理图布局工具栏

（b）PCB 布局工具栏

图 1-21　布局工具栏

◇ 元器件调整工具栏：用于对元器件的位置，如对齐方式、间距等进行调整，如图 1-22 所示。

图 1-22　元器件调整工具栏

工具栏中各种工具的用法将在后续章节中进行详细介绍。

1.3.3　状态栏与命令行

执行“View→Command Status”命令，在主窗口左下方将出现如图 1-23 所示的状态栏和命令行。其中，状态栏主要用于显示当前坐标的位置和栅格大小，命令行用于显示当前执行的命令和任务。

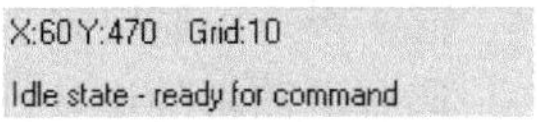

X:60 Y:470　Grid:10
Idle state - ready for command

图 1-23　状态栏和命令行

1.3.4　标签栏与工作窗口面板

执行“View→Status Bar”命令，在主窗口右下方将出现如图 1-24 所示的标签栏。

Inspect | List | Navigate | Files | Libraries | Messages | Projects | Panels | Help

图 1-24　标签栏

此时，在主窗口左侧可以看到工作窗口面板，该面板在 Files 与 Projects 状态下如图 1-25 和图 1-26 所示。

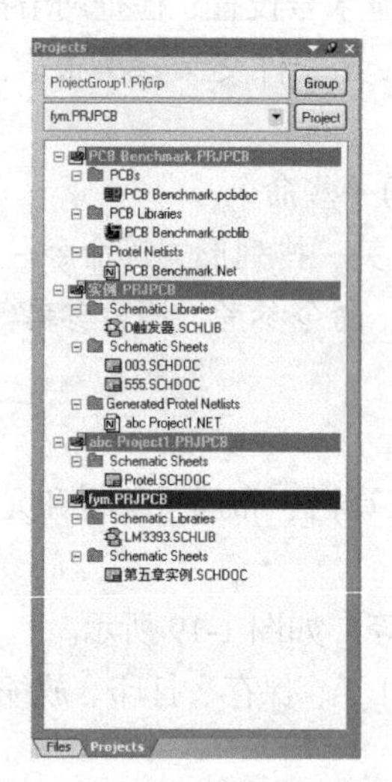

图 1-25　Files 状态下的面板

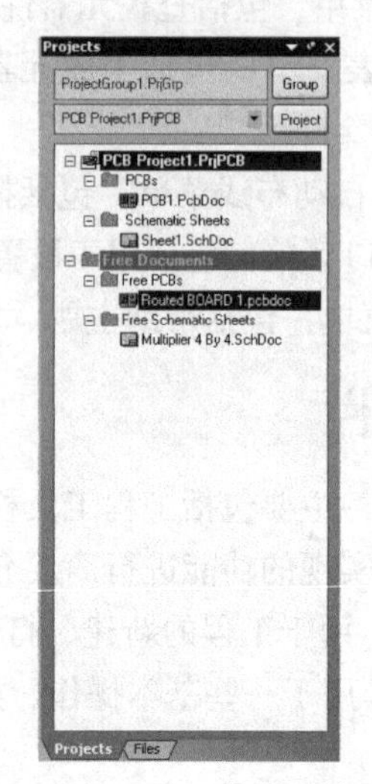

图 1-26　Projects 状态下的面板

单击面板下方的“Files”按钮或“Projects”按钮即可进行两种面板状态的相互切换。

1.4　Protel DXP 设计电路板的一般工作流程

Protel DXP 设计电路板的一般工作流程主要包括启动并设置 Protel DXP 工作环境、绘制电路原理图、生成网络报表、设计印制电路板、生成印制电路板报表输出和打印，如图 1-27 所示。

（1）绘制电路原理图

电路原理图的设计主要是利用 Protel DXP 的原理图编辑器来绘制原理图。

（2）生成网络报表

网络报表就是显示电路原理与其中各个元器件的连接关系的报表，它是连接电路原理图设计与电路板设计（PCB 设计）的桥梁与纽带，通过电路原理图的网络报表，可以迅速地找到元器件之间的联系，从而为后面的 PCB 设计提供方便。

（3）设计印制电路板

印制电路板的设计即我们通常所说的 PCB 设计，它是电路原理图转化成的最终形式，这部分的相关设计较电路原理图的设计有较大的难度，我们可以借助 Protel DXP 的强大设计功能完成这一部分的设计。

（4）生成印制电路板报表（输出和打印）

印制电路板设计完成后，还需生成各种报表，如生成引脚报表、电路板信息报表、网络状态报表等，最后打印出印制电路图。

下面就以图 1-28 所示的多谐振荡器原理图为例，简单介绍 Protel DXP 的整个工作流程。

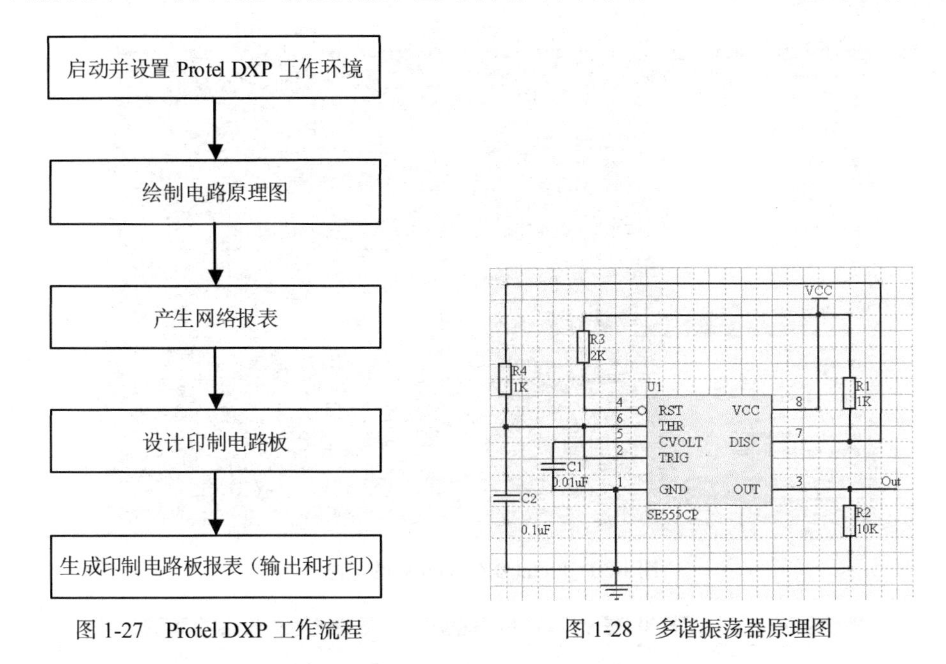

图 1-27　Protel DXP 工作流程　　　　图 1-28　多谐振荡器原理图

1.4.1　启动并设置 Protel DXP 工作环境

（1）启动 Protel DXP

双击桌面上的 Protel DXP 快捷方式即可启动程序，启动画面如图 1-29 所示。

图 1-29　Protel DXP 的启动画面

另外，还可以执行“Start→Protel DXP”命令或执行“Start→Program→Altium→Protel DXP”命令来启动 Protel DXP。

（2）创建新的电路原理图

启动 Protel DXP 后将弹出如图 1-30 所示的主窗口，用户可以通过执行“File→New→Schematic”命令来创建新的电路原理图。

（3）设置原理图环境

通过执行“File→New→Schematic”命令，可以创建如图 1-31 所示的电路原理图编辑器。

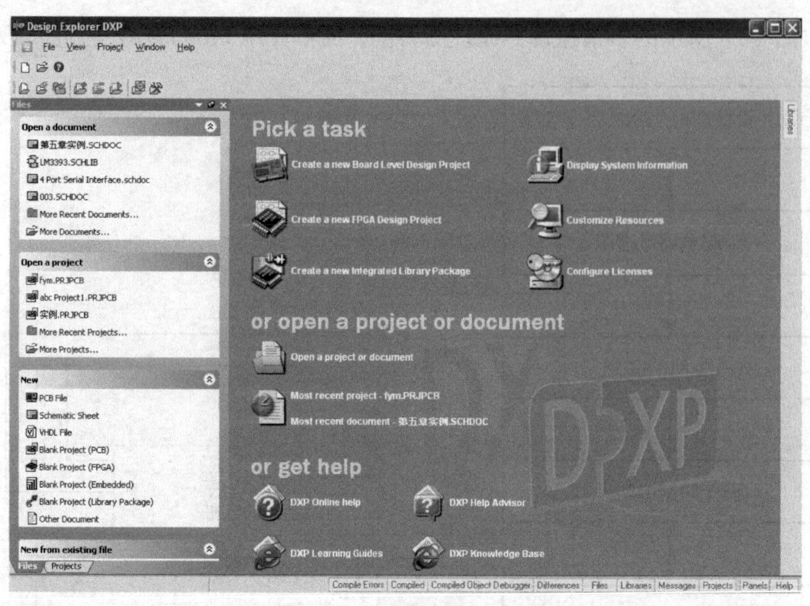

图 1-30　Protel DXP 启动后的主窗口

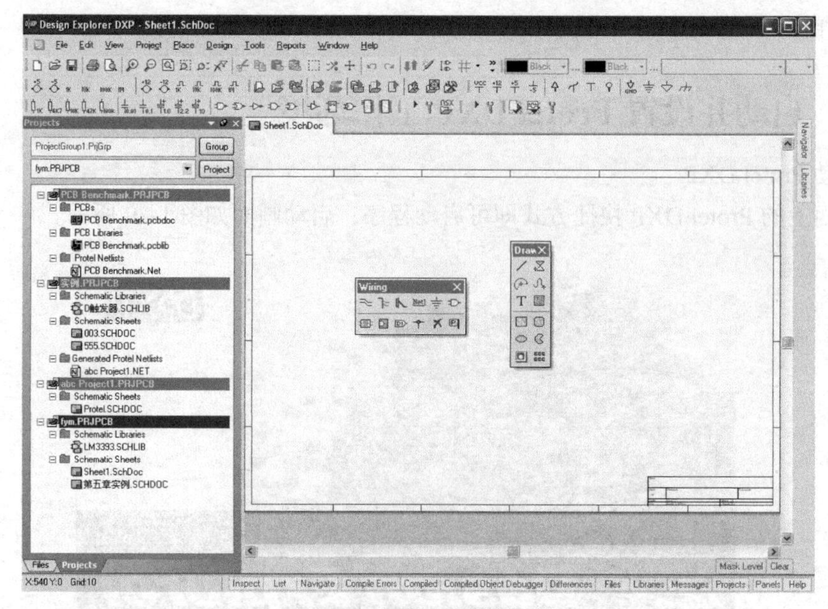

图 1-31　电路原理图编辑器

下面对电路原理图编辑器进行图纸参数设置。

在绘制图纸前，设计者通常应该考虑所用图纸的大小，选择合适的图纸有利于电路图的绘制与打印，为设计工作提供便利。执行“Design→Options”命令或在原理图编辑器的工作区中单击鼠标右键，然后选择“Document Option”命令，弹出如图 1-32 所示的对话框。在该对话框中，用户可以对图纸大小、方向、标题栏及图纸栅格、系统字体、文档组织形式等进行相关设置。

图纸设置对话框中“Sheet Options”选项卡各个选项区的功能如下。

◇“Template”选项区：用于设置模板名称，本例中输入“Design”作为模板名称。

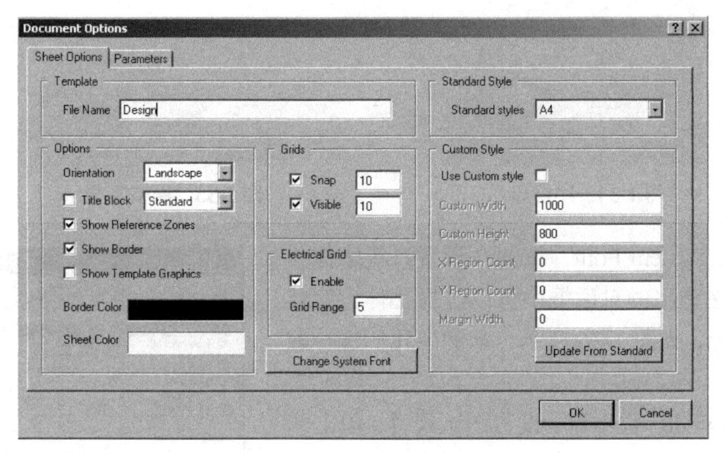

图 1-32　图纸设置对话框

◇“Options”选项区：在“Orientation”下拉列表框中，选中“Landscape”为图纸水平放置，选中“Portrait”为图纸竖直放置；若选择“Title Block”复选框，选中“Standard”设置标题栏类型为标准类型，选中“ANSI”为美国国家标准化组织类型；若选择“Show Reference Zones”复选框为参考坐标的显示或隐藏；若选择“Show Border”复选框为是否显示图纸边框；若选择“Show Template Graphics”复选框为是否显示模板中的图形；“Border Color”为设置图纸边框颜色；“Sheet Color”为设置图纸颜色。图 1-33 所示为选择颜色对话框，本例中我们选择默认值。

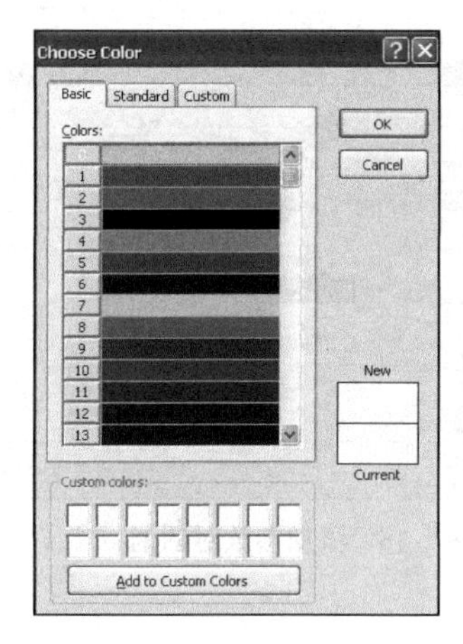

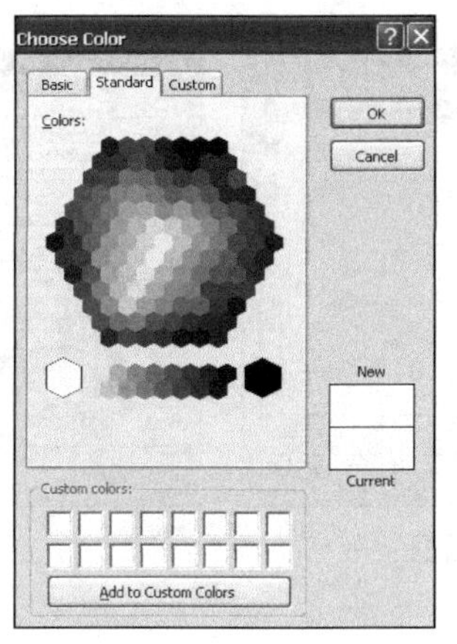

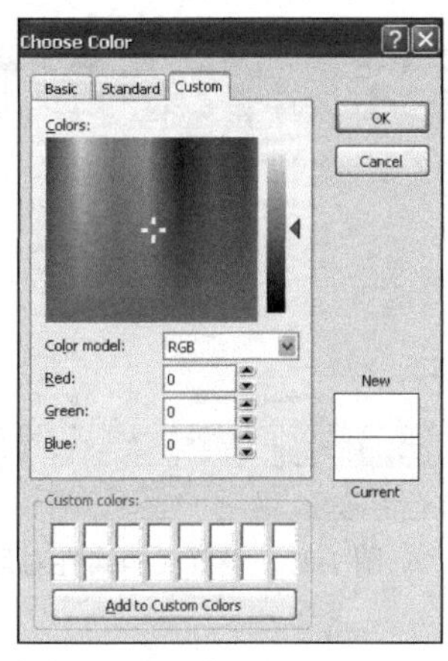

图 1-33　选择颜色对话框

◇“Grids”选项区：若选择“Snap”复选框为网格锁定，选择该复选框后，光标以“Snap”复选框右侧文本框的数值为基本单位进行移动，极大地方便了元器件的布置与节点的连接。若选择“Visible”复选框为网格可见，选择该复选框后，图纸将显示网格而不影响光标移动。图 1-34 和图 1-35 所示分别为网格显示与不显示时的情形。本例中我们选择网格显示，其他项选择默认值。

◇“ElectCtrlical Grid”选项区：查找电器节点。选中“Enable”复选框，则光标将以“Grid Range”文本框中的数值为半径查找与其最近的节点，通常该数值应比光标移动基本单位（Snap 右侧文本框中的数值）小，这样可以避免漏掉电器节点，本例中设置“Grid Range”文本框为“5”。

图 1-34　网格显示

图 1-35　网格不显示

◇ “Change System Font”按钮：设置系统字体。单击该按钮后，在弹出的对话框中可以选择字体、字体样式、字体大小等，如图 1-36 所示，本例中我们选择默认值。

◇“Standard Style”选项区：设置图纸尺寸。单击▼按钮在下拉菜单中选择“A4 ~ OrCADE”的纸型，本例中选择 A4 纸型。

◇ “Custom Style”选项区：自定义纸型。用户可自己设置图纸的宽度、高度、x 轴坐标分格数、y 轴坐标分格数及边框宽度，本例中我们选择默认设置。

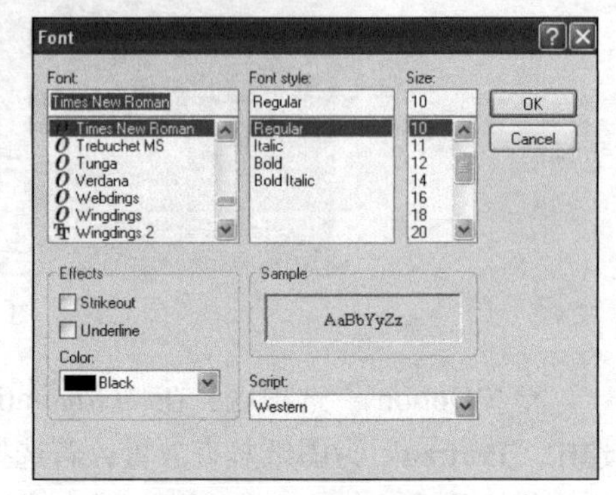

图 1-36　字体对话框

“Parameters”选项卡用于设置文档及组织情况，如图 1-37 所示。单击“Add”按钮将弹出添加参数对话框，如图 1-38 所示。在“Name”文本框中输入“555 Astable Multivibrator”，在“Value”文本框中输入“001”，其他参数选择默认值。

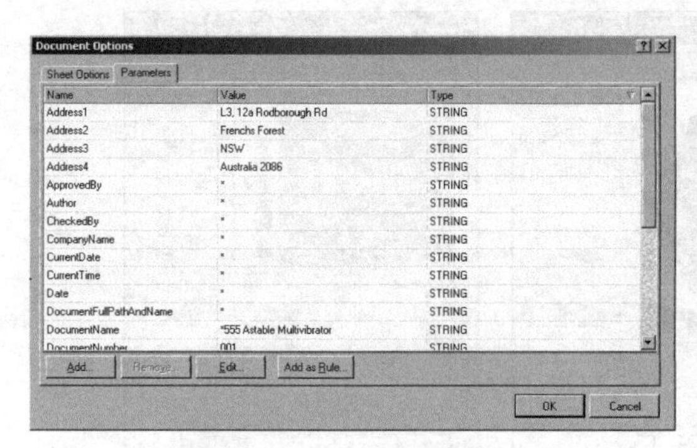

图 1-37　设置文档属性对话框

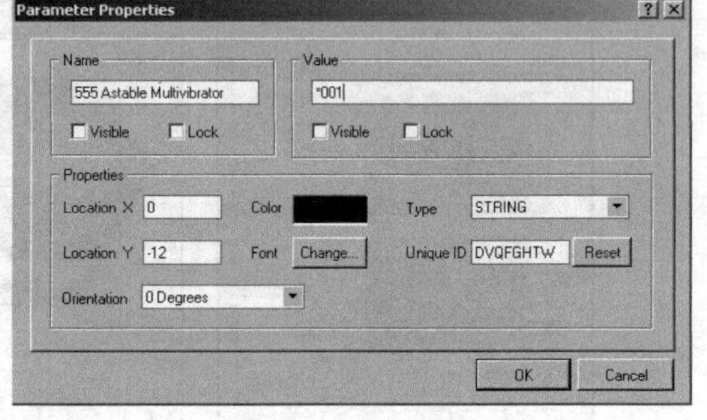

图 1-38　添加参数对话框

1.4.2　绘制电路原理图

绘制电路原理图主要分为以下几步：①放置元器件；②修改元器件的流水号及幅值大小；③绘制元器件间的电气连接；④放置网络标号；⑤打印电路原理图。

下面以多谐振荡器原理图为例，简要介绍电路原理图的绘制过程。

1. 放置元器件

从元器件库中取出所需的元器件，放在工作区中。如需翻转操作可按空格键进行 0°、90°、180° 和 270° 4 种角度的翻转，如图 1-39 所示。

2. 修改元器件的流水号及幅值大小

在元器件上双击鼠标右键（也可在放置的过程中，按 Tab 键，在弹出的对话框中修改元器件属性）将弹出属性设置对话框，更改其中的流水号与幅值，如图 1-40 所示。

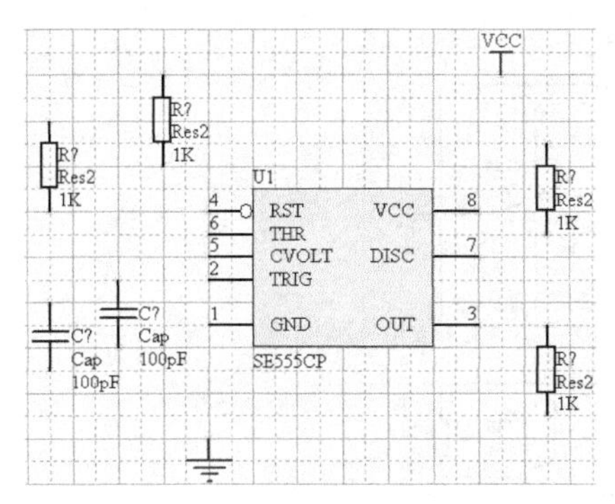

图 1-39　放置元器件

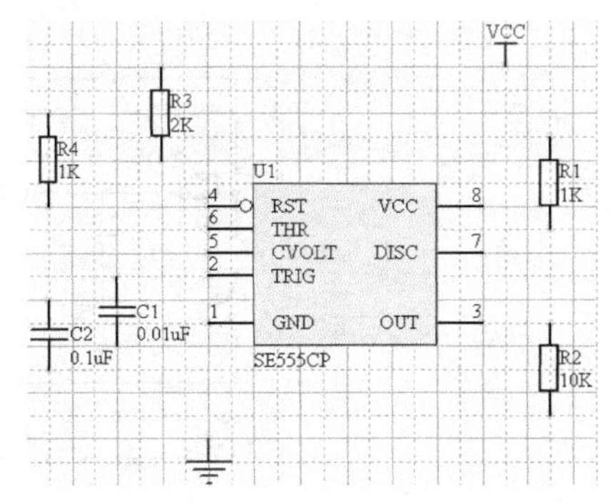

图 1-40　修改元器件属性后的效果

3. 绘制元器件间的电气连接

用绘制导线工具来连接元器件间的引脚，绘制效果如图 1-41 所示。

4. 放置网络标号

单击网络标号工具Net1，放置网络标号，在放置的过程中，按 Tab 键在弹出的对话框中设置网络标号的属性，如图 1-42 所示。

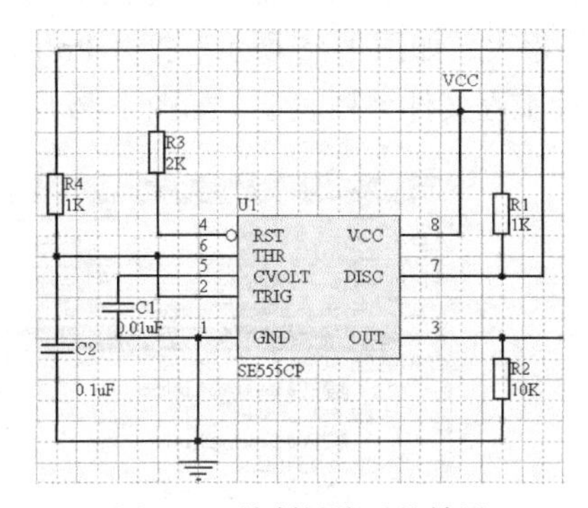

图 1-41　绘制导线后的效果

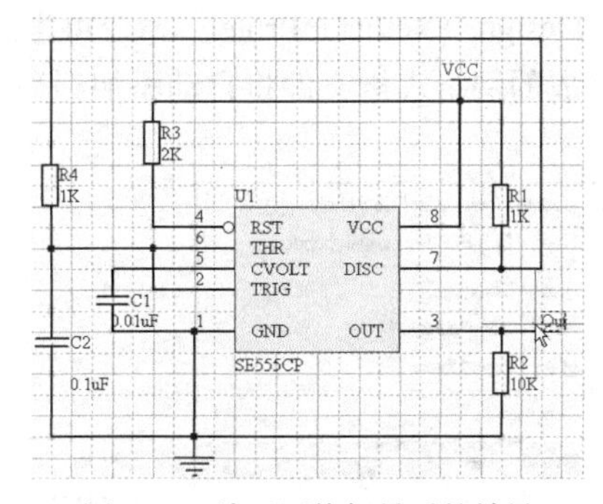

图 1-42　放置网络标号后的效果

至此，多谐振荡器电路原理图已经绘制完毕。

5. 打印电路原理图

电路原理图的打印通常包括页面设置和打印输出两步。

（1）页面设置

执行“File→Page Setup”命令，将弹出如图 1-43 所示的对话框。

用户可以根据自己的需要对图纸的大小、方向、页边距、打印比例、打印颜色等进行设置。

（2）打印输出设置

执行“File→Print”命令或单击按钮即可打印输出电路原理图。

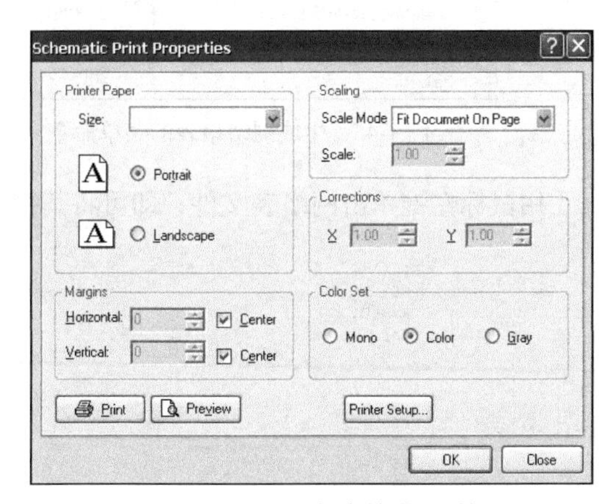

图 1-43　原理图打印输出对话框

练习：利用 Protel DXP 的各种绘图工具绘制出如图 1-44 所示的简单的模拟电路原理图，绘图工具的用法将在第 2 章中详细介绍。

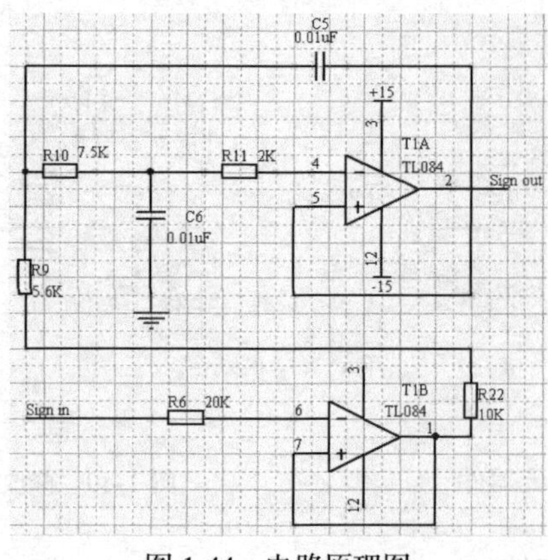

图 1-44　电路原理图

1.4.3　生成网络报表

网络报表是连接电路原理图和 PCB 设计的桥梁与纽带，网络报表的生成有利于快速查错，可以大大地提高设计效率。下面就以图 1-44 所示的电路原理图为例，简要说明生成网络报表的方法。

执行“Design→Netlist→Protel”命令可生成网络报表，如图 1-45 所示。打开 Projects（工程）面板，新生成的网络表格文件将自动添加到当前设计工程文件夹列表下，如图 1-46 所示。

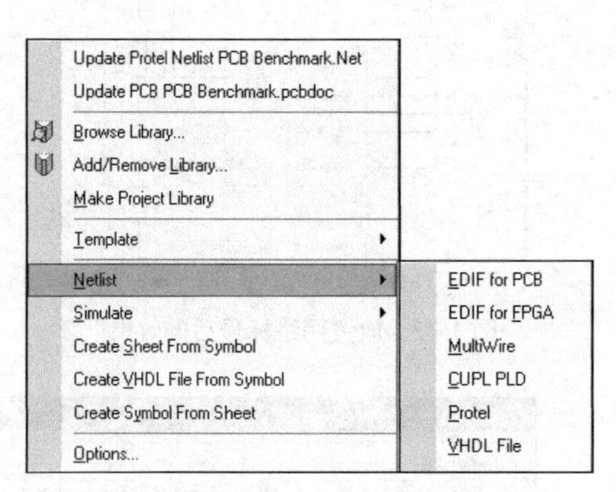

图 1-45　生成网络报表的菜单命令

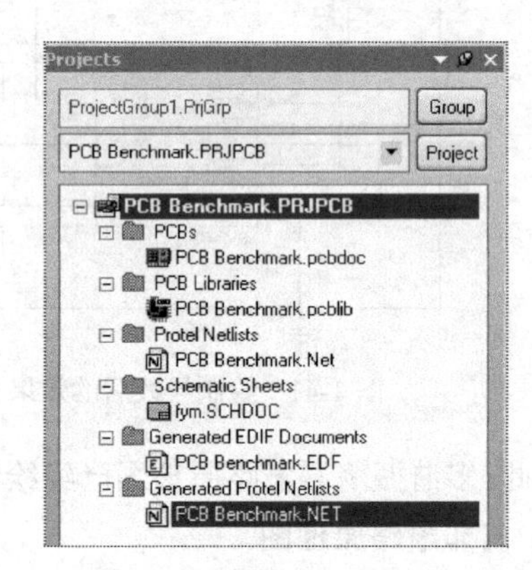

图 1-46　Projects 面板中的网络报表文件

用鼠标左键单击网络表文件，即可将其打开，如图 1-47 所示。

```
[
C5
RAD-0.3
Cap



]
[
C6
RAD-0.3
Cap



]
[
R6
AXIAL-0.4
Res2
```

图 1-47　生成的网络报表文件内容

```
]
[
R9
AXIAL-0.4


]
[
R10
AXIAL-0.4
Res2



]
[
R11
AXIAL-0.4
Res2



]
[
R22
AXIAL-0.4




]
[
T1
DIP-14
TL084



]
(
SIGN OUT
C5-2
T1-2
T1-5
)
(
NetR22_1
R22-1
T1-1
T1-7
)
(
NetR11_2
R11-2
T1-4
)
(
NetR6_2
R6-2
T1-6
)
(
NetC6_2
C6-2
R10-2
R11-1
)
(
NetR9_1
R9-1
R22-2
)
(
NetC5_1
C5-1
R9-2
R10-1
)
```

图 1-47　生成的网络报表文件内容（续）

网络报表主要分为两部分。第 1 部分描述元器件属性（包括元器件序号、元器件封装形式和元器件的文本注释），其标志为方括号。例如，在元器件 C5 中以“[”为开始标志，接着为元器件名称、元器件封装形式和元器件注释，以“]”结束对元器件属性的描述，如图 1-48 所示。第 2 部分描述元器件在原理图中的电气连接，其标志为圆括号，图 1-49 所示为描述元器件 R22 的电气连接。

图 1-48　网络报表描述元器件属性部分　　图 1-49　网络报表描述元器件的电气连接

在元器件 R22 中以“(”为开始标志，接着为元器件名称，接下来为与该元器件相连的元器件引脚，最后以“)”结束对元器件属性的描述，即在 PCB 板上的“R22-1”、“T1-1”和“T1-7”的引脚是连接在一起的。

1.4.4　设计印制电路板

绘制完原理图，并生成网络报表后，下一步的工作就是 PCB 设计。在 Protel DXP 中创建一个新的 PCB 设计最简单的方法是使用 PCB 向导，这样可以使我们在创建新的 PCB 文档的同时也设置了 PCB 的尺寸。在使用向导的过程中，任何阶段都可以使用“Back”按钮来检查或修改原来的内容，具体的操作步骤如下。

（1）在“File”面板底部的“New from template”区域内，单击“PCB Board Wizard”选项来创建新的 PCB 文档，如图 1-50 所示。

（2）单击“PCB Board Wizard”选项，将显示如图 1-51 所示的欢迎界面。

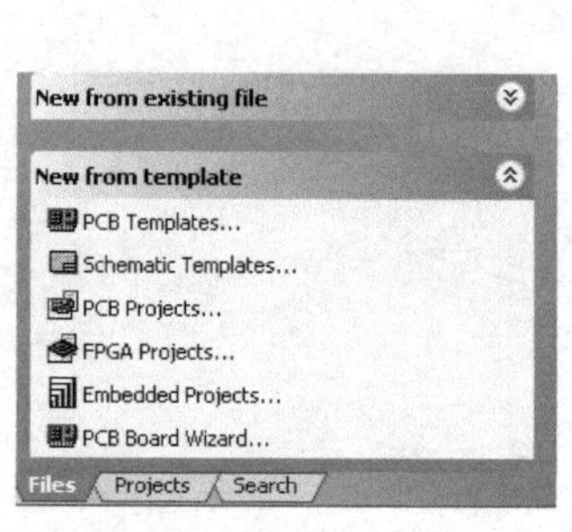

图 1-50　用 PCB 向导创建新的 PCB 文档

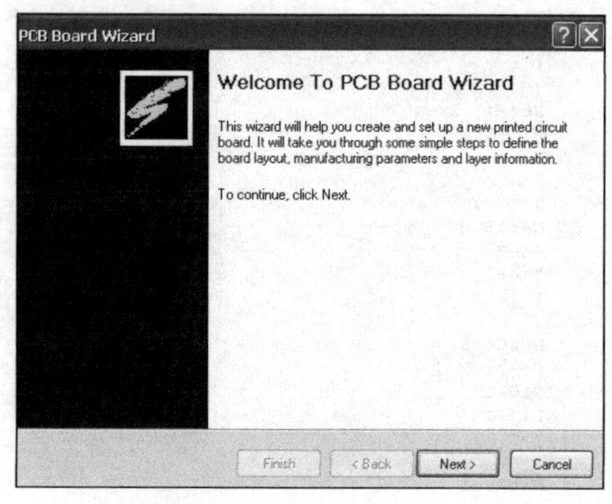

图 1-51　PCB 欢迎界面

（3）单击 Next > 按钮，将显示如图 1-52 所示的界面。

其中，Imperial 代表英制，单位为 mil（毫英寸），1000mils=1inch=25.4mm。Metric 代表公制，单位为 mm（毫米），这里我们选 Imperial 作为测量单位。

（4）单击 Next > 按钮，将显示如图 1-53 所示的界面。

该对话框用于选择 PCB 尺寸与形状，这里我们选择[Custom]自定义板尺寸。

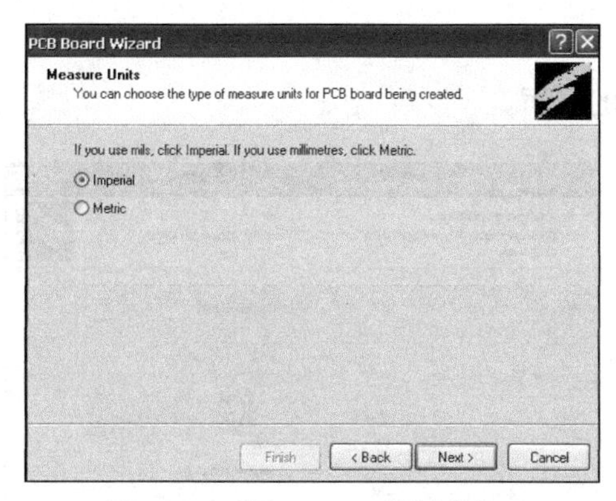

图 1-52　选择 Imperial 测量单位

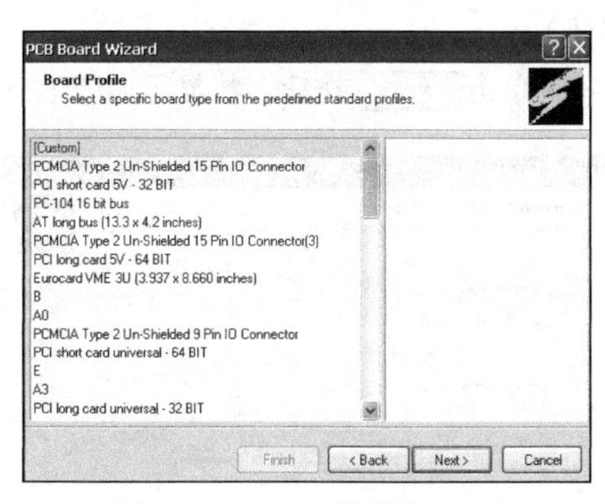

图 1-53　Custom 板形状与尺寸

（5）单击 Next > 按钮，将显示如图 1-54 所示的界面。

自定义板尺寸：选择“Rectangular”（矩形）单选钮，设置 Width（宽度）为“5000mil”，Height（高度）为“4000 mil”；不要选“Title Block and Scale”（标题与标尺）、“Corner Cutoff”（切边）、“Legend String”（图例）、“Inner CutOff”（内切边）和“Dimension Lines”（尺寸线）复选框。

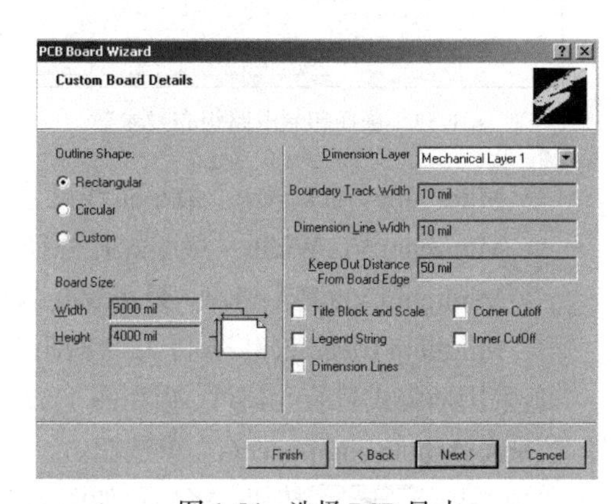

图 1-54　选择 PCB 尺寸

（6）单击 Next > 按钮，将显示如图 1-55 所示的界面。

该对话框用于选择 PCB 敷铜层数，这里选择两个 Signal Layers（信号层），不选 Power Planes（电源层）。

（7）单击 Next > 按钮，将显示如图 1-56 所示的界面。

设置 Via Style（过孔方式）为 Thruhole Vias only（通孔），不选“Blind and Buried Vias only”（盲孔）单选钮。

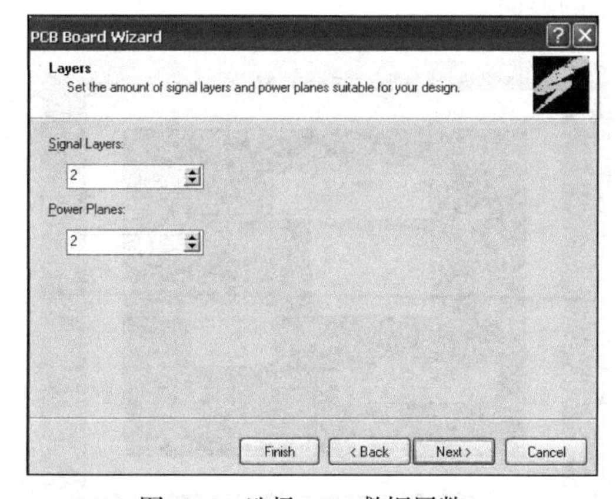

图 1-55　选择 PCB 敷铜层数

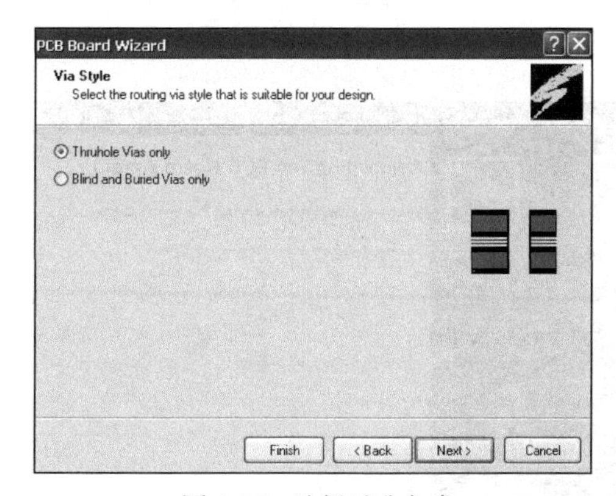

图 1-56　选择过孔方式

（8）单击 Next > 按钮，将显示如图 1-57 所示的界面。

该对话框用于选择印制电路板布线参数，这里选择“Surface-mont components”（表面装配元器件）单选钮，不选 Do you put components on both sides of the board?（是否在板的两面安装元器件）。

（9）单击 Next > 按钮，将显示如图 1-58 所示的界面。

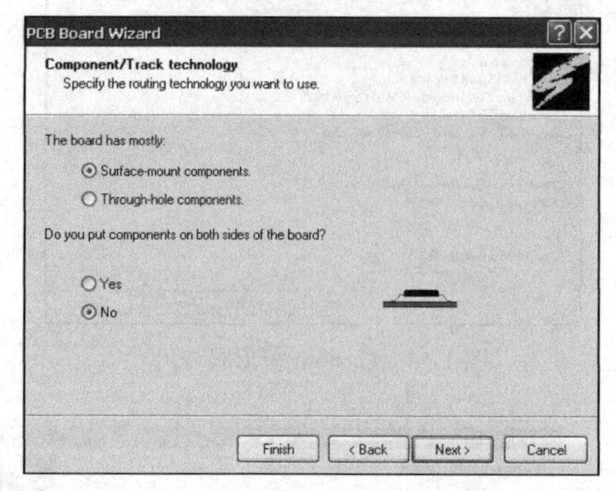

图 1-57 选择印制电路板布线参数

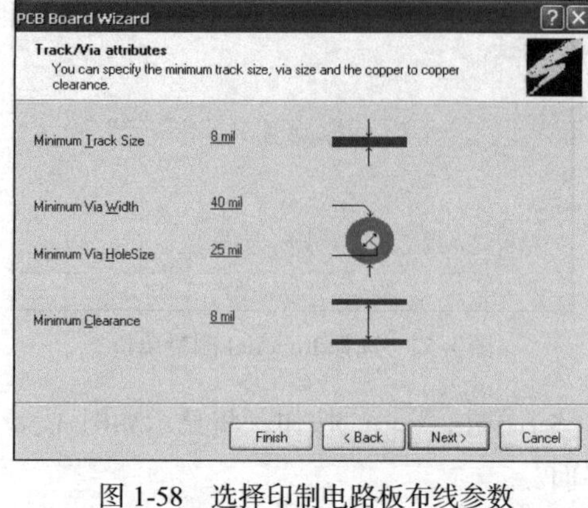

图 1-58 选择印制电路板布线参数

◇ Minimum Track Size：最小布线尺寸。

◇ Minimum Via Width：最小焊孔外径。

◇ Minimum Via HoleSize：最小焊孔内径。

◇ Minmum Clearance：最小布线间距。

若采用插脚式封装元器件，则在图 1-57 中应选择“Through-hole components”单选钮。

（10）单击 Next > 按钮，将显示如图 1-59 所示的界面。

在该对话框中，选择“Through-hole components”（过孔元器件）单选钮，同时选择“One Track”（单根导线）单选钮。

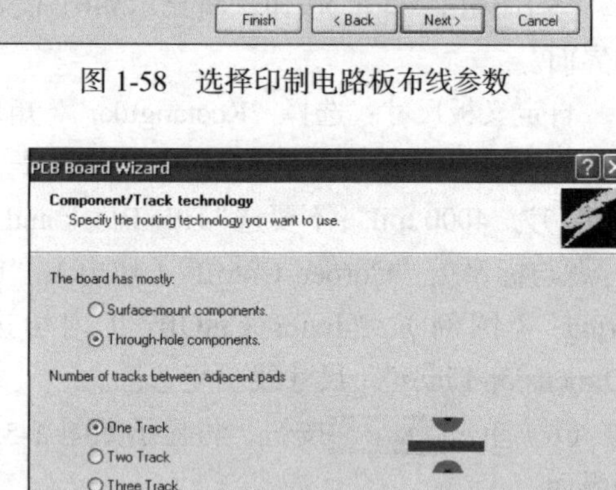

图 1-59 采用插脚式封装元器件出现的面板

（11）单击 Next > 按钮，将显示如图 1-60 所示的界面。

（12）单击 Finish 按钮，将显示如图 1-61 所示的界面。

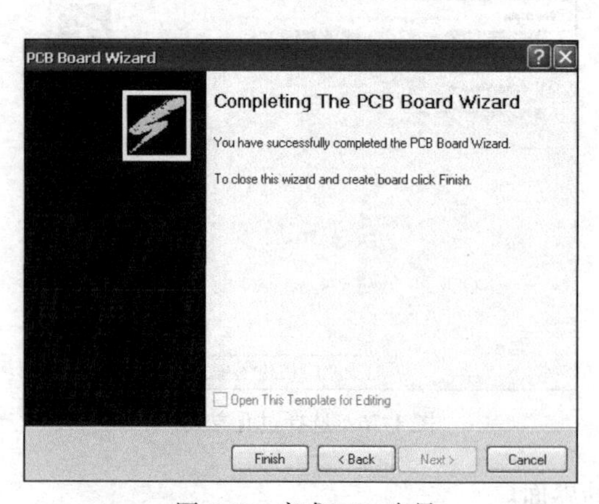

图 1-60 完成 PCB 向导

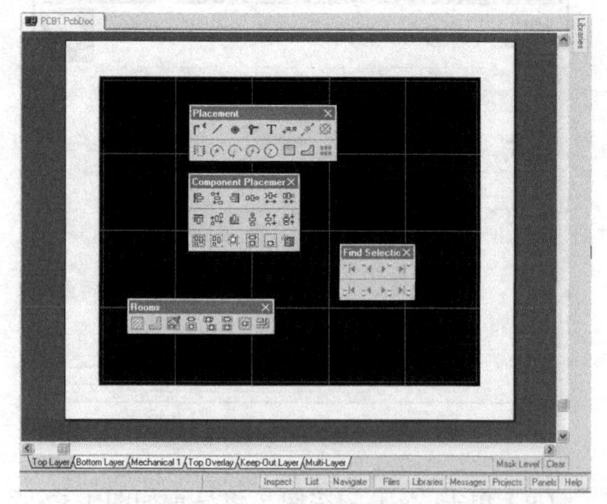

图 1-61 用 PCB 向导生成的新建 PCB 文档

用 PCB 向导生成的新建 PCB 文档后，下面的工作就是将多谐振荡器电路原理图导入新生成的 PCB 文档中，并生成三维效果图。值得注意的是，Protel DXP 具有双向同步设计功能，即由原理图生成 PCB 不必先生成网络报表，再由网络报表生成 PCB，而是由电路原理图直接生成。具体操作步骤如下。

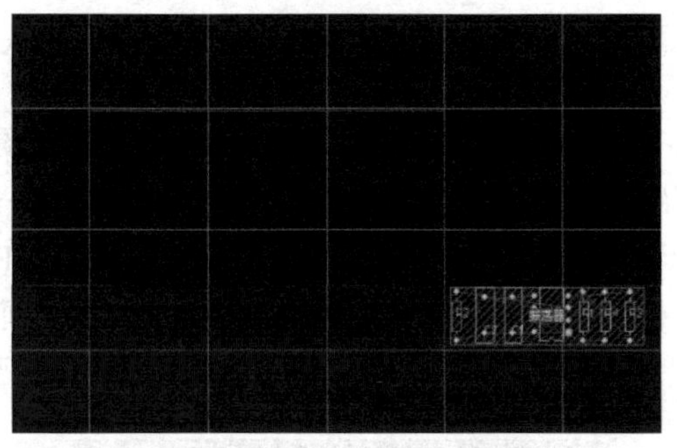
图 1-62　加载原理图后的电路板图

① 在 PCB 编辑器中执行“Design→Import Changes From[PCB Project1.PrjPCB]”命令，并在弹出的工程网络变化对话框中单击 Validate Changes 按钮，若状态栏“Check”一列中出现 说明装入的元器件正确，再单击 Execute Changes 按钮将原理图加载到 PCB 编辑器中，如图 1-62 所示。

② 执行“Tools→Auto Placement→Auto Placer”命令，将得到自动布局的结果，如图 1-63 所示。

③ 手动调整元器件布局。执行“Edit→Move→move”命令，选中想要移动的元器件，按空格键进行旋转，直至找到自己想要的角度，再单击鼠标左键来放置元器件，如图 1-64 所示。

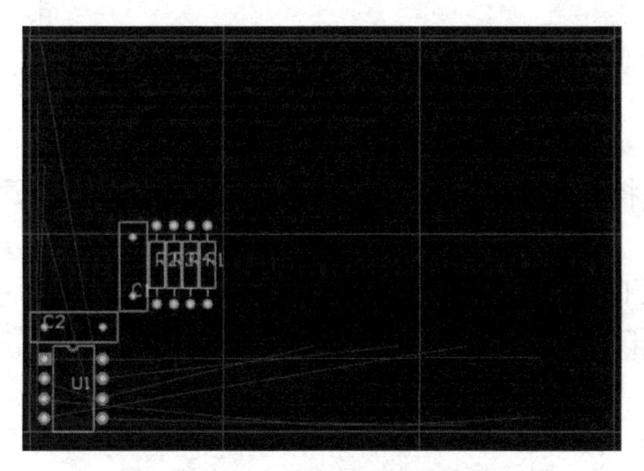

图 1-63　自动布局后的效果

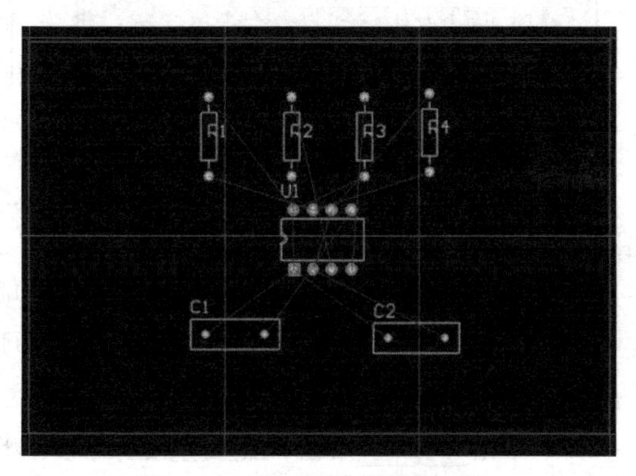

图 1-64　手工调整元器件布局

④ 自动布线。执行 Auto Route 命令后，在随后弹出的对话框中我们选择默认值，单击“Route All”按钮，进行自动布线。布线完毕后，在 PCB 编辑器中，将显示如图 1-65 所示的自动布线电路板图。

⑤ 执行“View→Board in 3D”命令，系统将自动生成一个 3D 的效果图，如图 1-66 所示。

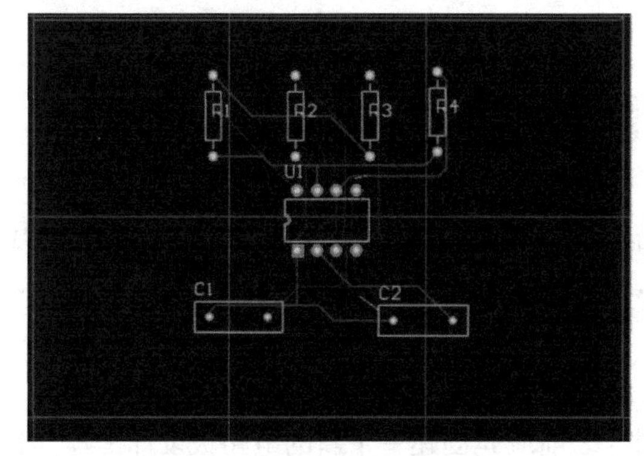

图 1-65　自动布线后的电路板图

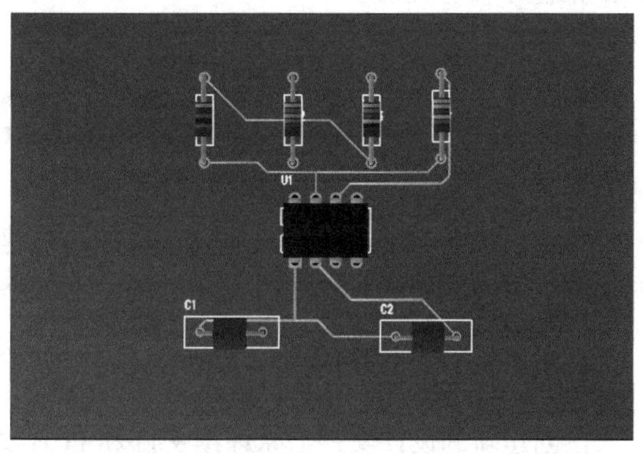

图 1-66　电路板的三维显示

1.4.5　生成印制电路板报表（输出和打印）

印制电路板设计完成并生成三维效果图后，下面的工作就是生成印制电路板报表（打印和输出）。PCB 的打印输出中的打印机设置与一般 Windows 打印机的设置相似，这里不再重复。但由于 PCB 图是分层的，所以需要分层打印。PCB 分层打印的操作步骤如下。

（1）执行“File→Page Setup”命令，弹出图 1-67 所示的对话框。

（2）单击Advanced...按钮，弹出图 1-68 所示的打印内容列表对话框。

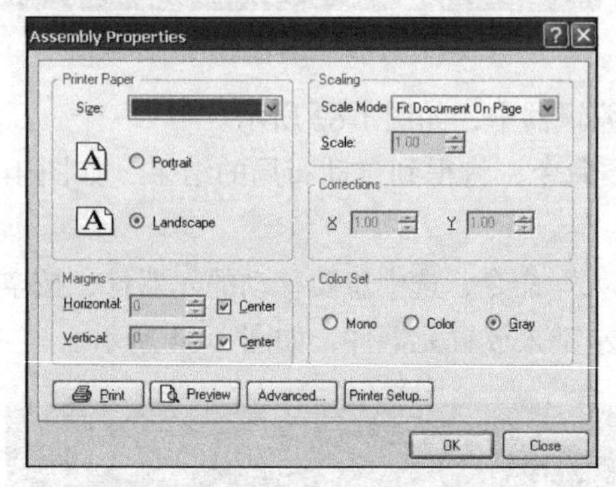

图 1-67　打印设置对话框

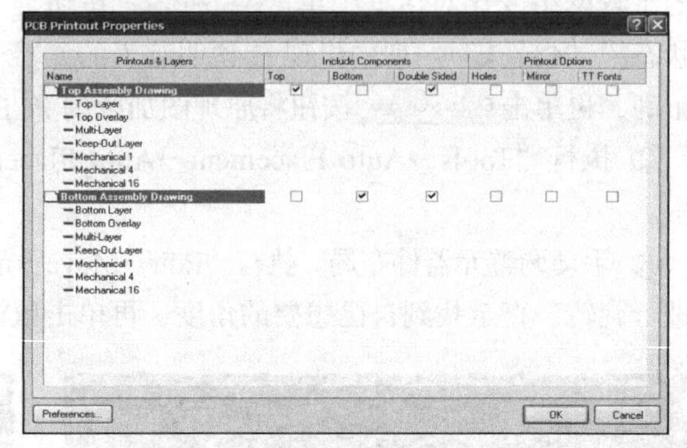

图 1-68　设置打印内容列表

（3）在对话框列表中选择一层，然后双击，将弹出图 1-69 所示的对话框。

在对话框中的“Free Primitives”选项区、“Component Primiitives”选项区和“Others”选项区中单击Hide按钮，将使打印时不打印这些内容。

（4）单击OK按钮，然后重复第（3）步，设置要分层打印的内容。

（5）设置完成后，返回到如图 1-68 所示的对话框，单击OK按钮关闭该对话框，最后执行“Files→Print Preview”命令可以预览打印效果，如果图纸设置正确，即可进行打印。至此，就完成了 Protel DXP 的整个工作流程。

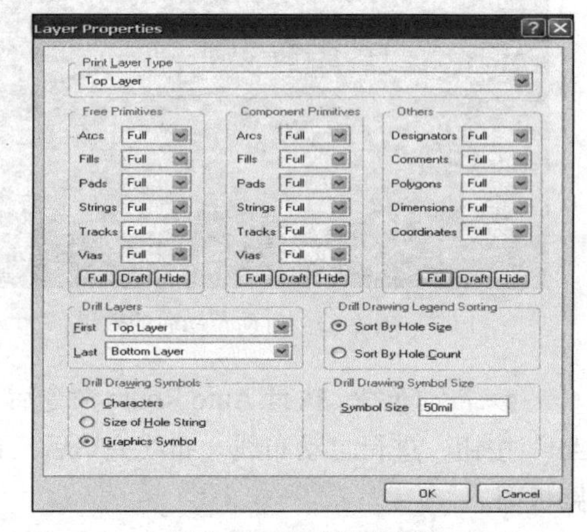

图 1-69　设置打印内容

1.5　Protel DXP 的基本操作

Protel DXP 的基本操作主要包括文件的新建和保存、不同编辑器的启动和切换、元器件的基本操作、图纸的显示与移动以及图纸的放大和缩小，下面分别讲述这些基本操作。

1.5.1　创建和保存新的设计文件

在创建新的设计文件（原理图文件和 PCB 文件）之前应先创建一个新的电路板设计工程，下面简要介绍工程文件的创建过程。

（1）执行“File→New→PCB Project”命令，“Projects”面板上就会添加一个默认名为“PCB Project1.PrjPCB”的新建工程文件，如图 1-70 所示。

也可以通过单击“File”面板中“New”栏的“Blank Project（PCB）”选项来创建新的 PCB 工程文件，如图 1-71 所示。

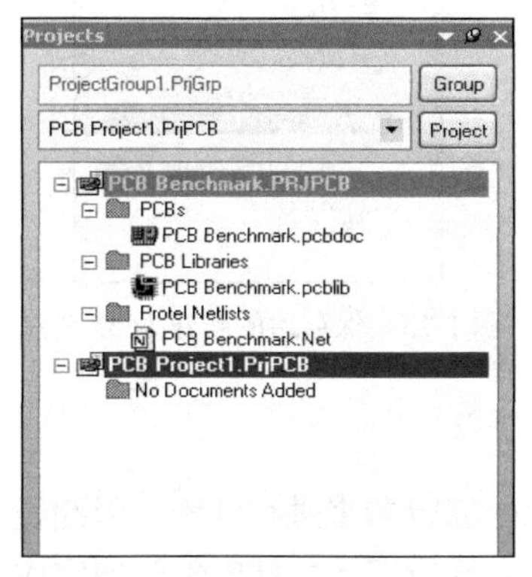

图 1-70　新建 PCB 工程文件

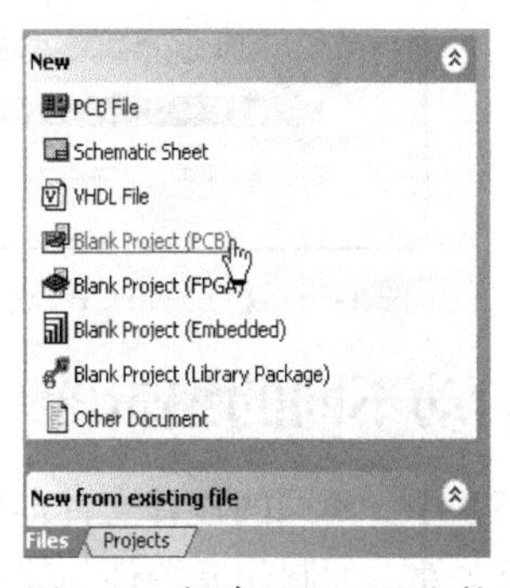

图 1-71　新建 PCB 工程文件

（2）创建工程文件后，执行“File→Save Project”命令，在弹出的“Save Project”对话框中输入文件的名称，单击“保存”按钮即可完成工程的保存。

保存新建的工程文件后，就可以在该工程文件下创建新的原理图文件与 PCB 等文件。下面以原理图文件与 PCB 文件为例介绍它们的创建步骤。

① 创建原理图文件。执行“File→New→Schematic”命令，即可启动原理图编辑器。新建原理图文件将自动添加到当前的设计工程列表中，如图 1-72 所示。

② 执行“File→Save”命令，弹出保存新建原理图文件对话框，在对话框中输入文件名，单击“保存”按钮即可将新建的原理图文件进行保存。执行“File→Open”命令或者在“Projects”面板中双击原理图文件图标 Protel.SCHDOC，如图 1-73 所示，可以打开已保存过的原理图文件。

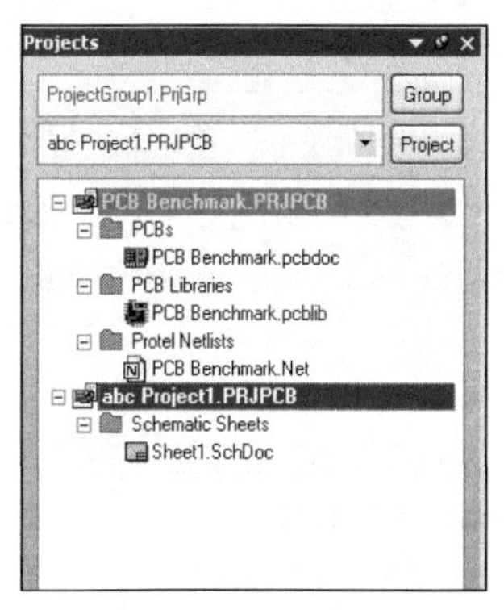

图 1-72　新建的原理图文件

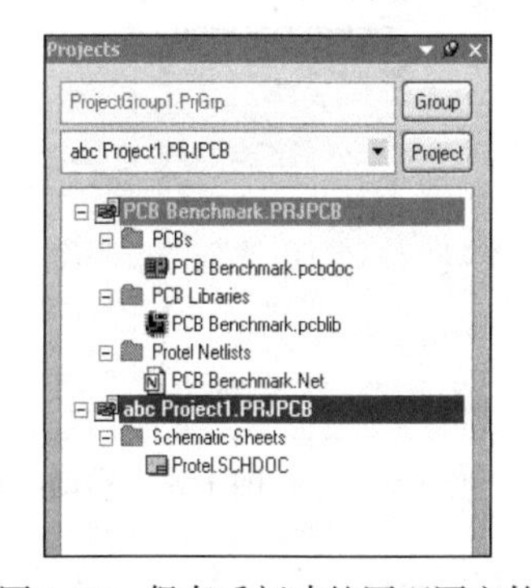

图 1-73　保存后新建的原理图文件

③ 创建 PCB 文件。执行“File→New→PCB”命令，即可启动 PCB 编辑器，新建的 PCB 文件将自动添加到当前的设计工程列表中，如图 1-74 所示。

④ 执行“File→Save”命令，弹出保存新建 PCB 文件对话框，在对话框中输入文件名，单击“保存”按钮即可将新建的 PCB 文件进行保存，保存后的 PCB 文件，如图 1-75 所示。

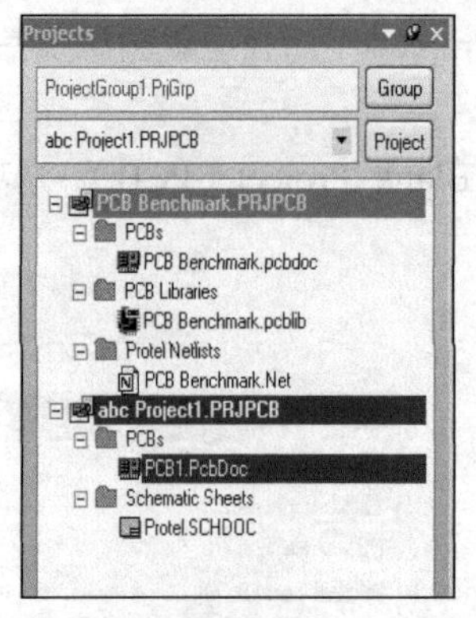

图 1-74　新建的 PCB 文件

图 1-75　保存后的新建 PCB 文件

1.5.2　启动不同的编辑器

在 Protel DXP 中，不同的设计文件需要用不同的编辑器来进行编辑，因此经常需要启动不同的编辑器来编辑文件，如制作元器件与建立元器件库是使用元器件库编辑器完成。下面以元器件库编辑器和元器件封装编辑器为例，简要介绍编辑器的启动方法。

1. 元器件库编辑器的启动方法

（1）执行“File→New→Schematic Library”命令，系统将显示如图 1-76 所示的元器件库编辑器窗口。

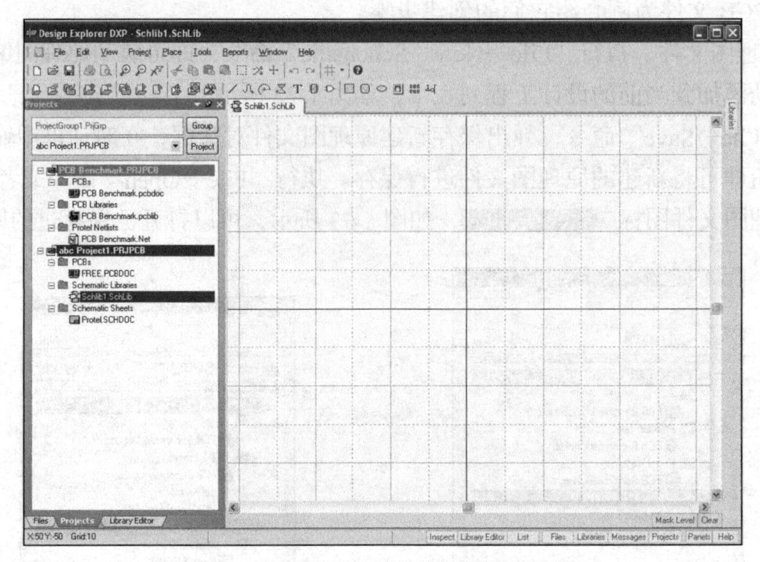

图 1-76　启动原理图元器件库编辑器后的窗口

（2）执行“File→Save”命令，弹出保存新建元器件库编辑器文件对话框，在对话框中输入文件名，单击“保存”按钮即可将新建的元器件库编辑器文件保存。

当我们把电路原理图生成 PCB 图时，需要清楚原理图中元器件的封装。Protel DXP 虽然自带元器件封装，但对于有些经常使用而元器件封装库中又找不到的元器件封装，就需要使用元器件封装编辑器来生成一个新的元器件封装。下面简要介绍一下元器件封装编辑器的启动方法。

2. 元器件封装编辑器的启动方法

（1）执行“File→New→PCB Library”命令，系统将弹出如图 1-77 所示的元器件封装编辑器窗口。

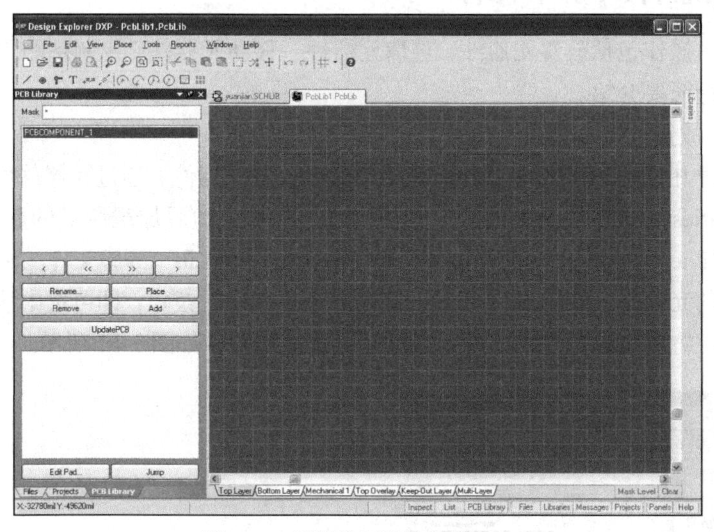

图 1-77　元器件封装编辑器窗口

（2）执行“File→Save”命令，弹出保存新建元器件封装编辑器文件对话框，在对话框中输入文件名，单击“保存”按钮即可将新建元器件封装编辑器文件进行保存。

启动其他类型编辑器的方法与启动元器件库编辑器、元器件封装编辑器的方法类似，这里就不再一一讲述。

1.5.3　切换不同的编辑器

Protel DXP 中的工程文件包括多种类型的设计文件，因此在整个电路板的设计过程中，经常需要切换不同的编辑器来编辑不同类型的设计文件。在 Protel DXP 中，当在同一个窗口里启动不同的编辑器时，我们会发现在工作窗口上方会出现不同的标签，如图 1-78 所示。

单击标签可以在不同的编辑器之间自由地切换，当想关闭其中的一个或几个编辑器时，可以把鼠标移到相应的标签上，单击鼠标右键，弹出如图 1-79 所示的快捷菜单。在该菜单中可以实现编辑器或文档的关闭以及竖直平铺、水平平铺编辑器等操作。

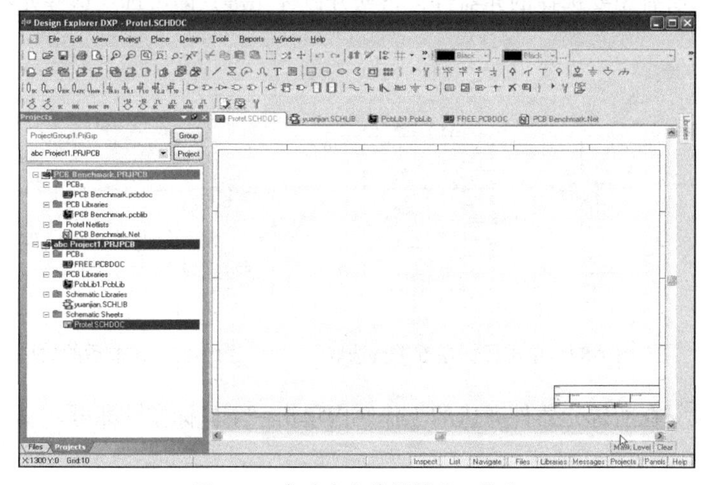

图 1-78　启动多个编辑器的工作窗口

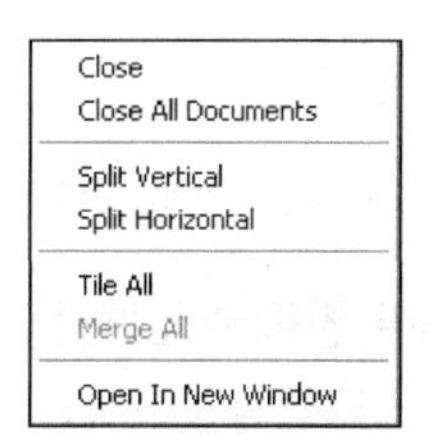

图 1-79　右键快捷菜单

1.5.4　元器件的基本操作

元器件的基本操作包括放置元器件、选取元器件、移动元器件、复制粘贴元器件等。下面对这些基本操作进行简要介绍。

1．元器件的放置

在 Protel DXP 中，可以通过元器件库和菜单命令放置元器件。通过元器件库放置元器件时，首先单击“Libraries”标签打开库面板，如图 1-80 所示，然后加载所需的库文件，如常用的“Miscellaneous Divice.IntLib”、“Miscellaneous Connectors. IntLib”等库文件。然后在所选的元器件库中找到所需的元器件，如图 1-81 所示。接着单击“Place”按钮，即可选中该元器件，将其拖到工作区的合适位置单击鼠标左键即可完成该元器件的放置，如图 1-82 所示。

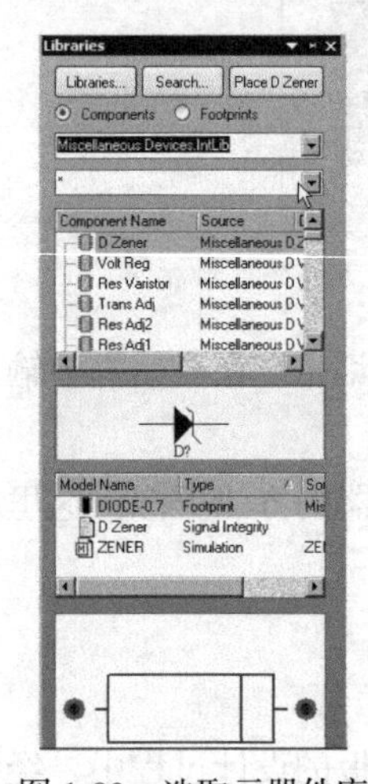

图 1-80　选取元器件库

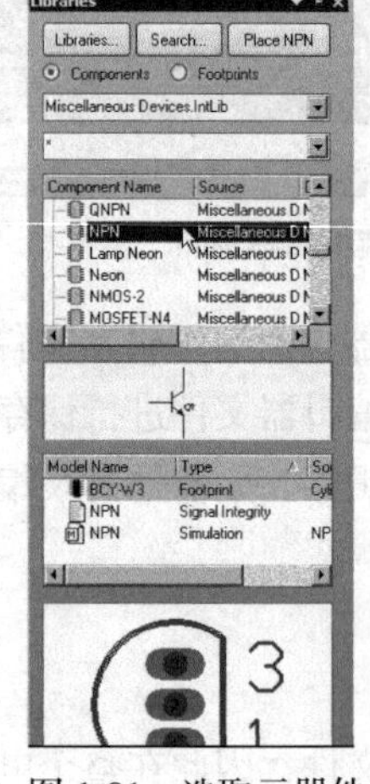

图 1-81　选取元器件

图 1-82　放置元器件的前后

除了可以通过元器件库放置元器件外，放置元器件还有其他方法，将在第 3 章中详细介绍。

2．元器件的选取与取消选取

选取单个元器件时，最简单的方法是用鼠标左键单击该元器件，如图 1-83 所示。当需选取多个元器件时，可在想要选取的元器件左上角，单击鼠标左键，如图 1-84 所示，此时光标变为十字形状。然后拖动鼠标直到框选所有想要选择的元器件，再松开鼠标左键，即可选定这些元器件，如图 1-85 所示。

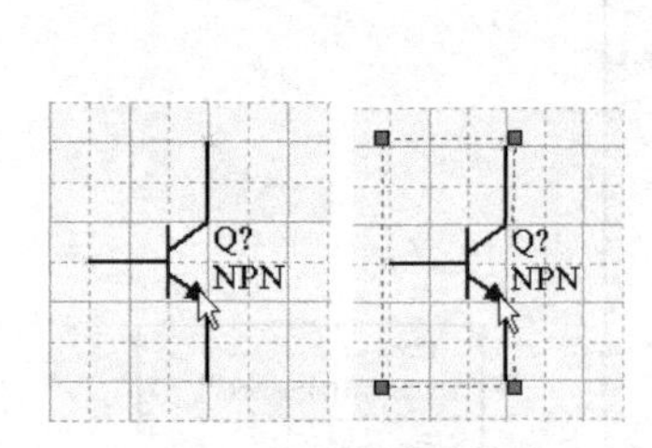

图 1-83　选取前后效果

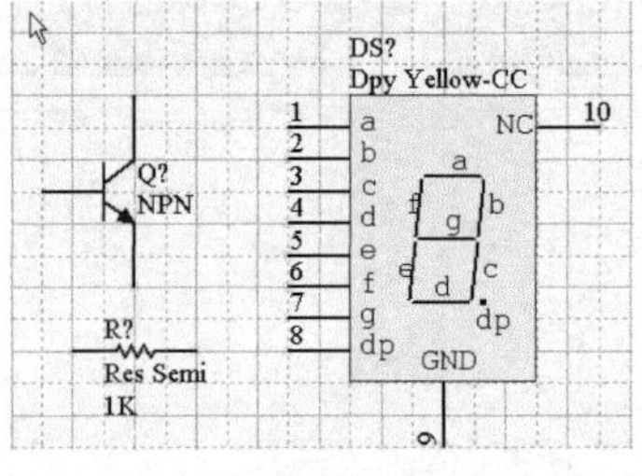

图 1-84　单击鼠标左键进行选取

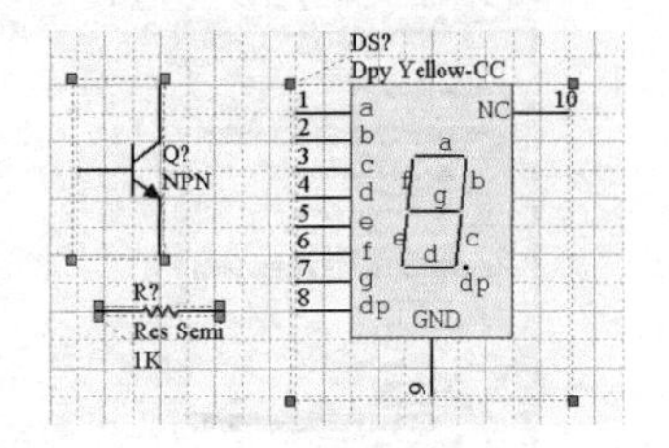

图 1-85　选取后的效果

如果想取消元器件的选取，在所选元器件旁边的工作区内单击一下鼠标左键即可。

3．元器件的移动

移动单个元器件，可以用鼠标单击并按住鼠标不放，进行拖动，当移动到目标位置时松开鼠标左键即可实现元器件的移动，如图 1-86 所示；也可先选中所要移动的元器件，此时鼠标指针变成形状，单击元器件的同时拖动鼠标可实现该元器件的移动，如图 1-87 所示。

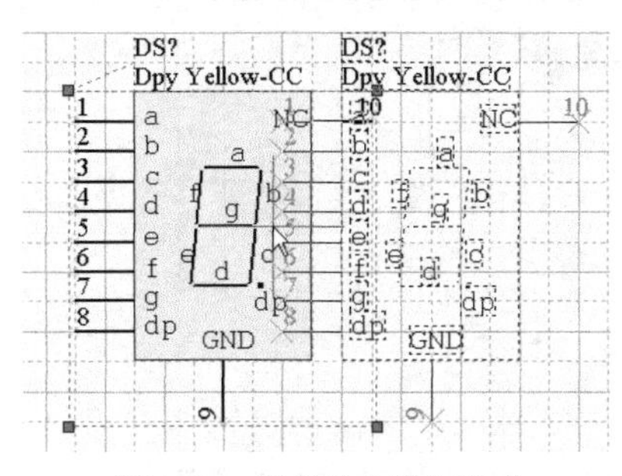

图 1-86　鼠标单击进行拖动

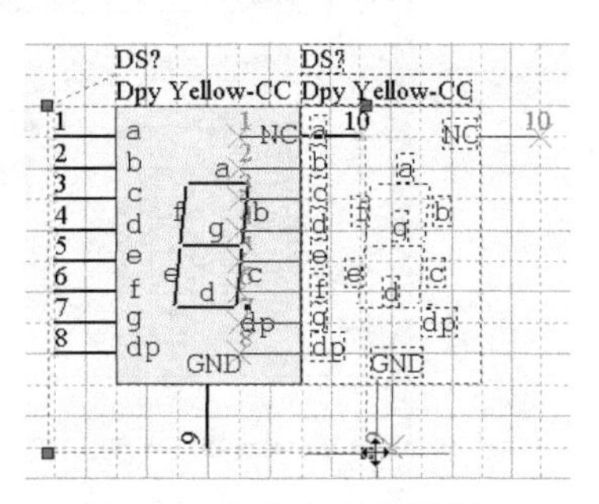

图 1-87　先选中再进行拖动

当需要移动多个元器件时，选中所有要移动的元器件，此时鼠标指针变成形状，单击选用其中的任一元器件并按住鼠标左键不放拖动鼠标，当移动到目标位置时，松开鼠标左键，即可实现该多个元器件的移动，如图 1-88 所示。

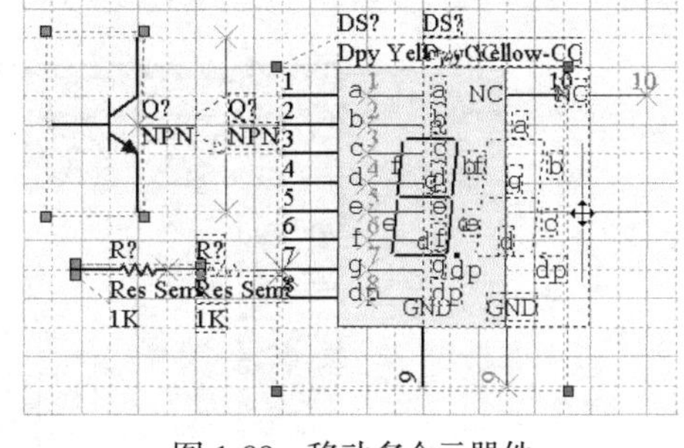

图 1-88　移动多个元器件

4. 元器件的复制和粘贴

元器件的复制和粘贴主要包括剪切、复制和粘贴 3 种操作，下面对这 3 种操作的方法进行简要介绍。

（1）剪切：选中需要剪切的元器件，执行“Edit→Cut”命令，此时光标变成十字形状，将其移至所选元器件上方，单击鼠标左键，即可剪切掉所选元器件。

（2）复制：选中需要复制的元器件，执行“Edit→Copy”命令，此时光标变成十字形状，将其移至所选元器件上方，单击鼠标左键，即可将所选元器件放入剪贴板中。

（3）粘贴：元器件的复制完成后，执行“Edit→Paste”命令，此时光标变成十字形状并粘贴有复制的成虚线形式的元器件，将其移至所需粘贴的位置，单击鼠标左键，即可完成元器件的粘贴。

1.5.5　图纸的显示与移动

在设计电路板的过程中，往往需要同时观察整张图纸，此时可以单击标准工具栏中的按钮，即可显示整张图纸，如图 1-89 所示。执行“View→Fit Document”命令，可以显示整个图纸文件，如图 1-90 所示。

如果需要观察整张图纸的其他部分，则可利用工作窗口的滚动条来移动画面。将鼠标指针指在水平滚动条或竖直滚动条上，同时按住鼠标左键，左右或上下拖动即可使观察图纸的其他部分，如图 1-91 所示。

另外，PCB 图纸的移动方法与此相同，这里不再赘述。

按小键盘上的 Home 键，可以把光标下的图纸移动到工作区中心显示。按小键盘上的上移键↑，可上移查看图纸，按小键盘上的下移键↓，可下移查看图纸，按小键盘上的左移键←，可左移查看图纸，按小键盘上的右移键→，可右移查看图纸。利用这些快捷键，可以大大地提高工作效率。

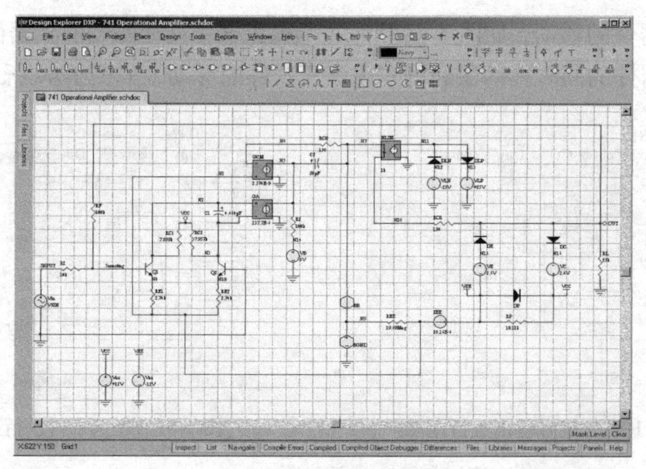

图 1-89　显示整张原理图

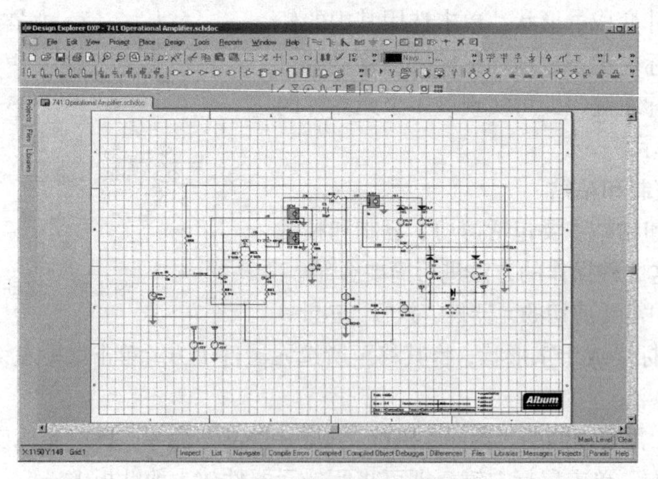

图 1-90　显示整个图文件

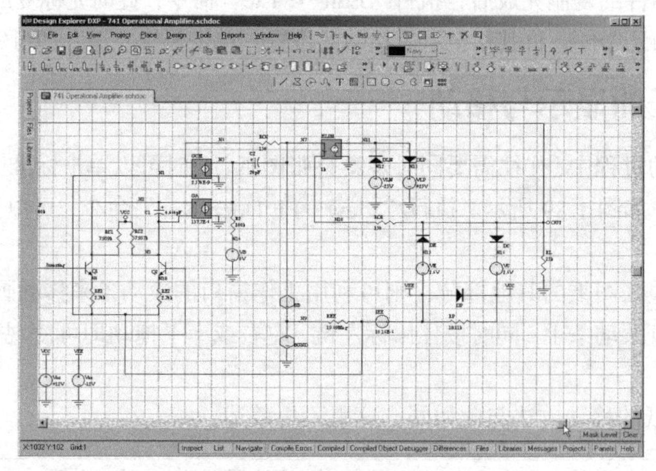

图 1-91　用滚动条移动观察画面

1.5.6　图纸的放大与缩小

在设计电路板的过程中，经常需要对图纸进行仔细观察，并希望对图纸做进一步的调整和修改，因此，需要对这张图纸进行放大。单击标准工具栏中的按钮或使用快捷键 Page Up 可对图纸进行放大，也可执行“View→Zoom In”命令实现对图纸的放大。另外，还可以单击标准工具栏中的按钮，此时光标将变成十字形状，在所需放大的部位左上方单击鼠标左键同时拖动鼠标框选需要放大的区域，即可实现该区域的局部放大，如图 1-92 所示。

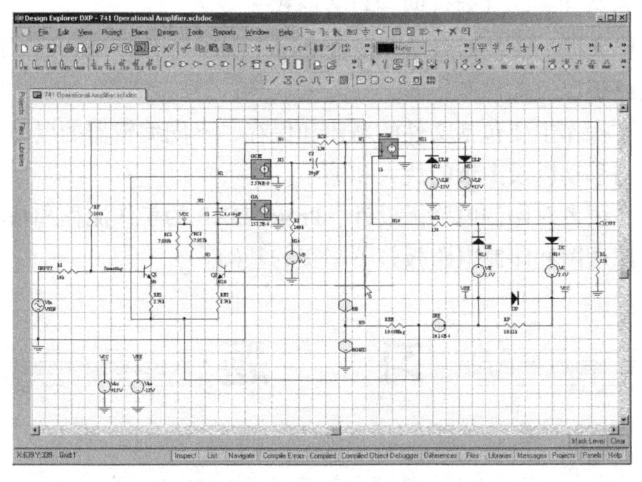

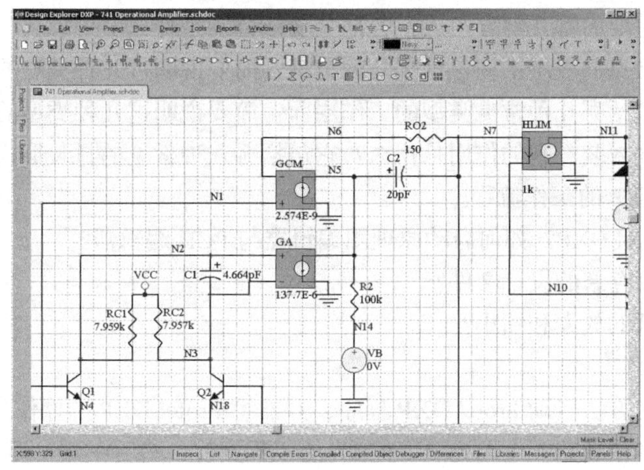

图 1-92 框选放大前后效果

当图纸过大而无法浏览全图时，应缩小图纸显示比例。单击标准工具栏中的按钮，即可将显示比例缩小，也可使用快捷键 Page Down 将显示比例缩小。

在使用快捷键 Page Up 和 Page Down 对图纸进行放大或缩小时，应该将光标置于工作区中的适当位置，这时图纸将以光标所在的位置为中心进行放大或缩小。

1.6 小 结

印制电路板主要由焊盘、过孔、安装孔、导线、元器件、接插件、填充等组成。

印制电路板常见的板层结构包括单层板（Single Layer PCB）、双层板（Double Layer PCB）和多层板（Multi Layer PCB）3 种。

印制电路板包括许多类型的工作层面，如信号层、防护层、丝印层、内部层等。

元器件封装，是指元器件焊接到电路板上时，在电路板上所显示的外形和焊点位置的关系。它不仅起着安放、固定、密封和保护芯片的作用，而且是芯片内部世界和外部沟通的桥梁。常用的封装类型有直插式封装和表贴式封装两种封装形式。

Protel DXP 的工作流程主要包括启动并设置 Protel DXP 工作环境、绘制电路原理图、产生网络报表、设计印制电路板以及输出和打印。

Protel DXP 的基本操作主要包括文件的新建和保存、不同编辑器的启动和切换、元器件的基本操作、图纸的显示与移动以及图纸的放大和缩小。

通过本章的学习，读者对印制电路板设计、Protel DXP 的工作流程和基本操作有了一个大概的了解，为今后设计原理图和印制电路板打下坚实的基础。

习　　题

一、思考题

1. 印制电路板主要由哪几部分组成？各部分功能分别是什么？
2. 印制电路板常见的板层结构包括哪几种类型？简要说明这几种类型的板层结构。
3. 印制电路板包括哪几种常见类型的工作层面？简要说明这几种类型的工作层面的作用。
4. 什么是元器件封装？它的作用是什么？它包括哪几种常见的封装形式？
5. 简述 Protel DXP 的工作流程。
6. 如何启动 Protel DXP？如何启动原理图编辑器与 PCB 编辑器？
7. 如何创建和保存新的设计文件？
8. 如何实现图纸的放大和缩小？

二、基本操作题

1. 用 3 种不同的方法启动 Protel DXP 程序，并熟悉 Protel DXP 的操作界面和设计环境。

2. 在 Protel DXP 中新建一个名为“工程 1”的工程文件，然后在该工程文件下分别创建一个名为“原理图 1”的原理图文件和名为“PCB1”的 PCB 文件。

3. 打开 Protel DXP 安装目录下“Examples\4 Port Serial Interface”文件夹下的“4 Port UART and Line Drivers”文件，然后练习选取元器件、移动元器件、复制粘贴元器件等基本操作。

4. 打开 Protel DXP 安装目录下“Examples\Z80（stages）”文件夹下的“Serial Interface”文件，利用本章所学的知识，对图纸进行显示和移动以及放大、缩小等基本操作。

第2章 原理图设计基础

本章要点：

（1）电路原理图设计的一般步骤；

（2）电路原理图设计工具；

（3）图纸的设置；

（4）系统字体的设置；

（5）网格和光标的设置；

（6）Protel DXP 文件的结构；

（7）Protel DXP 文件的组织与管理。

本章导读：

本章主要讲述电路原理图设计的一般步骤、原理图设计工具、相关的参数设置和文件的组织和管理。在设计电路原理图之前，必须按照规范的流程进行设计，掌握好相关的原理图设计工具，并设置好相关的参数，这样才能方便快捷地设计出所需要的原理图。通过本章的学习，读者应该掌握原理图设计的基础知识，为后面绘制原理图打下坚实的基础。

2.1 原理图设计简介

2.1.1 电路原理图设计的一般步骤

电路原理图的设计是整个电路板设计的基础，它设计的好坏直接决定后面 PCB 设计的效果。一般来说，电路原理图的设计过程可分为以下 7 个步骤。

（1）启动 Protel DXP 原理图编辑器

执行“File→New→Schematic”命令，可以打开原理图编辑器，如图 2-1 所示。

（2）设置电路原理图的大小与版面

用户可以根据所要设计的原理图的复杂程度来设置图纸的大小，同时还可以设置图纸的方向、图纸颜色、网格大小、标题栏等。执行 Design→Options 命令即可打开“图纸参数设置”对话框，如图 2-2 所示。

（3）从元器件库取出所需元器件放置在工作平面

这一部分用户可以根据电路的需要从元器件库中取出所需元器件放在工作平面，同时根据元器件之间的走线关系对元器件在工作平面上的位置进行调整，并对元器件的编号、封装等进行定义和设置，为下一步工作打好基础。该部分工作主要在元器件库实现，单击元器件库面板标签“Libraries”即可打开元器件库，如图 2-3 所示。

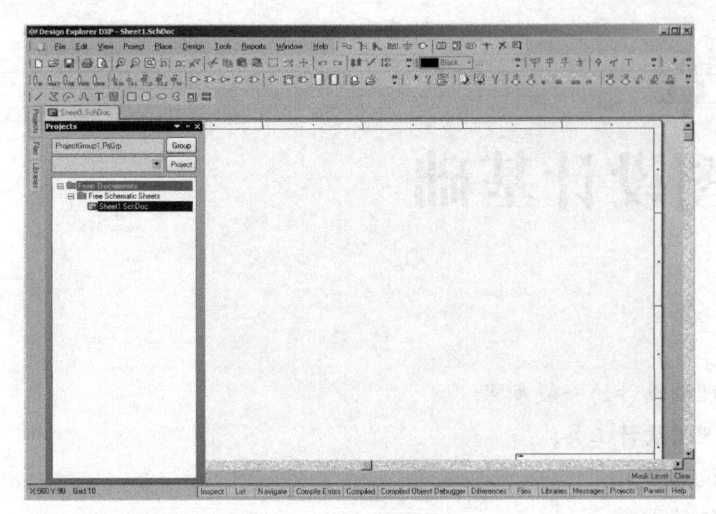

图 2-1　原理图编辑器界面

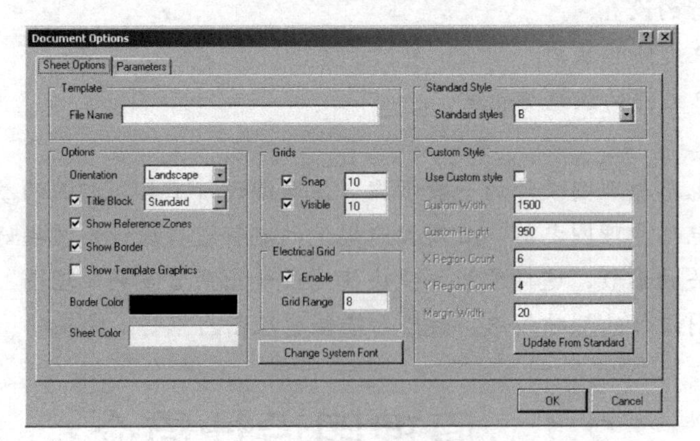

图 2-2　图纸参数设置对话框

（4）根据设计需要连接元器件

该过程实际上就是一个绘图的过程，用户可以利用 Protel DXP 提供的各种工具进行绘图和布线，将图中的元器件连接起来，构成一幅完整的电路原理图。

（5）对布线后的元器件进行调整

该过程就是利用 Protel DXP 提供的各种强大功能对原理图进行进一步的修改和完善。在保证元器件位置、属性、排列、图形尺寸等合乎要求的前提下还应注重原理图的美观大方。

（6）保存已绘好的原理图文档

该过程就是对已绘制好的原理图进行存盘。执行“File→Save”命令或单击标准工具栏中的按钮，在弹出的“Save [Protel.SCHDOC]As...”对话框中可以将新建的原理图文档进行保存，如图 2-4 所示。

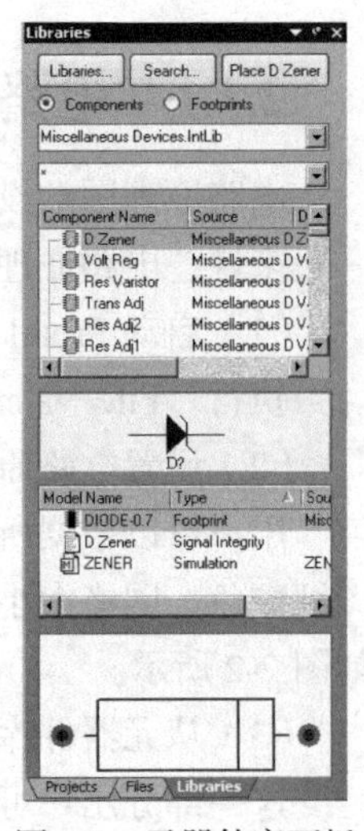

图 2-3　元器件库面板

（7）打印输出图纸

设计好的电路原理图，如需打印只需进行简单的页面与输出设置，即可打印出设计好的电路原理图。页面设置主要在“Schematic Print Properties”对话框中实现，执行“File→Page Setup”命令，将弹出如图 2-5 所示的“Schematic Print Properties”对话框。在该对话框中，用户可以根据要求对图纸的大小、方向、页边距、打印比例、打印颜色等进行设置。

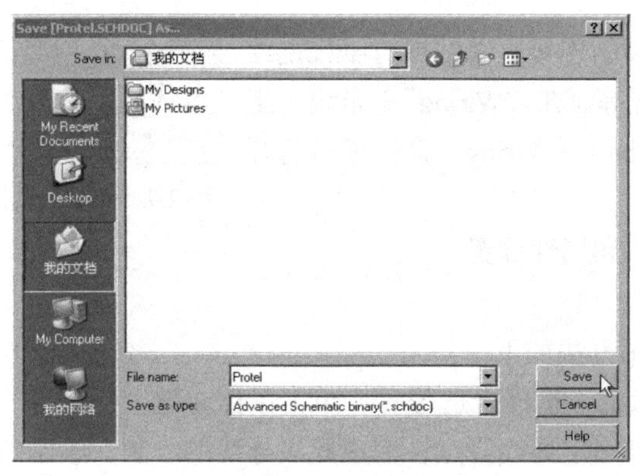

图 2-4　保存新建原理图

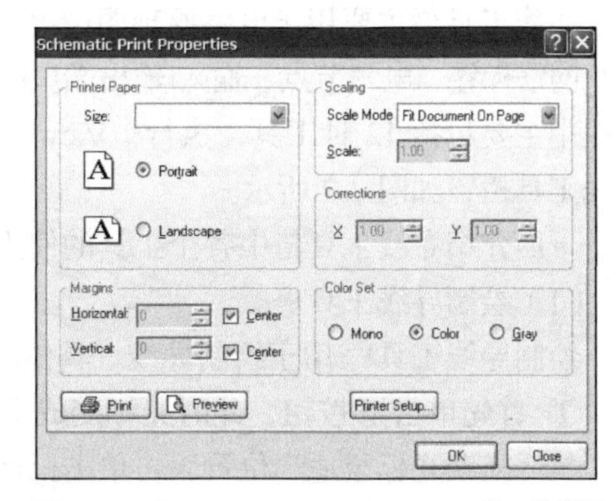

图 2-5　“Schematic Print Properties”对话框

打印输出设置可执行“File→Print”命令或单击按钮，即可打印输出电路原理图。

2.1.2　电路原理图设计工具栏

电路原理图设计工具栏为绘制原理图或原理图仿真提供了必要的工具。Protel DXP 的电路原理图设计工具栏主要有：布线工具栏、绘图工具栏、电源及接地工具栏、常用数字器件工具栏、信号仿真源工具栏、PLD 工具栏、Mixed Sim 工具栏、SI 工具栏等。执行“View→Toolbars→Drawing”命令即可打开绘图工具栏，其他工具栏的打开方式与此相同，这里不再重复，Protel DXP 的电路原理图设计工具栏如图 2-6 所示。

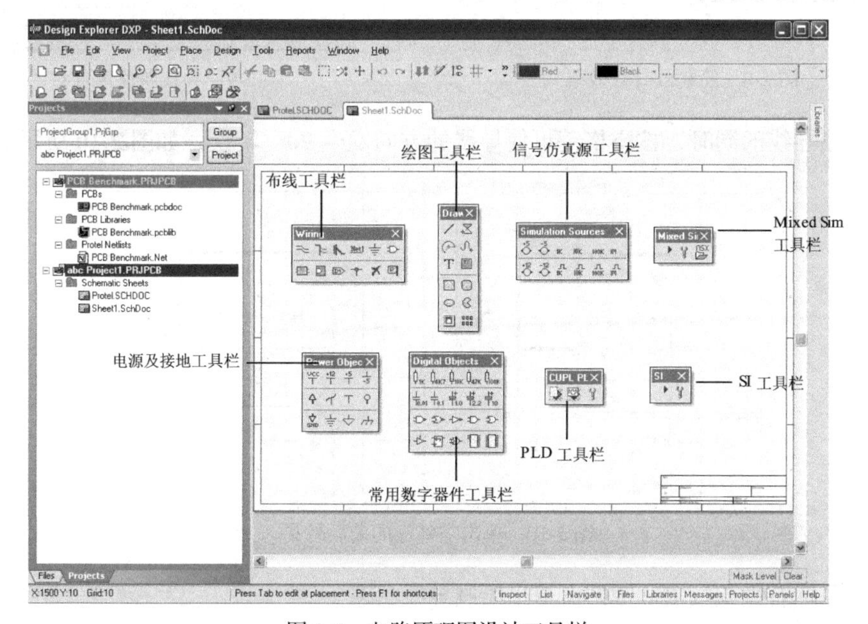

图 2-6　电路原理图设计工具栏

Protel DXP 提供的工具栏具有浮动功能，为节省工作空间用户可以将工具栏拖放到工作区上方的快捷工具栏处。

下面主要以布线工具栏与绘图工具栏为例，对各种工具的使用进行介绍，其他工具栏的使用方法和属性设置类似，这里不再重复。

1. 布线工具栏

布线工具栏主要用于电路原理图中电气引脚的连接，总线或方框图的绘制及网络标签、电气节点、输入/输出端口的放置等。在“Wiring”（布线）工具栏中主要包括 12 种工具，执行“View→Toolbars→Wiring”命令即可打开布线工具栏，如图 2-7 所示。

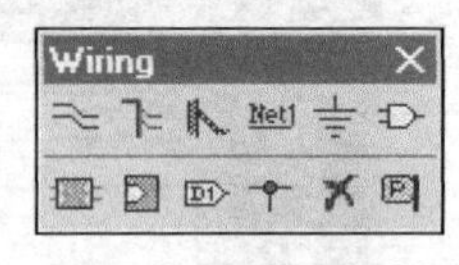

图 2-7　布线工具栏

下面介绍布线工具栏中各个工具的使用方法和属性设置。

（1）绘制导线工具

绘制导线工具用于绘制导线。具体的使用方法如下。

① 首先单击按钮，此时光标变成十字形状，选择合适位置，单击鼠标左键，确定导线起点，然后拖动光标至适当位置，再单击鼠标左键确定导线终点，完成此段导线的绘制，绘制的导线效果如图 2-8 所示。

② 此时光标仍处于绘制导线状态，用户如果对导线的粗细或颜色不满意，可以按 Tab 键，在随后出现的导线属性设置对话框中可以设置导线的颜色（Color）与宽度（Wire Width）。宽度共分为 4 种，即 Smallest（最小）、Small（小）、Medium（中）和 Large（大），如图 2-9 所示。

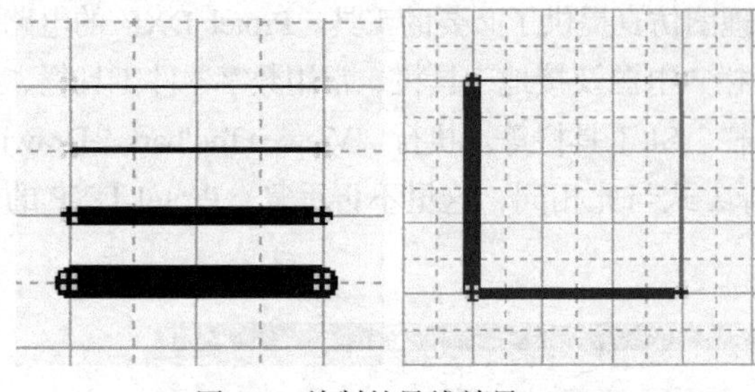

图 2-8　绘制的导线效果

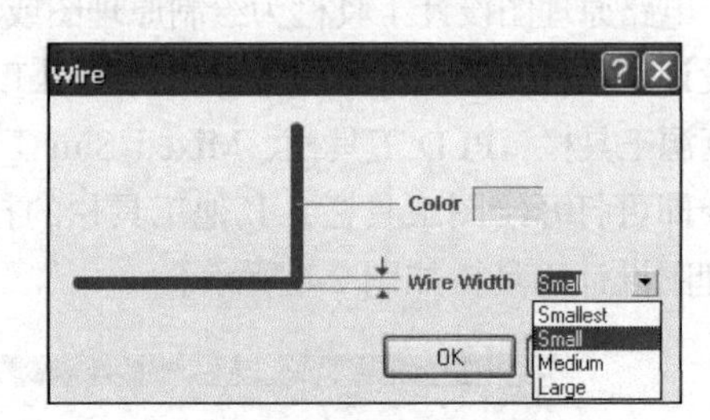

图 2-9　导线属性设置对话框

③ 在绘制导线的同时，按空格键可使导线的方向发生 90° 转换，如图 2-10 所示。

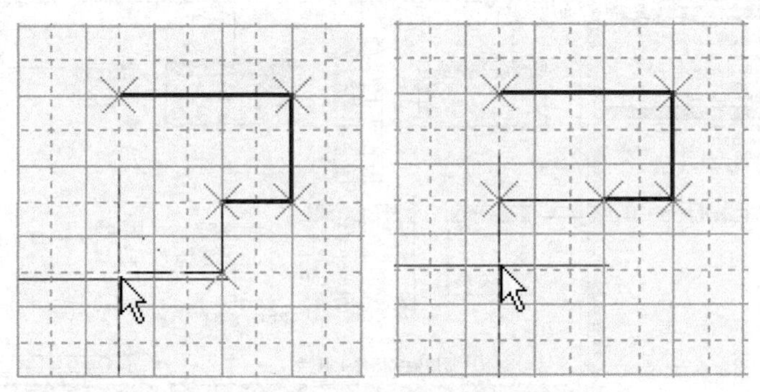

图 2-10　单击空格键的前后效果

④ 单击鼠标右键或按 Esc 键即可退出绘制导线状态。

提示　若想修改已经绘制好的导线的颜色或粗细，在该段导线上方双击鼠标左键也可以弹出如图 2-9 所示的导线属性设置对话框。此方法适用于 Protel DXP 中其他已绘制好的图形的修改。

（2）绘制总线工具

绘制总线工具主要用于绘制总线。具体使用方法如下。

① 首先单击按钮，此时光标变成十字形状，选择合适位置，单击鼠标左键，确定总线起点，然后拖动光标至适当位置，再单击鼠标左键确定总线终点，完成此段总线的绘制，绘制的总线效果如图 2-11 所示。

② 此时光标仍处于绘制总线状态，用户如果对总线的粗细或颜色不满意，可以按 Tab 键，在随后出现的总线属性设置对话框（见图 2-12）中选择总线的颜色与宽度，宽度共分为 4 种，即 Smallest（最小）、Small（小）、Medium（中）和 Large（大），绘制出的效果如图 2-13 所示。在绘制总线的同时，按空格键可使总线的方向发生 90° 转换。

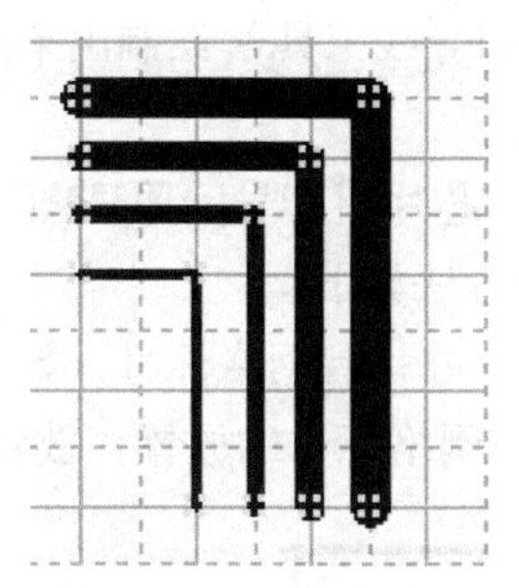

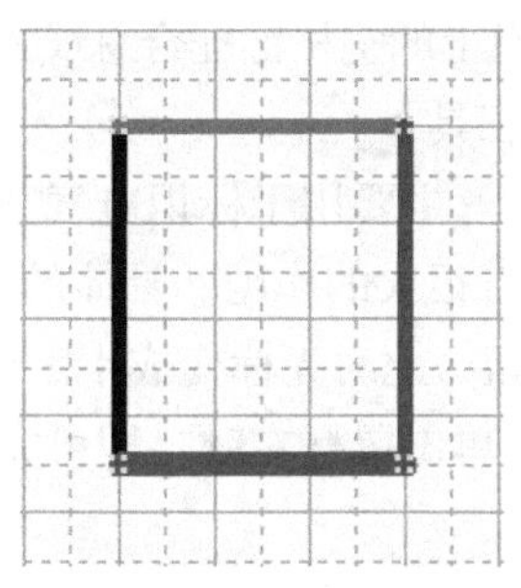

图 2-11　绘制的总线效果

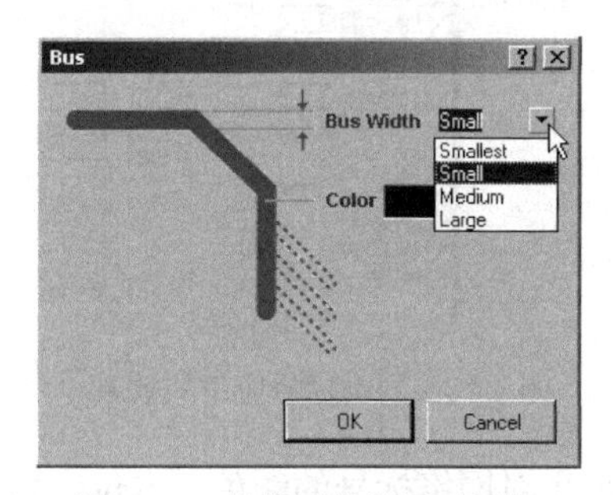

图 2-12　总线属性设置对话框

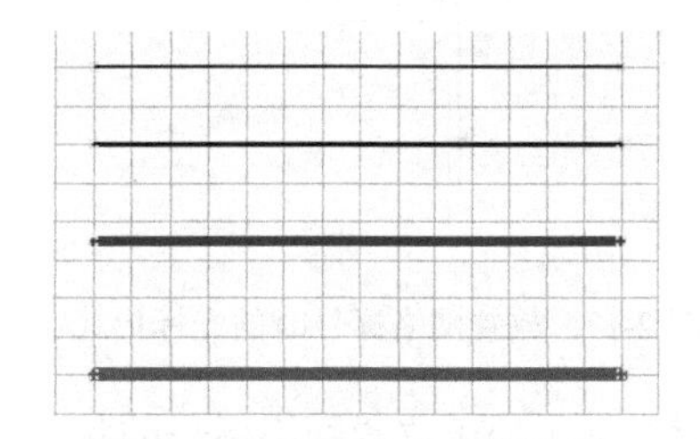

图 2-13　4 种宽度的总线效果

（3）绘制总线入/出口导线工具

绘制总线入/出口导线工具主要用于绘制总线的入/出口，以实现总线与芯片引脚的连接。具体绘制方法如下。

① 首先单击按钮，此时光标变成十字形状，选择入口或出口位置，单击鼠标左键，即完成此段总线入/出口导线的绘制，绘制的效果如图 2-14 所示。

② 此时光标仍处于绘制总线入/出口导线状态，用户如果对总线入/出口导线的粗细、颜色或方位不满意，可以按 Tab 键，在随后弹出的总线入/出口导线属性设置对话框中选择总线入/出口导线的颜色与宽度，还可以精确地设置总线入/出口导线的起点与终点坐标（Location）。宽度共分为 4 种，即 Smallest（最小）、Small（小）、Medium（中）和 Large（大），如图 2-15 所示。

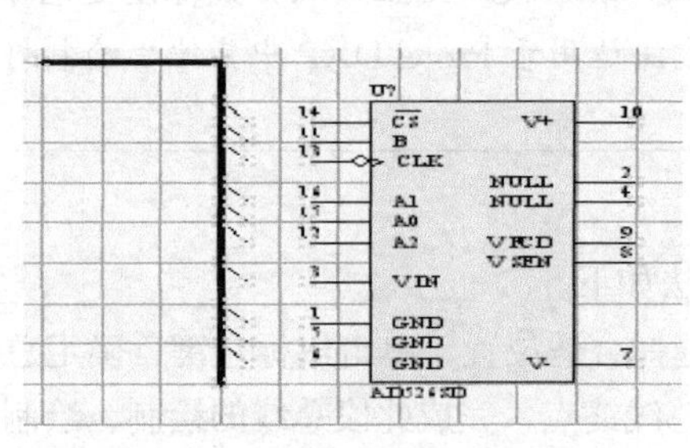

图 2-14　绘制的总线入/出口效果

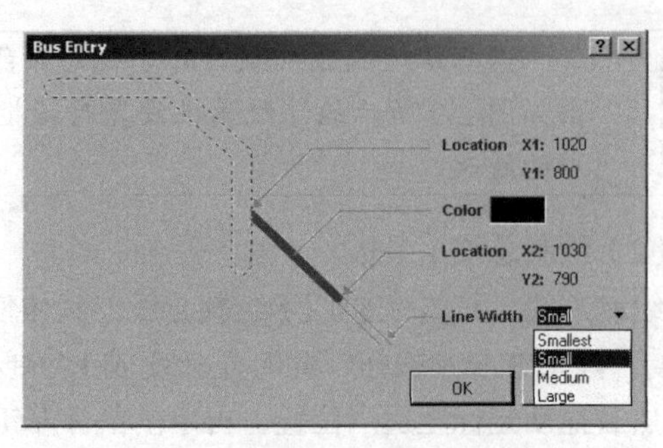

图 2-15　总线入/出口属性设置对话框

③ 若总线入/出口导线的角度不合适，可在放置总线入/出口导线状态下按键盘上的空格键来旋转总线入/出口导线的角度，单击一次将旋转 90°，共有 4 种角度：45°、135°、225° 和 315°。用户可以根据绘图要求进行选择，利用键盘上的空格键配合总线入/出口导线工具绘制出来的效果如图 2-16 所示。

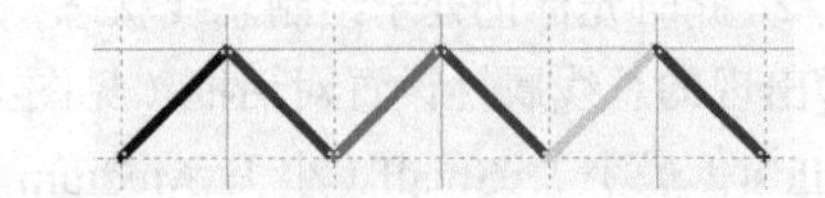

图 2-16　按空格键旋转总线入/出口角度的效果

（4）放置网络标号工具

放置网络标号工具主要用于标识电气节点、芯片引脚号、原理图输入/输出端口等，该工具在电路原理图仿真中有很大的作用。具体的使用方法如下。

① 首先单击按钮，此时光标变成十字形状，并带有网络标号，如图 2-17 所示。

② 选择适当位置，单击鼠标左键，即可完成该网络标号的放置，放置效果如图 2-18 所示。

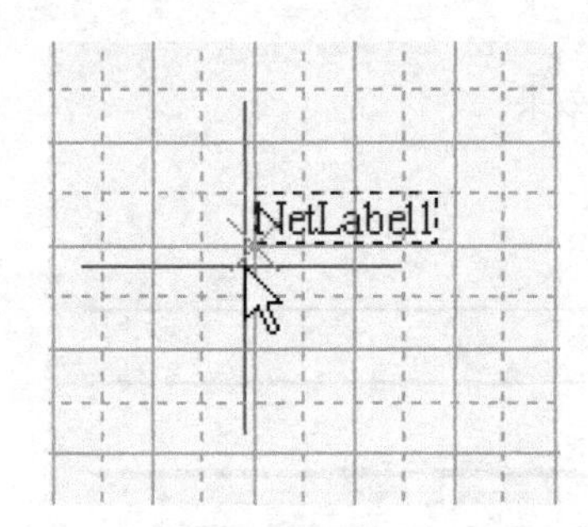

图 2-17　放置网络标号时的光标形式

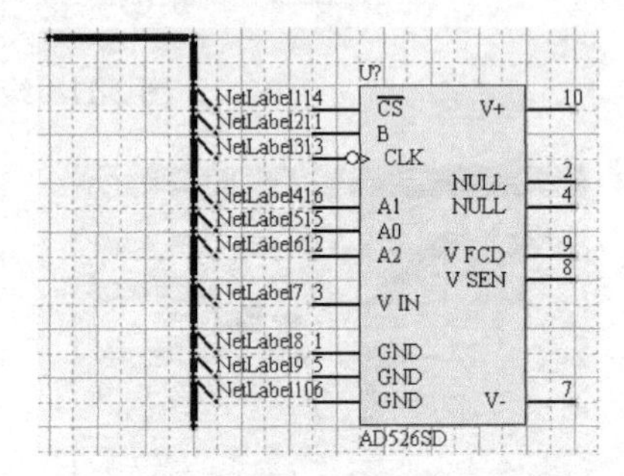

图 2-18　网络标号应用的效果

③ 此时光标仍处于放置网络标号的状态，用户如果对网络标号的颜色、方位、角度或字体不满意，可以按 Tab 键，在随后弹出的网络标号属性设置对话框中设置网络标号的颜色、角度或字体，还可以精确地设置网络标号的起点坐标。其中，网络标号的角度共分为 4 种：0Degrees（0°）、90Degrees（90°）、180Degrees（180°）和 270Degrees（270°），如图 2-19 所示。

④ 通常不必在属性设置对话框中设置网络标号的角度，可在放置网络标号状态下按空格键来旋转网络标号的角度，按一次将旋转 90°，共有 4 种角度：0°、90°、180° 和 270°，用户可以根据绘图需要进行选择，旋转效果如图 2-20 所示。

（5）放置电源或接地端口工具

放置电源或接地端口工具主要为所设计的电路原理图提供电源和接地，具体的使用方法如下。

① 首先单击按钮，此时光标变成十字形状，并带有电源端口，如图 2-21 所示。

② 选择适当位置，单击鼠标左键，即完成该电源端口的放置，放置效果如图 2-22 所示。

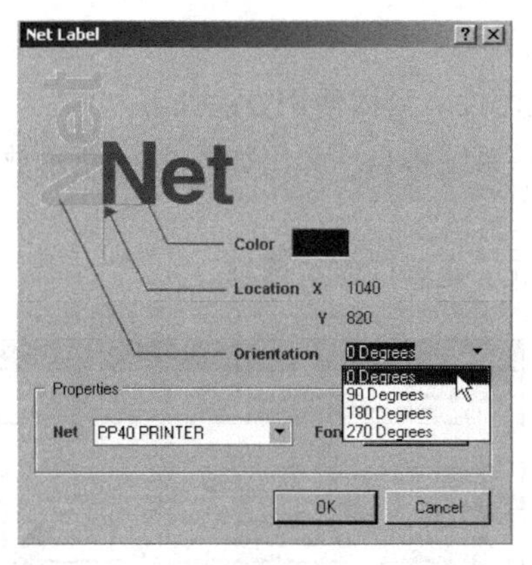

图 2-19　网络标号属性设置对话框

图 2-20　网络标号的旋转效果

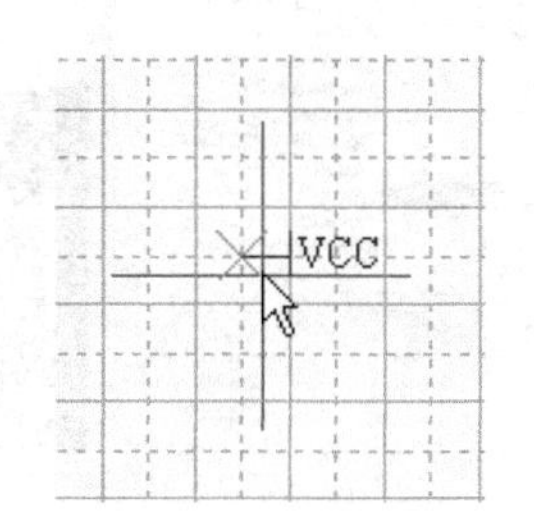

图 2-21　放置电源端口时的光标形式

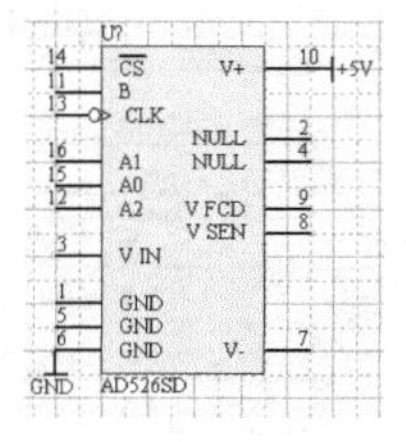

图 2-22　绘制电源或接地端口的效果

③ 此时光标仍处于放置电源端口的状态，用户如果对电源端口的颜色、形式或角度不满意，可以按 Tab 键，在随后弹出的电源端口属性设置对话框中选择电源端口的颜色、形式或角度，还可以精确设置电源端口的起点坐标。其中，网络标号的角度共分为 4 种：0Degrees（0°）、90Degrees（90°）、180Degrees（180°）和 270Degrees（270°），如图 2-23 所示。

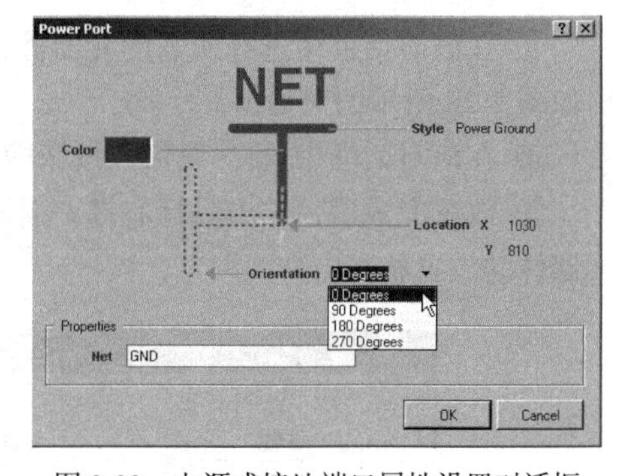

图 2-23　电源或接地端口属性设置对话框

④ 通常不必在属性设置对话框中设置电源端口的角度，可在放置电源端口状态下按空格键来旋转电源端口的角度，按一次将旋转 90°，共有 4 种角度：0°、90°、180° 和 270°，用户可以根据绘图需要进行选择，效果如图 2-24 所示。

⑤ 在电源端口属性设置对话框中的“Style”（形式）选项中包含 7 种电源形式，即圆头形电源、箭头形电源、平头形电源、波浪形电源、电源地、信号地和大地，如图 2-25 所示，用户可根据需要进行选择。

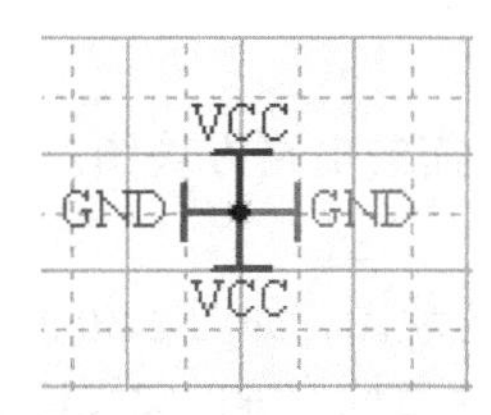

图 2-24　修改电源或接地端口的颜色与旋转效果

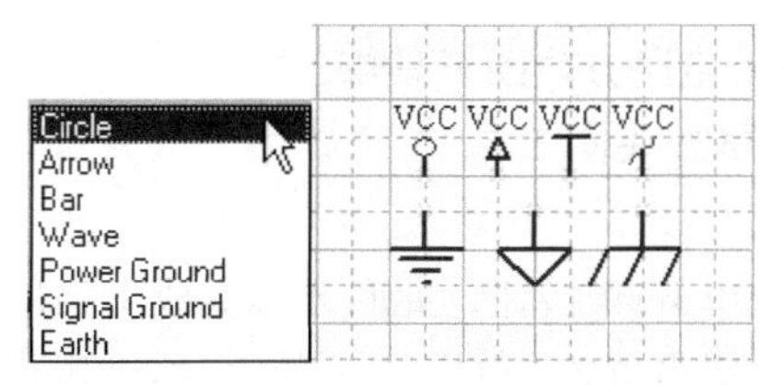

图 2-25　设置电源形式

⑥ 单击鼠标右键即可退出放置电源或接地状态。

（6）放置元器件工具

放置元器件工具主要用于向工作区中放置元器件。具体使用方法如下。

① 首先单击按钮，此时光标变成十字形状，系统将自动弹出如图 2-26 所示放置元器件对话框。

② 单击该对话框中的按钮，弹出如图 2-27 所示元器件库对话框。

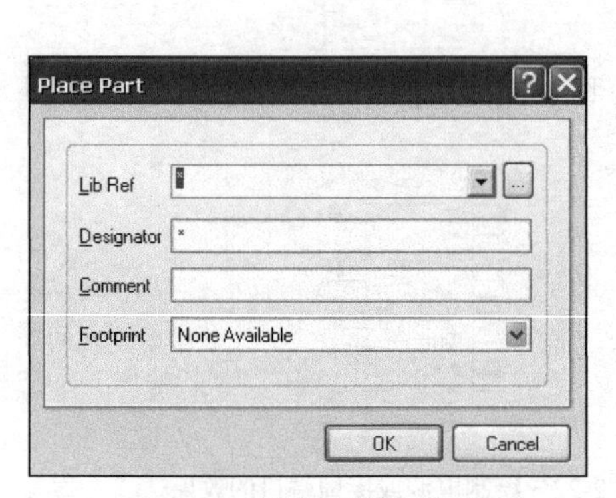

图 2-26　放置元器件对话框

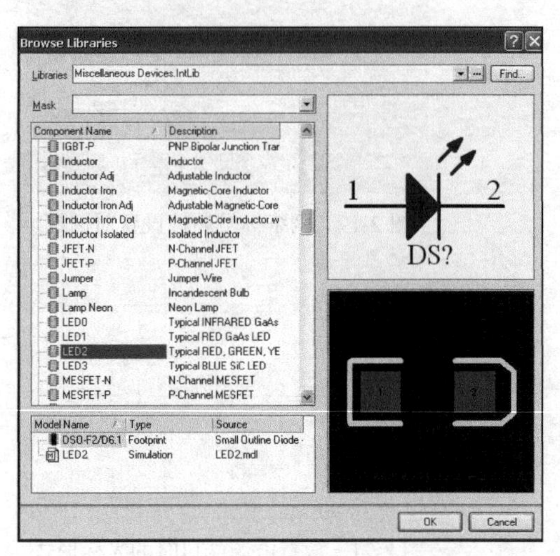

图 2-27　元器件库对话框

③ 在该对话框中选择所需的元器件，如选择元器件为 LED2，然后单击“OK”按钮，将弹出如图 2-28 所示的对话框。

④ 在该对话框中单击“OK”按钮即可放置该元器件，如图 2-29 所示。

⑤ 放置完成后，单击鼠标右键，返回到图 2-28 所示的对话框，单击“Cancel”按钮可取消元器件的放置状态。

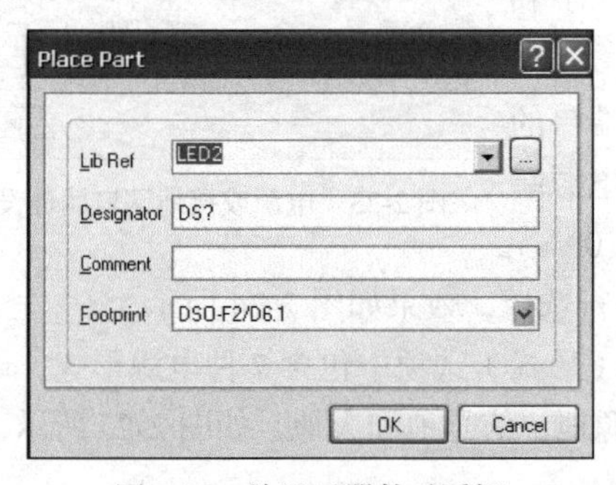

图 2-28　放置元器件对话框

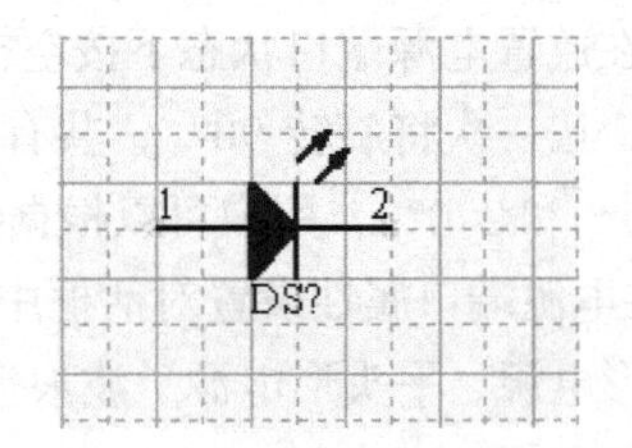

图 2-29　放置元器件后的效果

（7）放置电路方块图工具

放置电路方块图工具主要用于放置绘制层次原理图时所需的电路方块图。具体的使用方法如下。

① 首先单击按钮，此时光标变成十字形状，并带有电路方块图，如图 2-30 所示。

② 选择适当位置，单击鼠标左键，拖动鼠标至合适位置再单击鼠标左键即完成该电路方块图的放置，放置效果如图 2-31 所示。

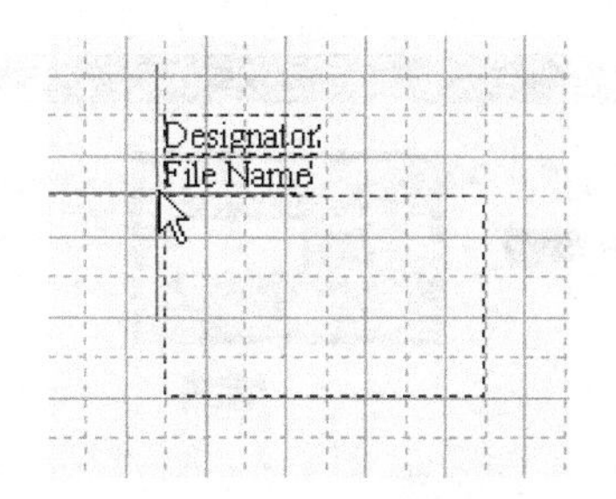

图 2-30　放置电路方块图时的光标形式

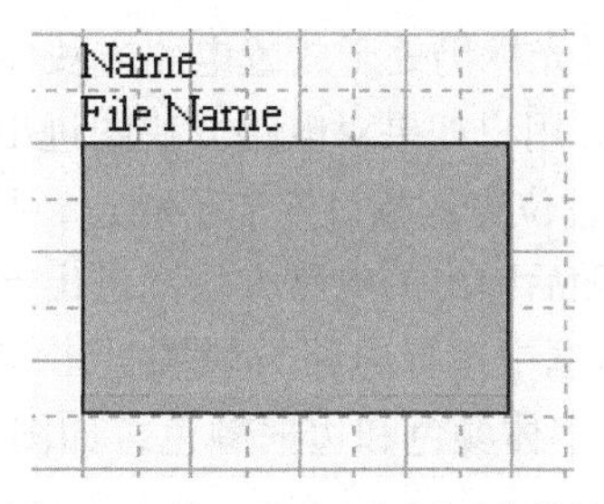

图 2-31　放置电路方框图后的效果

③ 此时光标仍处于放置电路方块图的状态，用户如果对电路方块图的颜色、尺寸或边框宽度不满意，可以按 Tab 键，在随后弹出的电路方块图属性设置对话框中可以设置电路方块图的填充颜色（Fill Color）和边框颜色（Border Color），可以设置电路方块图的长宽尺寸，还可以精确地设置电路方块图的左下角起点坐标。其中，边框宽度共分为 4 种，即 Smallest（最小）、Small（小）、Medium（中）和 Large（大），如图 2-32 所示。用户可根据不同的需要进行选择。

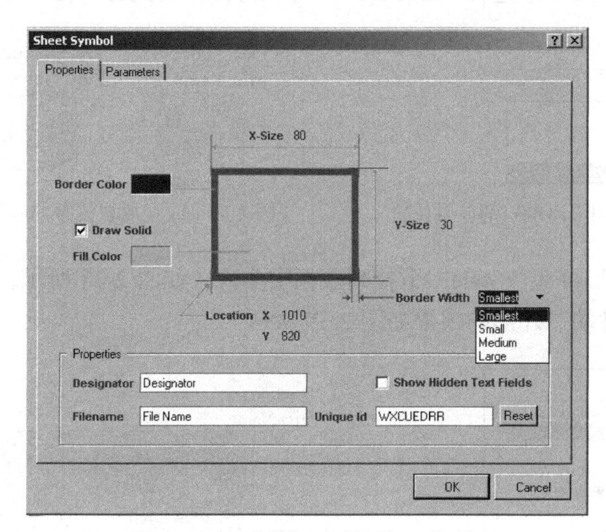

图 2-32　电路方块图属性设置对话框

（8）放置电路方块图进出端口工具

放置电路方块图进出端口工具主要作为连接各个功能方块图的端口。具体的使用方法如下。

① 首先单击按钮，此时光标变成十字形状，将光标移动到电路方块图的边缘，单击鼠标左键，将出现如图 2-33 所示带进出端口的十字光标。

② 再单击鼠标左键即可完成该电路方块图进出端口的放置。放置效果如图 2-34 所示。

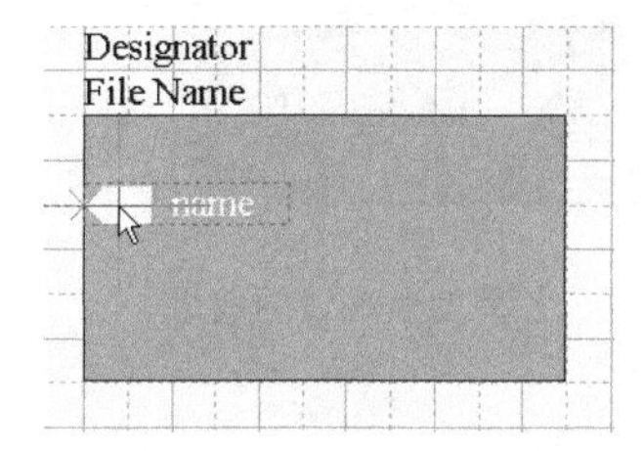

图 2-33　放置电路方块图进出端口时的光标形状

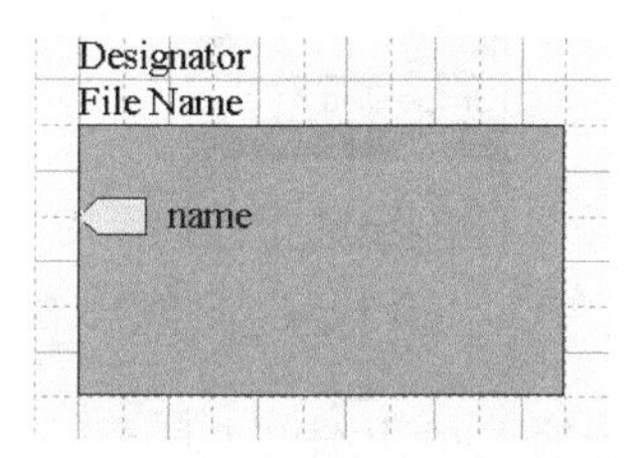

图 2-34　放置电路方块图进出端口后的效果

③ 此时光标仍处于放置电路方块图进出端口的状态，用户如果对电路方块图进出端口的颜色、放置位置或端口外形不满意，可以按Tab键，在随后弹出的电路方块图进出端口属性设置对话框中选择电路方块图进出端口的填充颜色、字体颜色和边框颜色，如图 2-35所示。

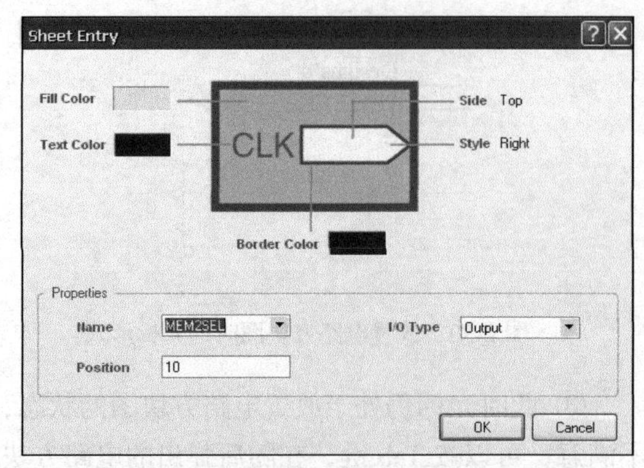

图 2-35 电路方块图进出端口属性设置对话框

④ 设置电路方块图进出端口的放置位置，可在“Side”下拉列表框中选择放置在方块图中的方位分别为 Left（左面）、Right（右面）、Top（上面）和 Bottom（下面），如图 2-36所示。若原方块图进出端口放置在方块图的上面，则双击该端口，在弹出的如图 2-36 所示对话框中的“Side”下拉列表框中选择“Bottom”，端口将会移动到方块图的下面，如图 2-37 所示。

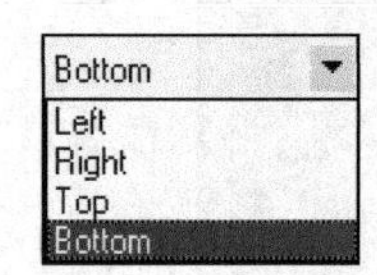

图 2-36 电路方块图进出端口的放置位置

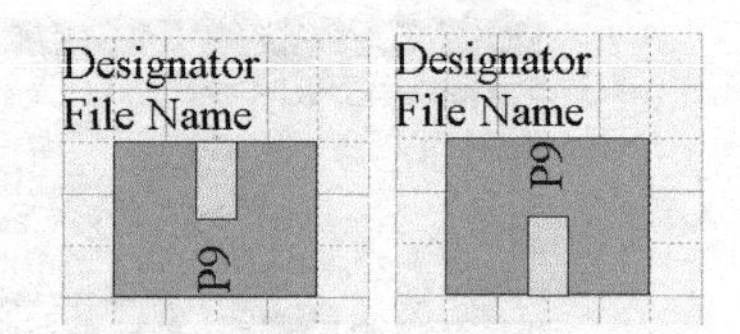

图 2-37 改变放置位置前后的效果

⑤ 设置端口的外形可在“Style”下拉列表框中实现，如图 2-38 所示，共包含 8 种电路方块图进出端口外形，各种端口外形的效果如图 2-39 所示。

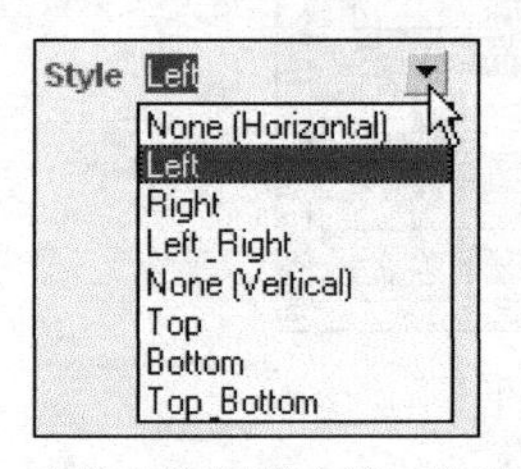

图 2-38 电路方块图进出端口的外形种类

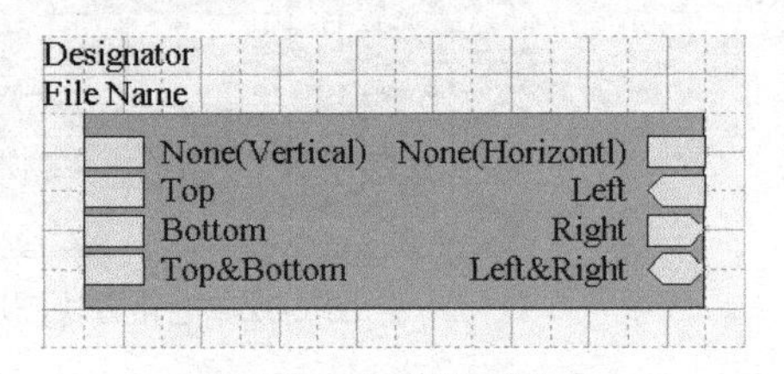

图 2-39 各种端口形式

⑥ 设置端口的类型，主要在“I/O Type”下拉列表框中实现，如图 2-40 所示。电路方块图进出端口类型共有 4 种，分别是 Unspecified（未指明或不确定）、Output（输出端口型）、Input（输入端口型）和 Bidirectional（双向型），各种类型端口的效果如图 2-41 所示。

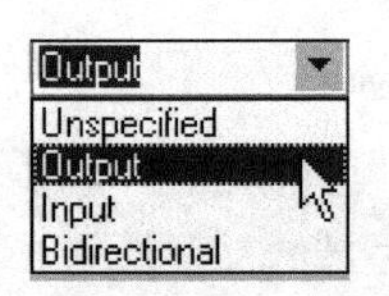

图 2-40 “I/O Type”下拉列表框

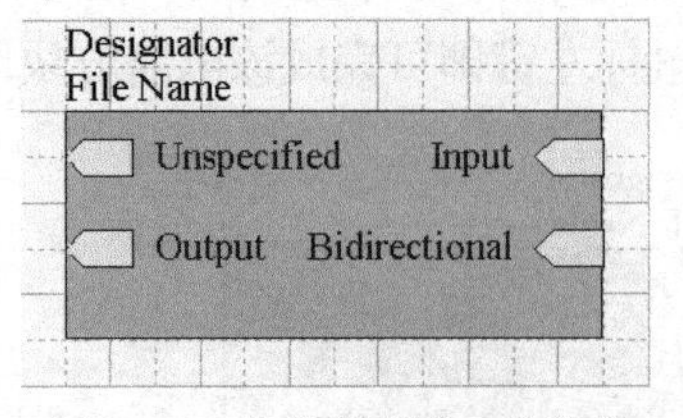

图 2-41 各种类型端口的效果

（9）放置输入/输出端口工具

放置输入/输出端口工具主要作为电路输入或输出的端口。具体的使用方法如下。

① 首先单击按钮，此时光标变成十字形状，并带有输入/输出端口，如图 2-42 所示。

② 将光标移动到合适位置，单击鼠标左键确定输入/输出端口的一个端点，此时光标将自动移到端口的另一个端点，拖动鼠标将端口移至合适长度再单击鼠标左键即完成输入/输出端口的放置，放置的效果如图 2-43 所示。

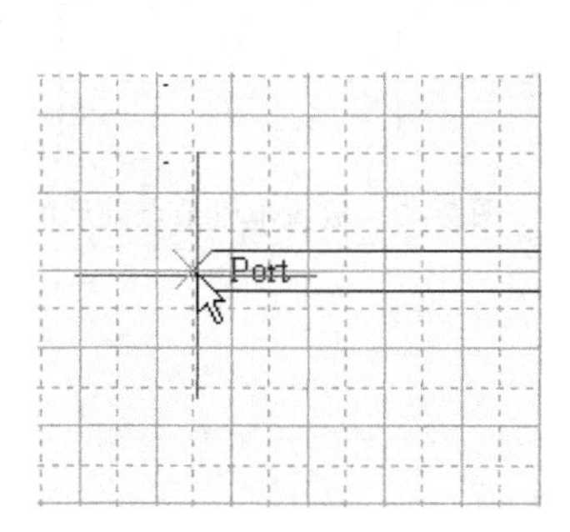

图 2-42　放置输入/输出端口时的光标形状

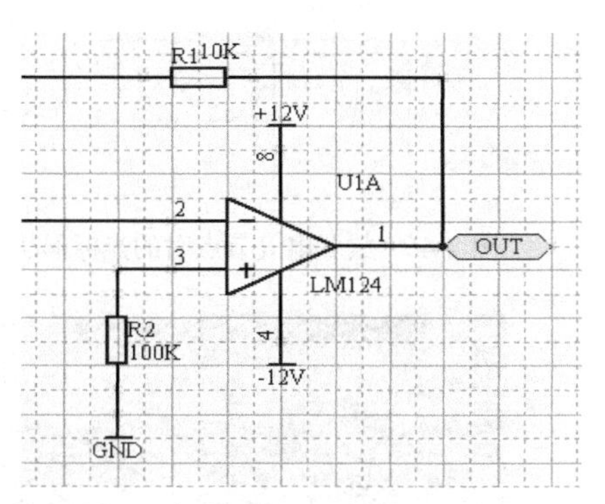

图 2-43　放置输入/输出端口后的效果

③ 此时光标仍处于放置输入输出端口的状态，用户如果对输入输出端口的颜色、放置位置或端口外形不满意，可以按键盘上的 Tab 键，在弹出的输入/输出端口属性设置对话框中进行设置，如图 2-44 所示，在该对话框中选择输入/输出端口的填充颜色、字体颜色和边框颜色，设置输入/输出端口的放置位置、设置端口的外形，还可设置端口的 I/O Type 类型，输入/输出端口的类型共有 4 种，分别是 Unspecified（未指明或不确定）、Output（输出端口型）、Input（输入端口型）和 Bidirectional（双向型），如图 2-45 所示。

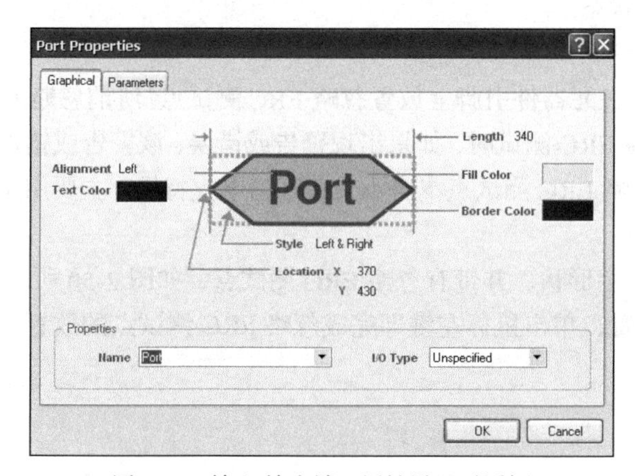

图 2-44　输入/输出端口属性设置对话框

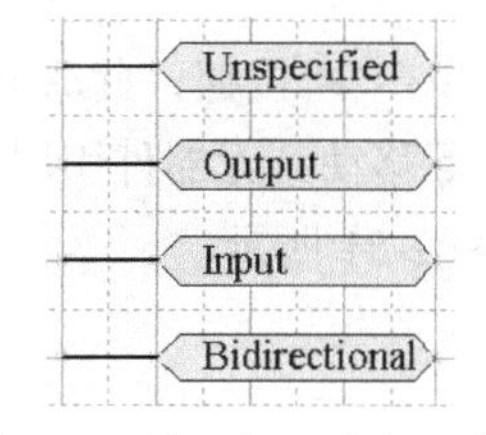

图 2-45　端口的 4 种类型效果

（10）放置电气节点工具

放置电气节点工具主要用于放置电路中的电气节点，原理图中的导线需要交叉相连时，系统默认的是不放置节点，所以需要用户自己放置。具体的使用方法如下。

① 首先单击按钮，此时光标变成十字形状，并带有电气节点，如图 2-46 所示。

② 将光标移动到合适位置，单击鼠标左键即完成电气节点的放置，放置的效果如图 2-47 所示。

③ 此时光标仍处于放置电气节点的状态，用户如果对电气节点的颜色与大小不满意，可以按 Tab 键，在弹出电气节点属性设置对话框中进行设置，如图 2-48 所示。在该对话框中可以选择电

气节点的颜色与大小。其中电气节点的大小共分 4 种，分别是 Smallest（最小）、Small（小）、Medium（中）和 Large（大），效果如图 2-49 所示。

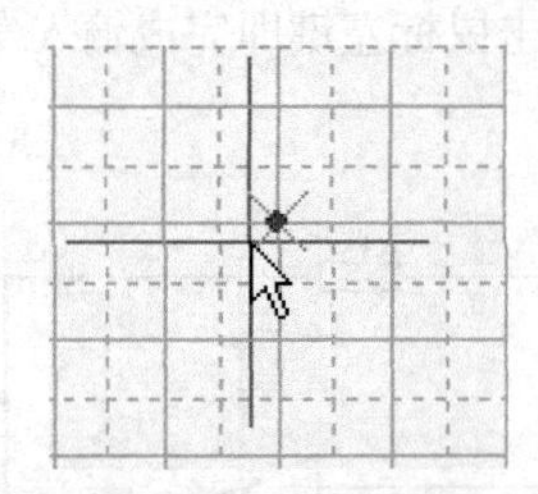

图 2-46　放置电气节点时的光标形状

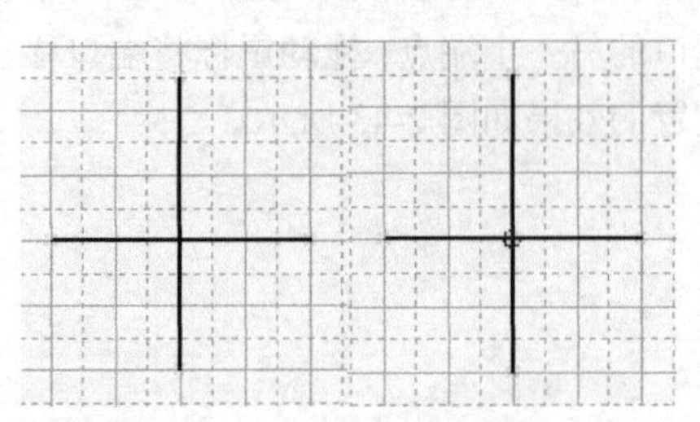

图 2-47　放置电气节点前后的效果

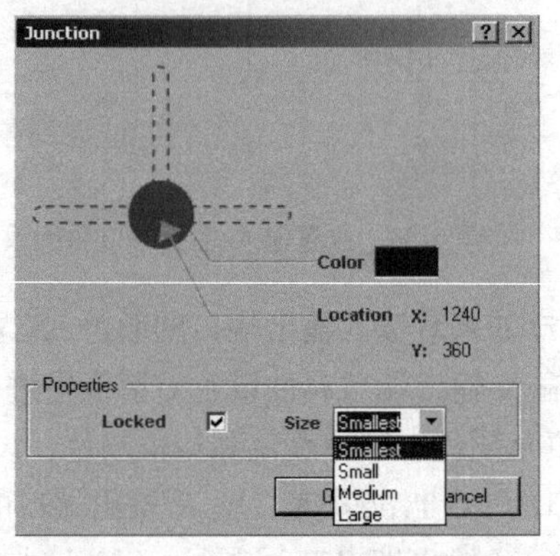

图 2-48　电气节点属性设置对话框

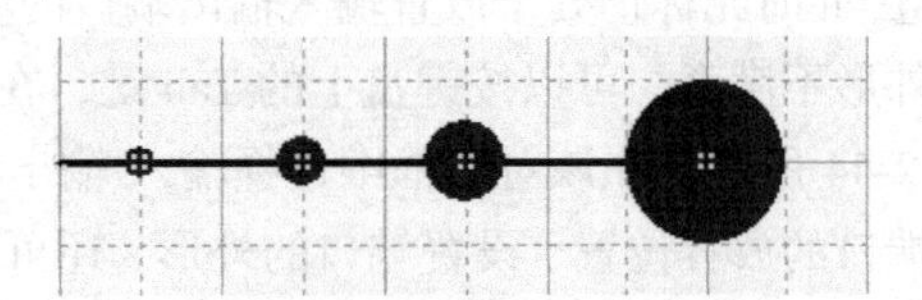

图 2-49　4 种类型的节点

④ 单击鼠标右键可退出放置电气节点状态。

（11）放置忽略 ERC 测试点工具

放置忽略 ERC 测试点工具主要用于在元器件引脚上放置忽略 ERC 测试点。所谓忽略 ERC 测试点是指该测试点所附加的元器件引脚在 ERC 测试时，如果出现警告或错误，该警告或错误可以被忽略，从而不影响网络报表的生成。忽略 ERC 测试点本身不具备任何电气特性，主要用于检查电路原理图。具体的使用方法如下。

① 首先单击按钮，此时光标变成十字形状，并带有忽略 ERC 测试点，如图 2-50 所示。

② 将光标移动到元器件引脚的合适位置，单击鼠标左键即完成忽略 ERC 测试点的放置，放置的效果如图 2-51 所示。

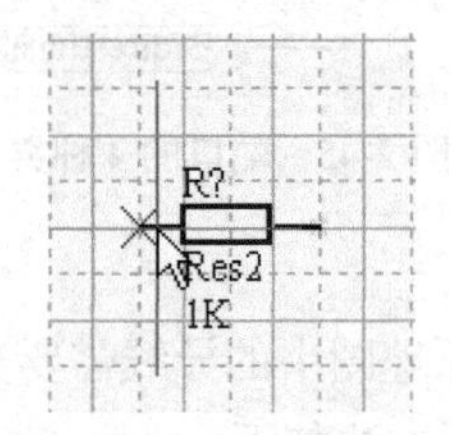

图 2-50　放置忽略 ERC 测试点时的光标形状

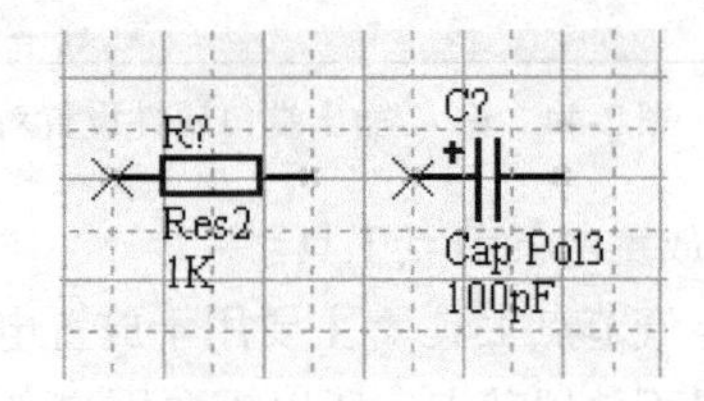

图 2-51　放置忽略 ERC 测试点后的效果

③ 此时光标仍处于放置忽略 ERC 测试点的状态，用户如果对忽略 ERC 测试点的颜色与位置不满意，可以按 Tab 键，在随后弹出的忽略 ERC 测试点属性设置对话框中设置忽略 ERC 测试点的颜色以及位置坐标值，如图 2-52 所示。

（12）放置 PCB 布线指示标记工具

放置 PCB 布线指示标记工具主要用于标记元器件引脚的布线要求。PCB 布线指示标记主要用于标记它所附加的元器件引脚的 PCB 布线要求。PCB 布线指示标记本身也不具备任何电气特性，是元器件引脚的附属物。具体的使用方法如下。

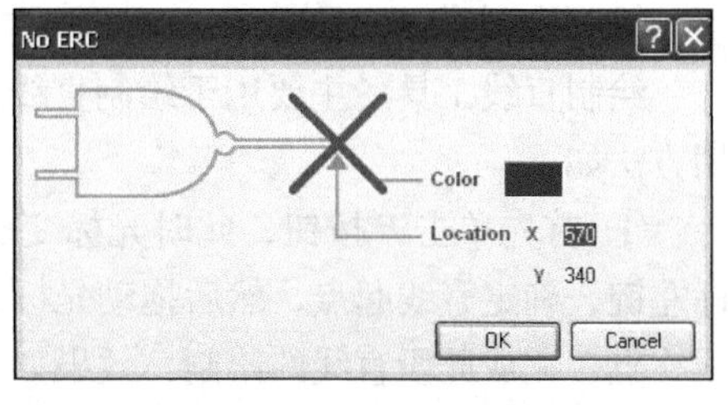

图 2-52　忽略 ERC 测试点属性设置对话框

① 首先单击按钮，此时光标变成十字形状，并带有 PCB 布线指示标记，如图 2-53 所示。

② 将光标移动到元器件引脚的合适位置，单击鼠标左键即完成 PCB 布线指示标记的放置，放置后的效果如图 2-54 所示。

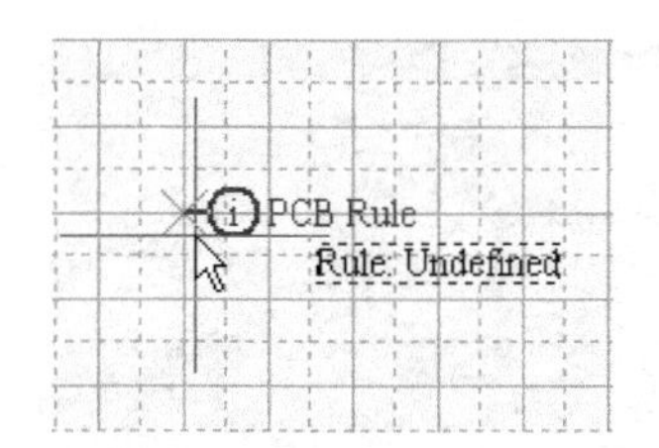

图 2-53　放置 PCB 布线指示标记时的光标形状

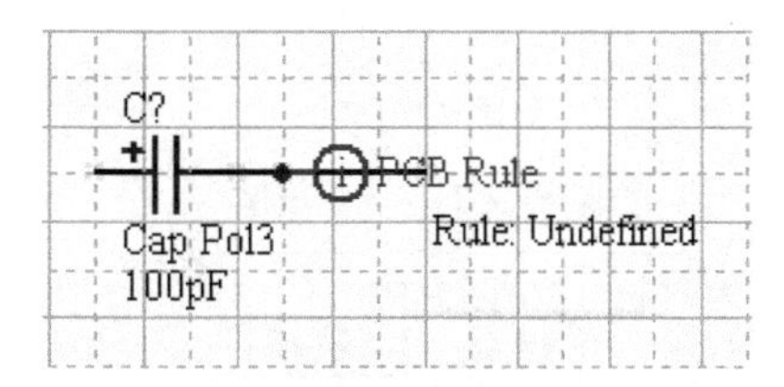

图 2-54　放置 PCB 布线指示标记后的效果

③ 此时光标仍处于放置 PCB 布线指示标记的状态，用户如果对 PCB 布线指示标记的名称、旋转角度及位置不满意，可以按 Tab 键，在弹出的 PCB 布线指示标记属性设置对话框中进行设置，如图 2-55 所示。在该对话框中可以更新名称、设置位置坐标值和选择旋转角度（也可按空格键来进行旋转），旋转角度共 4 种，分别为 0°、90°、180° 和 270°，各种旋转角度效果如图 2-56 所示。

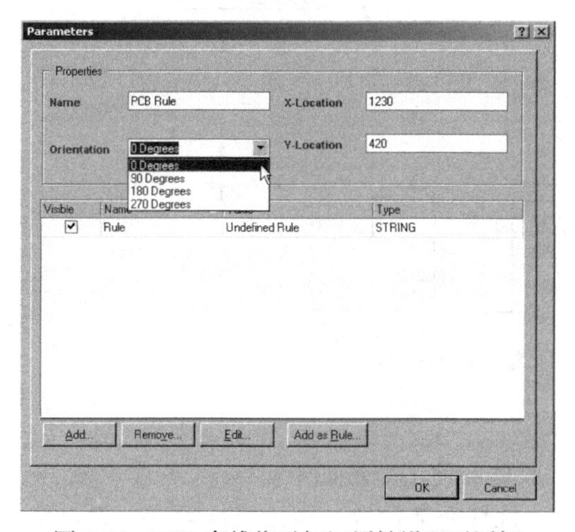

图 2-55　PCB 布线指示标记属性设置对话框

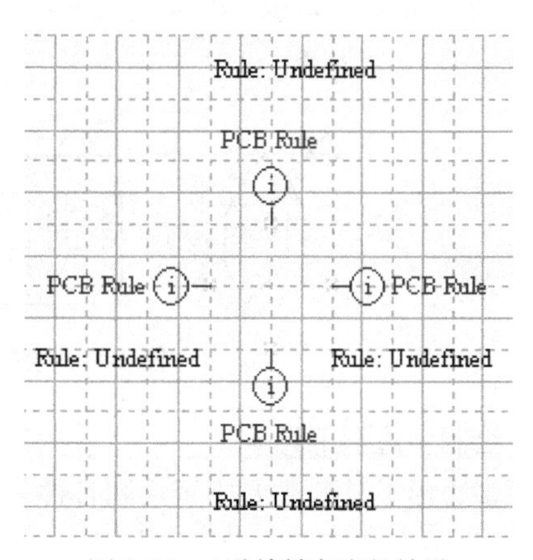

图 2-56　4 种旋转角度的效果

2. 绘图工具栏

绘图工具栏主要用于在电路原理图中绘制多边形、椭圆、直线、添加文字标注等。该工具栏中的大部分工具也可用于在元器件库编辑器中绘制元器件。在“Draw”（绘图）工具栏中主要包括 12 种工具，执行“View→Toolbars→Drawing”命令即可打开绘图工具栏，如图 2-57 所示。

下面对绘图工具栏中各个工具的用法与属性进行介绍。

（1）绘制直线工具╱

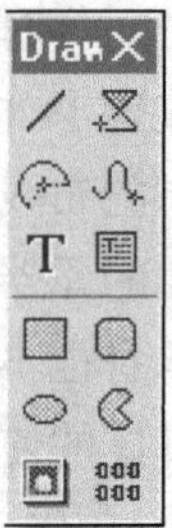

绘制直线工具╱主要用于绘制直线，包括实线、虚线和点线。具体的使用方法如下。

① 首先单击╱按钮，此时光标变成十字形状，选择合适位置，单击鼠标左键，确定直线起点，然后拖动光标至适当位置，再单击鼠标左键确定直线终点，完成此段直线的绘制，效果如图 2-58 所示。

② 此时光标仍处于绘制直线的状态，用户如果对直线的粗细、颜色或类型不满意，可以按 Tab 键，在随后出现的直线属性设置对话框中选择直线的颜色、宽度及直线类型，宽度共分为 4 种，即 Smallest（最小）、Small（小）、Medium（中）和 Large（大），如图 2-59 所示。

图 2-57　绘图工具栏

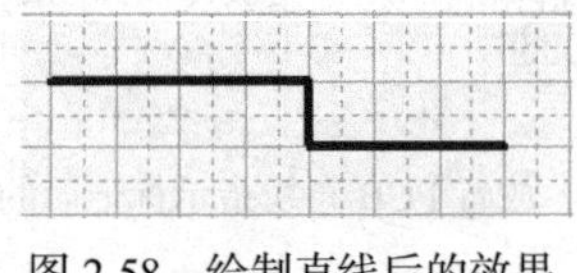

图 2-58　绘制直线后的效果

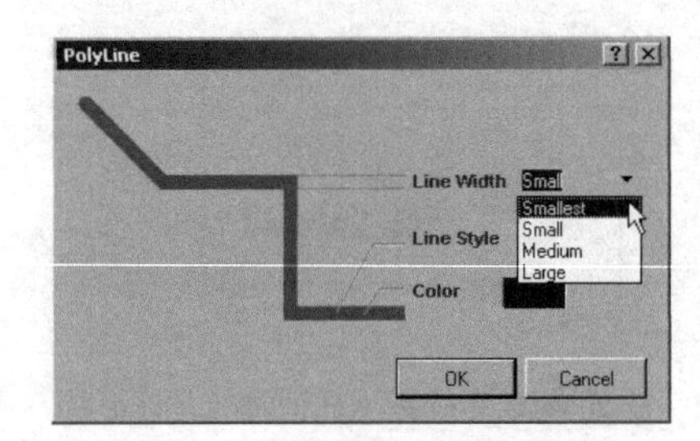

图 2-59　直线属性设置对话框

③ 在如图 2-59 所示的直线属性设置对话框中的“Line Style”（直线类型）下拉列表框中共有 3 种直线类型，分别是 Solid（实线）、Dashed（虚线）和 Dotted（点线），如图 2-60 所示。

④ 在绘制直线的同时，可以按空格键改变直线的方向，绘制出不同角度的直线，效果如图 2-61 所示。

⑤ 单击鼠标右键可退出绘制直线状态。

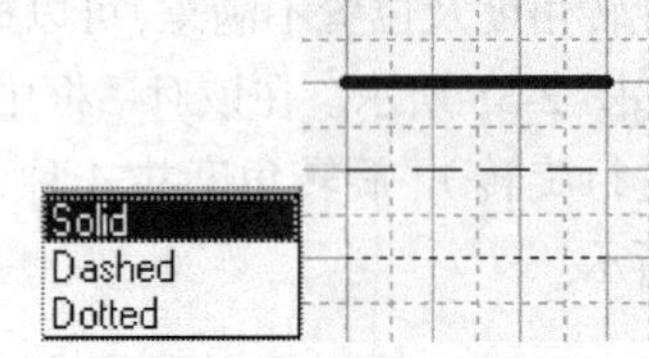

图 2-60　直线类型及效果

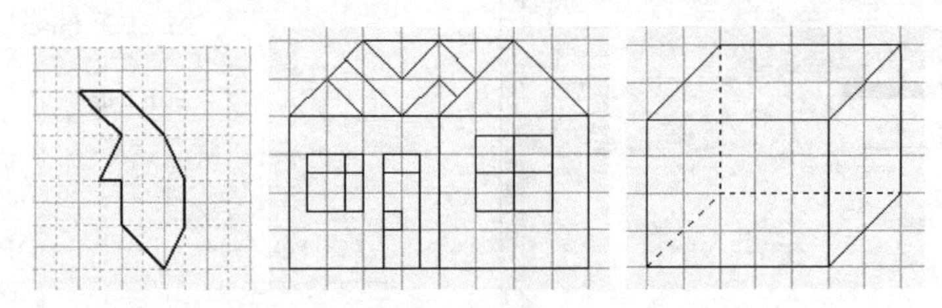

图 2-61　绘制直线工具绘制出的图形

（2）绘制多边形工具⧖

绘制多边形工具⧖主要用于绘制各种多边形。具体的使用方法如下。

① 首先单击⧖按钮，此时光标变成十字形状，选择合适位置，单击鼠标左键，确定多边形的一个顶点，然后拖动光标至适当位置，再单击鼠标左键确定多边形的另一个顶点，如此进行下去即可绘制出一个多边形，如图 2-62 所示。

② 此时光标仍处于绘制多边形的状态，用户如果对多边形的边框宽度或颜色不满意，可以按 Tab 键，在随后出现的多边形属性设置对话框中选择多边形的填充颜色、边框颜色及边框的宽度，宽度共分为 4 种，即 Smallest（最小）、Small（小）、Medium（中）和 Large（大），如图 2-63 所示。

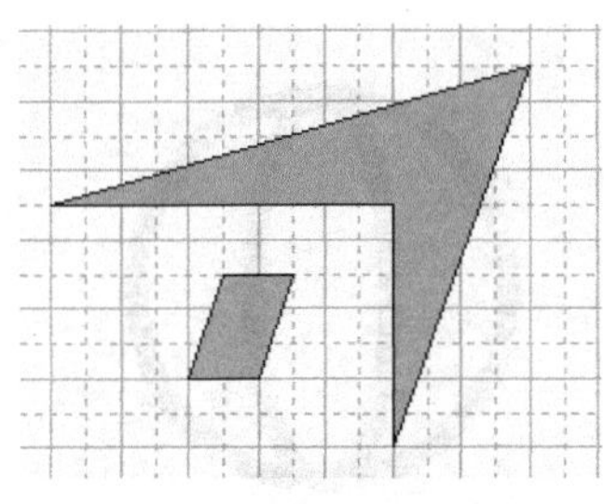

图 2-62　绘制多边形的效果

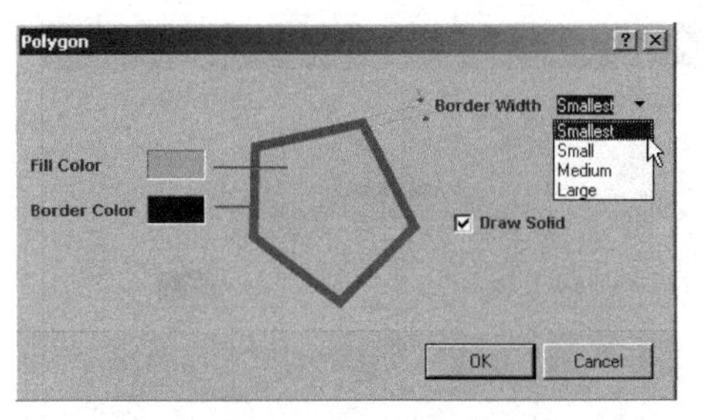

图 2-63　多边形属性设置对话框

③ 在如图 2-63 所示的多边形属性设置对话框中，设置多边形的填充颜色分别为绿色和红色，然后利用多边形工具绘制出如图 2-64 所示的松树和五角星。

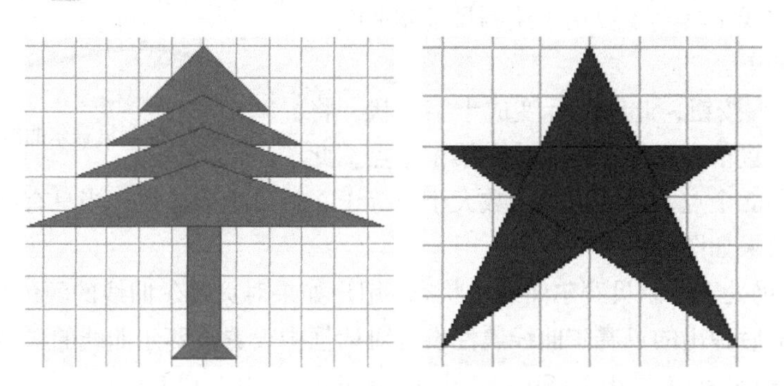

图 2-64　多边形工具绘制出的图形

（3）绘制椭圆弧线工具

绘制椭圆弧线工具主要用于绘制椭圆、圆、椭圆弧线和圆弧等。具体的使用方法如下。

① 首先单击按钮，此时光标变成十字形状，并带有椭圆弧线，如图 2-65 所示。

② 将光标移动到待绘图形的椭圆弧中心单击鼠标左键，然后调整好椭圆弧的 x 轴半径，单击鼠标左键确定，再移动光标调整好椭圆弧的 y 轴半径，单击鼠标左键。光标将自动移到椭圆弧缺口的另一端，调整好其位置后单击鼠标左键，就完成了该椭圆弧线的绘制，效果如图 2-66 所示。

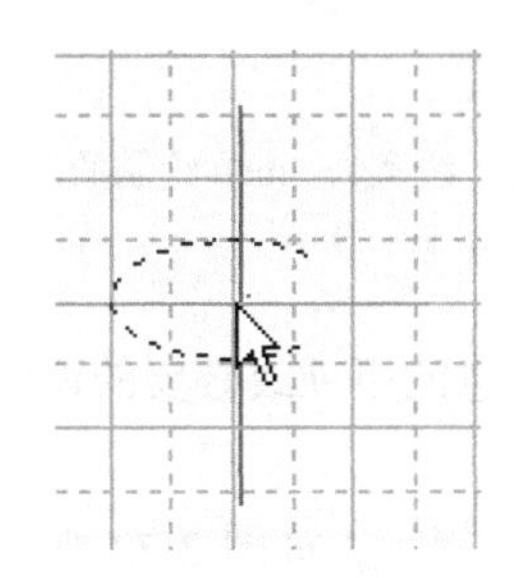

图 2-65　绘制椭圆弧线时的光标形状

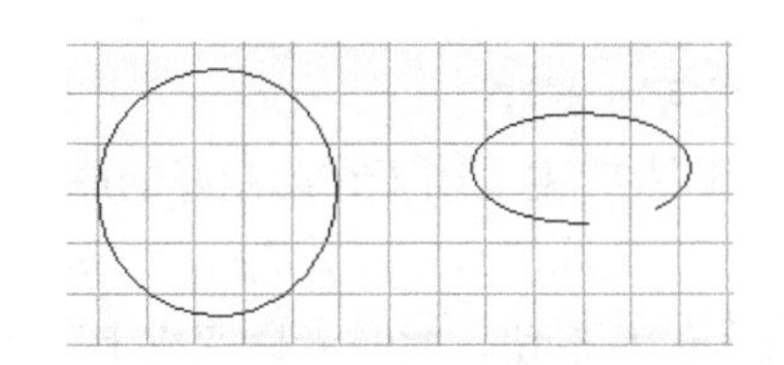

图 2-66　绘制椭圆弧线工具绘制出的图形

③ 此时光标仍处于绘制椭圆弧线的状态，用户如果对椭圆弧线的颜色与线宽等参数不满意，可以按 Tab 键，在随后弹出的椭圆弧线属性设置对话框中设置椭圆弧线的颜色，设置弧线的线宽、x 轴半径、y 轴半径及起始角度、终止角度等。线宽共有 4 种，分别是 Smallest（最小）、Small（小）、Medium（中）和 Large（大），如图 2-67 所示。以线宽为 Small 为例，可以绘制如图 2-68 所示的图形。

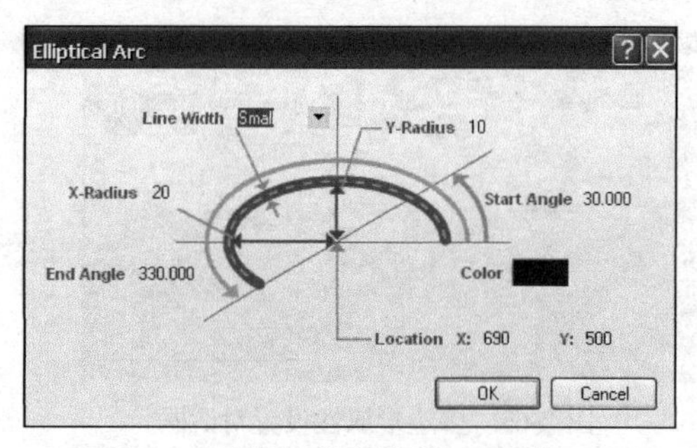

图 2-67 椭圆弧线属性设置对话框

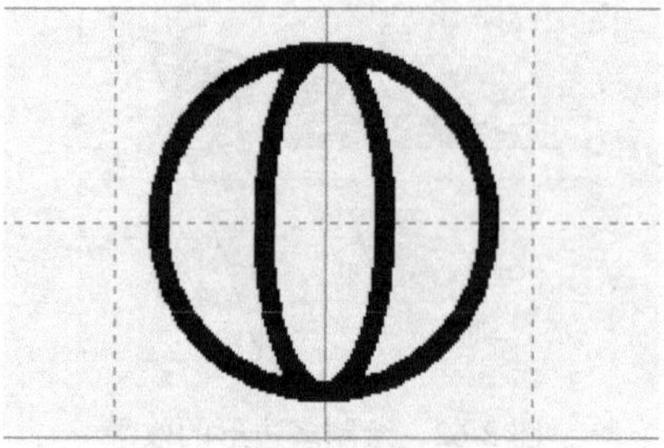

图 2-68 线宽为 Small 绘制的效果

（4）绘制贝赛尔曲线工具

绘制贝赛尔曲线工具主要用于绘制贝赛尔曲线。具体的使用方法如下。

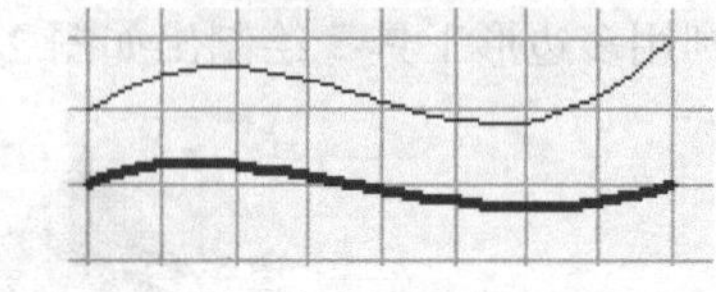

图 2-69 绘制贝赛尔曲线工具绘制出的图形

① 首先单击按钮，此时光标变成十字形状，将光标移动到合适位置单击鼠标左键，确定第 1 个点，此时系统要求确定第 2 个点，若确定的点数大于或等于 3 就可生成曲线，当只有两个点时就生成一条直线，绘制的效果如图 2-69 所示。

② 此时光标仍处于绘制贝赛尔曲线的状态，用户如果对贝赛尔曲线的颜色与线宽不满意，可以按 Tab 键，在随后弹出的贝赛尔曲线属性设置对话框中设置贝赛尔曲线的颜色和线宽。线宽共有 4 种，分别是 Smallest（最小）、Small（小）、Medium（中）和 Large（大），如图 2-70 所示。以线宽为 Small 绘制出的图形如图 2-71 所示。

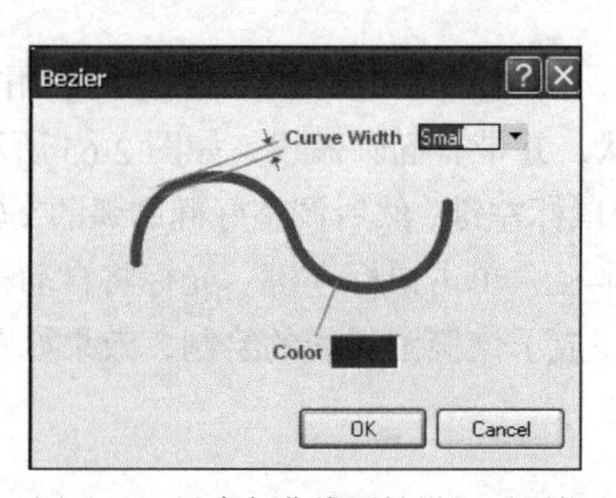

图 2-70 贝赛尔曲线属性设置对话框

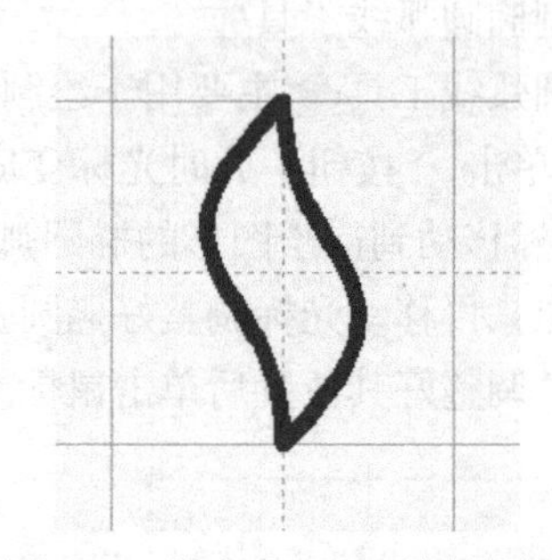

图 2-71 线宽为 Small 绘制的图形

（5）插入文字工具 T

插入文字工具 T 主要用于在绘制好的原理图旁标注需要注意的事项或必要的说明。具体的使用方法如下。

① 首先单击 T 按钮，此时光标变成十字形状，并带有文字提示，如图 2-72 所示。

② 将光标移动到待插入文字的位置单击鼠标左键，即可完成文字的插入，如图 2-73 所示。

③ 此时光标仍处于插入文字的状态，用户如果对文字的颜色、角度和字体等参数不满意，可以按 Tab 键，在随后弹出的文字属性设置对话框中选择文字的颜色，设置文字的角度和字体，如图 2-74 所示。在“Color”列表中设置文字的颜色，单击“Change”按钮改变字体大小，同时按空格键可旋转文字的方向，得到如图 2-75 所示的图形。

（6）插入文本框工具

插入文本框工具主要用于插入对原理图的说明文字。具体的使用方法如下。

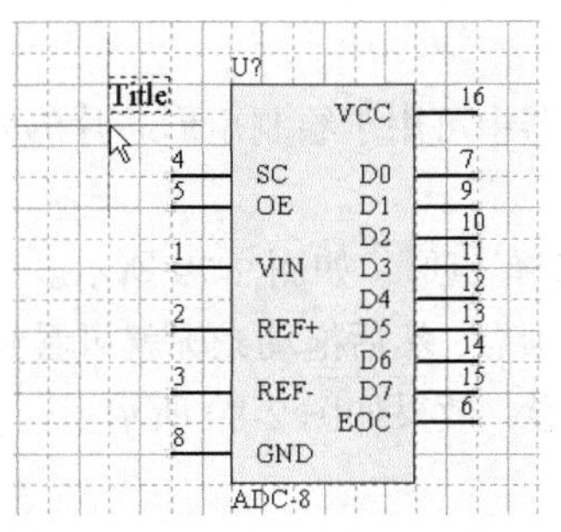

图 2-72　插入文字时的光标形状

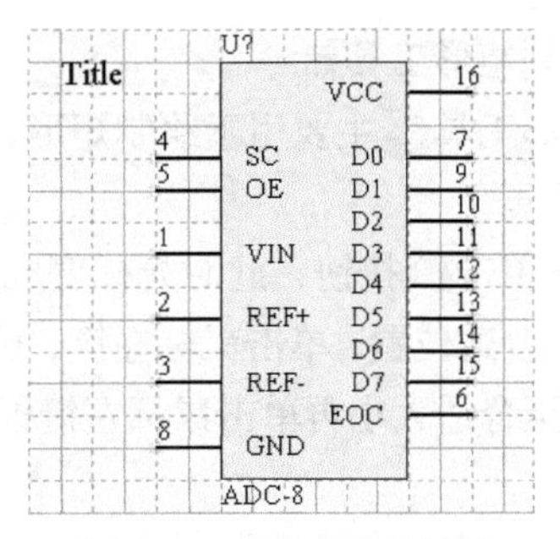

图 2-73　插入文字的效果

① 首先单击 按钮，此时光标变成十字形状，选择合适位置，单击鼠标左键，确定文本框的一个顶点，然后拖动光标就可看到一个虚线的预拉框，拖至合适大小再单击鼠标左键即可插入一个文本框，效果如图 2-76 所示。

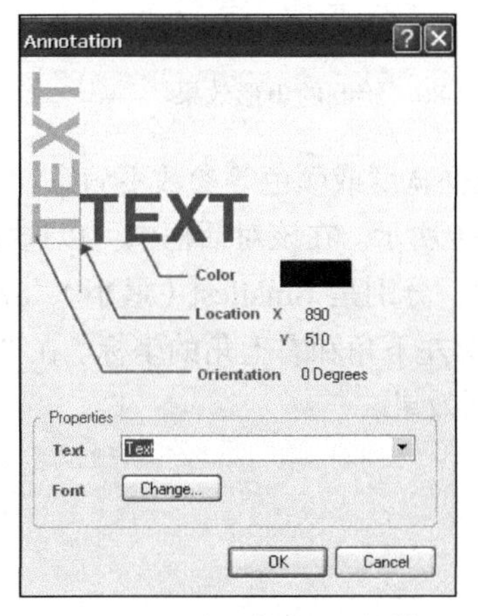

图 2-74　文字属性设置对话框

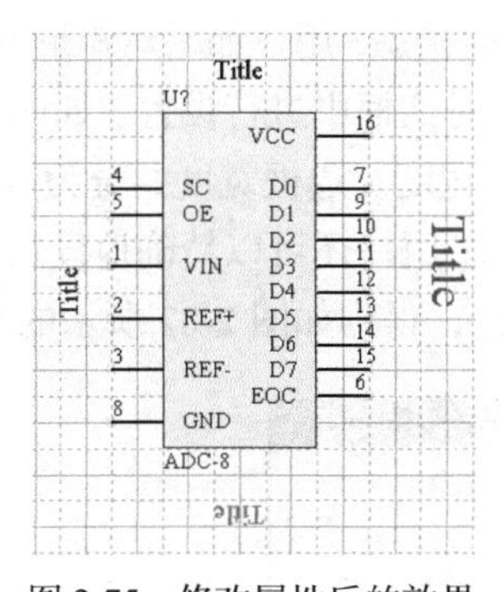

图 2-75　修改属性后的效果

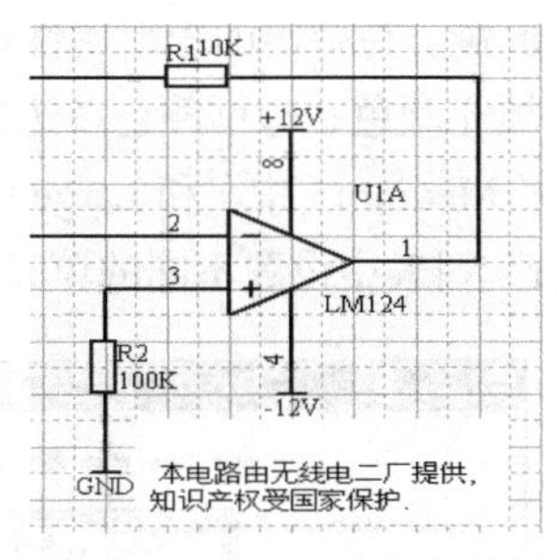

图 2-76　插入文本框的效果

② 此时光标仍处于插入文本框的状态，用户如果对文本框的边框宽度或颜色等参数不满意，可以按 Tab 键，在弹出的文本框属性设置对话框中进行设置，如图 2-77 所示。在该对话框中可以设置文本框的填充颜色、边框颜色及边框的宽度。边框宽度共分为 4 种，分别是 Smallest（最小）、Small（小）、Medium（中）和 Large（大）。单击“Change”按钮，可以改变文本框中的文字和字体，如图 2-78 所示。

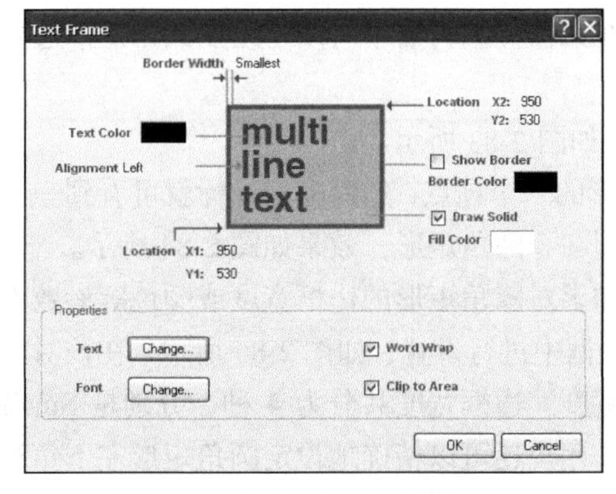

图 2-77　文本框属性设置对话框

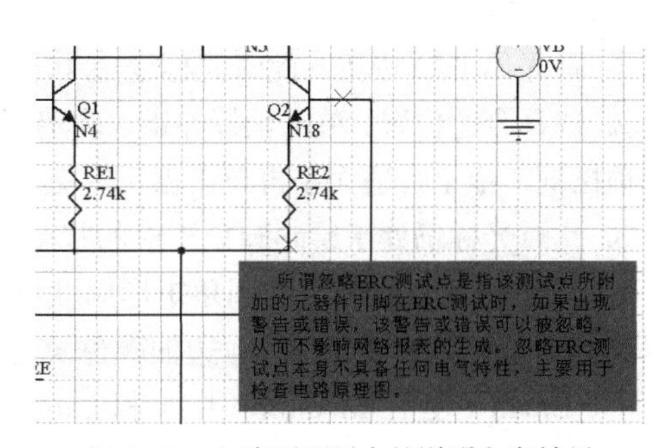

图 2-78　电路原理图中的说明文字效果

（7）绘制矩形工具□

绘制矩形工具□主要用于绘制矩形，在元器件编辑器中可用于绘制矩形芯片的外形。具体的使用方法如下。

① 首先单击□按钮，此时光标变成十字形状，并带有矩形，如图 2-79 所示。

② 选择合适位置，单击鼠标左键，确定矩形的一个顶点，然后拖动光标就可看到一个虚线的预拉框，拖至合适大小再单击鼠标左键即可绘制一个矩形，效果如图 2-80 所示。

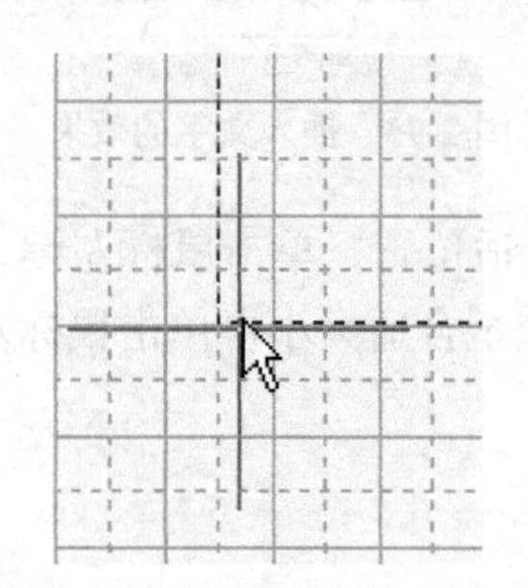

图 2-79 绘制矩形时的光标形状

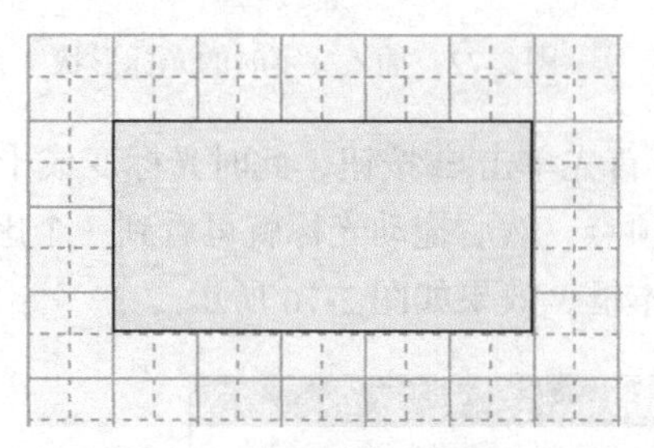

图 2-80 绘制的矩形效果

③ 此时光标仍处于绘制矩形的状态，用户如果对矩形的边框宽度或颜色等参数不满意，可以按 Tab 键，在弹出的矩形属性设置对话框中进行设置，如图 2-81 所示。在该对话框中可以选择矩形的填充颜色、边框颜色及边框的宽度。边框宽度共分为 4 种，分别是 Smallest（最小）、Small（小）、Medium（中）和 Large（大）。用户还可以精确地设定矩形左下角和右上角的坐标。在"Fill Color"列表中设置不同的填充颜色，得到如图 2-82 所示的不同效果。

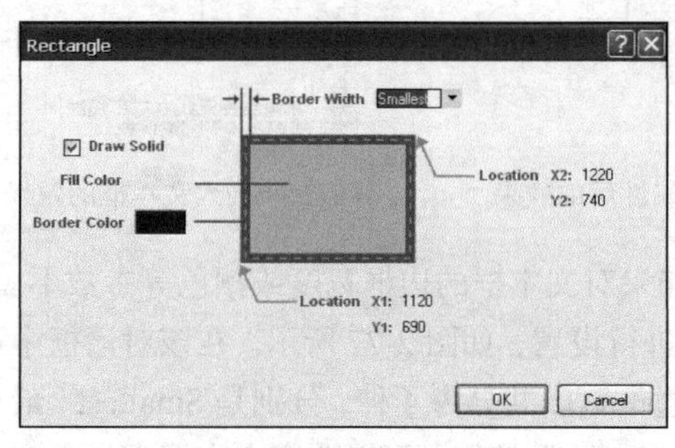

图 2-81 矩形属性设置对话框

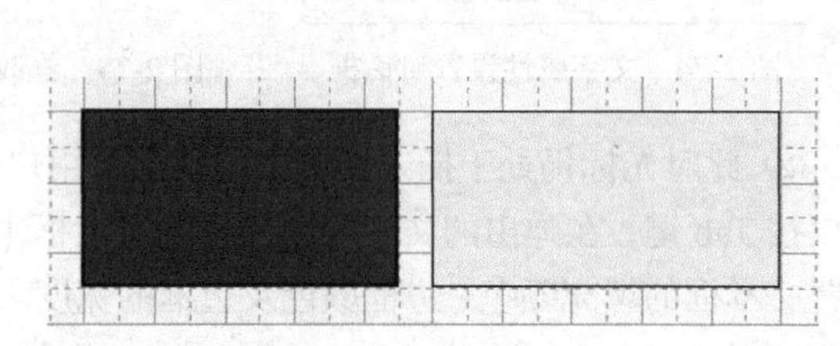

图 2-82 不同颜色的矩形效果

（8）绘制圆角矩形工具▢

绘制圆角矩形工具▢主要用于绘制圆角矩形，在元器件编辑器中可用于绘制圆角矩形芯片的外形。具体的使用方法如下。

① 首先单击▢按钮，此时光标变成十字形状，如图 2-83 所示。

② 选择合适位置，单击鼠标左键，确定圆角矩形的一个顶点，然后拖动光标就可看到一个虚线的预拉框，拖至合适大小再单击鼠标左键即可绘制一个圆角矩形，效果如图 2-84 所示。

③ 此时光标仍处于绘制圆角矩形的状态，用户如果对圆角矩形的边框宽度或颜色等参数不满意，可以按 Tab 键，在弹出的圆角矩形属性设置对话框中进行设置，如图 2-85 所示。在该对话框可以选择圆角矩形的填充颜色、边框颜色及边框的宽度。边框宽度共分为 4 种，分别是 Smallest（最小）、Small（小）、Medium（中）和 Large（大）。用户还可以精确地设定圆角矩形左下角和右上角的坐标及圆角的 x 轴半径和 y 轴半径。在"Fill Color"列表中设置不同的填充颜色，得到如

图 2-86 所示的不同效果。

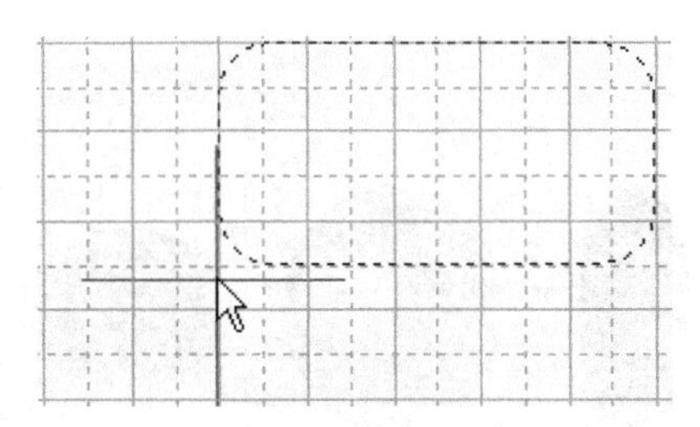
图 2-83　绘制圆角矩形时的光标形状

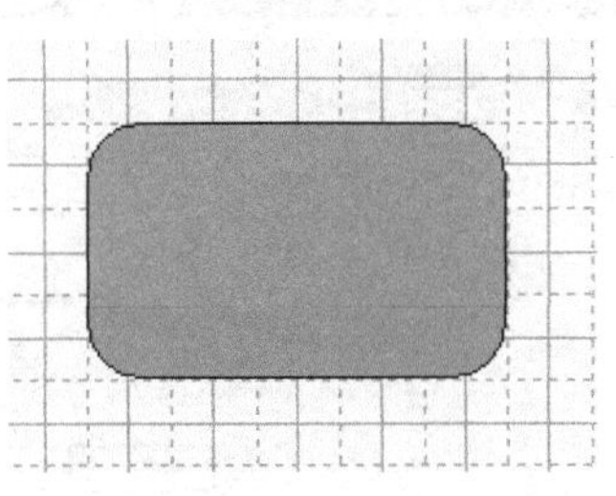
图 2-84　绘制圆角矩形的效果

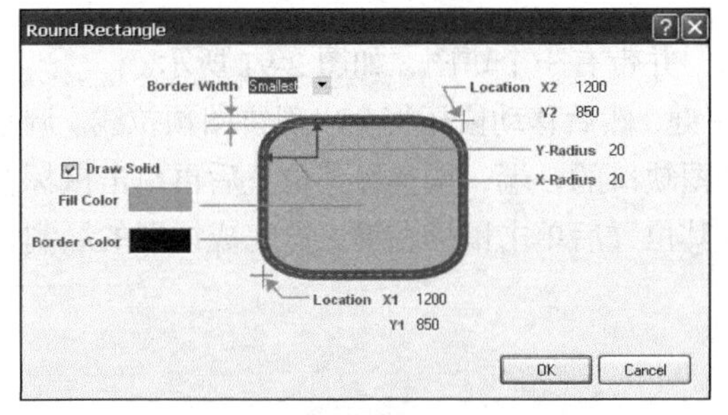

图 2-85　圆角矩形属性设置对话框

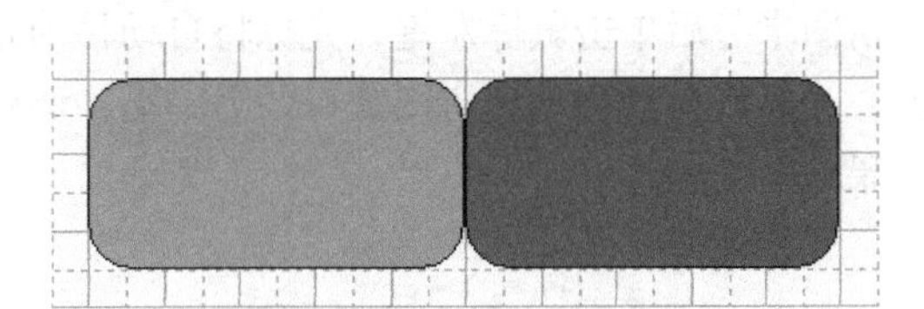
图 2-86　不同颜色的圆角矩形效果

（9）绘制椭圆与圆工具

绘制椭圆与圆工具主要用于绘制椭圆与圆，在元器件库编辑器中用于绘制特殊元器件的外形。具体的使用方法如下。

① 首先单击按钮，此时光标变成十字形状，并带有一个椭圆，如图 2-87 所示。

② 选择合适位置，在待绘图形的中心点处单击鼠标左键。然后在适当的 x 轴半径处与 y 轴半径处各单击鼠标左键，即可完成该椭圆形的绘制，效果如图 2-88 所示。

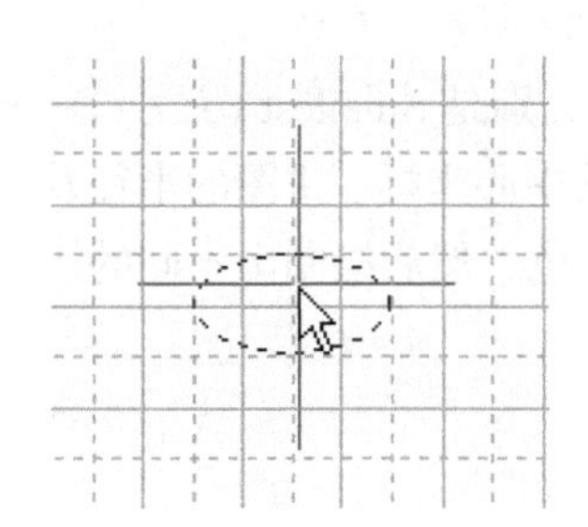
图 2-87　绘制椭圆时的光标形状

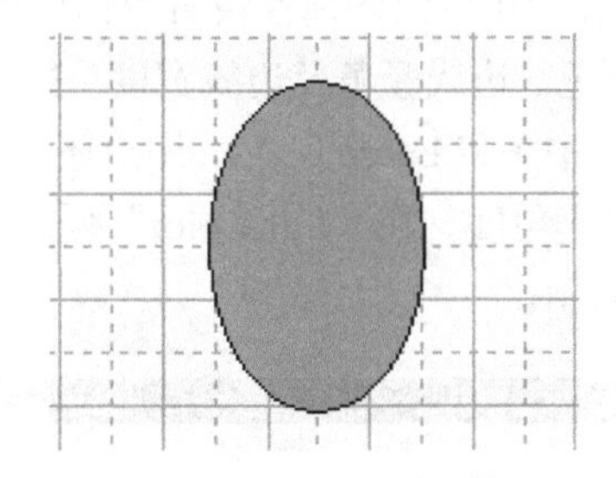
图 2-88　绘制出的椭圆效果

③ 此时光标仍处于绘制椭圆与圆的状态，用户如果对椭圆与圆的线宽或颜色等参数不满意，可以按 Tab 键，在弹出的椭圆与圆属性设置对话框中进行设置，如图 2-89 所示。在该对话框中可以设置椭圆或圆的填充颜色、边线颜色及边线宽度。边线宽度共分为 4 种，分别是 Smallest（最小）、Small（小）、Medium（中）和 Large（大）。还可以精确地设定椭圆与圆的中心坐标和椭圆与圆的 x 轴半径和 y 轴半径。在“Fill Color”列表中设置不同的填充颜色，然后绘制出不同的椭圆与圆，效果如图 2-90 所示。

（10）绘制饼图工具

绘制饼图工具主要用于绘制饼图。具体的使用方法如下。

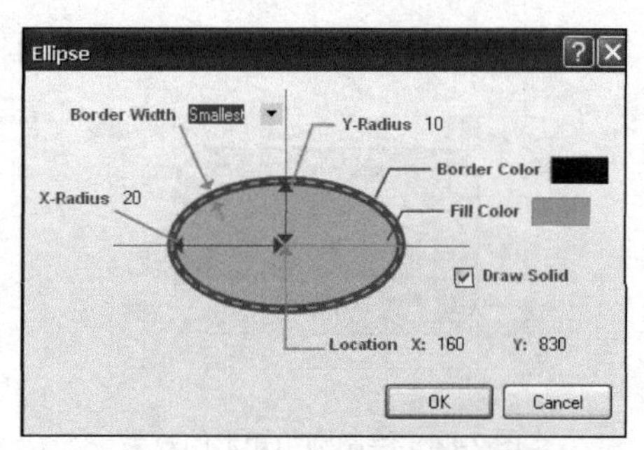

图 2-89　椭圆与圆属性设置对话框

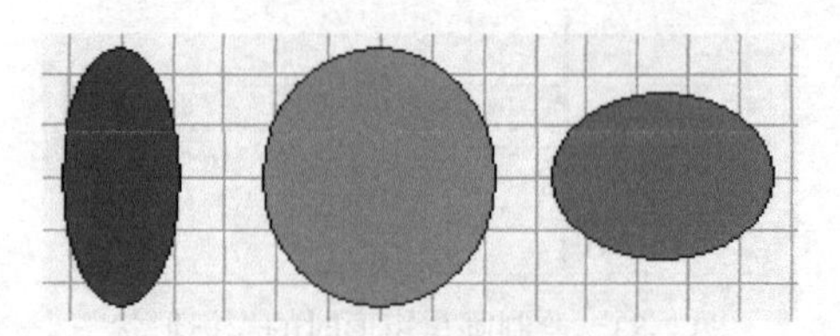

图 2-90　不同颜色的椭圆与圆

① 首先单击 按钮，此时光标变成十字形状，并带有一个饼图，如图 2-91 所示。

② 选择合适位置，在待绘图形中心单击鼠标左键，然后移动鼠标将会出现饼图预拉线。调整好饼图半径后单击鼠标左键，光标将自动移动到饼图缺口的一端，调整好其位置后再单击鼠标左键，光标将自动移动到饼图缺口的另一端，调整好其位置后单击鼠标左键，即完成饼图的绘制，效果如图 2-92 所示。

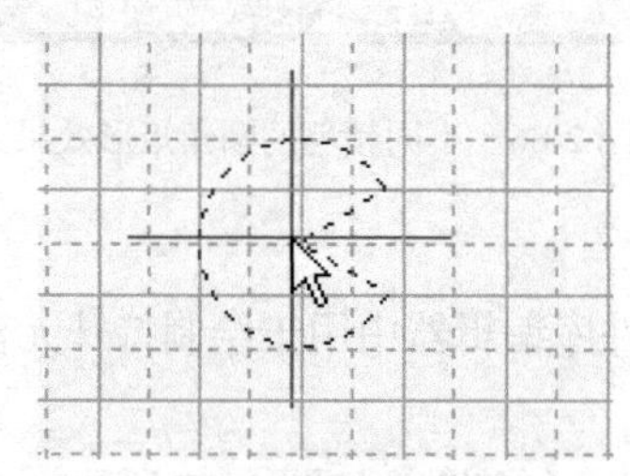

图 2-91　绘制饼图时的光标形状

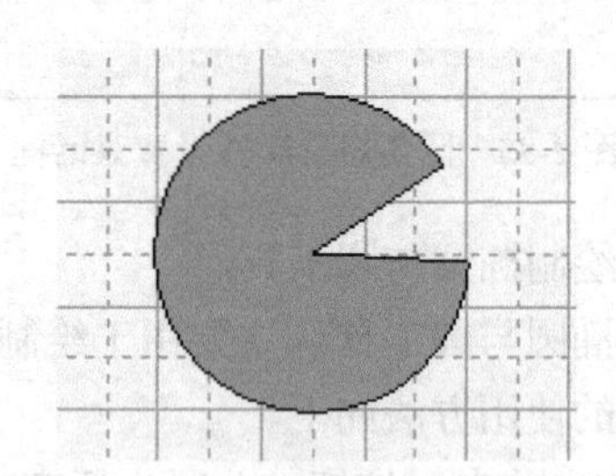

图 2-92　绘制饼图的效果

③ 此时光标仍处于绘制饼图的状态，用户如果对饼图的线宽或颜色等参数不满意，可以按 Tab 键，在弹出的饼图属性设置对话框中进行设置，如图 2-93 所示。在该对话框中可以选择饼图的填充颜色、边线颜色及边线宽度。边线宽度共分为 4 种，分别是 Smallest（最小）、Small（小）、Medium（中）和 Large（大）。用户还可以精确地设定饼图的中心坐标、饼图的半径及饼图的初始角度和终止角度。在“Fill Color”列表中设置不同的填充颜色，然后绘制出不同的饼图，效果如图 2-94 所示。

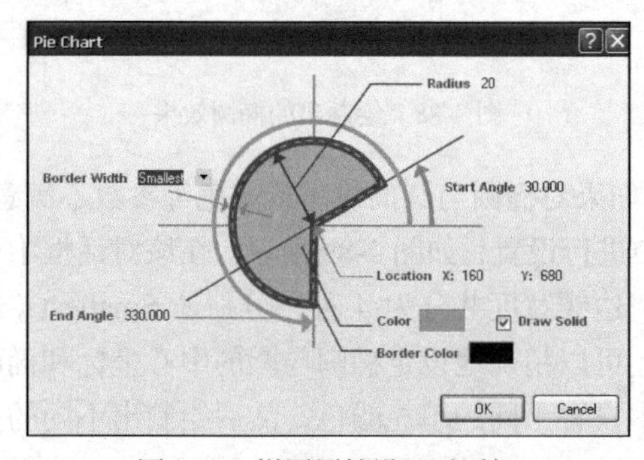

图 2-93　饼图属性设置对话框

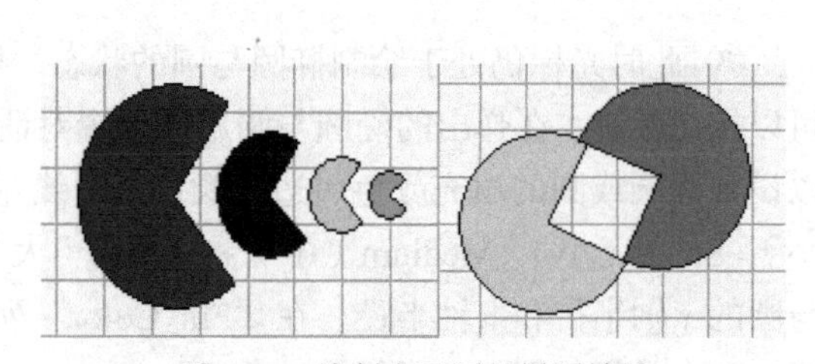

图 2-94　绘制出不同的饼图效果

（11）插入图片工具

插入图片工具 主要用于在原理图中插入图片。具体的使用方法如下。

① 首先单击▣按钮，此时光标变成十字形状，选择合适位置，单击鼠标左键，然后拖动光标直到矩形框尺寸满足需要，再单击鼠标左键，将弹出如图 2-95 所示的查找图片对话框。

② 从中选择一个图片，单击“Open”按钮即可将所选图片插入到矩形框中，如图 2-96 所示。

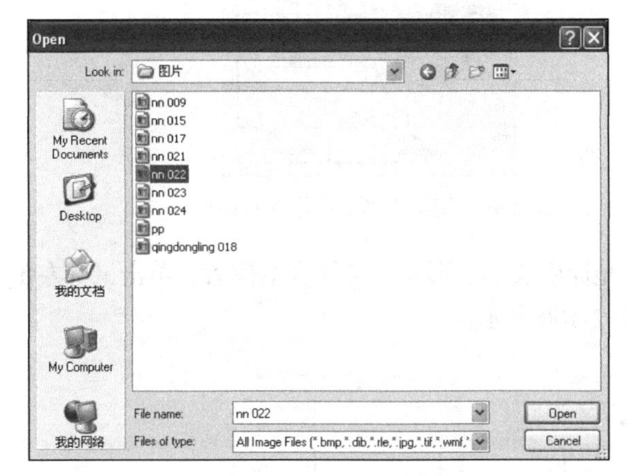

图 2-95　查找图片对话框

图 2-96　插入图片的效果

③ 此时光标仍处于插入图片的状态，用户如果对图片的线宽或颜色等参数不满意，可以按 Tab 键，在随后出现的图片属性设置对话框中设置图片的边线颜色及边线宽度。边线宽度共分为 4 种，分别是 Smallest（最小）、Small（小）、Medium（中）和 Large（大）。用户还可以精确地设定图片的左下角坐标和右上角坐标，如图 2-97 所示。

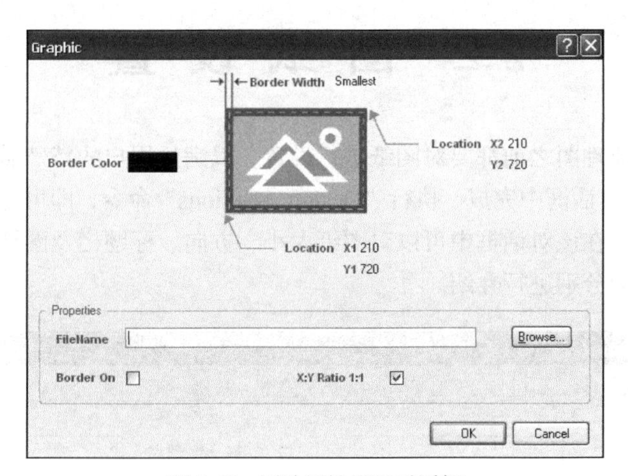

图 2-97　图片属性设置对话框

（12）矩阵排列工具▦

矩阵排列工具▦主要用于按一定间距排列重复粘贴元器件。具体的使用方法如下。

① 先选中将要进行矩阵排列的元器件，然后执行“Edit→Copy”命令，光标将变成十字形状，将光标移至元器件上方单击鼠标左键即可将元器件拷贝到剪贴版中，如图 2-98 所示。

② 单击▦按钮，将弹出如图 2-99 所示的矩阵排列属性设置对话框。

◇ “Placement Variables”选项区：设置 Intem Count（排列数目）和 Text Increment（流水号递增单位）。

◇ “Spacing”选项区：设置 Horizontal（水平间距）和 Vertical（垂直间距）。

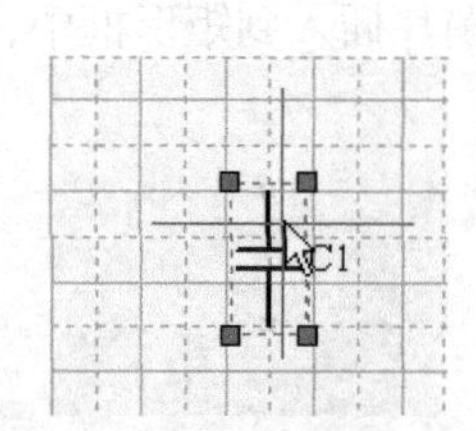

图 2-98　Copy 元器件到剪贴板

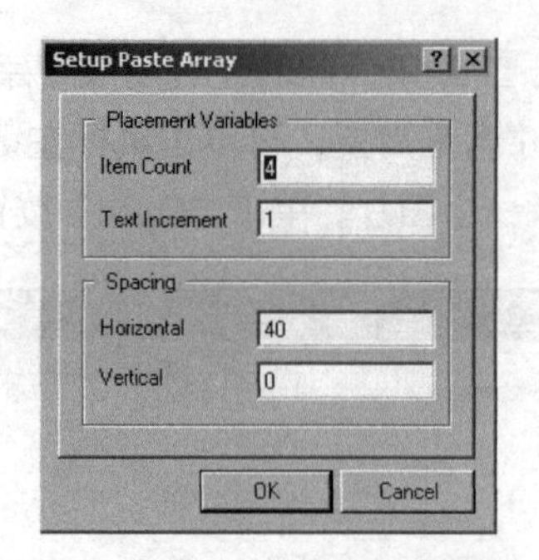

图 2-99　矩阵排列属性设置对话框

③ 设置完毕后，单击“OK”按钮，此时光标变成十字形状，选择合适位置，单击鼠标左键，将使元器件按照相应设置进行矩阵排列，如图 2-100 所示。

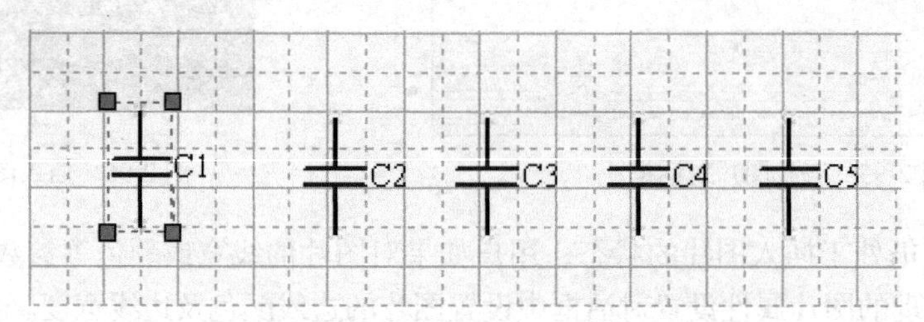

图 2-100　对元器件进行矩阵排列

2.2 图 纸 设 置

一般在设计电路原理图之前都要对图纸进行设置，以满足用户的特殊需要。图纸设置主要在“Documents Options”对话框中完成，执行“Design→Options”命令，即可打开图纸参数设置对话框，如图 2-101 所示。在该对话框中可以对图纸大小、方向、标题栏及图纸颜色、图纸的放大与缩小等进行设置，下面分别进行介绍。

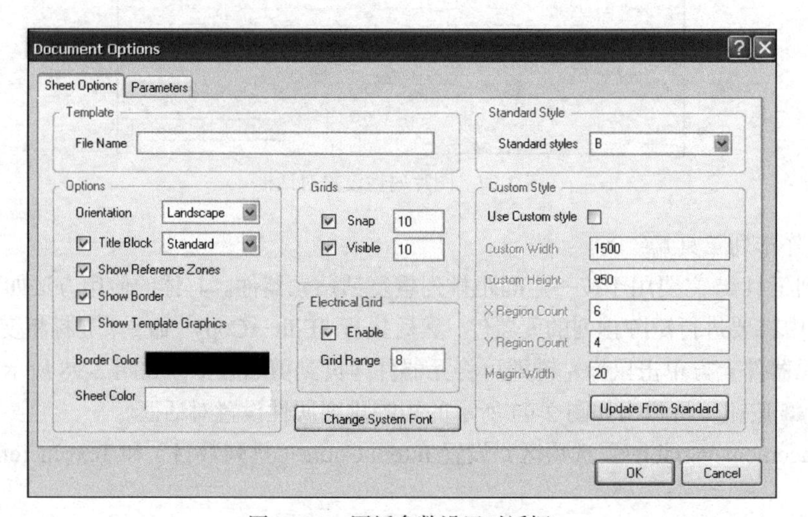

图 2-101　图纸参数设置对话框

2.2.1　图纸大小的设置

在绘制图纸前用户通常应该考虑所用图纸的大小，选择合适的图纸有利于电路图的绘制与打印，为设计工作提供便利。执行“Design→Options”命令，打开如图 2-101 所示的图纸参数设置对话框，在“Standard styles”下拉列表框中设置图纸尺寸，其中可选择 A4 ~ OrCADE 的纸型，如图 2-102 所示。

系统除了提供的常用纸型外，还提供了 Custom Style（自定义纸型）部分，用户可以自行设置图纸的宽度、高度、x 轴坐标分格数、y 轴坐标分格数及边框宽度，如图 2-103 所示。

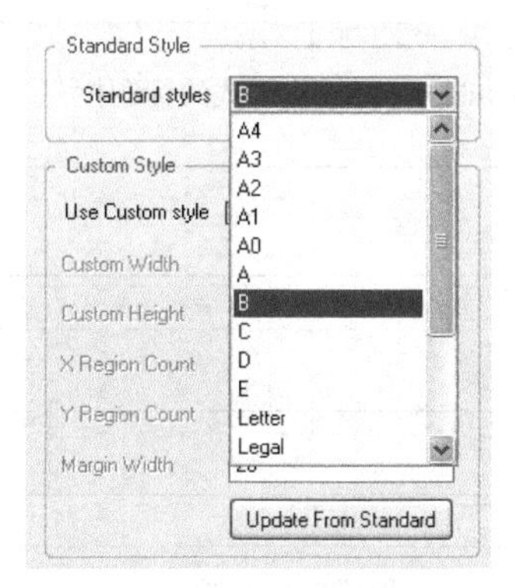

图 2-102　设置纸型

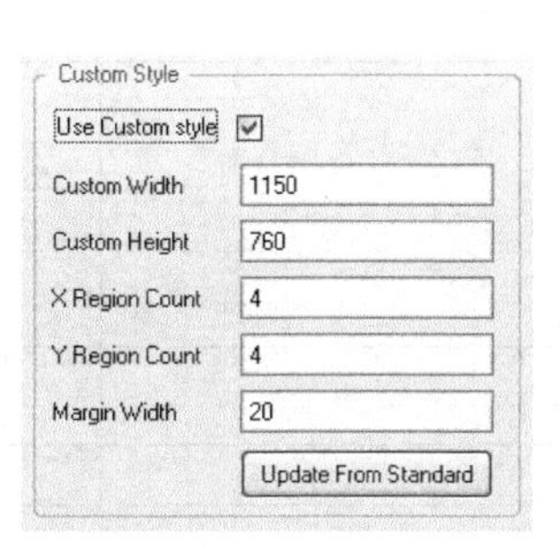

图 2-103　用户自定义纸型参数

2.2.2　图纸方向的设置

图纸方向的设置通过图纸参数设置对话框中“Options”选项区的“Orientation”下拉列表框设置，选中“Landscape”选项，则为水平放置图纸；选中“Portrait”选项，则为竖直放置图纸，如图 2-104 所示。分别选中“Landscape”与“Portrait”选项，可以看到水平放置与竖直放置的图纸效果，如图 2-105 所示。

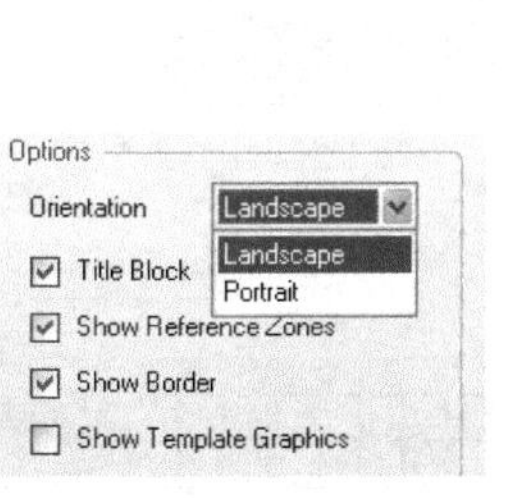

图 2-104　图纸方向设置选项

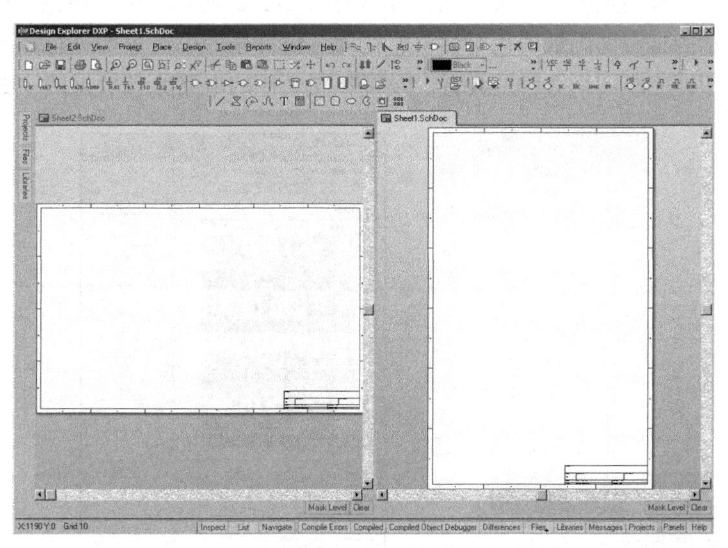

图 2-105　水平图纸与竖直图纸的对比效果

2.2.3 标题栏的设置

标题栏的设置可在图纸参数设置对话框中的“Options”选项区实现，如图 2-106 所示。Protel DXP 提供两种标题栏样式，分别是 Standard（标准）形式和 ANSI（美国国家标准化组织类型）形式，这两种形式的效果分别如图 2-107 和图 2-108 所示。

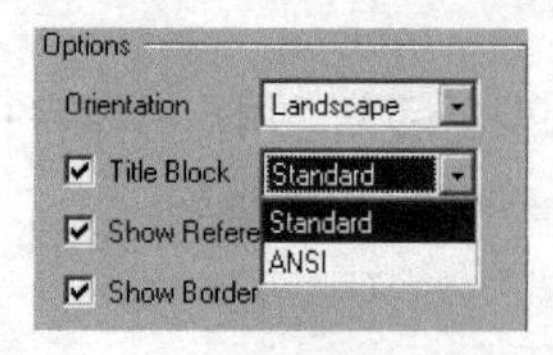

图 2-106 标题栏的设置选项

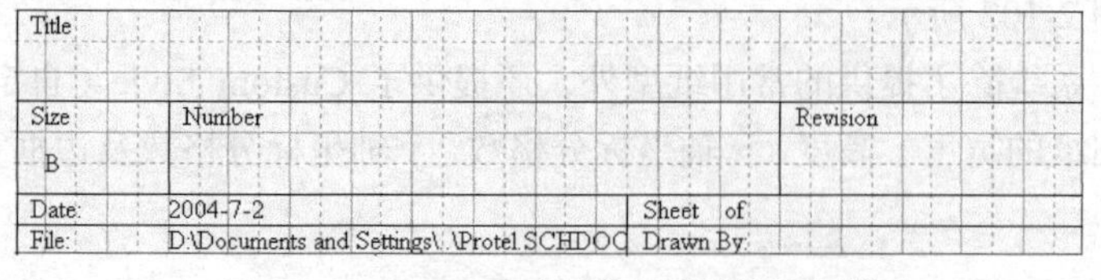

图 2-107 Standard（标准）形式的标题栏

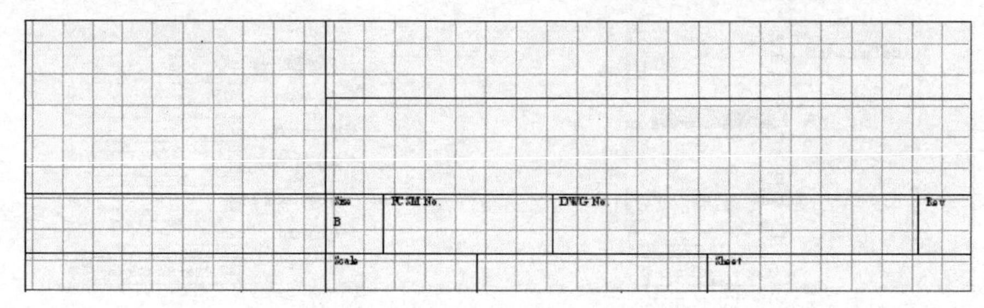

图 2-108 ANSI（美国国家标准化组织类型）形式的标题栏

2.2.4 图纸颜色的设置

图纸颜色的设置在图纸参数设置对话框中的“Options”选项区实现，如图 2-109 所示。

图纸颜色设置包括 Border Color（图纸边框颜色）和 Sheet Color（图纸底色）的设置。图纸边框颜色默认为黑色，底色默认为土黄色，用户可以在如图 2-110 所示的图纸边框颜色或底色设置对话框中选择自己想要的颜色。

如果用户想自定义颜色，可单击图 2-110 所示对话框中的“Custom”按钮，弹出如图 2-111 所示的自定义图纸底色对话框，拖动三角符号即可对色调进行调节，选择合适比例后单击“OK”按钮即完成图纸底色的设置。设置不同底色的电路原理效果图，如图 2-112 所示。

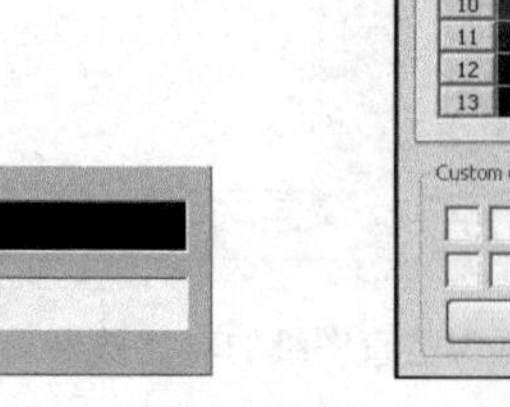

图 2-109 图纸颜色设置选项

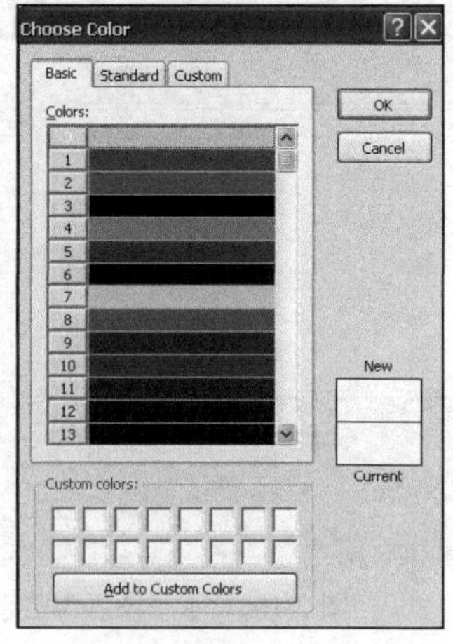

图 2-110 图纸边框颜色或底色设置对话框

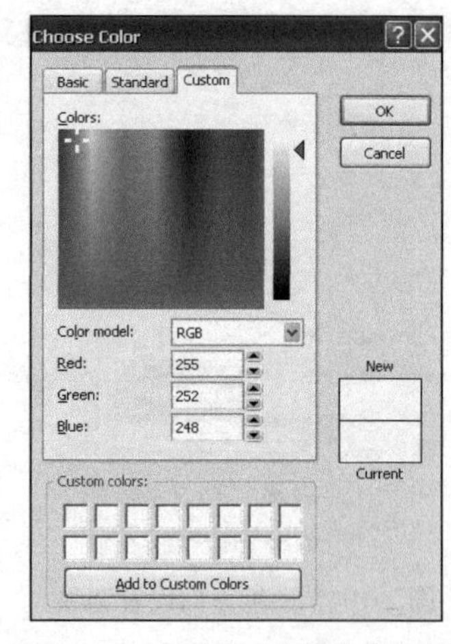

图 2-111 自定义图纸底色对话框

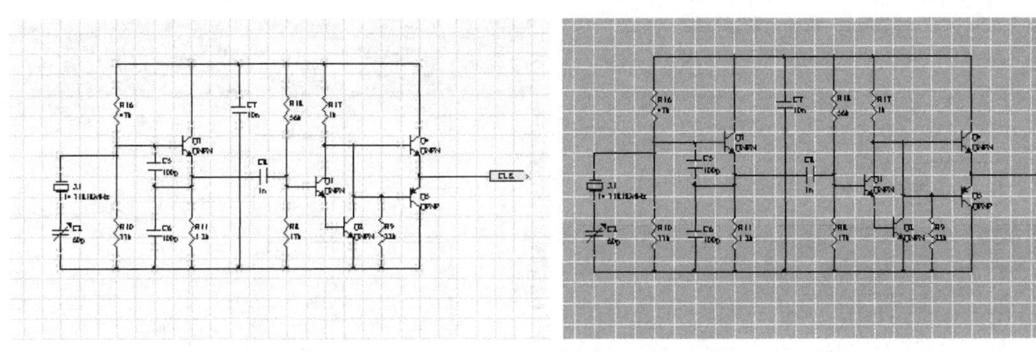

图 2-112　不同底色的电路原理效果图

2.2.5　图纸的放大与缩小

用快捷键实现图纸的放大与缩小在第 1 章中已经介绍过，下面主要介绍通过“View”菜单进行图纸的放大和缩小。对于设计人员来说，有时需要查看原理图的一部分，但若是一张很大的图纸，查看起来将非常不便，Protel DXP 提供的图纸放大与缩小功能，将有效地解决这一问题。

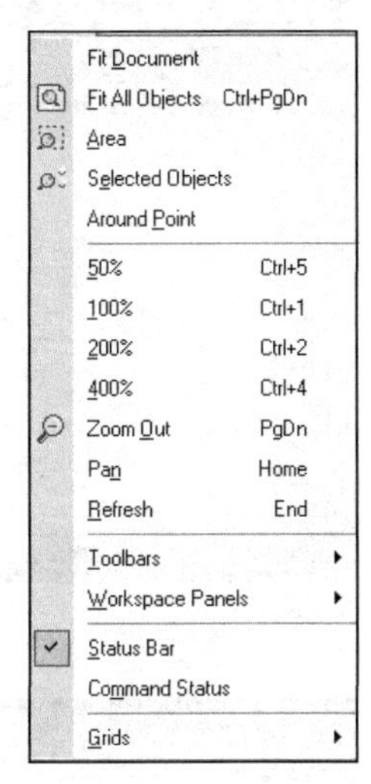

图 2-113　“View”菜单

在“View”菜单中包含了所有图纸放大与缩小的工具，如图 2-113 所示。下面简要介绍“View”菜单中各个命令的作用。

◇　“Fit Document”命令：用于显示整个文档来查看电路图，效果如图 2-114 所示。

◇　“Fit All Objects”命令：用于使所有对象充满显示在工作区中，如图 2-115 所示。

◇　“Area”命令：用于放大显示用户设定区域。执行此命令，移动光标到目标的左上角位置，然后拖动鼠标移动到合适位置，再单击鼠标左键，即可放大所框选的区域，如图 2-116 所示。

◇　“Around Point”命令：用于放大显示用户设定的点周围区域。首先选定要放大的区域或元器件，然后执行此命令，移动十字光标到目标区域或元器件左上角，单击鼠标左键，然后移动光标到目标区或元器件右下角的合适位置，再单击鼠标左键，即可放大该选定区域，如图 2-117 所示。

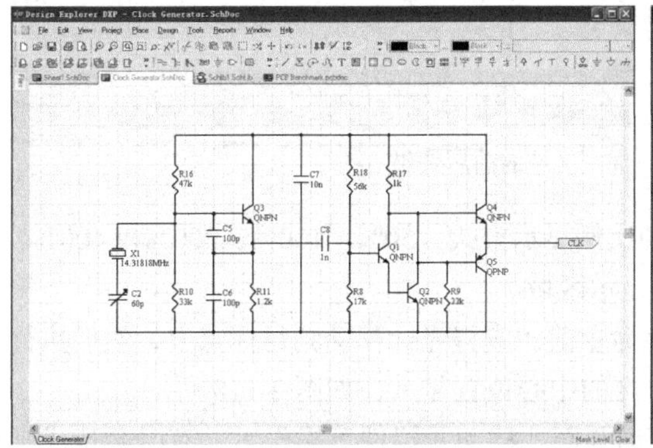
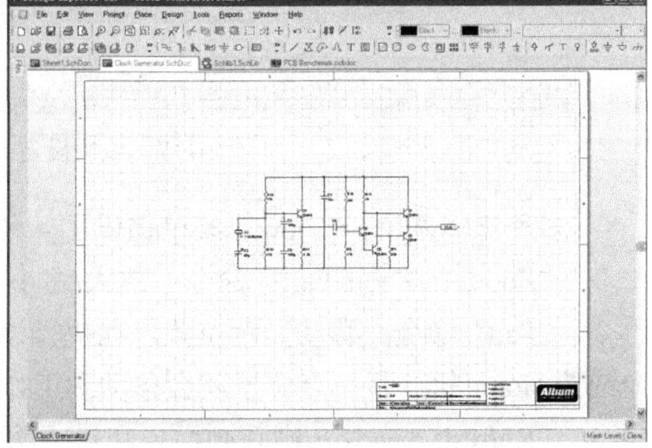

图 2-114　显示整个文档的前后效果

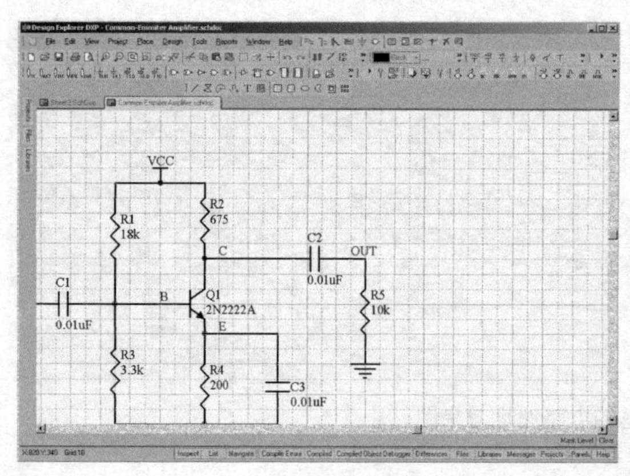

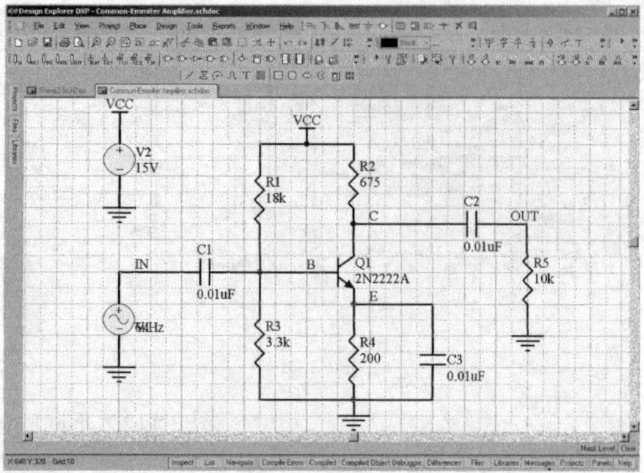

图 2-115　显示整个工作区原理图的前后效果

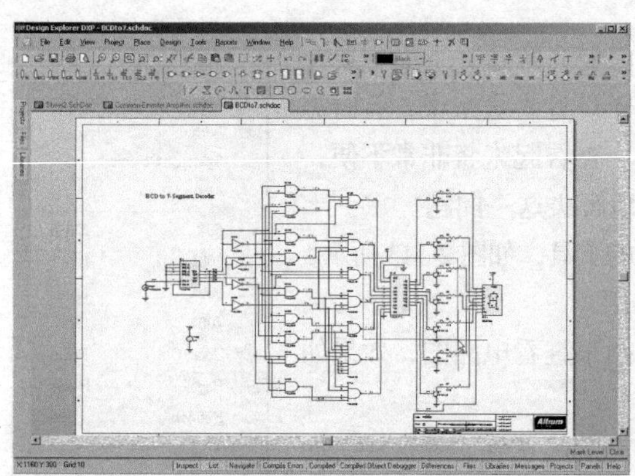

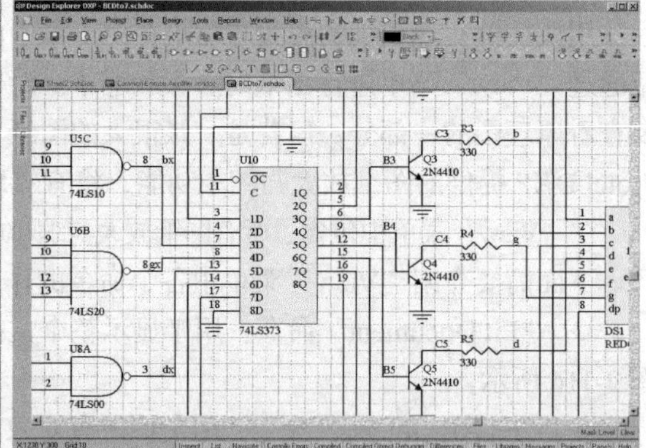

图 2-116　放大选定区域的前后效果

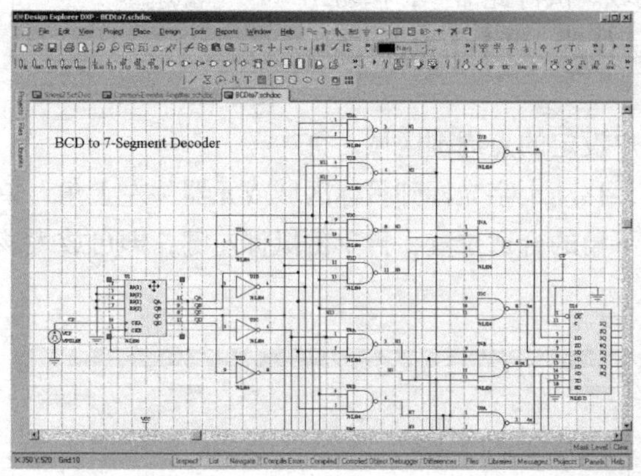

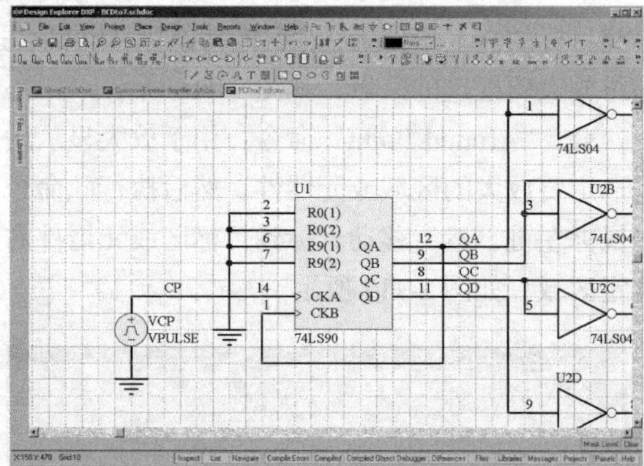

图 2-117　放大设定点周围区域的前后效果

◇ 多种比例显示："View"菜单提供了 4 种比例显示方式：50%、100%、200%和 400%。

◇ "Zoom In/Zoom Out"命令：放大/缩小显示区域。

◇ "Pan"命令：移动显示位置。在执行该命令前，应将光标移动到目标点上，然后执行该命令或按 Home 键，目标点位置就会移动到工作区的中心位置显示，如图 2-118 所示。

◇ "Refresh"命令：刷新画面。在进行滚动画面、移动元器件等操作时，有时会造成画面留有斑点或图形变形等问题，这虽然不影响电路的正确性，但很不美观。此时，执行该命令即刻刷新画面。

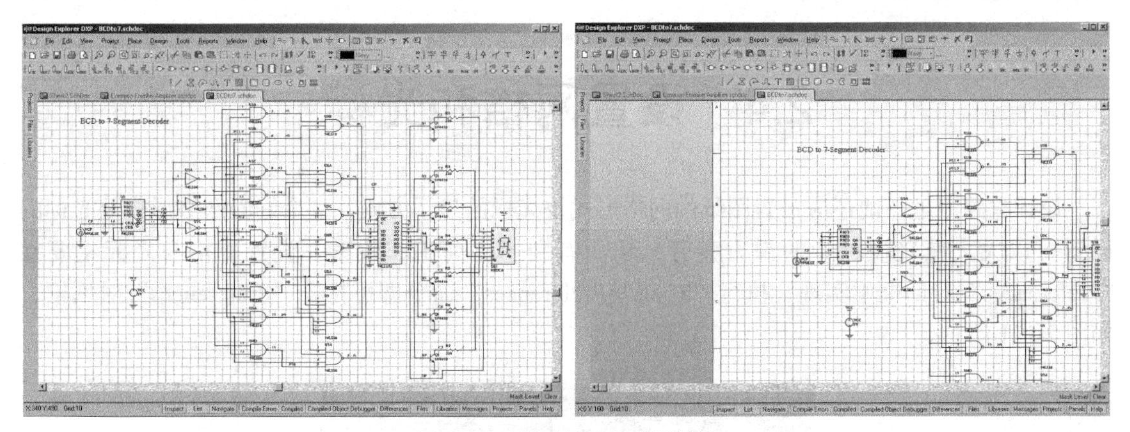

图 2-118　移动显示的前后效果

2.3　设置系统字体

Protel DXP 图纸支持插入中文或英文，系统可以为这些插入的字符设置字体，如在插入文字时，不修改字体，则默认为系统字体。执行“Design→Options→Change System Font”命令，将弹出如图 2-119 所示的设置系统字体对话框，通过该对话框用户就可以设置系统字体，按对话框各项进行设置，可得到如图 2-120 所示的设置系统字体后的效果。

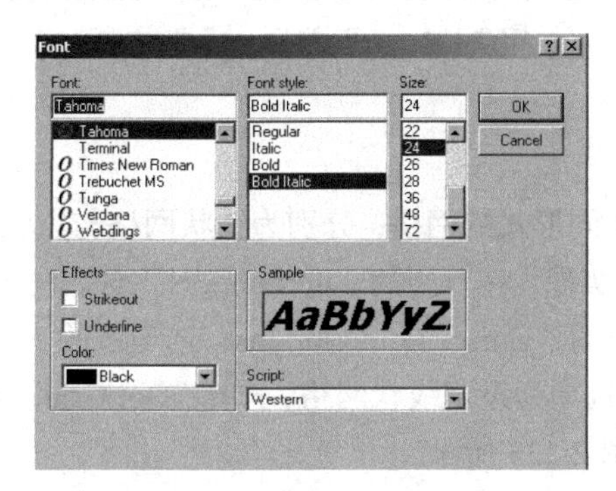

图 2-119　设置系统字体对话框

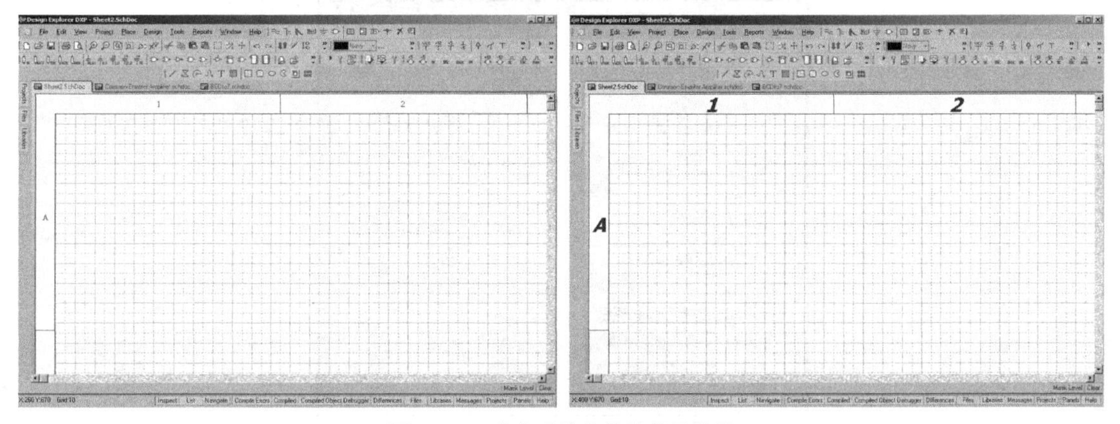

图 2-120　改变系统字体的前后效果

2.4 设置网格和光标

设计电路原理图前还应设置图纸的网格形式及光标的显示方式，一个好的网格形式及光标的设置可以大大减轻设计者的视力疲劳，从而有利于提高工作效率。设置网格与光标主要在“Preferences”对话框中实现，执行“Tools→Preferences”命令即可打开“Preferences”对话框，如图 2-121 所示。

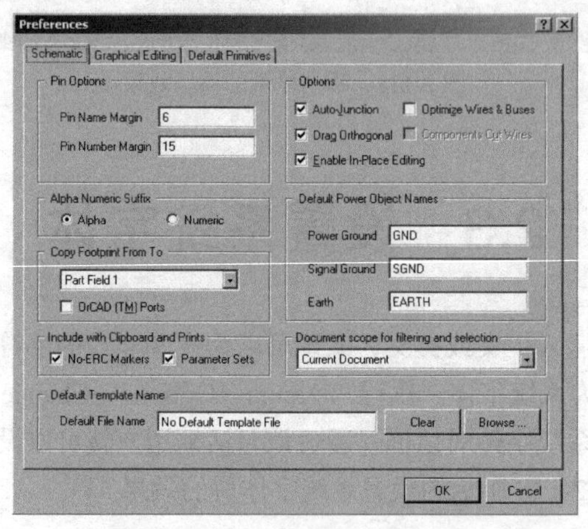

图 2-121 “Preferences”对话框

2.4.1 设置网格

Protel DXP 提供了两种不同形式的网格，分别为线状网格与点状网格（无网格）。设置网格主要在“Preferences”对话框中实现，在打开的“Preferences”对话框选择“Graphical Editing”选项卡，如图 2-122 所示，在其中的“Cursor Grid Options”选项区的“Visible Grids”（显示网格）下拉列表框中选择“Line Grid”选项为设定线状网格，选择“Dot Grid”选项则为点状网格（无网格），两种形状的网格效果对比如图 2-123 所示。

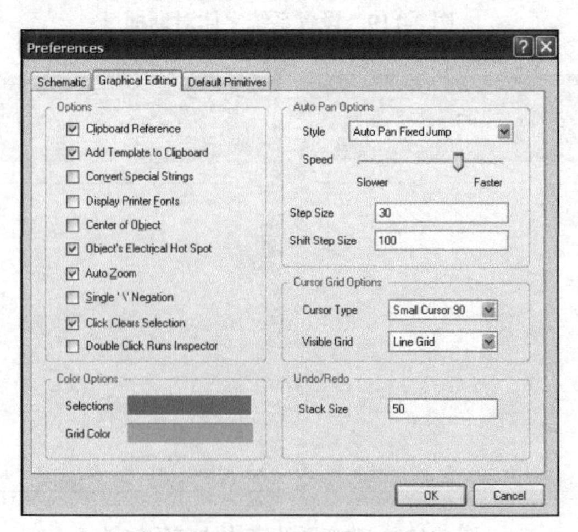

图 2-122 设置网格对话框

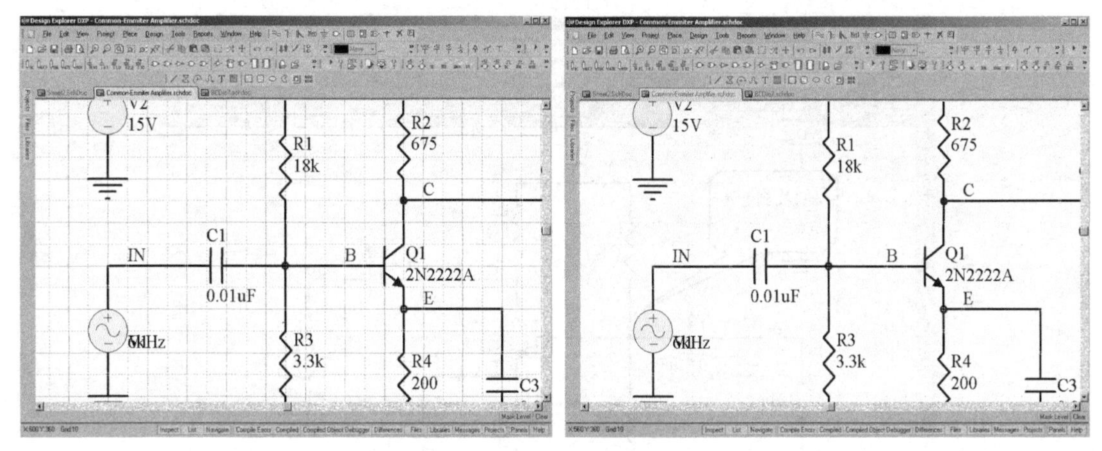

图 2-123　线状与点状网格对比效果

2.4.2　电气节点

电气节点的设置主要在图纸参数设置对话框中实现，执行“Design→Options”命令，即可打开该对话框，如图 2-124 所示。

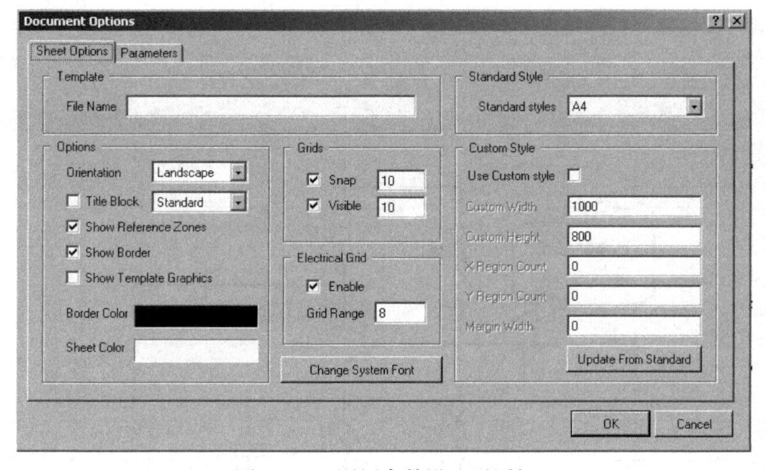

图 2-124　图纸参数设置对话框

在该对话框中的“Electrical Grid”（电气节点）选项区用于设置电气节点，如图 2-125 所示。选择“Enable”复选框则光标将以“Grid Range”文本框中的数值为半径自动查找与其最近的节点，通常该数值应比光标移动基本单位（“Snap”右侧文本框中的数值）小，这样可以避免漏掉电器节点，若不选该复选项，则无自动查找节点的功能。

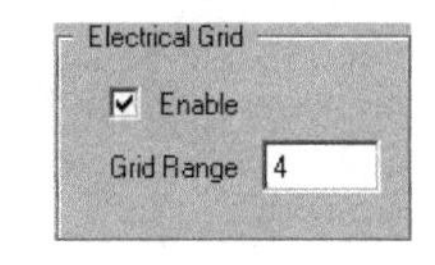

图 2-125　电气节点设置选项

例如，不选择“Enable”复选框，在绘制三极管基极（B）与电容 C1 的引脚时，将不能查找到电气节点，如图 2-126 所示。

选择“Enable”复选框，在绘制三极管基极（B）与电容 C1 的引脚时，就能够查找到电气节点，如图 2-127 所示。

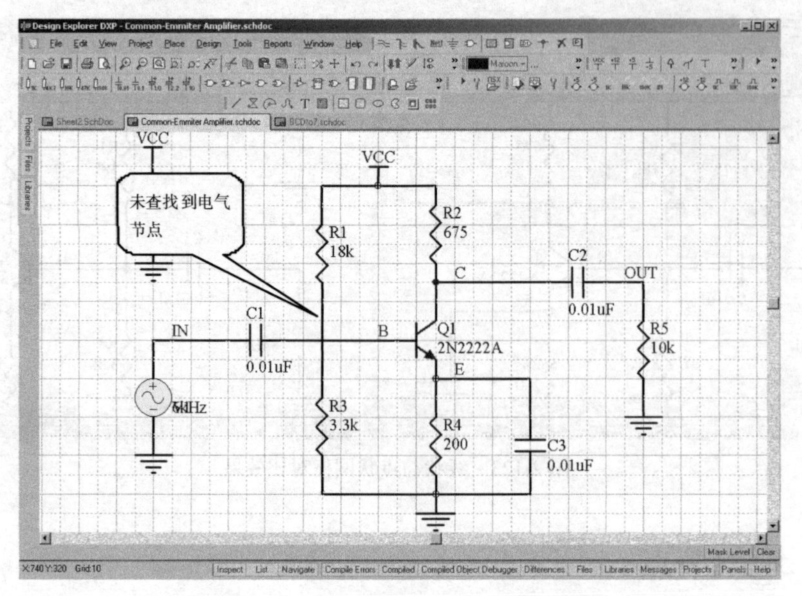

图 2-126　不选择“Enable”复选框时的效果

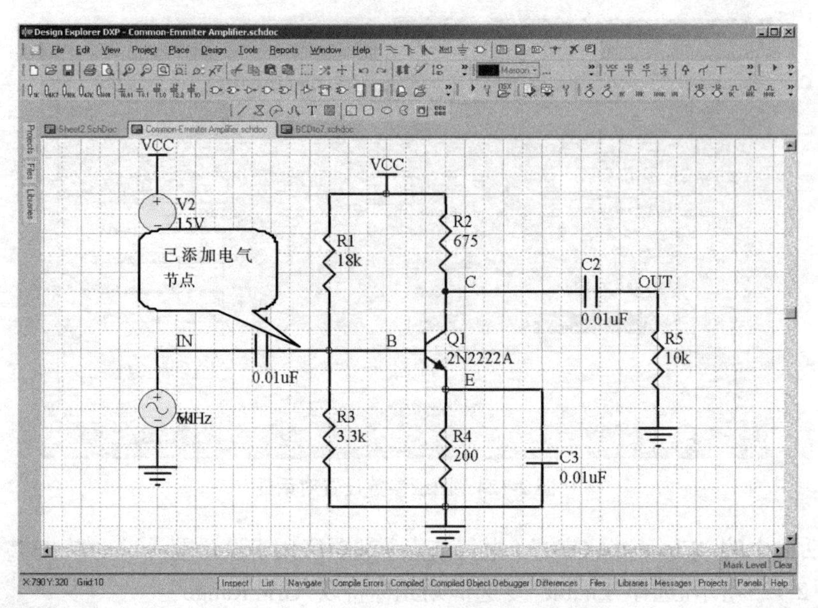

图 2-127　选择“Enable”复选框时的效果

2.4.3　设置光标

光标的设定可以执行“Tools→Preferences”命令，在弹出的如图 2-128 所示的“Preferences”对话框中进行设置。在“Graphical Editing”选项卡中的“Cursor Grid Options”选项区的“Cursor Type”(光标类型)下拉列表框中有 3 种光标类型：Large Cursor 90、Small Cursor 90 和 Small Cursor 45，如图 2-129 所示，3 种光标类型的效果如图 2-130 所示。

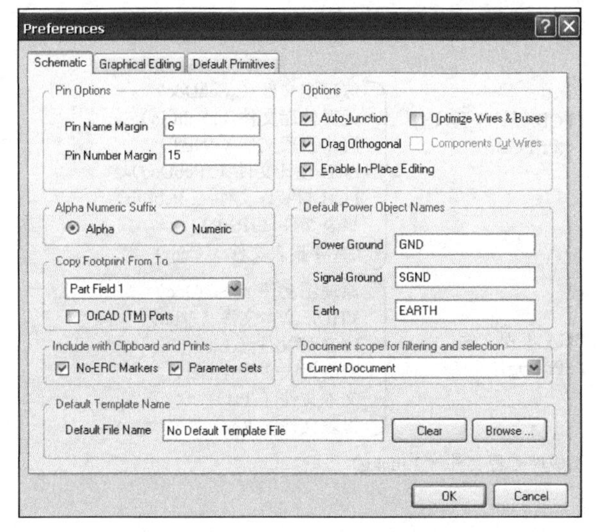

图 2-128　“Preferences”对话框

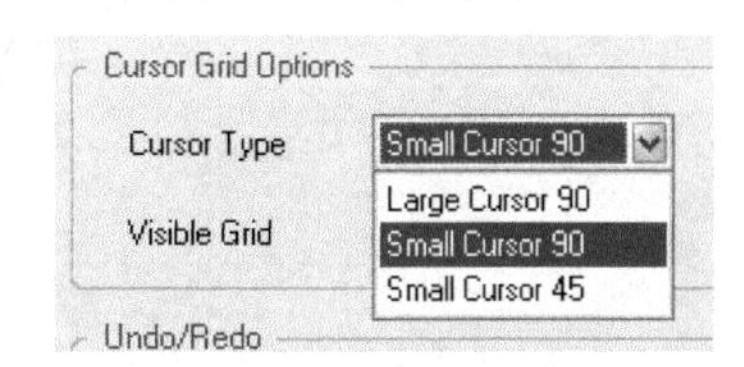

图 2-129　3 种光标类型

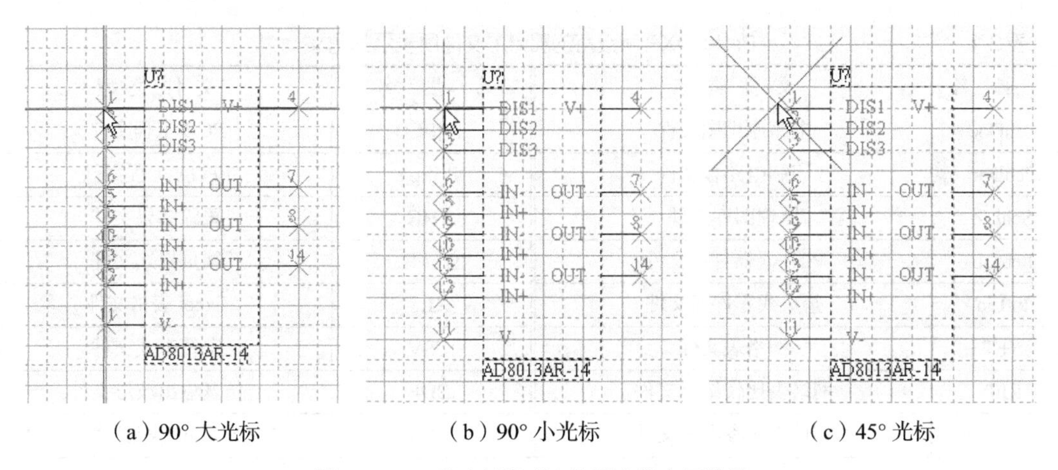

（a）90° 大光标　　（b）90° 小光标　　（c）45° 光标

图 2-130　3 种光标类型在绘图中的应用效果

2.5　Protel DXP 文件的组织与管理

2.5.1　Protel DXP 的文件结构

Protel DXP 的文件组织结构如下所示。

Protel DXP 引入了工程项目组（*.PrjGrp 为扩展名）的概念，其中包含一系列的工程文件，如*.PrjPCB（PCB 设计工程）、*.PrjFpg（FPGA—现场可编程门阵列设计工程）等。值得注意的是，这些工程文件并不包含任何文件，这一点与 Protel DXP 以前的版本不同，这些工程文件的作用只是建立与源文件之间的链接关系，因此所有电路的设计文件都接受项目工程组的组织和管理，用户可以通过打开项目组来查找电路的设计文件，同时也可单独打开各数据库中的源文件，如原理图文件、PCB 文件等，即各个源文件既可独立存在，也可统一到项目工程中。这种自由的文件组织结构，显得更人性化，为大型设计带来了极大的方便。在 Protel DXP 中支持部分源文件所表示的含义如表 2-1 所示。

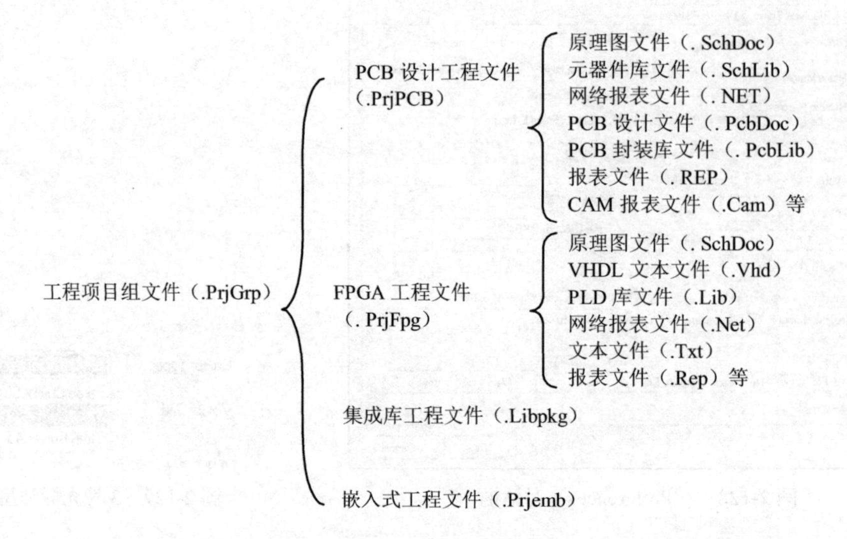

表 2-1　Protel DXP 所支持的部分源文件所表示的含义

扩 展 名	文 件 类 型	扩 展 名	文 件 类 型
.SchDoc	电路原理图文件	.PrjPCB	PCB 工程文件
.PcbDoc	印制电路板文件	.PrjFpg	FPGA 工程文件
.SchLib	原理图库文件	.THG	跟踪结果文件
.PcbLib	PCB 元器件库文件	.HTML	网页格式文件
.IntLib	集成式零件库文件	.XLS	Excel 表格文件
.NET	网络表文件	.CSV	字符串式文件
.REP	网络表比较结果文件	.SDF	仿真输出波形文件
.XRF	零件交叉参考表文件	.NSX	原理图 SPICE 模式表示文件

2.5.2　Protel DXP 文件的组织与管理

Protel DXP 文件的组织与管理方式层次比较鲜明：首先，它由三级文件组织管理模式构成，即工程项目组级、工程级和设计文件级；其次，将整个设计项目用一个工程组来定义，整个工程项目组又分为多个不同的工程，而每一个工程又包含几乎所有的设计文件，这就使得整个工程项目环环相扣，层次清楚，从而有效地避免了将所有的工作都存储在同一个文件中的弊端，而且克服了因文件过多而造成的文件管理混乱的缺点，提高了设计的效率。

文件的组织与管理主要包括新建、保存、切换、删除等操作，下面以原理图文件为例，具体介绍这几种基本操作。

1. 新建

新建包括新建工程项目组、新建工程和新建各种文件。首先，启动 Protel DXP，在主界面中单击“Projects”面板标签，打开工程面板，此时系统提供默认的工程项目组为“ProjectGroup1.PrjGrp”，如图 2-131 所示。

其次，单击工程面板上的“Group”按钮，将弹出如图 2-132 所示的“New”菜单，在该菜单中可以新建包括原理图文件在内的 11 种文件或工程。选择“PCB Project”命令新建一个工程默认名为“PCB Project1.PrjPCB”的工程，此时该工程填入“Projects”面板中的“Project”文本框中，如图 2-133 所示。

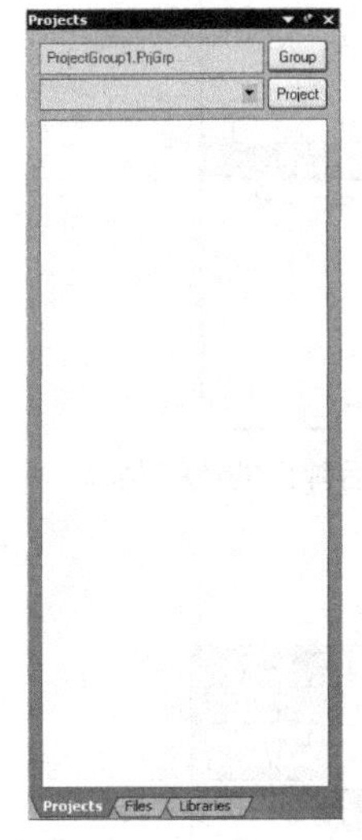

图 2-131　工程面板

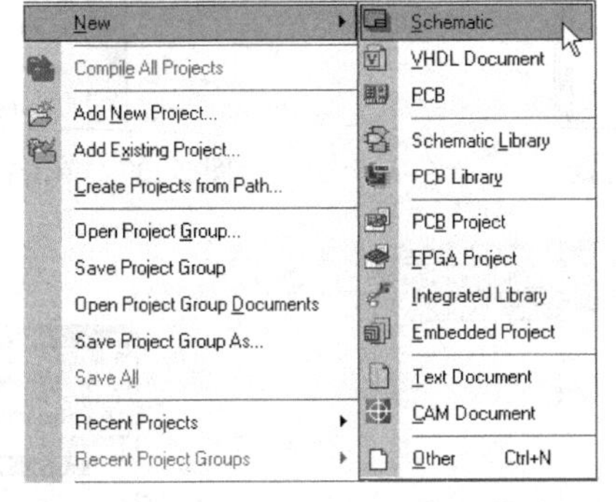

图 2-132　Group 中的“New”菜单

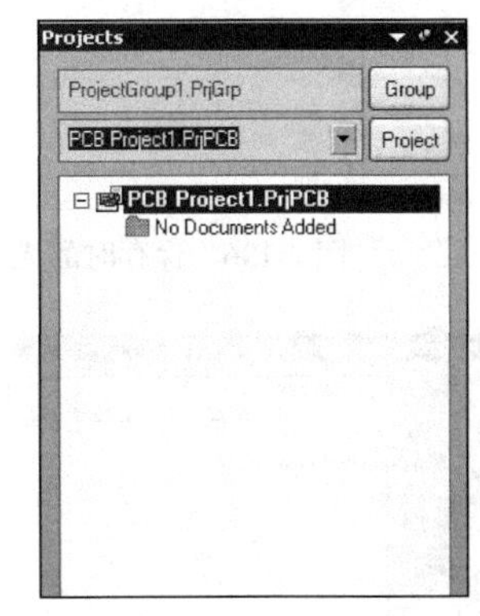

图 2-133　新建工程

然后，再单击图 2-133 中的“Project”按钮，将弹出如图 2-134 所示的“New”菜单。

该菜单与图 2-133 所示菜单相同，也可新建 11 种设计文件或工程。执行“New→Schematic”命令新建一个原理图文件，默认名为“Sheet1.SchDoc”，此时该原理图文件将加载到工程“PCB Project1.PrjPCB”的下面，成为其设计文件之一，如图 2-135 所示。

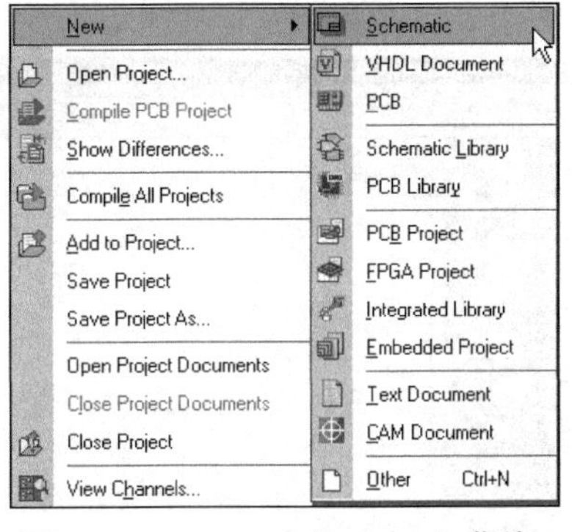

图 2-134　Project 中的“New”菜单

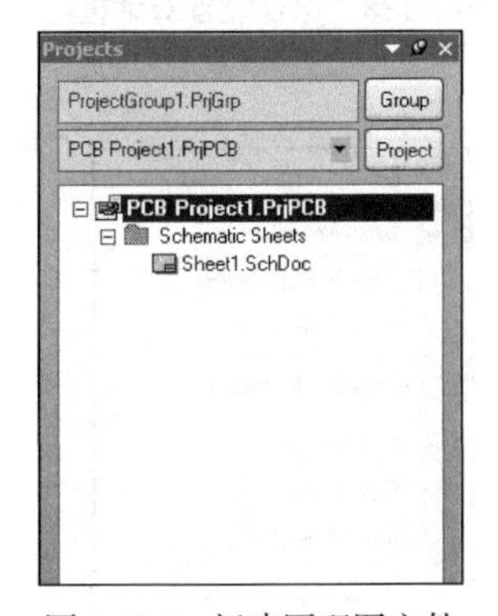

图 2-135　新建原理图文件

2. 保存

通常新建完成后，都要对所建工程或文件进行保存。该项操作可以通过“Projects”面板实现，将光标指向新建的工程项目组上，如图 2-136 所示。单击鼠标右键，将弹出如图 2-137 所示的快捷菜单。

选择“Save Project Group”（保存工程项目组）命令，将弹出如图 2-138 所示的“Save[Project-Group1.PRJGRP] As…”对话框，在“File name”下拉文本框中输入“ProjectGroup1-1”，然后单击“Save”按钮，即可完成对工程项目组的保存，如图 2-139 所示。

此时，单击“Projects”面板中的“Project”按钮，将弹出如图 2-140 所示的菜单。在该菜单中选择“Save Project”命令，将弹出如图 2-141 所示的保存工程对话框。

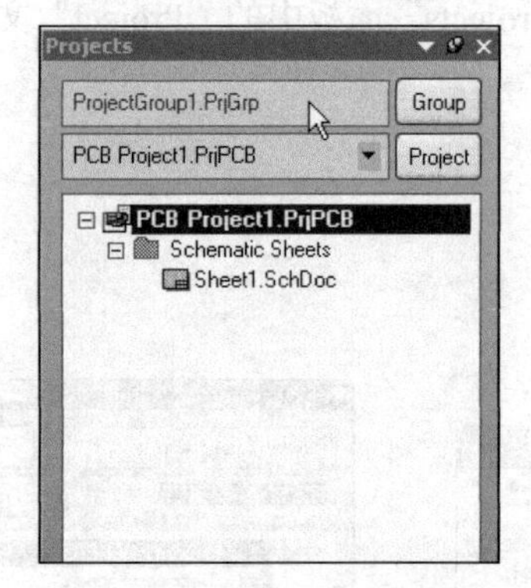

图 2-136　保存时的光标位置

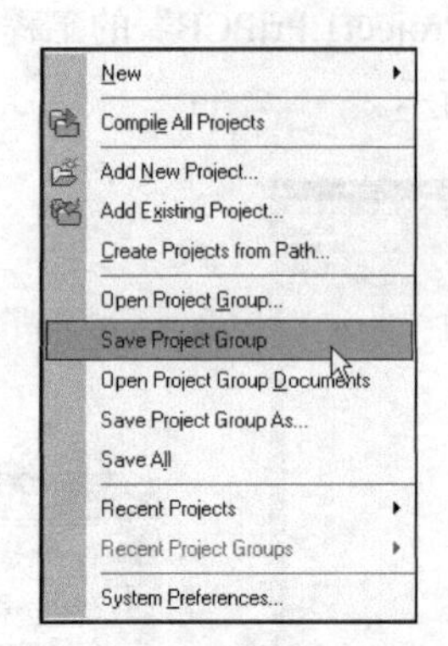

图 2-137　单击右键后弹出的快捷菜单

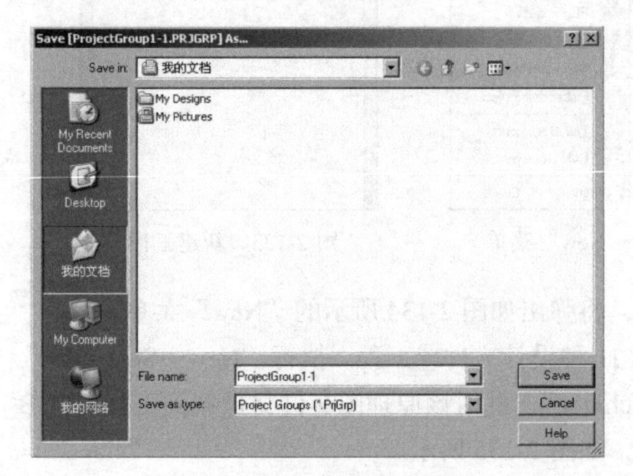

图 2-138　保存设置对话框

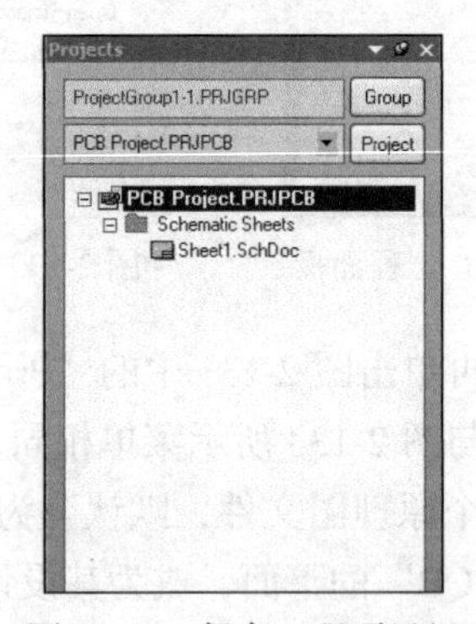

图 2-139　保存工程项目组

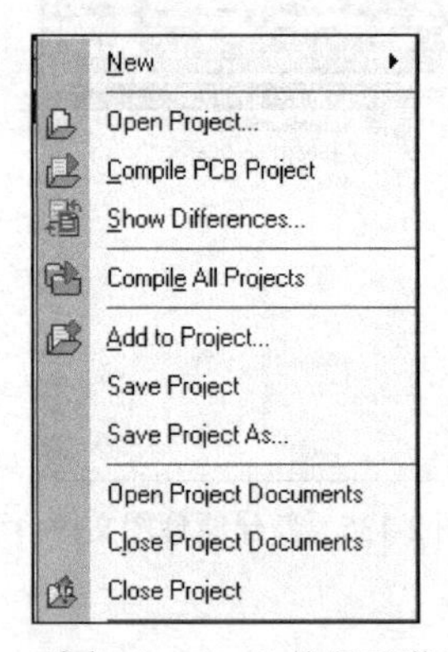

图 2-140　单击“Project”按钮后弹出的菜单

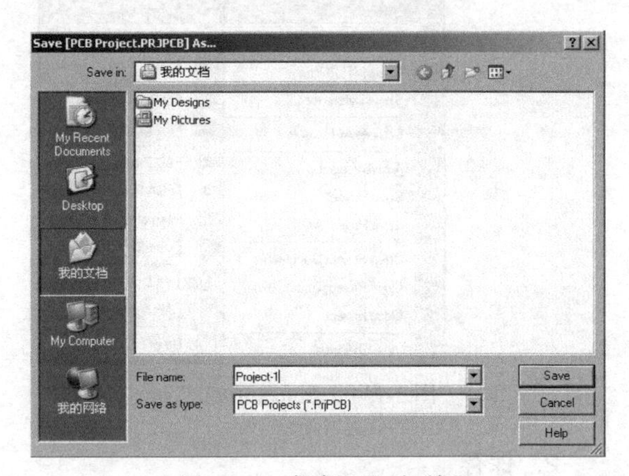

图 2-141　保存工程对话框

在该对话框中的“File name”下拉文本框中输入“Project-1”后单击“Save”按钮，即可完成对该工程的保存，如图 2-142 所示。用同样的方法将原理图文件改名为“protel schematic”保存，保存文件后的最终工程面板如图 2-143 所示。

3. 切换

在工作区中每次打开一个文件，都会在窗口上方出现一个标签，当同时打开多个文件时，单击其标签即可进行切换，如图 2-144 所示。

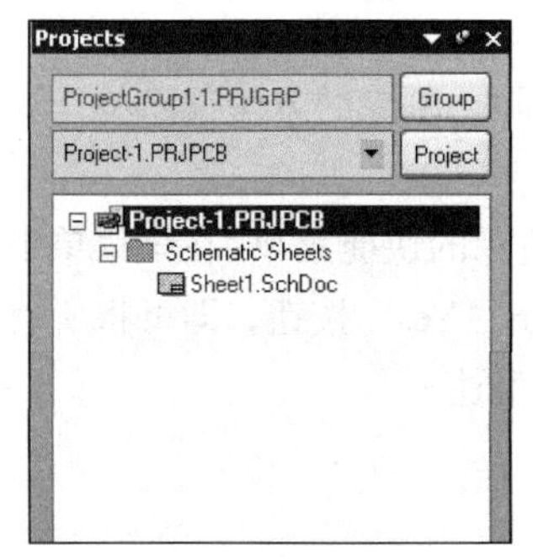

图 2-142　保存工程后的“Projects”面板

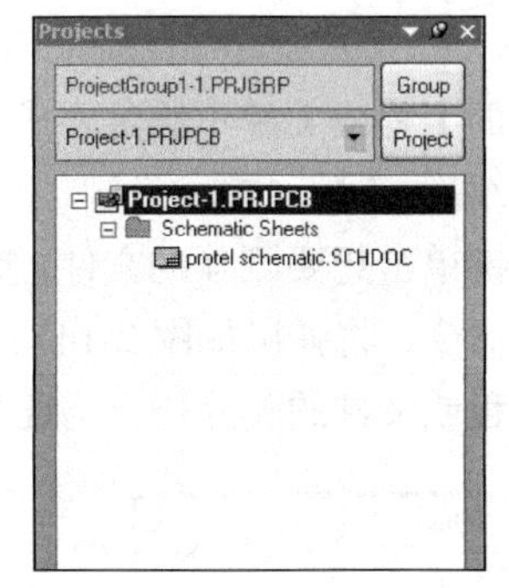

图 2-143　保存文件后的最终“Projects”面板

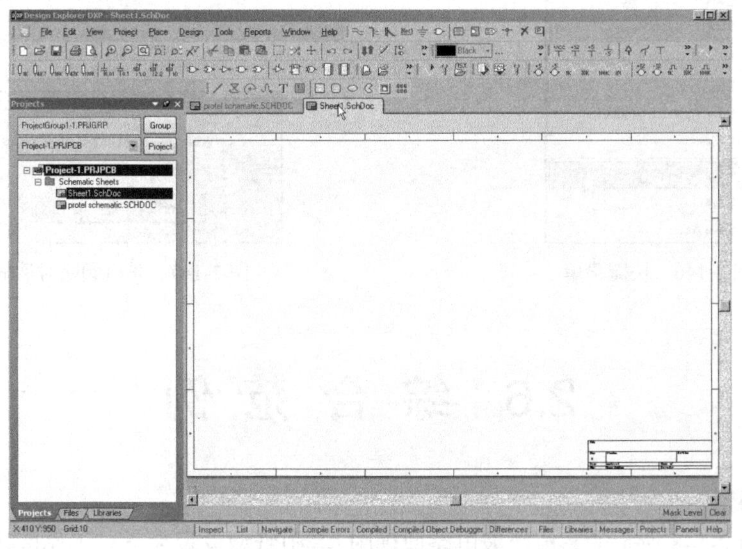

图 2-144　切换不同的文件

用鼠标右键单击，在弹出的快捷菜单中可以选择关闭、修改或平铺窗口，平铺窗口的效果如图 2-145 所示。

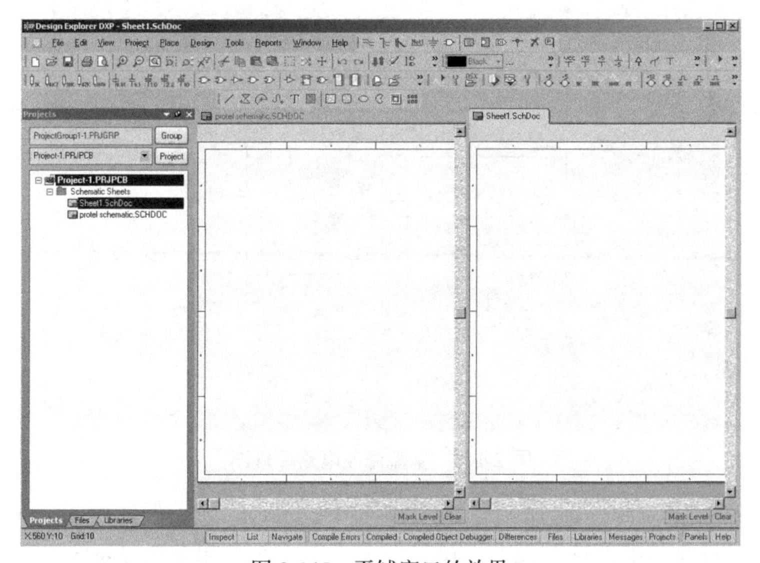

图 2-145　平铺窗口的效果

4. 删除

若所设计的工程或文件不满足要求时，可以将其删除。删除的方法很简单，下面以原理图文件为例进行介绍。

用鼠标右键单击想要删除的文件，弹出如图 2-146 所示的快捷菜单。在该菜单中选择“Remove from Project”命令，将弹出如图 2-147 所示对话框，单击“Yes”按钮，即可将所选文件删除。对其他种类的工程或文件的删除操作与此相同，这里不再赘述。

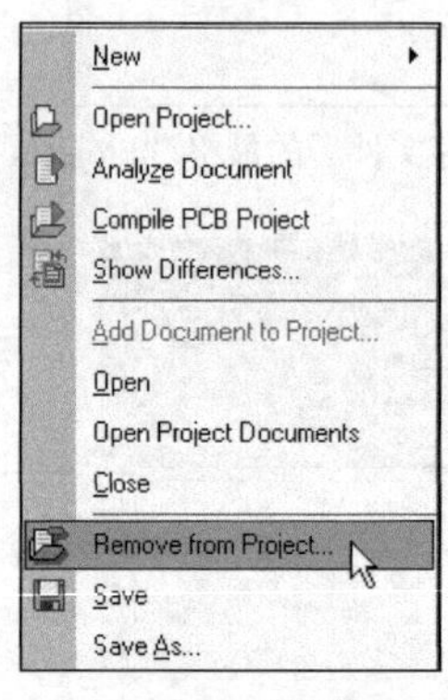

图 2-146 快捷菜单

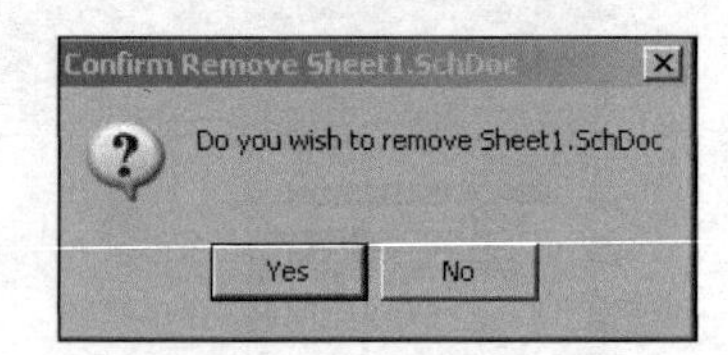

图 2-147 是否删除对话框

2.6 综 合 范 例

1. 范例目标

绘制出如图 2-148 所示的整流滤波电路原理图，其中纸型设置为 A4、工作区颜色选用浅绿色、方向设置为水平方向，最后将图纸命名为“Schematic.SchDoc”进行保存。

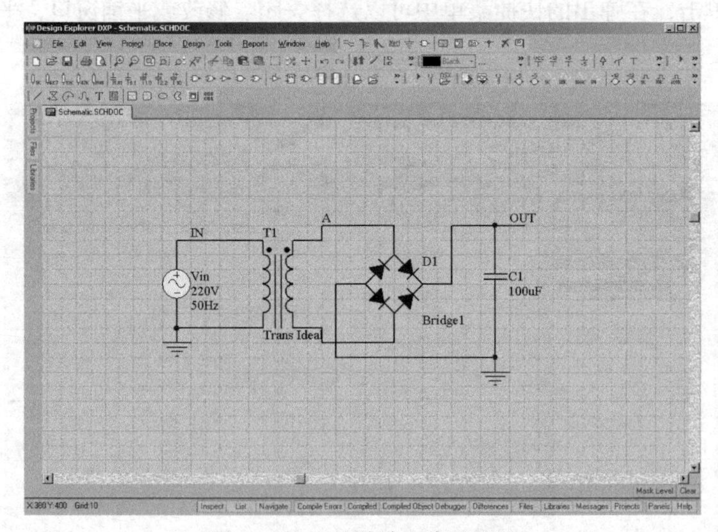

图 2-148 整流滤波电路原理图

2. 所用知识

本章所学的设计文件的新建与保存，设置图纸大小、方向和颜色以及放置元器件等知识。

3. 详细步骤

（1）启动原理图编辑器并保存新建原理图文件。执行“File→New→Schematic”命令，打开原理图编辑器，如图 2-149 所示。

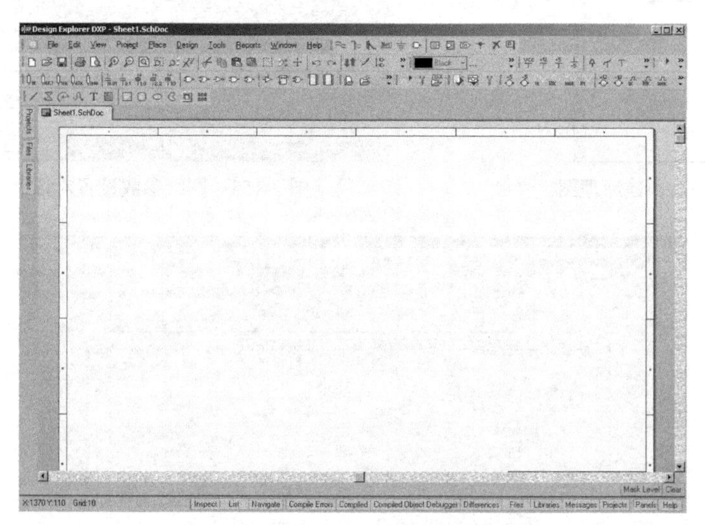

图 2-149　原理图编辑器界面

（2）在“Projects”面板中用鼠标右键单击原理图文件标签“Scheet1.SchDoc”，将弹出如图 2-150 所示的快捷菜单。在该菜单中选择“Save”命令，将弹出如图 2-151 所示的保存文件对话框。

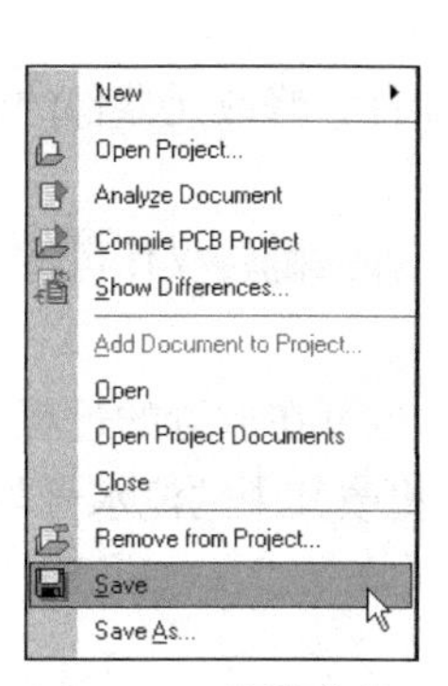

图 2-150　快捷菜单

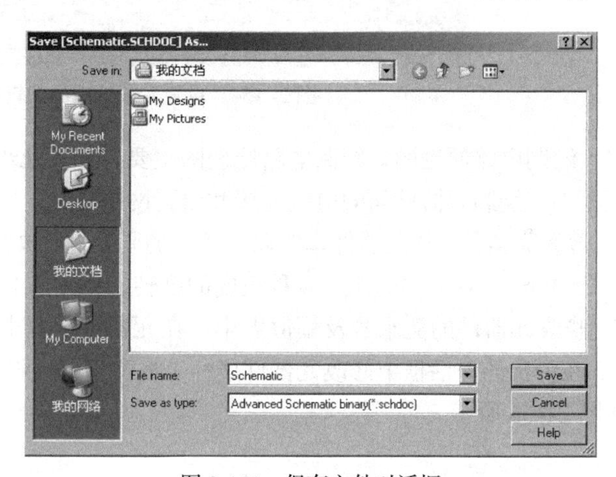

图 2-151　保存文件对话框

在该对话框中的“File name”下拉文本框中输入“Schematic”后单击“Save”按钮，即可完成对该原理图文件的保存，文件名为“Schematic.SchDoc”，如图 2-152 所示。

（3）设置图纸参数。执行“Design→Options”命令，即可打开图纸参数设置对话框，如图 2-153 所示。在该对话框“Options”选项区的“Orientation”下拉列表框中，选择“Landscape”项为图纸水平放置。

在“Options”选项区的“Scheet Color”栏中，选择工作区为浅绿色。同时，在“Standard styles”下拉列表框中设置图纸尺寸，选择 A4 纸型，其他选项保持默认设置，单击“OK”按钮，即可完成图纸参数设置，效果如图 2-154 所示。

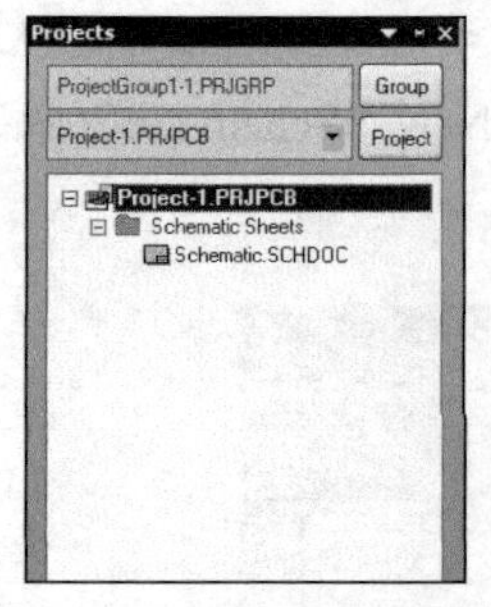

图 2-152　保存新建原理图

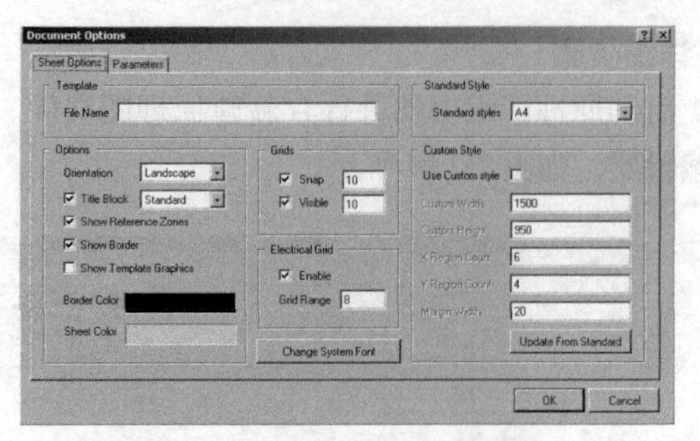

图 2-153　图纸参数设置对话框

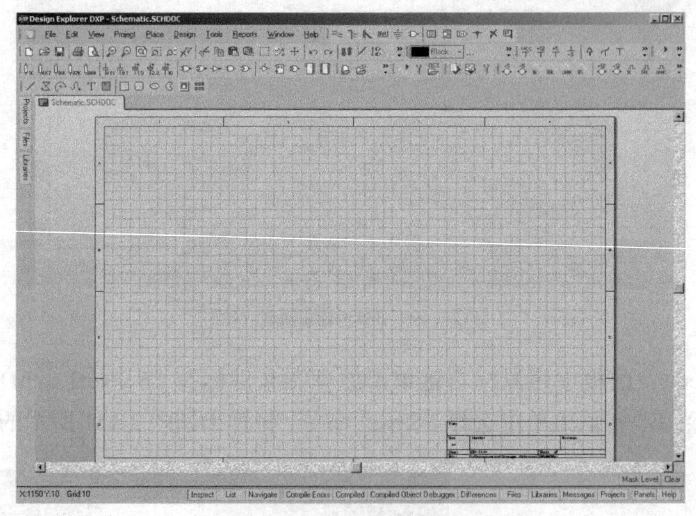

图 2- 154　设置完图纸后的编辑器界面

（4）绘制电路原理图。绘制电路原理图主要有如下几步：放置元器件、修改元器件的流水号及幅值大小、绘制元器件间的电气连接和放置网络标号。

① 放置元器件。从元器件库中取出所需的元器件，放在工作区中。如需翻转操作可按空格键进行 0° 、90° 、180° 和 270° 4 种角度的翻转，如图 2-155 所示。

② 修改元器件的流水号及幅值大小。在元器件上双击鼠标右键（也可在放置的过程中，按 Tab 键，在弹出的对话框中修改元器件属性）将弹出属性设置对话框，更改其中的流水号与幅值，效果如图 2-156 所示。

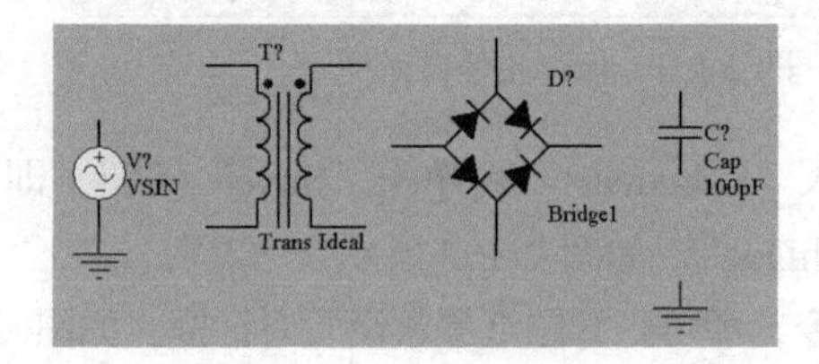

图 2-155　放置元器件

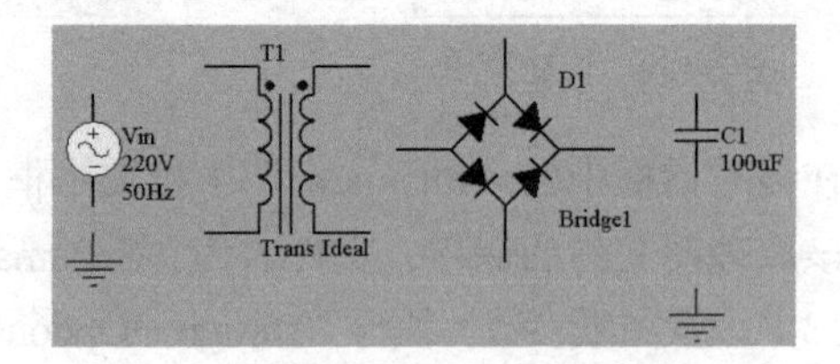

图 2-156　修改元器件属性后的效果

③ 绘制元器件间的电气连接。用绘制导线工具来连接元器件间的引脚，绘制导线后的效果如图 2-157 所示。

④ 放置网络标号。单击网络标号工具 Net1，放置网络标号。在放置的过程中，按 Tab 键在弹出的对话框中设置网络标号的属性，放置网络标号后的效果如图 2-158 所示。

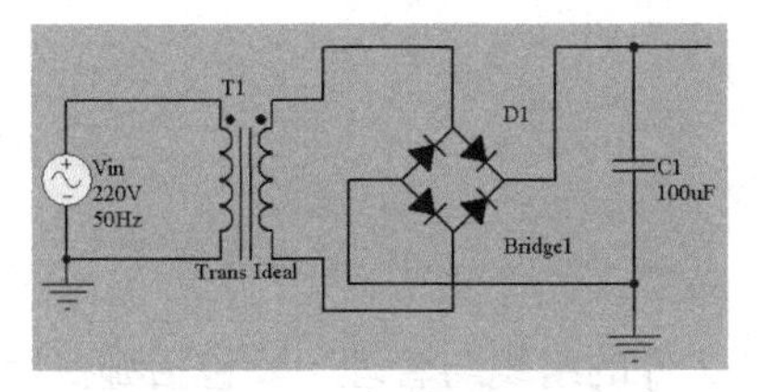

图 2-157　绘制导线的效果

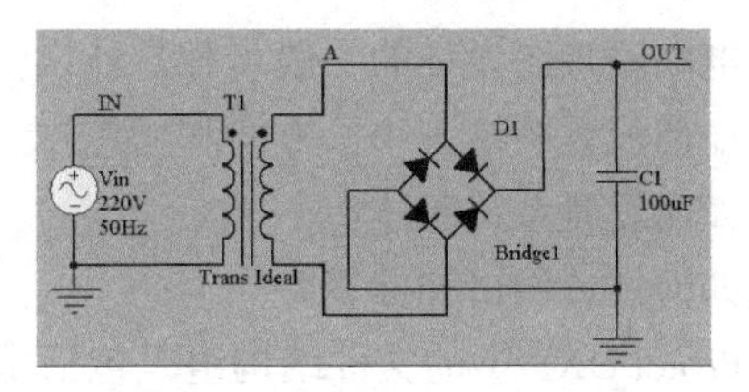

图 2-158　放置网络标号的效果

至此，该整流滤波电路原理图绘制完成。

2.7　小　　结

本章主要讲述了电路原理图设计的一般步骤、原理图设计工具、相关的参数设置和文件的组织和管理。

一般来说，电路原理图的设计过程可分为启动 Protel DXP 原理图编辑器、设置电路原理图的大小与版面、从元器件库取出所需元器件放置在工作平面、根据设计需要连接元器件、对布线后的元器件进行调整、保存已绘好的原理图文档和打印输出图纸 7 个步骤。

电路原理图设计工具栏是绘制原理图或原理图仿真提供必要的工具。Protel DXP 的电路原理图设计工具栏主要有：布线工具栏、绘图工具栏、电源及接地工具栏、常用数字器件工具栏、信号仿真源工具栏、PLD 工具栏、Mixed Sim 工具栏、SI 工具栏等，执行“View→Toolbars→Drawing”命令即可打开绘图工具栏。

一般在设计电路原理图之前都要对图纸进行设置，图纸设置主要在图纸参数设置对话框中完成，执行“Design→Options”命令，即可打开图纸参数设置对话框。在该对话框中可以对图纸大小、方向、标题栏及图纸网格、系统字体、文档组织形式等进行设置。

设计电路原理图前还应设置图纸的网格形式及光标的显示方式，设置网格与标签主要在“Preferences”对话框中实现，执行“Tools→Preferences”命令即可打开“Preferences”对话框。

Protel DXP 引入了工程项目组（*.PrjGrp 为扩展名）的概念，其中包含一系列的工程文件，如*.PrjPCB（PCB 设计工程）、*.PrjFpg（FPGA——现场可编程门阵列设计工程）等。这些工程文件并不包含任何文件，它的作用只是建立与源文件之间的链接关系，因此所有电路的设计文件都接受项目工程组的组织和管理，用户可以通过打开项目组来查找电路的设计文件，同时也可单独打开各数据库中的源文件，如原理图文件、PCB 文件等。

Protel DXP 的文件组织与管理方式层次比较鲜明：首先，它由三级文件组织管理模式构成，即工程项目组级、工程级和设计文件级；其次，将整个设计项目用一个工程组来定义，整个工程项目组又分为多个不同的工程，而每一个工程又包含几乎所有的设计文件。在 Protel DXP 中，文件的组织与管理主要包括新建、保存、切换、删除等操作。

习　　题

一、思考题

1. 电路板设计的一般步骤是什么？

2. 电路原理图设计的一般步骤是什么？
3. 如何设置图纸大小、方向和颜色？
4. 如何设置系统字体？
5. 如何设置网格和标签？
6. Protel DXP 中的文件结构组织包括哪些文件？文件的组织与管理主要包括哪些操作？

二、基本操作题

1. 创建一个名位 PROTEL.SCHDOC 的原理图文件，并设置原理图的图纸为：A4 大小、横向放置，标题栏为标准样式。

2. 绘制出如图 2-159 所示的图形。

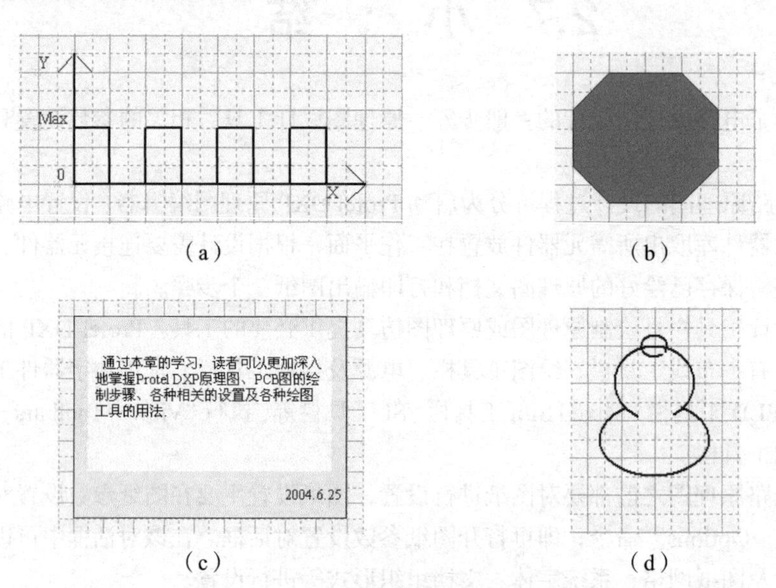

图 2-159　利用各种工具绘制的图形

3. 利用本章所学的绘图工具绘制出如图 2-160 所示的模拟电路原理图。

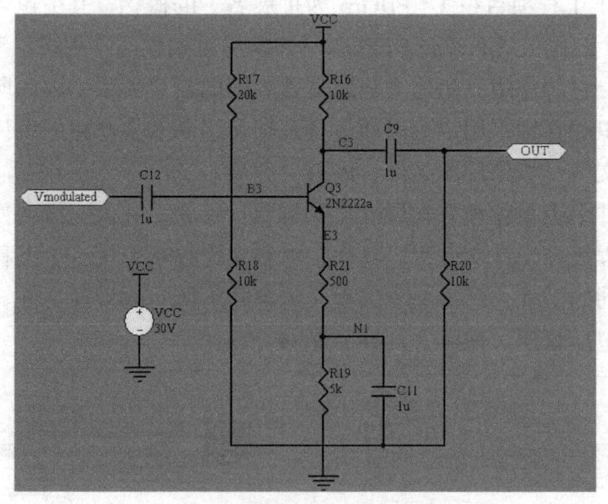

图 2-160　模拟电路原理图

第 3 章 设计电路原理图

本章要点：

（1）装载元器件库；

（2）放置元器件；

（3）编辑元器件；

（4）元器件位置的调整；

（5）元器件的排列和对齐；

（6）放置电源与接地元器件；

（7）放置节点和连接线路；

（8）更新元器件流水号。

本章导读：

本章主要介绍设计电路原理图的流程和元器件的加载与调整。元器件的调整包括对象的选取与取消、元器件的移动、元器件的旋转、元器件的复制、元器件的阵列式粘贴、元器件的排列与对齐等。通过本章的学习，读者应掌握原理图设计的流程和相关操作，并能绘制出所需要的电路原理图。

3.1 装载元器件库

第 2 章中已经讲述了设计电路原理图的步骤和绘制前的基本设置，当完成电路原理图设计前的所有设置后，还需加载元器件库才能进行原理图的设计。因为加载过多的元器件库，会占用大量的系统资源，所以不提倡一次加载过多的元器件库，而是要加载自己常用的一个或几个。Protel DXP 支持元器件封装库或元器件符号库，同时也支持集成元器件库。它们的后缀分别为.SchLib 和.IntLib。执行“Design→Browse Library”命令，将弹出如图 3-1 所示的 Libraries 元器件库面板。在该面板中选择一个元器件时，将自上而下依次显示该元器件的符号、各种模型对应的元器件库及该元器件的 PCB 封装等。

Libraries 元器件库面板中的各个区域和按钮的意义如图 3-2 所示。

元器件的加载主要在该面板中实现，下面通过一个实例来说明如何通过 Libraries 面板加载元器件。

（1）例如在设计中想要使用数模比较器 AD828AN，但当前元器件库中没有该元器件，则可以单击“Libraries”按钮，弹出如图 3-3 所示的“Add Remove Libraries”（添加或删除元器件库）

对话框，在该对话框中列出了当前加载的所有元器件库文件。

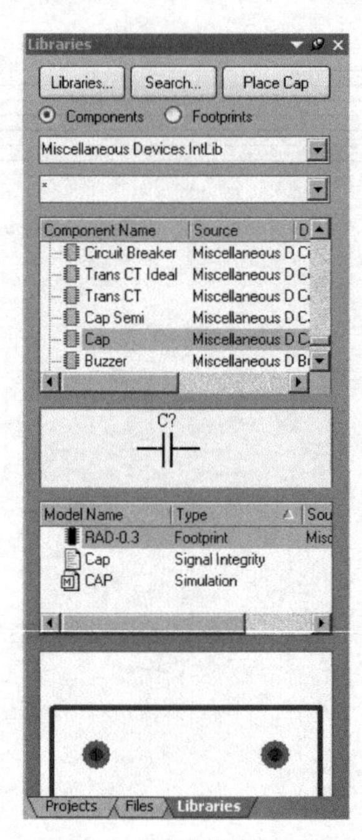

图 3-1　元器件库面板

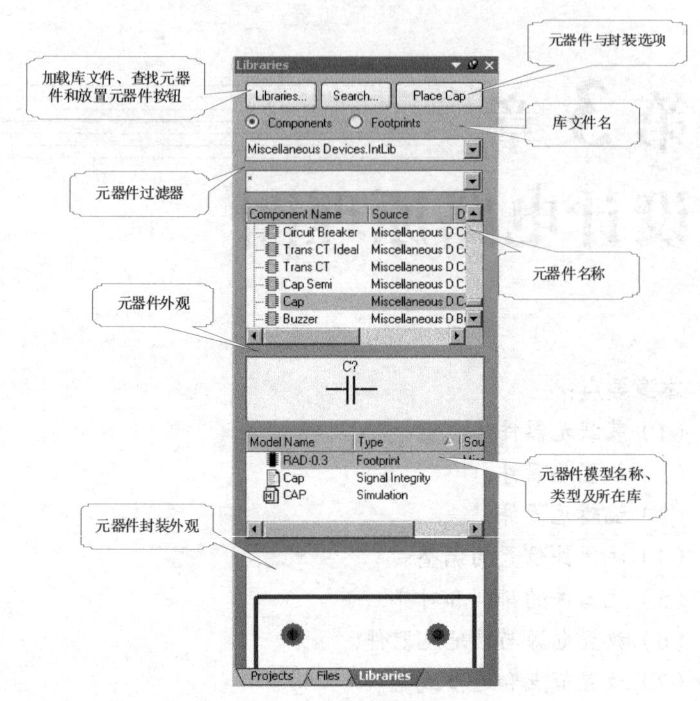

图 3-2　元器件库面板的构成

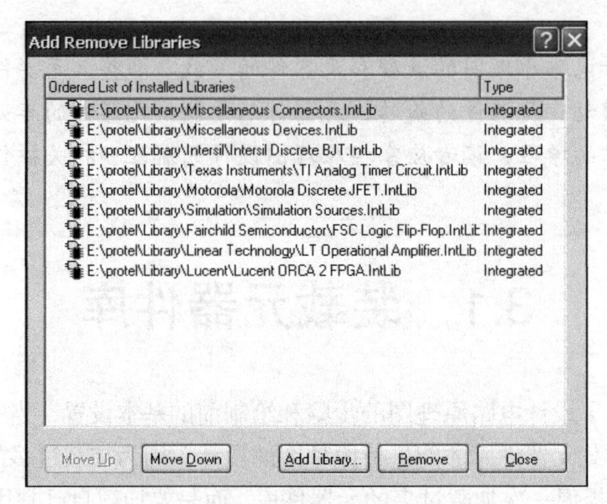

图 3-3　添加或删除元器件库对话框

对话框中各按钮的功能如下。

◇ “Move Up”按钮：移出当前元器件库中最上面的元器件库。

◇ “Move Down”按钮：移出当前元器件库中最下面的元器件库。

◇ “Add Library...”按钮：添加新的元器件库。

◇ “Remove”按钮：卸载所选元器件库。

（2）单击“Add Library...”按钮，弹出如图 3-4 所示的“Open”对话框，在该对话框中选中想要加载的元器件库，单击“Open”按钮即可加载元器件库。

（3）单击“Open”按钮后，系统自动返回到如图 3-3 所示的对话框并显示刚刚加载的元器件库，单击“Close”按钮即可将该元器件库加载到元器件库面板中。选择好元器件库后单击“OK”按钮，即完成元器件库的加载。加载库文件后的元器件库面板，如图 3-5 所示。

加载元器件库后，下面就可以在该元器件库中选择所需的元器件进行电路原理图的绘制。

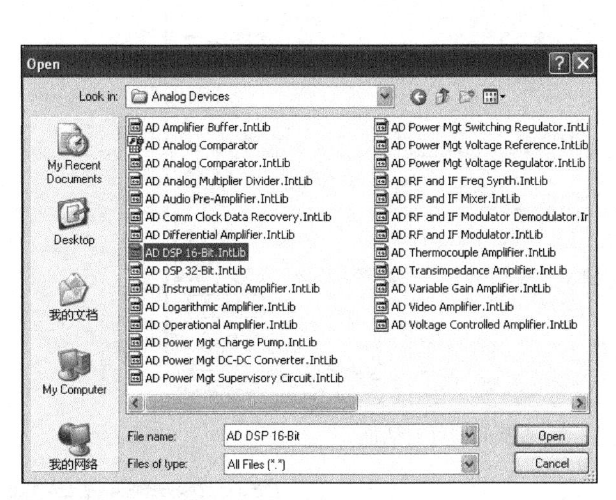

图 3-4　查找元器件库对话框

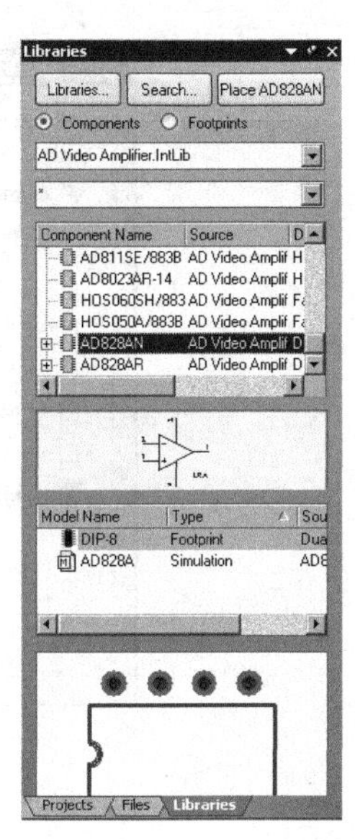

图 3-5　加载了库文件后的元器件库面板

3.2　放置元器件

加载完元器件库后，下一步工作就是将元器件库中的元器件放置到图纸中。

3.2.1　放置元器件

在放置元器件之前要先选择元器件，然后将选择的元器件放置在图纸中适当的位置，以便于绘制原理图时连接方便。用户可以通过查找元器件的方法得到所需要的元器件，然后再将所需的元器件放置在图纸中。

1. 查找元器件

通常有两种方法查找元器件，下面依次进行介绍。

（1）若用户只知道元器件的名称，可以用鼠标左键单击元器件库面板上的“Search”按钮进行查找，系统将自动弹出如图 3-6 所示的对话框。

在“Search Criteria”选项区中的“Name”文本框中键入想要查找的元器件名称，如键入“Cap”（电容），单击“Search”按钮，将弹出如图 3-7 所示的查找结果对话框。对话框中描述了元器件所在的元器件库名称（Miscellaneous Devices.IntLib）、元器件描述（Description）、模型名称（Model Name）与类型（Type）。单击“Select”按钮即可选择该元器件。

（2）若用户知道所需元器件所在的元器件库的名称，则可直接在元器件库面板中进行查找，如图 3-8 所示。

2. 放置所选元器件

找到所需的元器件后单击“Place”按钮，该元器件将粘贴在光标上，如图 3-9 所示。将它拖到工作区的合适位置，单击鼠标左键即可放置该元器件，此时该元器件仍粘贴在光标上，若还需放置该元器件则可将该元器件移至合适位置，单击鼠标左键放置该元器件；若不需再次放置该元器件则可单击鼠标右键取消该元器件的选定状态。

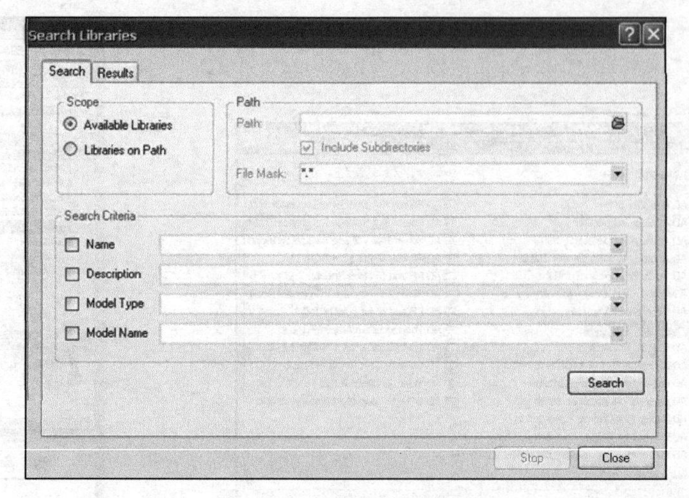

图 3-6　查找元器件对话框

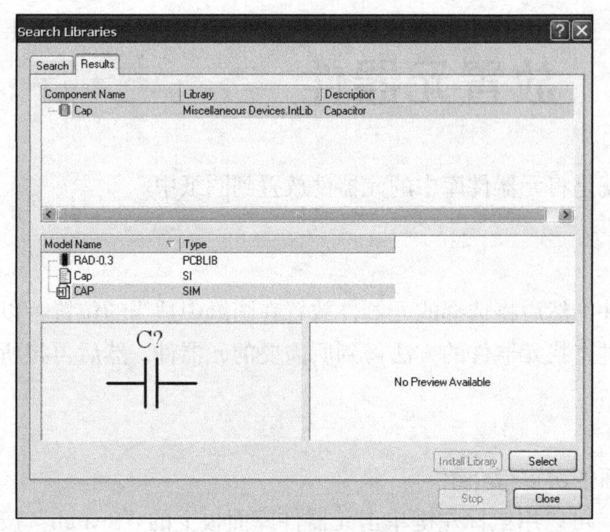

图 3-7　元器件查找结果对话框

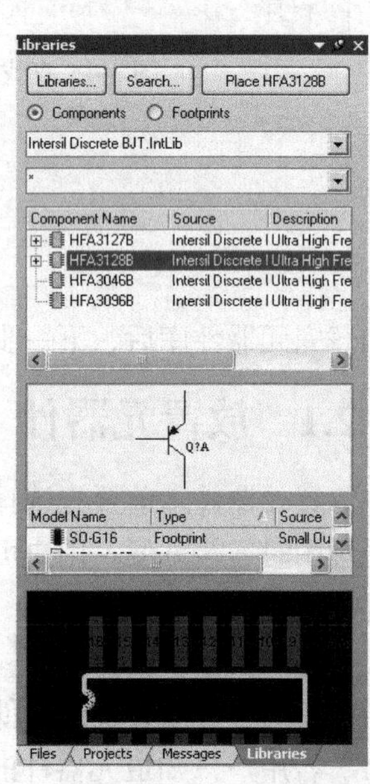

图 3-8　在元器件库面板中直接查找元器件

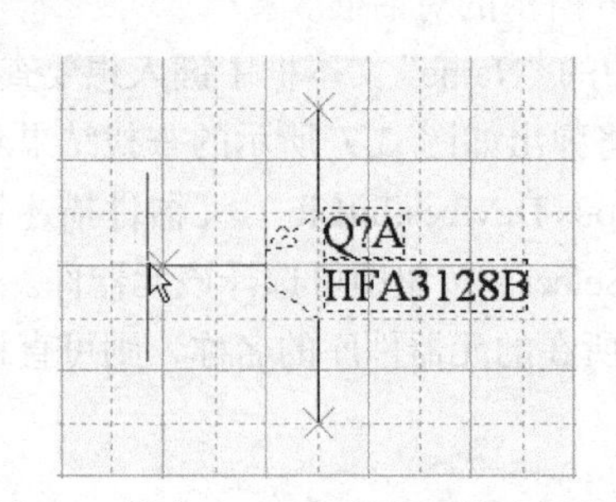

图 3-9　单击“Place”按钮后的光标状态

3.2.2 使用工具栏放置元器件

除了上述方法外，还可利用工具栏上的放置元器件按钮放置元器件。具体的步骤与方法已在2.1.2小节详细介绍了，这里不再重复。另外，还可以使用数字实体工具栏放置元器件，该工具栏包含了比较常用的电阻、电容、与门、非门、与非门等常用元器件，如图3-10所示。

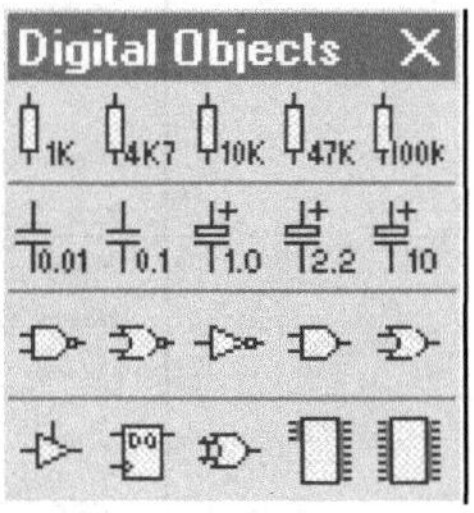

图3-10 数字实体工具栏

数字实体工具栏共包含20个按钮，其使用方法非常简单，单击工具按钮将相应元器件拖到工作区合适位置放置即可。下面介绍各种工具按钮的作用。

◇ ：用于放置阻值为1kΩ的电阻。
◇ ：用于放置阻值为4.7kΩ的电阻。
◇ ：用于放置阻值为10kΩ的电阻。
◇ ：用于放置阻值为47kΩ的电阻。
◇ ：用于放置阻值为100kΩ的电阻。
◇ ：用于放置容量为0.01μF的电容。
◇ ：用于放置容量为0.1μF的电容。
◇ ：用于放置容量为1.0μF的电容。
◇ ：用于放置容量为2.2μF的电容。
◇ ：用于放置容量为10μF的电容。
◇ ：用于放置两输入端与非门。
◇ ：用于放置两输入端或非门。
◇ ：用于放置非门。
◇ ：用于放置两输入端与门。
◇ ：用于放置两输入端或门。
◇ ：用于放置三态门。
◇ ：用于放置D触发器。
◇ ：用于放置两输入端异或门。
◇ ：用于放置三线—八线译码器。
◇ ：用于放置总线传输器。

3.3 编辑元器件

3.3.1 编辑元器件属性

将绘制电路原理图所需的元器件放置到工作区后，下一步工作就是要对其属性进行编辑。元器件属性的编辑主要在“Component Properties”（元器件属性）对话框中实现，用户可以在元器件的上方双击鼠标左键，即可弹出如图3-11所示的元器件属性对话框；也可以在元器件的上方单击鼠标左键不放松，该元器件将粘贴在光标上随光标移动，此时按Tab键，也将弹出元器件属性对话框。

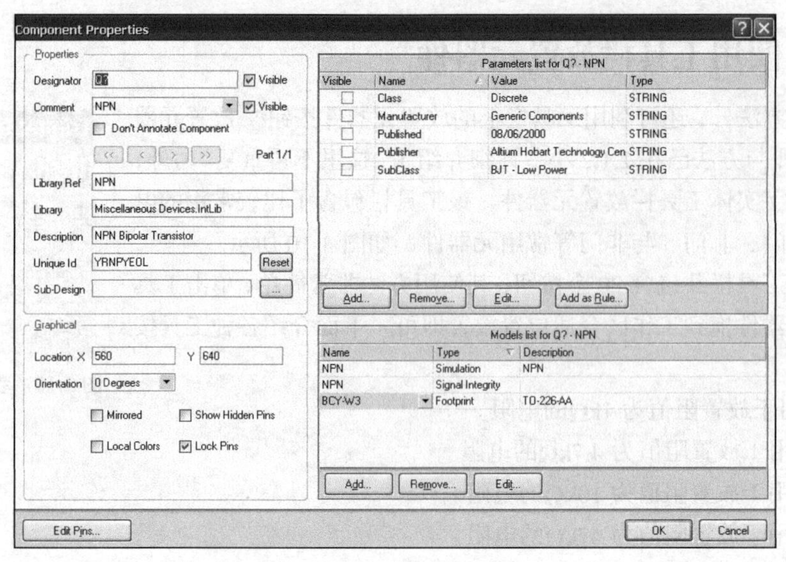

图 3-11　元器件属性对话框

下面简要介绍该对话框中的各选项内容。

（1）“Properties”选项区

◇ Designator：元器件在电路图中的流水号。

◇ Comment：元器件标注。

◇ Library Ref：元器件库中所定义的元器件名称，该名称不会显示在原理图中。

◇ Library：元器件所在的元器件库名称。

◇ Description：元器件描述。

（2）“Graphical”选项区

◇ Location：元器件在原理图中的坐标。

◇ Orientation：设定元器件的翻转角度，有 0°、90°、180° 和 270° 4 种。此项翻转的功能也可以通过按空格键来实现，按一下空格键旋转到 90°，依次按空格键将在 180°、270°、0° 和 90° 之间不断翻转，用户可根据电路图的需要选择合适的角度。

◇ Parameters list for Q?-NPN：元器件 NPN（三极管）的参数列表。

◇ Models list for Q?-NPN：元器件 NPN（三极管）的模型列表。

3.3.2　编辑元器件组件属性

在元器件的某一属性上双击鼠标左键，将弹出一个针对该属性的对话框，例如，在 R?上双击则将弹出如图 3-12 所示的对话框。在“Value”选项区可以修改元器件在图纸里的流水号，在“Properties”选项区可以修改元器件的坐标、颜色及翻转角度等。利用该对话框对电阻元器件进行修改，编辑后的效果如图 3-13 所示。

另外，Protel DXP 还支持在元器件上直接对元器件（组件）进行修改，具体操作步骤如下。

（1）用鼠标左键单击选中元器件，此时光标将显示为I型。

（2）再用鼠标左键单击一下元器件的流水号，此时该流水号处于编辑状态。

（3）接着就可以对元器件流水号进行修改，如将 R1 修改为 R5，整个操作过程如图 3-14 所示。

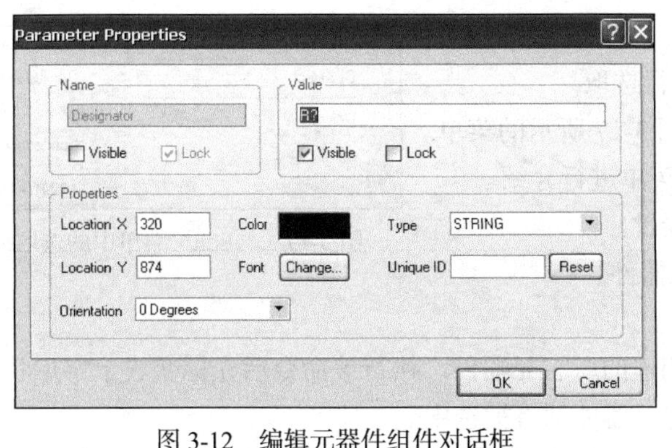

图 3-12　编辑元器件组件对话框

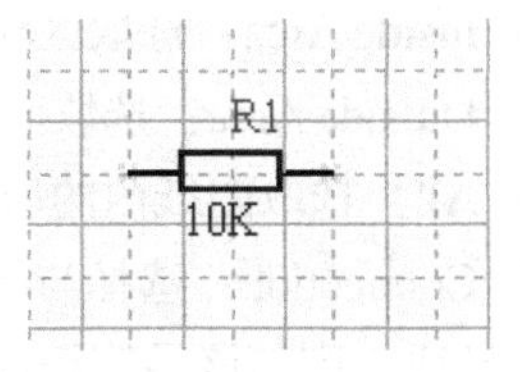

图 3-13　编辑后的效果

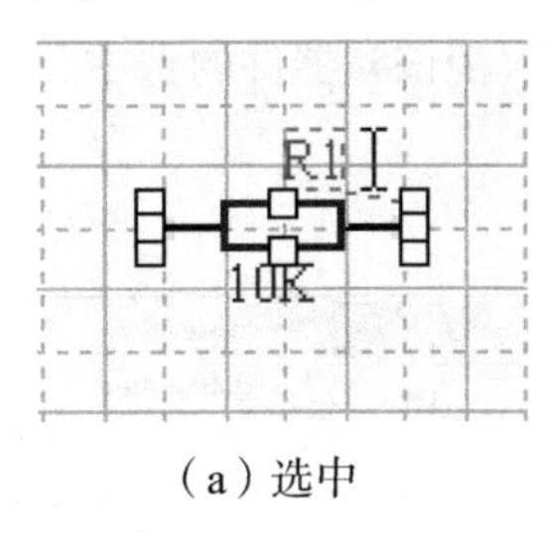

（a）选中

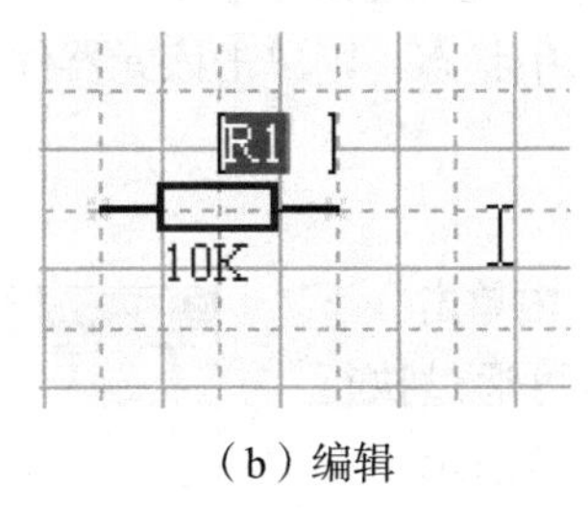

（b）编辑

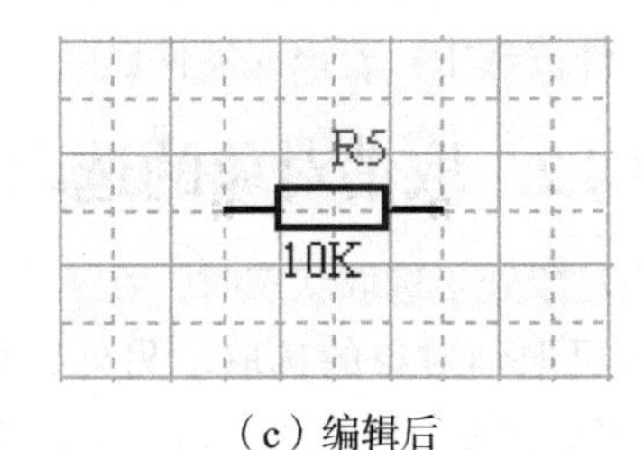

（c）编辑后

图 3-14　对元器件组件修改过程

3.4　元器件位置的调整

3.4.1　对象的选取

通常对象的选取有 3 种方法，下面分别进行介绍。

（1）直接选取法

在要选择的对象左上角单击鼠标左键，此时光标变为十字形状，如图 3-15 所示。然后拖动鼠标直到框选上所有想要选择的对象，再松开鼠标左键，即可选定该对象，如图 3-16 所示。

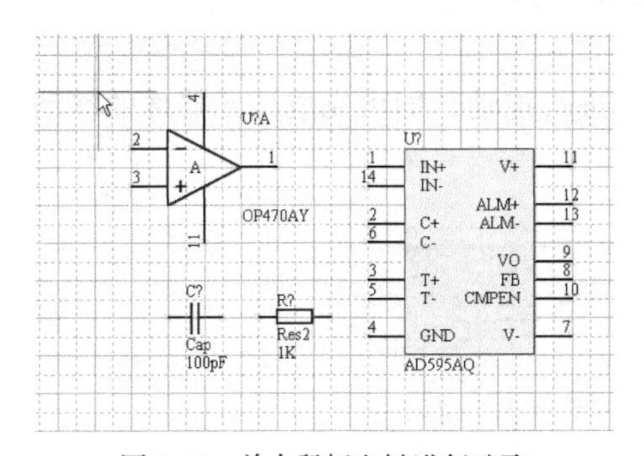

图 3-15　单击鼠标左键进行选取

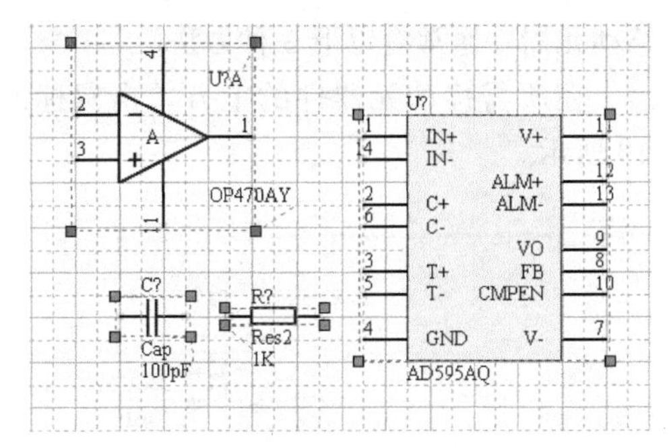

图 3-16　选定对象后的效果

（2）使用工具栏中的选取工具⬚进行选取

首先用鼠标左键单击⬚按钮，鼠标指针将变成十字形状，在想要选择的对象左上角单击鼠标左键，然后拖动鼠标直到框选所有想要选择的对象，再单击鼠标，即可选定该对象。再单击一下鼠标左键，即可取消选取状态。

（3）通过“Edit”菜单中的选项进行选取

执行“Edit→Select”命令，弹出如图 3-17 所示的菜单。

下面对“Select”菜单选项的下级菜单进行介绍。

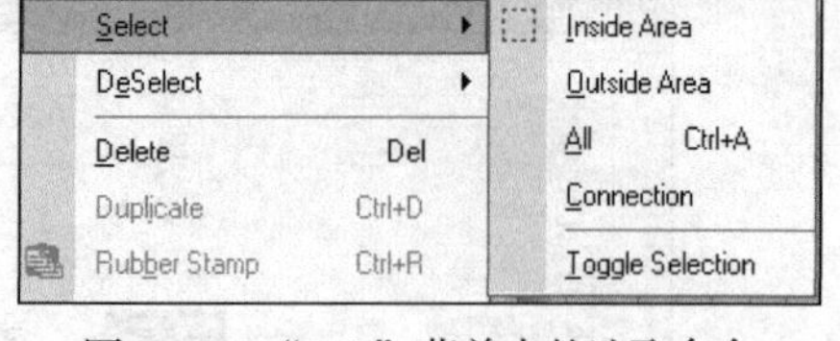

图 3-17 “Edit”菜单中的选取命令

◇ Inside Area：选取区域内的元器件。

◇ Outside Area：选取区域外的元器件。

◇ All：选取图纸内的所有元器件。

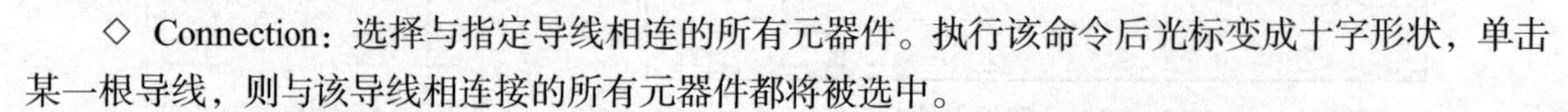

◇ Connection：选择与指定导线相连的所有元器件。执行该命令后光标变成十字形状，单击某一根导线，则与该导线相连接的所有元器件都将被选中。

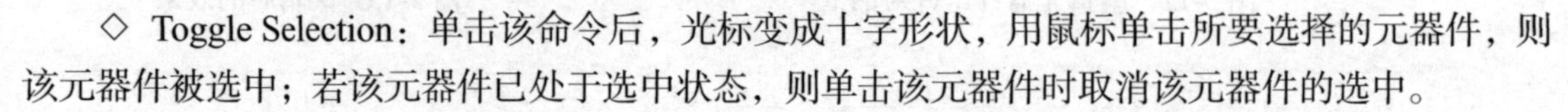

◇ Toggle Selection：单击该命令后，光标变成十字形状，用鼠标单击所要选择的元器件，则该元器件被选中；若该元器件已处于选中状态，则单击该元器件时取消该元器件的选中。

3.4.2 取消对象的选取

当对象处于选取状态时，在工作区内单击一下鼠标即可取消对象的选取。另外，也可通过执行“Edit→Deselect”命令来实现，如图 3-18 所示。

下面对“Deselect”菜单选项的下拉菜单进行介绍。

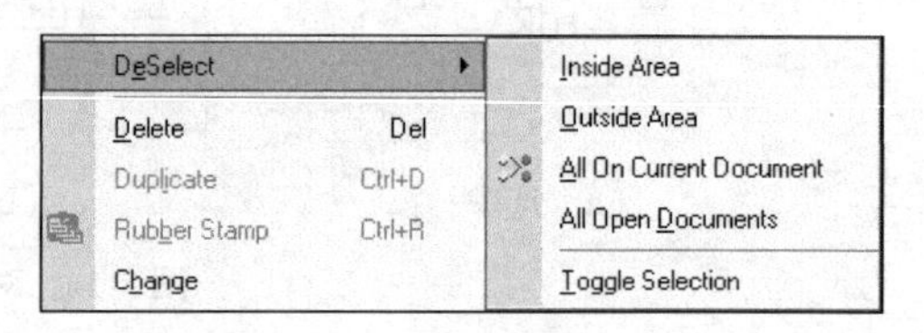

图 3-18 取消对象选取子菜单

◇ Inside Area：取消对区域内元器件的选取。

◇ Outside Area：取消对区域外元器件的选取。

◇ All On Current Document：关闭所有目前的文档。

◇ All Open Documents：关闭所有已打开的文档。

◇ Toggle Selection：单击该命令后，光标变成十字形状，用鼠标单击已选择的元器件则取消该元器件的选取。

3.4.3 元器件的移动

元器件的移动大致可分为两种情况：平移和层移。平移是指元器件在平面里移动；层移是指当一个元器件被另一个元器件掩盖时对元器件的移动。

移动元器件通常有以下 3 种方法。

（1）在所需移动元器件的上方单击鼠标的同时进行拖动，即可完成该元器件的移动，如图 3-19 所示。

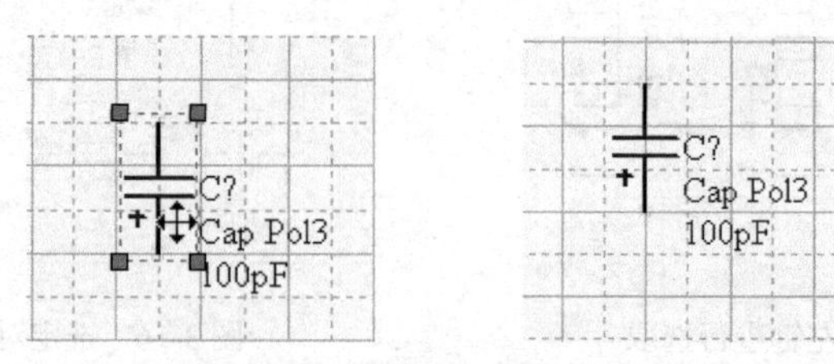

图 3-19 元器件移动前后的效果

（2）使用+按钮移动元器件。选择需要移动的元器件，单击工具栏中的+按钮，光标将变成十字形状。移动光标到所选元器件上方，单击鼠标左键，元器件即将随光标移动。将元器件移动到合适位置，单击鼠标左键即可实现对该元器件的移动。若同时选中多个对象，通过上述操作也可实现多个对象的移动，如图 3-20 所示。

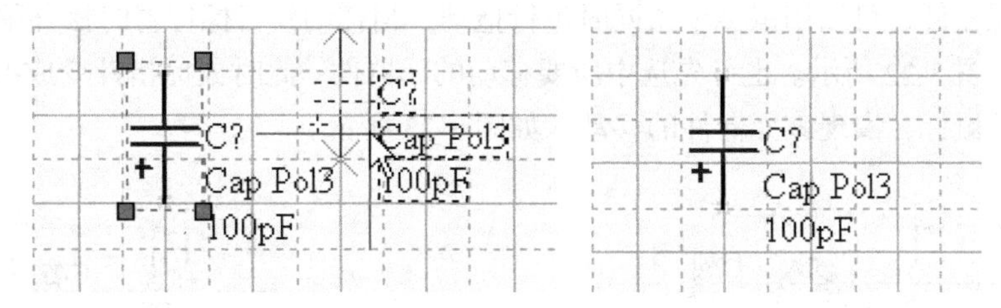

（a）移动单个元器件前后的效果

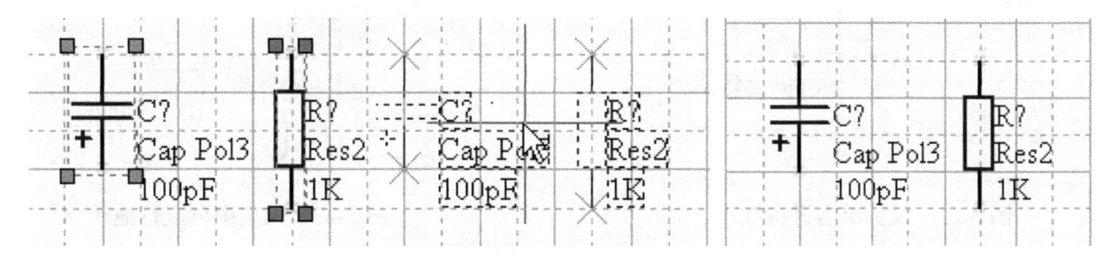

（b）移动多个元器件前后的效果

图 3-20　利用工具栏移动元器件

（3）通过执行“Edit→Move”命令进行元器件的移动，菜单如图 3-21 所示。

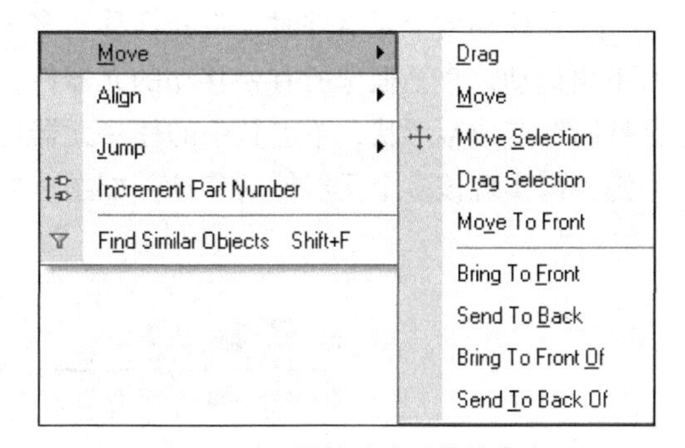

图 3-21　元器件移动子菜单命令

下面对“Move”菜单选项的下拉菜单进行介绍。

◇ Drag：执行此命令时，光标将变成十字形状，用鼠标拖动所要移动的元器件，则所有与之相连的导线也跟着移动，不会断线。

◇ Move：只是移动元器件，与元器件相连的导线不会随之移动。操作方法与“Drag”命令相同。

◇ Move Selection：移动所选定的一个或多个元器件，移动时与元器件相连的导线不会随之移动。操作方法与“Drag”命令相同。

◇ Drag Selection：该选项的功能和操作方法与“Move Selection”命令相同。

◇ Move To Front：这个命令是平移与层移的混合命令。执行该命令时将所移动元器件放在重叠元器件的最上层。操作方法与“Drag”命令相同。

◇ Bring To Front：该命令也是平移与层移的混合命令。执行该命令后，光标变成十字形状，单击需要层移的元器件，则该元器件就立刻被移至重叠元器件的最上层。

◇ Send To Back：执行该命令后，光标变成十字形状，单击需要层移的元器件，则该元器件就立刻被移至重叠元器件的最下层。

◇ Bring To Front Of：执行该命令后，光标变成十字形状，单击需要层移的元器件，则该元器件暂时消失，此时选择参考元器件，单击鼠标，则原来暂时消失的元器件重新出现，并被置于参考元器件上层。

◇ Send To Back Of：将元器件置于某元器件的下方，操作方法与“Bring To Front Of”命令相同。

3.4.4 单个元器件的移动

移动单个元器件，可以用鼠标单击同时进行拖动，当移动到目标位置时松开鼠标即可实现元器件的移动，如图 3-22 所示。也可先选中所要移动的元器件，此时鼠标指针变成✥形状，单击元器件的同时拖动鼠标，实现该元器件的移动，如图 3-23 所示。

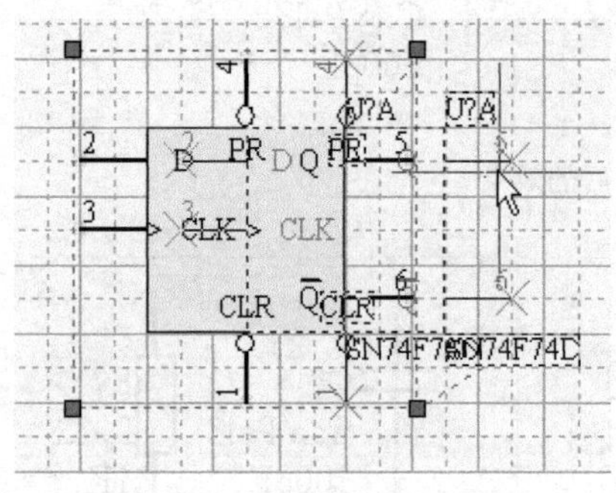

图 3-22 鼠标单击进行拖动

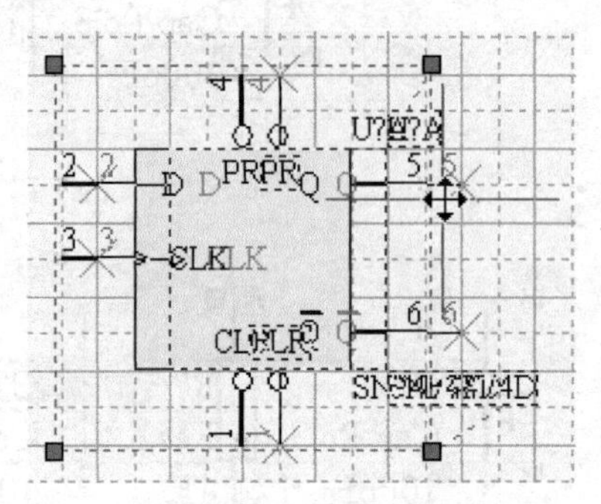

图 3-23 先选中再进行拖动

3.4.5 多个元器件的移动

当要移动多个元器件时，将光标移至多个元器件整体的左上角，单击鼠标左键不放松同时向右下角拖动，直至框选所有要移动的元器件，松开鼠标左键即可选中所有要移动的元器件。此时鼠标指针变成✥形状，单击其中的任一元器件的同时拖动鼠标，当移动到目标位置时，松开鼠标左键，可实现该多个元器件的移动，如图 3-24 所示。

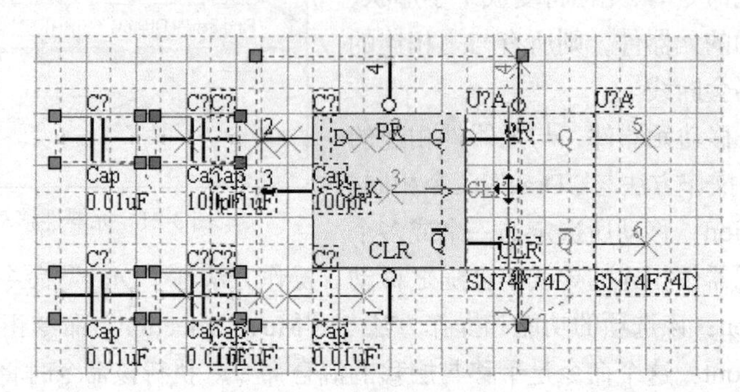

图 3-24 移动多个元器件

另外，还可执行“Edit→Select→Toggle Selection”命令，逐次选中多个元器件，然后单击鼠标右键，退出“Toggle Selection”选项，再用鼠标进行拖动。

3.4.6 元器件的旋转

元器件旋转的具体操作方法如下。

（1）用鼠标左键单击单个元器件，并按住鼠标左键，同时按一次空格键，可以让元器件旋转 90°。

（2）在元器件上方双击鼠标左键，将显示如图 3-25 所示的编辑元器件属性对话框，在其中的“Orientation”下拉列表框中可以选择元器件旋转的角度，有 0°、90°、180° 和 270° 4 种选项。

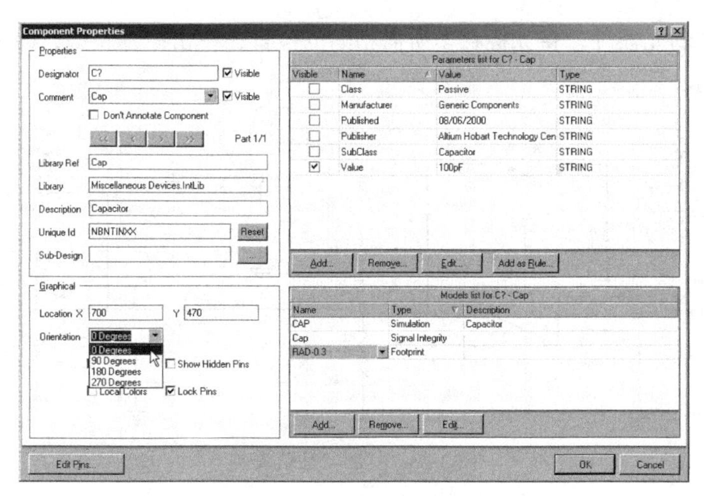

图 3-25　元器件属性对话框

旋转后的效果如图 3-26 所示。

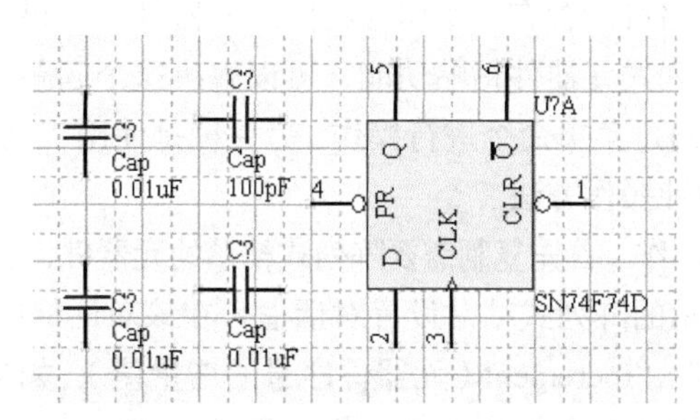

图 3-26　旋转元器件后的图形效果

3.4.7　复制粘贴元器件

复制粘贴元器件主要包括剪切、复制和粘贴 3 种操作，下面对这 3 种操作的方法进行简要介绍。

（1）剪切：选中需要剪切的元器件，执行“Edit→Cut”命令，此时光标变成十字形状，将光标移至所选元器件上方，单击鼠标左键，即可剪切掉所选元器件，如图 3-27 所示。

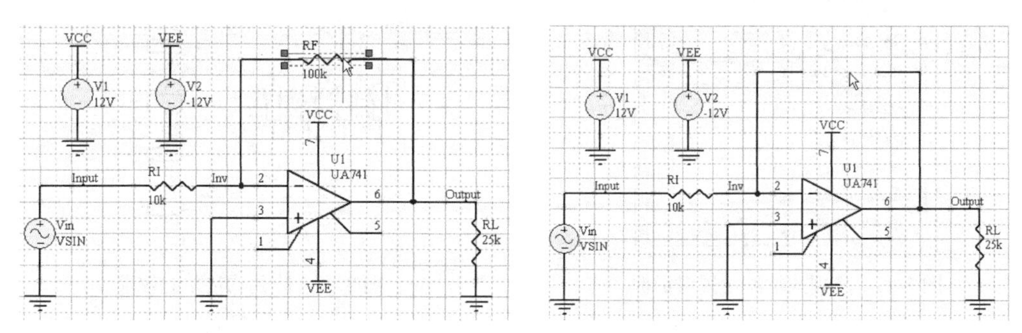

图 3-27　剪切前后的效果

（2）复制：选中需要复制的元器件，执行“Edit→Copy”命令，此时光标变成十字形状，将光标移至所选元器件上方，单击鼠标左键，即可将所选元器件放入剪贴板中。

（3）粘贴：元器件的复制完成后，执行“Edit→Paste”命令，此时光标变成十字形状并粘贴有复制成虚线形式的元器件，将光标移至所需粘贴的位置，单击鼠标左键，即可完成元器件的粘贴，如图 3-28 所示。

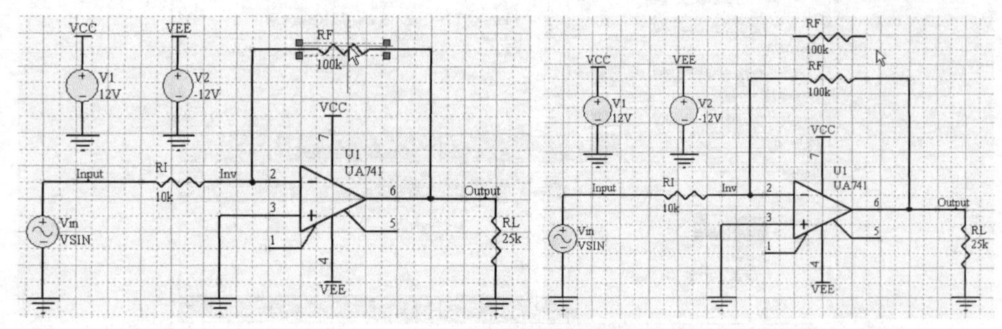

图 3-28　复制与粘贴效果

3.4.8　阵列式粘贴元器件

通常，大规模复杂的电路可能含有多个属性相同的元器件，如果一一绘制的话会比较麻烦、枯燥，Protel DXP 提供的阵列式元器件粘贴功能，可以解决这个问题。一般来说，阵列式元器件的粘贴方法有两种，一种是通过菜单命令进行操作，另一种是使用工具栏中的阵列式粘贴按钮来完成，下面依次介绍这两种操作方法。

（1）通过菜单命令进行操作。首先复制需要阵列式粘贴的元器件，然后执行“Edit→Paste Array”命令，将弹出如图 3-29 所示的阵列式粘贴设置对话框。在该对话框中可以设置所要粘贴的 Item Count（元器件的个数）和 Text Increment（元器件序号的增量值），如将增量值设定为 1 则后面重复粘贴的元器件的序号依次为 R2，R3，R4，R5 等，还可以设置 Horizontal（水平间距）与 Vertical（竖直间距）。

（2）用工具栏中的阵列式粘贴按钮。复制需要阵列式粘贴的元器件，然后单击工具栏中的按钮，弹出如图 3-29 所示的对话框，进行相应设置后，光标变成十字形状，移到合适的位置单击鼠标左键，即可完成元器件的阵列式粘贴。图 3-30 所示为阵列式粘贴后的效果。

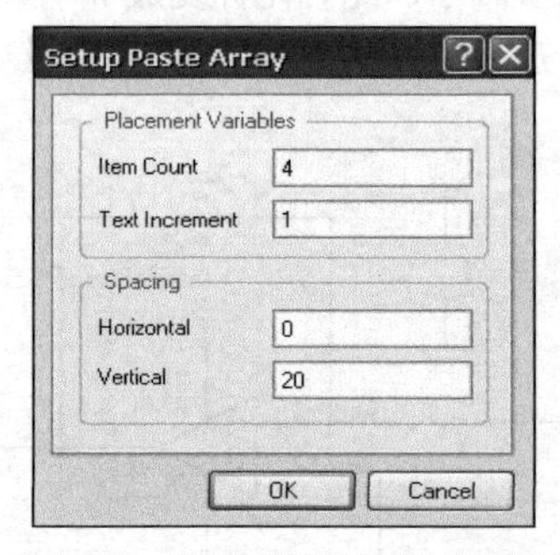

图 3-29　阵列式粘贴设置对话框

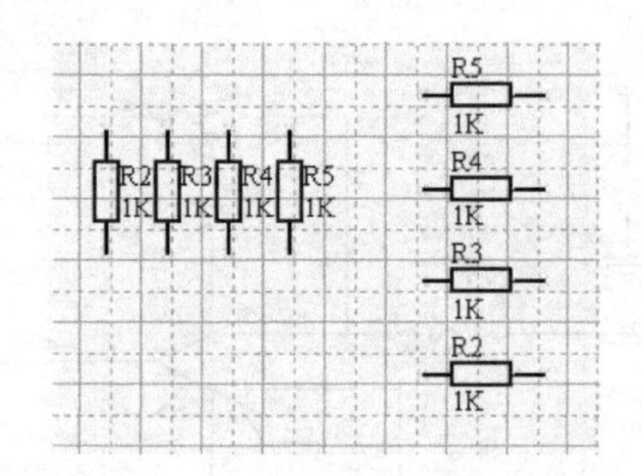

图 3-30　阵列式粘贴的效果

3.4.9　元器件的删除

当某个元器件的选择不正确或不需要时可以对元器件进行删除，Protel DXP 中提供了 3 种删除元器件的方法。

（1）用鼠标左键单击元器件，则元器件处于选中状态，按 Delete 键即可将其删除。

（2）选中需要删除的元器件，执行“Edit→Clear”命令，即可将该元器件删除，如图 3-31 所示。

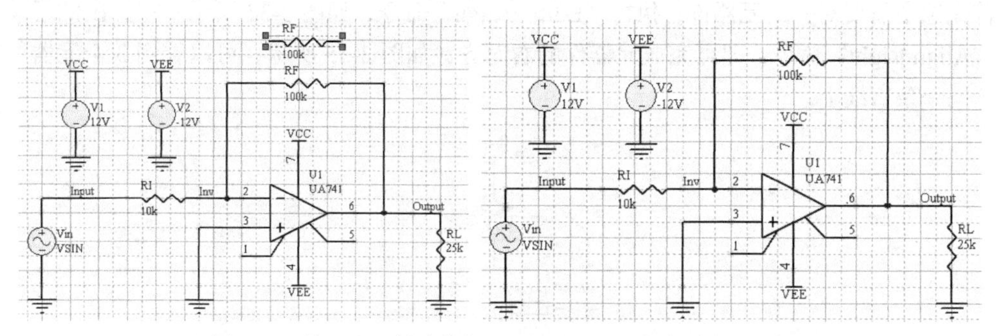

图 3-31　按 Delete 键或执行“Edit→Clear”命令删除元器件

（3）执行“Edit→Delete”命令，光标将变成十字形状，将其移至所需删除元器件的上方，单击鼠标左键即可将元器件删除，如图 3-32 所示。

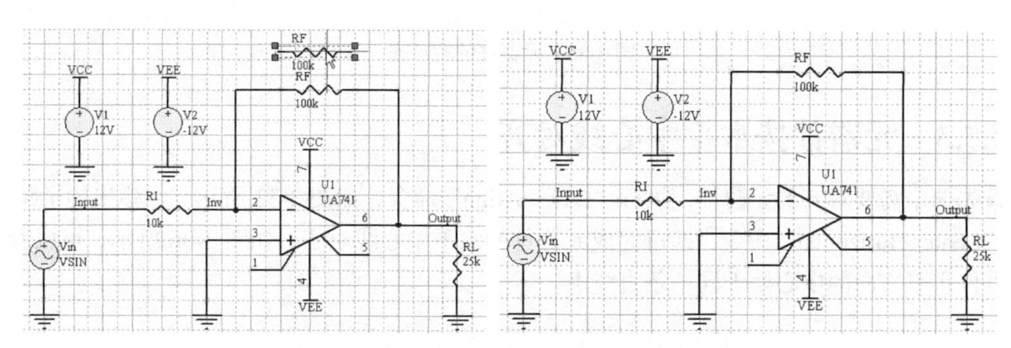

图 3-32　执行“Edit→Delete”命令删除元器件

3.5　元器件的排列和对齐

3.5.1　元器件左对齐

首先选中需要对齐的元器件，执行“Edit→Align”命令，如图 3-33 所示。在弹出的子菜单中选择“Align Left”命令，即可完成元器件的左对齐，如图 3-34 所示，可以看到 3 个元器件的左侧处于同一条直线上。

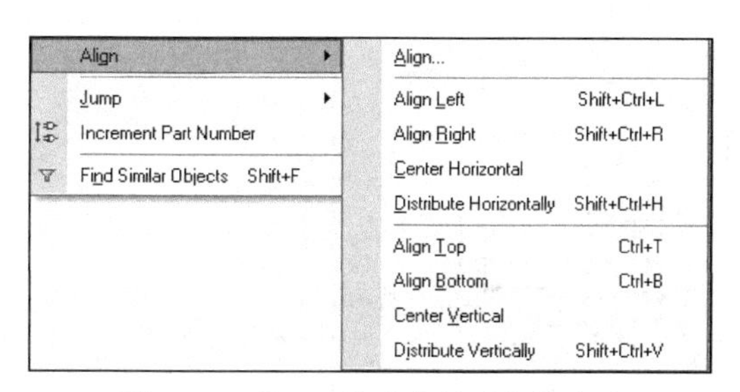

图 3-33　“Align”命令的子菜单选项

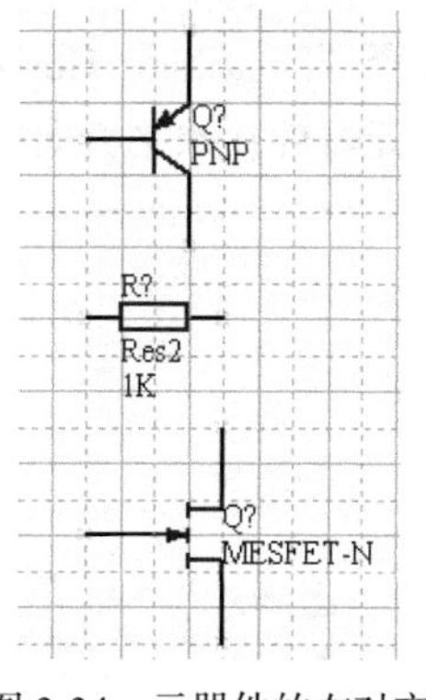

图 3-34　元器件的左对齐

3.5.2 元器件右对齐

首先选中需要对齐的元器件，执行“Edit→Align”命令，如图 3-33 所示。在弹出的子菜单中选择“Align Right”命令，即可完成元器件的右对齐，如图 3-35 所示，可以看到 3 个元器件的右侧处于同一条直线上。

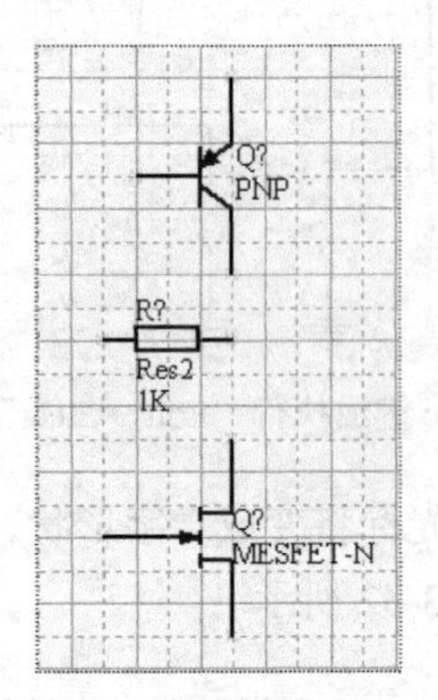

图 3-35 元器件的右对齐

3.5.3 元器件按水平中心线对齐

首先选中需要对齐的元器件，执行“Edit→Align”命令，如图 3-33 所示。在弹出的子菜单中选择“Center Horizontal”命令，即可完成元器件的水平中心线对齐，如图 3-36 所示，可以看到 3 个元器件水平方向的中心处于同一条直线上。

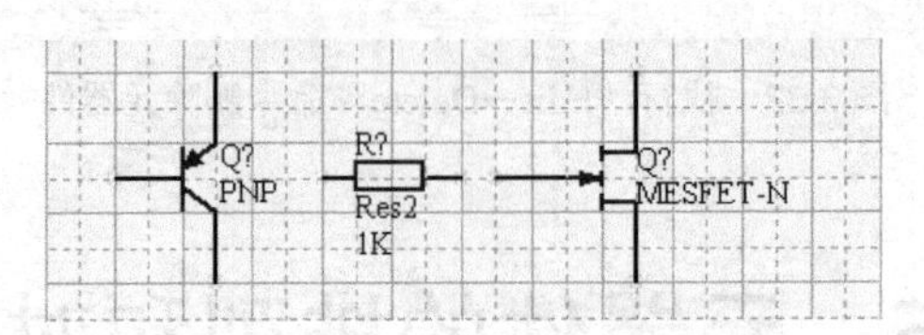

图 3-36 元器件水平中心对齐

3.5.4 元器件水平平铺

首先选中需要对齐的元器件，执行“Edit→Align”命令，如图 3-33 所示。在弹出的子菜单中选择“Distribute Horizontally”命令，即可完成元器件的水平平铺，如图 3-37 所示，可以看到 3 个元器件在水平方向间距相等。

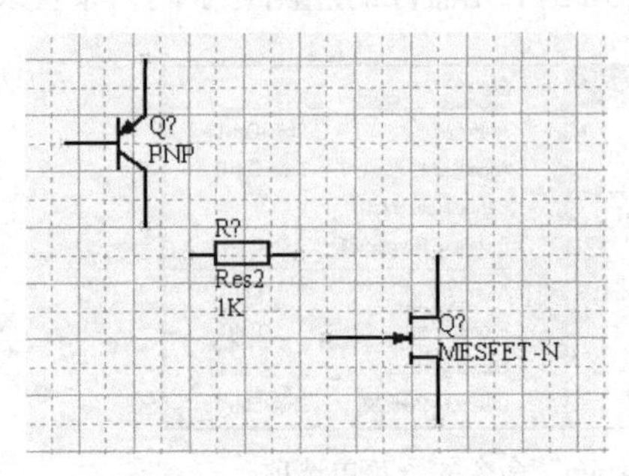

图 3-37 元器件的水平平铺

3.5.5　元器件顶端对齐

首先选中需要对齐的元器件，执行“Edit→Align”命令，如图 3-33 所示。在弹出的子菜单中选择“Align Top”命令，即可完成元器件的顶端对齐，如图 3-38 所示，可以看到 3 个元器件的顶端处于同一条直线上。

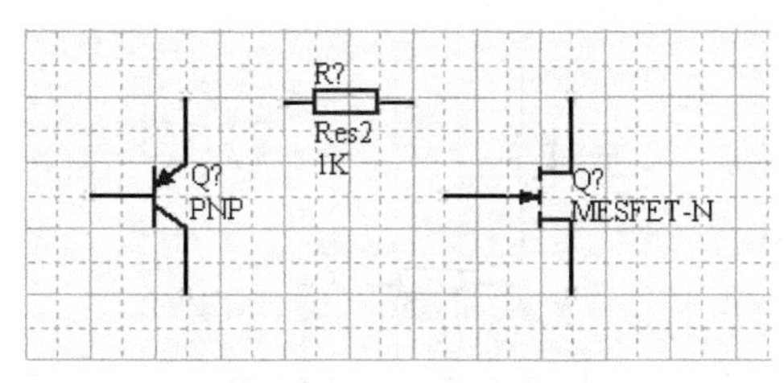

图 3-38　元器件顶端对齐

3.5.6　元器件底端对齐

首先选中需要对齐的元器件，执行“Edit→Align”命令，如图 3-33 所示。在弹出的子菜单中选择“Align Bottom”命令，即可完成元器件的底端对齐，如图 3-39 所示，可以看到 3 个元器件的底端处于同一条直线上。

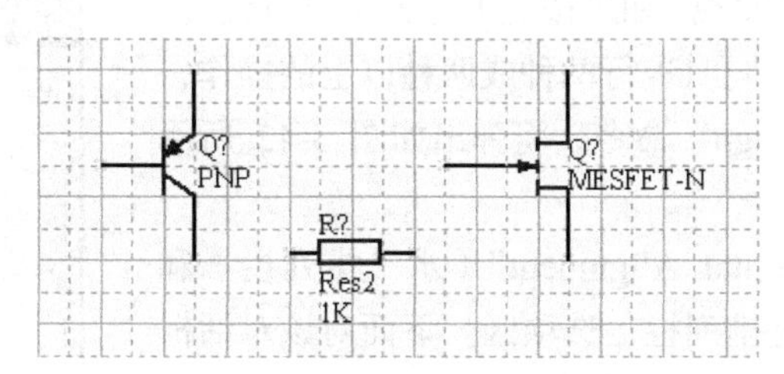

图 3-39　元器件的底端对齐

3.5.7　元器件按垂直中心线对齐

首先选中需要对齐的元器件，执行“Edit→Align”命令，如图 3-33 所示。在弹出的子菜单中选择“Center Vertical”命令，元器件将按垂直中心线对齐，如图 3-40 所示，可以看到 3 个元器件垂直方向的中心处于同一条直线上。

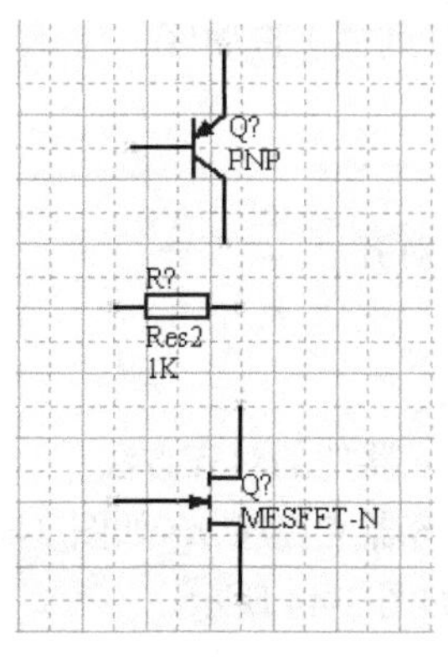

图 3-40　元器件的垂直中心线对齐

3.5.8　元器件垂直分布

首先选中需要对齐的元器件，执行“Edit→Align”命令，如图 3-33 所示。在弹出的子菜单中选择“Distribute Vertically”命令，元器件将垂直分布，如图 3-41 所示，可以看到 3 个元器件在垂直方向上间距相等。

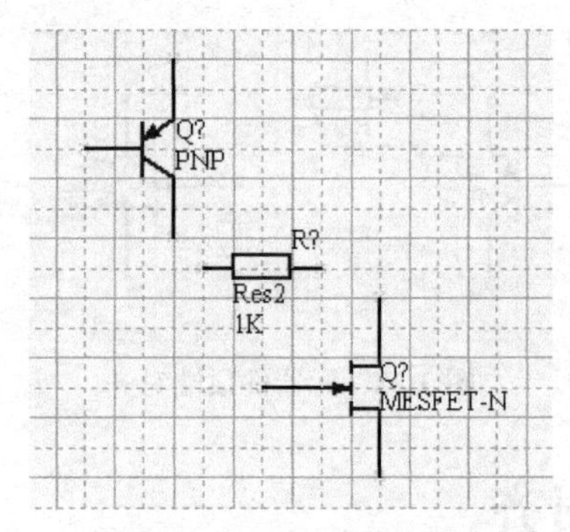

图 3-41　元器件的垂直分布

3.5.9　综合排布和对齐

通过上面的学习，我们发现，如果按照上述方法进行设置，每次只能进行一种操作，若同时进行两种或两种以上的操作，则需执行“Edit→Align→Align”命令，将弹出如图 3-42 所示的对话框。

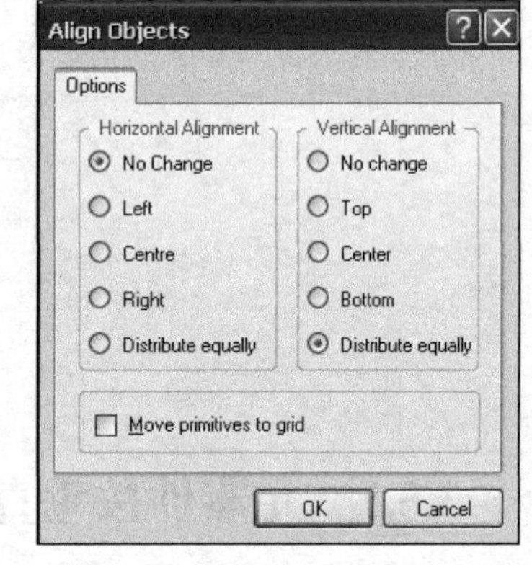

图 3-42　元器件对齐设置对话框

该对话框包含“Horizontal Alignment”（水平排列栏）和“Vertical Alignment”（垂直排列栏）选项区。下面对该对话框中的内容进行简要介绍。

（1）“Horizontal Alignment”（水平排列栏）选项区

◇ No Change：不改变位置。

◇ Left：全部左对齐。

◇ Center：全部按照水平中心线对齐。

◇ Right：全部右对齐。

◇ Distribute equally：间距相等。

（2）“Vertical Alignment”（垂直排列栏）选项区

◇ No Change：不改变位置。

◇ Top：全部顶端对齐。

◇ Center：全部按照垂直中心线对齐。

◇ Bottom：全部底端对齐。

◇ Distribute equally：间距相等。

下面通过一个简单的例子来说明元器件的对齐方法。

例如：原理图中杂乱地放置着电容器 C1 ~ C5，如图 3-43 所示。将光标移至电容整体的左上方，拖动光标框选电容器 C1 ~ C5，如图 3-44 所示。

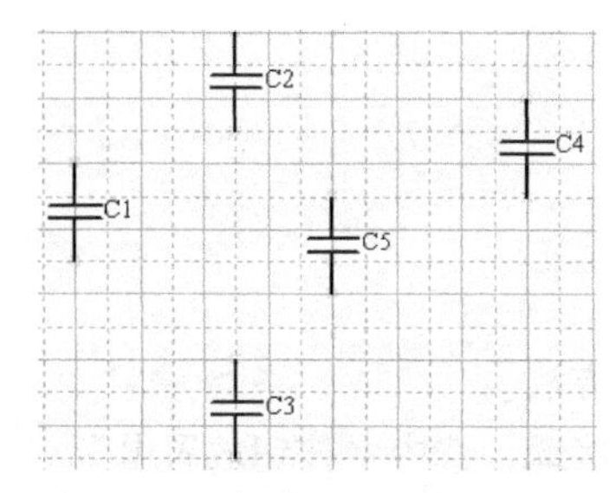

图 3-43　电容器 C1～C5 杂乱放置

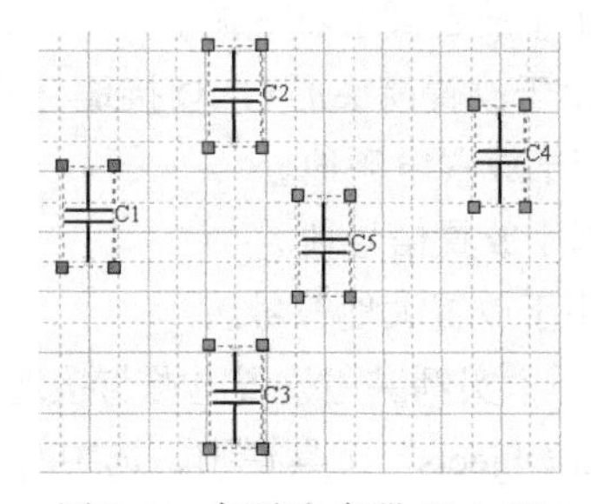

图 3-44　框选电容器 C1～C5

执行“Edit→Align→Align”命令，将弹出如图 3-45 所示的元器件对齐设置对话框。在“Horizontal Alignment”（水平排列栏）选项区中选中“Center”单选钮，在“Vertical Alignment”（垂直排列栏）选项区中选中“Distribute equally”单选钮，即水平方向中心对齐而竖直方向间距相等，单击“OK”按钮，将得到如图 3-46 所示的排列图。

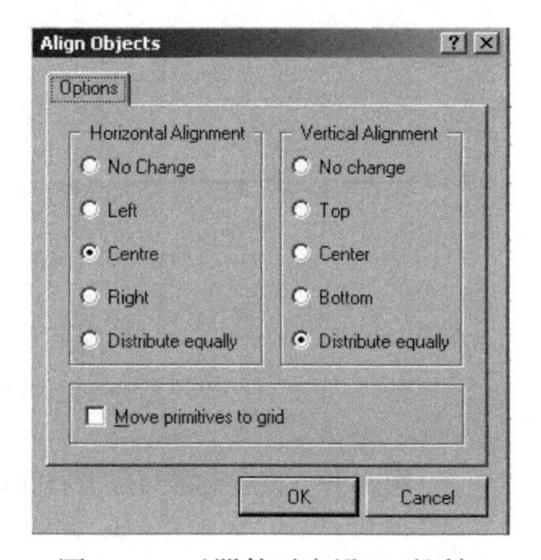

图 3-45　元器件对齐设置对话框

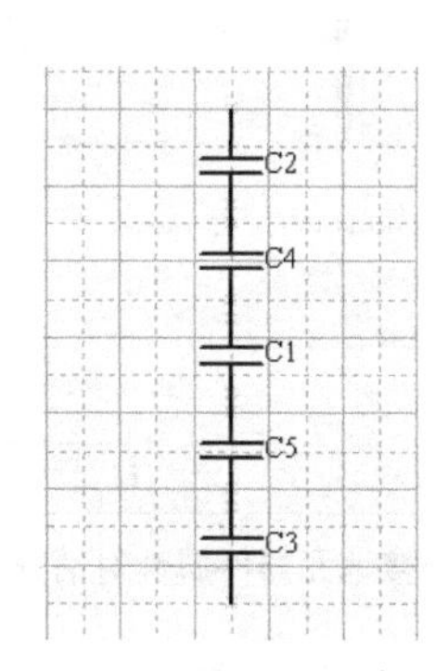

图 3-46　排列后的效果

3.6　放置电源与接地元器件

在绘制电路的过程中，经常要用到电源与接地元器件，利用 Protel DXP 中提供的电源与接地工具栏，可以方便地放置电源与接地元器件。

执行“View→Power Objects”（电源项目）命令，即可打开“Power Objects”工具栏，如图 3-47 所示。

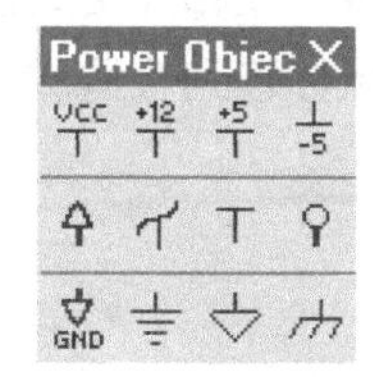

图 3-47　浮动状态下的“Power Objects”工具栏

“Power Objects”工具栏中共包含 12 个按钮，下面介绍各个按钮的作用。

◇ VCC：用于放置直线节点电源。

◇ +12：用于放置+12V 直线节点电源。

◇ +5：用于放置+5V 直线节点电源。

◇ -5：用于放置–5V 直线节点电源。

◇ ：用于放置箭头节点电源。

◇ ：用于放置波节点电源。

◇ ：用于放置 T 形电源。

◇ ：用于放置圆节点电源。

◇ ：用于放置箭头形 GND 接地符号。

◇ ：用于放置电源地。

◇ ：用于放置信号地。

◇ ：用于放置大地符号。

下面通过一个实例讲述放置电源与接地元器件的方法。

在“Power Objects”工具栏中，选中按钮放置接地，选中按钮放置电源。当选中接地按钮时，光标变成十字形状，并粘贴有所选接地符号，此时按 Tab 键即可弹出如图 3-48 所示的接地元器件属性对话框，在该对话框中可以设置接地的颜色、旋转角度与坐标位置等属性。设置后的图形如图 3-49 所示。电源的设置与接地元器件的基本设置相同，这里不再讲述。

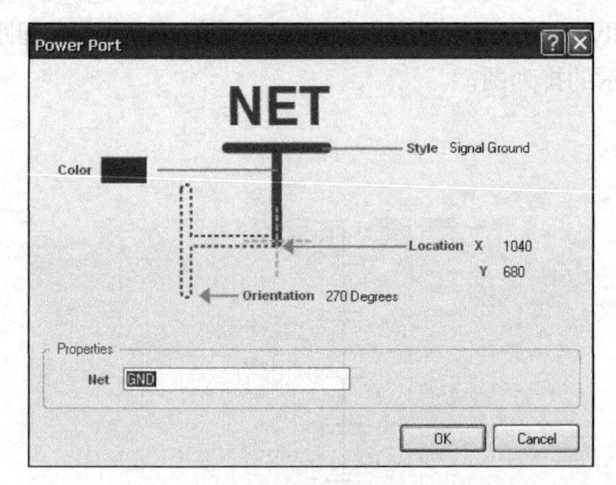

图 3-48　接地元器件属性对话框

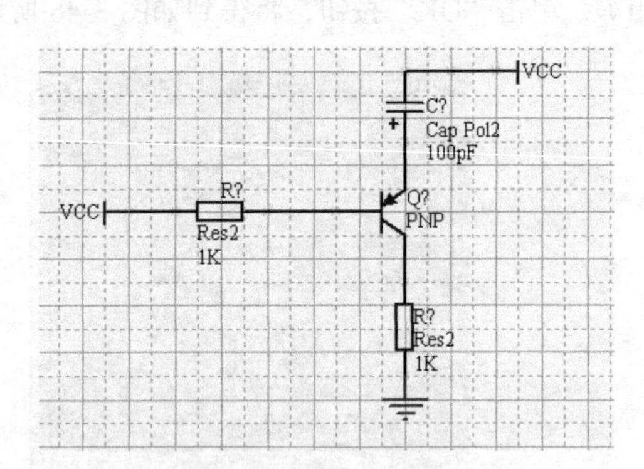

图 3-49　放置电源与接地后的效果

3.7　放置节点和连接线路

3.7.1　放置节点

通常，在绘制原理图的过程中就自动加上电气节点，但有些时候是不需要加电气节点的，如两根导线相互交叉但不相连接。单击工具栏中的按钮，此时鼠标变成十字形状并带一个节点，将鼠标移到合适的位置单击鼠标左键，即可放置电气节点，如图 3-50 所示。

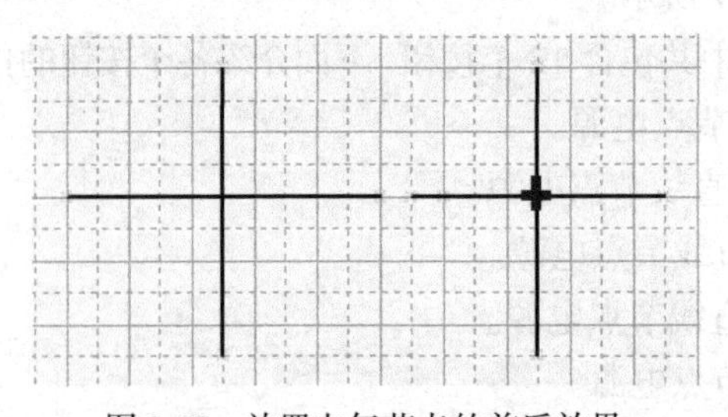

图 3-50　放置电气节点的前后效果

若在拖动节点的过程中按 Tab 键或在已放置好的节点上双击节点，即可进入电气节点属性设置对话框，如图 3-51 所示。在该对话框中可以对电气节点的属性如节点的颜色、x 轴与 y 轴坐标和节点的尺寸等进行相应设置。

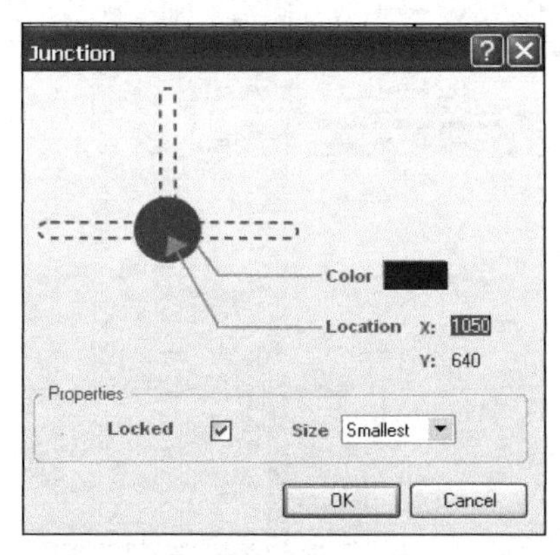

图 3-51　电气节点属性设置对话框

3.7.2　连接线路

当我们把所有元器件都放在工作窗口中，并设置好元器件的属性后，就可以进行电路连接了。通常，采用工具栏中的≈按钮来绘制导线，当执行该命令后，鼠标指针变成十字形状，此时按 Tab 键，即可进行导线的属性设置，如图 3-52 所示。设置完毕后，在需要连接的一点单击鼠标左键，然后拖动鼠标到另一点再单击鼠标，即可完成导线的绘制，单击鼠标右键可取消导线的选中状态，绘制导线后的效果如图 3-53 所示。

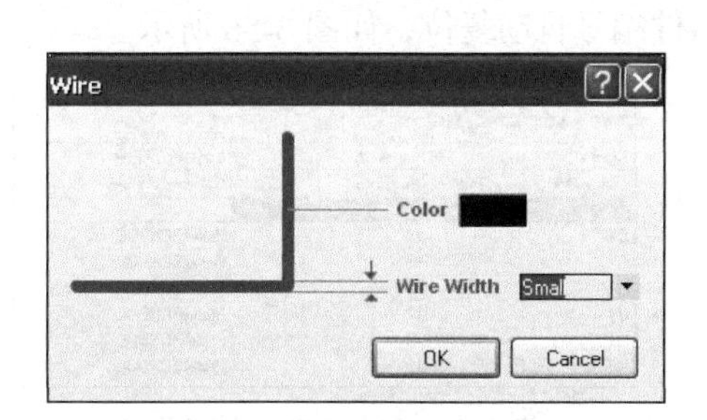

图 3-52　导线属性设置对话框

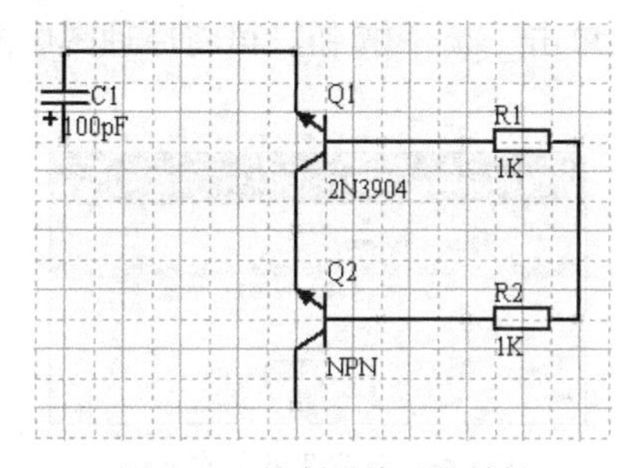

图 3-53　绘制导线后的效果

3.8　更新元器件流水号

电路原理图设计完成后，设计者有时可能要对元器件进行重新编号，即设置元器件的流水号，设置元器件的流水号主要在“Annotate”对话框实现。执行“Tools→Annotate”命令，将弹出如图 3-54 所示的元器件流水号设置对话框。下面对该对话框中的各选项进行简要介绍。

（1）Schematic Annotation Configuration（流水号分布模式）

Match By Parameters：选择流水号作用的范围。该部分主要包括 Class（种类）、Comment（元器件）、Manufacturer（生产厂商）、Note（标注）、Published（出版）、Publisher（发行者）、SubClass（子集）和 Value（数值）。

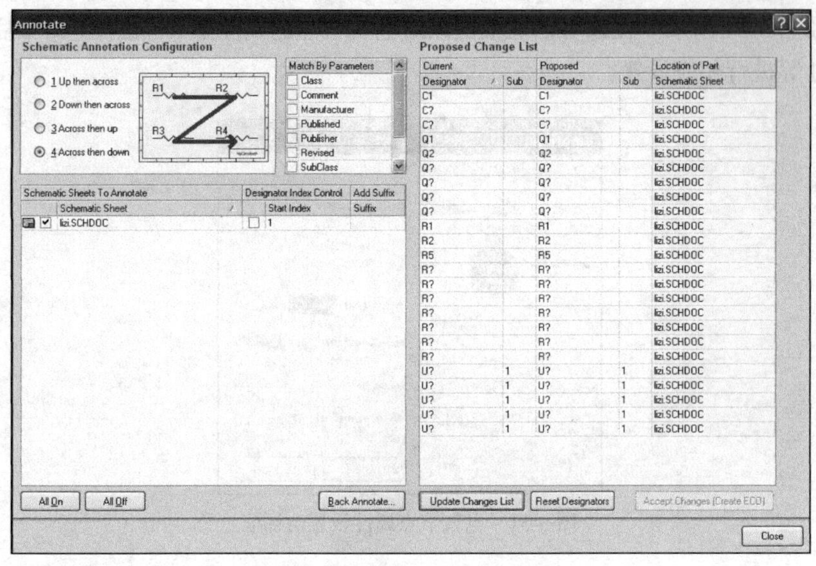

Current Designator	Sub	Proposed Designator	Sub	Location of Part Schematic Sheet
C1		C1		lizi.SCHDOC
C?		C?		lizi.SCHDOC
C?		C?		lizi.SCHDOC
Q1		Q1		lizi.SCHDOC
Q2		Q2		lizi.SCHDOC
Q?		Q?		lizi.SCHDOC
Q?		Q?		lizi.SCHDOC
Q?		Q?		lizi.SCHDOC
Q?		Q?		lizi.SCHDOC
R1		R1		lizi.SCHDOC
R2		R2		lizi.SCHDOC
R5		R5		lizi.SCHDOC
R?		R?		lizi.SCHDOC
R?		R?		lizi.SCHDOC
R?		R?		lizi.SCHDOC
R?		R?		lizi.SCHDOC
R?		R?		lizi.SCHDOC
R?		R?		lizi.SCHDOC
R?		R?		lizi.SCHDOC
U?	1	U?	1	lizi.SCHDOC
U?	1	U?	1	lizi.SCHDOC
U?	1	U?	1	lizi.SCHDOC
U?	1	U?	1	lizi.SCHDOC
U?	1	U?	1	lizi.SCHDOC

图 3-54　元器件流水号设置对话框

（2）Proposed Change List（目标变更列表）

◇ Current：当前流水号。

◇ Proposed：目标流水号。

◇ Location of Part：应用范围。

下面介绍元器件流水号的设置过程。

（1）在如图 3-54 所示的对话框中单击 Reset Designators 按钮，将弹出如图 3-55 所示的浏览器信息。

（2）单击 OK 按钮，可将原理图中的元器件编号自动复位，如图 3-56 所示。

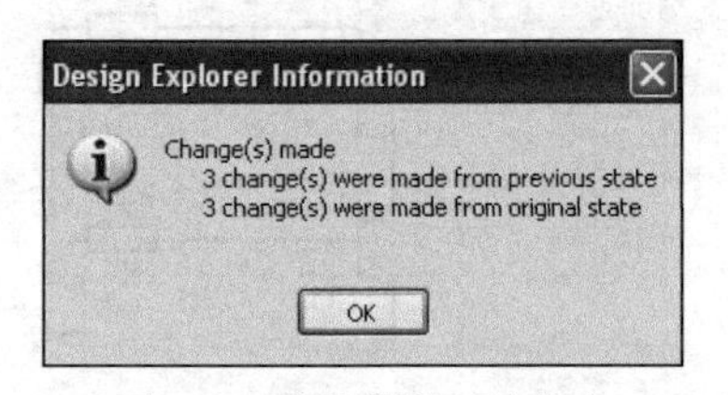

图 3-55　浏览器提示的信息

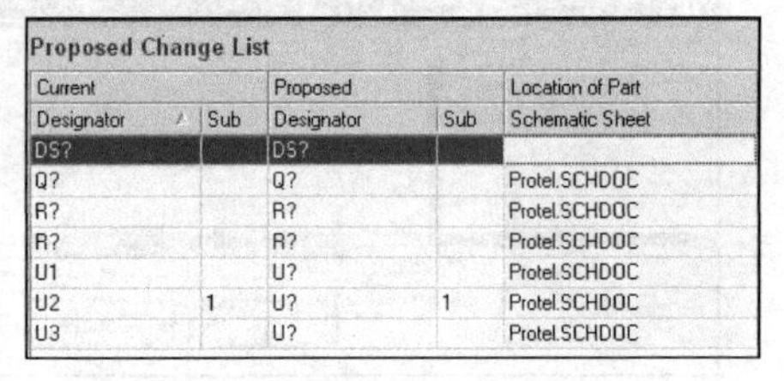

Proposed Change List

Current Designator	Sub	Proposed Designator	Sub	Location of Part Schematic Sheet
DS?		DS?		
Q?		Q?		Protel.SCHDOC
R?		R?		Protel.SCHDOC
R?		R?		Protel.SCHDOC
U1		U?		Protel.SCHDOC
U2	1	U?	1	Protel.SCHDOC
U3		U?		Protel.SCHDOC

图 3-56　复位后的元器件编号

（3）单击 Update Changes List 按钮，更新元器件列表，弹出如图 3-57 所示的元器件序号变更提示信息。

（4）单击 OK 按钮，系统将自动更新元器件序号，如图 3-58 所示。

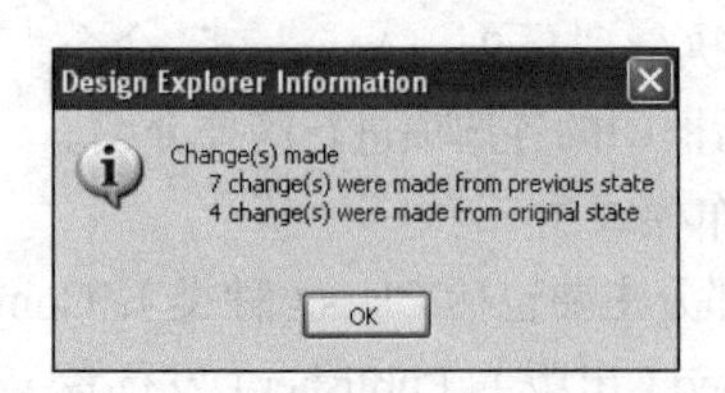

图 3-57　元器件序号变更提示信息

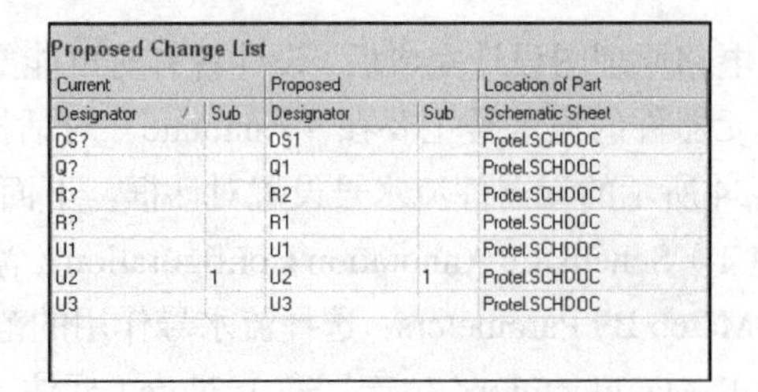

Proposed Change List

Current Designator	Sub	Proposed Designator	Sub	Location of Part Schematic Sheet
DS?		DS1		Protel.SCHDOC
Q?		Q1		Protel.SCHDOC
R?		R2		Protel.SCHDOC
R?		R1		Protel.SCHDOC
U1		U1		Protel.SCHDOC
U2	1	U2	1	Protel.SCHDOC
U3		U3		Protel.SCHDOC

图 3-58　变更后的元器件序号

（5）单击 Accept Changes (Create ECO) 按钮，系统在变更列表的基础上生成更为详细的元器件变更列表，如图 3-59 所示。

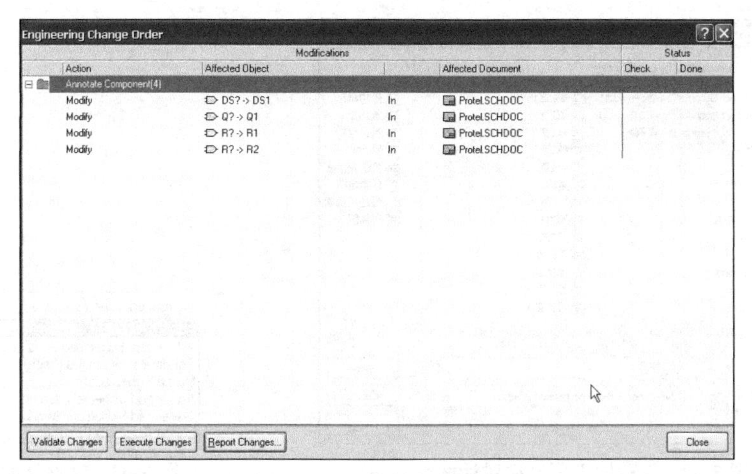

图 3-59　元器件变更列表

（6）单击元器件变更列表中的 Validate Changes 按钮，来确认元器件变更的有效性。若有效，在“Status”栏中的“Check”选项中是对钩，如图 3-60 所示。

（7）确认元器件变更有效后，单击 Execute Changes 按钮，可以实现元器件的自动编号。

（8）最后单击 Report Changes... 按钮，将显示元器件变更报表，如图 3-61 所示。

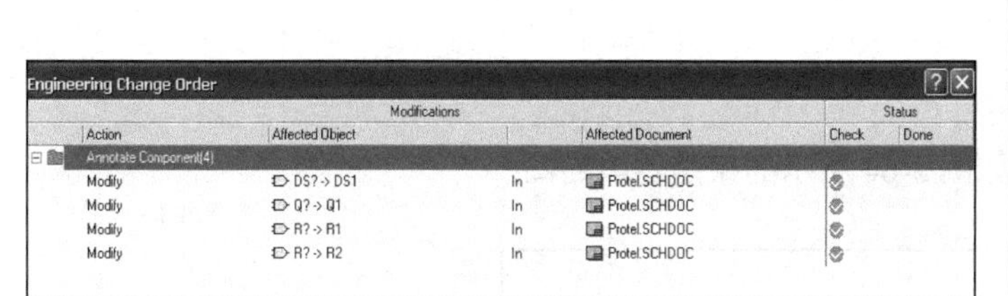

图 3-60　确认变更有效对话框

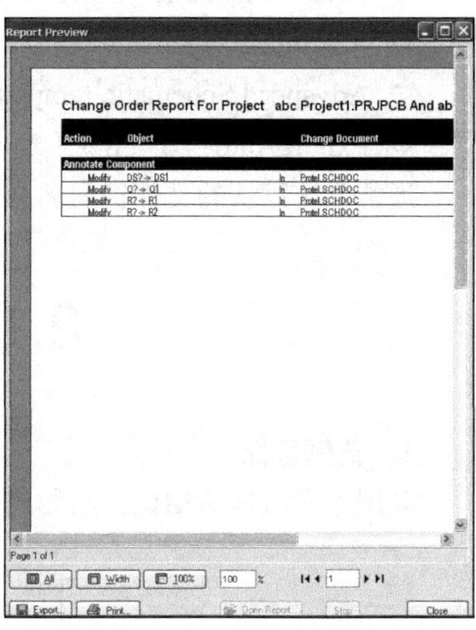

图 3-61　元器件变更报表

3.9　保　存　文　件

当电路原理图绘制完毕后，一定要进行保存，以便以后进行修改和编辑。通常执行“File→Save”命令，可按原文件名进行保存，同时覆盖先前的文件。若不想覆盖先前文件可采用换名保存的方法，执行“File→Save As”命令，弹出如图 3-62 所示的对话框，在该对话框中可以更改原文件的名称，然后单击“Save”按钮进行保存。在“Save as type”下拉列表框中用户可以选择合适的文件类型进行保存，如图 3-63 所示。

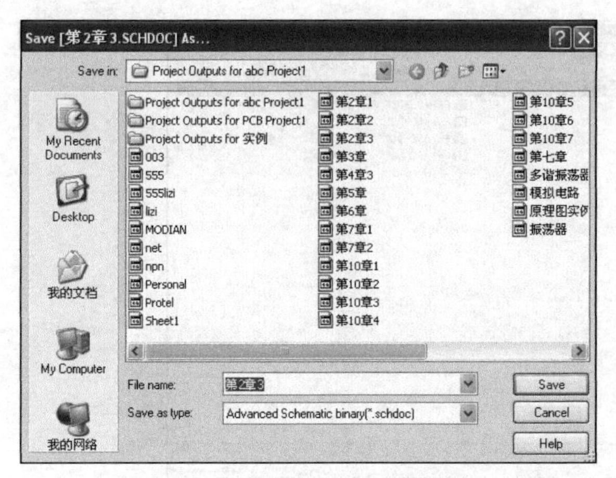

图 3-62　保存原理图文件对话框

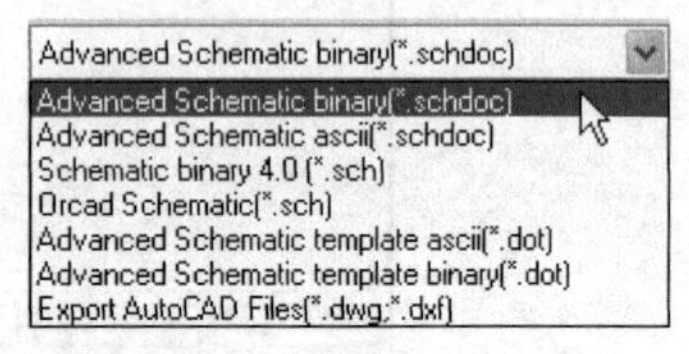

图 3-63　文件类型下拉菜单

各种文件类型的说明如下。

◇ Advanced Schematic binary（*.schdoc）：Advanced Schematic 电路图纸文件，二进制格式。

◇ Advanced Schematic ascii（*.schdoc）：Advanced Schematic 电路图纸文件，文本格式。

◇ Schematic binary 4.0（*.sch）：原理图库文件。

◇ Orcad Schematic（*.sch）：SDT4 电路图纸文件，二进制格式。

◇ Advanced Schematic template ascii（*.dot）：电路图模板文件，文本格式。

◇ Advanced Schematic template binary（*.dot）：电路图模板文件，二进制格式。

◇ Export AutoCAD Files（*.dwg;*.dxf）：AutoCAD 文件。

通常系统默认的文件扩展名为*.schdoc。

3.10　综 合 范 例

1. 范例目标

利用本章所学的知识，绘制出如图 3-64 所示的振荡器电路图。

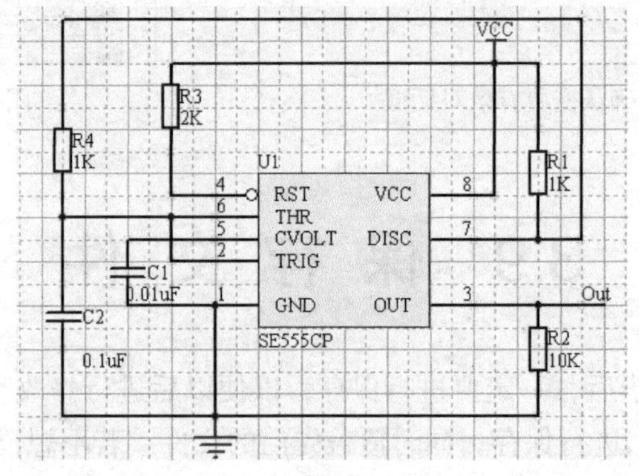

图 3-64　振荡器电路图

2. 所用知识

本章所学的绘制电路原理图的基本步骤、方法与技巧。

3. 详细步骤

（1）加载元器件库。执行“Design→Browse Library”命令，打开 Libraries 元器件库面板。在元器件库面板中，单击“Libraries...”按钮添加元器件库文件。在随后弹出的如图 3-65 所示对话框中，单击“Add Library”按钮，将弹出如图 3-66 所示的打开元器件库对话框。

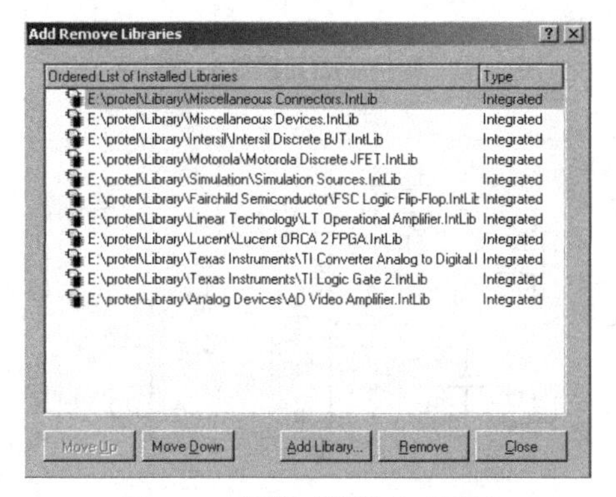

图 3-65　增删元器件库对话框

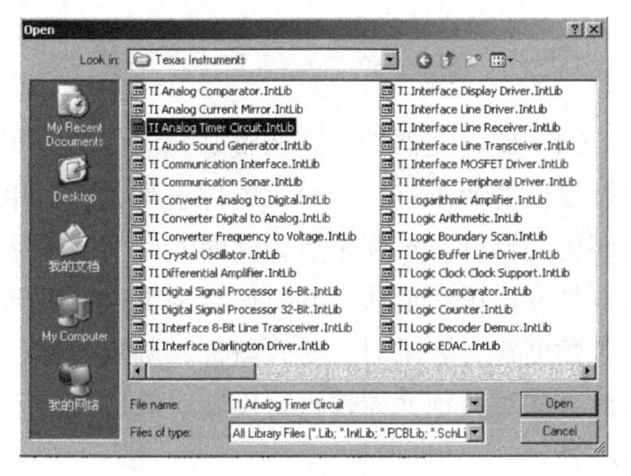

图 3-66　打开元器件库对话框

在该对话框中选择“TI Analog Timer Circuit.IntLib”文件后，单击“Open”按钮，将该库文件加载到“Add Remove Libraries”对话框中，如图 3-67 所示，再单击“Close”按钮，即可将库文件“TI Analog Timer Circuit.IntLib”加入到元器件库面板中，如图 3-68 所示。

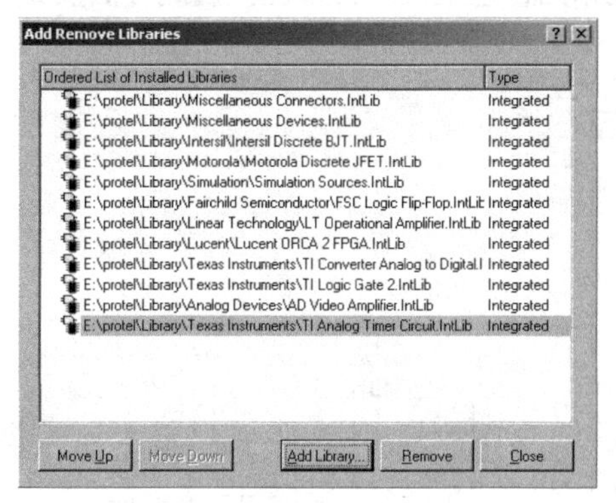

图 3-67　增删元器件库对话框

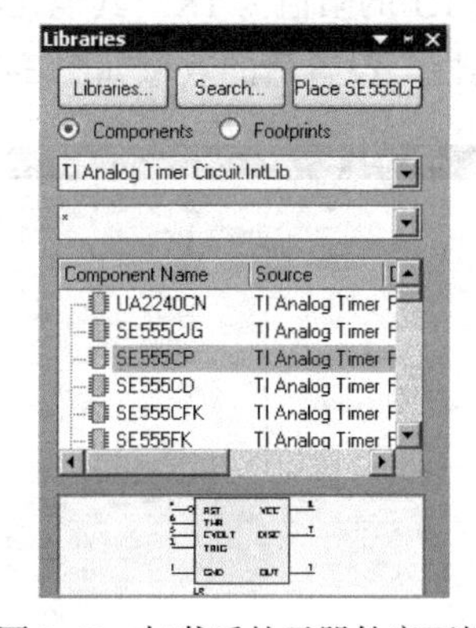

图 3-68　加载后的元器件库面板

（2）放置元器件。从元器件库中选取所需的元器件放置在工作区中，其中 SE555CP 定时器取自元器件库“TI Analog Timer Circuit.IntLib”；电阻、电容取自元器件库“Miscellaneous Devices.IntLib”。单击元器件库中的“Place...”（放置）按钮后，鼠标光标将变成十字形状并粘贴有所选元器件，将该元器件移至工作区中适当位置，单击鼠标左键，即可放置该元器件，同时进入下一个元器件放置状态，若不再需要放置同样的元器件，可单击鼠标右键退出元器件放置状态，如图 3-69 所示。

（3）调整元器件位置。按设计要求排列元器件，首先用鼠标单击所要移动的元器件，则该元器件处于选中状态，此时光标变成✥形状，单击所需移动的元器件的同时拖动该元器件到合适位置，松开鼠标左键，即可实现元器件的移动。按此方法调整其他元器件，调整后的效果如图 3-70 所示。

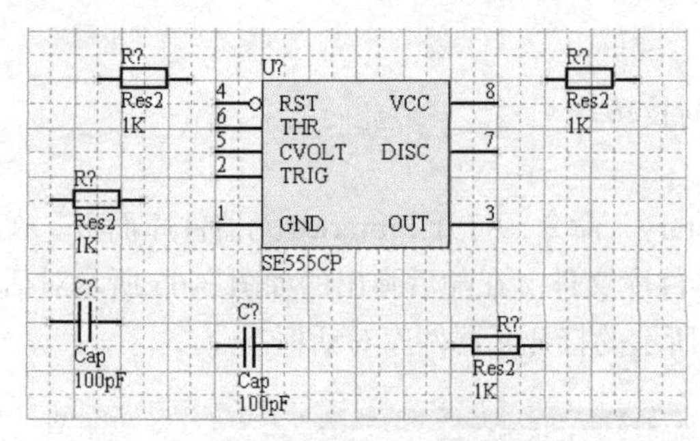

图 3-69　放置元器件

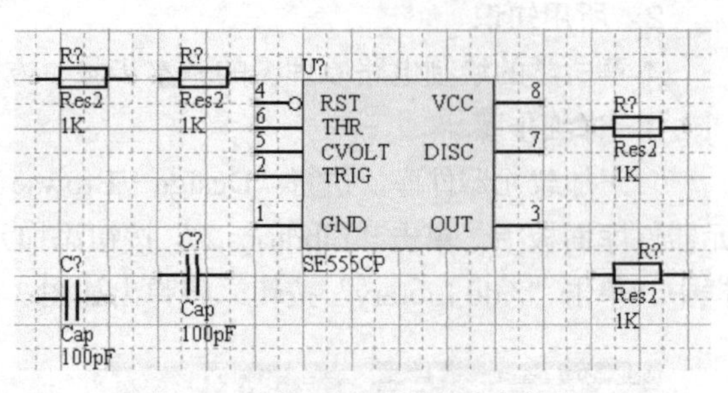

图 3-70　调整后的元器件分布效果

（4）旋转元器件。在调整好元器件的分布后，就要按设计的要求进一步对元器件进行调整。单击所需旋转的元器件并按住不放，此时光标变成十字形状，元器件变成虚线形状，同时按空格键进行翻转，当元器件角度符合要求时，松开鼠标，确定元器件位置。按此方法对其他元器件进行旋转，旋转后的效果如图 3-71 所示。

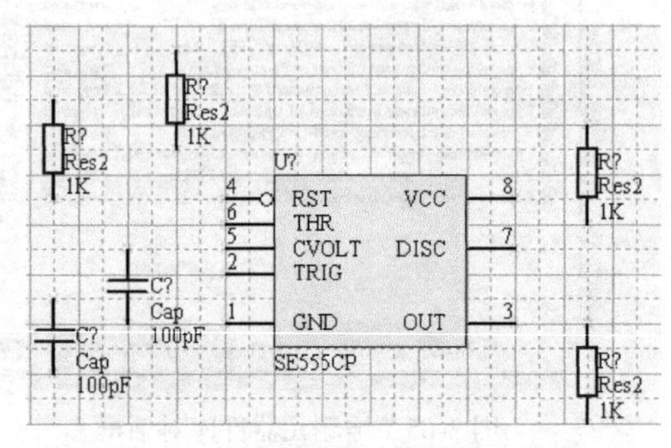

图 3-71　元器件旋转后的分布效果

（5）设置元器件属性。将光标移到元器件上方，用鼠标左键双击该元器件，将弹出如图 3-72 所示对话框，进行元器件的属性设置。以设置电阻 R1 为例，在“Designator”文本框中输入“R1”，在“Comment”下拉列表框后面，不要钩选“Visible”（可视）复选框。在“Parameters list for R?-Res2”栏中的“Value”选项里修改 R1 的阻值为 1K。其他元器件的修改与此相同，这里就不再重复。按此方法设置其他元器件的属性，设置后的效果如图 3-73 所示。

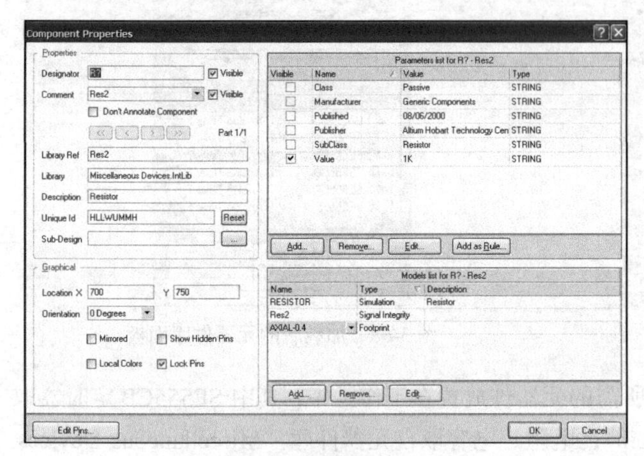

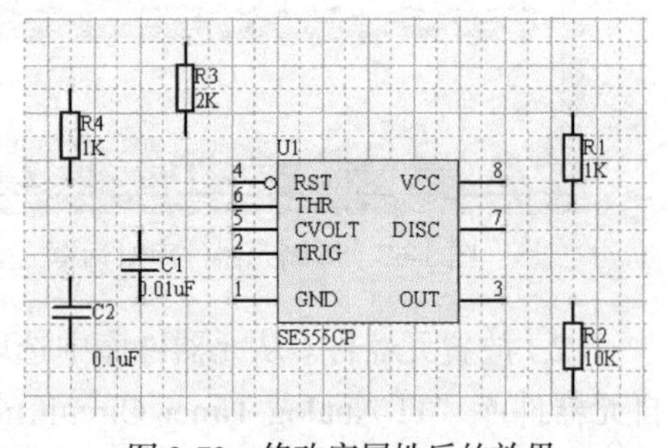

图 3-72　元器件属性编辑对话框

图 3-73　修改完属性后的效果

（6）连接导线、放置电源与接地。选取布线工具栏中的布线工具，此时光标变成十字形状，按键盘中的 Tab 键设置线型与颜色，如图 3-74 所示。

选取导线的设置为默认值——颜色为蓝色，宽度为“Small”。将光标移至需要布线的元器件的一个引脚，单击鼠标左键，然后拖动鼠标到另一个元器件的引脚，单击鼠标左键，再单击鼠标右键，即完成该段导线的绘制。放置电源、接地与网络标签，可以单击工具栏中的、和按钮，鼠标将变成十字形状，将电源、接地及网络标签移至合适位置，单击鼠标左键，即完成绘制。

按上面的方法连接元器件，连接后的效果如图 3-75 所示。

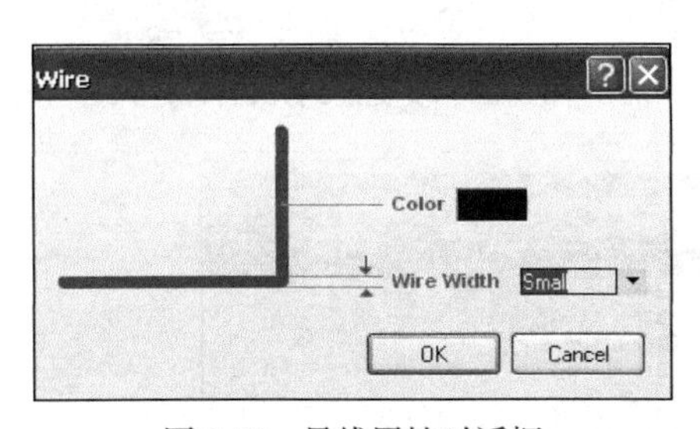

图 3-74　导线属性对话框

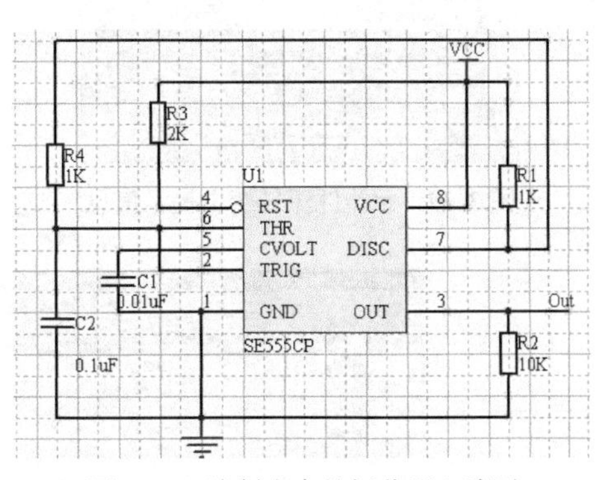

图 3-75　绘制出来的振荡器电路图

（7）更新元器件流水号。若电路原理图设计完成后，需要对元器件进行重新编号，即设置元器件的流水号。通常在“Annotate”对话框实现。执行“Tools→Annotate”命令，将弹出如图 3-76 所示的对话框。

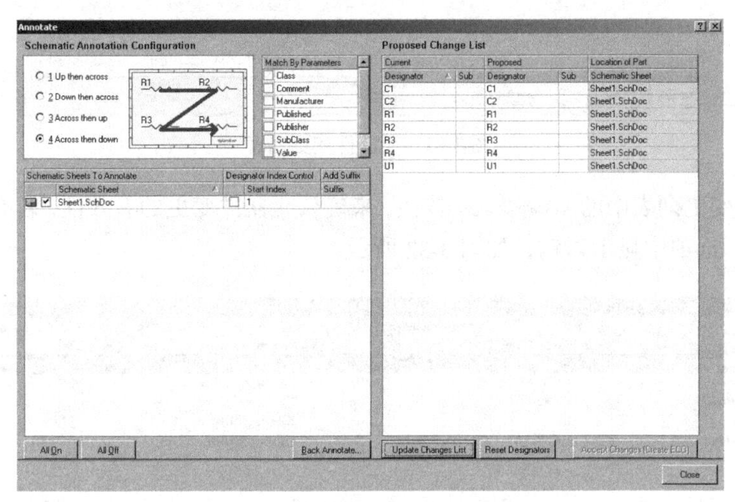

图 3-76　元器件流水号设置对话框

在该对话框中单击 Reset Designators 按钮，将出现如图 3-77 所示的浏览器信息。单击 OK 按钮，可将原理图中的元器件编号自动复位，如图 3-78 所示。

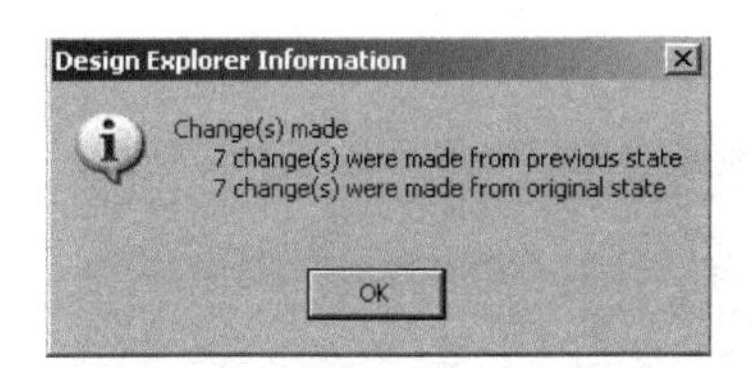

图 3-77　浏览器提示的信息

Current		Proposed		Location of Part
Designator	Sub	Designator	Sub	Schematic Sheet
C1		C?		Sheet1.SchDoc
C2		C?		Sheet1.SchDoc
R1		R?		Sheet1.SchDoc
R2		R?		Sheet1.SchDoc
R3		R?		Sheet1.SchDoc
R4		R?		Sheet1.SchDoc
U1		U?		Sheet1.SchDoc

图 3-78　复位后的元器件编号

单击 Update Changes List 按钮，更新元器件列表，弹出如图 3-79 所示的元器件序号变更提示信息。单击 OK 按钮，系统将自动更新元器件序号，如图 3-80 所示。

单击 Accept Changes (Create ECO) 按钮，系统在变更列表的基础上生成更为详细的元器件变更列表，如图 3-81 所示。

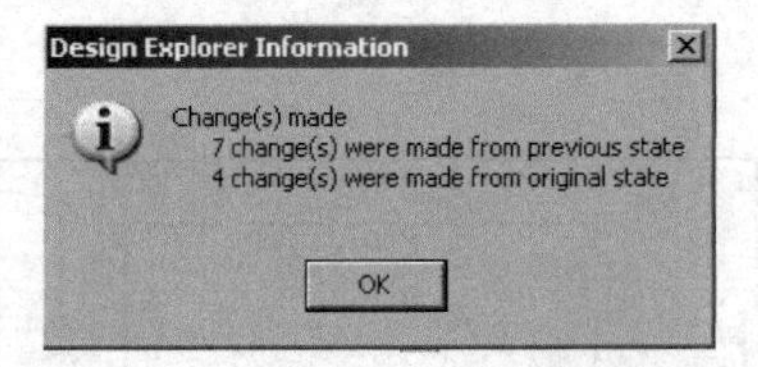

图 3-79　元器件序号变更提示信息

Current Designator	Sub	Proposed Designator	Sub	Location of Part Schematic Sheet
C1		C1		Sheet1.SchDoc
C2		C2		Sheet1.SchDoc
R1		R3		Sheet1.SchDoc
R2		R4		Sheet1.SchDoc
R3		R1		Sheet1.SchDoc
R4		R2		Sheet1.SchDoc
U1		U1		Sheet1.SchDoc

图 3-80　变更后的元器件序号

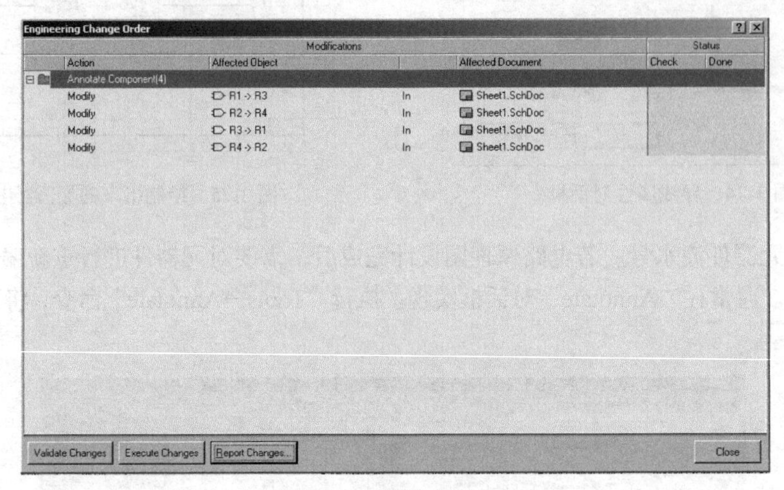

图 3-81　元器件变更列表

单击元器件变更列表中的 Validate Changes 按钮，来确认元器件变更的有效性，若有效，在“Status”栏中的“Check”选项中显示对钩，如图 3-82 所示。

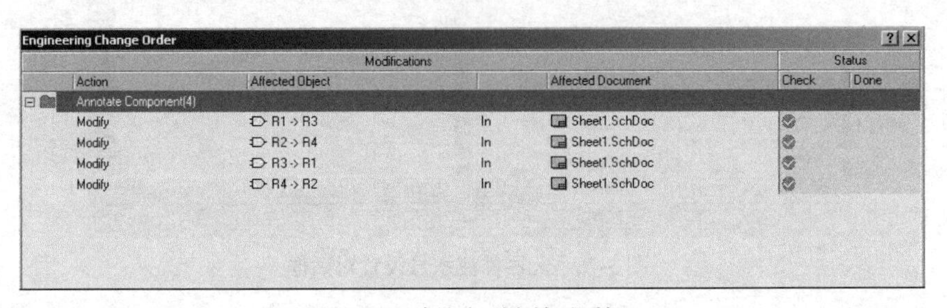

图 3-82　确认变更有效对话框

确认元器件变更有效后，单击 Execute Changes 按钮，可以实现元器件的自动编号，如图 3-83 所示。

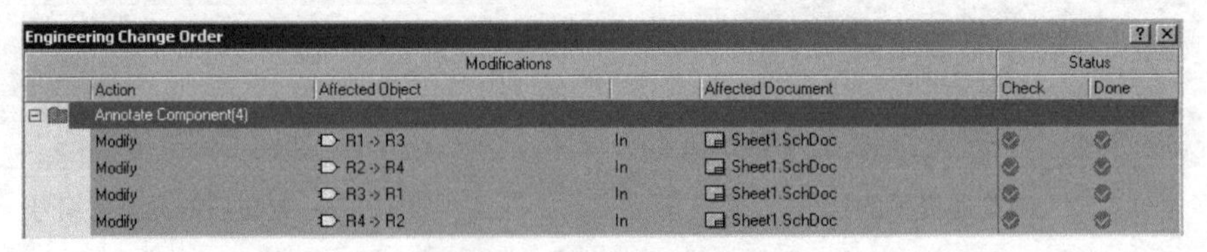

图 3-83　元器件自动编号

最后单击 Report Changes... 按钮，显示元器件变更报表，如图 3-84 所示。

（8）保存文件。执行“File→Save As”命令，弹出如图 3-85 所示的对话框，在该对话框中可以更改原文件的名称，然后单击“Save”按钮进行保存。

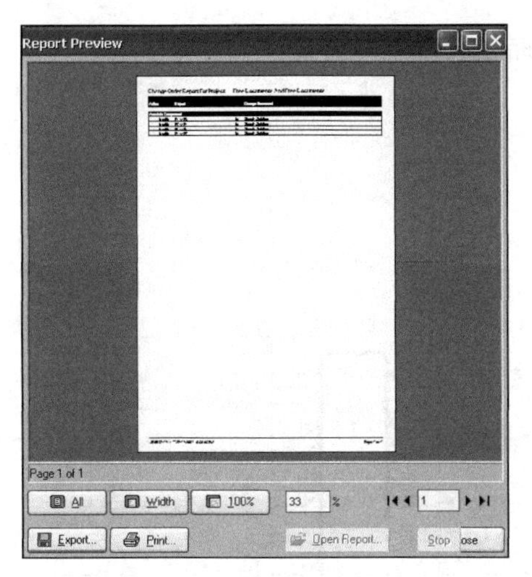

图 3-84　元器件变更报表

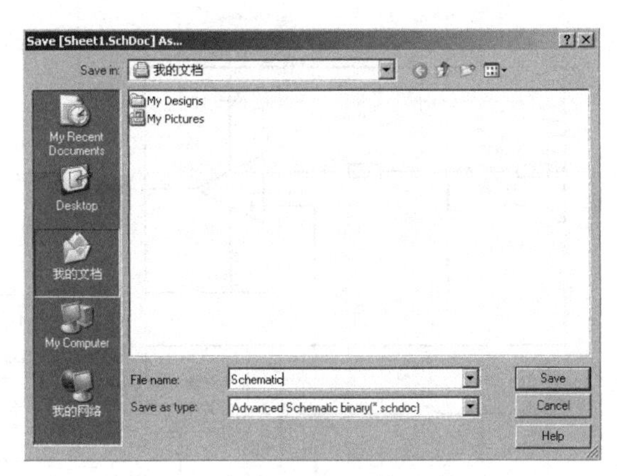

图 3-85　保存原理图文件对话框

3.11　小　　结

本章主要介绍了设计电路原理图的流程和元器件的加载与调整方法。

电路原理图的设计流程主要包括装载元器件库、放置元器件、编辑元器件、元器件位置的调整、元器件的排列和对齐、放置电源与接地元器件、放置节点和连接线路、更新元器件流水号和保存文件。

元器件的调整包括对象的选取与取消、元器件的移动、元器件的旋转、元器件的复制、元器件的阵列式粘贴及元器件的排列与对齐等。

在绘制电路的过程中，经常要用到电源与接地，利用 Protel DXP 中提供的电源与接地工具栏，可以方便地放置电源与接地元器件。执行“View→Power Objects”（电源项目）命令，即可打开和关闭电源与接地工具栏。

电路原理图设计完成后，设计者有时可能要对元器件进行重新编号，即设置元器件的流水号，设置元器件的流水号主要在“Annotate”对话框实现。执行“Tools→Annotate”命令，即可打开“Annotate”对话框，在“Annotate”对话框中用户可以设置流水号分布模式和目标变更列表。

习　　题

一、思考题

1. 简述加载元器件库的一般步骤。
2. 如何对元器件进行旋转？
3. 如何选中元器件并进行移动？如何进行元器件的矩阵式粘贴？
4. 如何进行元器件的综合排列与对齐？

二、基本操作题

1. 请读者尝试绘制出如图 3-86 所示的电路原理图。

2. 请用本章所学的知识绘制出如图 3-87 所示的电路原理图。

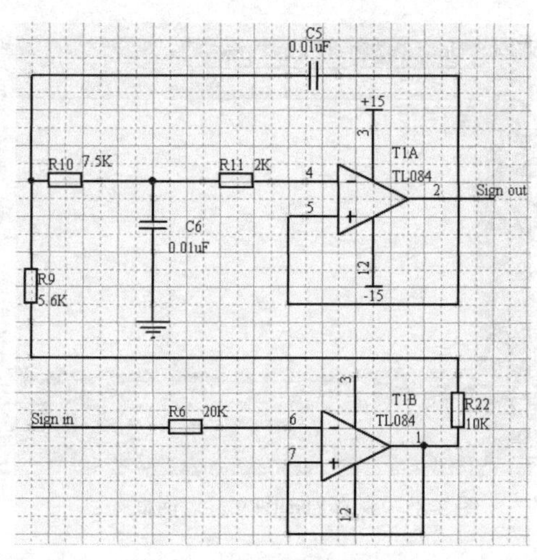

图 3-86　振荡器电路图

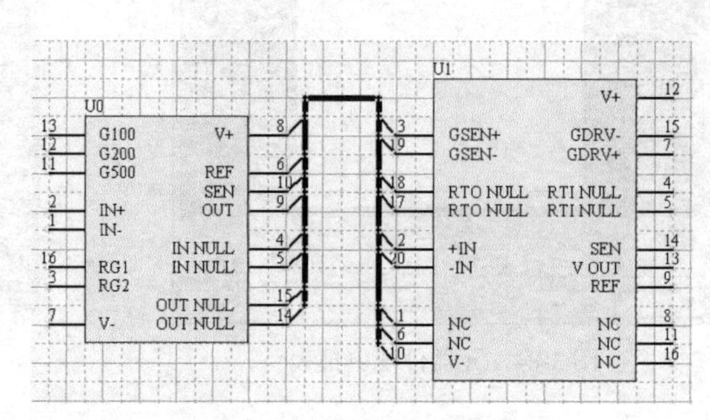

图 3-87　电路原理图

实 战 练 习

1. 练习目的

使读者进一步体会 Protel DXP 的基本操作，熟悉各种元器件的应用技巧，并能绘制出如图 3-88 所示的电路原理图。

2. 所用知识

电路原理图基本绘图工具与布线工具的基本操作与应用、元器件库的加载以及元器件属性的设置等。

3. 步骤提示

（1）从元器件库中查找相应元器件，单击“Place…”按钮放置到工作区中。电阻器、电容器从元器件库 Miscellaneous Devices. IntLib 中选取；三极管从元器件库 Intersil Discrete BJT.IntLib 中选取；场效应管从元器件库 Motorola Discrete JFET.IntLib 中选取；仿真电压源模型从元器件库 Simulation Sources.IntLib 中选取；接地元器件从工具栏中选取。

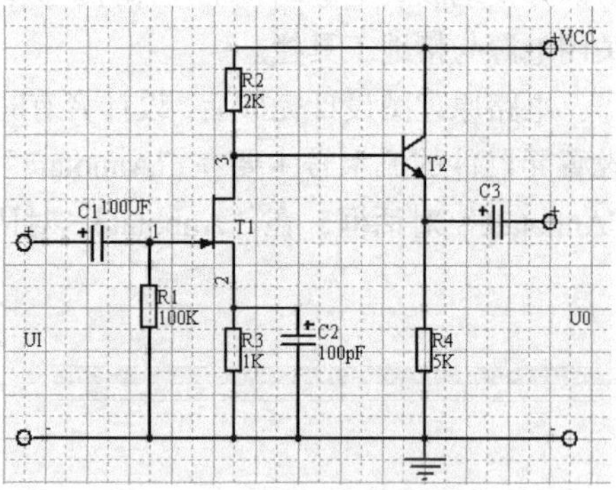

图 3-88　模拟电路原理图

（2）对元器件按要求进行放置，尽量使布局美观、大方。

（3）放置完毕后对元器件的角度进行进一步调整。

（4）设置元器件的属性（在元器件上方双击鼠标左键，在随后弹出的对话框中修改）。

（5）用绘制导线工具，连接元器件并放置接地元器件和模拟电压源，电路原理图的最终效果如图 3-88 所示。

第 4 章 制作元器件与建立元器件库

本章要点：

（1）元器件库编辑器的使用；

（2）元器件库的管理；

（3）元器件绘图工具的使用；

（4）生成元器件报表。

本章导读：

虽然 Protel DXP 中提供了非常丰富的元器件库，但有些特殊元器件或新开发出来的元器件，很难在元器件库中找到，这给用户带来了很大的麻烦。Protel DXP 的元器件制作与编辑功能很好地解决了这个问题。在本章中主要介绍元器件的制作与元器件库的加载和管理，然后介绍如何生成元器件列表，为后面的 PCB 设计提供方便。通过本章的学习，读者可以掌握元器件库编辑器的使用，以及制作一个新元器件的方法与步骤，同时掌握生成一些重要报表的方法。

4.1 元器件库编辑器

4.1.1 加载元器件库编辑器

在进行元器件编辑前首先要加载元器件库编辑器，执行“File→New→ Schematic Library”命令，如图 4-1 所示，弹出元器件库编辑器窗口，如图 4-2 所示。然后执行“File→Save”命令，在弹出的对话框中可以更改元器件库的名称并进行保存。

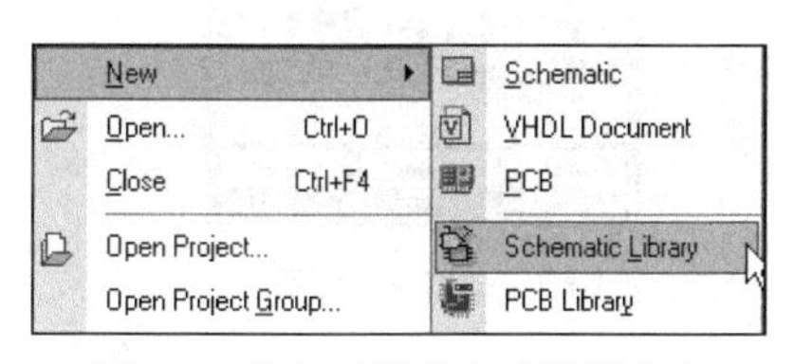

图 4-1 执行元器件库编辑器命令

4.1.2 元器件库编辑器界面介绍

如图 4-2 所示，元器件库编辑器界面与原理图编辑器界面相似，主要有主工具栏、菜单栏、常用工具栏、工作区等，不同之处在于元器件库编辑器工作区有一个十字坐标轴，它将工作区划分为 4 个象限，通常我们在第四象限进行元器件的编辑工作。除了主工具栏之外，元器件库编辑器还提供了一个元器件管理器和两个重要的工具栏，分别为绘图工具栏和 IEEE 符号工具栏，如图 4-3 所示。

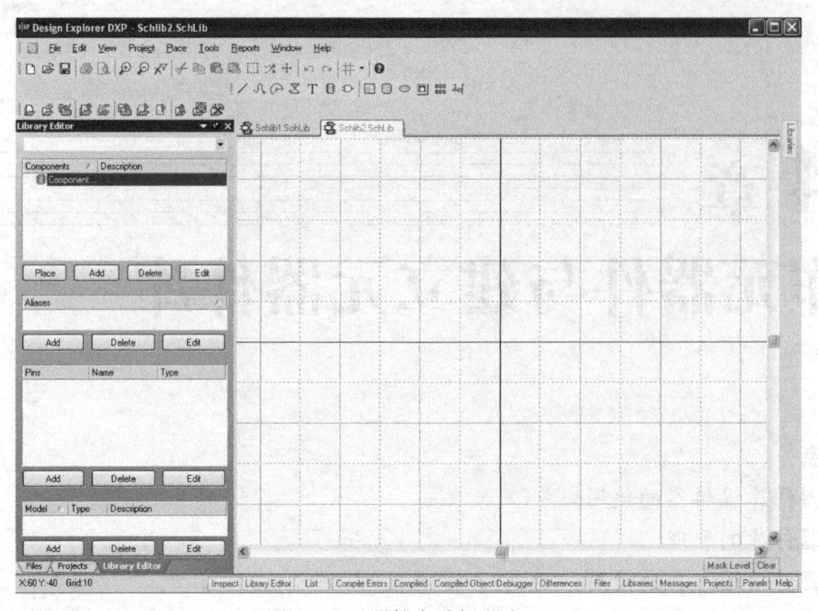

图 4-2　元器件库编辑器窗口

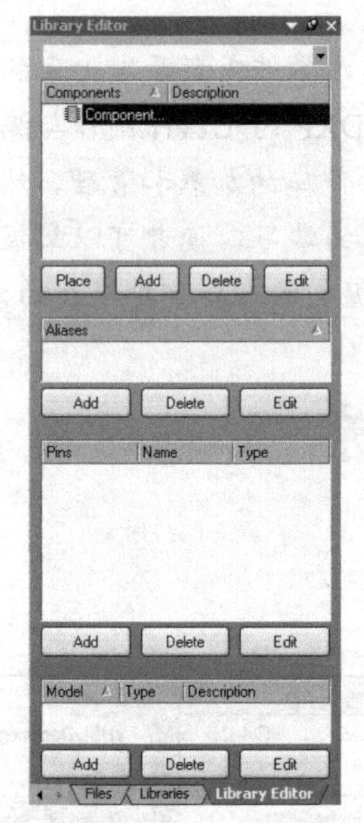

（a）元器件管理器

（b）绘图工具栏

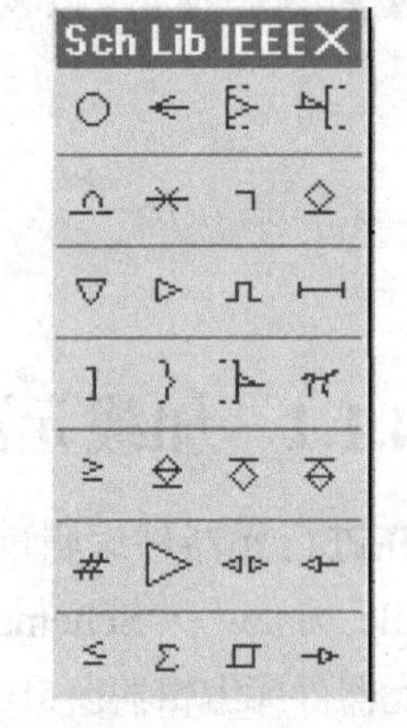

（c）IEEE 符号工具栏

图 4-3　元器件管理器及两个重要的工具栏

4.2　元器件库的管理

原理图元器件库的管理主要通过元器件管理器实现。通过元器件管理器可以对元器件库中已有的元器件进行查找、删除和放置操作，还可以对新绘制的元器件进行编辑、添加等操作。下面介绍元器件管理器的基本构成和使用方法。

4.2.1　元器件管理器

元器件管理器与设计管理器集成在一起，如图 4-4 所示。元器件库管理器共包含 4 个区域，分别为 Components（元器件列表）区域、Aliases（元器件别名）区域、Pins（元器件引脚）区域和 Model（元器件模型）区域。

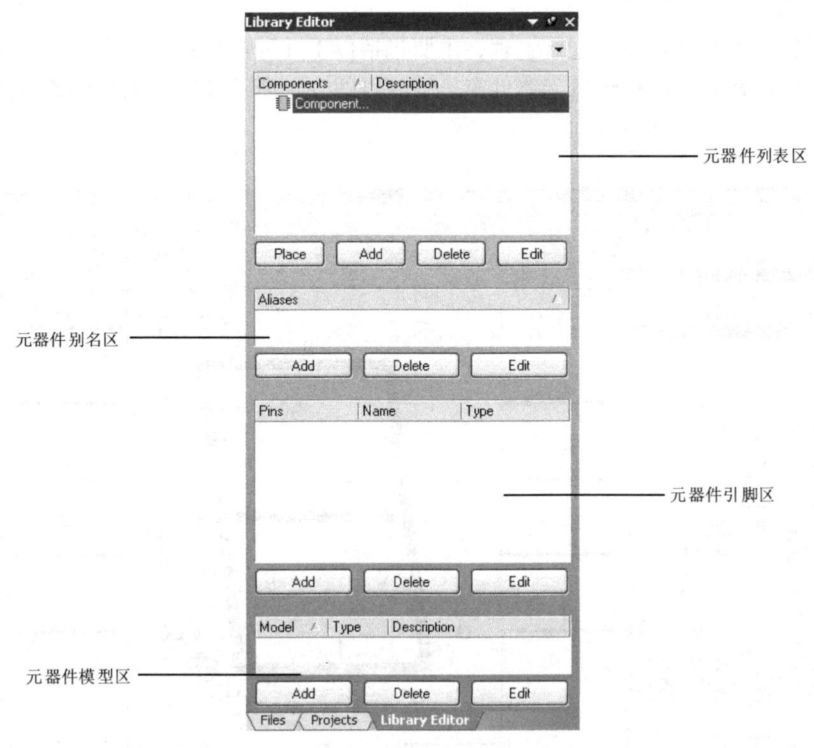

图 4-4　元器件管理器

下面分别对 4 个区域的功能进行简要介绍。

（1）Components（元器件列表）区域

该区域用于查找、选择与取用元器件，当我们打开一个元器件库时，元器件列表就会显示所有元器件的名称。将光标移至所要选择元器件的上方，单击鼠标左键选中，然后单击“Place”按钮即可。

◇　“Place”按钮：可将所选择的元器件放置在工作区内。单击该按钮后系统自动切换到原理图设计界面，同时元器件库编辑器在后台运行。

◇　“Add”按钮：添加元器件。单击该按钮后，将会弹出如图 4-5 所示的添加元器件对话框，输入元器件名后，单击“OK”按钮，即可将该元器件添加到元器件组中。

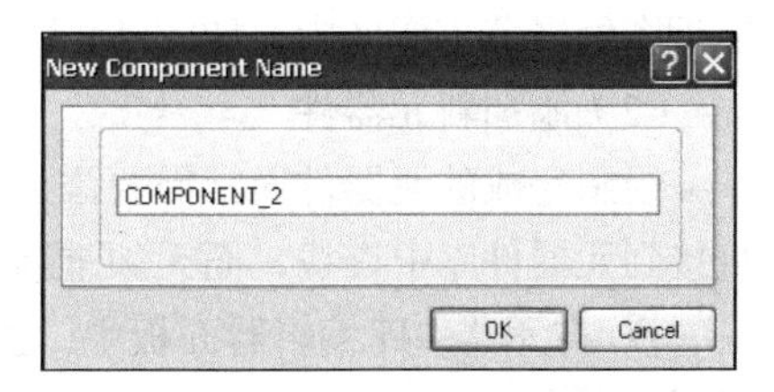

图 4-5　添加元器件对话框

◇　“Delete”按钮：删除所选元器件。

◇　“Edit”按钮：编辑所选元器件。

（2）Aliases（元器件别名）区域

该区域用于显示元器件的别名，并且可以通过“Add”、“Delete”和“Edit”按钮对其进行添加、删除和编辑操作。

（3）Pins（元器件引脚）区域

该区域用于显示正在工作中的元器件引脚名称及状态信息。

（4）Model（元器件模型）区域

该区域用于显示元器件模型及其相关信息，也可对其进行添加、删除和编辑操作。

4.2.2 管理元器件

利用元器件管理器对元器件进行管理，主要包括以下几种操作：从原理图库文件更新原理图中的元器件、添加新元器件和编辑元器件等。下面以图 4-6 所示新绘制的数码管为例，来说明利用元器件管理器对元器件进行管理。

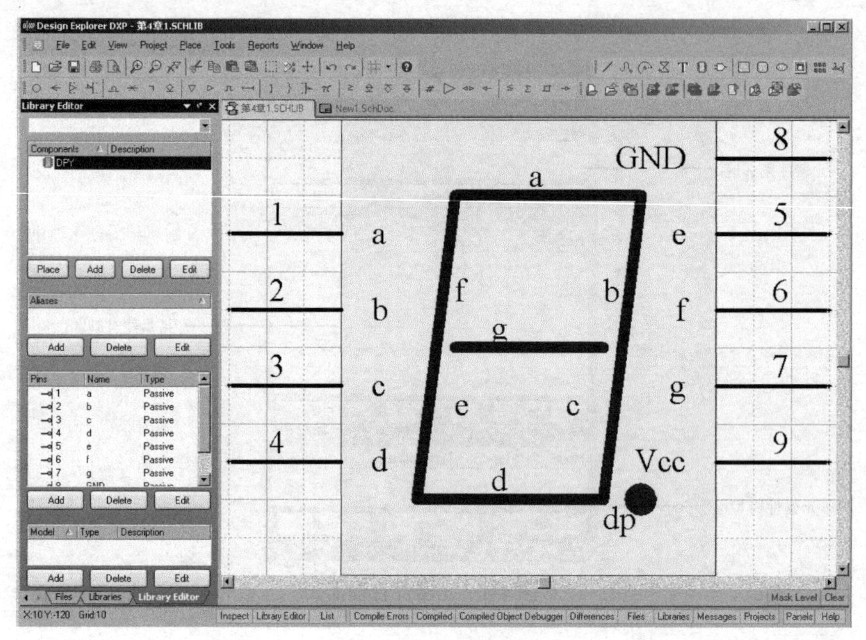

图 4-6　数码管实例

（1）从原理图库文件更新原理图中的元器件

用户绘制完符合自己设计要求的元器件后，无须手动切换到原理图编辑器再添加元器件，可以直接利用系统提供的元器件库文件管理器即可快速添加元器件。

选择要添加的元器件，单击元器件管理面板中的“Place”按钮，系统将自动切换到原理图编辑器工作环境，此时光标上带有该元器件，如图 4-7 所示，单击鼠标左键即可将该元器件放置到原理图编辑器工作区中，如图 4-8 所示。

（2）添加新元器件

绘制完成的元器件通常需要添加到元器件库中，这样就很方便用户日后在需要该元器件时，直接到元器件库中查找，而无须重新绘制。下面介绍添加新元器件的方法。

◇ 在元器件库编辑器面板中，执行“File→Save As”命令，弹出如图 4-9 所示的元器件保存对话框，在“File name”文本框中输入元器件名称“DPY”后，单击“Save”按钮即可将新建元器件保存。

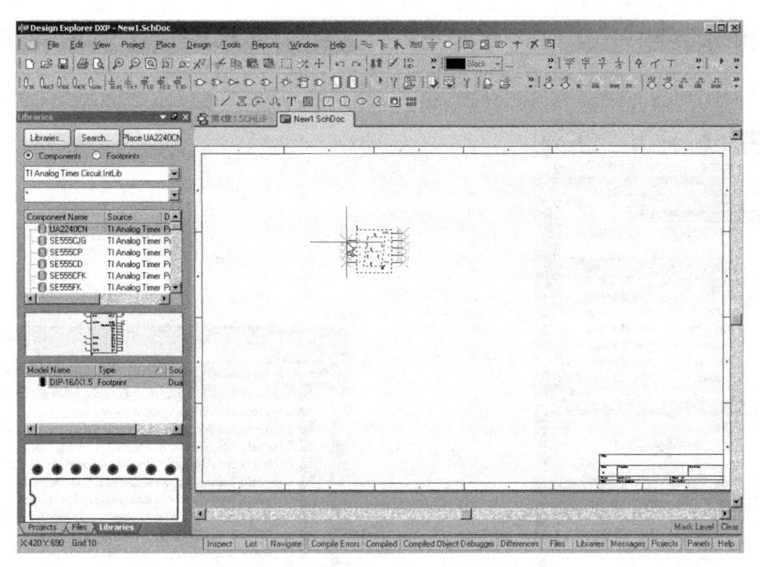

图 4-7　切换到原理图编辑器

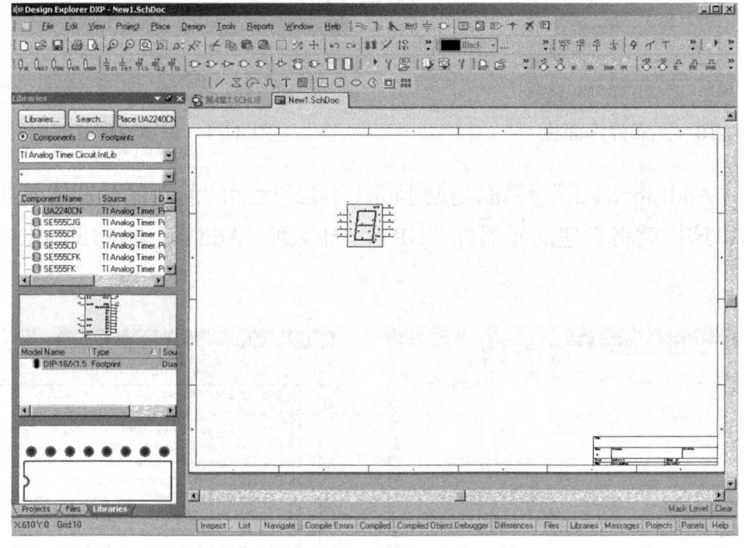

图 4-8　放置新绘制的元器件

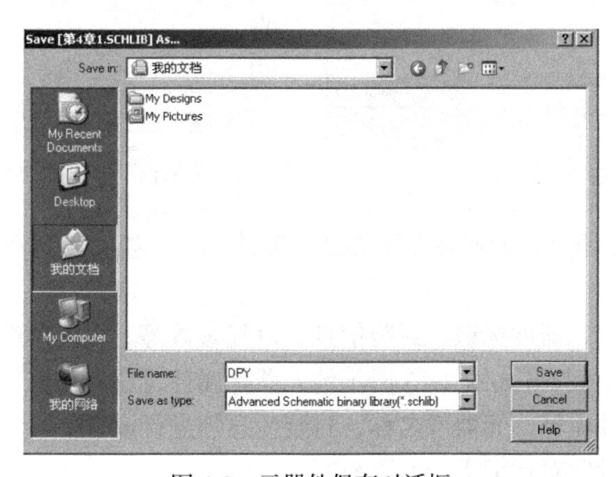

图 4-9　元器件保存对话框

◇ 在原理图编辑器中单击“Libraries”面板标签，打开元器件库，如图 4-10 所示。再单击“Library”按钮，将弹出添加或删除元器件库对话框，如图 4-11 所示。

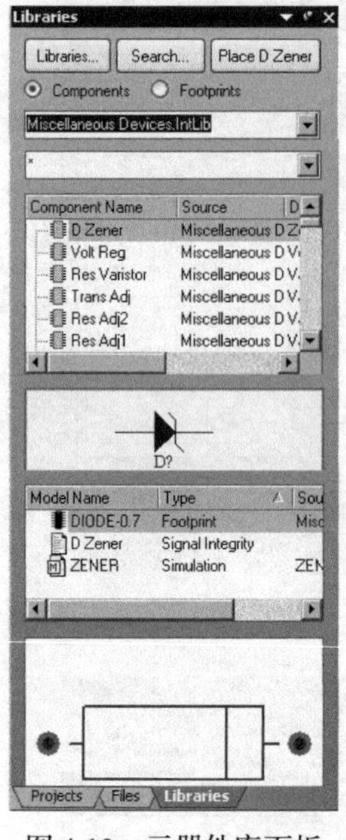

图 4-10　元器件库面板

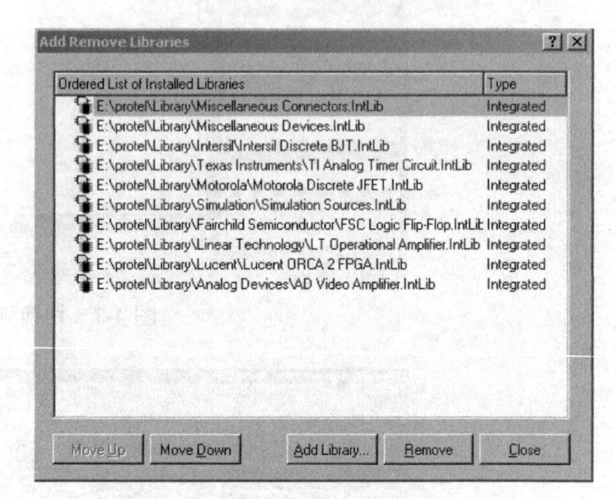

图 4-11　添加或删除元器件库对话框

单击其中的“AddLibrary…”按钮，找到如图 4-12 所示的前面保存好的元器件“DPY”，单击“Open”按钮，这样就将新建的元器件“DPY”加载到“Add Remove Libraries”对话框中，如图 4-13 所示。

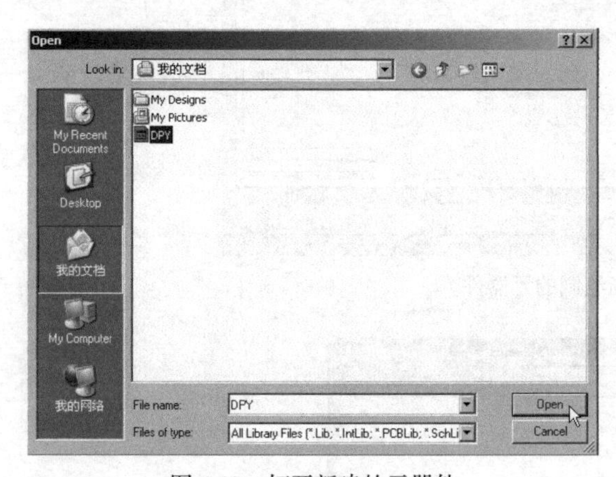

图 4-12　打开新建的元器件

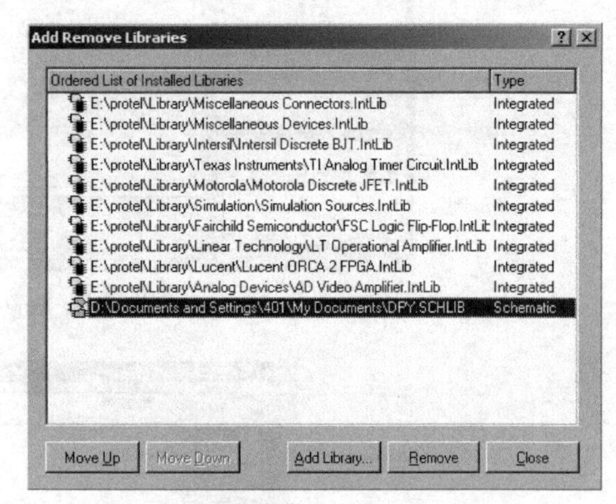

图 4-13　添加到增删元器件库对话框中

◇ 单击“Close”按钮可将元器件将添加到元器件库中，如图 4-14 所示。

（3）编辑元器件

编辑元器件是指设置元器件标识、封装信息、电气参数等。在元器件管理面板元器件列表下方单击“Edit”按钮，即可打开如图 4-15 所示的元器件属性设置对话框。在该对话框中用户可对元器件的流水号、元器件注释、元器件名称、封装信息等进行设置。

下面对元器件属性设置对话框进行简要介绍。

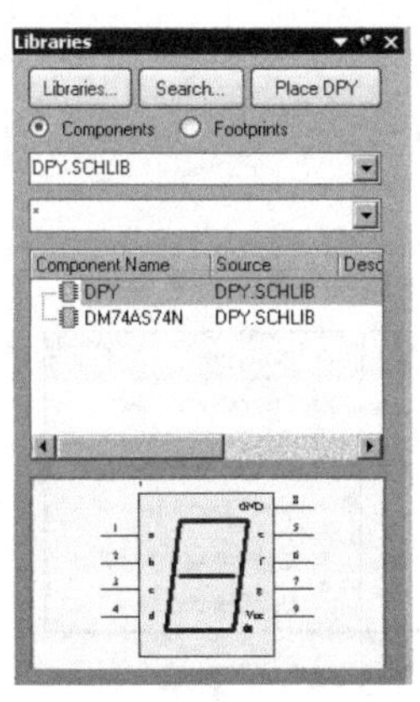

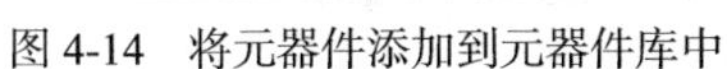
图 4-14　将元器件添加到元器件库中

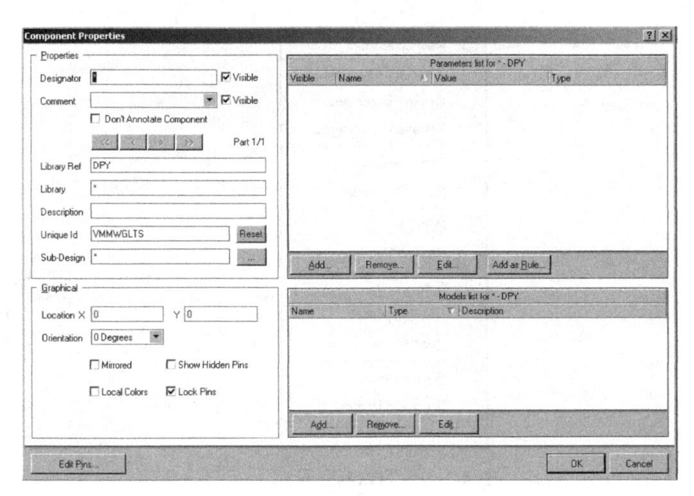

图 4-15　元器件属性设置对话框

◇“Designator”文本框：主要用于设置元器件的流水号。选中“Visible”复选框，可将流水号设为可见。

◇“Comment”文本框：主要用于设置元器件注释。

◇“Library Ref”文本框：主要用于设置元器件名称。

◇“Description”文本框：主要用于设置元器件描述。

◇“Type”下拉列表框：主要用于设置元器件类型。

◇“Graphical”选项区：主要用于设置元器件图形信息。

◇“Parameters list for…”列表栏：主要用于列出元器件的参数信息。

◇“Models list for…”列表栏：主要用于列出元器件的模型，包括封装模型、仿真模型等。

例如，以图 4-16 所示的场效应管元器件为基础，单击编辑器中的“Edit”按钮后将弹出如图 4-17 所示的元器件属性设置对话框，用户可以在该对话框中设置元器件的属性。一般情况下只需改变元器件流水号，其他属性设置选取默认值即可。

图 4-16　场效应管

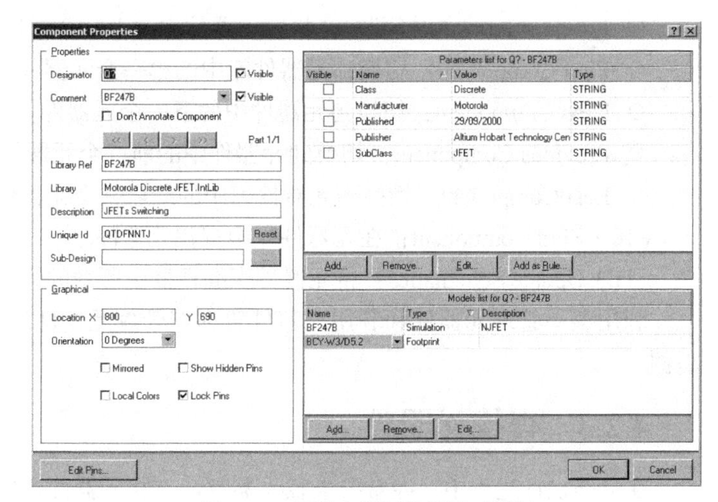

图 4-17　场效应管属性设置对话框

除了使用元器件管理器管理元器件外，用户还可以通过“Tools”菜单命令来进行管理。“Tools”菜单如图 4-18 所示，“Tools”菜单下的“Goto”子菜单如图 4-19 所示。

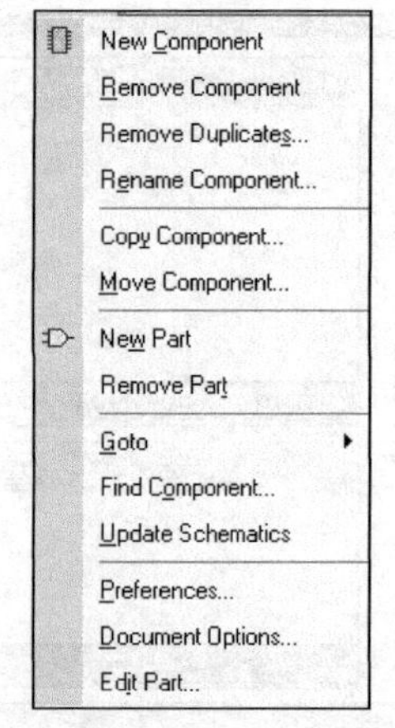

图 4-18　“Tools”菜单

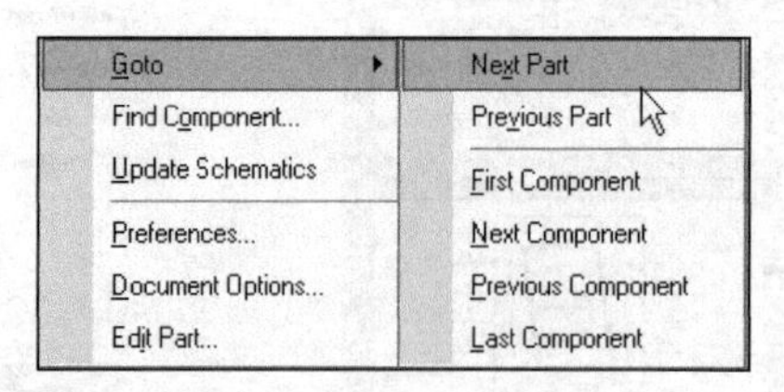

图 4-19　“Goto”子菜单

下面简要介绍 Tools 菜单中各个子菜单的功能。

（1）New Component：添加元器件。

（2）Remove Component：删除元器件管理器中 Component 区域内指定的元器件。

（3）Rename Duplicates：删除元器件库中重复的元器件名。

（4）Rename Component：对元器件管理器中的指定元器件重新命名。

（5）Copy Component：将该元器件复制到指定的元器件库中。执行该命令后会弹出对话框，选择元器件库后单击“OK”按钮，即可将该元器件复制到指定的元器件库中。

（6）Move Component：将该元器件移至指定的元器件库中。执行该命令后会弹出对话框，选择元器件库后单击“OK”按钮，即可将该元器件移动到指定的元器件库中。

（7）New Part：执行该命令后将在复合封装元器件中增加新的元器件。

（8）Remove Part：删除复合封装元器件中的元器件。

（9）Goto：指向。

◇ Next Part：切换到复合封装元器件中的下一个元器件。

◇ Previous Part：切换到复合封装元器件中的上一个元器件。

◇ First Component：切换到元器件库中的第一个元器件。

◇ Next Component：切换到元器件中的下一个元器件。

◇ Previous Component：切换到元器件中的前一个元器件。

◇ Last Component：切换到元器件库中的最后一个元器件。

（10）Find Component：在元器件库中查找元器件。

（11）Update Schematics：将元器件库编辑器中所做的修改更新到打开的原理图中。

利用菜单管理元器件和利用元器件管理器管理元器件的基本功能相同，因此这里不再重复举例。

4.2.3　查找元器件

在电路设计过程中，经常要查找元器件。查找元器件主要是在“Search Libraries”对话框中实现，执行“Tools→Find Component”命令即可打开元器件查找对话框，如图 4-20 所示。下面介绍该对话框中的各个选项。

（1）Scope 栏

可以选择 Available Libraries 或 Libraries on Path 两种方式来查找元器件，不过最终查找结果的路径不同。

（2）“Search Criteria”选项区

◇ Name：元器件名称。

◇ Description：元器件描述。

◇ Model Type：模型类型。

◇ Model Name：模型名称。

例如，在“Scope”选项区中选中“Available Libraries”单选钮，在“Search Criteria”选项区中的“Name”文本框中键入“Res2”，然后单击 Search 按钮，将得出如图 4-21 所示的查找结果对话框。

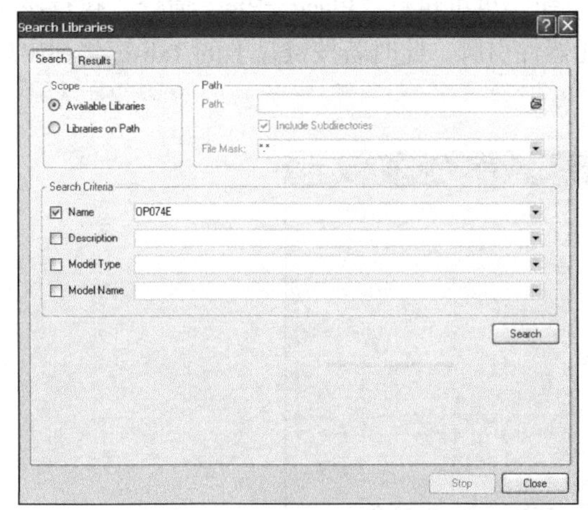

图 4-20　元器件查找对话框

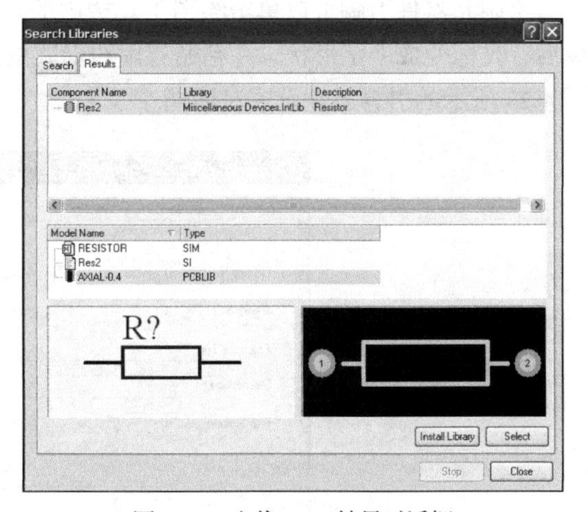

图 4-21　查找 Res2 结果对话框

该对话框中显示了所查找元器件的名称（Res2）、所在元器件库的名称（Miscellaneous Devices.IntLib）、元器件描述（Resistor）及模型名称、类型、元器件外观及元器件封装。

4.3　元器件绘图工具

4.3.1　一般绘图工具

元器件库编辑器提供了一个绘图工具栏，如图 4-22 所示。下面简要介绍绘图栏中各个工具的功能。

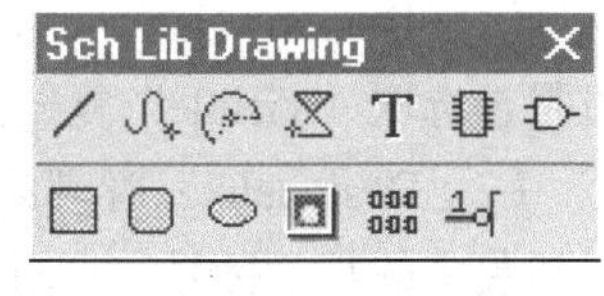

图 4-22　绘图工具栏

◇ ：用于绘制直线。

◇ ：用于绘制贝塞尔曲线。

◇ ：用于绘制椭圆弧线。

◇ ：用于绘制多边形。

◇ T：用于插入文字。

◇ ：用于插入新元器件。

◇ ：用于添加新元器件至当前显示的元器件工具。

◇ ：用于绘制直角矩形。

◇ ：用于绘制圆角矩形。

◇ ：用于绘制椭圆形及圆形。

◇ ：用于插入图片。

◇ ：用于将剪贴板的内容阵列粘贴。

◇ ：用于绘制引脚。

该绘图工具栏的大部分工具都与绘制原理图的工具相同，这里不再详细介绍，读者可参阅 2.1.3 小节相关内容。

4.3.2 绘制引脚

绘制元器件引脚可以单击绘图工具栏中的 按钮，也可执行“Place→Pin”命令。执行该命令后，光标变成十字形状，并粘贴有虚线形式的元器件引脚，此时若按键盘上的 Tab 键将弹出如图 4-23 所示的引脚属性设置对话框。

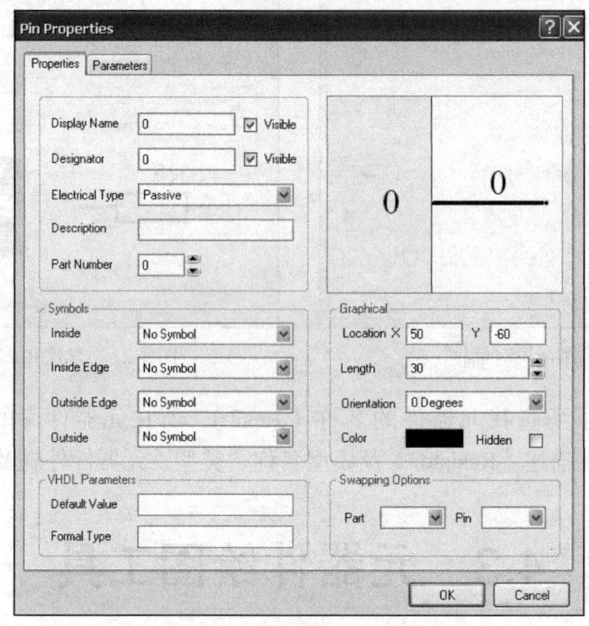

图 4-23　引脚属性设置对话框

下面对引脚属性对话框中的内容进行简要介绍。

（1）Display Name：管脚名称。此处输入的名称没有电器特性，只说明管脚的作用，可以通过是否选取“Visible”复选框来确定该引脚名称是否可见。

（2）Designator：管脚标号。此处输入的标号需要和元器件引脚一一对应，并要求和随后绘制的封装中的焊盘标号一一对应，也可通过“Visible”复选框来决定该标号是否可见。

（3）Electrical Type：引脚的电气类型，在下拉列表框中有以下选项。

◇ Input：输入引脚，用于输入信号。

◇ IO：输入/输出引脚，即有输入信号又有输出信号。

◇ Output：输出引脚，用于输出信号。

◇ OpenCollecor：集电极开路引脚。

◇ Passive：无源引脚。

◇ Hiz：高阻抗引脚。

◇ Emitter：发射极引脚。

◇ Power：电源引脚。

（4）Description：引脚的描述文字，用于描述引脚功能。

（5）Part Number：引脚所在部分。

（6）“Symbols”选项区。

① Inside：引脚内部符号设置。该选项有如图 4-24 所示的下拉列表选项。

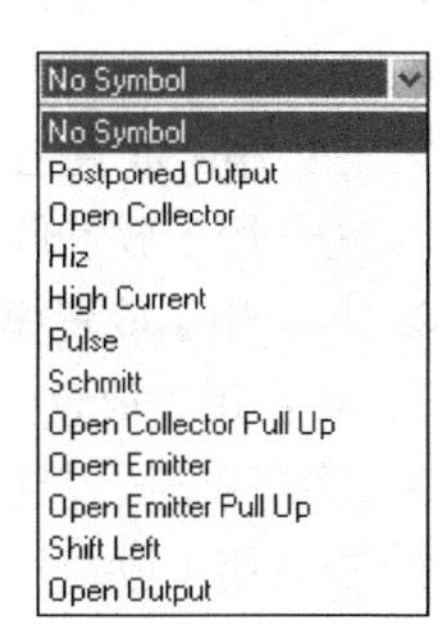

图 4-24　“Inside”下拉列表框

◇ No Symbol：表示引脚符号没有特殊设置。

◇ Postponed Output：暂缓性输出符号。

◇ Open Collector：集电极开路符号。

◇ Hiz：高阻抗符号。

◇ High Current：高扇出符号。

◇ Pulse：脉冲符号。

◇ Schmitt：施密特触发输入特性符号。

◇ Open Collector Pull Up：集电极开路上拉符号。

◇ Open Emitter：发射极开路符号。

◇ Open Emitter Pull Up：发射极开路上拉符号。

◇ Shift Output：移位输出符号。

◇ Open Output：开路输出符号。

② Inside Edge：引脚内部边缘符号设置。

③ Outside Edge：引脚外部边缘符号设置，其中包含如下 3 种功能。

◇ Dot：圆点符号引脚，用于负逻辑工作场合。

◇ Active Low Input：低电平输入有效。

◇ Active Low Output：低电平输出有效。

④ Outside：引脚外部边缘符号设置，其中包含如下 6 种功能。

◇ Right Left Signal Flow：从右到左的信号流向符号。

◇ Analog Signal In：模拟信号输入符号。

◇ Not Logic Connection：逻辑无连接符号。

◇ Digital Signal In：数字信号输入符号。

◇ Left Right Signal Flow：从左到右的信号流向符号。

◇ Bidrectionary Signal Flow：双向的信号流向符号。

（7）“Graphical”选项区：

◇ Location：确定引脚的位置。

◇ Length：确定引脚的长度。

◇ Orientation：确定引脚的旋转角度。

◇ Color：确定引脚的颜色。

◇ Hidden：确定引脚是否隐藏起来。

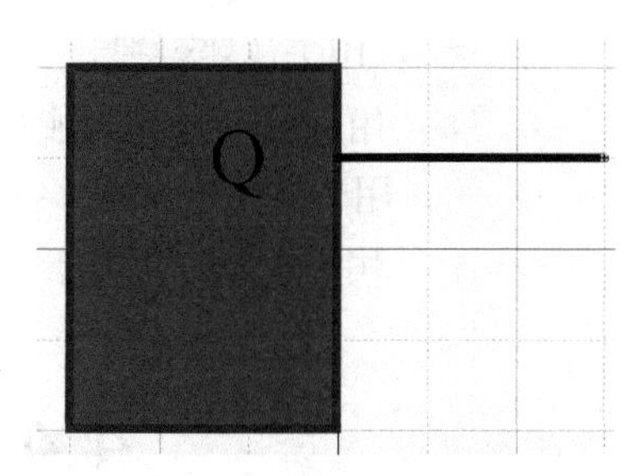

图 4-25　放置引脚命令后的效果

在其中进行相应的设置后，选择合适的位置单击鼠标左键，即可完成元器件引脚的放置，如图 4-25 所示。

4.3.3 IEEE 符号

执行“View→Toolbars→Sch Lib IEEE”命令可以打开“Sch Lib IEEE”工具栏，如图 4-26 所示，通过该工具栏可以放置所有的 IEEE 符号。

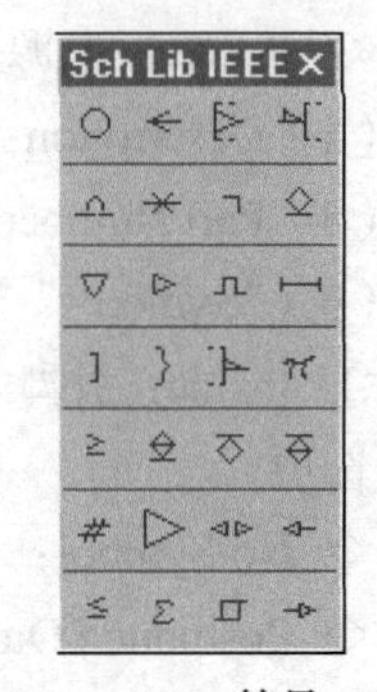

图 4-26 IEEE 符号工具栏

下面对 IEEE 符号工具栏的功能进行简要说明。

◇ ：用于放置低态触发符号。
◇ ：用于放置左向信号。
◇ ：用于放置上升沿触发时钟脉冲。
◇ ：用于放置低态触发输入符号。
◇ ：用于放置模拟信号输入符号。
◇ ：用于放置无逻辑性连接符号。
◇ ：用于放置具有暂缓性输出的符号。
◇ ：用于放置具有开集性输出的符号。
◇ ：用于放置高阻状态符号。
◇ ：用于放置高输出电流符号。
◇ ：用于放置脉冲符号。
◇ ：用于放置延时符号。
◇ ：用于放置多条 I/O 线组合符号。
◇ ：用于放置二进制组合符号。
◇ ：用于放置低态触发输出符号。
◇ ：用于放置π符号。
◇ ：用于放置大于等于号。
◇ ：用于放置具有提高阻抗的开集性输出符号。
◇ ：用于放置开射极输出符号。
◇ ：用于放置具有电阻接地的开射极输出符号。
◇ ：用于放置数字输入信号。
◇ ：用于放置反向器符号。
◇ ：用于放置双向信号。
◇ ：用于放置数据左移信号。
◇ ：用于放置Σ符号。
◇ ：用于放置施密特触发输入特性的符号。
◇ ：用于放置数据右移符号。
◇ ：用于放置小于等于号。

4.4 创建一个元器件

下面通过一个实例来说明如何创建一个新的元器件，并将其加载到元器件库中。创建的 D 触发器的效果如图 4-27 所示，具体操作步骤如下。

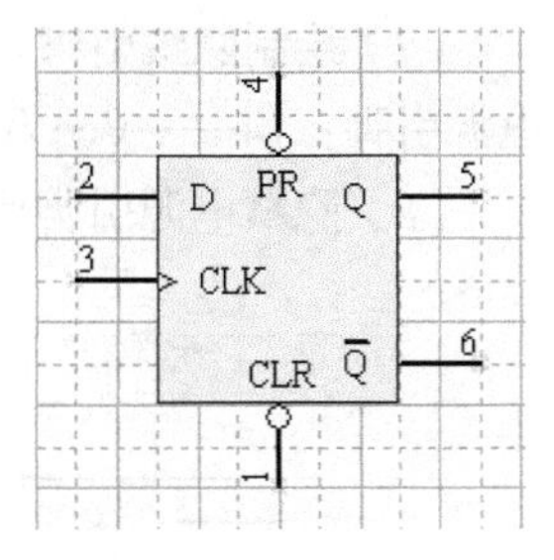

图 4-27　D 触发器实例

（1）执行“File→New→Schematic Library”命令，进入元器件库编辑器。

（2）将 4 个象限的交点放至合适位置，便于在第四象限创建新元器件时以象限交点为元器件基准点。

（3）执行“Place→Rectangle”命令或单击绘图工具栏中的绘制矩形按钮▢，绘制一个直角矩形。此时光标变成十字形状，将光标移至象限交点即坐标轴原点处单击鼠标左键来确定矩形的左上角，然后向右下方拖动鼠标，当所示矩形区域合乎要求时，再单击鼠标左键，即可绘制一个直角矩形。在本例中设置矩形大小为 6 格 × 6 格，如图 4-28 所示。

（4）绘制 D 触发器的引脚。执行“Place→Pins”命令或单击绘图工具栏中的按钮，此时光标将变成十字形状，并粘贴有一条虚线形式的短线，将其移至合适位置，单击鼠标左键来绘制引脚，如图 4-29 所示，其中 1、4 引脚需要将引脚旋转 90°（按空格键来进行旋转）。

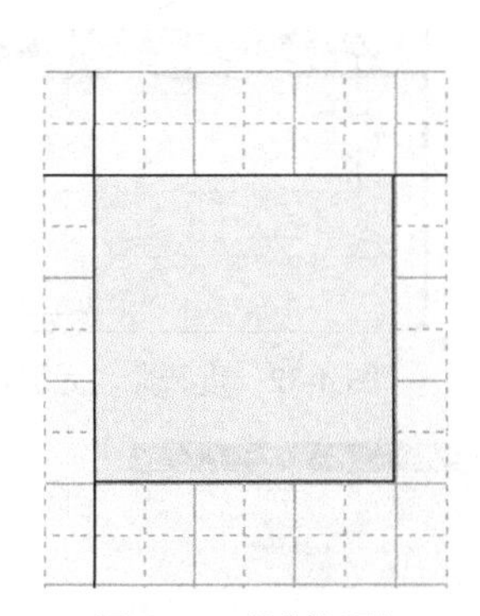
图 4-28　绘制矩形

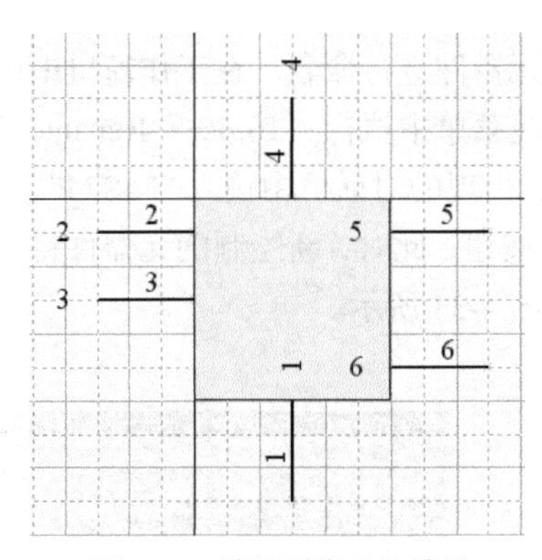

图 4-29　放置引脚后的效果

（5）编辑 D 触发器的引脚。双击需要修改的引脚，将弹出如图 4-23 所示的引脚属性设置对话框，在其中对各个引脚进行设置，下面简要介绍设置过程。

◇ 引脚 1：在“Display Name”（管脚名称）文本框中输入“CLR”；在“Designator”（管脚标号）文本框中输入“1”；在“Outside Edge”下拉列表框中选择“Dot”，即可完成引脚 1 的编辑。

◇ 引脚 2：在“Display Name”（管脚名称）文本框中输入“D”；在“Designator”（管脚标号）文本框中输入“2”，即可完成引脚 2 的编辑。

◇ 引脚 3：在“Display Name”（管脚名称）文本框中输入“CLK”；在“Designator”（管脚标号）文本框中输入“3”；在“Inside Edge”下拉列表框中选择“Clock”，即可完成引脚 3 的编辑。

◇ 引脚 4：在“Display Name”（管脚名称）文本框中输入“PR”；在“Designator”（管脚标号）文本框中输入“4”；在“Outside Edge”下拉列表框中选择“Dot”，即可完成引脚 4 的编辑。

◇ 引脚 5：在“Display Name”（管脚名称）文本框中输入“Q”；在“Designator”（管脚标号）文本框中输入“5”，即可完成引脚 5 的编辑。

◇ 引脚 6：在“Display Name”（管脚名称）文本框中输入 Q\；在“Designator”（管脚标号）文本框中输入“6”，即可完成引脚 6 的编辑。

（6）引脚编辑完成后，将引脚按实例所示放置在相应位置，具体放置方法不再赘述。

（7）绘制隐藏引脚。通常电路图中要隐藏电源引脚，即将其属性设置为 Hidden。绘出本例的电源引脚：14——Vcc 和 7——GND，如图 4-30 所示。

（8）隐藏电源引脚后的 D 触发器如图 4-31 所示。

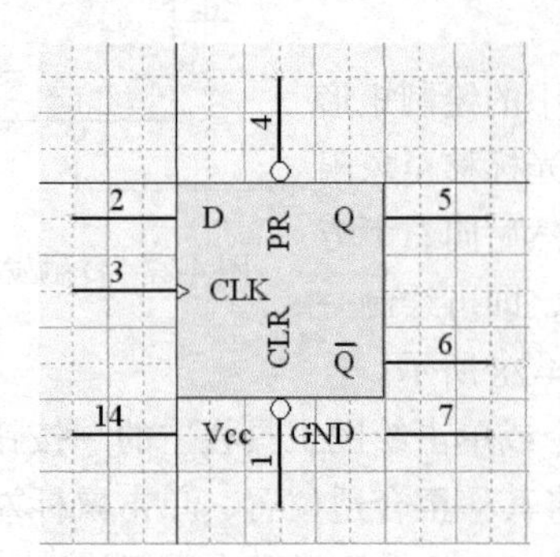

图 4-30　绘制电源引脚后的 D 触发器

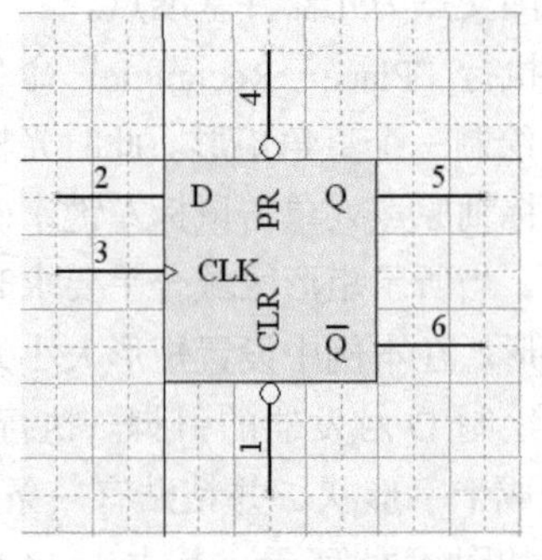

图 4-31　绘制的 D 触发器

（9）对元器件进行命名。在工作窗口中单击鼠标右键，在弹出的快捷菜单中执行“Tools→ Rename Component”命令，并在随后出现的对话框中输入“74S74”，如图 4-32 所示，单击“OK”按钮，此时，新绘制的元器件将出现在元器件管理器中，如图 4-33 所示。

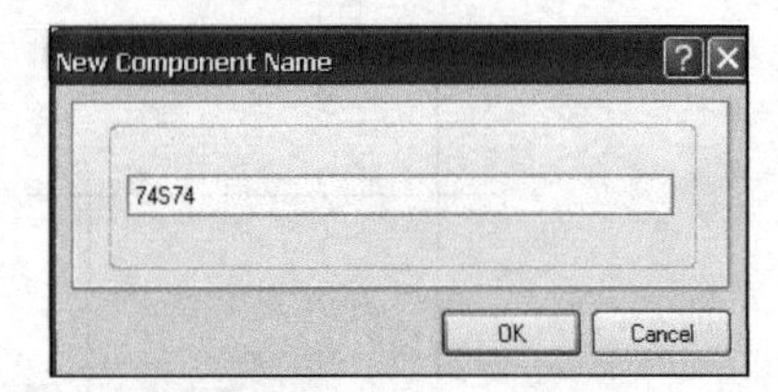

图 4-32　重新命名元器件对话框

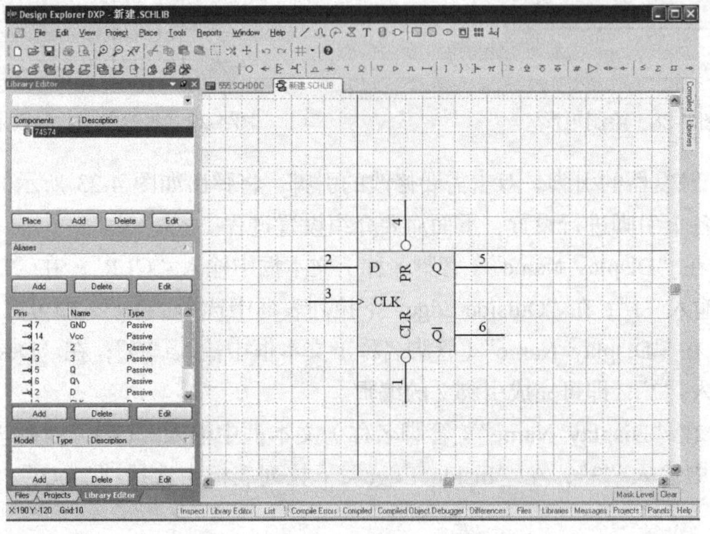

图 4-33　添加了 74S74 元器件管理器

（10）设置元器件属性。单击 Components 下面的“Edit”按钮，对新建元器件进行编辑。在其中的“Designator”文本框中输入流水号“U?”；在“Comment”文本框中输入“74S74”，如图 4-34 所示。单击“OK”按钮，即完成新建元器件属性的设置。

（11）将绘制好的元器件加载到元器件库中。执行“File→Save as”（另存为）命令，将元器件更名为“D 触发器”，单击“Save”按钮保存。再单击工作面板右侧的“Libraries”按钮，弹出如图 4-35 所示的对话框。

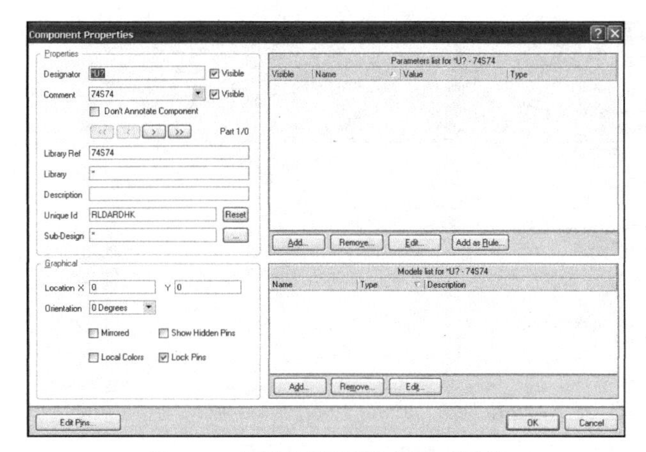

图 4-34　设置新建元器件属性对话框

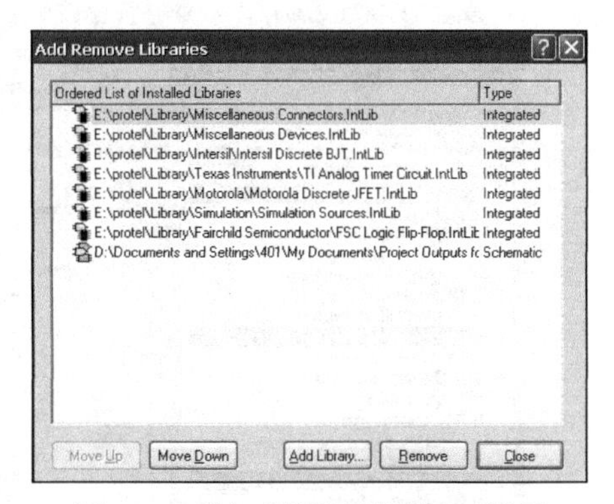

图 4-35　增加或删除元器件库对话框

单击“Add Library”按钮，弹出如图 4-36 所示的选择文件对话框，打开“Projects Outputs for abc Project1”下的“D 触发器”，可以看到新建元器件 D 触发器已加载到元器件库中，这样就完成了一个制作完整的新的元器件，并将其加载到元器件库中的过程，如图 4-37 所示。

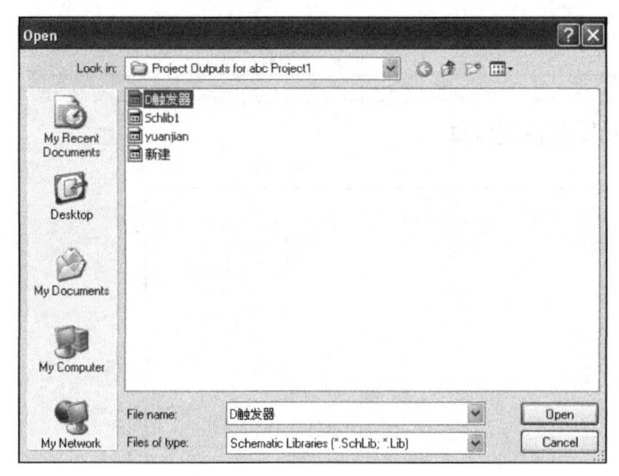

图 4-36　选择文件对话框

图 4-37　新建元器件加载到元器件库对话框

4.5　生成元器件报表

Protel DXP 元器件库编辑器提供了 3 种报表，分别为 Component Report（元器件报表）、Library Report（元器件库报表）和 Component Rule Check Report（元器件规则检查报表），下面分别介绍这 3 种报表以及如何生成这 3 种报表。

4.5.1　元器件报表

在元器件库编辑器里执行“Reports→Component”命令，即可打开如图 4-38 所示的元器件报表窗口。元器件报表的扩展名为.cmp，元器件报表中列出了该元器件所有的相关信息，如子元器件个数、元器件组名称、各个子元器件的引脚细节等。以 4.4 节中新建的元器件 74S74（D 触发器）为例，执行“Reports→Component”命令后，生成的元器件报表如图 4-39 所示。

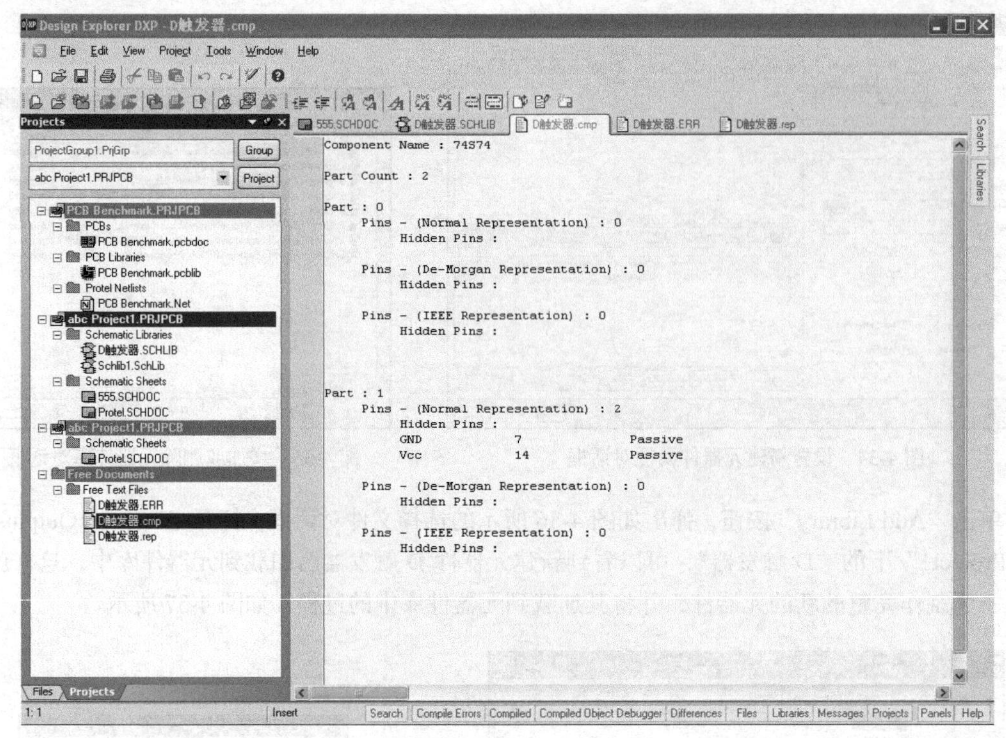

图 4-38　元器件报表窗口

```
Component Name : 74S74

Part Count : 2

Part : 0
    Pins - (Normal Representation) : 0
        Hidden Pins :

    Pins - (De-Morgan Representation) : 0
        Hidden Pins :

    Pins - (IEEE Representation) : 0
        Hidden Pins :


Part : 1
    Pins - (Normal Representation) : 2
        Hidden Pins :
        GND         7           Passive
        Vcc         14          Passive

    Pins - (De-Morgan Representation) : 0
        Hidden Pins :

    Pins - (IEEE Representation) : 0
        Hidden Pins :
```

图 4-39　新建元器件（D 触发器）的元器件列表

4.5.2　元器件库报表

元器件库报表的扩展名为.rep，元器件库报表中列出了当前元器件库中所有元器件的名称及其相关属性。下面以系统自带的元器件库“4 Port Serial Interface.SchLib”为例，如图 4-40 所示，讲述生成元器件库报表的方法。

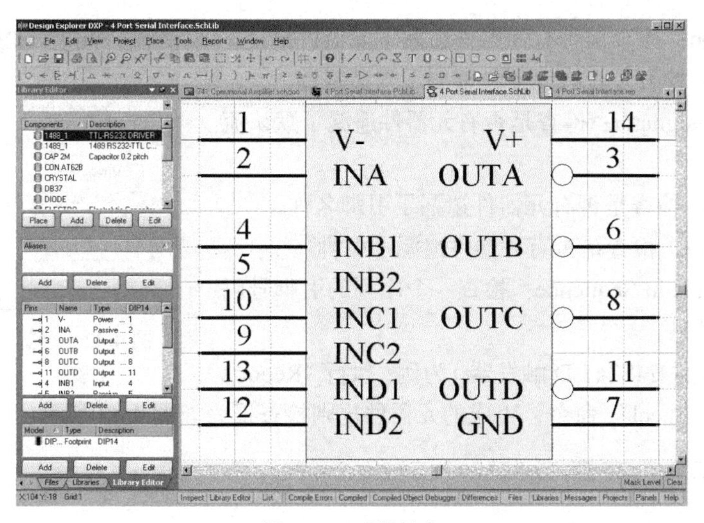

图 4-40　元器件库

生成元器件库报表的方法很简单，通过执行“Reports→Libiary”命令，即可生成如图 4-41 所示的元器件库报表。

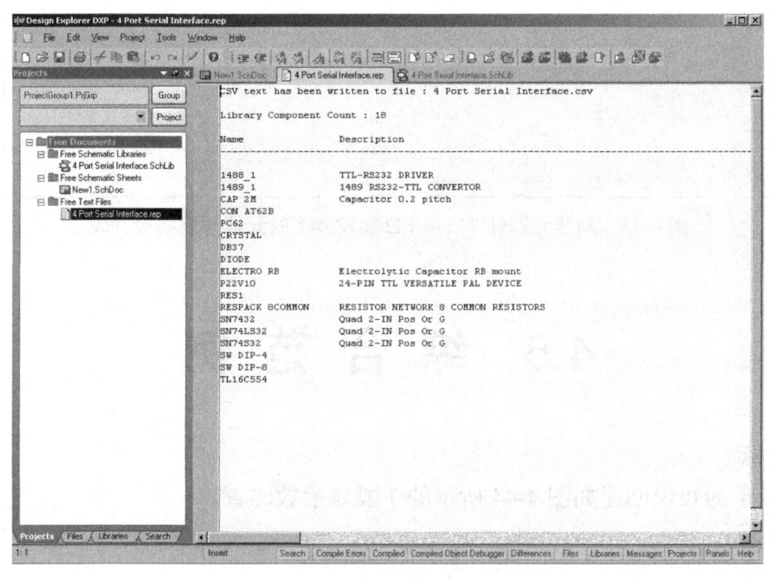

图 4-41　生成的元器件库报表内容

4.5.3　元器件规则检查报表

元器件规则检查报表以.err 为扩展名，它主要用于帮助用户进行元器件的基本验证工作，其中包括检查元器件库中的元器件是否有错，同时将有错的元器件列出来，指明错误原因等。执行“Reports→Component Rule Check”命令，弹出如图 4-42 所示的元器件规则检查对话框，该对话框用于设置规则检查的属性。

下面对该对话框中的各选项功能进行简要介绍。

◇ Component Names：设置元器件库中的元器件是否允许重名。

◇ Pins：设置元器件的引脚是否允许重名。

◇ Description：检查是否有元器件遗漏了元器件描述。

◇ Footprint：检查是否有元器件遗漏了封装描述。

◇ Default Designator：检查是否有元器件遗漏了默认流水号。

◇ Pin Name：检查是否有元器件遗漏了引脚名称。

◇ Pin Number：检查是否有元器件遗漏了引脚。

◇ Missing Pins in Sequence：检查一个序列的引脚号码中是否缺少某个号码。

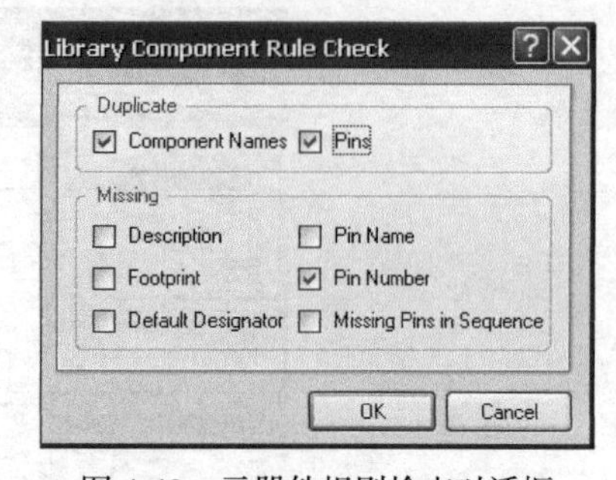

图 4-42　元器件规则检查对话框

以新建的元器件 74S74（D 触发器）为例，执行“Reports→Component Rule Check”命令，生成的元器件规则检查报表如图 4-43 所示。

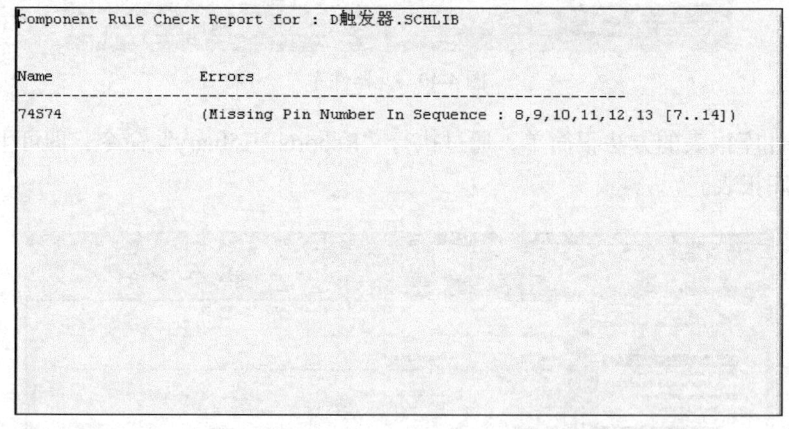

图 4-43　新建元器件 74S74（D 触发器）的元器件规则检查表

4.6 综合范例

1. 范例目标

利用本章所学的知识创建如图 4-44 所示的 7 段显示数码管。

2. 所用知识

创建元器件的方法、步骤以及绘图工具的使用。

3. 详细步骤

（1）执行“File→New→Schematic Library”命令，进入元器件库编辑器。

（2）绘制矩形。用鼠标单击绘图工具栏中的绘制直角矩形按钮▢，此时光标变成十字形状，将光标移至 4 个象限的交点，单击鼠标并向右下方拖动，直至矩形大小为 10 格 × 12 格为止，单击鼠标左键，完成矩形的绘制，如图 4-45 所示。

（3）下面绘制 7 段显示数码管的引脚。执行“Place→Pins”命令或单击绘图工具栏中的按钮，此时光标将变成十字形状，并粘贴有一条虚线形式的短线，同时按 Tab 键，设置引脚属性。

下面简要介绍设置过程。

◇ 引脚 1：在“Display Name”（管脚名称）文本框中输入“a”；在“Designator”（管脚标号）文本框中输入“1”，即可完成引脚 1 的编辑。

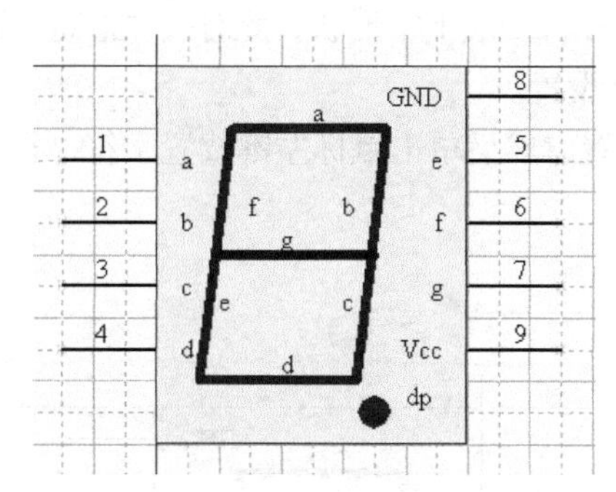

图 4-44　7 段显示数码管

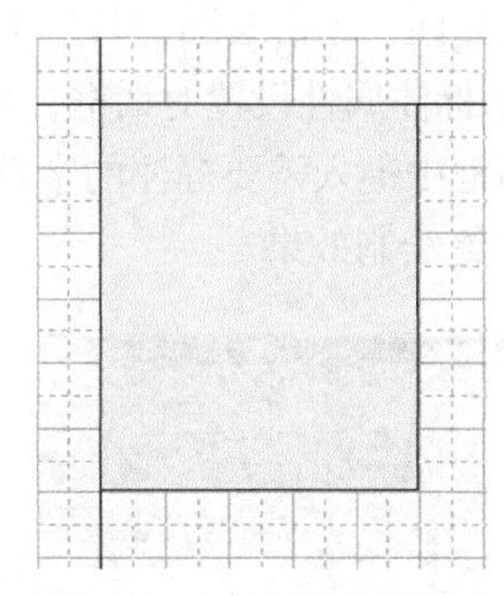
图 4-45　绘制矩形

◇ 引脚 2：在“Display Name”（管脚名称）文本框中输入“b”；在“Designator”（管脚标号）文本框中输入“2”，即可完成引脚 2 的编辑。

◇ 引脚 3：在“Display Name”（管脚名称）文本框中输入“c”；在“Designator”（管脚标号）文本框中输入“3”，即可完成引脚 3 的编辑。

◇ 引脚 4：在“Display Name”（管脚名称）文本框中输入“d”；在“Designator”（管脚标号）文本框中输入“4”，即可完成引脚 4 的编辑。

◇ 引脚 5：在“Display Name”（管脚名称）文本框中输入“e”；在“Designator”（管脚标号）文本框中输入“5”，即可完成引脚 5 的编辑。

◇ 引脚 6：在“Display Name”（管脚名称）文本框中输入“f”；在“Designator”（管脚标号）文本框中输入“6”，即可完成引脚 6 的编辑。

◇ 引脚 7：在“Display Name”（管脚名称）文本框中输入“g”；在“Designator”（管脚标号）文本框中输入“7”，即可完成引脚 7 的编辑。

◇ 引脚 8：在“Display Name”（管脚名称）文本框中输入“GND”；在“Designator”（管脚标号）文本框中输入“8”，即可完成引脚 8 的编辑。

◇ 引脚 9：在“Display Name”（管脚名称）文本框中输入“Vcc”；在“Designator”（管脚标号）文本框中输入“9”，即可完成引脚 9 的编辑。

引脚编辑完成后，将其移至合适位置，单击鼠标左键来放置引脚，如图 4-46 所示。

（4）下面绘制发光二极管部分与小数点。单击绘图工具栏中的 ⁄ 按钮，将导线宽度调至中等宽度，在光标还处于十字形状时按空格键，在矩形框的合适位置单击鼠标左键绘制斜线；然后执行“Place→Pie Chart”命令来绘制小数点，如图 4-47 所示。

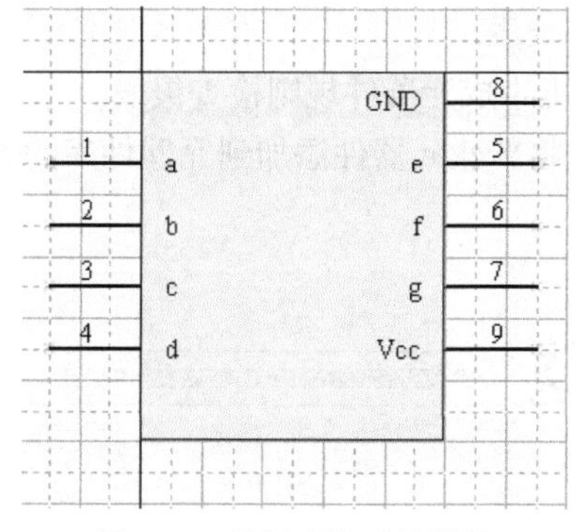

图 4-46　放置引脚后的效果

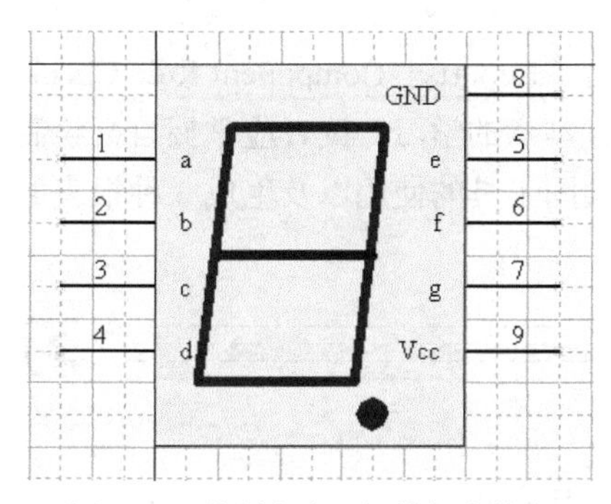

图 4-47　绘制发光二极管与小数点

（5）放置标注。单击绘图工具栏中的 T 按钮，光标将变成十字形状，此时按 Tab 键，将弹出如图 4-48 所示标注属性设置对话框，可进行标注属性设置。

在该对话框中键入需要标注的字符，移至相应位置，然后单击鼠标左键放置字符，得到如图 4-49 所示的最终绘制效果。

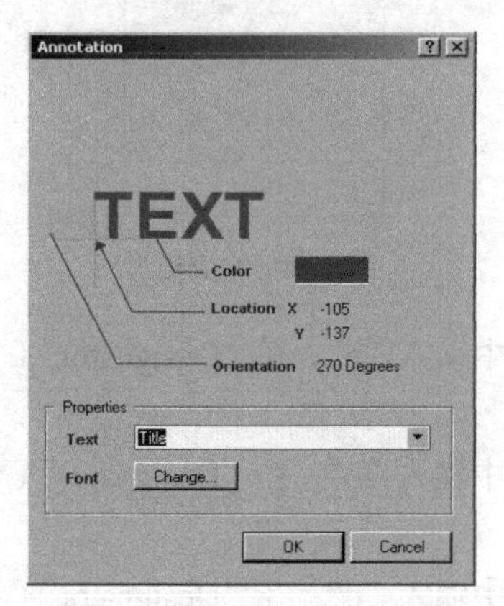

图 4-48　标注属性设置对话框

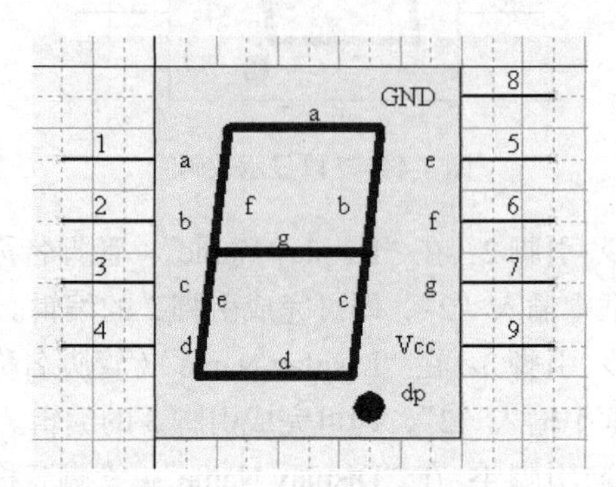

图 4-49　最终的绘制效果

4.7　小　结

本章主要介绍了元器件的制作与元器件库的加载和管理，同时还介绍了元器件绘图工具以及如何生成元器件列表。

在进行元器件编辑前首先要加载元器件编辑器，执行“File→New→Schematic Library”命令，即可加载元器件库编辑器。

元器件的管理主要通过元器件管理器实现，通过元器件管理器可以对元器件库中已有的元器件进行查找、删除和放置操作，还可以对新绘制的元器件进行编辑和添加操作。

元器件库编辑器提供了一个绘图工具栏，该绘图工具栏的大部分工具都与第 2 章中介绍的绘制原理图工具相同，读者可参阅 2.1.3 小节相关内容。

Protel DXP 元器件库编辑器提供了 3 种报表，分别为 Component Report（元器件报表）、Library Report（元器件库报表）和 Component Rule Check Report（元器件规则检查报表）。

在元器件库编辑器里执行“Reports→Component”命令，即可生成元器件报表。

执行“Reports→Libiary”命令，即可生成元器件库报表。

执行“Reports→Component Rule Check”命令，即可生成元器件规则检查报表。

通过本章的学习，读者应掌握自行绘制元器件以及将新建元器件添加到元器件库的方法，同时掌握绘图工具的使用以及生成 3 种报表的方法。

习　题

一、思考题

1. 简述元器件库编辑器提供的绘图工具栏中各个绘图的作用。

2. 简述 IEEE 符号工具栏中各个工具的作用。

3. 简述绘制元器件的基本步骤。

4. 试比较元器件库编辑器与原理图编辑器中绘图工具栏的异同。

5. Protel DXP 元器件库编辑器提供了哪几种报表？它们的作用分别是什么？如何生成这几种报表？

二、基本操作题

1. 请读者尝试创建如图 4-50 所示的 NPN 型三极管（提示：三极管的射极箭头可使用 “Place/Polygon” 命令绘制）。

2. 创建如图 4-51 所示的晶振，同时生成元器件报表并将其加载到元器件库中。

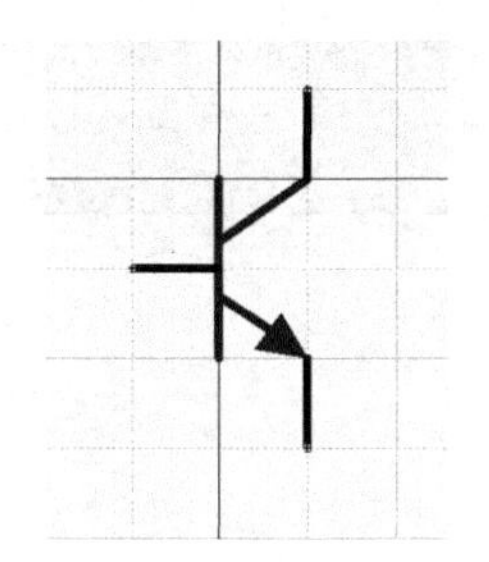

图 4-50　三极管实例

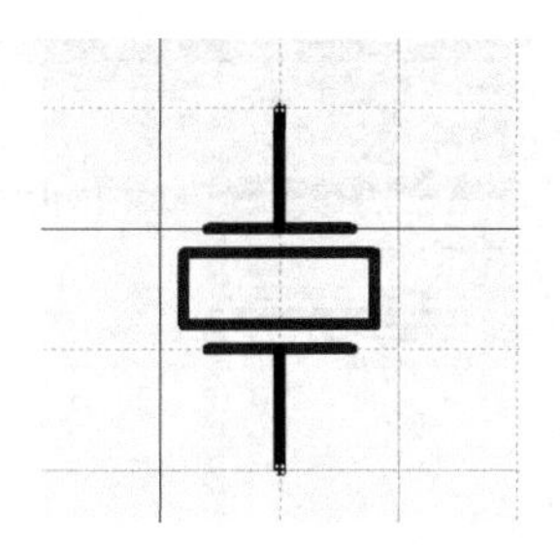

图 4-51　晶振实例

生成的元器件报表如图 4-52 所示。

```
Component Name : XTAL

Part Count : 2

Part : 0
     Pins - (Normal Representation) : 0
          Hidden Pins :

     Pins - (De-Morgan Representation) : 0
          Hidden Pins :

     Pins - (IEEE Representation) : 0
          Hidden Pins :


Part : 1
     Pins - (Normal Representation) : 0
          Hidden Pins :

     Pins - (De-Morgan Representation) : 0
          Hidden Pins :

     Pins - (IEEE Representation) : 0
          Hidden Pins :
```

图 4-52　晶振的元器件报表

实 战 练 习

1. 练习目的

绘制如图 4-53 所示的电感器并生成该电感器的元器件报表和元器件规则检查报表。

2. 所用知识

绘制元器件工具栏中各个工具的用法、绘制元器件的基本步骤与方法。

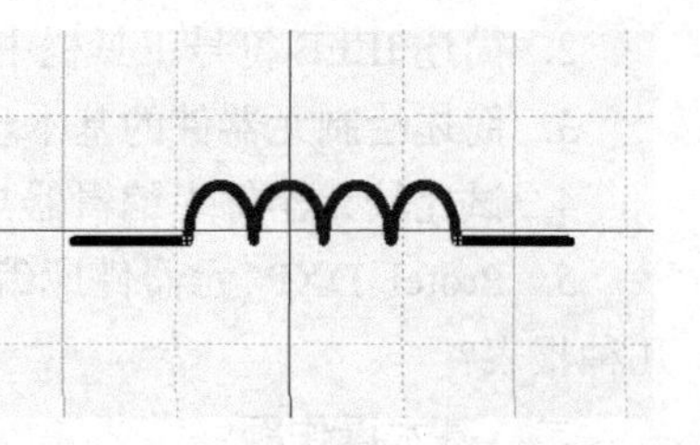
图 4-53　新绘制的电感器

3. 步骤提示

（1）打开元器件编辑器。执行“File→New→Schematic Library”命令，打开元器件库编辑器，如图 4-54 所示。在该编辑器中单击绘制圆弧按钮，此时处于绘制电感中的圆弧的状态，按 Tab 键，将弹出如图 4-55 所示的圆弧属性设置对话框。在该对话框中，设置“Start Angle”（起始角度）为 0°，“End Angle”（终止角度）为 180°，其他属性取默认值即可。

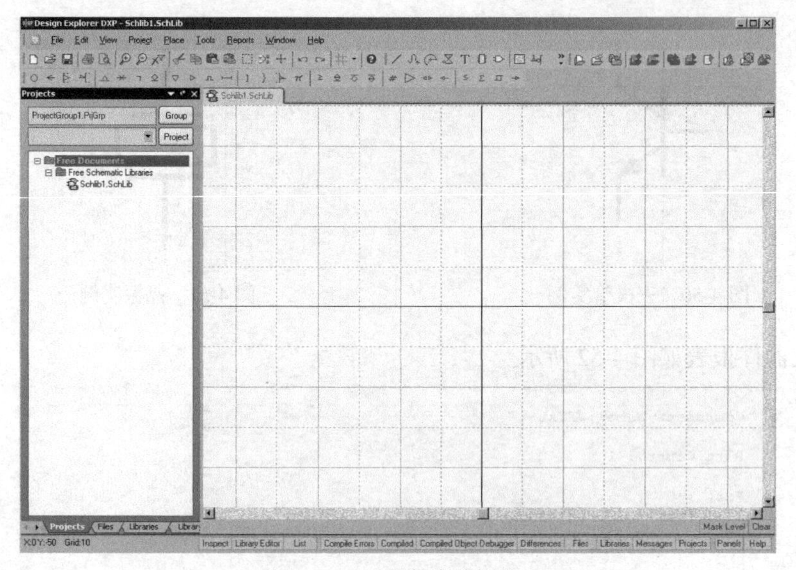

图 4-54　元器件库编辑器

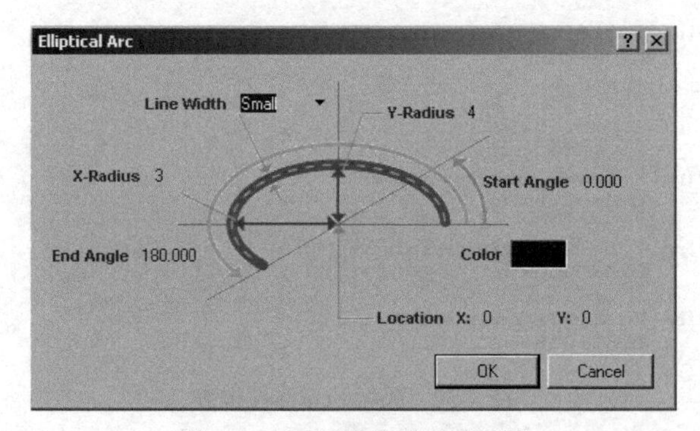

图 4-55　圆弧属性设置对话框

（2）绘制圆弧。设置好圆弧属性后，即可绘制圆弧。此时光标变成十字形状，并带有圆弧线，如图 4-56 所示。单击鼠标左键，然后调整好圆弧的 x 轴半径，单击鼠标左键确定椭圆弧线横轴半径，再移动光标调整好圆弧的 y 轴半径，单击鼠标左键，光标将自动移到椭圆弧缺口的另一端，调整好其位置后再单击鼠标左键，就完成了该段圆弧线的绘制，如图 4-57 所示。

绘制好一个圆弧后，框选该圆弧，然后按 Ctrl+C 组合键复制圆弧，在选择合适位置按 Ctrl+V 组合键粘贴圆弧，最终绘制效果如图 4-58 所示。

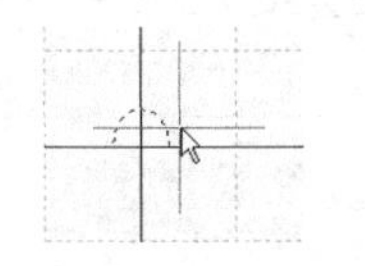

图 4-56　绘制圆弧时的光标形状

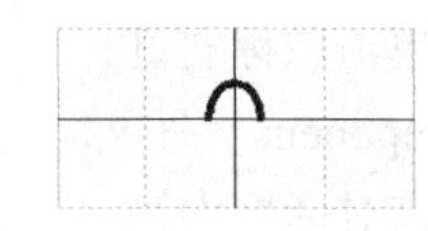

图 4-57　绘制好的圆弧

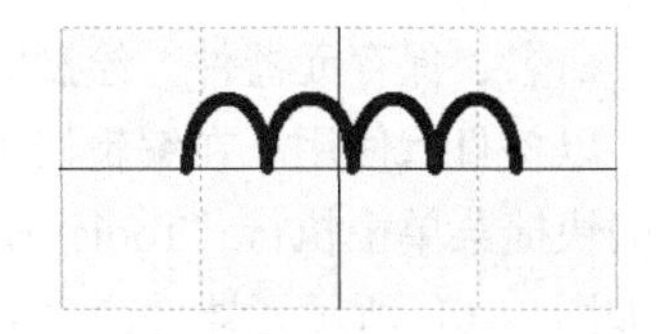

图 4-58　绘制好的电感圆弧部分

（3）放置引脚。在元器件库编辑器中，单击绘制引脚工具按钮，此时处于绘制引脚状态，同时按 Tab 键，将弹出如图 4-59 所示的引脚属性设置对话框。

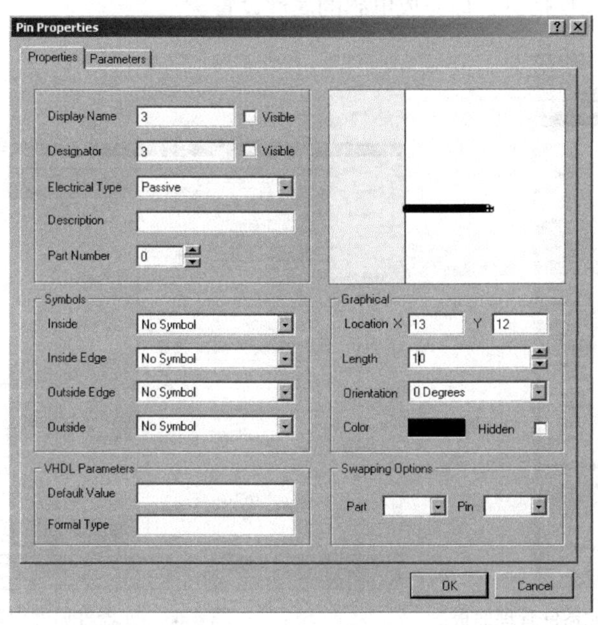

图 4-59　引脚属性设置对话框

在“Display Name”和“Designator”文本框后，都不选取“Visible”复选框。在“Length”（引脚长度）文本框中设置引脚长度为“10”，其他选项取默认值即可。单击“OK”按钮，进行引脚放置，最终效果如图 4-60 所示。

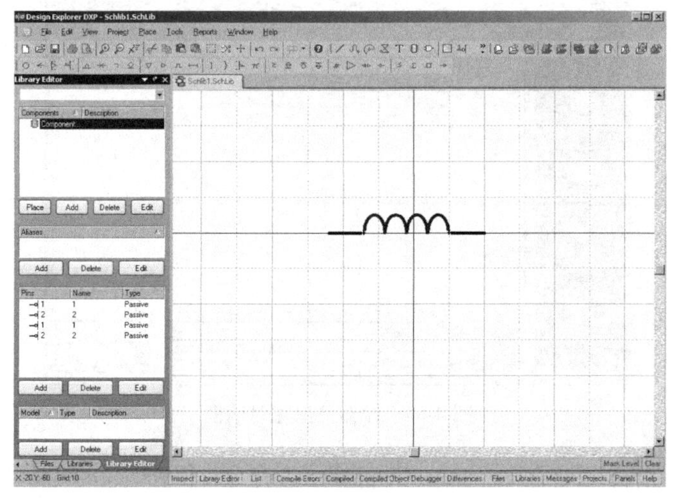

图 4-60　绘制后的效果

（4）命名、保存元器件。绘制完元器件后都要对元器件进行保存，以备日后使用。在编辑器工作区中，单击鼠标右键，在弹出的快捷菜单中执行“Tools→Rename Component”命令，将弹出如图 4-61 所示元器件命名对话框，在该对话框中键入“INDOCTOR”，单击“OK”按钮即可将该电感添加到元器件管理器中，如图 4-62 所示。

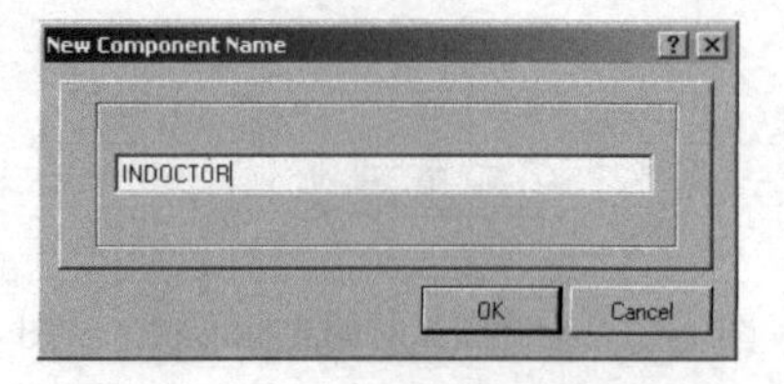

图 4-61　元器件命名对话框

单击元器件管理面板中元器件列表下面的“Edit”按钮，将弹出元器件属性设置对话框。按图 4-63 所示键入相关属性信息，即完成电感的属性设置。

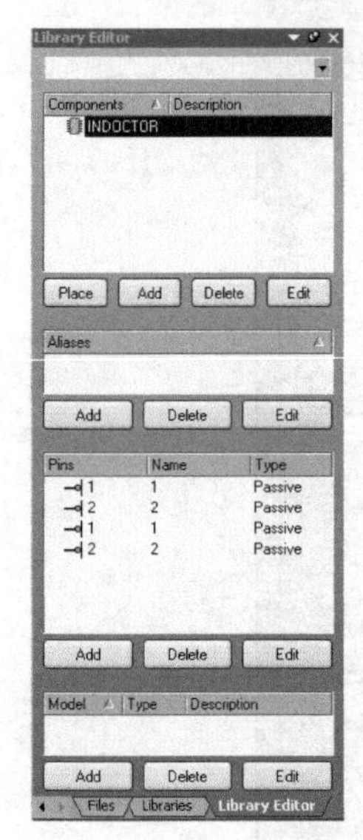

图 4-62　添加电感后的元器件管理面板

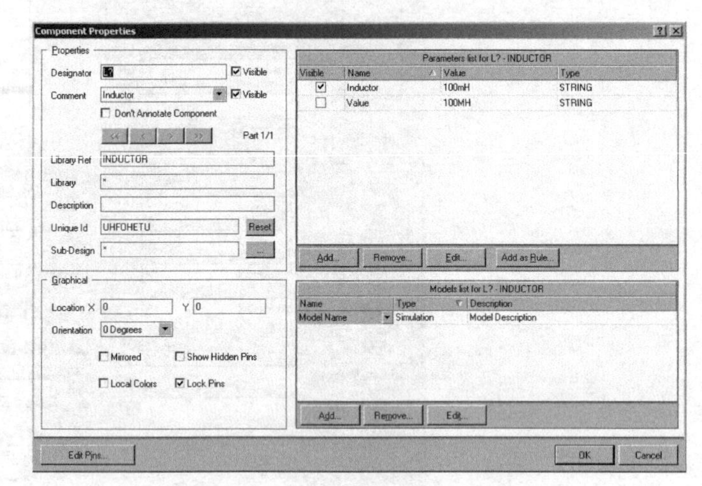

图 4-63　元器件属性设置对话框

单击“OK”按钮，再执行“File→Save As”命令，在弹出的对话框中单击“Save”按钮，即可将元器件进行保存，如图 4-64 所示。

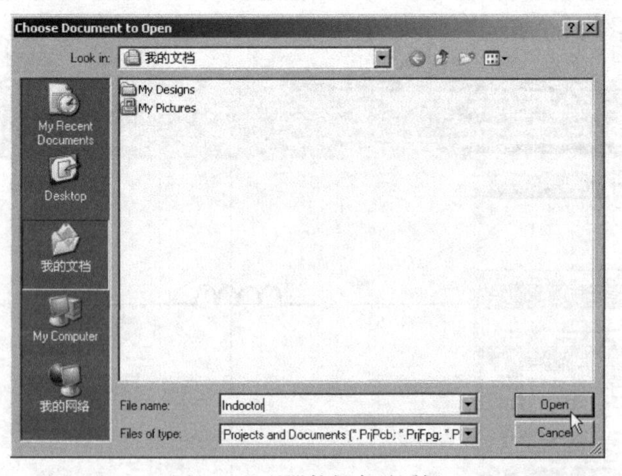

图 4-64　元器件保存对话框

（5）生成元器件报表。执行“Reports→Component”命令，得到电感的名为“INDOCTOR. cmp”的元器件报表，如图 4-65 所示。

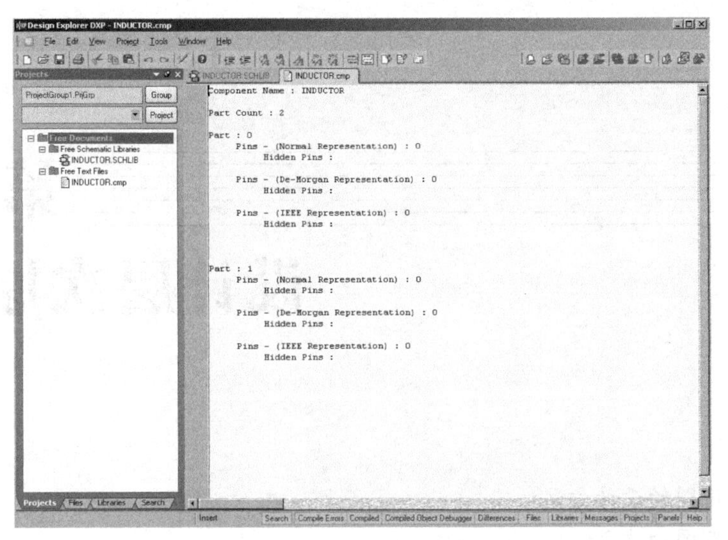

图 4-65　生成的电感元器件报表

（6）生成元器件规则检查报表。执行“Reports→Component Rule Check”命令，弹出如图 4-66 所示的对话框，该对话框用于设置规则检查的属性。单击“OK”按钮，即可生成该电感的元器件规则检查报表，如图 4-67 所示。

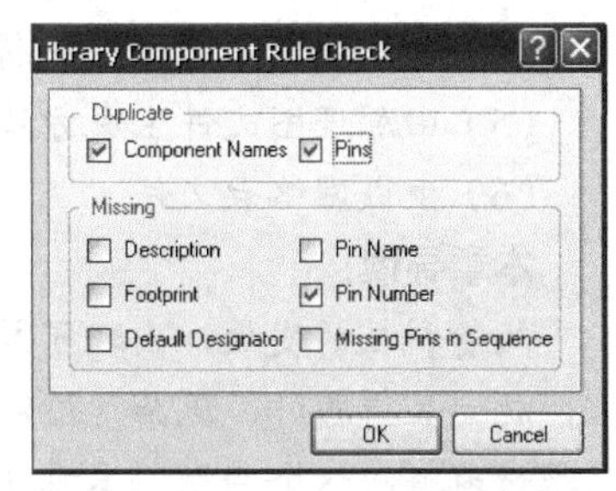

图 4-66　元器件规则检查对话框

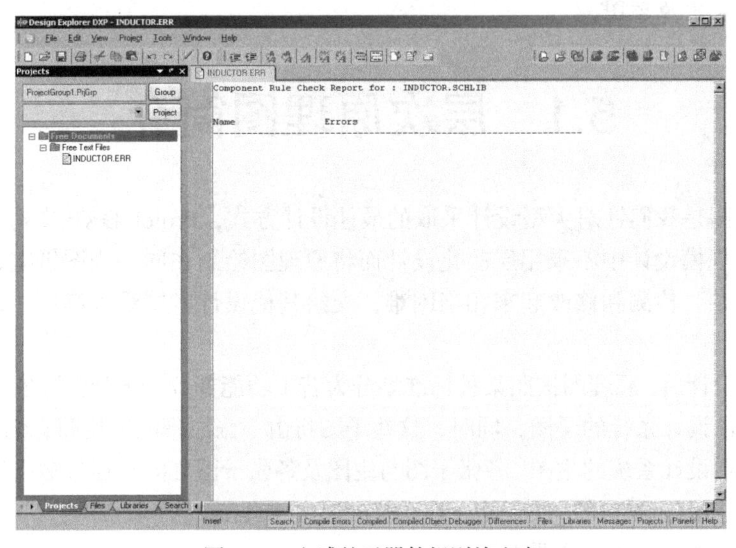

图 4-67　电感的元器件规则检查表

第5章 设计层次原理图

本章要点：

（1）层次原理图的设计方法；

（2）层次原理图的建立；

（3）层次原理图之间的切换；

（4）由方块电路符号生成新原理图中的I/O端口符号；

（5）由原理图文件生成方块电路符号；

（6）生成网络表文件。

本章导读：

随着科技的发展，出现了越来越庞大、越来越复杂的电路原理图，如果用一张大图绘制出来，就会显得臃肿、庞杂，检测和修改起来相当困难，利用Protel DXP的层次原理图设计，可以很好地解决这个问题。本章主要讲述层次原理图的基本知识、设计方法、建立方法以及生成I/O端口符号、生成网络表文件等内容，使读者对层次原理图设计有一个初步的认识，并能够设计出自己需要的层次原理图。

5.1 层次原理图简介

层次化原理图是我们针对大型设计采取的最佳设计方式，Protel DXP支持原理图的层次化设计。如果在大规模设计中不采用层次化设计而将原理图绘制在同一张图纸上，那么该原理图将显得臃肿、庞杂，检测和修改起来相当困难，交给其他设计者则难以读懂，从而造成设计交流的困难。

采用层次化设计后，原理图按照某种标准划分为若干功能部分，分别绘制在多张原理图纸上，这些图纸被称为该设计系统的子图，同时，这些子图将由一张原理图来说明它们之间的联系，此原理图被称为该项设计系统的主图。各张子图与主图及各张子图之间是通过输入/输出端口或网络标号建立起电气连接，这样就形成了此设计系统的层次原理图。

层次化原理图由以下两个主要因素构成。

（1）构成整个原理图的单张原理图。该原理图中包含有与其他原理图建立电气连接的输入/输出端口和网络标号。

（2）构成单张原理图之间关系的主图。主图中包含代表单张原理图的方块电路图和对应单张原理图端口的方块电路图端口，当然，还包括建立起电气连接的导线和总线。

值得注意的是，主图中采用的电源符号应和单张原理图即子图中采用的电源符号相同，并且相同的电源符号应处于同一网络中。

通常层次原理图的设计主要有两种设计方法，分别是自顶向下设计和自底向上设计。其中，自顶向下设计方法比较常用，在下面将介绍这两种设计方法。

5.1.1　自顶向下设计层次原理图

层次原理图的自顶向下设计方法是指由电路方块图生成电路原理图，因此在绘制层次原理图之前，首先要设计出电路方块图，该方法的设计流程如图 5-1 所示。

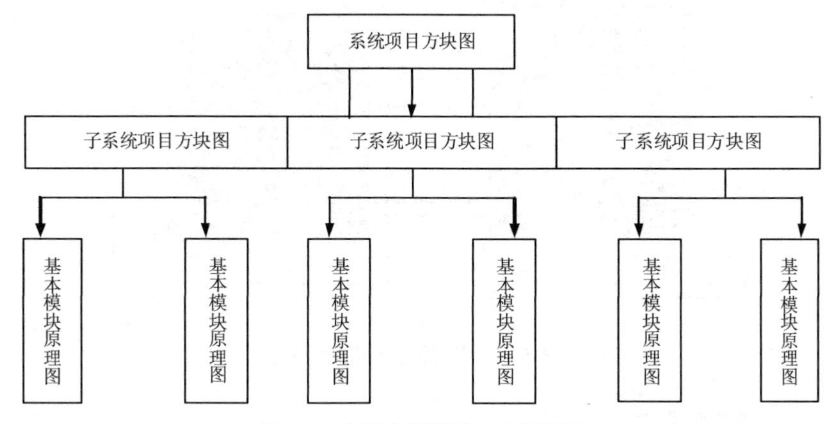

图 5-1　自顶向下设计方法流程图

在实际设计中，单纯采用自顶向下的设计流程是比较困难的，总原理图与各张子原理图会经常需要修改，通常首先绘制总原理图，当总原理图确定下来后，各张子原理图的绘制就比较顺利。

5.1.2　自底向上设计层次原理图

自底向上设计层次原理图是指由基本模块的原理图生成电路方块图，因此在绘制层次原理图之前，要首先设计出基本模块的原理图，设计流程如图 5-2 所示。

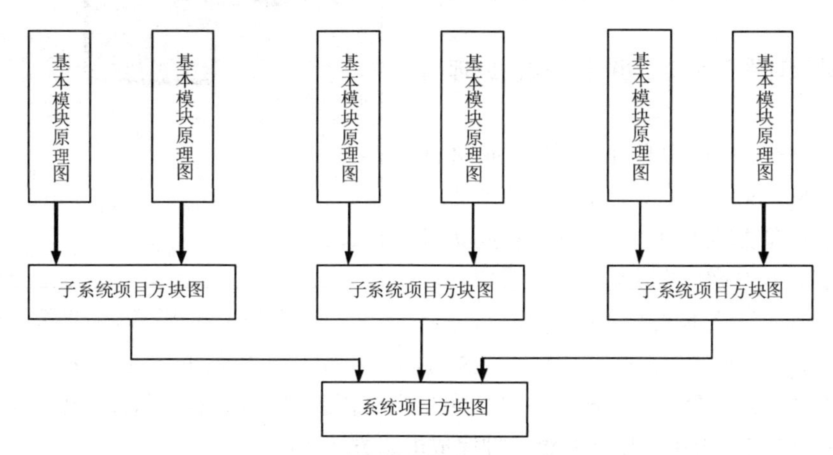

图 5-2　自底向上设计方法流程图

5.2 建立层次原理图

下面以自顶向下设计方法为例，讲述建立层次原理图的步骤与方法。首先给出层次原理图的总原理图，如图 5-3 所示。这是一个 4 路串行接口电路（对于该图读者可参看 Protel DXP 中 Examples 子目录中的数据库文件“4 Port Serial Interface”中的原理图文件“4 Port Serial Interface..schdoc”）。

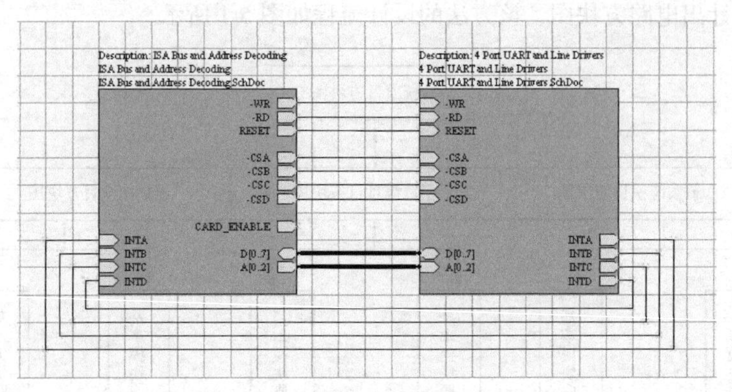

图 5-3 层次原理图总图示例

总原理图的绘制过程如下。

（1）设置总原理图图纸。

（2）在总原理图图纸上放置电路方块图及其端口、元器件、电源符号等对象。

（3）采用导线和总线方式建立起各个对象之间的电气连接。需要指出的是，总原理图中一般不应出现网络标号和原理图中的输入/输出端口符号。

（4）检查并修正总原理图。

（5）注释总原理图。

（6）保存并打印总原理图。

下面讲述如图 5-3 所示的层次原理图绘制方法和步骤。

（1）启动原理图编辑器，并建立层次原理图的文件名。

（2）在绘图工具栏中单击按钮或执行“Place→Sheet Symbol”命令，此时光标将变成十字形状，并带有虚线形式的方块电路，在此状态下，按 Tab 键，将会弹出方块电路属性设置对话框，在“Designator”文本框中输入“ISA Bus and Address Decoding”；在“Filename”中输入“ISA Bus and Address Decoding.SchDoc”，如图 5-4 所示。

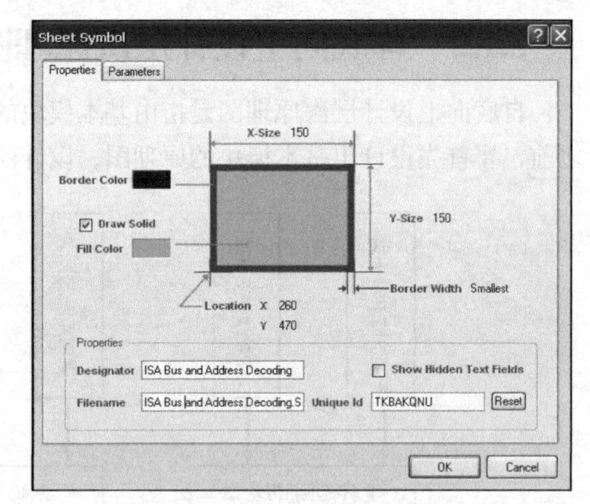

图 5-4 方块电路属性设置对话框

（3）属性设置完毕后，选择合适的位置单击鼠标左键，同时向右下角拖动光标，确定方块图大小为 15 格 × 15 格，再单击鼠标左键，即完成电路方块图的放置。

（4）绘制完一个电路方块图后，仍处于放置电路方块图状态，此时按 Tab 键，在弹出的对话框中可修改下一个方块图属性，在“Designator”文本框中输入“4 Port UART and Line Drivers”；

在“Filename”文本框中输入“4 Port UART and Line Drivers.SchDoc”，单击“OK”按钮，用同样的方法放置该电路方块图，结果如图 5-5 所示。

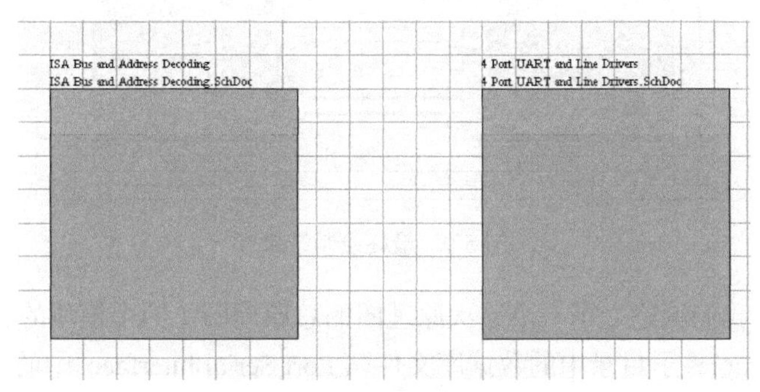

图 5-5　放置电路方块图后的效果

（5）放置电路方块图的电路端口。执行“Place→Sheet Entry”命令或单击绘图工具栏中的按钮，此时光标将变成十字形状，并带有虚线形式的电路端口符号，如图 5-6 所示。

在此状态下按 Tab 键，弹出电路端口符号属性设置对话框，在“Name”文本框中输入“-WR”。在“I/O Type”下拉列表框中有 Unspecified（不指定）、Output（输出）、Input（输入）和 Bidirectional（双向）4 个选项，本例中选择“Output”，如图 5-7 所示。

图 5-6　执行绘制电路端口后的效果

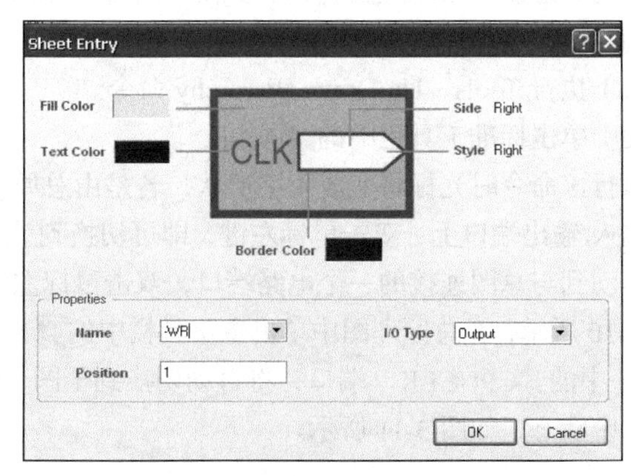

图 5-7　电路端口属性设置对话框

（6）属性设置完毕后，选择相应的位置单击鼠标左键，确定电路端口符号位置，如图 5-8 所示。

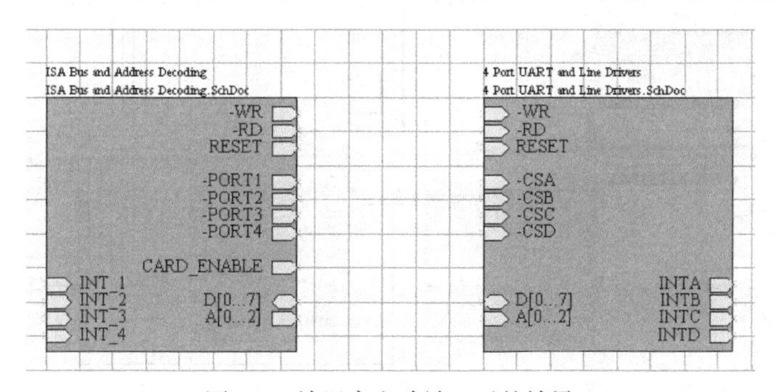

图 5-8　放置完电路端口后的效果

（7）用导线将电路端口连接在一起，如图 5-9 所示。

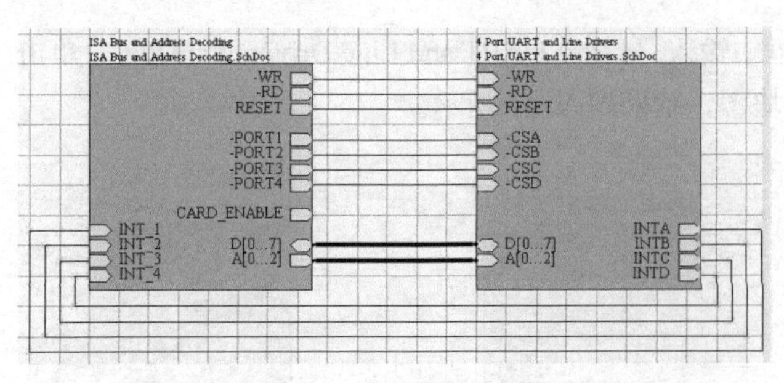

图 5-9　最终绘制结果

通过上述步骤，我们就建立了一个层次原理图的总原理图（两个模块的子原理图读者可以参阅 Protel DXP 中 Examples 子目录中的数据库文件“4 Port Serial Interface”中的原理图文件“ISA Bus and Address Decoding.Schdoc 和 4 Port UART and Line Drivers.Schdoc”），子原理图的绘制方法和前面章节介绍过的原理图的绘制方法相同，这里不再详细讲述。

5.3　不同层次原理图之间的切换

当同时绘制多张原理图时，需要在不同层次的原理图之间进行切换，Protel DXP 提供了两种主要的切换方法。

（1）执行 Tools→Up/Down Hierarchy 命令。

（2）单击标准工具栏中的按钮。

执行该命令时光标将变成十字形状，若是由总原理图切换到子图，应将光标移动到子图的方块图输入/输出端口上，双击鼠标左键，即可切换到该子图；若是由子图切换到总原理图，则可将光标移动到与总图连接的一个电路端口，双击鼠标左键，即可切换到总原理图。例如，总原理图如图 5-10 所示，在总原理图中单击主工具栏中的按钮，光标将变成十字形状，双击子图“CPU Clock”中的“CPUCLK”端口，将自动切换到子图“CPU Clock”中，此时端口“CPUCLK”仍处于选中状态，如图 5-11 所示。

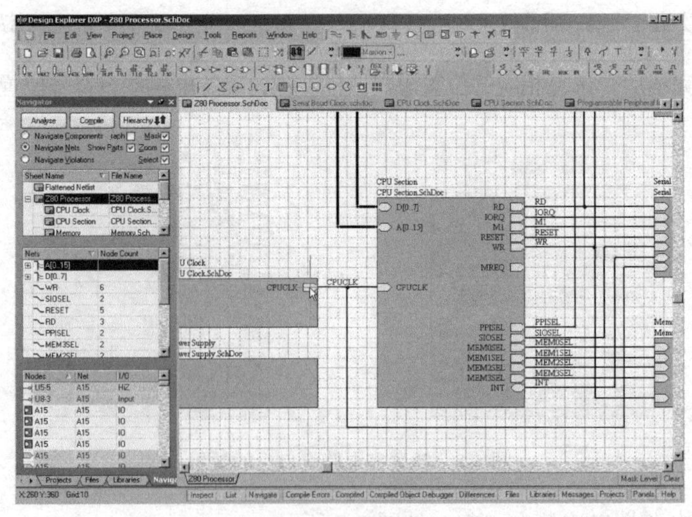

图 5-10　总原理图

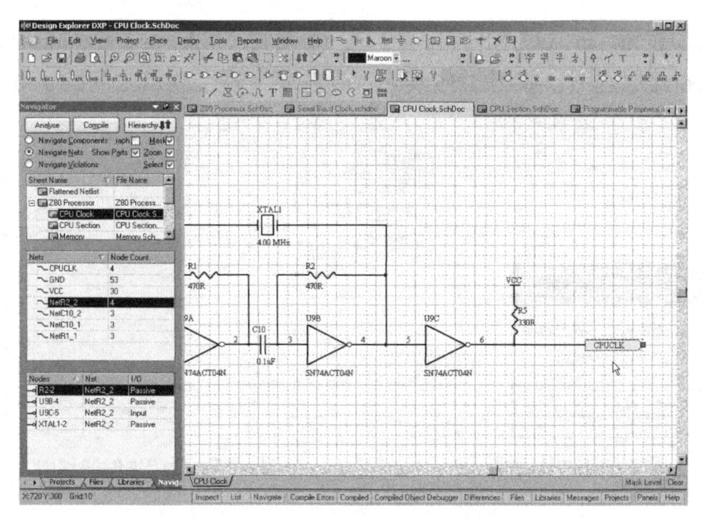

图 5-11　由总图切换到子图效果

由子原理图切换到总原理图的方法与子图切换到总原理图的方法类似，请读者自己尝试。

5.4　由方块电路符号生成新原理图中的 I/O 端口符号

现在我们已经学会了绘制层次原理图的方法与不同层次原理图之间的相互切换，那么层次原理图子图如何与上一层的原理图发生联系呢？这就需要 I/O 端口来实现。只有子图的 I/O 端口与代表它的方块电路的端口相对应时，才能够实现正确的关联。

下面讲述由方块电路生成新原理图中 I/O 端口符号的方法和步骤。

（1）执行“Design→Create Sheet From Symbol”命令，如图 5-12 所示。此时光标将变成十字形状，将其移至方块电路图上方，如图 5-13 所示。

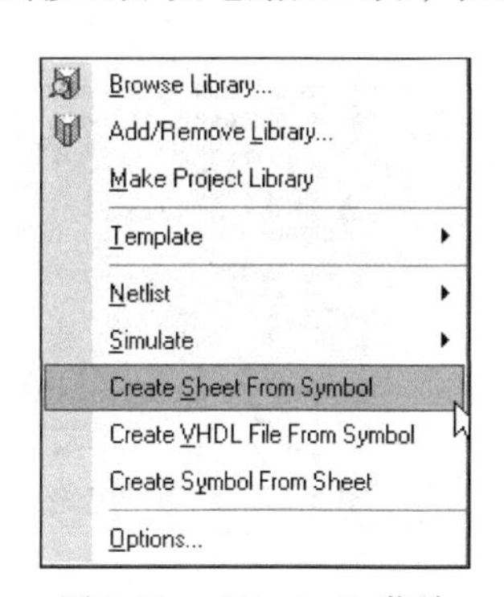

图 5-12　“Design”菜单

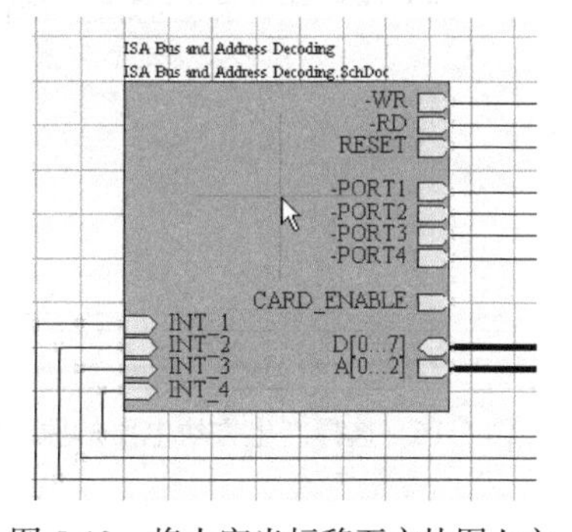

图 5-13　将十字光标移至方块图上方

（2）在此状态下单击鼠标左键，将弹出如图 5-14 所示的对话框。

若单击 Yes 按钮，则生成的新原理图中的 I/O 端口将与方块电路的端口相反，即输入变为输出，输出变为输入；若单击 No 按钮，则生成的新原理图中的 I/O 端口将与方块电路的端口相同。

（3）单击 No 按钮，Protel DXP 将自动生成一个名为“ISA Bus and Address Decoding.schDoc”的带有 I/O 端口的新建原理图，如图 5-15 所示，这样就实现了端口之间的正确关联。

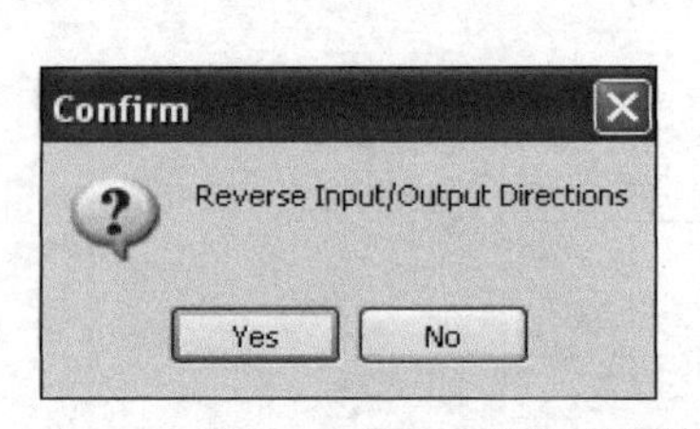

图 5-14　转换 I/O 端口方向的对话框

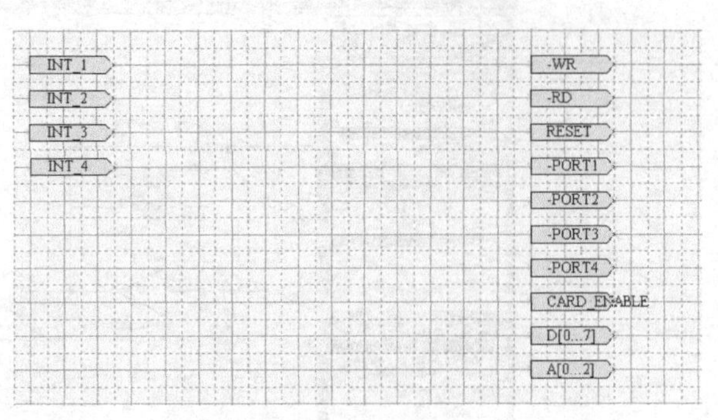

图 5-15　新产生的原理图

5.5　由原理图文件生成方块电路符号

这种由原理图文件生成方块电路符号的方式，比较适合于采用自底向上的设计方法设计的层次原理图。下面简要介绍由原理图文件生成方块电路符号的方法和步骤。

（1）执行“Design→Create Symbol From Sheet”命令，弹出如图 5-16 所示的对话框。

（2）单击“OK”按钮，弹出如图 5-12 所示的对话框，单击 No 按钮，即可实现端口之间的正确关联。

（3）此时光标将变成十字形状，并粘贴有一个虚线形式的电路方块图，找到合适的位置，单击鼠标左键即可完成电路方块图的放置，如图 5-17 所示。

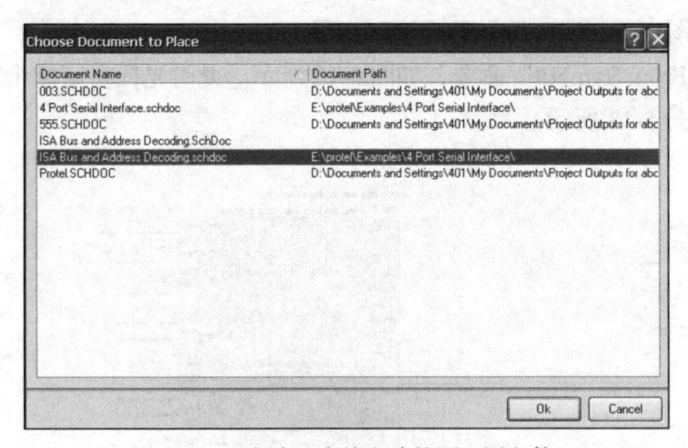

图 5-16　选择产生方块电路的原理图文件

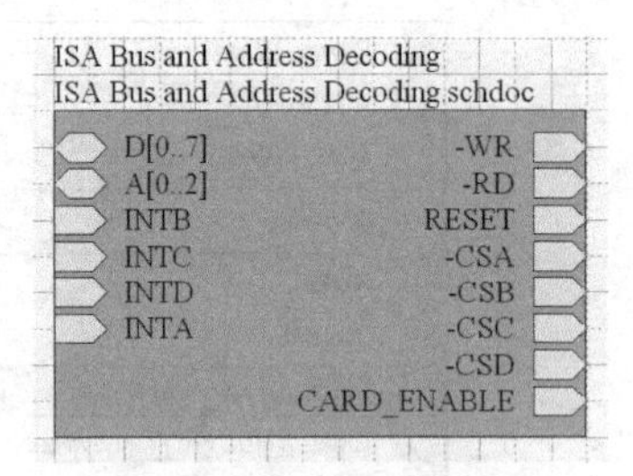

图 5-17　产生的电路方框图

5.6　生成网络表文件

下面以 5.2 节所建立的层次原理图为例，简要介绍生成层次原理图的网络表文件的过程。

（1）执行“File→Open”命令，打开数据库文件“4 Port Serial Interface.schdoc”。

（2）执行“Design→Netlist→Protel”命令，将生成如图 5-18 所示的网络表文件。

```
[
C1
RAD0.2
0.1uF



]
[
C2
RAD0.2
0.1uF



]
[
C3
RAD0.2
0.1uF



]
[
C4
RAD0.2
0.1uF



]
[
C5
RAD0.2



]
[
C14
RAD0.2
50pF



]
[
J1
DB37RA/F
DB37



]
[
R1
AXIAL0.4
1M



]
[
R2
AXIAL0.4
1K5



]
```

```
0.1uF

]
[
C8
RAD0.2
0.1uF



]
[
C9
RAD0.2
0.1uF



]
[
C10
RAD0.2
0.1uF



]
[
C13
RAD0.2
20pF


[
U1
PGA68X11_SKT
TL16C554



]
[
U2
DIP14
1488



]
[
U3
DIP14
1488



]
[
U4
DIP14
1488



]
[
U5
DIP14
```

图 5-18　生成的部分网络报表文件内容

```
4]
[
C8
RAD0.2
0.1uF


]
[
C9
RAD0.2
0.1uF


]
[
C10
RAD0.2
0.1uF


]
[
C13
RAD0.2
20pF


]
[
C14

]
[
U2
DIP14
1488


]
[
U3
DIP14
1488


]
[
U4
DIP14
1488


]
[
U5
DIP14
1489


]
[
U6
```

```
RAD0.2
50pF


]
[
J1
DB37RA/F
DB37


]
[
R1
AXIAL0.4
1M


]
[
R2
AXIAL0.4
1K5


]
[
U1
PGA68X11_SKT
TL16C554


DIP14
1489


]
[
U7
DIP14
1489


]
[
U8
DIP14
1489


]
[
U9
DIP14
1489


]
[
X1
XTAL1
1.8432Mhz
```

图 5-18　生成的部分网络报表文件内容（续）

```
]
(
GND
C1-2
C2-2
C3-2
C4-2
C5-2
C8-2
C9-2
C10-2
C13-2
C14-2
J1-17
J1-18
J1-19
J1-36
J1-37
U1-6
U1-23
U1-40
U1-57
U2-7
U3-7
U4-7
U5-7
U6-7
U7-7
U8-7
U9-7
)
(
CTSD
U1-59
U9-8
)
(
DSRD
U1-60
U9-6
)
(
RXD
U1-63
U9-3
)
(
VCC
C1-1
C2-1
C3-1
C4-1
U1-13
U1-30
U1-47
U1-64
U5-14
U6-14
U7-14
U8-14
U9-14
)
(
RID
U1-62
U9-11
)
(
RIC
U1-42
```

图 5-18　生成的部分网络报表文件内容（续）

5.7　综 合 范 例

1．范例目标

采用自顶向下的设计方法，先绘制出如图 5-19 所示的子图 CLOCK.SchDoc 和如图 5-20 所示的子图 SIN.SchDoc，最后再绘制出如图 5-21 所示的主电路原理图。

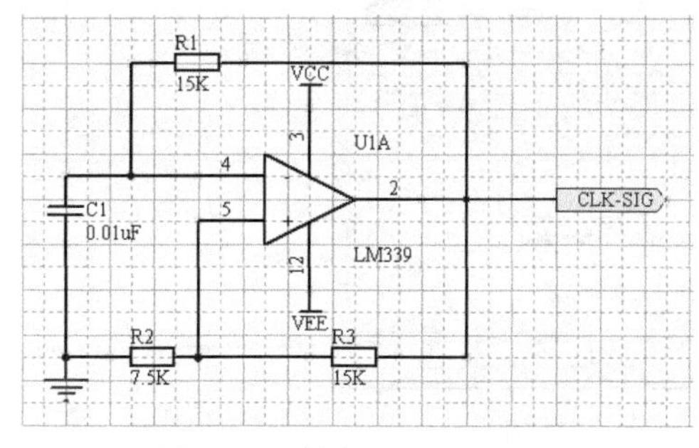

图 5-19　子图 CLOCK.SchDoc

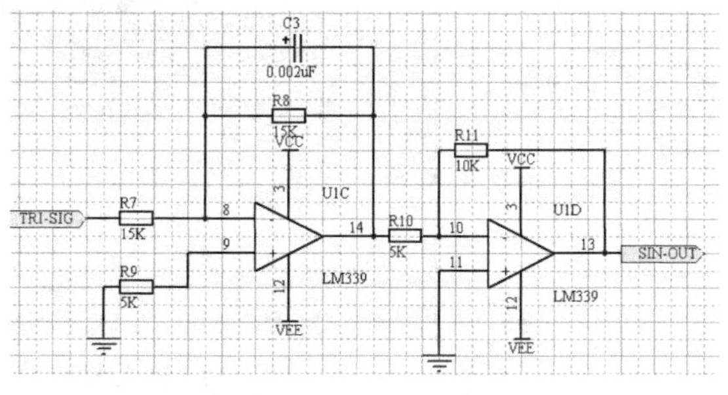

图 5-20　子图 SIN.SchDoc

2．所用知识

绘制层次原理图的方法和流程。

3．详细步骤

（1）绘制子图 CLOCK.SchDoc 和子图 SIN.SchDoc。对于绘制单纯的电路原理图，前面的几章已经介绍得很详细了，本例中的两个子图也比较简单，所涉及的都是一些基本操作，这里不再赘述绘制的详细步骤了，读者可以参阅前面的章节来完成。值得注意的是，图 5-19 和图 5-20 所示子图中输入/输出端口的设置，下面简要介绍其操作步骤。

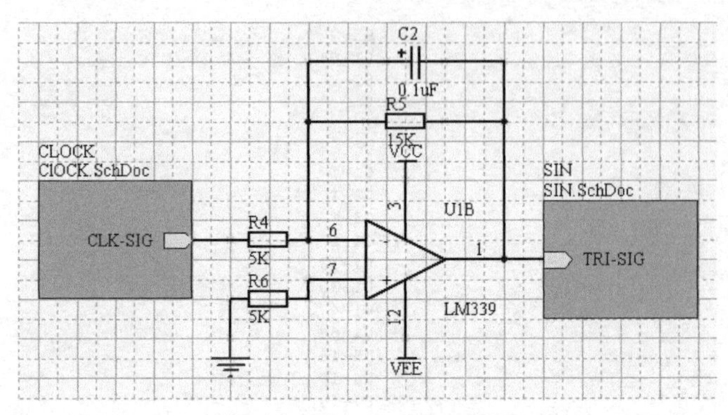

图 5-21　主图 TR1.PRJPCB

◇ 执行“Place→Port”命令或单击工具栏中的按钮，此时光标将变成十字形状，并带有虚线形式的端口图形，如图 5-22 所示。

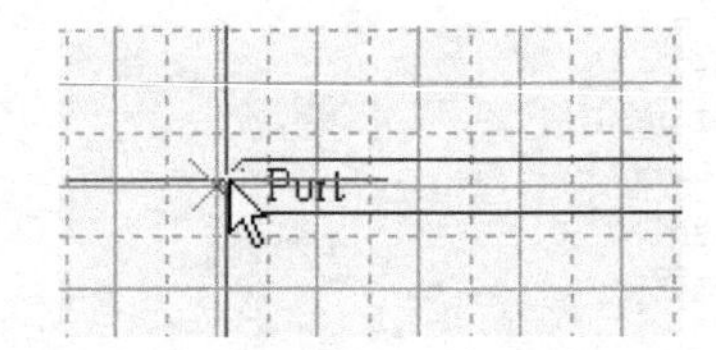

图 5-22　执行放置输入/输出端口后的效果

◇ 在此状态下按 Tab 键，将弹出如图 5-23 所示的对话框，与方块图输入/输出端口属性的设置相似，在“Name”文本框中输入“CLK-SIG”，在“I/O Type”下拉列表框中选择“Output”，在“Style”中选择“Right”即可完成设置，单击“OK”按钮，选择相应位置单击鼠标左键放置，即可完成输入/输出端口的设置。

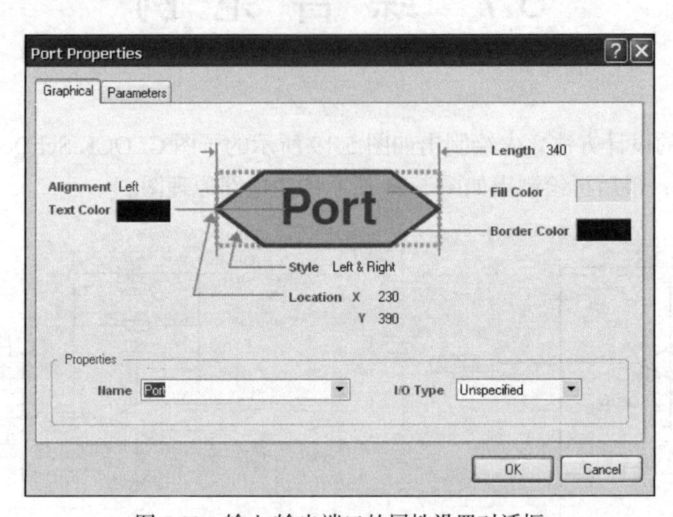

图 5-23　输入/输出端口的属性设置对话框

（2）层次原理图主图 TR1.PRJPCB 的绘制。该图只是比两个子图多两个方块图，其他部分相似，下面只简要介绍方块图的绘制。

◇ 在绘图工具栏中单击按钮或执行“Place→Sheet Symbol”命令，此时光标将变成十字形状，并带有虚线形式的方块电路，在此状态下按 Tab 键，将弹出方块电路属性设置对话框，在“Designator”文本框中输入“CLOCK”；在“Filename”文本框中输入“CLOCK.SchDoc”，单击

“OK”按钮，完成属性的设置。选择合适位置单击鼠标左键放置方块图，如图 5-24 所示。

◇ 下面放置电路方块图的电路端口，执行“Place→Sheet Entry”命令或单击绘图工具栏中的按钮，此时光标将变成十字形状，并带有虚线形式的电路端口符号，在此状态下按 Tab 键，修改端口属性，在“Name”文本框中输入“CLK-SIG”；在“I/O Type”下拉列表框中选择“Output”，在“Style”中选择“Right”即可完成设置，单击“OK”按钮，选择相应位置单击鼠标左键放置，如图 5-25 所示。

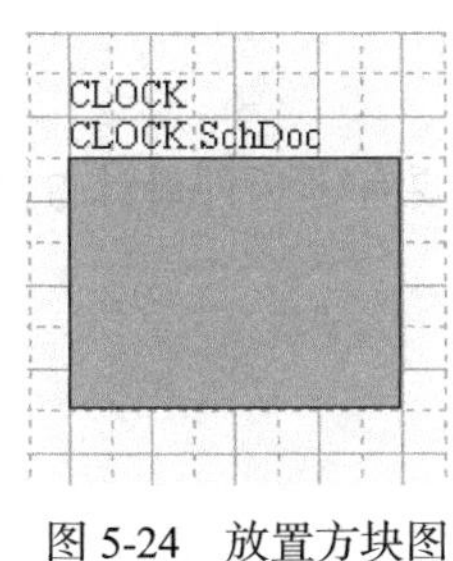

图 5-24　放置方块图

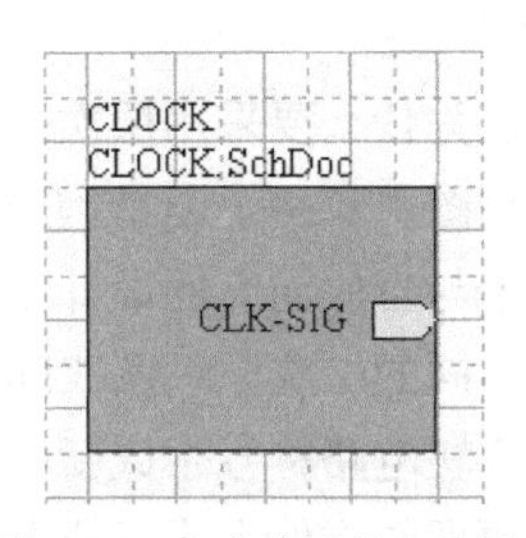

图 5-25　完成放置的方块图

另一个方块图的设置过程与该例相似，这里不再赘述，这样就完成了自顶向下的设计层次原理图的整个过程。

5.8 小　　结

本章主要讲述了层次原理图的基本知识、设计方法、建立方法以及生成 I/O 端口符号、生成网络表文件等内容。

层次化原理图是我们针对大型设计采取的最佳设计方式，Protel DXP 支持原理图的层次化设计。

采用层次化设计后，原理图按照某种标准划分为若干功能部分，分别绘制在多张原理图纸上，这些图纸被称为该设计系统的子图，同时，这些子图将由一张原理图来说明它们之间的联系，此原理图被称为该项设计系统的主图。各张子图与主图及各张子图之间是通过输入/输出端口或网络标号建立起电气连接，这样就形成了此设计系统的层次原理图。

通常层次原理图的设计主要有两种设计方法，分别是自顶向下设计和自底向上设计。层次原理图的自顶向下设计方法是指由电路方块图生成电路原理图，因此在绘制层次原理图之前，首先要设计出电路方块图。

自底向上设计层次原理图是指由基本模块的原理图生成电路方块图，因此在绘制层次原理图之前，要首先设计出基本模块的原理图。

当同时绘制多张原理图时，需要在不同层次的原理图之间进行切换，Protel DXP 提供了两种主要的切换方法：① 执行“Tools→Up/Down Hierarchy”命令；② 单击标准工具栏中的按钮。

执行“Design→Create Sheet From Symbol”命令，可以由方块电路符号生成新原理图中的 I/O 端口符号。

执行“Design→Create Symbol From Sheet”命令，可以由原理图文件生成方块电路符号。

执行“Design→Netlist→Protel”命令，可以生成层次原理图的网络表文件。

通过本章的学习，读者应掌握层次原理图设计的相关知识并能够设计出自己需要的层次原理图。

习　题

一、思考题

1. 大型系统为什么要采用层次化设计？
2. 层次原理图由哪两个因素构成？层次原理图的设计主要有哪两种设计方法？
3. 自顶向下与自底向上的设计流程有什么异同？
4. 如何在不同的层次原理图之间进行切换？
5. 如何由方块电路符号生成新原理图中的 I/O 端口符号？
6. 如何由原理图文件生成方块电路符号？
7. 什么是方块电路图？它的主要组成是什么？其最重要的属性是什么？
8. 多层次原理图设计的最后需要采取什么步骤？其作用是什么？

二、基本操作题

1. 用本章所学的知识建立如图 5-26 所示的层次原理图。

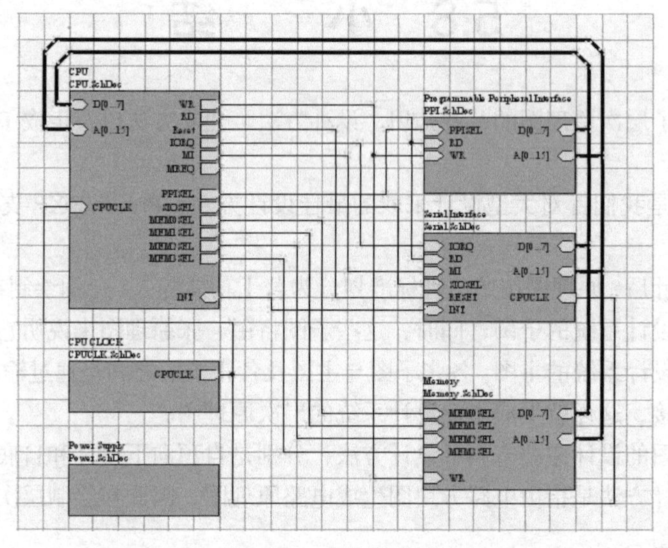

图 5-26　层次原理图

2. 由图 5-27 所示的方块电路符号生成如图 5-28 所示的新原理图中的 I/O 端口符号。

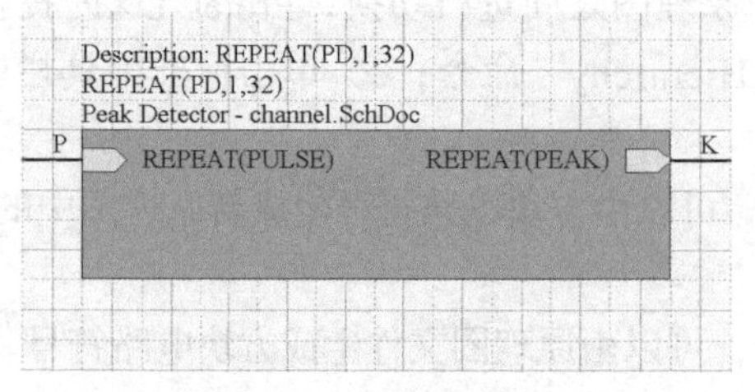

图 5-27　方块电路符号

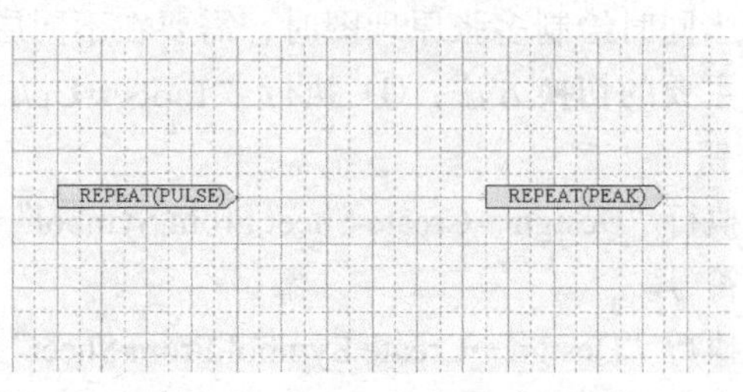

图 5-28　新原理图中的 I/O 端口

3. 以系统自带的图 5-29 所示的电路原理图文件“Multiplier 8 By 8.SchDoc”生成如图 5-30 所示的方块电路图符号。

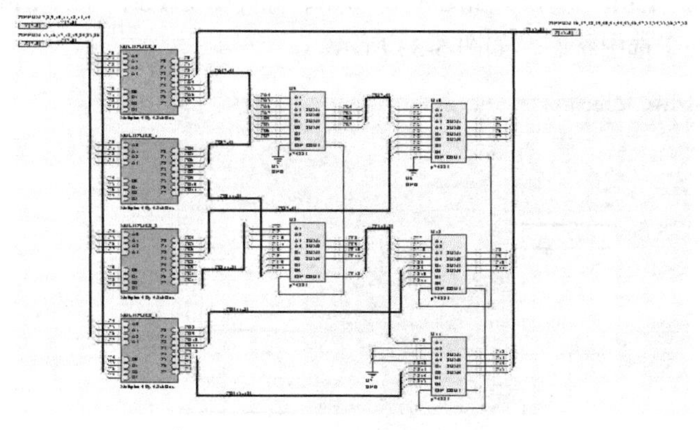

图 5-29　电路原理图文件

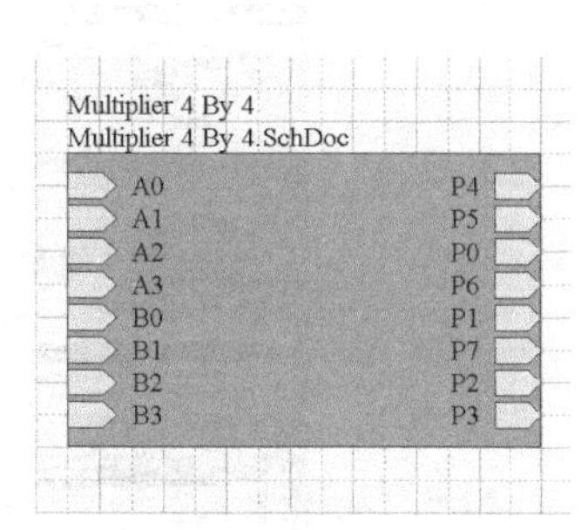

图 5-30　生成的电路方块图

实 战 练 习

1. 练习目的

以系统自带的如图 5-31 所示的原理图文件“LCD Controller.schdoc”为例，试着进行不同原理图之间的切换，由方块电路符号生成原理图中的 I/O 端口符号，由原理图文件生成方块电路图符号等操作。

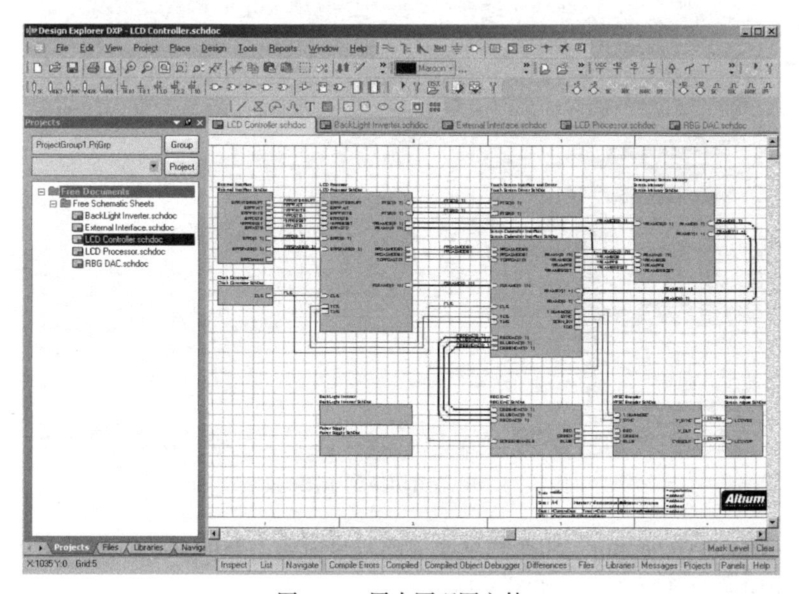

图 5-31　层次原理图文件

2. 所用知识

不同原理图之间的切换、由方块电路符号生成原理图中的 I/O 端口符号和由原理图文件生成方块电路图符号。

3. 步骤提示

（1）不同层次原理图之间的切换。在总原理图中单击主工具栏中的按钮，光标将变成十字形状，双击子图“Clock Generator”中的“CLK”端口，如图 5-32 所示，将自动切换到子图“Clock Generator”中，此时端口“CLK”仍处于选中状态，如图 5-33 所示。

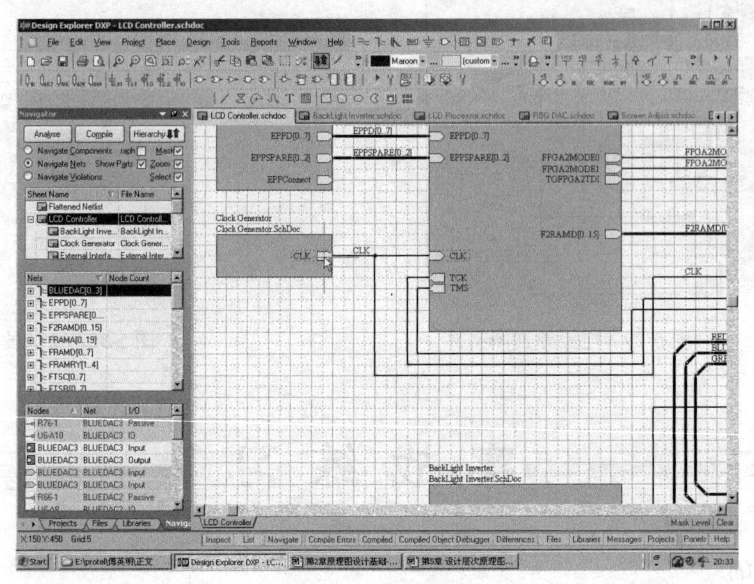

图 5-32 总原理图

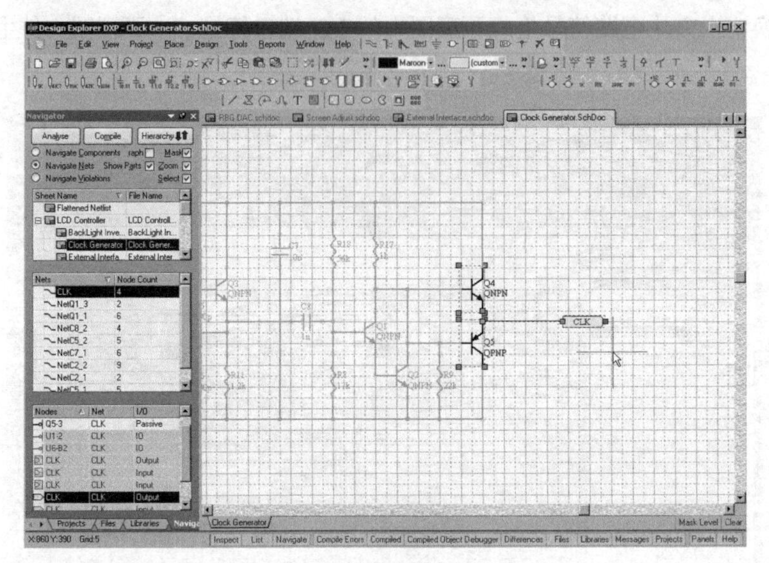

图 5-33 由总图切换到子图的效果

再由子图“Clock Generator”切换到总原理图时只需单击标准工具栏中的按钮后，再单击端口“CLK”即切换到总原理图，如图 5-34 所示。

图中除与端口“CLK”相连的端口外，均变成高亮度，就像有一层薄膜似的，此时可以单击工作区右下脚的“Clear”按钮来清除。

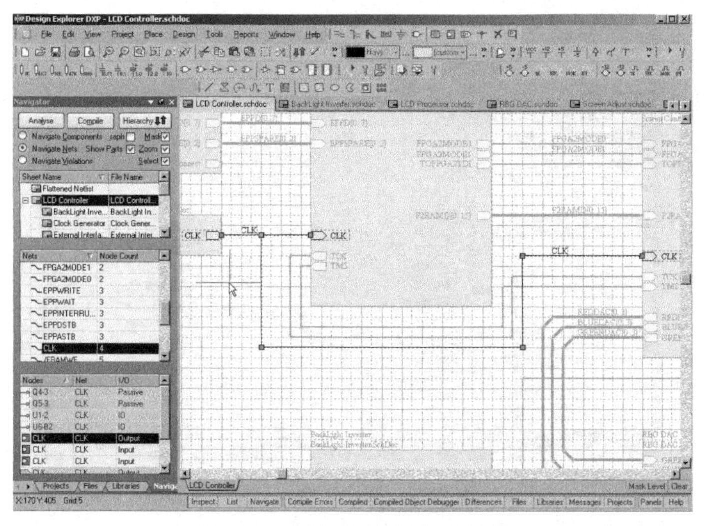

图 5-34　切换到总原理图的效果

（2）由方块电路符号生成原理图中的 I/O 端口符号。

◇ 执行“Design→Create Sheet From Symbol”命令，如图 5-35 所示。此时光标将变成十字形状，将其移至方块电路图上方，如图 5-36 所示。

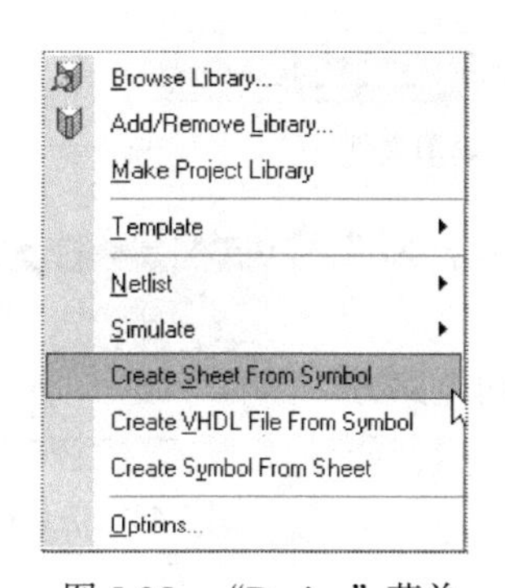

图 5-35　“Design”菜单

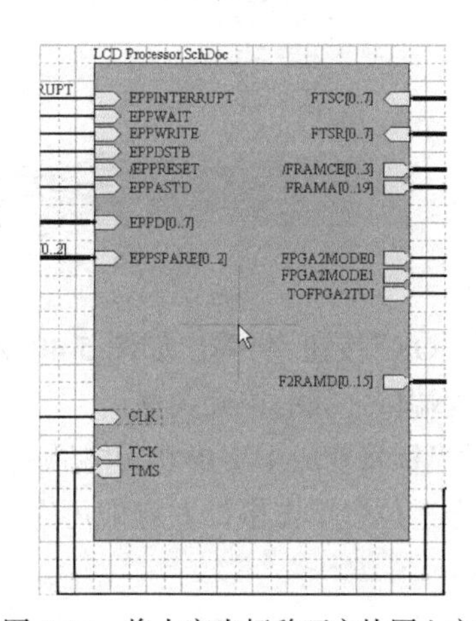

图 5-36　将十字光标移至方块图上方

◇ 在此状态下单击鼠标左键，弹出如图 5-37 所示的对话框。若单击 Yes 按钮，则生成的新原理图中的 I/O 端口将与方块电路的端口相反，即输入变为输出，输出变为输入；若单击 No 按钮，则生成的新原理图中的 I/O 端口将与方块电路的端口相同。

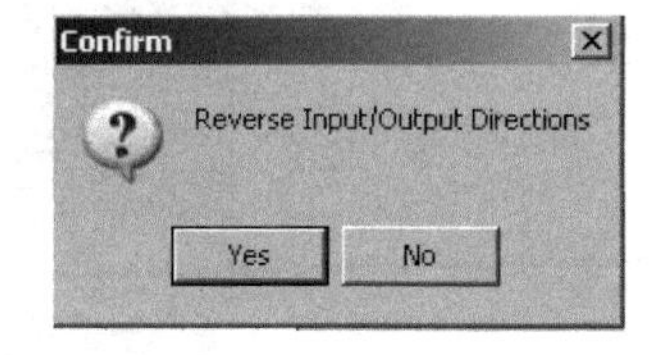

图 5-37　转换 I/O 端口方向的对话框

◇ 此时应单击 No 按钮，Protel DXP 将自动生成一个名为“LCD Processor.schDoc”的带有 I/O 端口的新建原理图，如图 5-38 所示，这样就实现了端口之间的正确关联。

（3）由原理图文件生成方块电路图符号。

◇ 执行“Design→Create Symbol From Sheet”命令，弹出“Choose Document to Place”对话框。在该对话框中选择产生方块电路图的原理图文件，如图 5-39 所示。

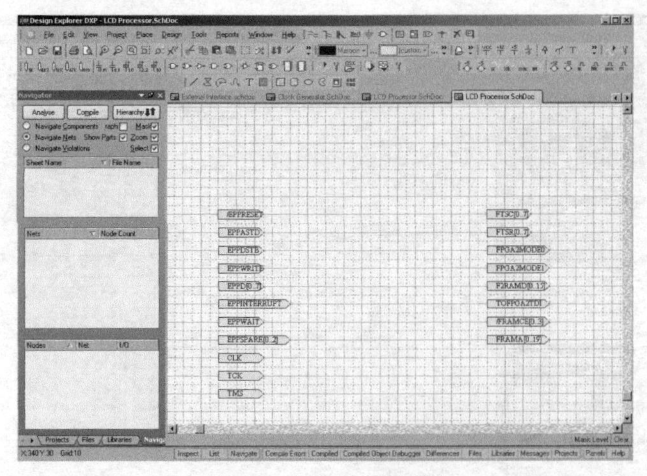

图 5-38　新产生的原理图

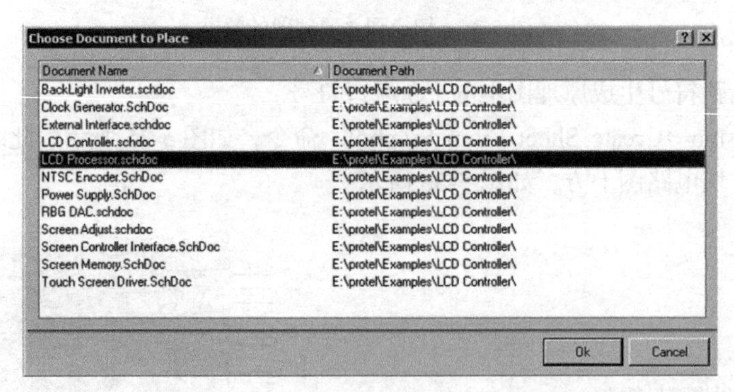

图 5-39　选择产生方块电路图的原理图文件

◇ 单击“OK”按钮，将弹出如图 5-40 所示的对话框，单击“No”按钮，将实现端口之间的正确关联。

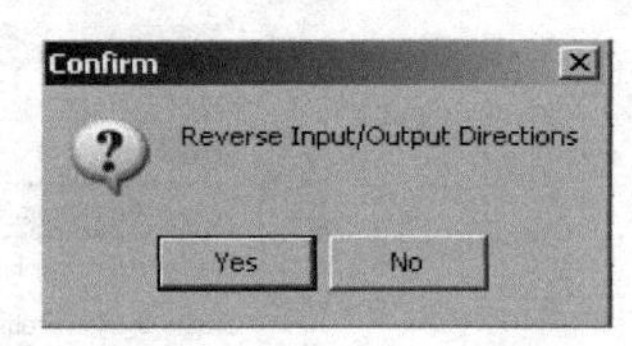

图 5-40　信息提示对话框

◇ 此时光标将变成十字形状，并粘贴有一个虚线形式的电路方块图，找到合适位置单击鼠标左键即可完成电路方块图的放置，如图 5-41 所示。

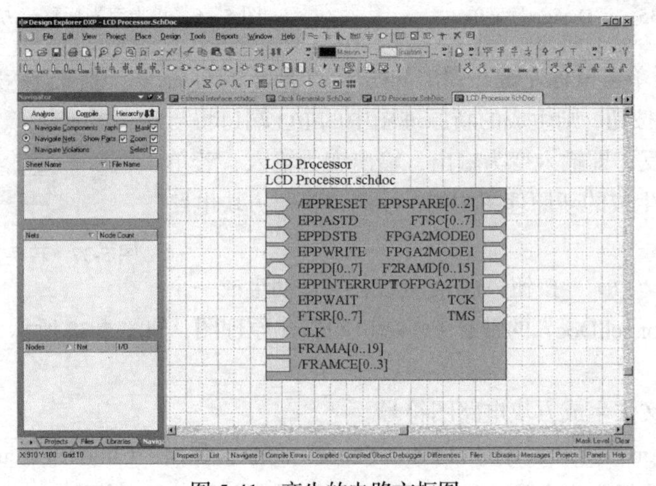

图 5-41　产生的电路方框图

第6章 生成报表和文件

本章要点：

（1）报表文件简介；

（2）生成 ERC 报告；

（3）Protel 网络表格式；

（4）生成网络表；

（5）生成元器件列表；

（6）生成交叉参考元器件列表；

（7）生成层次设计组织列表。

本章导读：

Protel DXP 具有丰富的报表功能，用户可以利用 Protel DXP 生成各种不同类型的报表文件。通过这些报表文件，用户可以掌握项目设计中各种重要的相关信息，以便及时对设计进行校对、比较和修改工作。本章主要介绍 Protel DXP 所提供的各种报表的作用以及生成这些报表的步骤和方法，包括 ERC 表、网络表、元器件列表、层次设计组织列表等。通过本章的学习，读者可以掌握各种报表的作用以及如何生成这些报表。

6.1 报表文件简介

前面几章已经介绍了电路原理图的绘制以及创建新元器件的方法，下面将介绍如何生成各种报表，以便为电路板设计提供支持。Protel DXP 中提供了多种报表，包括 ERC 表、网络表、元器件列表、层次设计组织列表等，下面对这些报表进行简要介绍。

（1）ERC 报告

在进行 PCB 设计之前，通常应对电路原理图的正确性进行检验，即进行电气规则检查（Electrical Rule Check，ERC）。该检查主要用于测试电路连接匹配的正确性。执行完该检查后，系统将自动在原理图中有错的地方加以标记，从而方便用户检查错误，提高设计质量和效率。

（2）网络表

虽然 Protel DXP 提供了双向同步功能，使得由电路原理图设计向 PCB 设计转化过程中不必再生成网络表，但网络表作为原理图设计与 PCB 设计的桥梁与纽带的作用仍未改变，可以利用网络列表进行快速查错。

（3）元器件列表

该表主要用于整理一个电路或一个项目中的所有元器件，主要包括元器件名称、序号和封装形式等信息，利用该表，用户可以对设计中所用到的元器件进行快速检查。

（4）层次设计组织列表

该表主要用于描述层次式设计文件中所包含的原理图文件的文件名以及相互之间的层次关系，可以使用户一目了然地看出设计项目中原理图的层次关系，尤其适合大型项目的设计。

6.2 生成 ERC 报告

ERC 主要用于在进行 PCB 设计之前，对电路原理图中电路连接匹配的正确性进行检验。执行完该检查后，系统将自动在原理图中有错的地方加以标记，从而方便用户检查错误，提高设计质量和效率。下面介绍生成 ERC 报告的方法。

6.2.1 生成 ERC 报告

在对所绘原理图进行 ERC 之前应对 ERC 规则进行设置。对 ERC 规则进行的设置在“Options for Project”对话框实现，执行“Project→Project Options”命令，将弹出如图 6-1 所示的对话框，该对话框主要包括 6 个选项卡，其中涉及电路原理图检查的有“Error Reporting”（错误报告）和“Connection Matrix”（连接矩阵）两个选项卡。下面对这两个选项卡的相应设置进行简要介绍。

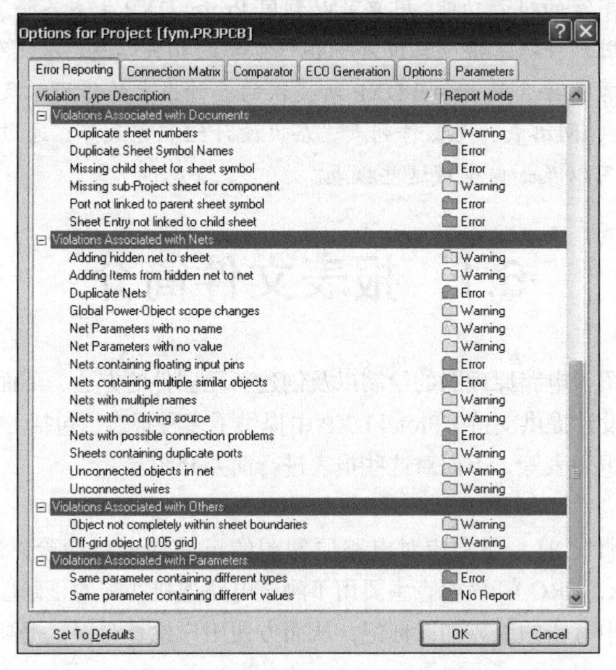

图 6-1 “Error Reporting”选项卡

（1）Error Reporting（错误报告）选项卡：该选项卡主要用于设置电路原理图电气规则的测试项目。其中共包含 6 种错误类型。

下面就这些错误类型中常见的几种类型加以说明。

① Violations Associated with Buses 类

◇ Bus indices out of range：总线分支索引超出范围。总线分支的索引超出总线的索引范围时就违反了该规则。

◇ Bus range syntax errors：总线范围的语法错误。如果用户为总线的命名，违反总线的命名规则时就违反了该规则。

◇ Illegal bus definitions：定义总线非法。如果总线没有通过总线入口就直接与元器件引脚相连，就违反了该规则。

◇ Illegal bus range values：总线范围值非法。总线范围值应与它所连接的分支数相等，如果不相等就违反了该规则。

◇ Mismatched bus lable ordering：总线分支的网络标号排列错误。通常总线分支的网络标号是按升序或降序排列的，否则就违反了该原则。

◇ Mismatched bus widths：总线的宽度错误。总线的范围值应与和它连接的分支数相等，否则就违反了该规则。

◇ Mismatched bus section index ordering：总线范围值表达错误。

◇ Mismatched electrical types on bus：总线上电气类型错误。

◇ Mismatched Generics on bus（First Index）：总线范围值的首位错误。

◇ Mismatched Generics on bus（Second Index）：总线范围值的末位错误。

◇ Mismatched generic and numeric bus labeling：总线命名错误。采用了数字与符号的混合编号。

② Violations Associated with Components 类

◇ Component Implementations with duplicate pins usage：元器件引脚在原理图中重复使用。

◇ Component Implementations with Invalid pins mappings：元器件引脚和 PCB 封装不相符。

◇ Component Implementations with missing pins in sequence：元器件引脚中出现序号丢失。

◇ Component contaning duplicate sub-parts：元器件中出现了重复的子部分。

◇ Component with duplicate Implementations：元器件被重复利用。

◇ Component with duplicate Implementations：元器件有重复的引脚。

◇ Duplicate Component Models：一个元器件被定义有多个模型。

◇ Duplicate Part Designator：元器件中出现标号重复现象。

◇ Sheet symbol with duplicate entries：方块图中出现重复端口。

◇ Unused sub-part in component：元器件中的某个部分未被使用。

③ Violations Associated with Documents 类

◇ Duplicate Sheet Numbers：重复的原理图图序号。

◇ Duplicate Sheet symbol Names：层次原理图中使用了重复的方块图。

◇ Missinig child sheet for sheet symbol：方块图没有与之对应的子电路图。

◇ Port not linked to paraent sheet symbol：子原理图的端口未与主原理图中方块图的端口相对应。

◇ Sheet Entry not linked to child sheet：方块图的端口未与子原理图的端口相对应。

④ Violations Associated with Nets 类

◇ Adding hidden net to sheet：原理图中出现隐藏网格。

◇ Duplicate Nets：原理图中出现重名网格。

◇ Global Power-Object scope changes：总体电源符号错误。

◇ Net Parameters with no name：网络属性中没有名称。

◇ Net Parameters with no value：网络属性中没有赋值。

◇ Nets containing floating input pins：网络中包含悬空的引脚。

◇ Nets containing multiple similar objects：网络中包含多个类似对象。

◇ Nets with no driving source：网络中没有驱动电源。

◇ Sheet containing duplicate ports：原理图中包含重复的端口。

◇ Unconnected objects in net：网络中出现元器件未连接对象。

◇ Unconnected wires：原理图中出现未连接的导线。

⑤ Violations Associated with Others 类

◇ Objects not completely within sheet boundaries：原理图中的元器件超出了图纸的边框。

◇ Off-grid object（0.05grid）：原理图中的元器件未正好处于格点位置。

⑥ Violations Associated with Parameters 类

◇ Same parameters containing different types：相同参数出现在不同的模型中。

◇ Same parameters containing different values：相同参数出现不同的取值。

在“Report Mode”栏中包含如下 4 种错误等级。

◇ No Report：检查出错误不报告（用绿色标志）。

◇ Warning：检查出错误以警告形式报告（用黄色标志）。

◇ Error：检查出错误以错误形式报告（用橙色标志）。

◇ Fatal Error：检查出错误以严重错误形式报告（用红色标志）。

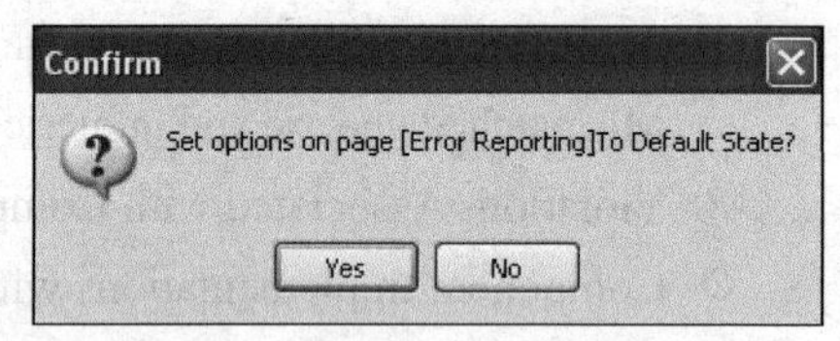

图 6-2　是否设置为默认值对话框

电路原理图 ERC 设置一般采用系统缺省值，单击“Set To Defaults”按钮，将弹出如图 6-2 所示的对话框，再单击“Yes”按钮，即可将 ERC 测设置为默认值。

（2）Connection Matrix（连接矩阵）选项卡：该选项卡主要用于检测各种引脚、输入/输出端口、方块图的出入端口的链接是否已构成了警告（Warning）或错误（Error）等级别的电气冲突，如图 6-3 所示。

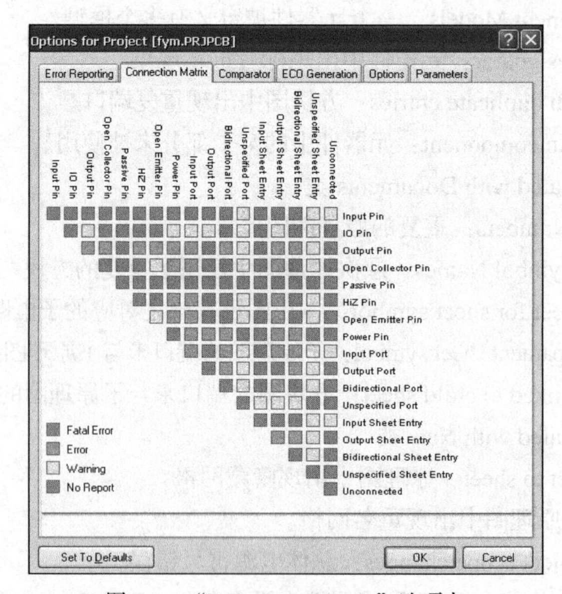

图 6-3　“Connection Matrix”选项卡

在该矩阵的行、列中都列出了电路图中所有端口与引脚的类型，每一行与列的交点就是该电气节点的状态，例如 Open Collector Pin 与 Input Port 之间的交点是橙色方块说明该电气节点的链接是错误的。用户可以通过查看小方块的颜色而得知某一电气节点的状态，直观而明了。

在设置完 ERC 规则后，即可进行电路原理图的 ERC 测试。下面以图 6-4 所示的原理图为例，介绍生成 ERC 报告的方法。

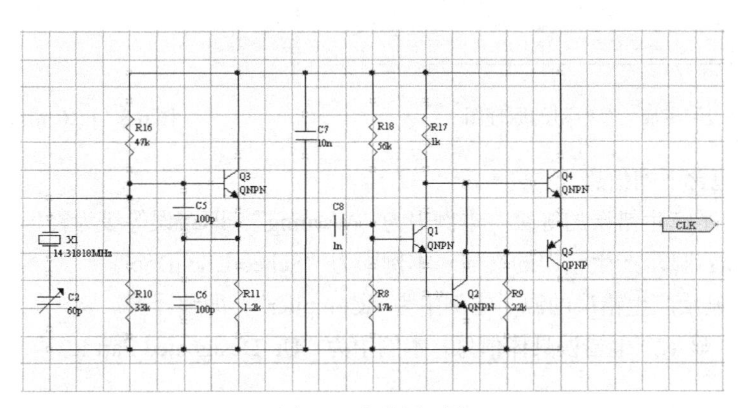

图 6-4　电路原理图

电路原理图的 ERC 报告主要在“Massages”面板中实现，单击“Navigator”面板标签将弹出“Navigator”面板，如图 6-5 所示。在该面板中单击“Analyse”按钮即可在弹出的“Massages”面板中查看电路原理图中的错误，如图 6-6 所示。

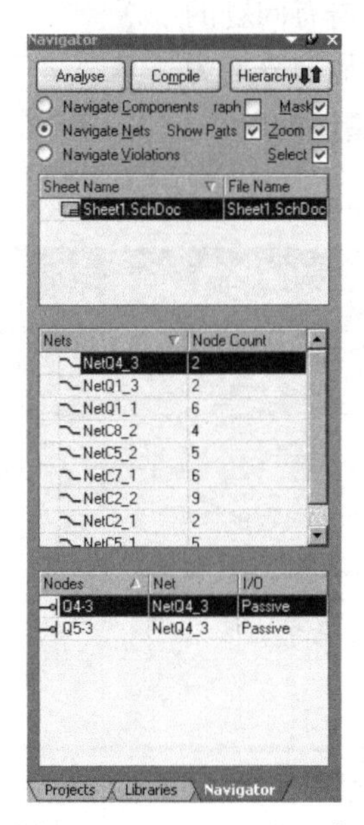

图 6-5　“Navigator”面板

图 6-6　ERC 报告

该 ERC 报告为空白说明所测试的电路原理图没有错误，可以进行下一步的 PCB 设计。

6.2.2　ERC 结果报告

若我们在如图 6-4 所示的电路原理图上多加上一个电阻，如图 6-7 所示。然后利用前面的方法再对该电路原理图进行 ERC，将生成如图 6-8 所示的 ERC 错误报告。

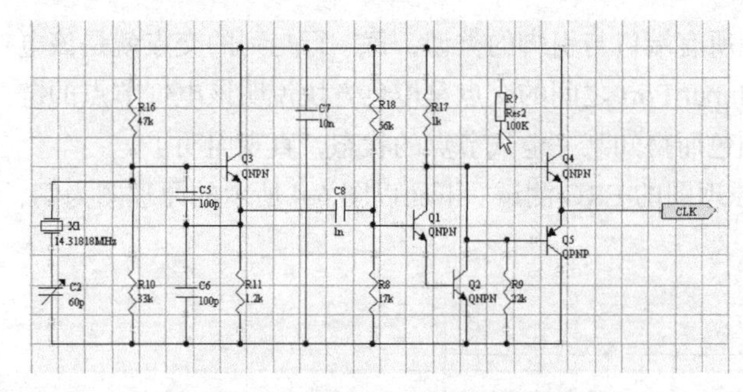

图 6-7　多加一个电阻的原理图

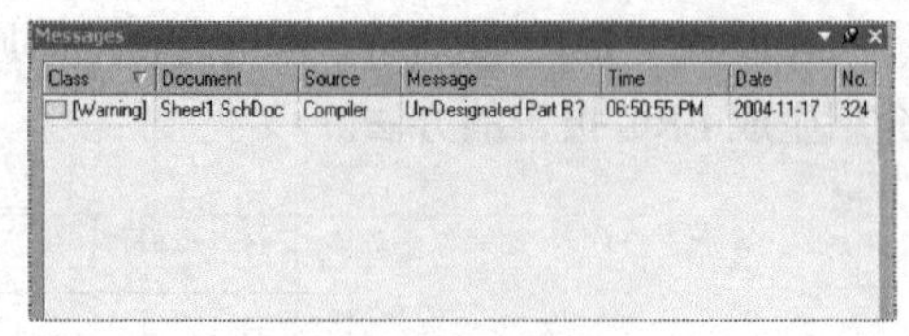

图 6-8　ERC 错误报告

该错误报告包含下列信息。

◇ Class：显示产生错误的等级。本例中为“Warning”，即错误等级为警告。

◇ Document：显示产生错误的文档。本例中为“Scheet1.SchDoc”。

◇ Source：显示产生错误的源。本例中为“Compiler”，即编译器。

◇ Message：显示产生错误具体信息。本例中为“Un-Designated Part R？”，即未被定义的部件 R。

◇ Time：显示产生错误的时间。本例中为“06：50：55 PM”。

◇ Date：显示产生错误的日期。本例中为“2004-11-17”。

◇ No：显示产生错误类型的序列号。本例中为“324”。

在图 6-8 所示的错误报告行上双击鼠标左键，将弹出如图 6-9 所示的“Compile Errors”（编译错误）面板。在该面板中单击有问题的元器件“R?”，可以将该元器件在原理图中凸显出来，其他部分变为高亮度，如图 6-10 所示，这样就很方便用户快速地查找到错误的所在，从而提高了设计的效率。

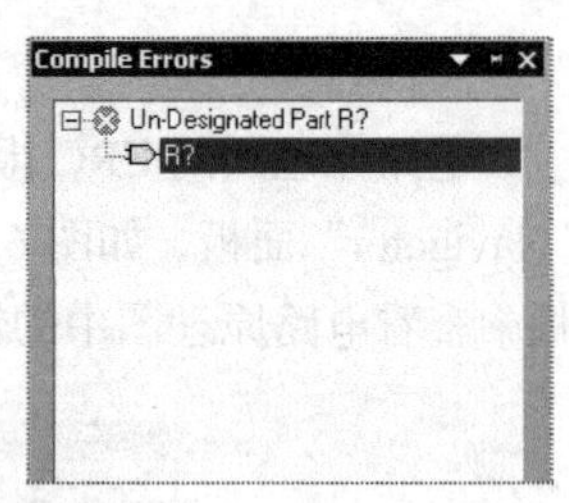

图 6-9　编译错误面板

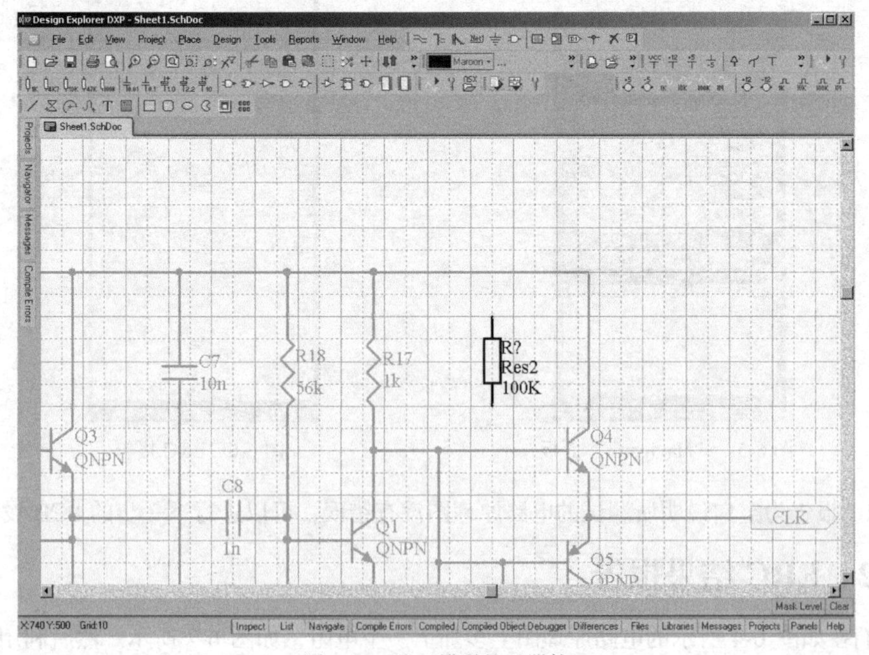

图 6-10　凸显错误的元器件

6.3 网 络 表

6.3.1 Protel 网络表格式

标准 Protel 网络表文件是简单的 ASCII 文本文件，共包含两部分：元器件描述和元器件的网络连接描述。下面对这两种格式的特征进行简要描述。

◇ 元器件描述：主要描述元器件属性（包括元器件序号、元器件封装形式和元器件的文本注释），其标志为方括号，例如，在元器件 C5 中以“[”为开始标志，接着为元器件名称、元器件封装形式和元器件注释，以“]”结束对元器件属性的描述。

```
[
C5
RAD-0.3
Cap
]
```

◇ 元器件的网络连接描述：其标志为圆括号，例如“R22”的电气连接为：

```
(
Net R22_1
R22-1
T1-1
T1-7
)
```

在元器件 R22 中以“(”为开始标志，接着为元器件名称，接下来为与该元器件相连的元器件引脚，最后以“)”结束对元器件属性的描述，即在 PCB 板上的“R22-1”、“T1-1”和“T1-7”的引脚是连接在一起的。

6.3.2 生成网络表

下面以图 6-11 所示的 555 定时器组成的振荡器电路原理图为例，讲述生成网络表的方法。首先打开该原理图文件，然后执行“Design→Netlist→Protel”命令，将得到如图 6-12 所示的网络表。

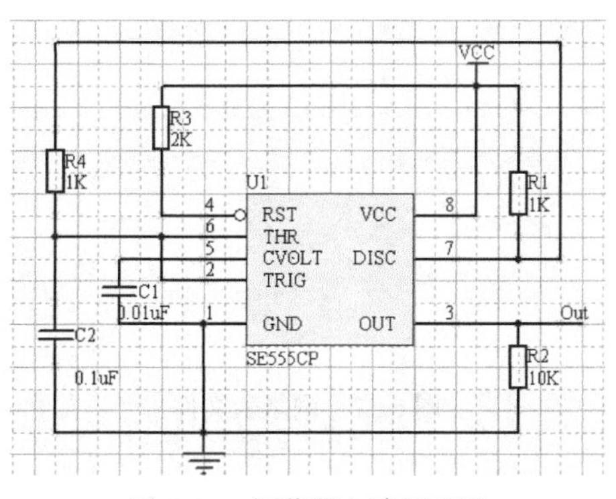

图 6-11　振荡器电路原理图

```
[
C1
RAD-0.3
Cap



]
[
C2
RAD-0.3
Cap



]
[
R1
AXIAL-0.4
Res2



]
[
R2
AXIAL-0.4
Res2



]
[
R3
AXIAL-0.4
Res2



]
[
R4
AXIAL-0.4
Res2

]
[
U1
DIP-8/D11
SE555CP

]
(
VCC
R1-2
R3-1
U1-8
)
(
OUT
R2-2
U1-3
)
(
NetR3_2
R3-2
```

图 6-12　网络表文件

```
U1-4
)
(
NetC1_2
C1-2
U1-5
)
(
NetR1_1
R1-1
R4-1
U1-7
)
(
NetC2_2
C2-2
R4-2
U1-2
U1-6
)
(
GND
C1-1
C2-1
R2-1
U1-1
)
```

图 6-12　网络表文件（续）

6.4　生成元器件列表

元器件列表主要用于整理电路原理图或一个项目中的所有元器件，主要包括元器件的名称、标注、封装等。下面以图 6-13 所示的振荡器原理图为例，讲述元器件列表的生成过程以及列表中各选项的功能。

首先打开图 6-13 所示的原理图文件，然后执行“Rport→Bill of Materials”命令，即可生成振荡器电路原理图的元器件信息报表，如图 6-14 所示。

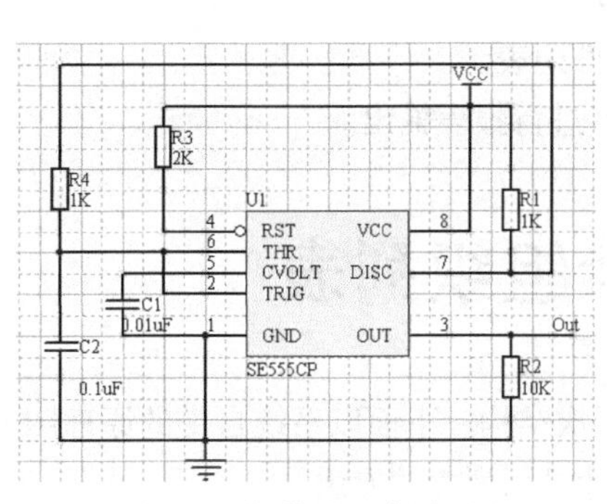

图 6-13　振荡器电路原理图

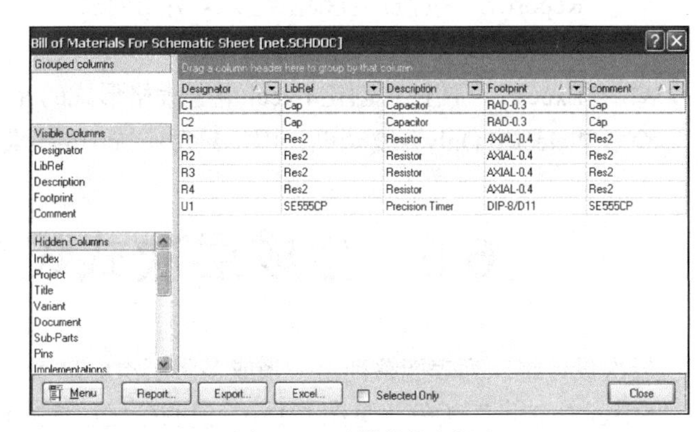

Designator	LibRef	Description	Footprint	Comment
C1	Cap	Capacitor	RAD-0.3	Cap
C2	Cap	Capacitor	RAD-0.3	Cap
R1	Res2	Resistor	AXIAL-0.4	Res2
R2	Res2	Resistor	AXIAL-0.4	Res2
R3	Res2	Resistor	AXIAL-0.4	Res2
R4	Res2	Resistor	AXIAL-0.4	Res2
U1	SE555CP	Precision Timer	DIP-8/D11	SE555CP

图 6-14　元器件信息报表

报表中列出了原理图中元器件的 Designator（流水号名称）、LibRef（元器件所在库名称）、Description（元器件描述）、FootPrint（元器件封装形式）、Component（元器件内容）等信息。在“Hidden Columns”栏中给出了如下信息。

◇ Index：显示元器件在列表中的序号。

◇ Project：显示元器件所在项目名称。

◇ Title：显示元器件所在报表名称。

◇ Variant：显示元器件中的变量。

◇ Document：显示元器件所在文档。

◇ Sub-parts：显示元器件的部分个数。

◇ Pins：显示元器件的管引脚数。

◇ Implementations：显示元器件使用次数。

◇ X：显示元器件在原理图中的 x 轴坐标。

◇ Y：显示元器件在原理图中的 y 轴坐标。

◇ Manufacturer：显示元器件生产厂家。

◇ Value：显示元器件数值。

下面简要介绍该列表中各个按钮的功能。

◇ "Menu" 按钮：单击该按钮将弹出如图 6-15 所示的菜单，该菜单可以输出有关栅格内容的文件（Export Gird Conents…）、创建各种形式的材料清单，如元器件规格清单（BOM-Grouped By Comment Field）、元器件引脚清单（BOM-Grouped By Footprint）等。还可用来设置列表的形式，如 Expand All（展开型）、Contract All（紧缩型）和 Column Best Fit（最佳形式）等。

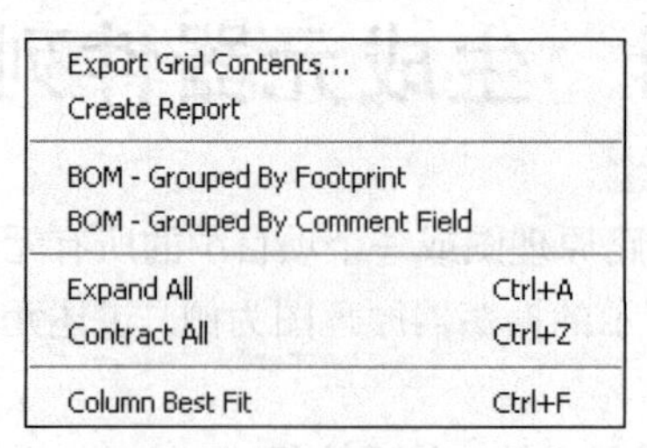

图 6-15 "Menu" 菜单

◇ "Report…" 按钮：直接创建交叉引用列表。

◇ "Export..." 按钮：设置文件的输出格式及相关参数。

◇ "Excel…" 按钮：创建 Excel 电子表格形式的元器件列表。

◇ "Selected Only" 复选框：用于只对所选中的元器件进行报表输出。

6.5 生成层次式设计组织列表

层次设计组织列表能够列出一张或多张层次原理图的层次结构。下面以系统自带的原理图文件 "Mixer.SchDoc" 为例（见图 6-16），说明生成层次式设计组织列表的方法。

首先打开如图 6-16 所示的层次原理图文件，然后执行 "Report→Report Project Hierarchy" 命令，这时系统将自动给出名为 "Mixer.REP" 的层次式组织列表，如图 6-17 所示。由生成的组织列表可以看出，该原理图文件中包含了 15 张原理图，而且组织列表中清楚地列出了所有的层次。

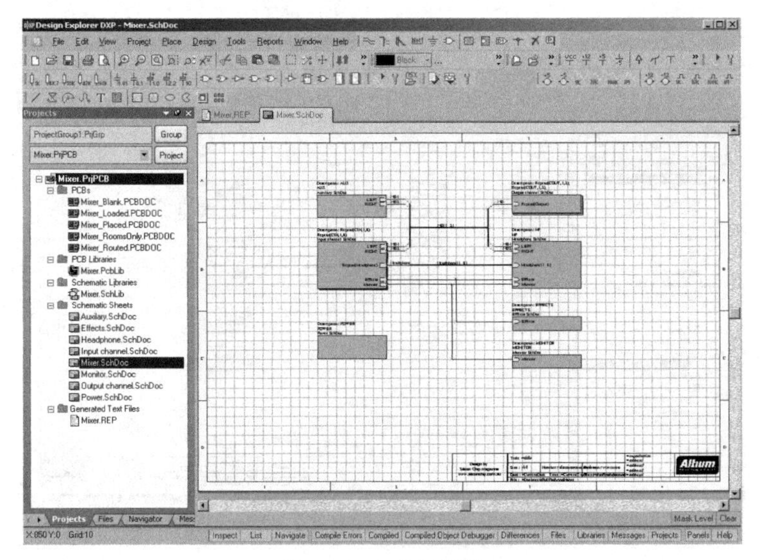

图 6-16　层次原理图

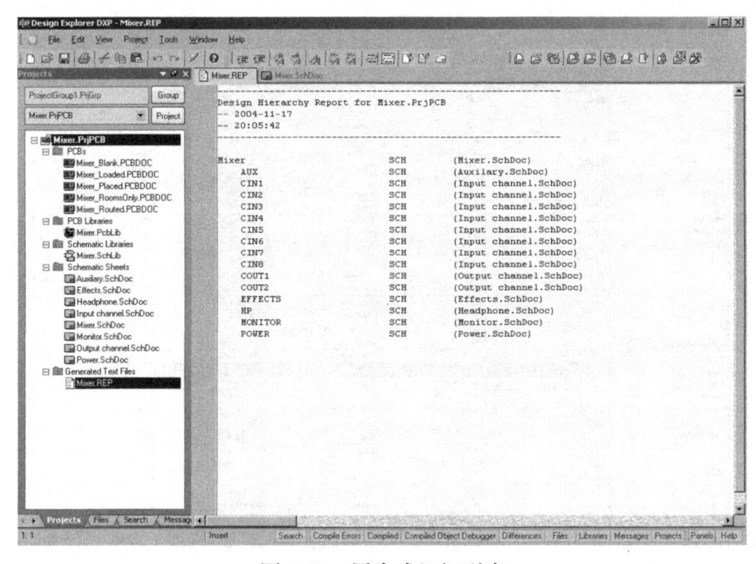

图 6-17　层次式组织列表

6.6　生成元器件交叉参考列表

元器件交叉参考列表可以列出一张或多张原理图中每个元器件的类型、所在元器件库名称、元器件描述等参数。下面仍以系统自带的原理图文件“Mixer.SchDoc”为例（见图 6-18），说明生成元器件交叉参考列表的方法。

首先打开如图 6-18 所示的层次原理图文件，然后执行“Report→Component Cross Reference”命令，这时系统将自动生成元器件交叉参考列表，如图 6-19 所示。

该对话框与元器件列表的功能相似，区别只在于该对话框是按不同的原理图进行元器件描述的。

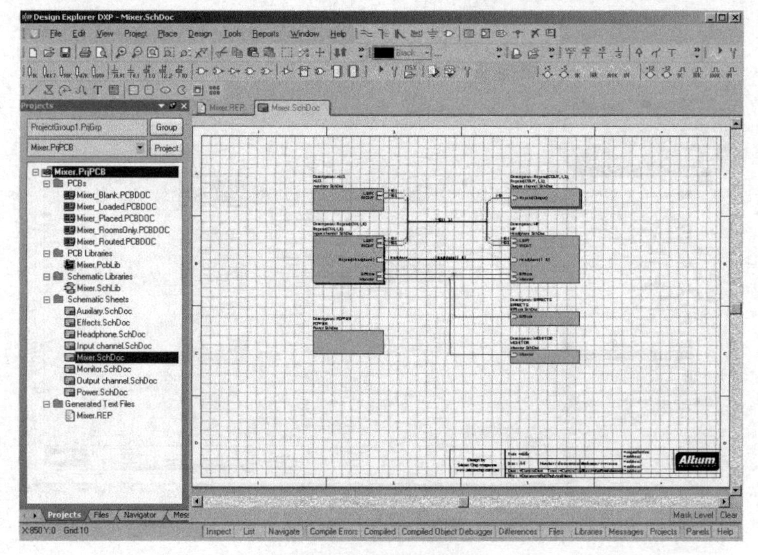

图 6-18 层次原理图

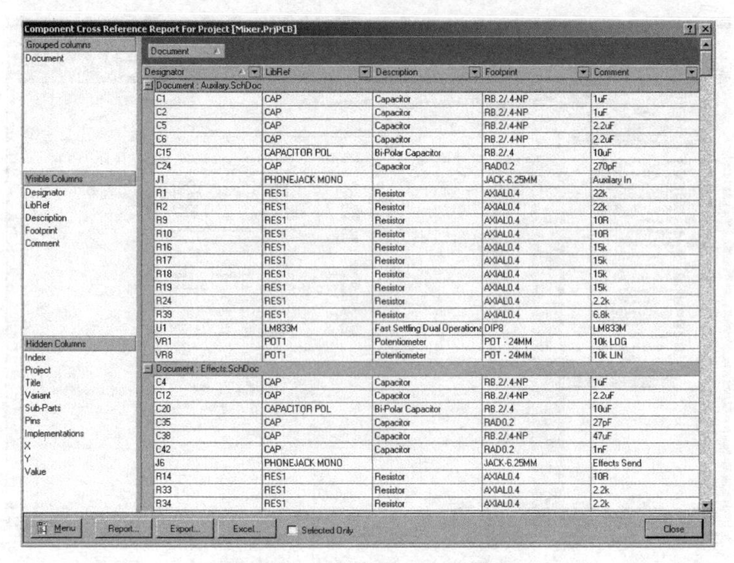

Component Cross Reference Report For Project [Mixer.PrjPCB]

Designator	LibRef	Description	Footprint	Comment
Document : Auxilary.SchDoc				
C1	CAP	Capacitor	RB.2/.4-NP	1uF
C2	CAP	Capacitor	RB.2/.4-NP	1uF
C5	CAP	Capacitor	RB.2/.4-NP	2.2uF
C6	CAP	Capacitor	RB.2/.4-NP	2.2uF
C15	CAPACITOR POL	Bi-Polar Capacitor	RB.2/.4	10uF
C24	CAP	Capacitor	RAD0.2	270pF
J1	PHONEJACK MONO		JACK-6.25MM	Auxilary In
R1	RES1	Resistor	AXIAL0.4	22k
R2	RES1	Resistor	AXIAL0.4	22k
R9	RES1	Resistor	AXIAL0.4	10R
R10	RES1	Resistor	AXIAL0.4	10R
R16	RES1	Resistor	AXIAL0.4	15k
R17	RES1	Resistor	AXIAL0.4	15k
R18	RES1	Resistor	AXIAL0.4	15k
R19	RES1	Resistor	AXIAL0.4	15k
R24	RES1	Resistor	AXIAL0.4	2.2k
R39	RES1	Resistor	AXIAL0.4	6.8k
U1	LM833M	Fast Settling Dual Operationa	DIP8	LM833M
VR1	POT1	Potentiometer	POT - 24MM	10k LOG
VR8	POT1	Potentiometer	POT - 24MM	10k LIN
Document : Effects.SchDoc				
C4	CAP	Capacitor	RB.2/.4-NP	1uF
C12	CAP	Capacitor	RB.2/.4-NP	2.2uF
C20	CAPACITOR POL	Bi-Polar Capacitor	RB.2/.4	10uF
C35	CAP	Capacitor	RAD0.2	27pF
C38	CAP	Capacitor	RB.2/.4-NP	47uF
C42	CAP	Capacitor	RAD0.2	1nF
J6	PHONEJACK MONO		JACK-6.25MM	Effects Send
R14	RES1	Resistor	AXIAL0.4	10R
R33	RES1	Resistor	AXIAL0.4	2.2k
R34	RES1	Resistor	AXIAL0.4	2.2k

图 6-19 元器件交叉参考列表

6.7 综 合 范 例

1. 范例目标

以图 6-20 所示的模拟电路原理图为例，同时生成几种元器件报表。通过该实例的练习，读者可以初步掌握生成元器件的几种主要列表的方法，为后面的 PCB 设计打下基础。

2. 所用知识

本章所学的生成几种元器件报表的方法。

3. 详细步骤

（1）生成元器件列表。首先打开图 6-20 所示的原理图文件，然后执行“Rport→Bill of Materials”

命令，系统将自动生成如图 6-21 所示的元器件列表。

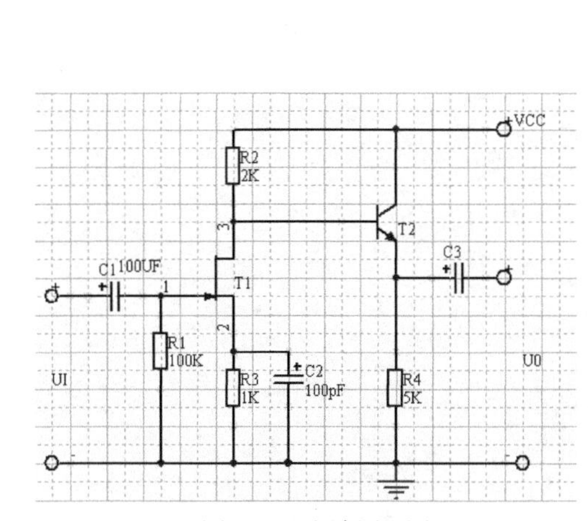

图 6-20　电路原理图

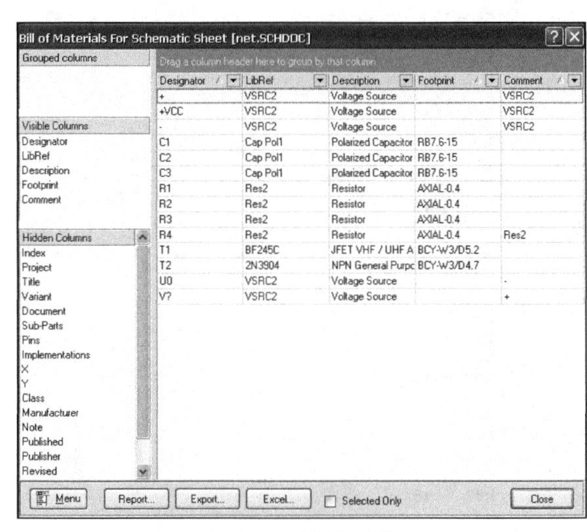

Bill of Materials For Schematic Sheet [net.SCHDOC]

Designator	LibRef	Description	Footprint	Comment
+	VSRC2	Voltage Source		VSRC2
+VCC	VSRC2	Voltage Source		VSRC2
-	VSRC2	Voltage Source		VSRC2
C1	Cap Pol1	Polarized Capacitor	RB7.6-15	
C2	Cap Pol1	Polarized Capacitor	RB7.6-15	
C3	Cap Pol1	Polarized Capacitor	RB7.6-15	
R1	Res2	Resistor	AXIAL-0.4	
R2	Res2	Resistor	AXIAL-0.4	
R3	Res2	Resistor	AXIAL-0.4	
R4	Res2	Resistor	AXIAL-0.4	Res2
T1	BF245C	JFET VHF / UHF A	BCY-W3/D5.2	
T2	2N3904	NPN General Purpc	BCY-W3/D4.7	
U0	VSRC2	Voltage Source		-
V?	VSRC2	Voltage Source		+

图 6-21　元器件列表

（2）生成元器件交叉参考列表。执行“Report→Component Cross Reference”命令后，系统将自动生成元器件交叉参考列表，如图 6-22 所示。

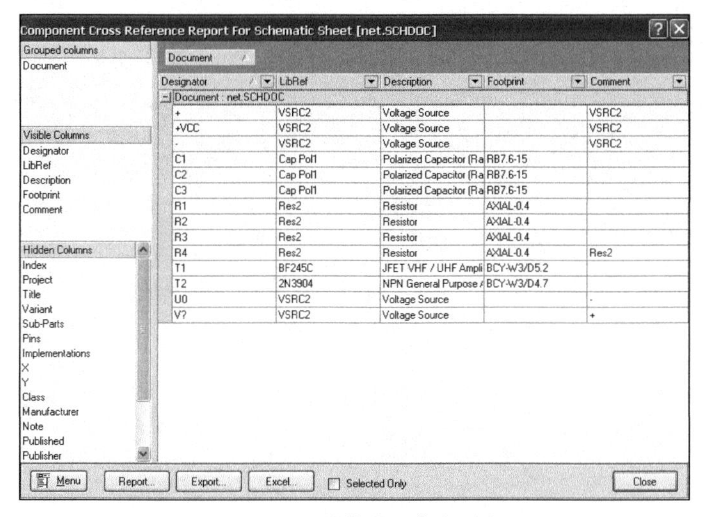

Component Cross Reference Report For Schematic Sheet [net.SCHDOC]

Document : net.SCHDOC

Designator	LibRef	Description	Footprint	Comment
+	VSRC2	Voltage Source		VSRC2
+VCC	VSRC2	Voltage Source		VSRC2
-	VSRC2	Voltage Source		VSRC2
C1	Cap Pol1	Polarized Capacitor (Ra	RB7.6-15	
C2	Cap Pol1	Polarized Capacitor (Ra	RB7.6-15	
C3	Cap Pol1	Polarized Capacitor (Ra	RB7.6-15	
R1	Res2	Resistor	AXIAL-0.4	
R2	Res2	Resistor	AXIAL-0.4	
R3	Res2	Resistor	AXIAL-0.4	
R4	Res2	Resistor	AXIAL-0.4	Res2
T1	BF245C	JFET VHF / UHF Ampli	BCY-W3/D5.2	
T2	2N3904	NPN General Purpose /	BCY-W3/D4.7	
U0	VSRC2	Voltage Source		-
V?	VSRC2	Voltage Source		+

图 6-22　元器件交叉参考列表

（3）生成网络报表。执行“Design→Netlist→Protel”命令，将生成如图 6-23 所示的网络表。

```
[
+

VSRC2




]
[
+VCC

VSRC2
```

图 6-23　元器件的网络列表

```
]
[
-

VSRC2



]
[
C1
RB7.6-15



]
[
C2
RB7.6-15

]
[
C3
RB7.6-15


]
[
R1
AXIAL-0.4



]
[
R2
AXIAL-0.4



]
[
R3
AXIAL-0.4



]
[
R4

AXIAL-0.4
Res2
]
[
T1
BCY-W3/D5.2



]
[
T2
BCY-W3/D4.7
```

图 6-23　元器件的网络列表（续）

```
]
[
U0

-


]
[
V?

+

]
(
NetC3_2
C3-2
V?-1
)
(
NetC3_1
C3-1
R4-2
T2-1
)
(
NetC2_1
C2-1
R3-2
T1-2
)
(
NetR2_1
R2-1
T1-3
T2-2
)
(
Net+VCC_1
+VCC-1
R2-2
T2-3
)
(
NetC1_2
C1-2
R1-2
T1-1

)
(
Net+_1
+-1
C1-1
)
(
GND
--1
C2-2
R1-1
R3-1
R4-1
U0-1
)
```

图 6-23　元器件的网络列表（续）

6.8 小　　结

本章主要介绍了 Protel DXP 所提供的各种报表的作用以及生成这些报表的步骤和方法。Protel DXP 中提供了多种报表，包括 ERC 表、网络表、元器件列表和层次设计组织列表。

在进行 PCB 设计之前，通常应对电路原理图的正确性进行检验，即进行电气规则检查（Electrical Rule Check，ERC）。该检查主要用于测试电路连接匹配的正确性。执行完该检查后，系统将自动在原理图中有错的地方加以标记，从而方便用户检查错误，提高设计质量和效率。

虽然 Protel DXP 提供了双向同步功能，使得由电路原理图设计向 PCB 设计的转化过程中不必再生成网络表，但网络表作为原理图设计与 PCB 设计的桥梁与纽带的作用仍未改变，我们可以利用网络表进行快速查错，执行“Design→Netlist→Protel”命令，即可生成网络表文件。

元器件列表主要用于整理一个电路或一个项目中的所有元器件，主要包括元器件名称、序号、封装形式等信息，利用该表，用户可以对设计中所用到的元器件进行快速检查，执行“Rport→Bill of Materials”命令，即可生成元器件列表。

层次设计组织列表主要用于描述层次式设计文件中所包含的原理图文件的文件名以及相互之间的层次关系，可以使用户一目了然地看出设计项目中原理图的层次关系，尤其适合大型项目的设计。执行“Report→Report Project Hierarchy”命令，系统将自动生成层次式组织列表。

习　题

一、思考题

1. Protel DXP 中提供了哪几种常见的报表？
2. 简述元器件列表、层次式组织列表和网络列表的作用。
3. 简述元器件列表和元器件交叉参考列表之间的相同点与不同点。
4. 简述 Protel 网络表的格式以及生成方法。
5. 如何生成元器件列表？如何生成层次式设计组织列表？

二、基本操作题

1. 打开 Protel DXP 自带的“LCD Controller”项目，生成该原理图的网络报表，同时检查生成的网络表，特别是其中跨原理图的电气连接部分。

2. 以图 6-24 所示的多加了一根直线的电路原理图为例，生成该电路原理图的 ERC 报告。

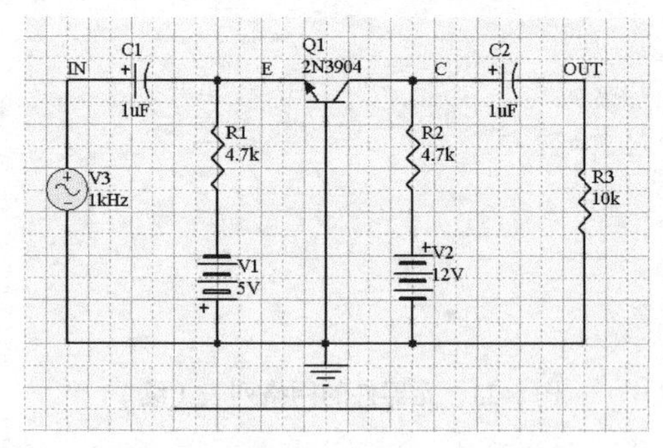

图 6-24　多加了一根直线的原理图

生成的 ERC 报告如图 6-25 所示。

3. 以图 6-26 所示的 RC 电路为例，生成该电路原理图的元器件列表、元器件交叉参考列表和层次式设计组织列表。

生成的电路原理图的元器件列表如图 6-27 所示。

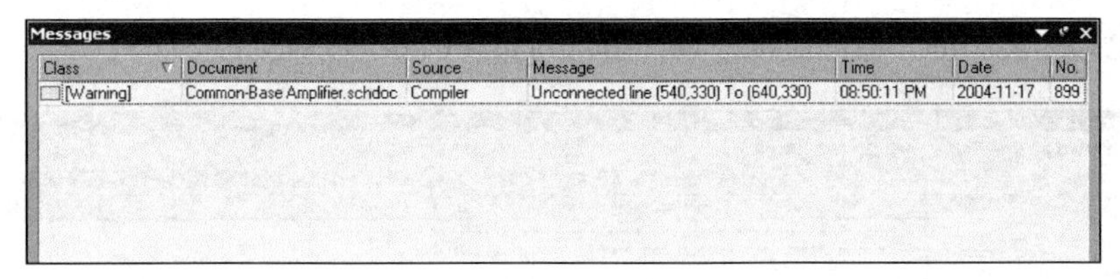

Class	Document	Source	Message	Time	Date	No.
[Warning]	Common-Base Amplifier.schdoc	Compiler	Unconnected line (540,330) To (640,330)	08:50:11 PM	2004-11-17	899

图 6-25　ERC 报告

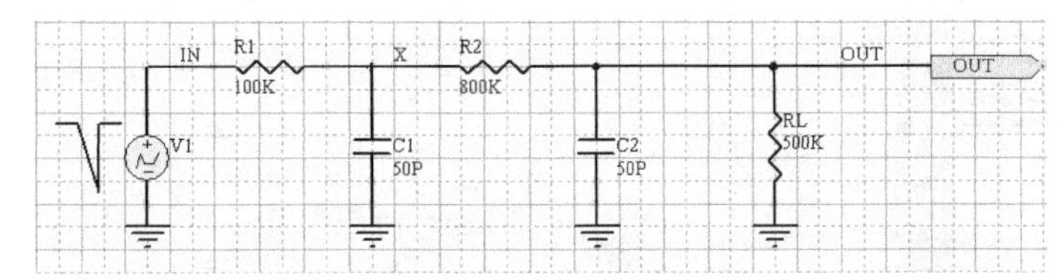

图 6-26　简单的 RC 电路原理图

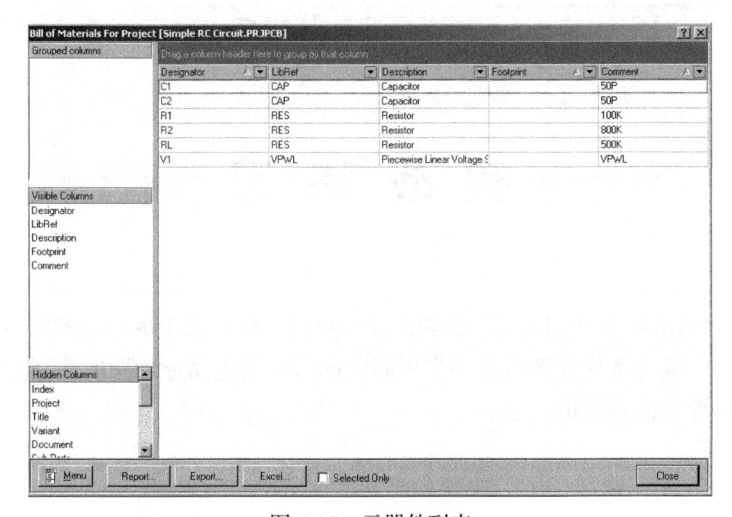

Bill of Materials For Project [Simple RC Circuit.PRJPCB]

Designator	LibRef	Description	Footprint	Comment
C1	CAP	Capacitor		50P
C2	CAP	Capacitor		50P
R1	RES	Resistor		100K
R2	RES	Resistor		800K
RL	RES	Resistor		500K
V1	VPWL	Piecewise Linear Voltage S		VPWL

图 6-27　元器件列表

生成的电路原理图的元器件交叉参考列表如图 6-28 所示。

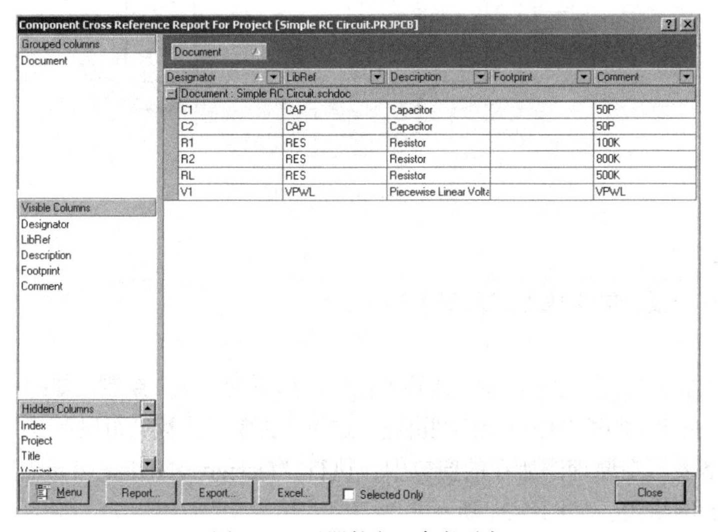

Component Cross Reference Report For Project [Simple RC Circuit.PRJPCB]

Designator	LibRef	Description	Footprint	Comment
Document : Simple RC Circuit.schdoc				
C1	CAP	Capacitor		50P
C2	CAP	Capacitor		50P
R1	RES	Resistor		100K
R2	RES	Resistor		800K
RL	RES	Resistor		500K
V1	VPWL	Piecewise Linear Volta		VPWL

图 6-28　元器件交叉参考列表

生成的电路原理图的元器件层次式设计组织列表如图 6-29 所示。

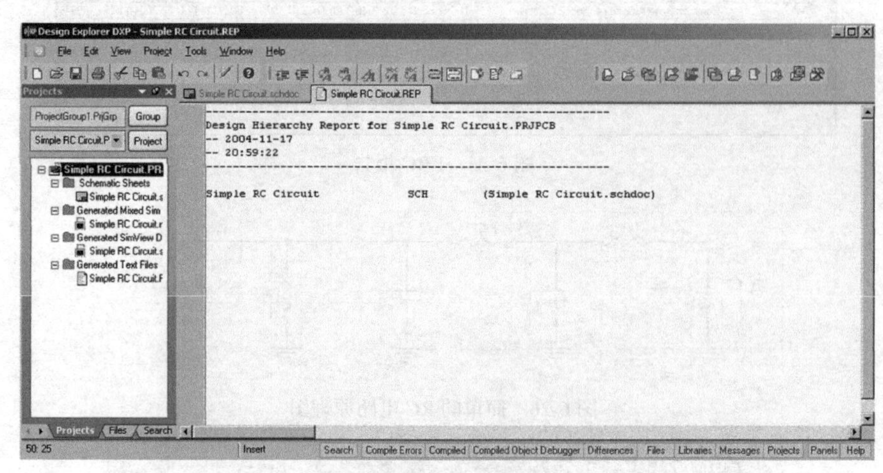

图 6-29　层次式设计组织列表

实 战 练 习

1. 练习目的

以图 6-30 所示的电路原理图为例，绘制出该原理图，并试着生成该图的网络表、元器件列表和层次式组织列表。通过本例使读者进一步巩固前面所学的电路原理图的绘制方法，同时掌握本章所学的生成各种原理图报表的方法。

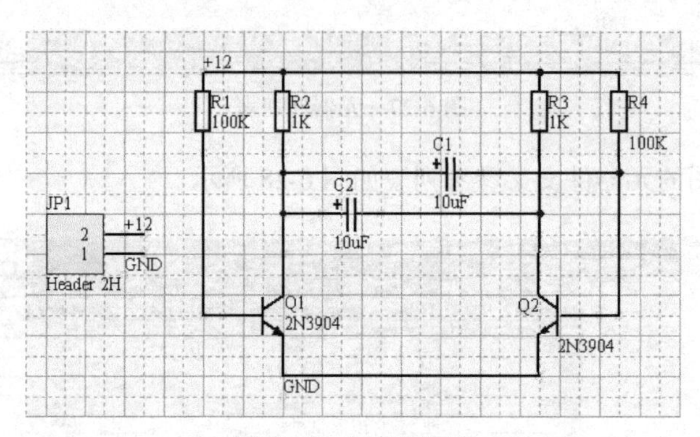

图 6-30　电路原理图

2. 所用知识

电路原理图各种报表的生成方式及基本操作。

3. 步骤提示

（1）绘制电路原理图。利用前面章节讲述的绘制原理图的方法，绘制出如图 6-30 所示的电路原理图，其绘制方法在前面的章节中已经详细讲述，这里不再赘述，读者可以参考前面的章节。

（2）生成网络表。在原理图所在的窗口中，执行“Design→Netlist→Protel”命令，系统将自动生成该原理图的网络表，如图 6-31 所示。

```
[
C1
POLAR0.8
Cap Pol2


]
[
C2
POLAR0.8
Cap Pol2


]
[
JP1
HDR1X2H
Header 2H


]
[
Q1
BCY-W3/D4.7
2N3904

]
[
Q2
BCY-W3/D4.7

2N3904


]
[
R1
AXIAL-0.4
Res2


]
[
R2
AXIAL-0.4
Res2


]
[
R3
AXIAL-0.4
Res2


]
[
R4
AXIAL-0.4
Res2


]
(
NetC1_2
C1-2
Q2-2
R4-1
)
(
NetC2_2
C2-2
Q2-1
R3-1
)
(
```

图 6-31　生成的网络表

```
NetC1_1
C1-1
C2-1
Q1-3
R2-1
)
(
NetQ1_2
Q1-2
R1-1
)
(
NetJP1_1
JP1-1
Q1-1
Q2-3
)
(
+12
JP1-2
R1-2
R2-2
R3-2
R4-2
)
```

图 6-31　生成的网络表（续）

（3）生成元器件列表。执行“Rport→Bill of Materials”命令，系统将自动生成元器件列表，如图 6-32 所示。

（4）生成层次式组织列表。执行“Report→Report Project Hierarchy”命令，系统将自动给出该原理图的层次式组织列表，如图 6-33 所示。

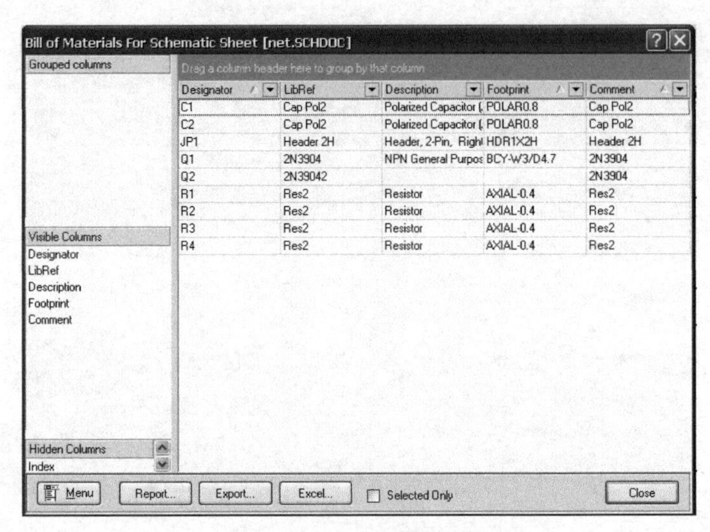

图 6-32　生成的元器件列表

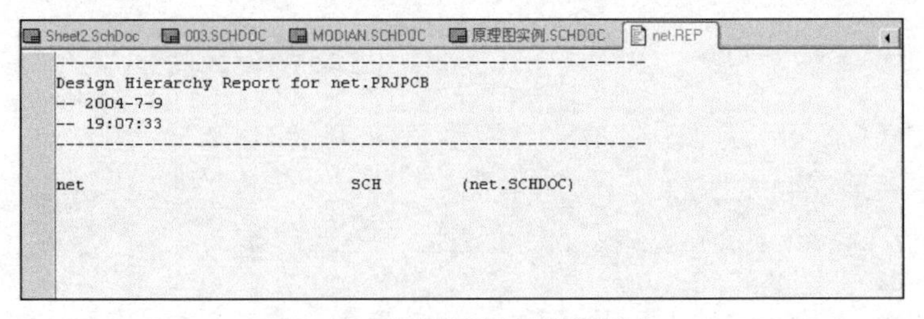

图 6-33　生成的层次式组织列表

第7章 PCB设计系统

本章要点：

（1）PCB设计的基本原则；

（2）PCB的结构组成；

（3）PCB的设计流程；

（4）设置PCB系统参数；

（5）设置PCB电路参数；

（6）PCB设计工具栏；

（7）自动布局元器件；

（8）手工调整元器件布局；

（9）自动布线；

（10）手工调整布线；

（11）利用向导创建PCB；

（12）PCB的3D显示；

（13）生成PCB报表文件；

（14）打印输出PCB图。

本章导读：

本章主要讲述与PCB设计密切相关的一些基本概念，包括PCB设计的基本原则、结构组成、设计流程和参数设置，并通过一个实例详细讲述PCB设计的整个流程，最后讲述如何生成PCB报表文件和打印输出PCB图。通过本章的学习，读者可以在学习PCB设计基本知识的基础上，全面系统地掌握PCB设计的整个流程与方法，从而快速地设计出符合设计要求的PCB板。

7.1 PCB设计基础

7.1.1 PCB设计的基本原则

PCB设计的好坏直接影响电路板抗干扰能力的大小，因此，在进行PCB设计时，一定要遵循PCB设计的一般规则，以达到抗干扰设计的要求。其中，元器件的布局、布线、焊盘的大小、去耦电容的配置及元器件之间的连线等设计都会影响电路板的抗干扰能力。下面简要介绍这些方面的一般规则。

（1）元器件的布局。如果 PCB 尺寸过大，则因制线路较长，阻抗相应增加，抗噪声能力减弱，成本也会增加；如果 PCB 尺寸过小，那么元器件之间排列得过于紧密，就会导致散热不好，容易产生干扰等情况。所以我们应在确定 PCB 尺寸后，再确定一些特殊元器件的位置。最后再综合考虑整个电路的功能单元，对元器件进行合理布局。

（2）一些特殊元器件放置时应遵循的原则。

① 应尽量缩短高频元器件之间的连线以减少它们之间的分布参数和相互之间的电磁干扰，输入与输出的元器件应尽量远离。

② 对于那些又大又重、发热量很高的元器件，如 LM317、LM7805 等，应用散热支架加以固定，热敏元器件应尽量远离这些发热元器件。

③ 在某些元器件或导线之间，可能存在较高的电位差，应加大它们之间的距离，以免放电引起短路。对于带有强电的元器件，应尽量布置在手不易触及的地方，以免危及人身安全。

④ 应该预留出电路板的定位孔和固定支架所占用的位置。

⑤ 以每个功能电路的核心元器件为中心，其他元器件应均匀、整齐、紧凑地排列在电路板上以尽量减少元器件之间的引线和连接。

⑥ 对于在高频下工作的电路，应考虑元器件之间的分布参数。通常电路应尽可能使元器件平行排列，这样不但美观、焊接容易，而且易于批量生产。

⑦ 电路板的最佳形状为矩形，长宽比为 3∶2 或 4∶3。若电路板尺寸大于 200mm×150mm 时，应尽量考虑电路板所受的机械强度，位于电路板边缘的元器件，距电路板边缘一般不小于 2mm。

⑧ 对于可调电感线圈、可变电容器、电位器、微调开关等可调元器件的布局应考虑整机的结构要求。若是机内调节，应放置在电路板上易于调节的地方；若是机外调节，其放置位置与调节旋钮在机箱面板上的位置相适应。

⑨ 按照电路的流程安排各个功能电路单元的位置，使布局便于信号的流通，并且尽量保证流通方向的一致性。

（3）布线。布线的方法及布线的结果对 PCB 也会产生很大的影响，一般布线应遵循以下原则。

① 对于集成电路尤其是数字电路，印制电路板导线的最小宽度应为 0.2～0.3mm，电源线和地线可以选用较宽的导线，导线间的最小间距通常为 5～8mm。

② 输入/输出端的导线应尽量远离避免平行。最好添加一根地线，以免发生反馈耦合。

③ 因为在高频电路中，导线的拐弯若是直角或锐角，会影响电路板的性能，因此，导线转弯处一般选取圆弧形。另外，应尽量避免使用大面积的铜箔，因为长时间受热会使铜箔膨胀和脱落。当必须用大面积铜箔时，最好选用栅格状，这样有利于排除铜箔与基板间粘合剂受热所产生的挥发性气体。

（4）焊盘的大小。焊盘的中心孔应比元器件引脚直径略大一些。若焊盘太小不易插入元器件，焊盘过大则容易形成虚焊。通常焊盘外径 D 应不小于（d+1.2）mm，其中 d 为引脚直径。对于元器件密度高的数字电路，焊盘最小直径可取（d+1.0）mm。

（5）去耦电容配置的一般原则如下。

① 电源输入端通常应跨接 10μF 以上的电解电容。

② 原则上每个集成电路芯片之间都应布置一个 0.01pF 的瓷片电容，若电路板的空间有限，则可每 4～8 个芯片布置一个 1～10pF 的钽电容。

③ 对于抗噪声能力弱、关断时电源电压变化大的器件，如 RAM、ROM 等存储器件，应尽量在芯片的电源线与地线之间直接接入去耦电容。

④ 若电路板中有继电器、接触器和按钮等元器件时，操作它们均会产生较大的火花放电，因此必须采用 RC 电路来吸收放电电流，在继电器的两端还应接入一个二极管来放掉线圈中存储的电流。一般取电阻 R 为 1～2kΩ，电容 C 为 2.2～47μF。

（6）元器件之间接线的基本原则如下。

① 在印制电路板中不允许出现交叉点路，对于可能交叉的导线应采用“钻”或“绕”两种方式来解决，即让某些导线从电阻、电容和三极管引脚等元器件的空隙处“钻”过去；或从可能交叉的另一根导线的一端“绕”过去。

② 对于电阻器、电容器和二极管等元器件有“立式”和“卧式”两种安装方式。“立式”是指元器件垂直于电路板安装，可以节省大量空间；“卧式”是指元器件平行并紧贴于电路板安装，可以提高元器件安装的机械强度。

③ 强电流引线（公共地线、点原因线等）应尽量宽些，这样可以降低分布电阻及压降，可减少因寄生耦合而产生的自激振荡。

④ 在使用 IC 座的情况下，要特别注意 IC 座上定位槽放置的方位是否正确，并注意与将要放置的元器件引脚相对应。例如，从面板正面来看，第 1 引脚只能位于 IC 座的左下角或右上角。

⑤ 在保证电路性能要求的前提下，设计应力求走线合理，少用外接跨线，并按照由左向右、由上而下的顺序进行布线，力求直观，便于安装、检修和调整。

⑥ 同一级电路应尽量采用相同的接地点，本级电路的电源滤波电容应该接在该级接地点上。通常同一级的晶体管基极、发射极的接地不能相距太远，否则将会因为接地间的铜箔太长而产生自激和干扰。采用一点接地法的电路，工作性能比较稳定，不易产生自激振荡。

⑦ 总接地线必须严格按照高频—中频—低频逐级按照弱电到强电的顺序排列，切不可随意乱接，宁可级间接线长一点也要遵守这一原则。变频头、再生头、调频头等调频电路应采用大面积包围式地线，从而抑制自激振荡的产生，保证良好的屏蔽效果。

（7）抗干扰设计原则

① 电源线的设计应尽量与地线的走向和数据传递的方向一致，根据印制电路板的大小尽量加粗电源线的宽度，从而减少环路电阻，同时提高抗噪声能力。

② 地线设计要求数字地与模拟地分开。若电路板上既有逻辑电路又有线性电路，应尽量使它们分开。低频电路的地应尽量采用单点并联接地，实际布线有困难时才可用串联后再并联接地。对于高频电路则应采用多点串联接地方式，地线应尽量短而粗，高频元器件周围尽量敷设网格状的大面积铜箔。通常接地线应尽量加粗，这样可以提高抗噪性能，一般应允许通过 3 倍于印制电路板上的允许电流。接地线应构成闭合环路，这样可以大大提高抗噪声能力。

7.1.2　结构组成

PCB 包含一系列元器件、由印制电路板材料支持并通过铜箔层进行电气连接的电路板，还有在印制电路板表面对 PCB 起注释作用的印丝层等。下面对各组成部分进行简要介绍。

（1）元器件：元器件是实现电路逻辑功能的基本组成部分，元器件的引脚可以把电信号送元器件内部进行处理，还可以固定元器件。电路板上的元器件通常包括集成元器件、分离元器件（电阻器、电容器、二极管等）和一些用于显示的元器件（如发光二极管、数码显示管等）3 种。

（2）铜箔：在电路板上，导线、焊盘、过孔和敷铜等都需要用到铜箔。下面对这部分的作用进行介绍。

◇ 导线：主要用于连接元器件之间的各种引脚，从而完成元器件间的电气相连。

◇ 过孔：在多层电路板中，为实现元器件之间信号的相同，通常需要在导线上设置过孔。

◇ 焊盘：主要用于固定元器件，也可用来作为信号进入元器件的组成部分。

◇ 敷铜：在电路板中需要的部位敷铜，可以减少电路阻抗，改善电路性能。

（3）印丝层：通常印制电路板的顶层是采用绝缘材料制成的。印丝层主要用于标注文字，用于注释电路板和电路板上的所有元器件，另外，印丝层还能够起到保护元器件顶层导线的作用。

7.1.3 PCB 的设计流程

PCB 设计的一般流程如图 7-1 所示，包括绘制电路原理图、规划电路板、设置参数、元器件封装、元器件布局、自动布线、手工调整、保存输出等。下面对 PCB 设计流程的各个部分进行简要介绍。

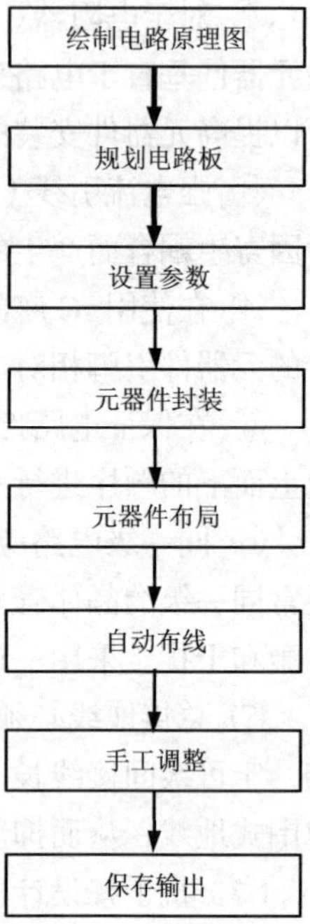

（1）绘制电路原理图：这是电路板设计的基础，主要是完成电路原理图的绘制，并生成网络表。

（2）规划电路板：在绘制电路板之前，用户应对电路板进行初步规划，包括设置电路板的物理尺寸，采用几层电路板，元器件的封装形式及安装位置等，这为后面 PCB 的设计确定了框架。

（3）设置参数：主要是设置元器件的布置参数、分布参数、布线参数等。通常这些参数取系统的默认值即可，或经过第一次设置后就无须修改。

（4）元器件封装：所谓元器件封装就是元器件的外形，每一个装入的元器件都应有相应的封装，这样才能保证电路板布线的正常进行。

（5）元器件布局：规划好电路板后，可以将元器件放入电路板边框内，采用 Protel DXP 提供的自动布线功能，可以对元器件进行自动布线。

（6）自动布线：Protel DXP 提供的自动布线功能，可以对布置好的元器件进行自动布线，一般情况下，自动布线不会出错。

（7）手工调整：自动布线完成后，用户可以对比较特殊的元器件进行再次调整，以保证符合相应的规则，从而保证电路板的抗干扰能力达到标准。

（8）保存输出：对元器件布线并进行正确调整后，即完成了 PCB 的最终设计，然后保存图纸并打印输出。

绘制电路原理图
规划电路板
设置参数
元器件封装
元器件布局
自动布线
手工调整
保存输出

图 7-1 PCB 设计流程图

7.2 设置 PCB 环境参数及绘图工具

7.2.1 设置 PCB 系统参数

设置 PCB 系统参数主要在“Board Options”对话框中实现，执行“Design→Option”命令，即可弹出如图 7-2 所示的“Board Options”（系统参数）对话框。

该对话框中主要包括 6 个选项区，下面对其中的设置选项进行简要说明。

（1）“Measurement Unit”选项区

该选项区用于设置度量单位。用户可以在“Unit”下拉列表框中选择“Imperial”（英制）或“Metric”（公制）。其中 1mil=1 英寸=25.4mm。

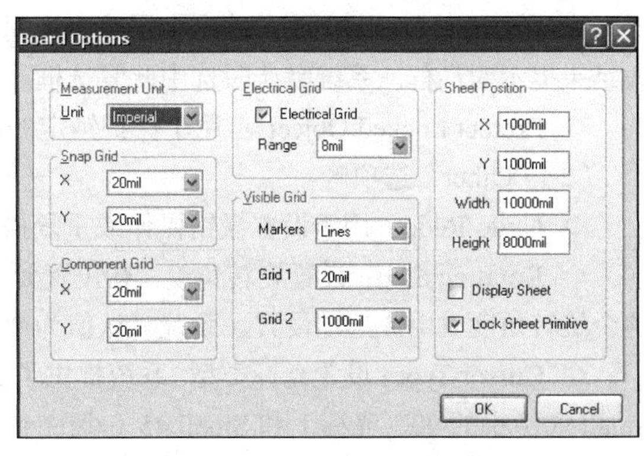

图 7-2　系统参数设置对话框

（2）“Snap Grid”选项区

该选项区用于设置光标捕捉栅格。光标捕捉栅格指光标在捕获图元时跳跃的最小栅格。

（3）“Component Grid”选项区

该选项区用于设置元器件栅格。元器件栅格指光标移动的最小栅格，它可以把元器件整齐排列。

（4）“Electrical Grid”选项区

该选项区用于设置电气栅格。利用电气栅格，可以捕捉到栅格间距附近的图元，并以栅格大小为单位进行移动。

（5）“Visible Grid”选项区

该选项区用于设置可视栅格。“Markers”下拉列表框用来设置栅格形式，包括“Dots”（点式栅格）和“Lines”（线式栅格）。

（6）“Sheet Position”选项区

该选项区用于设置图纸位置，包括 x 轴坐标、y 轴坐标、宽度、高度等参数。

7.2.2　设置 PCB 电路参数

电路参数的设置直接影响 PCB 设计的效果，因此设置电路参数是电路板设计过程中非常重要的一个环节。电路参数设置主要在“Preferences”对话框中实现，执行“Tools→Preference”命令即可打开“Preferences”对话框，如图 7-3 所示。在该对话框中可以对光标显示、层颜色、系统默认值等进行设置。

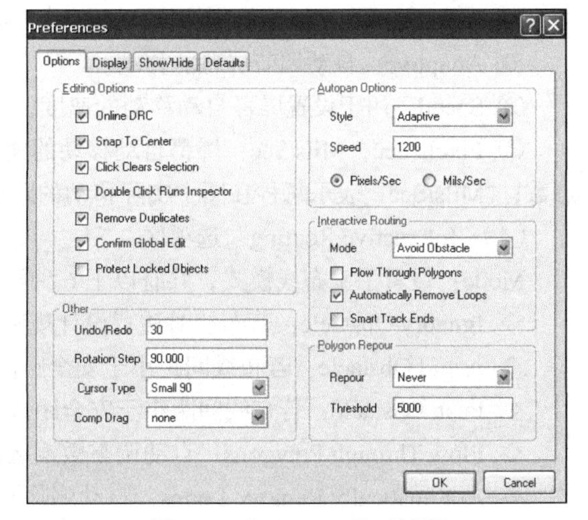

图 7-3　“Preference”对话框

该对话框主要包括 4 个选项卡，分别是：Options（选项）、Display（显示）、Show/Hide（显示/隐藏项目）和 Default（默认）选项卡。下面将对这些选项卡中的内容进行介绍。

1．“Options”选项卡

该选项卡用于设置 Protel DXP 的 PCB 文件的基本选项，主要包含 5 个选项区：Editing Options（编辑）、Other（其他选项）、Autopan Options（自动摇景）、Interactive Routing（手工布线）和 Polygon Repour（敷铜）。

（1）“Editing Options”选项区

◇ Online DRC：在布线时进行 DRC，对违反规则的错误报警。

◇ Snap To Center：自动对准中心。用光标选取元器件时，光标会跳到该元器件的基础点，通常会跳至元器件的第 1 引脚。

◇ Click Clears Selection：取消选择。当用鼠标单击元器件时被选中的元器件将被取消。

◇ Double Click Runs Inspector：当用鼠标双击时启动“Inspector”面板。

◇ Remove Duplicates：自动删除标号重复的元器件。

◇ Confirm Global Edit：确定全局修改。用于设置在进行整体修改时，系统是否出现整体修改结果提示对话框。系统默认时选中此复选框。

◇ Protect Locked Objects：用于保护锁定的对象。

（2）“Other” 选项区

◇ Undo/Redo：用于设置撤销操作或重复操作的步数。

◇ Rotation Step：设置旋转角度。在设置元器件时，按一次空格键，元器件会旋转一个角度，这个旋转角度就由此选项设置。系统默认值为 90°，即按一次空格键，元器件将旋转 90°。

◇ Cursor Type：设置光标类型。系统提供了 3 种光标类型，分别是 Large 90（大的 90° 光标）、Small 90（小的 90° 光标）和 Small 45（小的 45° 光标）。

◇ Comp Drag：设置元器件移动模式。主要有两种移动模式，分别是 “none”（无连接导线移动）和 “Connected Tracks”（连接导线移动）。

（3）“Autopan Options” 选项区

① Style：设置屏幕自动移动方式。在其下拉列表框中包含如下选项。

◇ Disable：禁止屏幕移动。

◇ Re-center：以光标为中心移动屏幕。

◇ Fised Size Fump：以一定的步长移动屏幕。

◇ Shift Accelerate：移动加速。

◇ Shift Decelerate：移动减速。

◇ Ballistic：当光标移动到编辑区边缘时，越往边缘移动，移动的速度就越快。

◇ Adaptive：自动调节屏幕的移动。

② Speed：用于设置屏幕自动移动的速度，所填数字越大，屏幕移动的速度越快。

③ Pixels/Sec，Mils/Sec：屏幕自动移动的速度单位。“Pixels/Sec” 表示每秒移动的屏幕像素点数；“Mils/Sec” 表示每秒在图中实际移动的距离。

（4）“Interactive Routing” 选项区

Mode：设置手工布线模式，共有以下 6 种模式。

◇ Ignaory Obstacle：若布线时违背设计规则，同样可以布线。

◇ Avoid Obstacle：若布线间距小于安全距离时，不予布线。

◇ Push Obstacle：若布线间距小于安全距离时，系统自动调整导线位置以满足布线规则。

◇ Plow Through Polygons：自动调整敷铜区内容，使导线与敷铜区的间距大于安全间距。

◇ Automatically Remove Loops：自动删除同一对节点之间的重复连线。

◇ Smart Track Ends：灵活连接导线端点。

（5）“Polygon Repour” 选项区

◇ Repour：设置敷铜区是否覆盖统一网络导线。

◇ Thresshold：阈值设定，默认值为 5 000。

2. “Display” 选项卡

“Display” 选项卡用于设置一些参数的显示，如图 7-4 所示。该选项卡共包含 4 个选项区，分别是 Display Options（显示参数）、Show（显示）、Draft Thresholds（草稿阈值）和 Layer Drawing Order（层次绘图顺序）。

下面对该选项卡的各个选项区进行介绍。

（1）“Display Options” 选项区

◇ Convert Special Strings：设置是否显示特殊字符串内容。

◇ Highlight in Full：将所选元器件设置为亮显。

◇ Use Net Color For Highlight：设置所选网络为高亮。

◇ Redraw Layers：设置当重画电路板时，系统将逐层进行重画。

◇ Single Layer Mode：设置只显示当前工作层，隐藏其他工作层。

◇ Transparent Layers：设置透明显示模式。选择该项后，所有导线、焊盘都变成透明色。

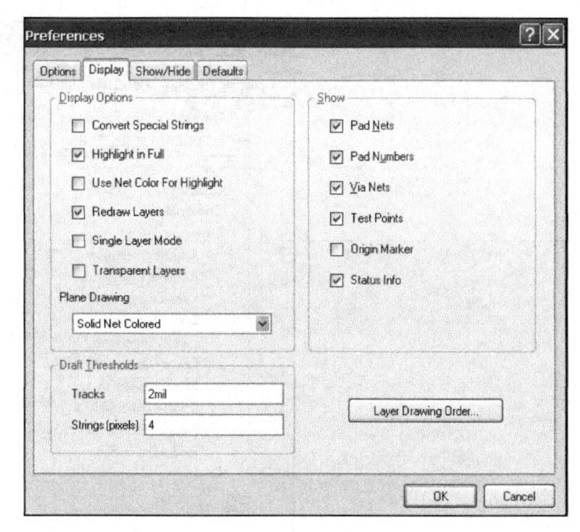

图 7-4 “Display” 选项卡

◇ Plane Drawing：绘制层颜色。

（2）“Show” 选项区

◇ Pad Nets：显示焊盘所属网络。

◇ Pad Numbers：显示焊盘编号。

◇ Via Nets：显示过孔所属网络。

◇ Test Points：对测试点加标注。

◇ Origin Marker：在坐标原点增加标注。

◇ Status Info：显示当前编辑区的信息。

（3）“Draft Thresholds” 选项区

◇ Tracks：设置导线分辨率。

◇ Strings：字符中每个字符的像素点阵大小。

◇ Layer Drawing Order：在重新绘制界面时，按照设定的顺序分别重画各个图层。

3. “Show/Hide” 选项卡

“Show/Hide” 选项卡（见图 7-5）主要用于设置各种图形的显示模式，共有 3 种模式，分别是 Final（精细型）、Draft（简易型）和 Hidden（隐藏显示型）。该选项卡可设置 11 种图形的显示模式，即 Arcs（圆弧）、Fills（填充）、Pads（焊盘）、Polygons（多边形区域）、Dimensions（尺寸标注）、Strings（字符串）、Tracks（导线）、Vias（过孔）、Coordinates（共差配合）、Rooms（区域）和 From Tos（飞线）。

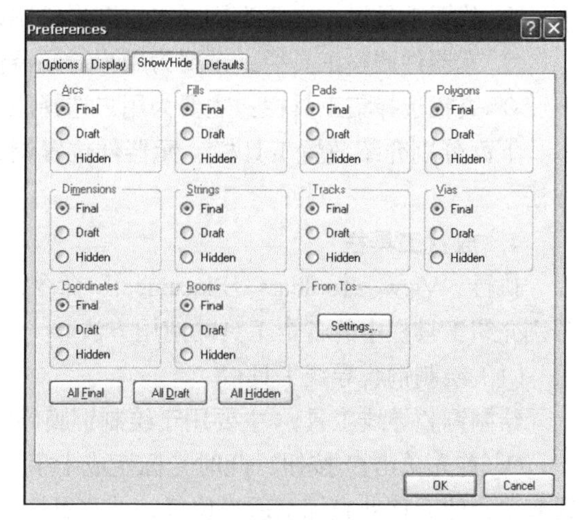

图 7-5 “Show/Hide” 选项卡

4. “Default” 选项卡

“Default” 选项卡用于设置系统默认值，如图 7-6 所示。单击 “Load…”、“Save As…” 和 “Reset All” 按钮可进行系统默认设置文件的读取、保存操作。“Eadit Values…” 按钮用于编辑 “Primitive Type” 选项中的默认值。

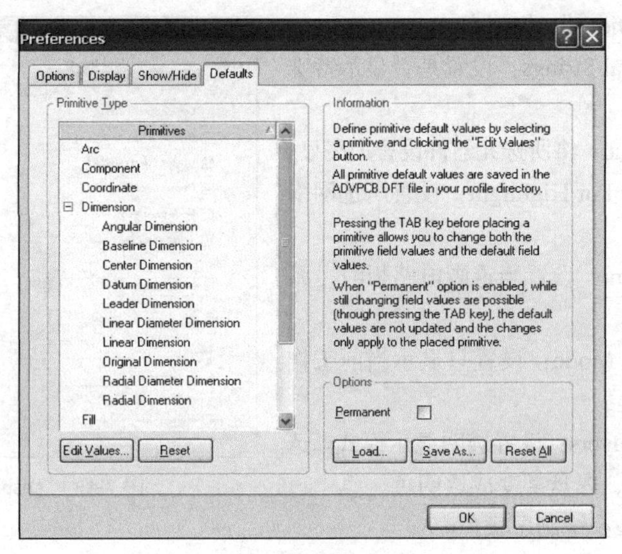

图 7-6 “Default”选项卡

7.2.3 PCB 设计工具栏

与原理图设计系统一样，PCB 设计系统也提供了各种工具栏，如图 7-7 所示。

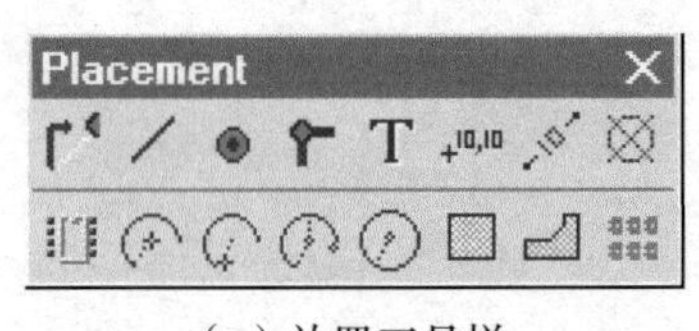

（a）放置工具栏

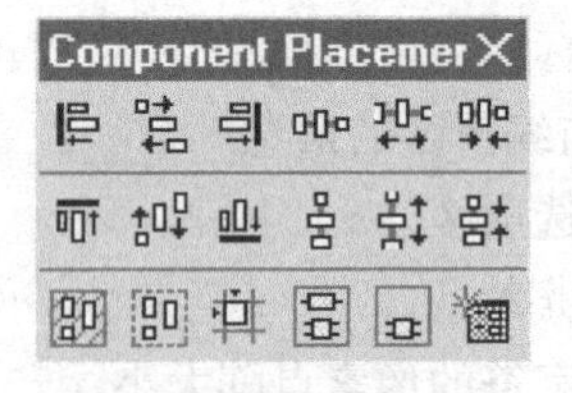

（b）元器件调整工具栏

（c）查找选择集工具栏

图 7-7 PCB 工具栏

◇ 放置工具栏：主要为用户提供图形绘制以及布线工具。

◇ 元器件调整工具栏：主要为用户对元器件进行调整提供方便。

◇ 查找选择集工具栏：主要为用户选择原来所选的元器件提供方便。

下面分别介绍放置工具栏、元器件位置调整工具栏和查找选择集工具栏中各个工具的使用方法。

1. 放置工具栏

执行“View→Toolbars→Placement”命令，即可打开如图 7-7（a）所示的放置工具栏，下面分别介绍工具栏中的各个工具的使用方法。

（1）绘制铜膜导线工具

绘制铜膜导线工具主要用于绘制铜膜导线，具体使用方法如下。

① 首先单击按钮，此时光标变成十字形状，选择合适位置，单击鼠标左键，确定铜膜导线起点，然后移动光标至适当位置，单击鼠标左键确定铜膜导线终点，再单击鼠标右键即完成此段铜膜导线的绘制，效果如图 7-8 所示。

② 此时光标仍处于绘制铜膜导线状态，设计者若对铜膜导线的宽度、焊孔直径等参数不满意，可以按 Tab 键，在随后出现的铜膜导线属性设置对话框中设置铜膜导线宽度、焊孔内径与外径及

铜膜导线所敷设的层面。若是双层板则在“Layer”下拉列表框中选择“Top Layer”（首层）或“Bottom Layer”（底层），如图 7-9 所示。

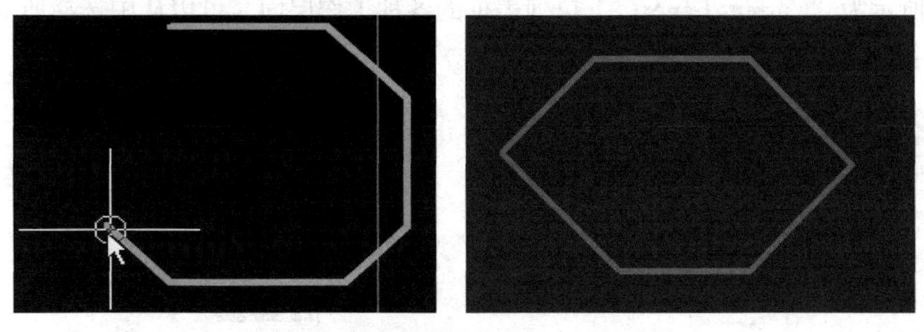

图 7-8　绘制铜膜导线工具应用的效果

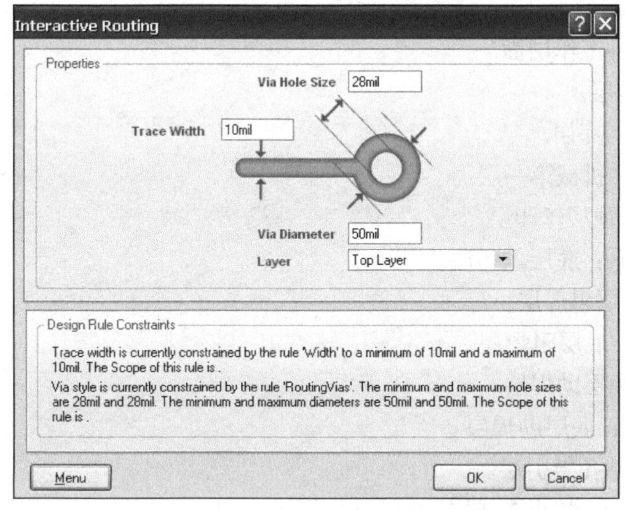

图 7-9　铜膜导线属性设置对话框

③ 再次单击鼠标右键即可退出绘制铜膜导线状态，此方法也适用于其他工具的退出操作。

（2）绘制直导线工具／

绘制直导线工具／用于绘制直线，通常用来绘制电路板的电气边框，具体使用方法如下。

① 首先单击／按钮，此时光标变成十字形状，选择合适位置，单击鼠标左键，确定直导线起点，然后移动光标至适当位置，单击鼠标左键确定直导线终点，再单击鼠标右键即完成此段直导线地绘制，效果如图 7-10 所示。

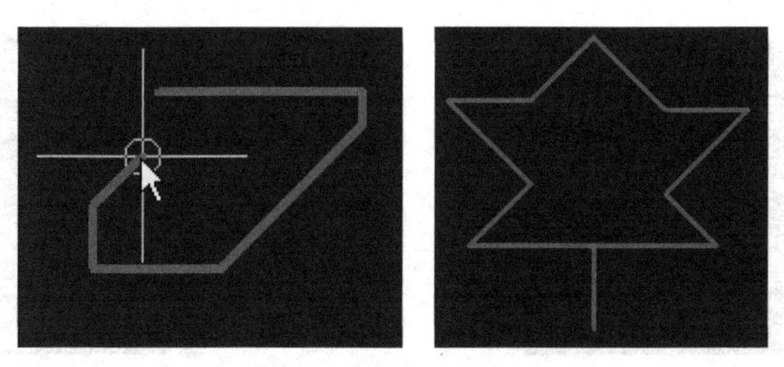

图 7-10　绘制直导线的效果

② 此时光标仍处于绘制直导线状态，设计者若对直导线的宽度、所在层面不满意，可以按键

盘上的 Tab 键，在随后弹出的直导线属性设置对话框中设置直导线宽度和敷设的层面，如图 7-11 所示。

图 7-12 所示为“Current Layer”下拉列表框的各种工作层面，可以从中选择所需的层面，单击“OK”按钮即可完成直导线的设置。

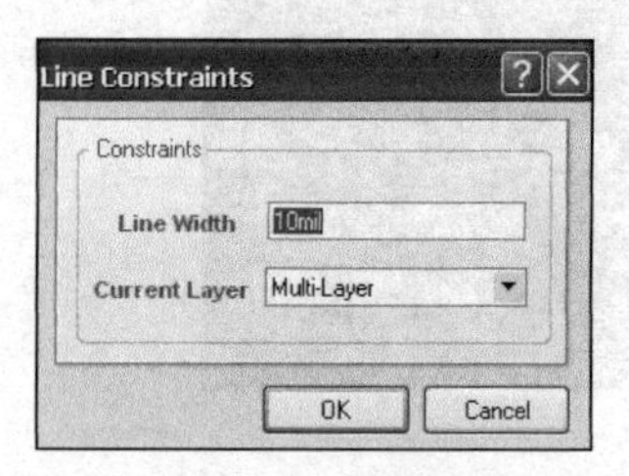

图 7-11　直导线属性设置对话框

图 7-12　“Current Layer”下拉列表框中的各种工作层

下面简要介绍各种工作层面。

◇ Top Layer：首层。

◇ Bottom Layer：底层。

◇ Mechanical 1：机械第一层。

◇ Top Overlay：顶层丝印层。

◇ Bottom Overlay：底层丝印层。

◇ Top Paste：顶层阻焊层。

◇ Bottom Paste：底层阻焊层。

◇ Top Solder：顶层助焊层。

◇ Bottom Solder：底层助焊层。

◇ Drill Guide：钻孔导引层。

◇ Keep-Out Layer：禁止布线层。

◇ Drill Drawing：钻孔图层。

◇ Multi-Layer：复合层。

（3）放置焊盘工具

放置焊盘工具 用于绘制电路板中的焊盘，具体使用方法如下。

① 首先单击 按钮或执行“Place→Pad”命令，此时光标变成十字形状并带有焊盘，如图 7-13 所示。

② 选择合适位置，单击鼠标左键，即完成此焊盘的放置，放置效果如图 7-14 所示。

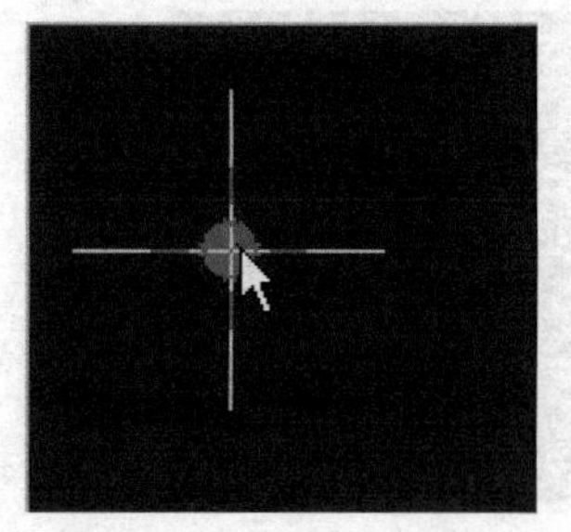

图 7-13　带有焊盘的十字形状光标

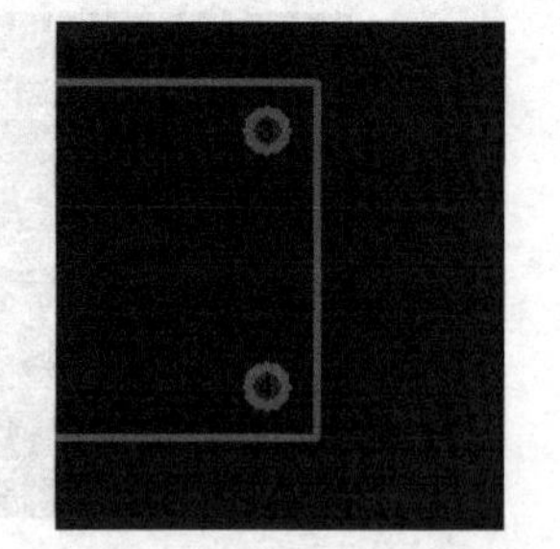

图 7-14　放置焊盘后的效果

③ 此时光标仍处于放置焊盘状态，设计者若对焊盘孔径、旋转角度及所在层面等参数不满意，

可以按 Tab 键，在随后弹出的焊盘属性设置对话框中设置焊盘的内径、外径、旋转角度、焊盘外形等参数，如图 7-15 所示。

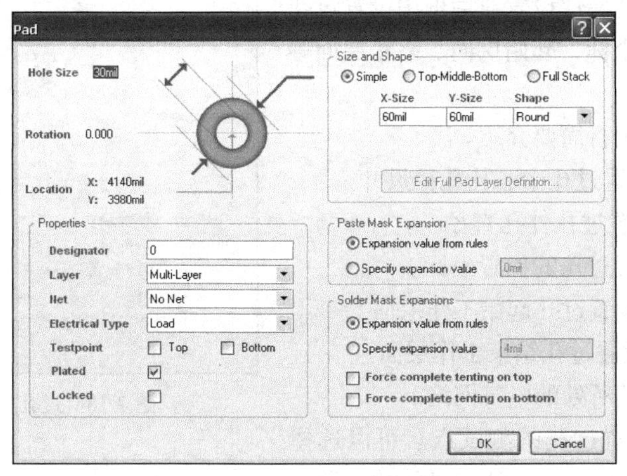

图 7-15　焊盘属性设置对话框

下面对该对话框进行简要介绍。

◇ Hole Size：设置焊盘中心孔孔径尺寸。

◇ Rotation：设置焊盘旋转角度。

◇ Lacation：设置焊盘的位置坐标。

◇ Layer：设置焊盘所在工作层面。

◇ Net：设置焊盘所处的电气网络。

◇ Electrical Type：设置焊盘的电气类型。

◇ Testpoint：设置焊盘的测试点，可以选择“Top”（顶层）或“Bottom”（底层）复选框。

◇ Plated：设置焊盘是否镀锡。

◇ Locked：设置是否锁定焊盘的位置。

◇ Size and Shape：设置焊盘的尺寸与外形，通常选择默认值 Simple 形式即可。

◇ Paste Mask Expansions：焊锡膏防护层设定。

◇ Solder Mask Expansions：阻焊层设定。

（4）放置过孔工具

放置过孔工具用于在电路板上放置过孔，具体使用方法如下。

① 首先单击按钮或执行“Place→Via”命令，此时光标变成十字形状并带有过孔，如图 7-16 所示。

② 选择合适位置后单击鼠标左键，即完成此过孔的放置，放置效果如图 7-17 所示。

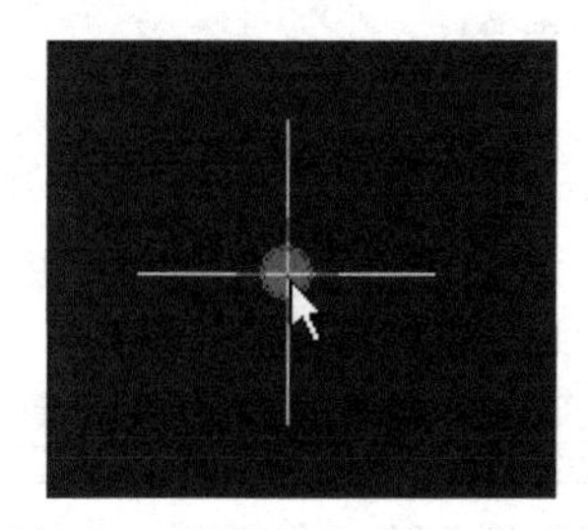

图 7-16　放置过孔时光标的形状

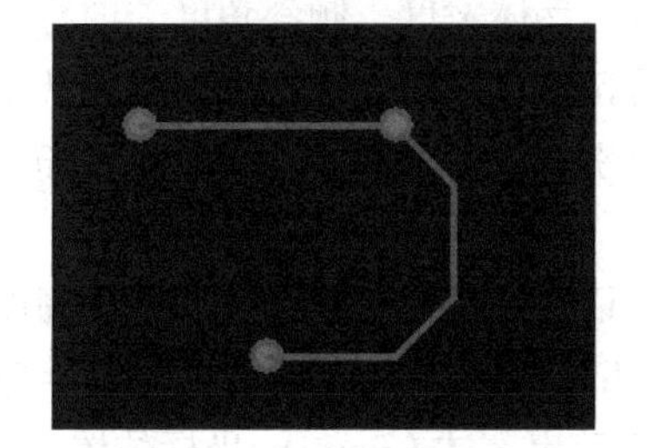

图 7-17　放置过孔后的效果

③ 此时光标仍处于放置过孔状态，设计者若对过孔孔径及所在层面等参数不满意，可以按 Tab 键，在随后弹出的过孔属性设置对话框中设置过孔的内径、外径、中心坐标、起始层面、终止层面等参数，如图 7-18 所示。

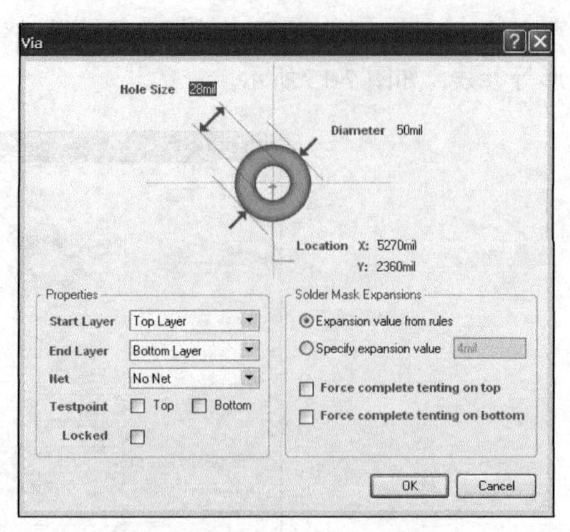

图 7-18　过孔属性设置对话框

下面对该对话框进行简要介绍。

◇ Hole Size：设置过孔中心孔孔径尺寸。

◇ Diameter：设置过孔外孔直径。

◇ Lacation：设置过孔的位置坐标。

◇ Start Layer：设置过孔起始工作层面。

◇ End Layer：设置过孔结束工作层面。

◇ Net：设置过孔所处的电气网络。

◇ Testpoint：设置过孔的测试点。可以选择“Top”（顶层）或“Bottom”（底层）复选框。

◇ Locked：设置是否锁定过孔的位置。

◇ Solder Mask Expansions：阻焊层设定。

（5）放置字符串工具 T

放置字符串工具 T 用于放置字符串对电路板进行标记，具体使用方法如下。

① 首先单击 T 按钮或执行“Place→String”命令，此时光标变成十字形状并带有字符串，如图 7-19 所示。

② 选择合适位置后单击鼠标左键，即完成此字符串的放置，效果如图 7-20 所示。

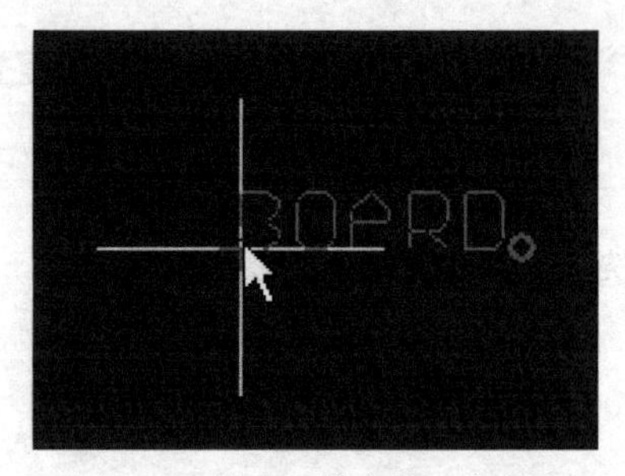

图 7-19　带有字符串的十字光标

图 7-20　放置字符串后的效果

③ 此时光标仍处于放置字符串状态，设计者若对字符串高度、字体宽度及旋转角度等参数不满意，可以按 Tab 键，在随后弹出的字符串属性设置对话框中设置字符串的高度、字体宽度、倾斜角度、内容及所在层面等参数。也可按键盘上的空格键来设置旋转角度，共有 4 种角度，分别是 0°、90°、180° 和 270°，如图 7-21 所示。

在该对话框中用户可以设置字符串高度（Height）、宽度（Width）、角度（Rotation）、内容（Test）、工作层（Layer）、字符串字体（Font）、坐标位置（Location）等。

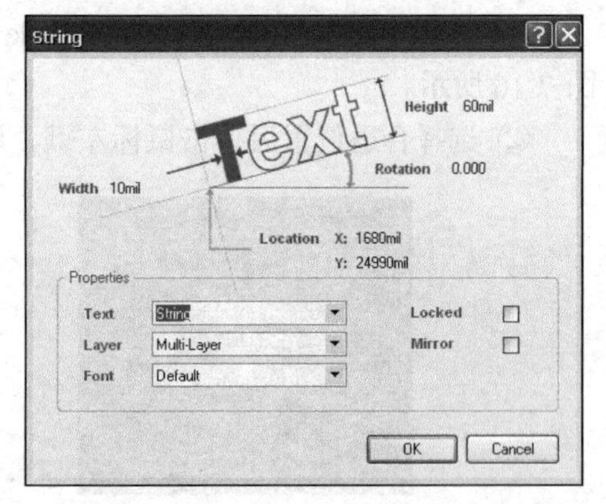

图 7-21　字符串属性设置对话框

④ 单击鼠标右键即可退出放置字符串状态。

（6）放置坐标工具

放置坐标工具用于放置坐标以确定元器件在电路板上的位置，具体使用方法如下。

① 首先单击按钮或执行“Place→Coordinate”命令，此时光标变成十字形状并带有坐标，如图 7-22 所示。

② 选择合适位置后单击鼠标左键，即完成此坐标的放置，效果如图 7-23 所示。

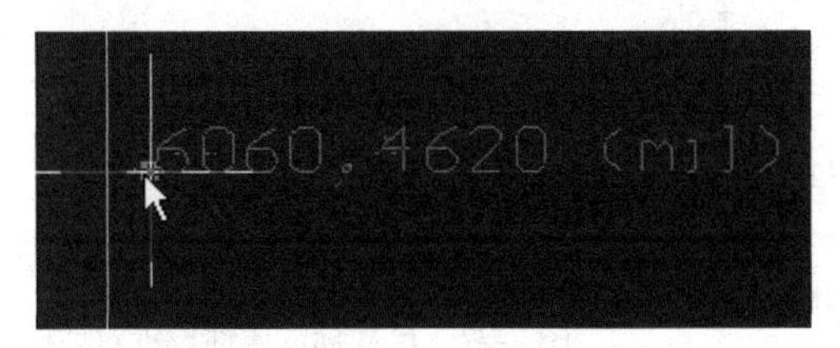

图 7-22　带有坐标的十字形光标

图 7-23　放置坐标后的效果

③ 此时光标仍处于放置坐标状态，设计者若对坐标高度、字体宽度及十字符号的位置等参数不满意，可以按 Tab 键，在随后弹出的坐标属性设置对话框中设置坐标的高度、字体宽度、十字符号的宽度、长度及坐标所在层面等参数，如图 7-24 所示。

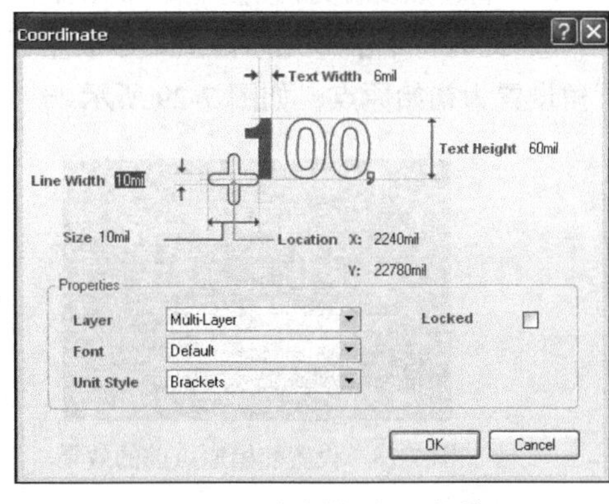

图 7-24　坐标属性设置对话框

在该对话框中可以设置如下参数。

◇ Test Width：设置文字单位宽度。

◇ Test Height：设置文字高度。

◇ Line Width：设置十字符号的线宽。

◇ Location：设置十字符号的坐标位置。

◇ Size：设置十字符号的尺寸。

◇ Unit Style：设置标注类型。

④ 单击鼠标右键即可退出放置坐标状态。

（7）放置尺寸标注工具

放置尺寸标注工具用于放置尺寸标注以确定电路板的尺寸，具体使用方法如下。

① 首先单击按钮，此时光标变成十字形状，并带有尺寸标注，如图 7-25 所示。

② 选择合适位置后单击鼠标左键，即完成此尺寸标注的放置，效果如图 7-26 所示。

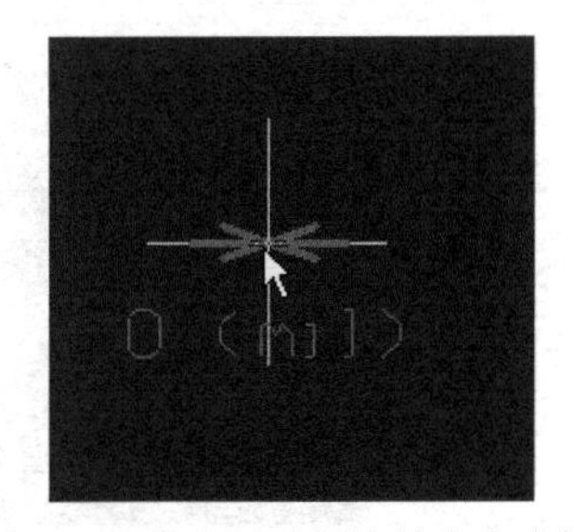

图 7-25　带有尺寸标注的十字光标

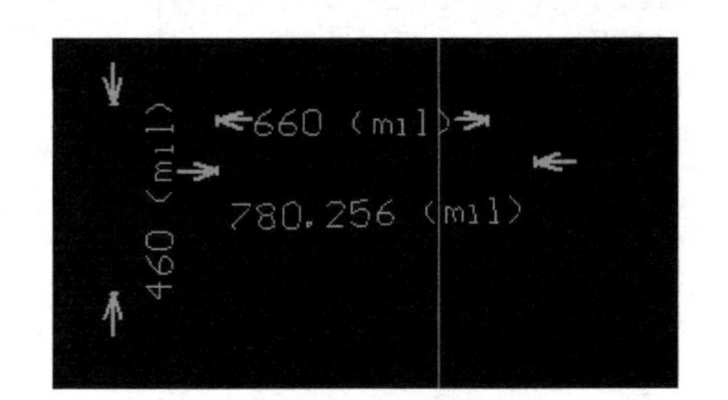

图 7-26　放置多个尺寸标注时的效果

③ 此时光标仍处于放置尺寸标注状态，设计者若对尺寸标注的高度、线宽及字宽等参数不满意，可以按 Tab 键，在随后弹出的尺寸标注属性设置对话框中设置尺寸标注的高度、字体宽度、线宽度、

起点坐标、终点坐标、所在层面等参数。可单击鼠标左键不放松来进行旋转或拉伸操作，也可按键盘上的空格键来设置旋转角度，共有 4 种角度，分别是 0°、90°、180° 和 270°，如图 7-27 所示。

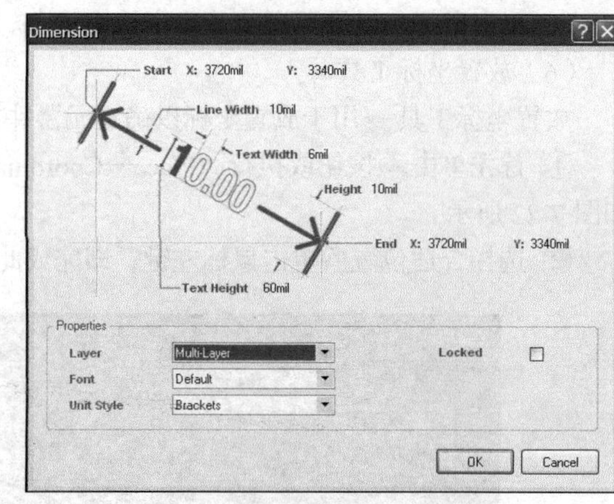

图 7-27 尺寸标注属性设置对话框

④ 单击鼠标右键即可退出放置尺寸标注状态。

（8）设置初始原点工具

设置初始原点工具用于设置绘制电路板时的初始原点，具体使用方法如下。

① 首先单击按钮，此时光标变成十字形状，选择将要设为原点的位置，然后单击鼠标左键，即可将该点设置为初始原点，效果如图 7-28 所示。

② 此时将十字形光标移至矩形框左下角上方，单击鼠标左键，就可看到系统自动将矩形框左下角设置为初始原点，如图 7-29 所示。

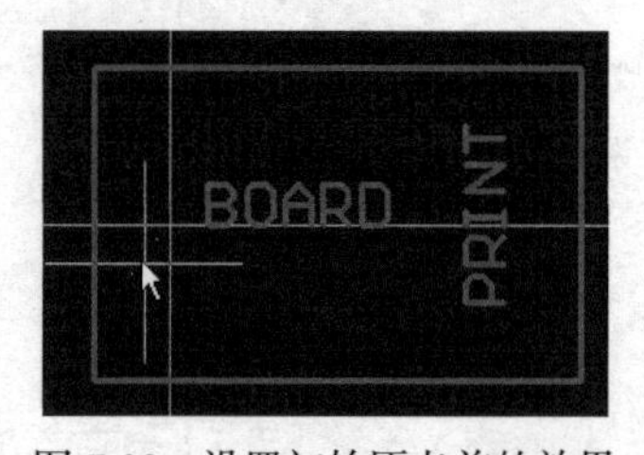

图 7-28 设置初始原点前的效果

图 7-29 设置初始原点后的效果

③ 单击鼠标右键即可退出放置初始原点状态。

（9）放置元器件封装工具

放置元器件封装工具用于放置元器件封装，具体使用方法如下。

① 首先单击按钮或执行“Place→Component”命令，弹出如图 7-30 所示的对话框。

② 如果用户不知道所需要的元器件封装的确切名称，此时可单击该对话框中的...按钮，将弹出如图 7-31 所示的查找元器件封装对话框。

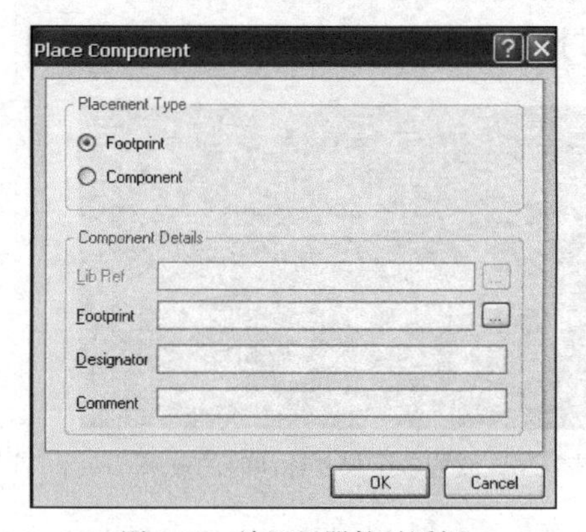

图 7-30 放置元器件对话框

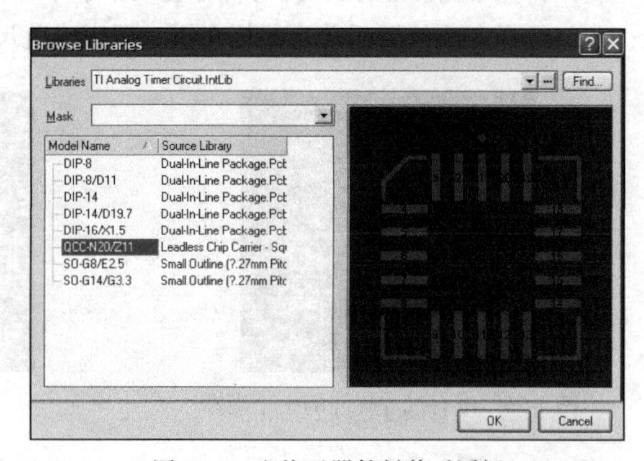

图 7-31 查找元器件封装对话框

③ 选择所需元器件封装后，单击“OK”按钮，系统自动将所选元器件封装加载到如图 7-32 所示的放置元器件封装对话框中。

④ 单击“OK”按钮，即可将该元器件封装放置在工作区中，如图 7-33 所示。

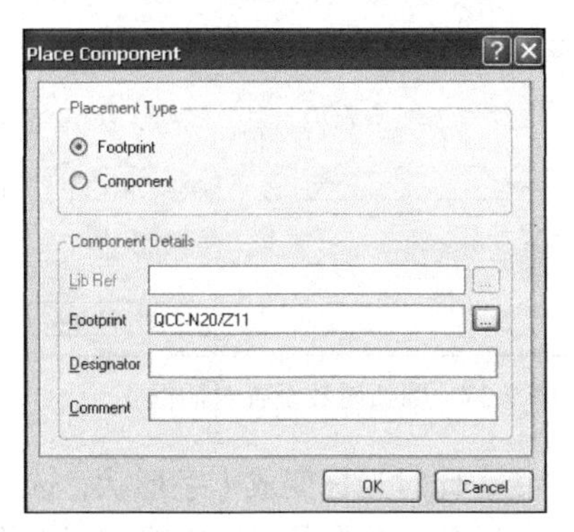

图 7-32　选取元器件封装后的放置对话框

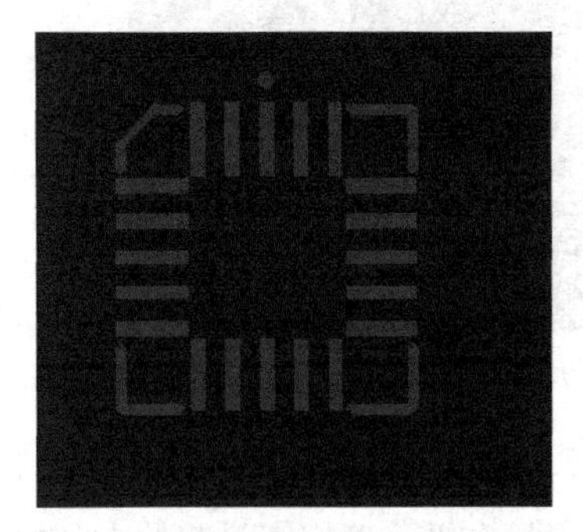

图 7-33　放置元器件封装后的效果

⑤ 如果用户知道所需要的元器件封装的名称，可在如图 7-34 所示的对话框中输入该名称，例如输入 PIN1，然后单击“OK”按钮，系统将自动查找该元器件封装，查找到的封装如图 7-35 所示。

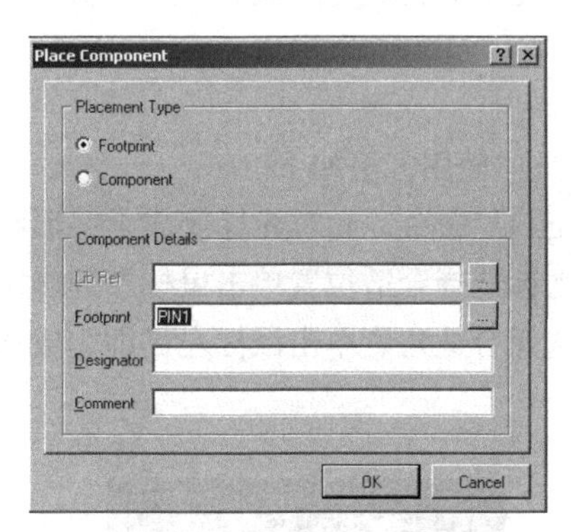

图 7-34　查找封装 PIN1

图 7-35　查找到的 PIN1 元器件封装

（10）绘制圆弧（中心法）工具

绘制圆弧（中心法）工具用于绘制圆弧，具体使用方法如下。

① 首先单击按钮或执行“Place→Arc[Center]”命令，此时光标变成十字形状，选择合适位置，单击鼠标左键，确定圆弧中心；将光标移至适当位置单击鼠标左键，确定圆弧半径，此时光标将自动调到对面圆弧上方，单击鼠标左键进行旋转选择需要的圆弧，再单击鼠标左键即完成圆弧的绘制，如图 7-36 所示。

② 此时仍处于绘制圆弧状态，如果用户对所绘制圆弧的线宽、初始角度和终止角度等参数不够满意，可按 Tab 键，将弹出如图 7-37 所示的圆弧属性设置对话框。

在该对话框中可对线宽、中心坐标、初始角度、终止角度等参数进行重新设置，然后再进行绘制。

③ 单击鼠标右键即可退出绘制圆弧状态。

（11）绘制圆弧（边缘法）工具

绘制圆弧（边缘法）工具用于绘制圆弧，具体使用方法如下。

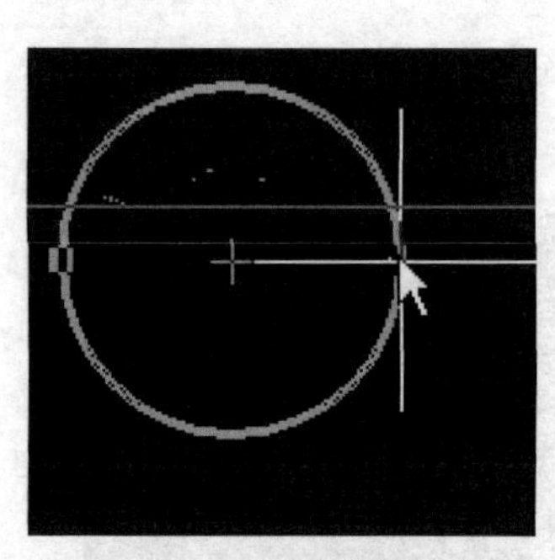

图 7-36　中心法绘制圆弧的效果

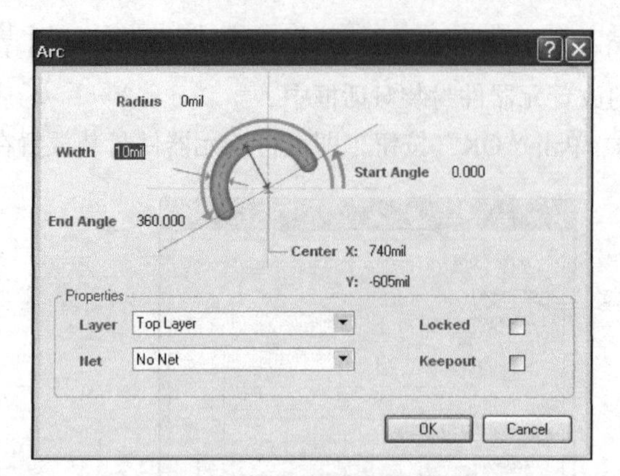

图 7-37　圆弧属数设置对话框

① 首先单击按钮或执行“Place→Arc[Edge]”命令，此时光标变成十字形状，选择合适位置，单击鼠标左键，确定圆弧起始点，再拖动光标选择合适角度单击鼠标左键确定圆弧终点，即完成该段圆弧的绘制，效果如图 7-38 所示。

② 此时仍处于绘制圆弧状态，如果用户对所绘制圆弧的线宽、初始角度和终止角度等参数不够满意，可按 Tab 键，弹出如图 7-37 所示的圆弧属性设置对话框。在该对话框中可对线宽、中心坐标、初始角度、终止角度等参数进行重新设置，设置完毕后再进行绘制。

③ 单击鼠标右键即可退出绘制圆弧状态。

（12）绘制圆弧（角度旋转法）工具

绘制圆弧（角度旋转法）工具用于绘制圆弧，具体使用方法如下。

① 首先单击按钮或执行“Place→Arc[Any Angle]”命令，此时光标变成十字形状，选择合适位置，单击鼠标左键，确定圆弧起始点，再拖动光标选择合适位置单击鼠标左键确定圆弧中心，此时光标将自动移到圆弧的另一端点，拖动光标选择合适角度单击鼠标左键即完成该段圆弧的绘制，效果如图 7-39 所示。

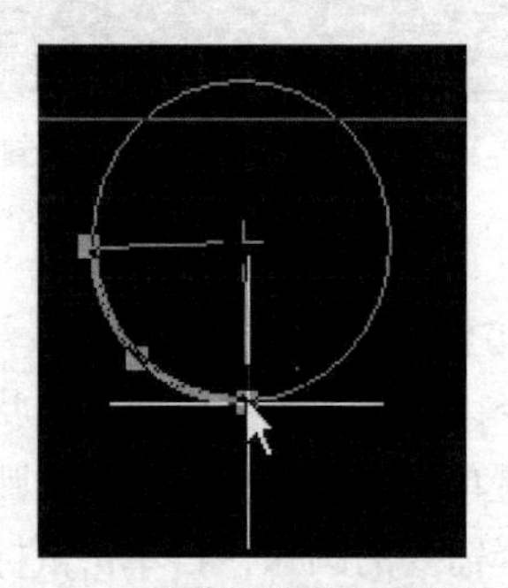

图 7-38　边缘法绘制圆弧的效果

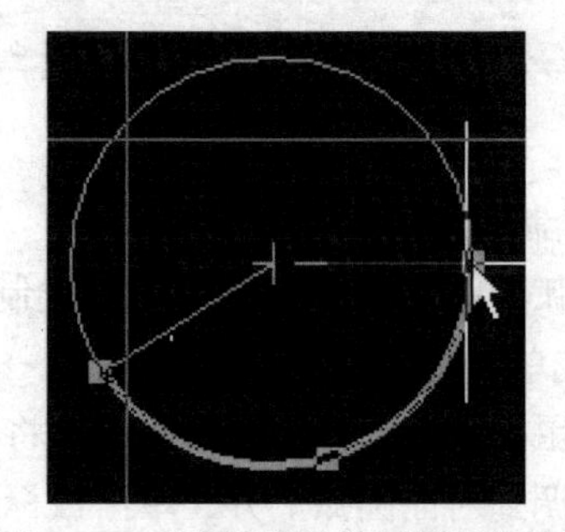

图 7-39　角度旋转法绘制圆弧的效果

② 此时仍处于绘制圆弧状态，如果用户对所绘制圆弧的线宽、初始角度、终止角度等参数不够满意，可按 Tab 键，将弹出如图 7-37 所示的圆弧属性设置对话框。在该对话框中可对线宽、中心坐标、初始角度、终止角度等参数进行重新设置，设置完毕后再进行绘制。

③ 单击鼠标右键即可退出绘制圆弧状态。

（13）绘制圆工具

绘制圆工具用于绘制圆形，具体使用方法如下。

① 首先单击按钮或执行“Place→Full Circle”命令，此时光标变成十字形状，选择合适位

置，单击鼠标左键，确定圆心位置，再选择合适位置单击鼠标左键，即可完成该圆的绘制，如图 7-40 所示。

② 此时仍处于绘制圆状态，如果用户对所绘制圆的线宽、初始角度和终止角度等参数不够满意，可按 Tab 键，将弹出如图 7-37 所示的圆弧属性设置对话框。在该对话框中可对线宽、中心坐标、初始角度、终止角度等参数进行重新设置，设置完毕后再进行绘制。

③ 单击鼠标右键即可退出绘制圆状态。

（14）放置填充工具

放置填充工具用于绘制填充，具体使用方法如下。

① 首先单击按钮或执行“Place→Fill”命令，此时光标变成十字形状，将光标移至合适位置，单击鼠标左键确定填充的左上角位置，然后向右下方拖动光标，在适当位置单击鼠标左键，即完成填充的放置，如图 7-41 所示。

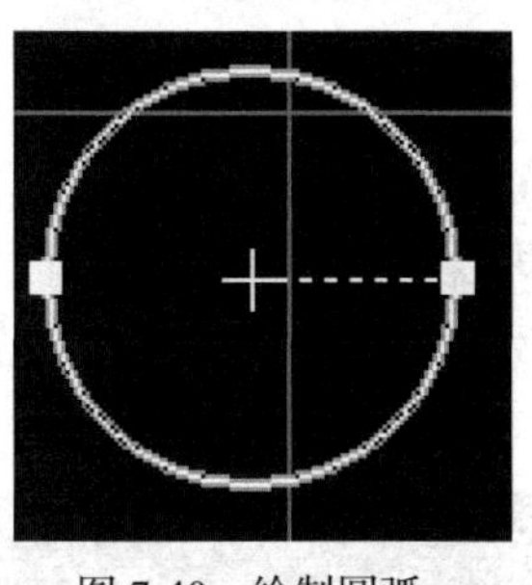

图 7-40　绘制圆弧

图 7-41　放置填充后的效果

② 此时仍处于放置填充的状态，如果用户对所放置的填充的角度、所在层面等参数不够满意，可按 Tab 键，将弹出如图 7-42 所示的填充属性设置对话框。

在该对话框中可对填充的左下角坐标、右上角坐标及倾斜角度等参数进行重新设置。设置倾斜角度，可按空格键来设置，共有 4 种角度，分别是 0°、90°、180° 和 270°，设置完毕后再进行绘制。

③ 单击鼠标右键即可退出放置填充状态。

（15）放置敷铜平面工具

放置敷铜平面工具用于放置敷铜平面，具体使用方法如下。

① 首先单击按钮或执行“Place→Polygon Plane”命令，弹出如图 7-43 所示的对话框。

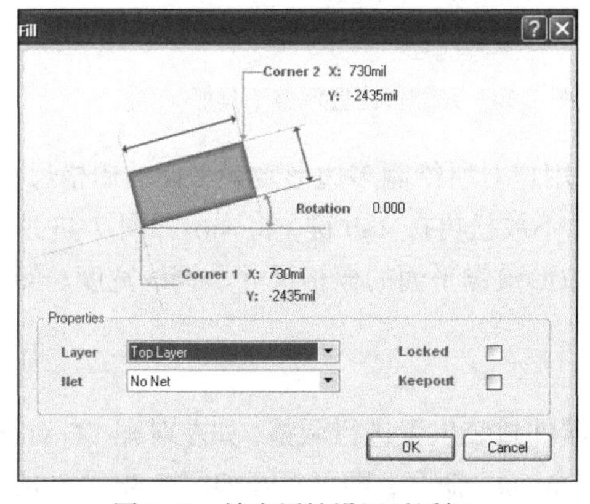

图 7-42　填充属性设置对话框

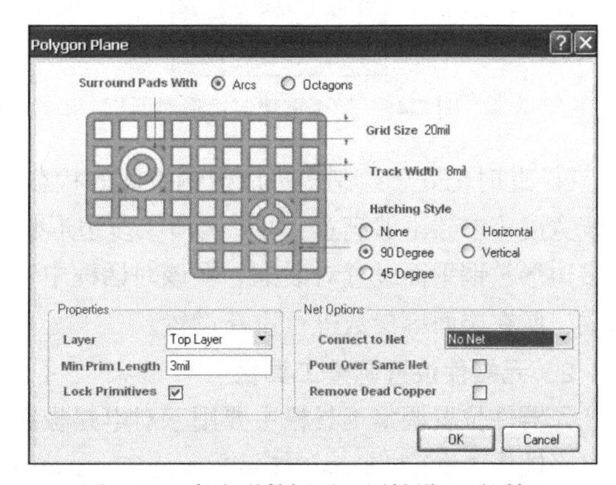

图 7-43　多边形敷铜平面属性设置对话框

下面简要介绍该对话框中的各个选项。

a. “Hatching Style”（影线方式）选项区

◇ None：无敷铜方式。

◇ 90 Degree：90° 铜膜线敷铜。

◇ 45 Degree：45° 铜膜线敷铜。

◇ Horizontal：水平铜膜线敷铜。

◇ Vertical：垂直铜膜线敷铜。

b. “Properties”（属性）选项区

◇ Layer：设置多边形敷铜所在板层。

◇ Min Prim Length：设置铜膜线最短长度。设置值越大，绘制多边形敷铜的速度越快；设置值越小，多边形边缘越平滑。

◇ Lock Primitives：设置是否锁定 Primitives 元器件。

c. “Net Options”（网络选项）选项区

◇ Connect To Net：设置多边形连接的网络名。

◇ Pour Over Same Net：设置在遇到相同网络的铜膜线和焊盘时是否直接覆盖过去。

◇ Remove Dead Copper：设置是否删除“死铜”。所谓“死铜”是指独立而无法连接到指定网络的铜膜。

② 分别选中“Hatching Style”（影线方式）选项区中的 None、90 Degree、45 Degree、Horizontal 和 Vertical 5 种影线方式，进行多边形敷铜平面绘制。此时光标将变成十字形状，将其移到合适位置单击鼠标左键，确定多边形一个端点位置。依次移动光标到合适位置，单击鼠标左键，确定其他各个端点位置，最后单击鼠标右键，完成敷铜多边形的绘制，如图 7-44 所示。

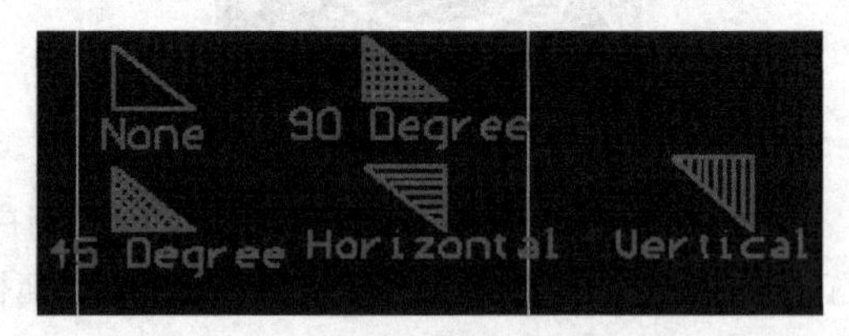

图 7-44　各种影线形式的敷铜

③ 在移动所绘多边形后将弹出如图 7-45 所示的对话框，单击“Yes”按钮后可以移动多边形，若单击“No”按钮，则所绘制的多边形不可移动。

图 7-45　是否重建多边形对话框

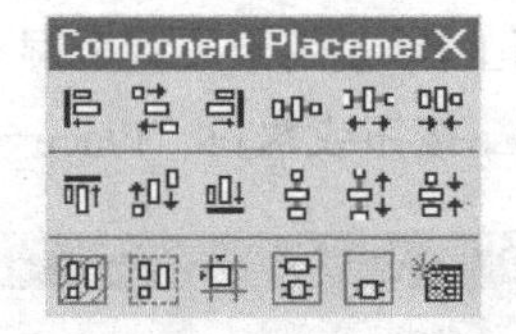

图 7-46　元器件位置调整工具栏

④ 此时仍处于绘制多边形敷铜平面的状态，如果用户对所绘制多边形敷铜平面的栅格尺寸、铜线宽度等参数不够满意，可单击所绘多边形敷铜平面不放松再按 Tab 键，将弹出如图 7-43 所示的多边形敷铜平面设置对话框。在该对话框中可对多边形敷铜平面的栅格尺寸、铜线宽度、影线格式、所在层面等参数进行重新设置。

2. 元器件位置调整工具栏

元器件位置调整工具栏主要用于对电路板中的元器件封装位置进行调整，如左对齐、右对齐、水平平铺等。执行“View→Toolbars→ Component Placement”命令，即可打开如图 7-46 所示的元器件位置调整工具栏。

元器件位置调整工具栏中各个工具的作用如下。

◇ ：选取对象左对齐。

◇ ：选取对象水平居中。

◇ ：选取对象右对齐。

◇ ：选取对象水平平铺。

◇ ：选取对象水平间距增大。

◇ ：选取对象水平间距缩小。

◇ ：选取对象上对齐。

◇ ：选取对象垂直居中。

◇ ：选取对象下对齐。

◇ ：选取对象垂直平铺。

◇ ：选取对象垂直间距增大。

◇ ：选取对象垂直间距缩小。

◇ ：元器件外形移入布置空间内。

◇ ：元器件外形移入选取区域内。

◇ ：将对象移至咬合格点定位。

◇ ：将选取对象创建联合。

◇ ：拆开联合。

◇ ：调用“Align Component”对话框。

下面以水平居中工具为例，介绍元器件调整工具的用法。例如，工作区中散乱排布的元器件封装如图 7-47 所示，首先框选所有元器件封装，如图 7-48 所示。

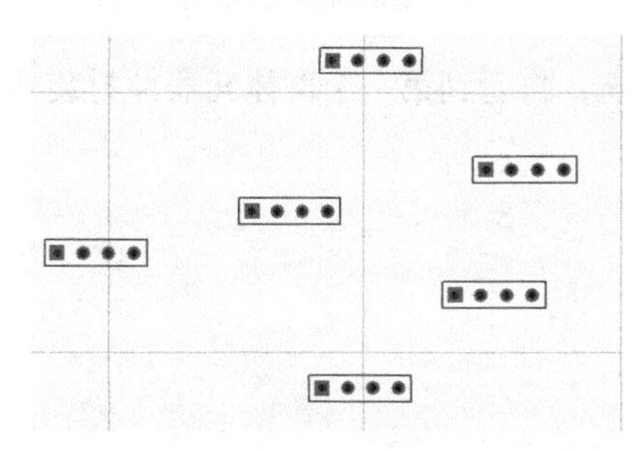

图 7-47　散乱排布的元器件封装

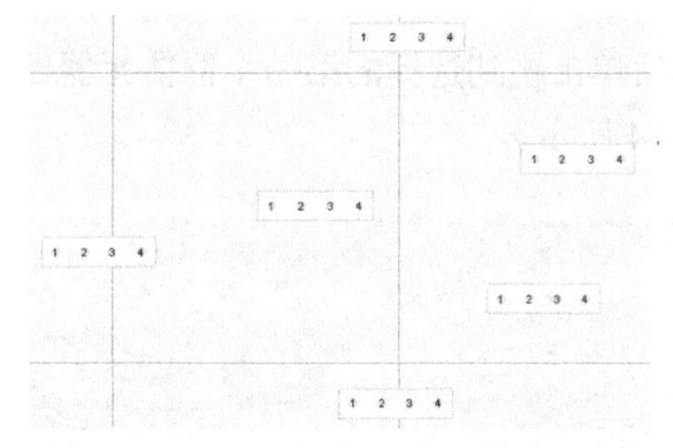

图 7-48　框选元器件封装

然后单击对象水平居中按钮，此时光标变成十字形状，如图 7-49 所示。将光标移动到所框选对象上方，单击鼠标左键，则所有框选封装将按水平居中对齐，如图 7-50 所示。

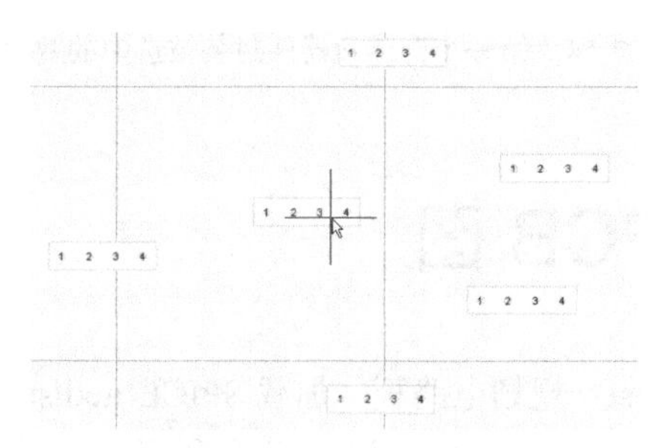

图 7-49　光标形状

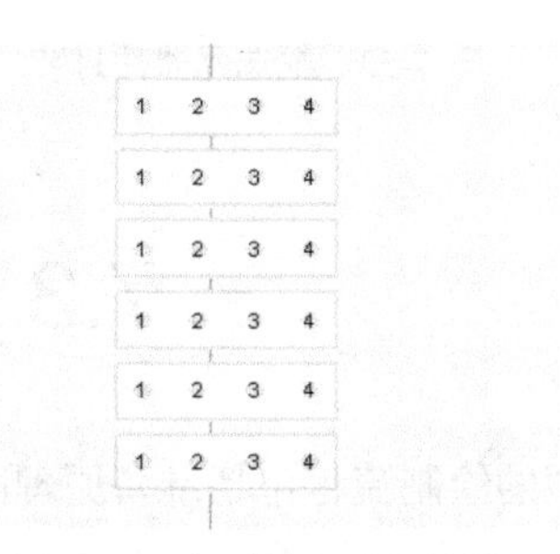

图 7-50　水平居中对齐效果

3. 查找选择集工具栏

查找选择集工具栏主要为用户选择原来所选的元器件提供方便。执行“File→Toolbars→Find Selections”命令，即可打开查找选择集工具栏，如图 7-51 所示。

查找选择集工具栏中各个工具的作用如下。

◇ ：跳到选择的第一个单体元器件封装。
◇ ：跳到选择的上一个单体元器件封装。
◇ ：跳到选择的下一个单体元器件封装。
◇ ：跳到选择的最后一个单体元器件封装。
◇ ：跳到选择的第一个群体元器件封装。
◇ ：跳到选择的上一个群体元器件封装。
◇ ：跳到选择的下一个群体元器件封装。
◇ ：跳到选择的最后一个群体元器件封装。

下面以跳到选择的第一个群体元器件封装工具为例，介绍查找选择集工具的用法。例如工作区中散乱排布的元器件封装如图 7-52 所示，首先框选所有元器件封装，如图 7-53 所示。

图 7-51　查找选择集工具栏

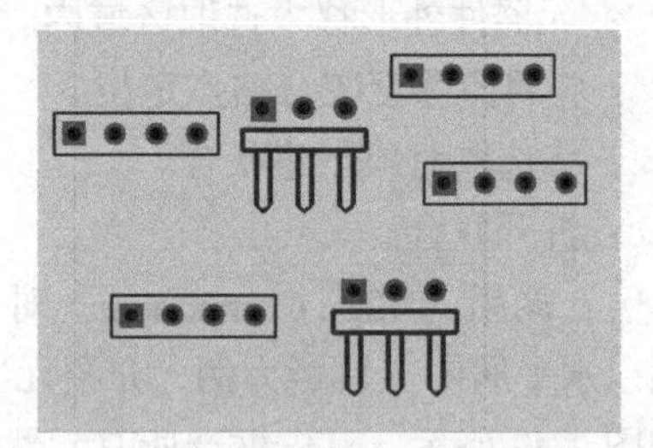

图 7-52　散乱排布的元器件封装

然后单击跳到选择的第一个群体元器件封装按钮，将看到第一个群体元器件封装被选中，如图 7-54 所示。

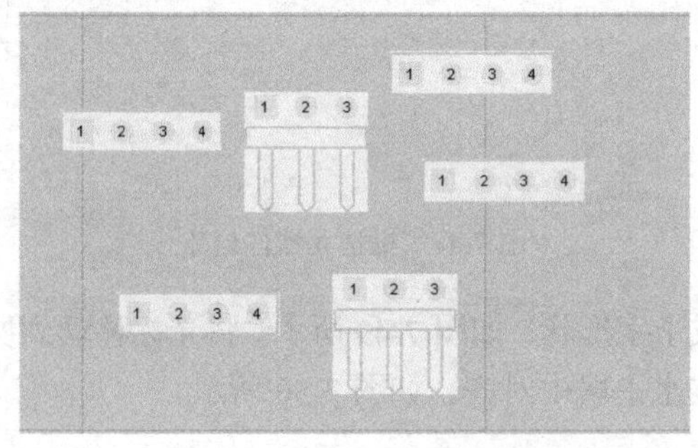

图 7-53　框选元器件封装

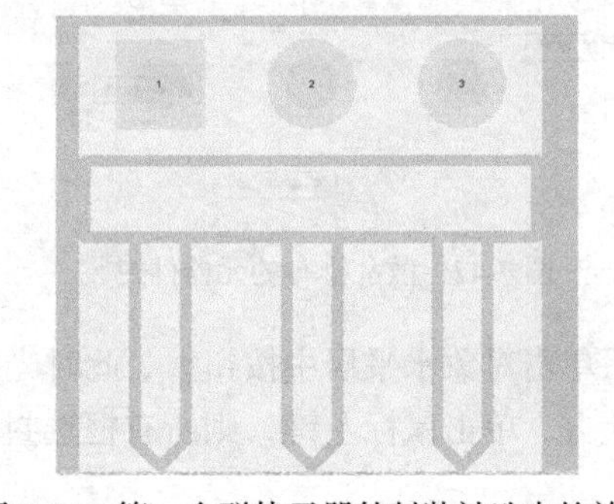

图 7-54　第一个群体元器件封装被选中的效果

7.3　绘制 PCB 图

PCB 图的绘制流程包括准备原理图和 SPICE netlist、规划电路板、加载 SPICE netlist 与元器件封装、自动布局元器件、手工调整元器件布局、自动布线、手工调整布线和利用向导创建新的

PCB 等。下面将通过一个完整的实例介绍 PCB 图的绘制流程。

7.3.1　准备原理图和 SPICE netlist

下面以图 7-55 所示的原理图（该图取自 Protel DXP 自带数据库中的 Z80 样例文件，执行 File→Open 命令，在弹出的“Choose Document to Open”对话框中，选择“Serial Baud Clock”文件后，单击“Open”按钮，即可打开名为 Serial Baud Clock.pcbdoc 的原理图）为例，讲述如何绘制一块电路板。首先生成该原理图的网络表，它是沟通电路原理图与 PCB 设计的桥梁，可以通过网络表用户查看元器件的类型、封装及相互之间的连接关系等。

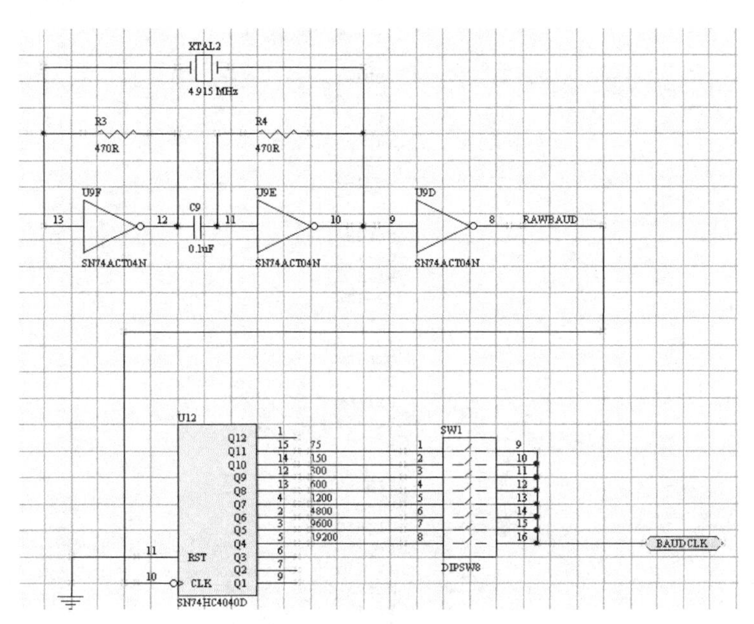

图 7-55　电路原理图实例

执行“Deaign→Netlist→Protel”命令，即可生成如图 7-56 所示的网络表。

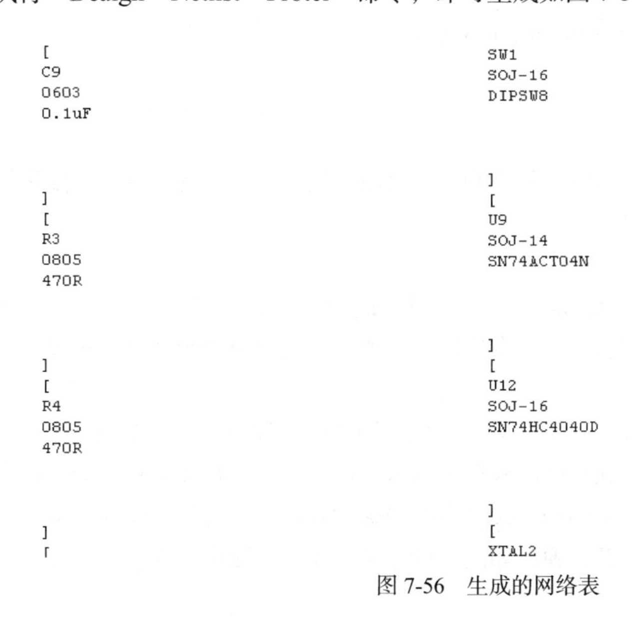

```
[
C9
0603
0.1uF


]
[
R3
0805
470R


]
[
R4
0805
470R


]
[
SW1
SOJ-16
DIPSW8


]
[
U9
SOJ-14
SN74ACT04N


]
[
U12
SOJ-16
SN74HC4040D


]
[
XTAL2
```

图 7-56　生成的网络表

```
1808
4.915 MHz



]
(
VCC
U9-14
U12-16
)
(
NetSW1_9
SW1-9
SW1-10
SW1-11
SW1-12
SW1-13
SW1-14
SW1-15
SW1-16
)
(
19200
SW1-8
U12-14
)
(
600
SW1-4
U12-13
)
(
300
SW1-3
U12-12
)
(
NetR4_2
R4-2
U9-9
U9-10
XTAL2-2
)
(
NetC9_2
C9-2
R4-1
U9-11
)
U12-5
)
(
1200
SW1-5
U12-4
)
(
9600
SW1-7
U12-3
)
(
4800
SW1-6
U12-2
)
(
75
SW1-1
U12-15
)
(
150
SW1-2
(
NetC9_1
C9-1
R3-2
U9-12
)
(
GND
U9-7
U12-8
U12-11
)
(
RAWBAUD
U9-8
U12-10
)
(
NetR3_1
R3-1
U9-13
XTAL2-1
)
```

图 7-56　生成的网络表（续）

7.3.2　规划电路板

对于设计人员来说，设计电子产品时首先要确定其电路板的尺寸。因此，首先就要进行电路板的规划，即确定电路板的电气边界。

下面讲述规划电路板电气边界的一般步骤。

（1）单击 PCB 编辑窗口下方的“Keep-Out Layer”层面标签，如图 7-57 所示，即可将当前工作层面设置为“Keep-Out Layer”。该层为禁止布线层，一般用于设置电路板的电气边界，以便将元器件限制在该边界之内。

（2）执行“Place→Keepout→Track”命令或单击工具栏中的 ⁄ 按钮，光标变成十字形状，将光标移至合适位置，单击鼠标左键，确定电路板第一条边的起点，然后拖动光标至恰当位置，再单击鼠标左键，确定第一条边的终点。同理，绘制出电路板的其他 3 条边缘。绘制完成后，将光标移至电路板边缘上方，双击鼠标左键，弹出如图 7-58 所示的边缘线属性设置对话框。

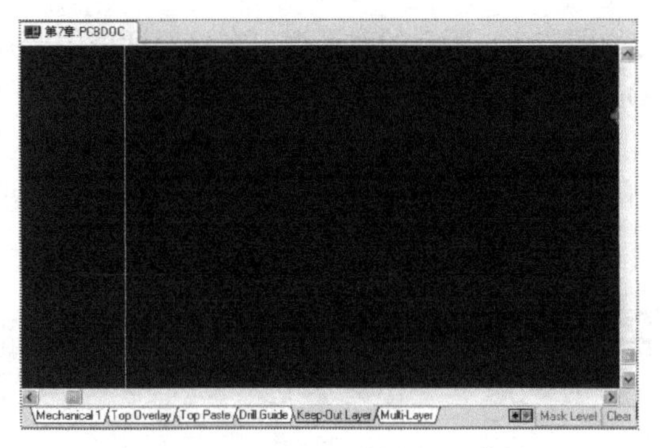

图 7-57　“Keep-Out Layer”工作层面

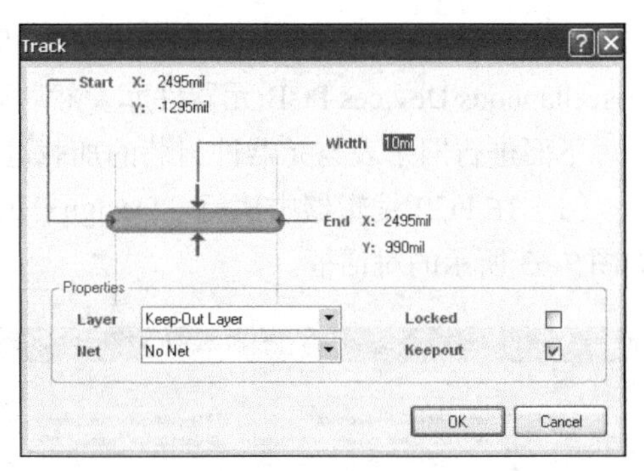

图 7-58　边缘线属性设置对话框

在该框中设置边缘线的起点坐标、终点坐标、所在层面及边缘线宽度，使各条边缘线精确对齐，从而完成电路板的规划，如图 7-59 所示。

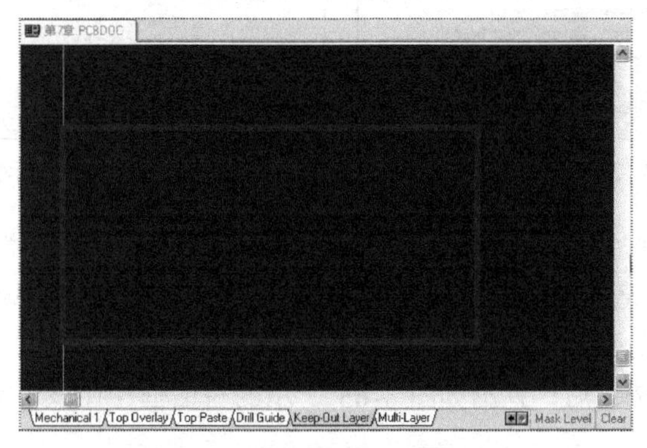

图 7-59　规划完成的电路板边缘

7.3.3　加载 SPICE netlist 与元器件封装

在加载 SPICE netlist 与元器件封装之前，首先要加载元器件库，在 PCB 编辑窗口内，单击“Libraries”面板标签，弹出如图 7-60 所示的元器件库面板。在该面板中单击左上方的“Libraries”按钮，弹出如图 7-61 所示的添加元器件库对话框。

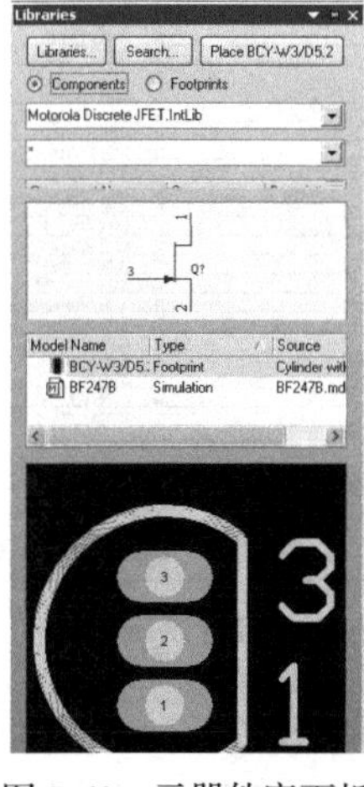

图 7-60　元器件库面板

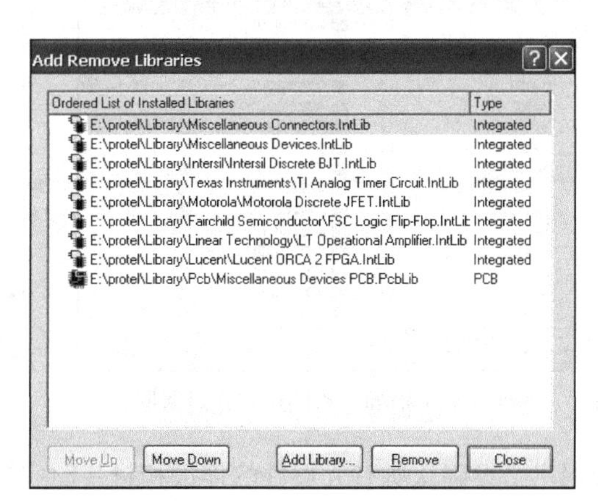

图 7-61　添加元器件库对话框

在该对话框中单击“Add Library”按钮，弹出如图 7-62 所示的对话框，在该对话框中选择 Miscellaneous Devices PCB 元器件库，然后单击“Open”按钮，即完成 PCB 元器件库的加载。

下面进行网络表与元器件封装的加载过程。

（1）在 PCB 编辑器中执行“Design→Import Changes From[Z80(board).PrjPCB]”命令，弹出如图 7-63 所示的对话框。

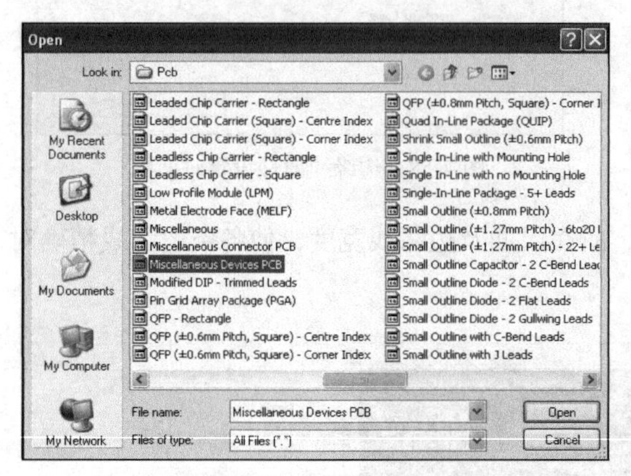

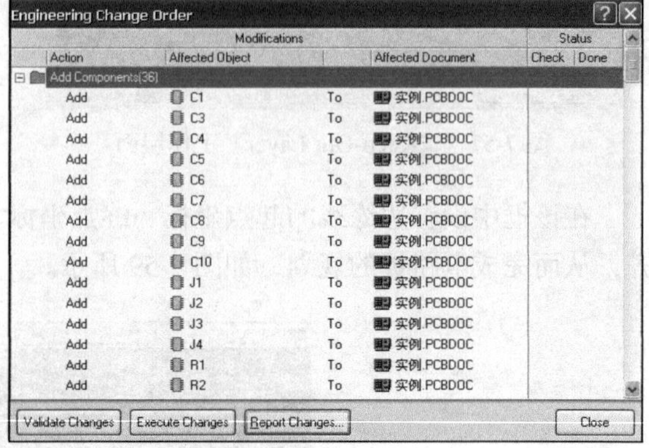

图 7-62　元器件库对话框　　　　图 7-63　工程网络变化对话框

（2）单击 Validate Changes 按钮后，弹出如图 7-64 所示的对话框，在状态栏“Check”一列中出现说明装入的元器件正确，若出现则说明有错误的元器件，必须回到原理图中进行修改，当所有元器件都正确后，才可以进行下一步操作。

（3）单击 Report Changes... 按钮后，弹出如图 7-65 所示的对话框，在该对话框中，用户可以查看完整的资料。

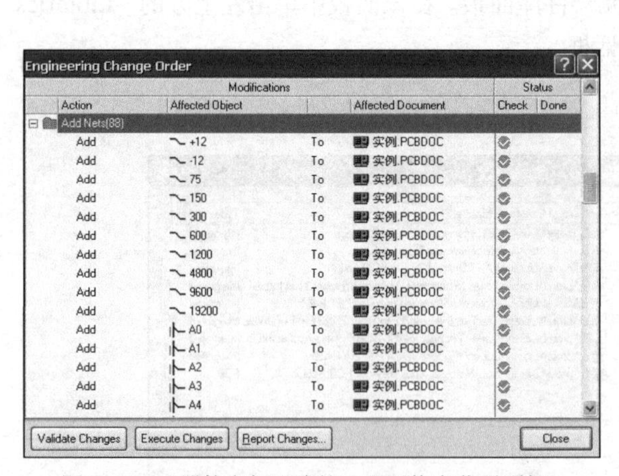

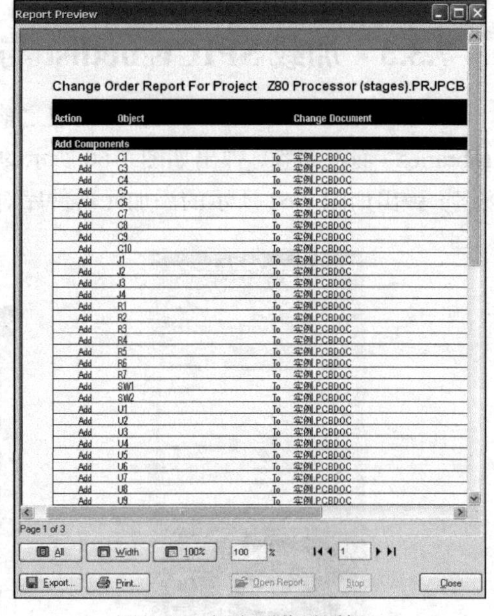

图 7-64　元器件全部正确的工程网络变化对话框　　　　图 7-65　报告预览对话框

（4）若用户已经确认所有元器件的连接和封装形式都正确，可在如图 7-64 所示的设计工程网络变化对话框中单击 Execute Changes 按钮，即可将 SPICE netlist（网络）和元器件封装加载到 PCB 文件中，如图 7-66 所示。

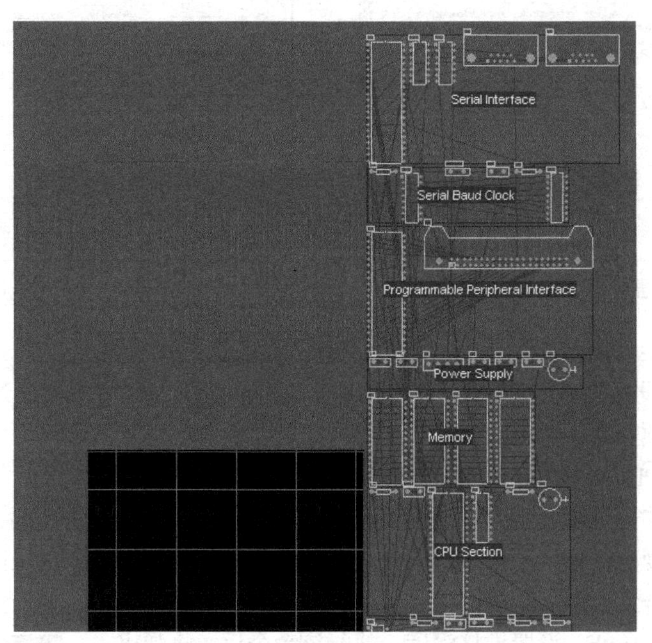

图 7-66　加载网络表和元器件封装后的电路板图

7.3.4　自动布局元器件

执行“Tools→Auto Placement”命令，弹出如图 7-67 所示的子菜单，通过这些命令，我们可以设置自动布局的一些参数。

下面对这些子菜单命令进行简要介绍。

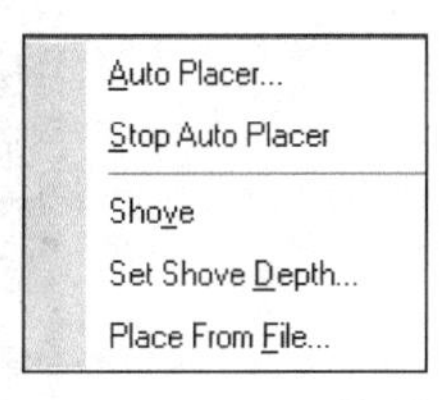

图 7-67　“Placement”子菜单

（1）Auto Placer：设置元器件自动布局。执行该命令后，将弹出如图 7-68 所示的对话框，在该对话框中可以设置元器件自动布局的方式。

◇ Cluster Placer：组成布局方式。此方式适合于元器件不多的电路。该选项将根据连接关系将元器件划分成组，然后按照几何关系放置元器件组。

◇ Statistical Placer：统计布局方式。此方式适合于元器件比较多的电路，该选项基于统计计算来放置元器件，使元器件间的飞线长度最短。

◇ Quick Component Placement：快速元器件布局方式。

如果选择“Statistical Placer”（统计布局方式）单选钮，将弹出如图 7-69 所示的对话框。

◇ Ground Components：选择该项可使网络报表中连接紧密的元器件归为一组，在元器件自动布局时将这些元器件视为一个整体加以考虑，该项被设置为默认状态。

◇ Rotate Components：选择该项可使在元器件布局时系统自动根据需要对元器件进行旋转，该项被设置为默认状态。

◇ Automatic PCB Update：选择该项可使自动布局结束后系统自动更新 PCB 文件，默认状态为不选中。

◇ Power Nets：电源网络名称。在该对话框中键入电源网络名称。

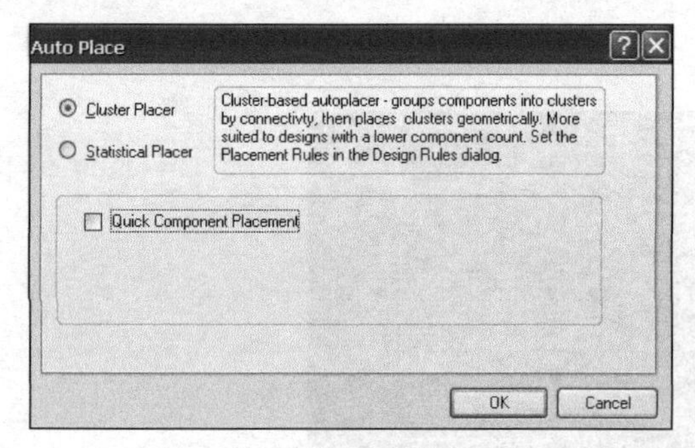

图 7-68 元器件自动布局对话框

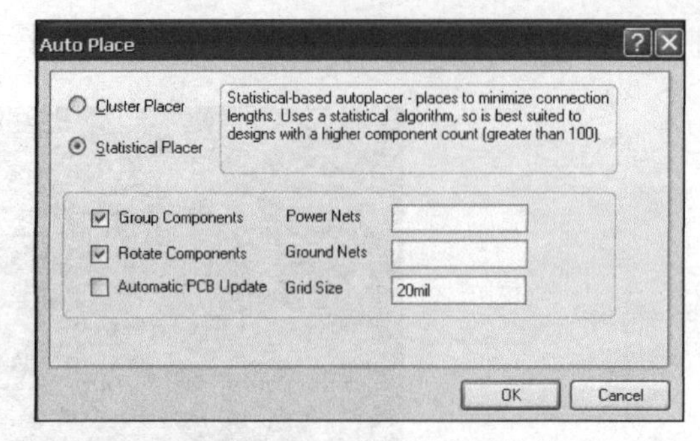

图 7-69 Statistical Placer（统计布局方式）对话框

◇ Ground Nets：接地网络名称。在该对话框中输入接地网络名称。

◇ Grid Size：设置自动布局时的格点间距。若格点间距过大，将可能导致元器件被挤出 PCB 板的电气边框，此项通常保持为默认值。

（2）Stop Auto Placer：停止元器件自动布局。

（3）Shove：推挤元器件。执行该命令后，光标变成十字形状，单击所要推挤的元器件，系统将根据元器件间距规则，自动平行地移动该元器件及与其相连接的对象，从而增加元器件之间的距离，直至间距符合元器件间距规则为止。

（4）Set Shove Depth：设置推挤深度。执行该命令后，将弹出如图 7-70 所示的对话框。输入 3 表示系统将会连续向四周推挤 3 次。

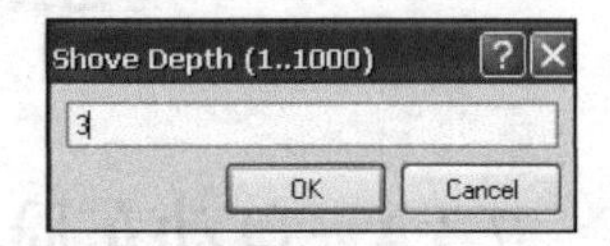

图 7-70 推挤深度设置对话框

（5）Place From File：从文件中放置元器件。

由于本例中的元器件不多，所以我们选择 Cluster Placer 布局方式，最终布局结果如图 7-71 所示。

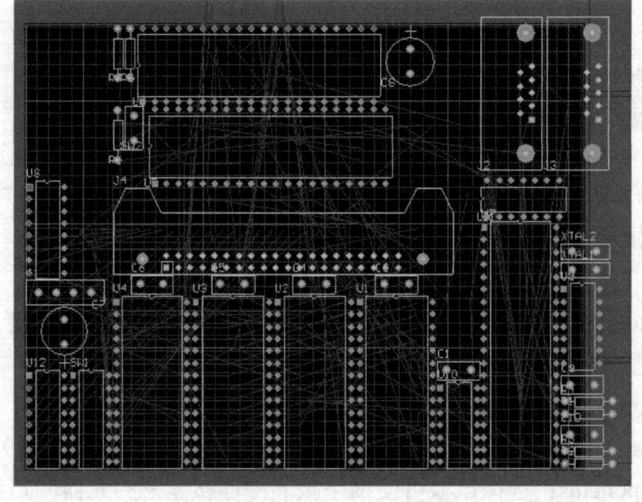

图 7-71 自动布局后的效果

7.3.5 手工调整元器件布局

一般情况下，元器件的自动布局并不十分理想，通常都要进行手工布局调整才能满足设计要求。元器件的手工布局，主要包含两方面，即元器件布局调整和元器件标注调整。

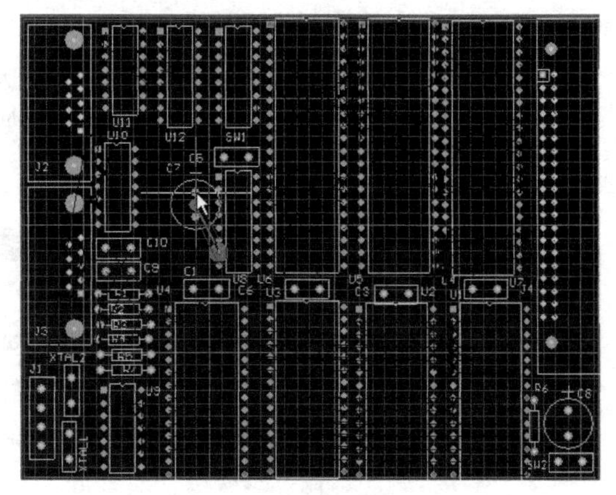

图 7-72 调整元器件位置

（1）调整元器件布局。执行“Edit→Move→move”命令，选中想要移动的元器件，按空格键进行旋转，直至找到自己想要的角度，再单击鼠标左键来放置元器件，如图 7-72 所示。

（2）调整元器件标注。为了便于在调试制成的电路板时，快速地找到每一个元器件，通常将元器件的标注朝向同一个方向。例如设置 U3 的方向，首先选中 U3，按空格键进行旋转，直至找到自己想要的角度，再单击鼠标左键来放置。如果对 U3 的字体的宽度、高度等参数不满意，可用鼠标左键双击流水号 U3，弹出如图 7-73 所示的设置流水号参数对话框。在该对话框中，可以对字体的宽度、高度、旋转角度、字体起点坐标值及文字内容、所在层面等参数进行设置。设置完毕后，将光标移至合适位置，再单击鼠标左键即可完成流水号 U3 的放置。其他标号的设置与此相似，这里不再一一介绍。

手工调整后的最终元器件布局如图 7-74 所示。

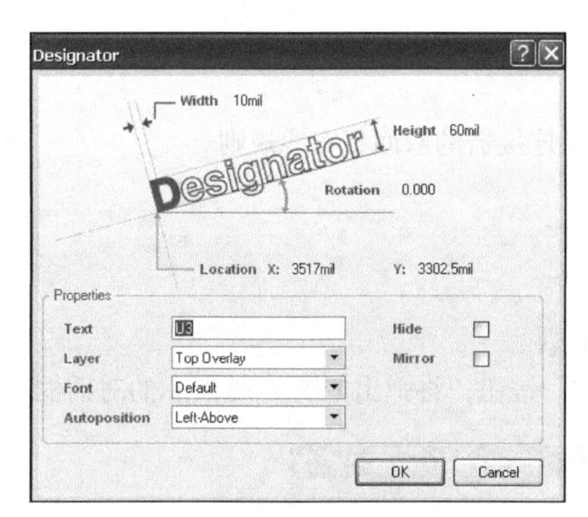

图 7-73 设置流水号参数对话框

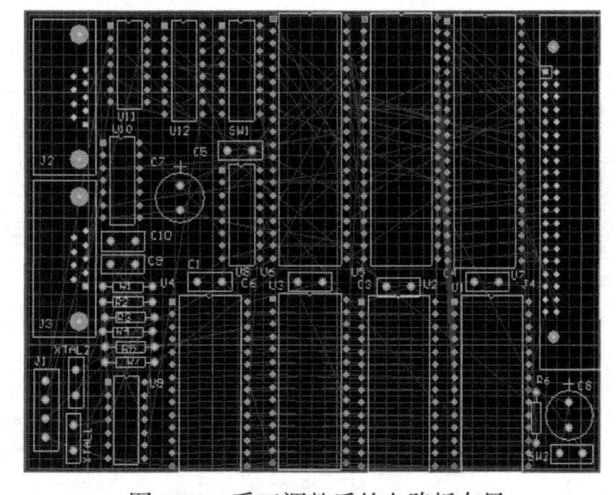

图 7-74 手工调整后的电路板布局

7.3.6 自动布线

所谓电路板的布线是指按照电路原理图将电路板上元器件的引脚用导线连接起来，建立起实际的物理链接。因为电路板上的元器件是从网络报表导入的，而且电气连接已经用飞线表示出来，所以这里的自动布线实际上是用真正的导线来代替飞线。

下面介绍一下布线的基本规则。

（1）设置布线层。对于双面板而言，通常将顶层布线设置为沿垂直方向，将底层布线设置为沿水平方向。

（2）设置布线拐角。通常电路板的拐角设置为 45°。

（3）设置安全间距。在布线之前，应先设置元器件之间的最小间距，即安全间距。

（4）设置布线长度。布线长度尽量短而且直，这样布线可使电信号保持较好的完整性。

（5）设置布线宽度。根据电路抗干扰性要求和实际流过电流的大小，可以将电源线和接地线设置为 20mil，将其他到线设置为 10mil。

在了解这些规则后，我们就可以对元器件进行自动布线了，具体的操作步骤如下。

（1）执行“Auto Route”命令后，将弹出如图 7-75 所示的对话框。在该对话框中可以添加和设置自动布线规则。

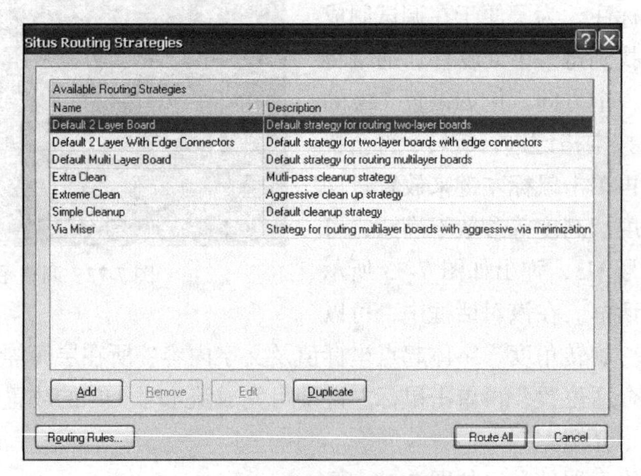

图 7-75　自动布线规则对话框

下面对该对话框中的各选项进行简要介绍。

◇ Default 2 Layer Board：双面板布线规则。

◇ Default 2 Layer With Edge Connectors：具有边缘连接器的双面板布线规则。

◇ Default Multi Layer Board：多面板布线规则。

◇ Extra Clean：多种布线规则。

◇ Simple Cleanup：清除规则。

◇ Vias Miser：在多层板中尽量减少过孔使用的规则。

（2）如果需要添加新的布线规则，可以单击“Add”按钮，将弹出如图 7-76 所示的对话框。

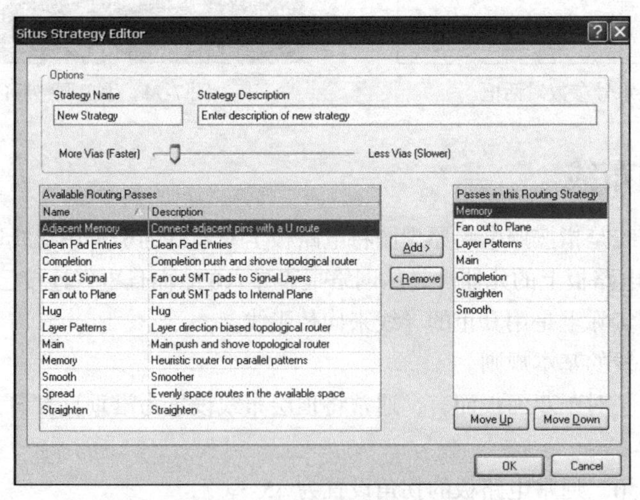

图 7-76　添加布线规则对话框

该对话框分为左右两栏，左栏是系统提供的所有布线规则，右栏是已经有的布线规则。用户可以根据布线的需要，在左栏中选中要添加的规则，单击“Add”按钮，即可添加选中的规则。

在右侧栏中选中不想使用的规则，单击“Remove”按钮，即可将该规则移出。

（3）若要改变布线规则，单击“Routing Rules”按钮，将弹出如图 7-77 所示的对话框。在该对话框中可以对 PCB 规则进行改动。

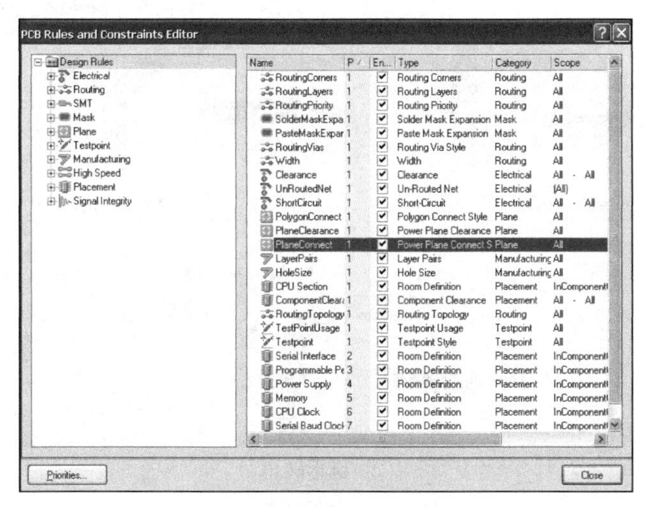

图 7-77　PCB 规则对话框

该对话框中共包含 10 类规则，分别是 Electrical（电气规则）、Routing（布线规则）、SMT（表贴焊盘规则）、Mask（阻焊层规则）、Plane（电源层规则）、Testpoint（测试点规则）、Manufacturing（电路板制作规则）、High Speed（高频电路规则）、Placement（图件布置规则）和 Signal Integrity（信号完整性规则）。下面将详细介绍布线规则，单击左栏中的“Routing”选项，将弹出如图 7-78 所示的布线规则设置对话框。

该对话框共包含 6 种规则，分别是 RoutingCorners（导线转角规则）、RoutingVias（布线过孔规则）、RoutingTopology（布线拓扑布局规则）、Width（布线宽度规则）、RoutingPriority（布线优先级规则）和 RoutingLayers（层面布线规则）。

① RoutingCorners（导线转角规则）。用于定义布线时导线的转角方式，它只在元器件自动布线时起作用，不影响手工布线，导线转角规则设置对话框如图 7-79 所示。

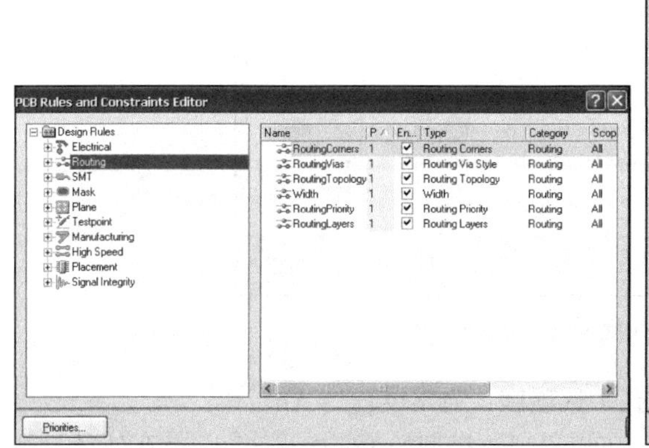

图 7-78　布线规则设置对话框

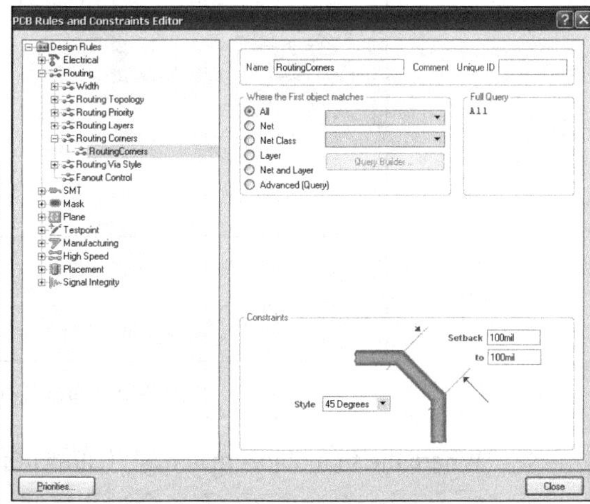

图 7-79　导线转角规则设置对话框

通过该对话框共可设置 3 种基本的导线转角形式，即 Rounded（圆弧形）、90 Degrees（直角形）和 45 Degrees（45° 形），这 3 种类型的导线转角效果分别如图 7-80 所示。

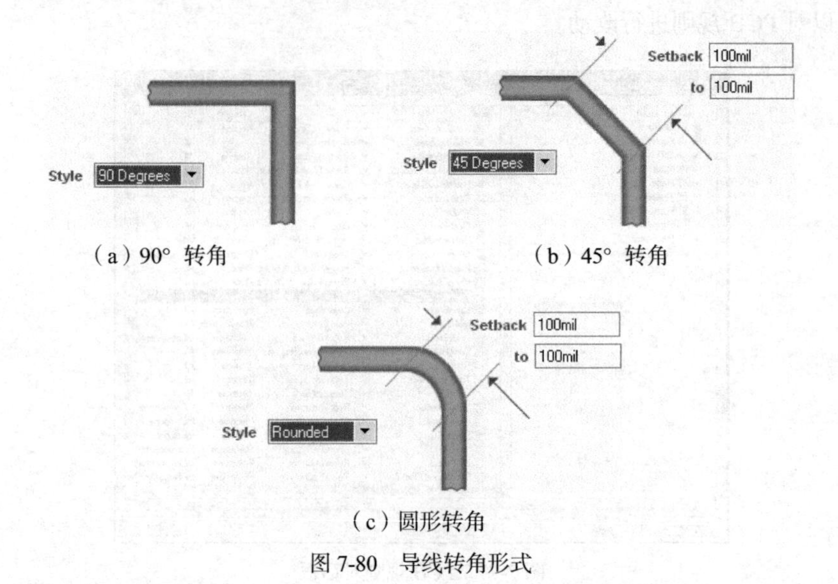

（a）90° 转角　　（b）45° 转角

Setback 100mil
to 100mil
Style Rounded

（c）圆形转角

图 7-80　导线转角形式

值得注意的是，我们一般不采用 90° 转角，因为直角形时容易产生应力集中，在受力或受热下容易断裂或脱落。为使电路板美观，通常应采用统一的一种转角方式，因此，在“Where the first object matches”（转角适用范围）选项区中选择“All”单选钮。

② RoutingVias（布线过孔规则）。主要用于设定自动布线时采用的过孔类型，如图 7-81 所示。

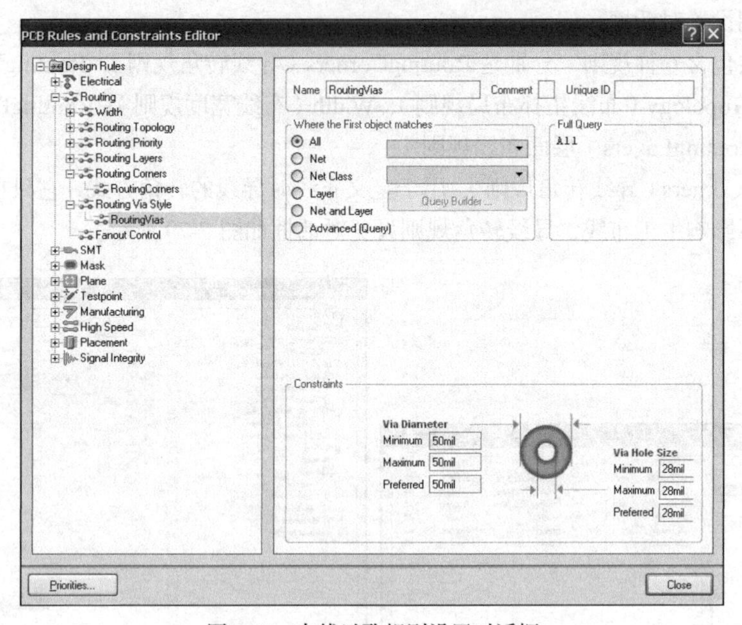

图 7-81　布线过孔规则设置对话框

◇“Where the first object matches”（布线过孔）选项区：通常设置为 All。

◇“Constraints”选项区：有一个过孔模型，可以设置该模型的 Via Diameter（过孔外径）尺寸和 Via Hole Size（过孔内径）尺寸。每种尺寸都包含“Minimum”（最小值）、“Maximum”（最大值）和“Preferred”（首选值）3 种选项。

③ RoutingTopology（布线拓扑布局规则）。用来设置自动布线时采用的拓扑规则。所谓拓扑规则布线是指按照一定的拓扑算法对布线结构做出某种限制，从而完成布线的一种指导方法。布线拓扑布局规则对话框如图 7-82 所示。

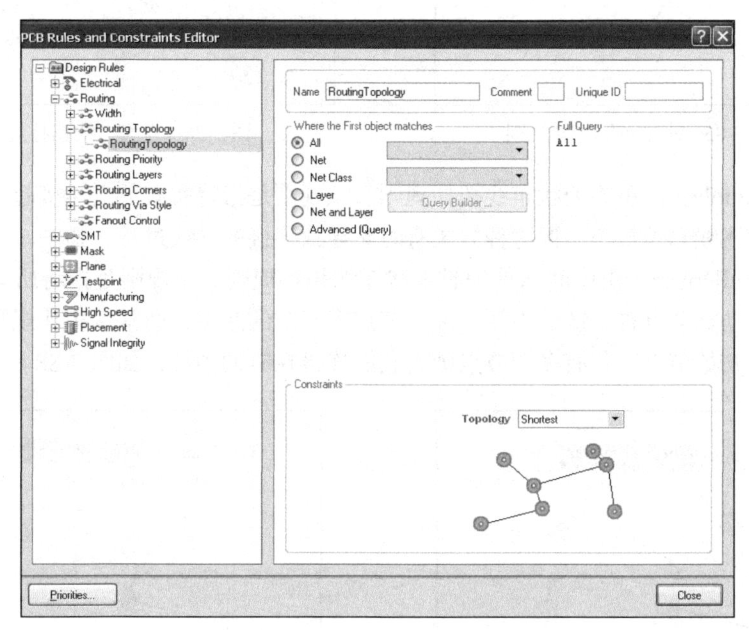

图 7-82　布线拓扑布局规则对话框

下面简要介绍该对话框中的各个选项区。

“Where the first object matches”（布线拓扑）选项区：通常设置为 All。

“Constraints”选项区：共包含 7 种拓扑结构，如图 7-83 所示。

◇ Shortest：连接导线总长最短拓扑规则。它是系统默认的拓扑形式，在拓扑过程中，窗口将不显示任何飞线，系统会自动安排飞线连接，从而使布线后导线长度达到最短，如图 7-84 所示。

图 7-83　拓扑结构形式菜单

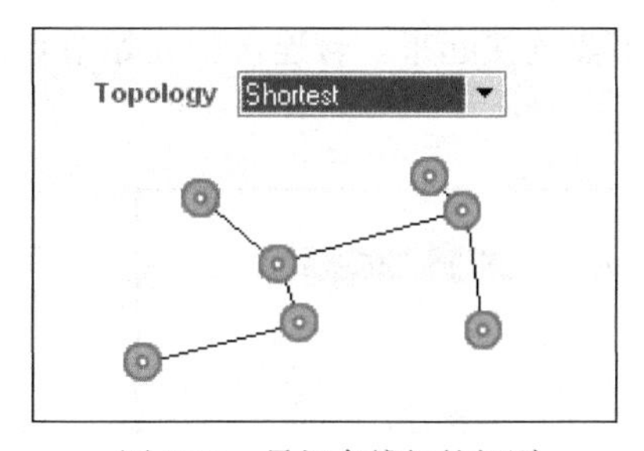

图 7-84　最短布线拓扑规则

◇ Horizontal：水平布线拓扑规则。该规则是指尽可能地先用水平导线进行布线，实在无法采用水平布线方式时，再采用其他布线方式。该规则适用于元器件水平方向空间较大的情况，如图 7-85 所示。

◇ Vertical：垂直布线拓扑规则。该规则是指尽可能地先用垂直导线进行布线，实在无法采用垂直布线方式时，再采用其他布线方式。该规则适用于元器件垂直方向空间较大的情况，如图 7-86 所示。

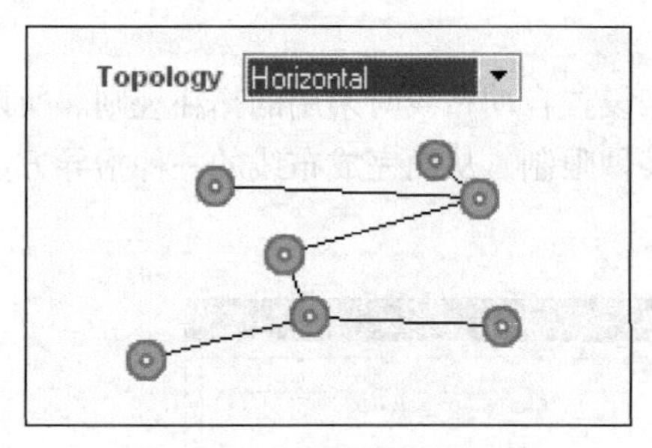

图 7-85　水平布线拓扑规则

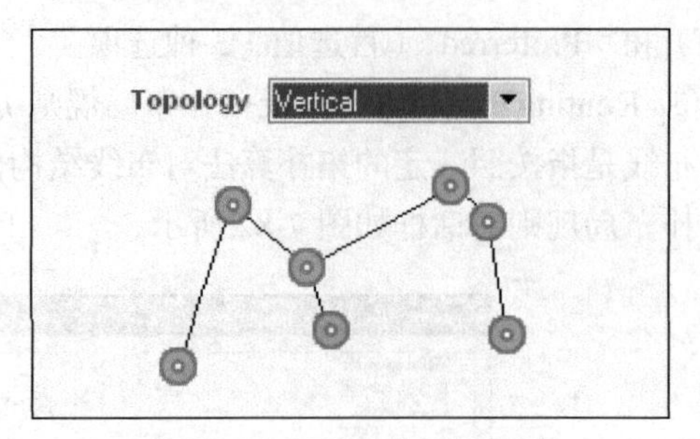

图 7-86　垂直布线拓扑规则

◇ Daisy-Simple：简单雏菊状布线拓扑规则。该规则是指将所有节点连接起来成为一串，并保证自动布线时飞线总长最小，但这种方式有时会导致连接的导线过长，如图 7-87 所示。

◇ Daisy-MidDriven：由中间向外的雏菊状布线拓扑规则。该规则是指将所有节点连接起来成为一串，并将初始节点置于链的中间，终止节点置于链的两端，通常本拓扑规则需要两个终止节点和至少一个初始节点。若有多个节点则将它们连接在链的中部，如图 7-88 所示。

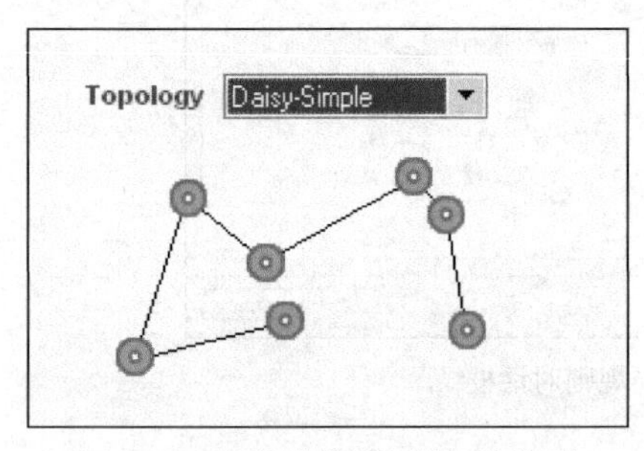

图 7-87　简单雏菊状布线拓扑规则

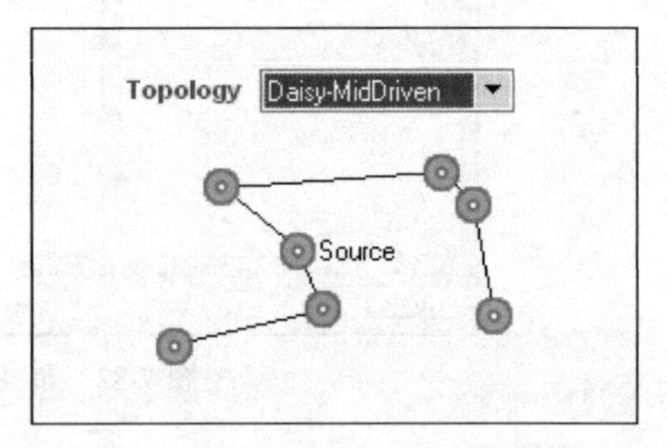

图 7-88　由中间向外的雏菊状布线拓扑规则

◇ Daisy-Balanced：均衡雏菊状布线拓扑规则。该规则是指将所有节点连接起来成为一串，并将初始节点置于链的中间，终止节点置于链的两端，通常应保证终止节点和初始节点之间的焊盘数目相等，如图 7-89 所示。

◇ Starburst：放射状布线拓扑规则。该规则是指从某一初始节点出发，用放射状的飞线将其他节点与初始节点连接起来。若连接到初始节点的其余节点过多，可能导致导线布置混乱，如图 7-90 所示。

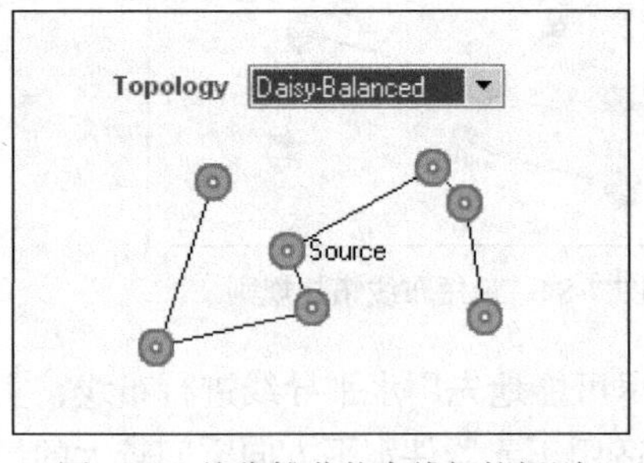

图 7-89　均衡雏菊状布线拓扑规则

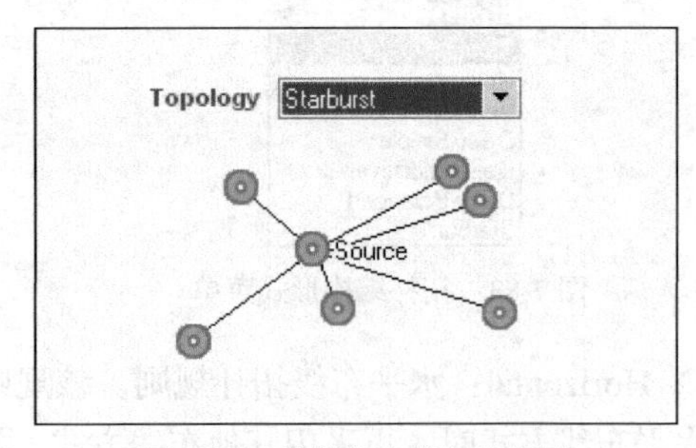

图 7-90　放射状布线拓扑规则

④ Width（布线宽度规则）。用来设置自动布线时铜膜线的宽度范围，如图 7-91 所示。下面简要介绍该对话框中的各个选项区。

“Where the first object matches”（布线宽度）选项区：通常设置为 All。

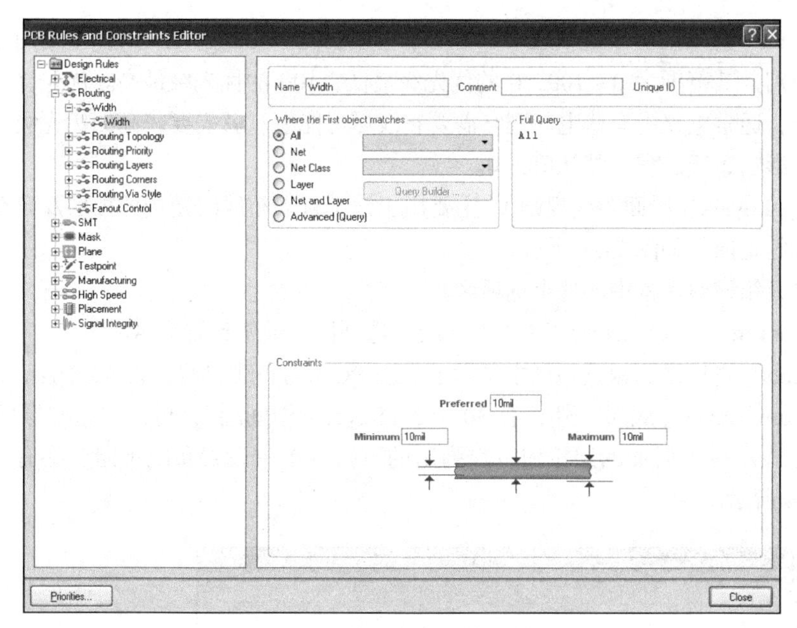

图 7-91　布线宽度规则对话框

“Constraints”选项区：给出了一个铜膜导线模型，可以对它的参数进行设置。

◇ Min Width：设置铜膜线宽度的最小值。

◇ Preferred Width：设置铜膜线的首选值。

◇ Max Width：设置铜膜线宽度的最大值。

⑤ RoutingPriority（布线优先级规则）。主要用于设置自动布线时的优先级，如图 7-92 所示。

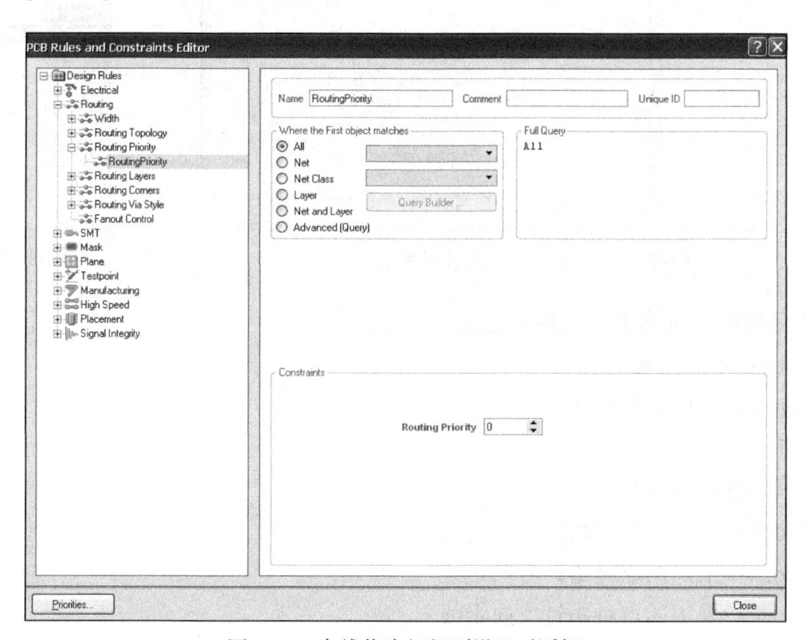

图 7-92　布线优先级规则设置对话框

下面简要介绍该对话框中的各个选项区。

“Where the First object matches”（布线优先级）选项区：通常设置为 All。

"Constraints"选项区：该选项区中只给出了一项功能 Routing Priority，主要用于设定自动布线时的优先级别，其范围为 0～100，0 的优先级最低，100 的优先级最高。优先级越高自动布线时就越先布线，通常电路中有些电气网络需要布线尽可能短，就需要较高的优先级，从而避免了不重要的线路影响布线进程。默认值为 0。

⑥ RoutingLayers（层面布线规则）。主要用于设定自动布线时使用的板层及自动布线时各个板层上铜膜线的走向，如图 7-93 所示。

下面简要介绍该对话框中的各个选项区。

"Where the First object matches"（层面布线）选项区：通常设置为 All。

"Constraints"选项区：该选项区中显示了当前 PCB 的布线层面，共 32 个层，除 Top Layer（顶层）、Bottom Layer（底层）外，有 30 个 Midlayer（中间层），可以在这些层面中设置需要的布线走向形式。单击后面的层按钮，在弹出的下拉菜单中设置布线走向，共有 11 种布线走向，如图 7-94 所示。

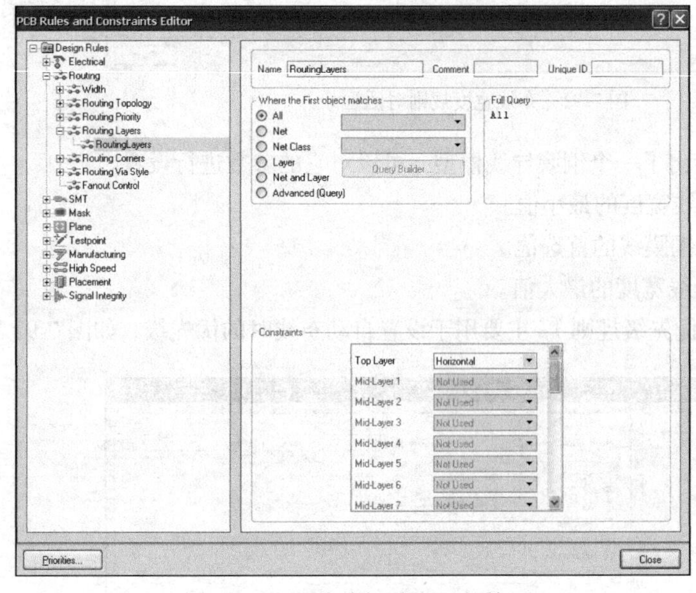

图 7-93　层面布线规则设置对话框

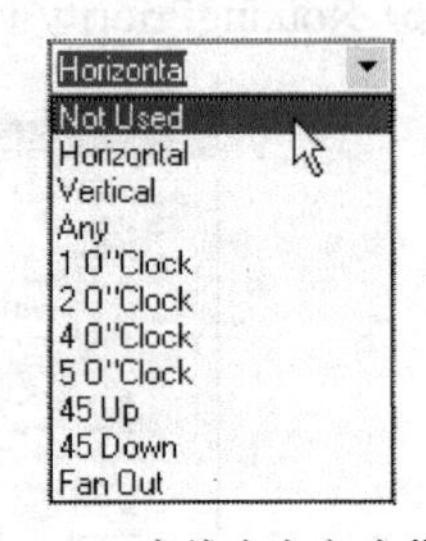

图 7-94　布线走向方式菜单

下面简要介绍该下拉菜单中的各个选项。

◇ Not Used：不用该板层。

◇ Horizontal：采用水平走线。

◇ Vertical：采用垂直走线。

◇ Any：采用任意走线。

◇ 1 O"Clock：采用一点种指针方向走线。

◇ 2 O"Clock：采用两点种指针方向走线。

◇ 4 O"Clock：采用四点种指针方向走线。

◇ 5 O"Clock：采用五点种指针方向走线。

◇ 45 Up：采用 45° 向上走线。

◇ 45 Down：采用 45° 向下走线。

◇ Fan Out：采用扇出走线。

改动完毕后，单击“Close”按钮，将返回到 PCB 规则设置对话框。

（4）单击“Route All”按钮，进行自动布线。布线完毕后，将弹出一个“Messages”信息框，在该信息框中显示了自动布线过程的每一步信息，如图 7-95 所示。

（5）此时，在 PCB 编辑器中，将显示如图 7-96 所示的自动布线图。

图 7-95　“Messages”信息框

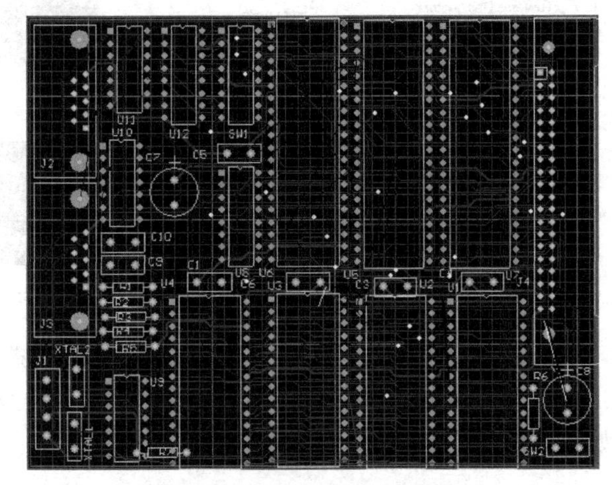

图 7-96　自动布线后的电路板图

7.3.7　手工调整布线

自动布线完成后，有些线布置得可能不够合理，这就需要我们用手工来进行相应调整，以符合设计要求。

执行“Tools→Un-Route”命令，将弹出如图 7-97 所示的子菜单，这些命令可以用来进行不同方式的布线调整。

下面简要介绍该子菜单。

◇ All：拆除所有布线，进行手工调整。

◇ Net：拆除布线网络上的所有导线，进行手工调整。

◇ Connection：拆除所选的一根导线，进行手工调整。

◇ Component：拆除所选元器件的相关导线，进行手工调整。

◇ Room：拆除所选空间的相关导线，进行手工调整。

手工调整布线的具体操作步骤如下。

（1）拆除所有布线。执行“Tools→Un-Route”命令，在其子菜单中单击“All”命令，系统将清除所有布线，变成如图 7-98 所示的飞线形式。

（2）拆除布线网络上的所有导线。执行“Tools→Un-Route”命令，在其子菜单中单击“Net”命令，光标将变成十字形状，将其移至某根导线上，单击鼠标左键，该导线所在网络的所有导线都将被删除，如图 7-99 所示。此时鼠标仍处于删除布线网络上所有导线的状态，重复上一步可以删除其他网络上的导线，若要退出，可以单击鼠标右键。

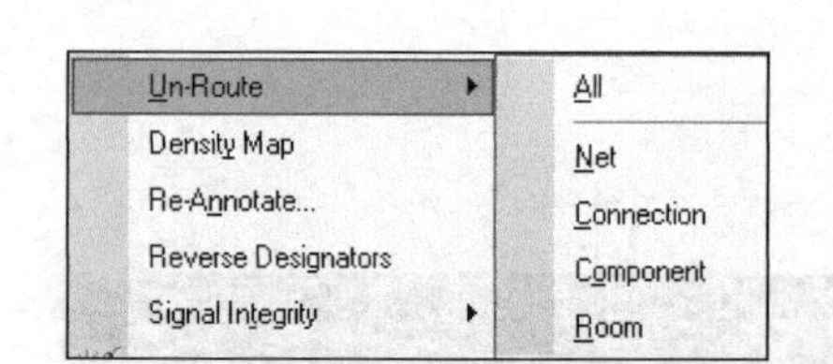

图 7-97　布线调整子菜单

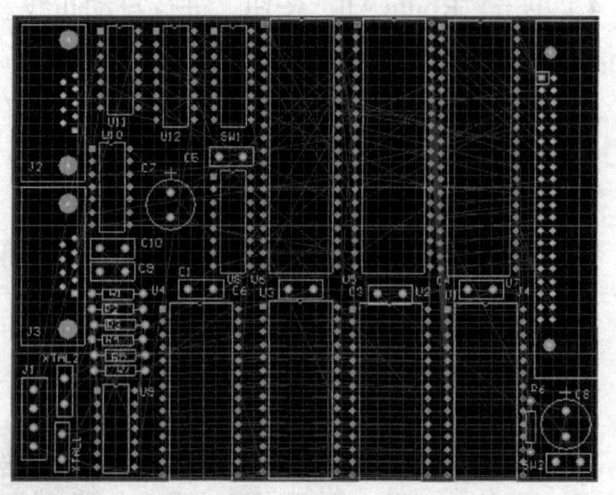

图 7-98　飞线形式效果

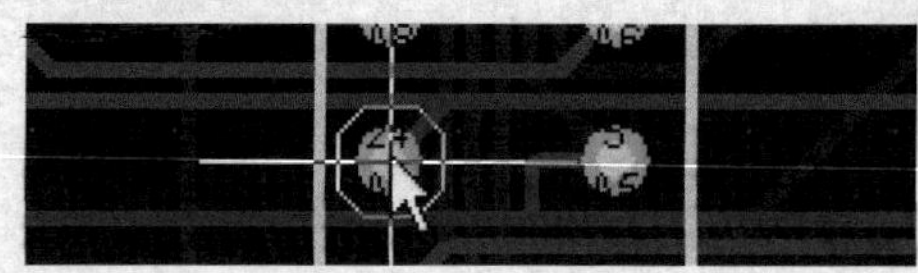
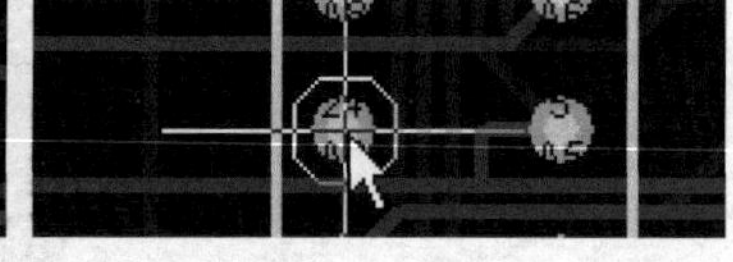

图 7-99　删除一个网络上所有导线的前后效果

（3）拆除所选的一根导线。执行“Tools→Un-Route”命令，在其子菜单中单击“Connection”命令，光标将变成十字形状，将光标移至想要删除的导线上方，单击鼠标左键，即可将该导线删除，如图 7-100 所示。

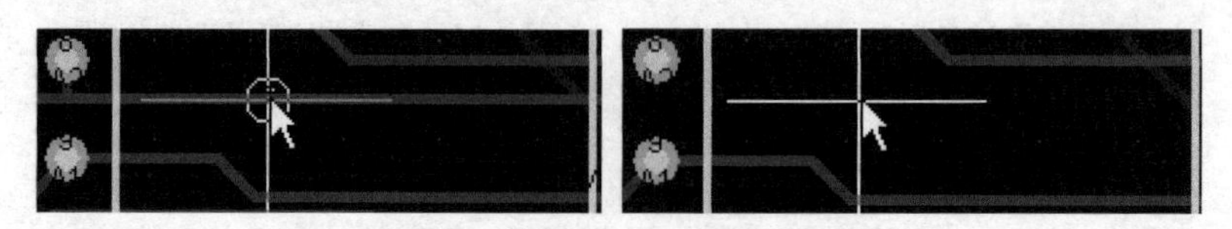

图 7-100　删除一根导线的前后效果

（4）拆除所选元器件的相关导线。执行“Tools→Un-Route”命令，在其子菜单中单击“Component”命令，光标将变成十字形状，将光标移至想要删除导线的元器件上方，单击鼠标左键，即可将该元器件的相关导线删除，如图 7-101 所示。

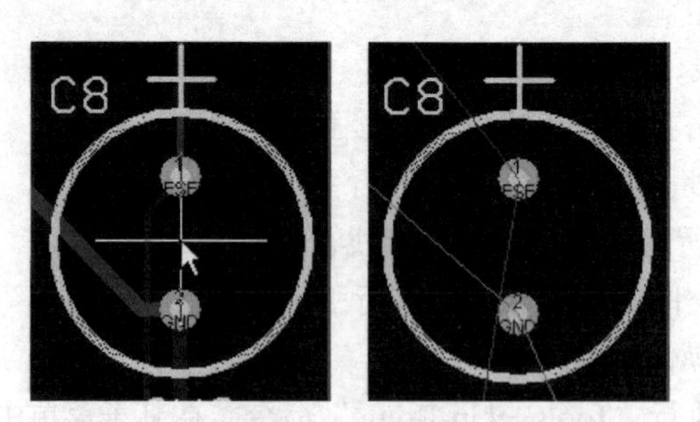

图 7-101　删除所选元器件相关导线的前后效果

7.3.8　利用向导创建新的 PCB

在 Protel DXP 中创建一个新的 PCB 设计的最简单的方法是使用 PCB 向导，这样可以在创建新的 PCB 文档的同时设置 PCB 的尺寸。在使用向导的过程中，任何阶段都可以使用“Back”按钮来检查或修改原来的内容，具体操作步骤如下。

（1）在“Files”面板底部的“New from template”区域内，单击“PCB Board Wizard”选项来创建新的 PCB 文档，如图 7-102 所示。

（2）单击“PCB Board Wizard”选项，将显示如图 7-103 所示的欢迎界面。

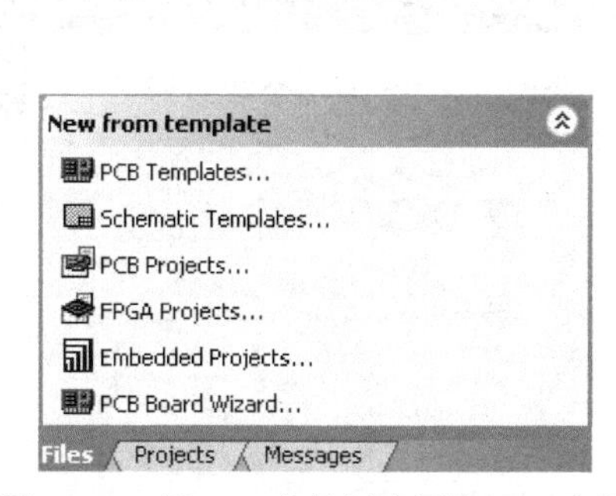

图 7-102　用 PCB 向导创建新的 PCB 文档

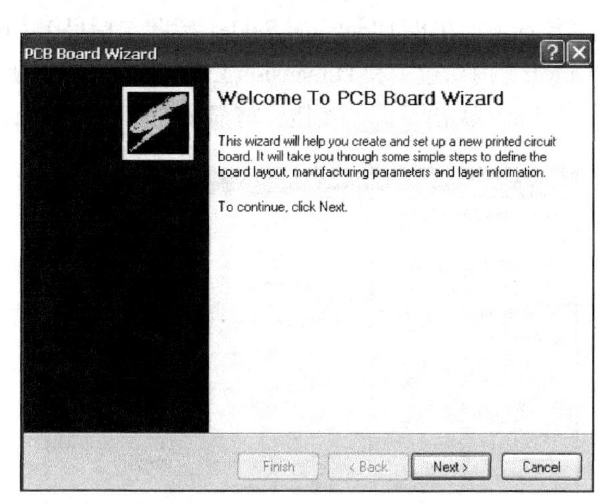

图 7-103　PCB 欢迎界面

（3）单击 Next > 按钮，将显示如图 7-104 所示的界面。

对话框中各选项的意义如下。

Imperial：英制，单位 mil（毫英寸），1 000mils=1inch=25.4mm。

Metric：公制，单位 mm（毫米）。

这里选择 Imperial 为测量单位。

（4）单击 Next > 按钮，将显示如图 7-105 所示的界面。

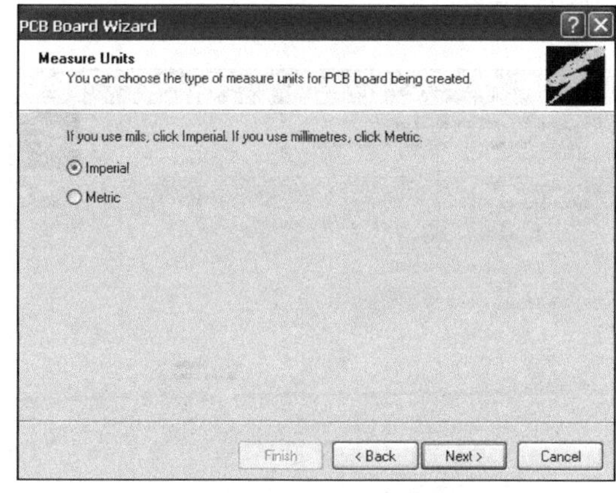

图 7-104　选择 Imperial 测量单位

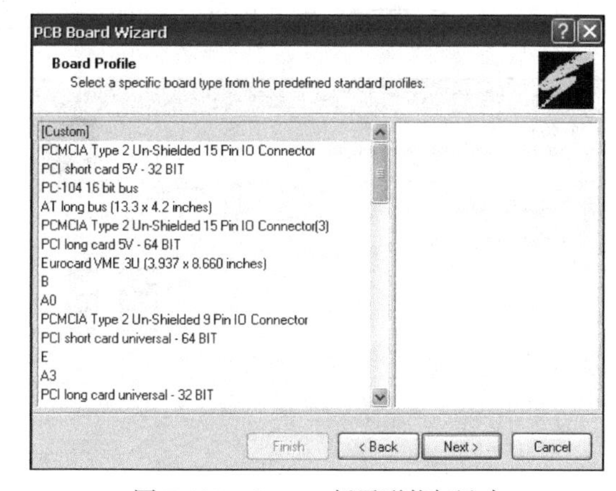

图 7-105　Custom 板子形状与尺寸

选择 PCB 尺寸与形状，这里选择[Custom]自定义板子尺寸。

（5）单击 Next > 按钮，将显示如图 7-106 所示的对话框。

在对话框中可以自定义印制电路板板形和尺寸，各选项的意义如下。

◇ Rectangular：矩形印制电路板。

◇ Circular：圆形印制电路板。

◇ Custom：自定义形状。

◇ Board Size：印制电路板尺寸。

这里选择“Rectangular”（矩形），设置“Width”（宽度）为“5 000mil”、“Height”（高度）为“4 000mil”；其他选项如 Title Block and Scale（标题与标尺）、Comer Cutoff（切边）、Legend String（图例）、Inner Cutoff（内切边）和 Dimension Lines（尺寸线）使用系统默认值。

（6）单击 Next > 按钮，将显示如图 7-107 所示的对话框。

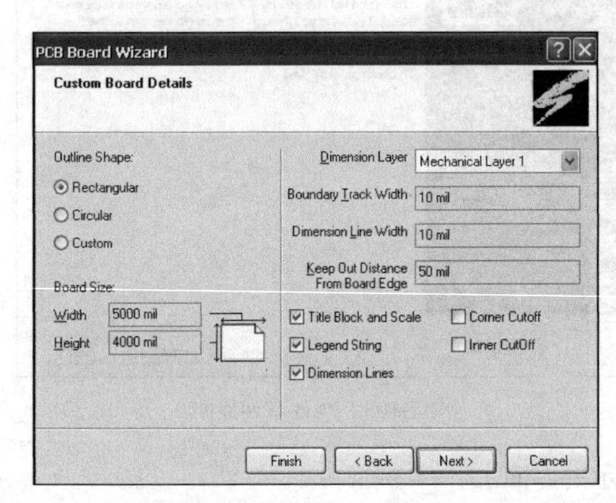

图 7-106　选择 PCB 板尺寸

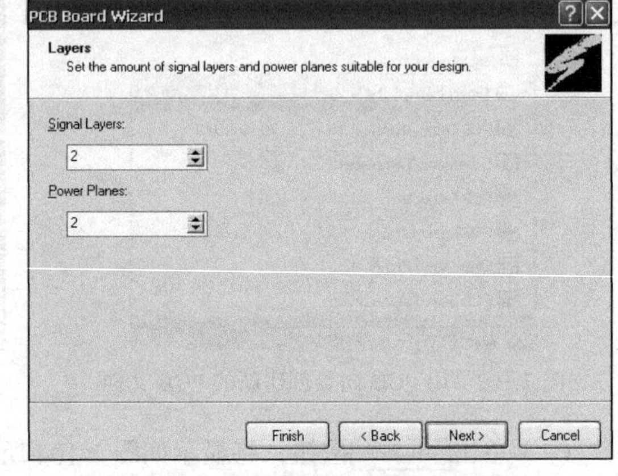

图 7-107　选择 PCB 板敷铜层数

选择 PCB 板敷铜层数，选择两个 Signal Layers（信号层），不选 Power Planes（电源层）。

（7）单击 Next > 按钮，将显示如图 7-108 所示的对话框。

设置 Via Style（过孔方式）为“Thruhole Vias only”（过孔），不选“Blind and Buried Vias only”（盲孔）单选钮。

（8）单击 Next > 按钮，将显示如图 7-109 所示的对话框。

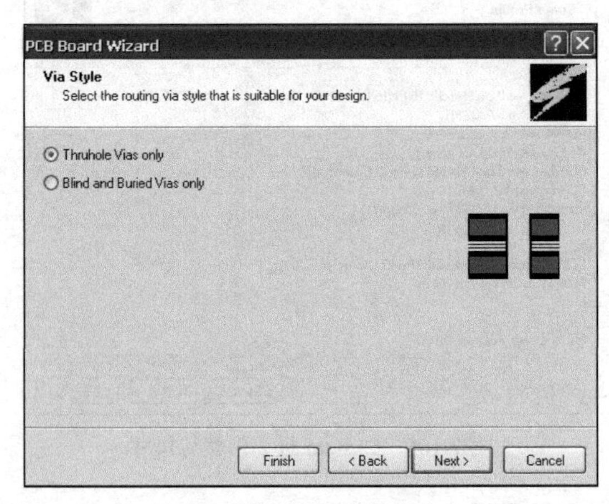

图 7-108　选择过孔方式

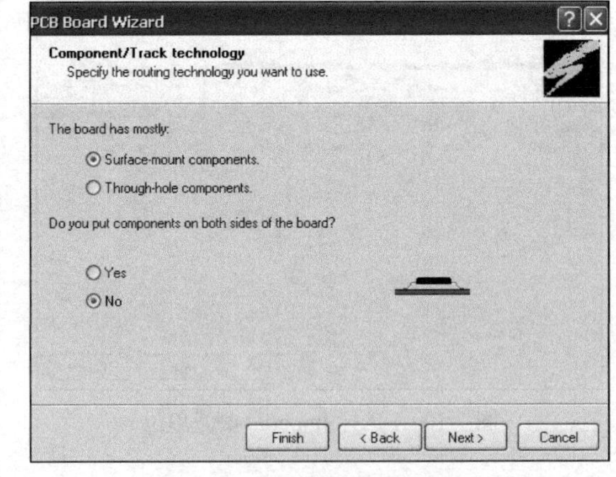

图 7-109　选择板子布线参数

选择子板布线参数，选择“Surface-mount components”（表面装配元器件）单选钮，“Do you put components on both sides of the board?”（是否在板子两面安装元器件）选择“No”单选钮。

（9）单击 Next > 按钮，将显示如图 7-110 所示的对话框。

对话框中各选项的意义如下。

◇ Minimum Track Size：最小布线尺寸。

◇ Minimum Via Width：最小焊孔外径。

◇ Minimum Via HoleSize：最小焊孔内径。

◇ Minimum Clearance：最小布线间距。

若采用插脚式封装元器件，则在图 7-109 中应选择“Through-hole components”单选钮，然后单击“Next”按钮，将显示如图 7-111 所示的对话框。

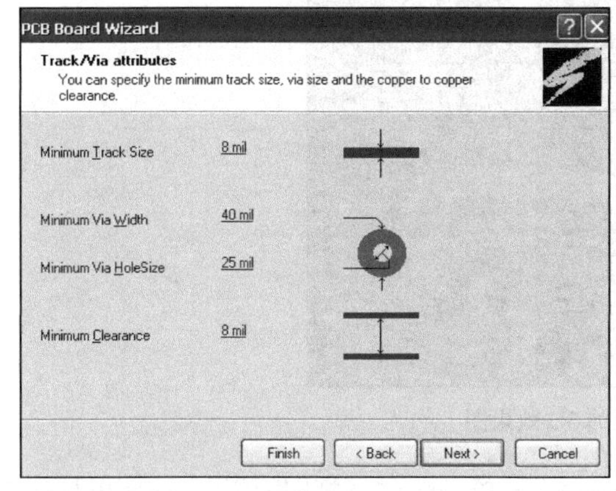

图 7-110　选择板子布线参数

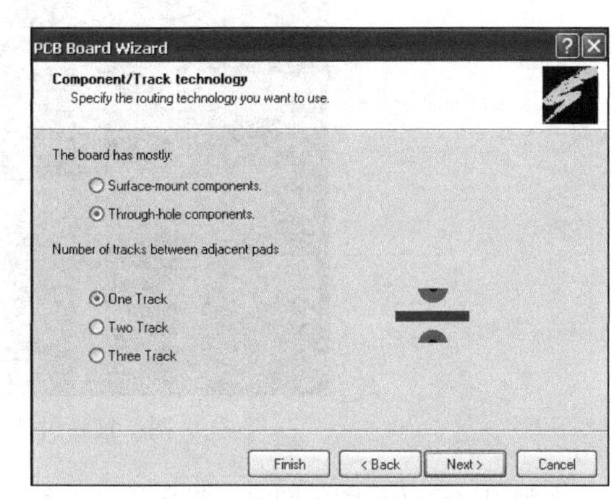

图 7-111　采用插脚式封装元器件出现的面板

这里应选择“Through-hole components”（过孔元器件）单选钮和“One Track”（单根导线）单选钮。

（10）单击 Next > 按钮，将显示如图 7-112 所示的对话框。

（11）单击 Finish 按钮，将显示如图 7-113 所示的新建 PCB 编辑器对话框。

图 7-112　完成 PCB 向导

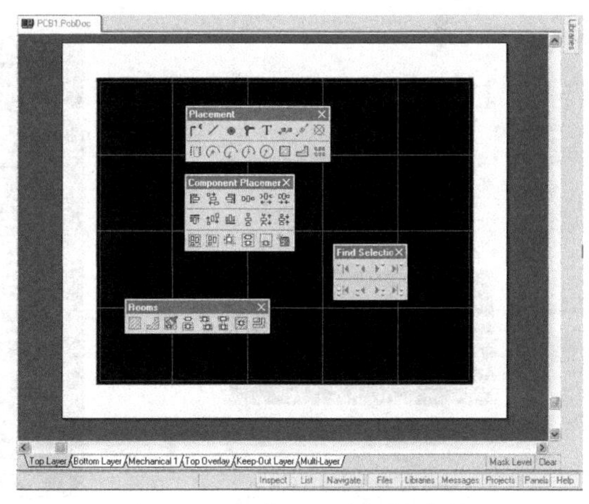

图 7-113　新建 PCB 编辑器对话框

7.4　PCB 的 3D 显示

利用向导创建新的 PCB 后，可以执行 3D 效果图命令来直观地看一看我们所设计的电路板布局。执行"View→Board in 3D"命令，系统将自动生成一个 3D 效果图，如图 7-114 所示。

图 7-114　电路板的 3D 效果图

在弹出这个效果图的同时，将会弹出一个"True View Panel"（3D 视图面板）。该面板具备 3 种功能，分别是电路网络的铜膜线观测、PCB 板层观察和 PCB 板的视角切换，如图 7-115 所示。下面主要介绍板层观察栏中的主要选项。

（1）Components：选择此复选框后，将显示元器件的封装，如图 7-116 所示。

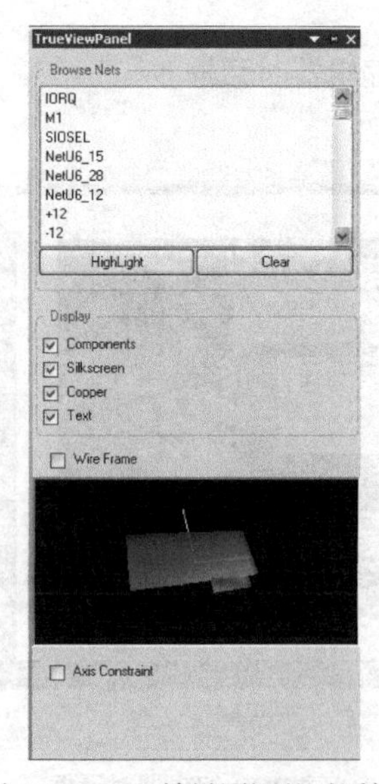

图 7-115　3D 效果图调整对话框

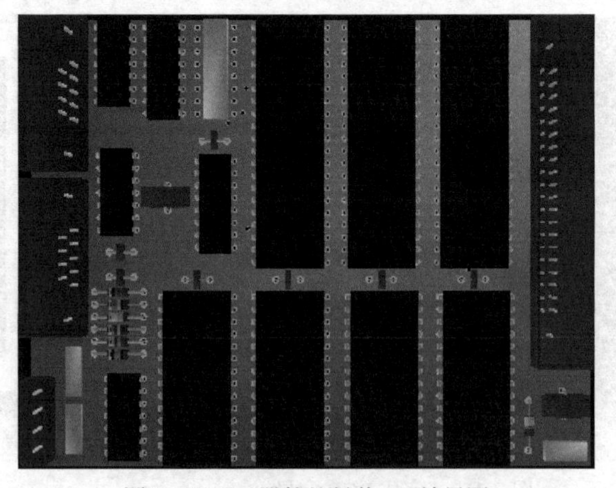

图 7-116　元器件的封装 3D 效果图

（2）Silkscreen：选择此复选框将显示丝印层，如图 7-117 所示。

（3）Copper：选择此复选框将显示铜膜，如图 7-118 所示。

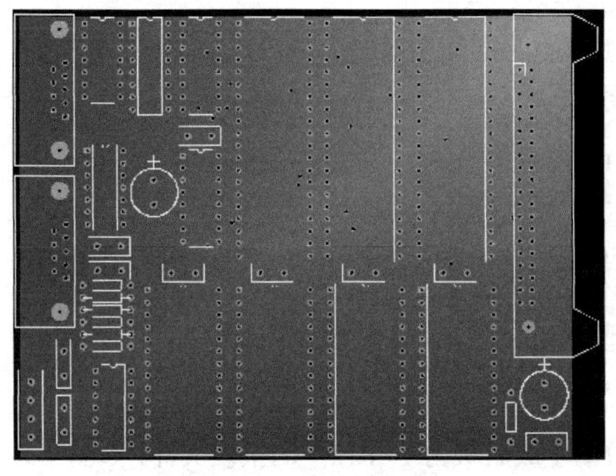

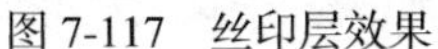

图 7-117　丝印层效果

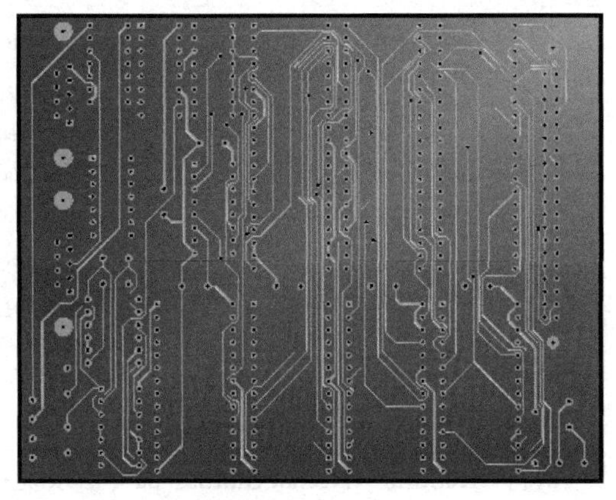

图 7-118　铜膜效果

（4）Text：选择此复选框将显示文字标注，如图 7-119 所示。

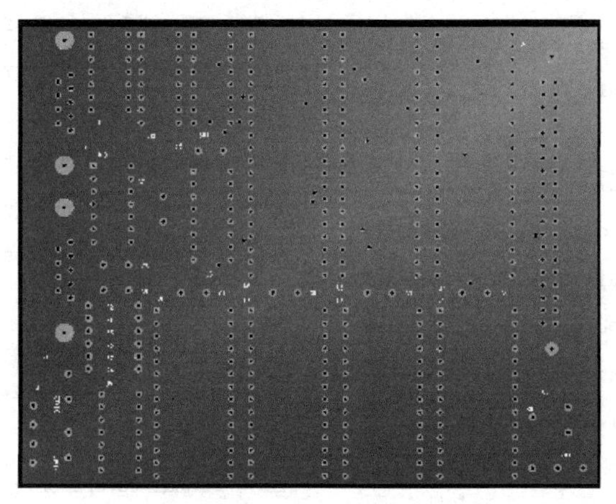

图 7-119　文字标注效果

（5）Wire Frame：选择此复选框将使效果图转化为三维线框模式。将光标移至其中，单击鼠标左键，上下左右拖动，将看到不同视角的 3D 电路板图。

7.5　PCB 图的后处理

绘制完成的 PCB 图一般需要进行后处理，PCB 图的后处理主要包括生成报表文件、打印输出等操作。本节将详细介绍如何生成报表文件以及打印输出。

7.5.1　生成 PCB 报表文件

PCB 编辑器同原理图编辑器一样，都在编辑完成后提供了报表功能。PCB 的报表功能集中在“Reports”菜单中，如图 7-120 所示。

在该菜单中，提供了 PCB 特有的报表——Netlist Status（网络布线长度）报表。其他报表与原理图的相应报表完全相同，这里就不再叙述相应的生成过程了。下面以 Netlist Status（网络布线长度）报表为例，讲述其生成过程。

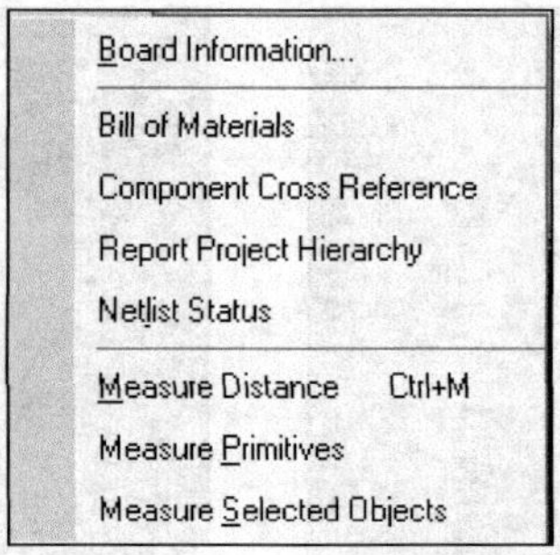

Board Information...
Bill of Materials
Component Cross Reference
Report Project Hierarchy
Netlist Status
Measure Distance Ctrl+M
Measure Primitives
Measure Selected Objects

图 7-120 “Reports”菜单

执行“Reports→Netlist Status”命令，系统将自动生成后缀为“ .REP”的报表文件，如图 7-121 所示。

```
Nets report For
On 2004-7-26 at 21:19:08

+12     Signal Layers Only  Length:3450 mils
-12     Signal Layers Only  Length:3121 mils
1200    Signal Layers Only  Length:461 mils
150     Signal Layers Only  Length:161 mils
19200   Signal Layers Only  Length:626 mils
300     Signal Layers Only  Length:250 mils
4800    Signal Layers Only  Length:1571 mils
600     Signal Layers Only  Length:120 mils
75      Signal Layers Only  Length:161 mils
9600    Signal Layers Only  Length:1609 mils
A0      Signal Layers Only  Length:8173 mils
A1      Signal Layers Only  Length:7452 mils
A10     Signal Layers Only  Length:5549 mils
A11     Signal Layers Only  Length:5959 mils
A12     Signal Layers Only  Length:4700 mils
A13     Signal Layers Only  Length:2355 mils
A14     Signal Layers Only  Length:2155 mils
A15     Signal Layers Only  Length:1828 mils
A2      Signal Layers Only  Length:4884 mils
A3      Signal Layers Only  Length:4877 mils
A4      Signal Layers Only  Length:5300 mils
A5      Signal Layers Only  Length:4691 mils
A6      Signal Layers Only  Length:4640 mils
A7      Signal Layers Only  Length:4657 mils

A8      Signal Layers Only  Length:5053 mils
A9      Signal Layers Only  Length:5401 mils
CPUCLK  Signal Layers Only  Length:5476 mils
D0      Signal Layers Only  Length:11018 mils
D1      Signal Layers Only  Length:8690 mils
D2      Signal Layers Only  Length:10356 mils
D3      Signal Layers Only  Length:10610 mils
D4      Signal Layers Only  Length:8885 mils
D5      Signal Layers Only  Length:8909 mils
D6      Signal Layers Only  Length:10020 mils
D7      Signal Layers Only  Length:9174 mils
GND     Signal Layers Only  Length:21834 mils
INT     Signal Layers Only  Length:4522 mils
IORQ    Signal Layers Only  Length:2001 mils
M1      Signal Layers Only  Length:2027 mils
MEM0SEL Signal Layers Only  Length:1961 mils
MEM1SEL Signal Layers Only  Length:2403 mils
MEM2SEL Signal Layers Only  Length:3084 mils
MEM3SEL Signal Layers Only  Length:3529 mils
NetC10_1 Signal Layers Only  Length:1654 mils
NetC10_2 Signal Layers Only  Length:1673 mils
NetC9_1  Signal Layers Only  Length:1332 mils
NetC9_2  Signal Layers Only  Length:2656 mils
NetJ2_2  Signal Layers Only  Length:1047 mils
NetJ2_3  Signal Layers Only  Length:1831 mils
NetJ3_2  Signal Layers Only  Length:878 mils
```

图 7-121 网络布线长度报表（部分）

```
NetJ3_3     Signal Layers Only  Length:177 mils        PA2    Signal Layers Only  Length:1701 mils
NetR1_1     Signal Layers Only  Length:1134 mils       PA3    Signal Layers Only  Length:2428 mils
NetR2_2     Signal Layers Only  Length:1904 mils       PA4    Signal Layers Only  Length:1028 mils
NetR3_1     Signal Layers Only  Length:1575 mils       PA5    Signal Layers Only  Length:736 mils
NetR4_2     Signal Layers Only  Length:1359 mils       PA6    Signal Layers Only  Length:520 mils
NetSW1_9     Signal Layers Only  Length:2795 mils      PA7    Signal Layers Only  Length:670 mils
NetU5_19     Signal Layers Only  Length:1573 mils      PB0    Signal Layers Only  Length:990 mils
NetU6_12     Signal Layers Only  Length:1492 mils      PB1    Signal Layers Only  Length:1039 mils
NetU6_15     Signal Layers Only  Length:2415 mils      PB2    Signal Layers Only  Length:1023 mils
NetU6_26     Signal Layers Only  Length:2998 mils      PB3    Signal Layers Only  Length:390 mils
NetU6_28     Signal Layers Only  Length:2590 mils      PB4    Signal Layers Only  Length:583 mils
PA0     Signal Layers Only  Length:1870 mils           PB5    Signal Layers Only  Length:1927 mils
PA1     Signal Layers Only  Length:1761 mils           PB6    Signal Layers Only  Length:1176 mils
```

图 7-121　网络布线长度报表（部分）（续）

7.5.2　打印输出 PCB 图

PCB 图的打印输出中，打印机的设置同原理图打印机的设置相同，这里不再详述。下面具体介绍 PCB 图的打印步骤。

（1）打开将要打印的 PCB 文件，进入 PCB 编辑器，执行“Files→Page Setup...”命令后，将弹出如图 7-122 所示的打印设置对话框，在该对话框中可以设置纸型、预览打印效果、打印内容等。

（2）单击“Advanced...”按钮后，将弹出如图 7-123 所示的设置打印层面对话框，在该对话框中列出了所有当前可以打印的层。

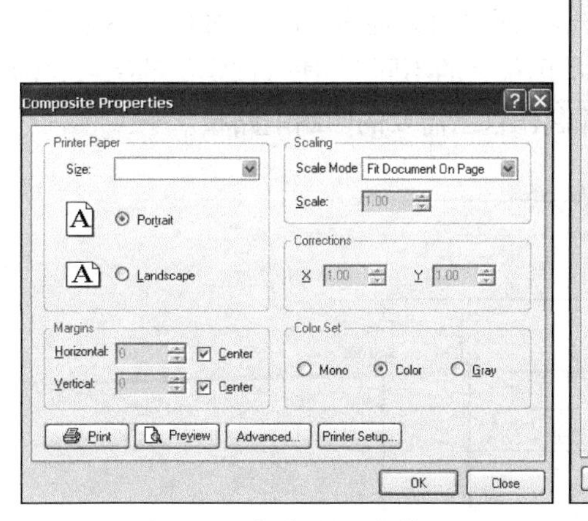

图 7-122　打印设置对话框

图 7-123　设置打印层面对话框

（3）在该对话框中用鼠标左键双击所要打印的层次，将弹出如图 7-124 所示的对话框。

单击“Free Primitives”选项区、“Component Primitives”选项区和“Others”选项区中的“Hide”按钮，可以隐藏这些内容，即不打印这些内容。单击“OK”按钮，完成打印内容的设置。系统返回到如图 7-123 所示的对话框，单击“OK”按钮关闭该对话框。

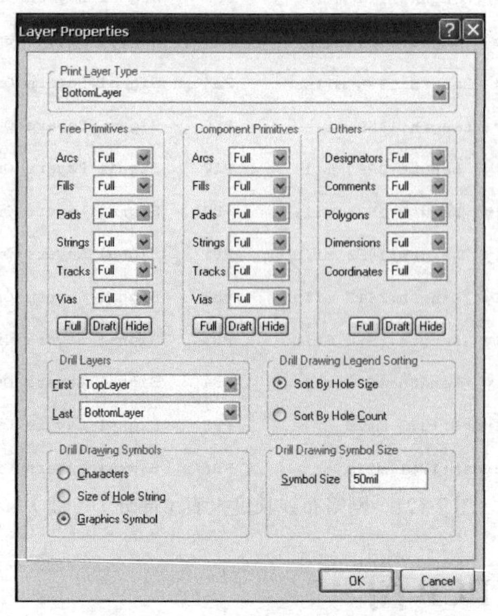

图 7-124 设置打印内容对话框

（4）若已设置好打印机，执行“Files→Print Preview”命令可以预览打印层次的内容，如果符合要求即可打印输出。

7.6 综 合 范 例

1. 范例目标

以图 7-125 所示的原理图为例，生成该原理图的 PCB，并以 3D 的形式表示出来（说明：由于 Protel DXP 具有原理图与 PCB 图双向转换生成的功能，所以由原理图生成 PCB 图，不用必须生成原理图的网络表，这一点与 Protel DXP 以前的版本用很大的不同）。通过该实例的练习，读者可以初步掌握生成印制电路板的基本步骤与方法，并制作自己需要的印制电路板。

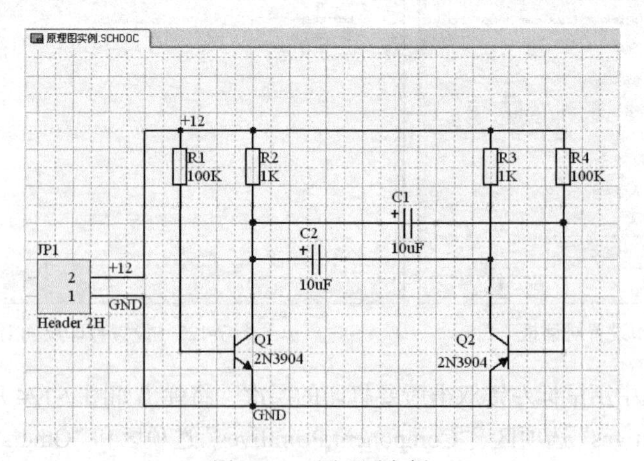

图 7-125 原理图实例

2. 所用知识

本章中所介绍的 PCB 设计流程、PCB 工具栏的使用、自动布局与自动布线等知识。

3. 详细步骤

（1）绘制电路板的电气边框。新建一个 PCB 文档，打开 PCB 编辑器，单击 PCB 编辑窗口下方的“Keep-Out Layer”面板标签，即可将当前工作层面设置为“Keep-Out Layer”。在该层中执行“Place→Keepout→Track”命令或单击工具栏中的 ／ 按钮，绘制电路板的电气边框。

（2）加载元器件库。在 PCB 编辑窗口内单击“Libraries”面板标签，打开元器件库，在该面板中单击左上方的“Libraries”按钮，添加 Miscellaneous Devices PCB 元器件库，然后单击“Close”按钮，即完成 PCB 元器件库的加载。

（3）导入原理图文件。在 PCB 编辑器中执行“Design→Import Changes From[PCB Project1.PrjPCB]”命令后，将会弹出如图 7-126 所示的对话框。

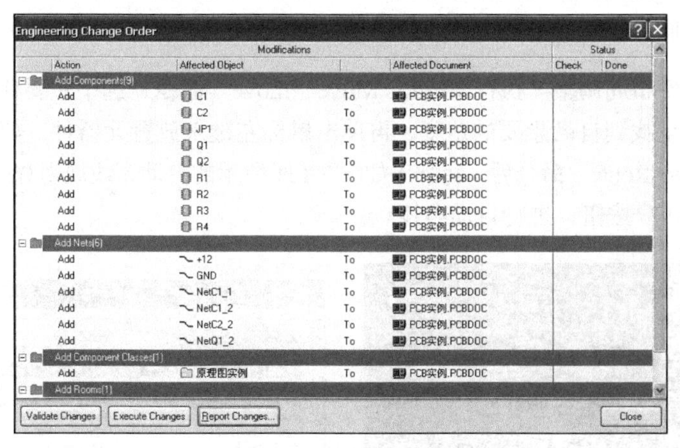

图 7-126　工程网络变化对话框

（4）单击 Validate Changes 按钮后，将弹出如图 7-127 所示对话框，在状态栏“Check”一列中出现 ✓ 说明装入的元器件正确，可以进行下一步操作。

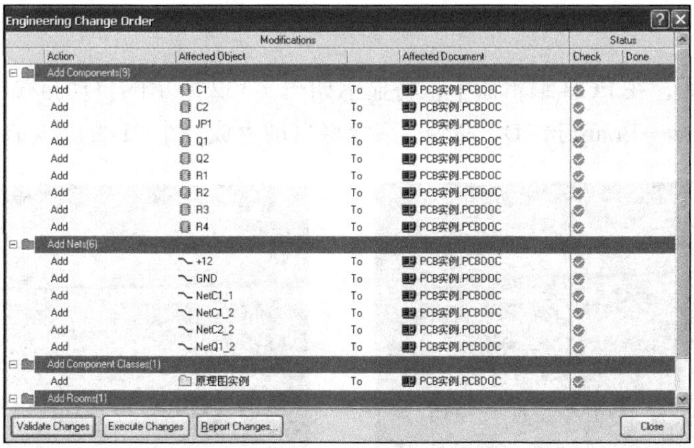

图 7-127　元器件全部正确的工程网络变化对话框

（5）在设计工程网络变化对话框中单击 Execute Changes 按钮，即可将原理图加载到 PCB 文件中，如图 7-128 所示。

（6）执行“Tools→Auto Placement→Auto Placer”命令，将得到如图 7-129 所示的自动布局结果。

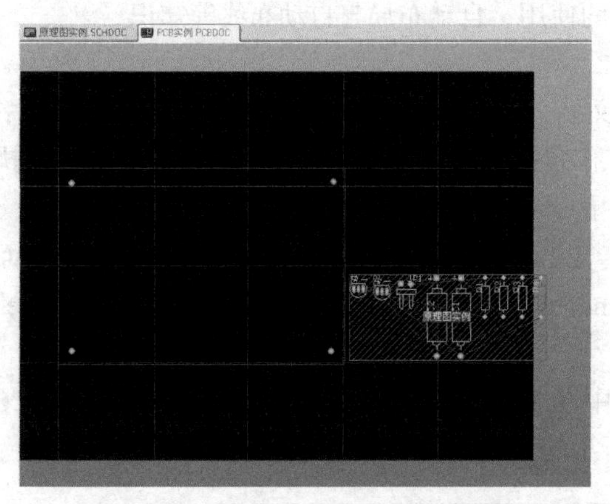

图 7-128 加载原理图后的电路板图

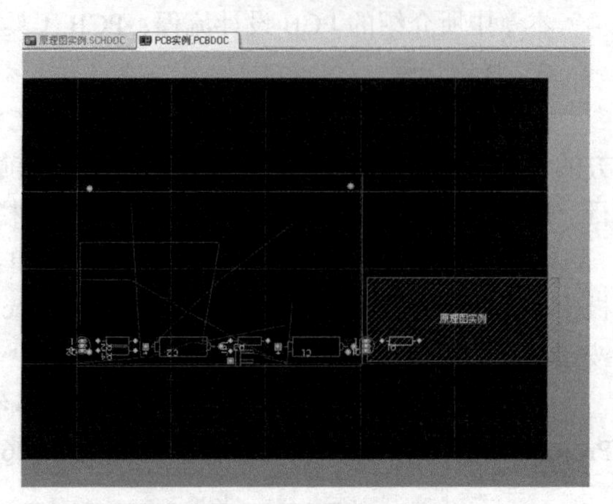

图 7-129 自动布局后的效果

（7）手动元器件布局调整。执行“Edit→Move→move”命令，选中想要移动的元器件，按空格键进行旋转，直至找到自己想要的角度，再单击鼠标左键来放置元器件，如图 7-130 所示。

（8）执行“Auto Route”命令后，将弹出如图 7-131 所示的自动布线规则对话框。选择默认值，然后单击“Route All”按钮，进行自动布线。

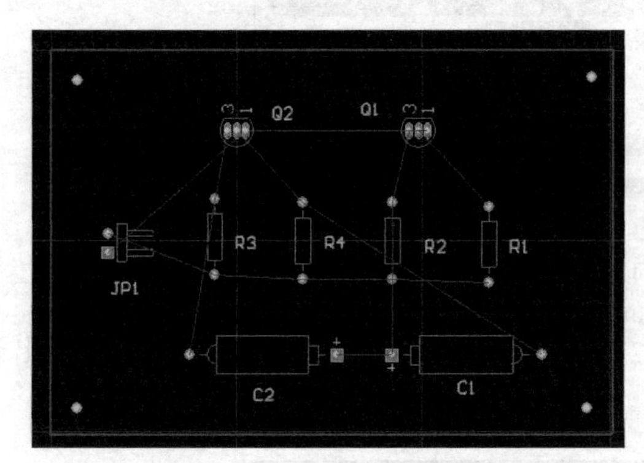

图 7-130 手工调整元器件位置

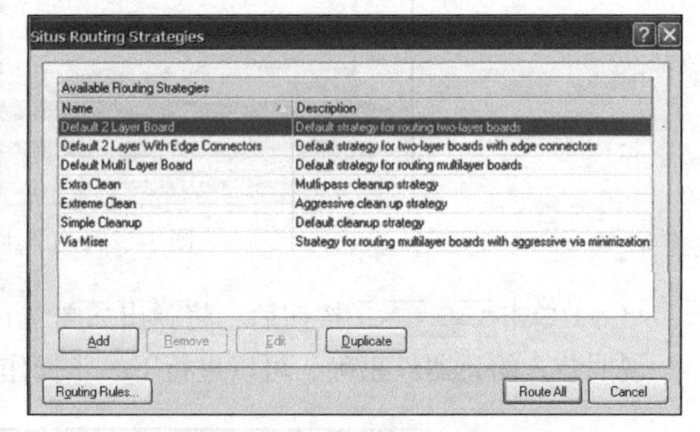

图 7-131 自动布线规则对话框

（9）布线完毕后，在 PCB 编辑器中，将显示如图 7-132 所示的自动布线电路板图。

（10）执行“View→Board in 3D”命令，系统将自动生成一个 3D 的效果图，如图 7-133 所示。

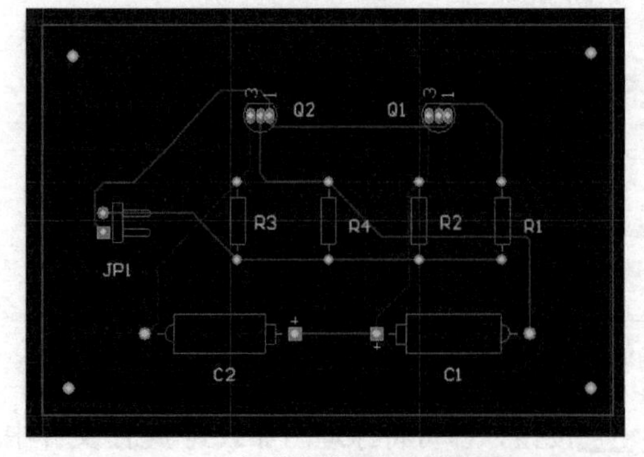

图 7-132 自动布线后的电路板图

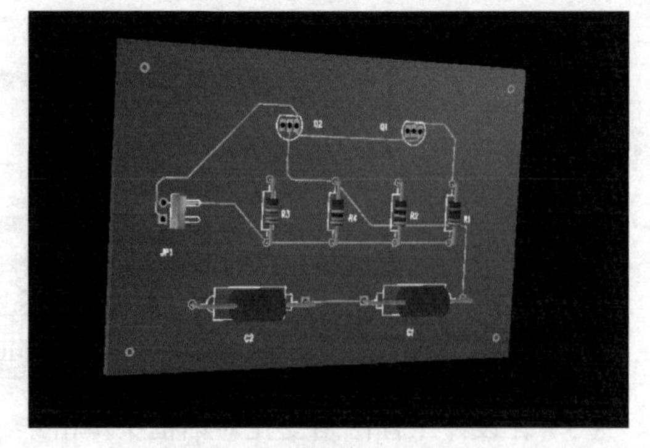

图 7-133 电路板的三维显示

7.7 小　　结

本章主要讲述了与 PCB 设计密切相关的一些基本概念，包括 PCB 设计的基本原则、结构组成、设计流程、参数设置以及如何生成 PCB 报表文件和打印输出 PCB 图。

PCB 设计的好坏直接影响电路板抗干扰能力的大小，因此，在进行 PCB 设计时，一定要遵循 PCB 设计的一般规则，以达到抗干扰设计的要求。

PCB 包含一系列元器件，由印制电路板材料支持并通过铜箔层进行电气连接的电路板，还有在印制电路板表面对 PCB 起注释作用的印丝层等。

PCB 设计流程包括绘制电路原理图、规划印制电路板、元器件封装、元器件布局、自动布线、手工调整、保存输出等。

设置 PCB 系统参数主要在“Board Options”对话框中实现，执行“Design→Option”命令，即可弹出如图 7-2 所示的“Board Options”对话框。

电路参数的设置直接影响 PCB 设计的效果，因此设置电路参数是电路板设计过程中非常重要的一个环节。电路参数设置主要在“Preferences”对话框中实现，执行“Tools→Preference”命令即可打开“Preferences”对话框，在该对话框中可以对光标显示、层颜色、系统默认值等进行设置。

与原理图设计系统一样，PCB 设计系统也提供了各种工具栏，主要包括放置工具栏、元器件调整工具栏和查找选择集工具栏。

PCB 图的绘制流程包括准备原理图和 SPICE netlist、规划电路板、加载 SPICE netlist 与元器件封装、自动布局元器件、手工调整元器件布局、自动布线、手工调整布线、利用向导创建新的 PCB 等。

利用向导创建新的 PCB 后，可以执行 3D 效果图命令来直观地看一看所设计的电路板布局，执行“View→Board in 3D”命令，系统将自动生成一个 3D 的效果图。

绘制完成的 PCB 图一般需要进行后处理，PCB 图的后处理主要包括生成报表文件、打印输出等操作。

通过本章的学习，读者可以全面系统地掌握 PCB 设计的整个流程与方法，从而独立制作出符合设计要求的 PCB。

习　　题

一、思考题

1. PCB 设计的基本流程是什么？
2. 如何利用 PCB 向导生成一个新的 PCB 文档？
3. 简述从电路原理图到生成 PCB 3D 效果图的操作过程。
4. 简述 PCB 布局的流程。
5. 如何设置 PCB 的系统参数？
6. 如何设置 PCB 的电路参数？

7. PCB 图的后处理主要包括哪些操作？如何生成报表文件？如何设置打印输出？

二、基本操作题

1. 以系统自带的文件“Peak Detector”为例，执行“File→Open”命令，在打开的对话框中双击文件名称“Peak Detector”，然后在该文件夹中选择“Peak Detector”原理图文件和“Peak Detector-Channel”层次原理图文件，分别双击打开，得到如图 7-134（a）、（b）所示的原理图，请以这两个原理图为例，生成电路板。

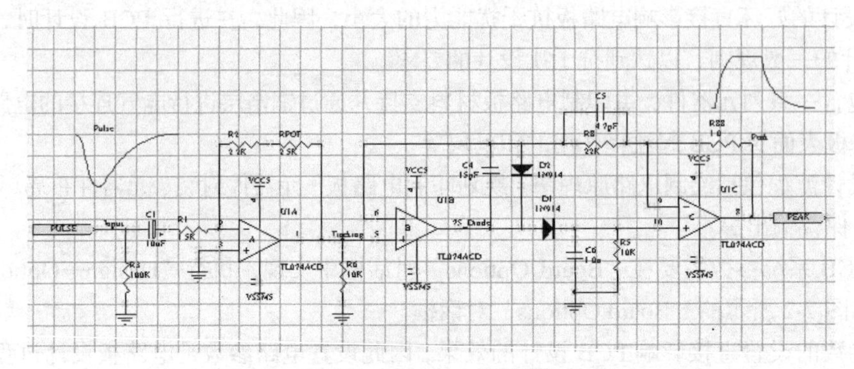

（a）Peak Detector 原理图

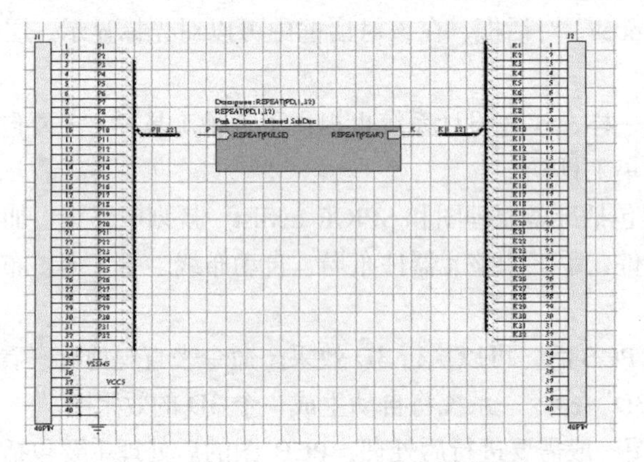

（b）Peak Detector-Channel 层次原理图

图 7-134 原理图实例

生成的电路板如图 7-135 所示。

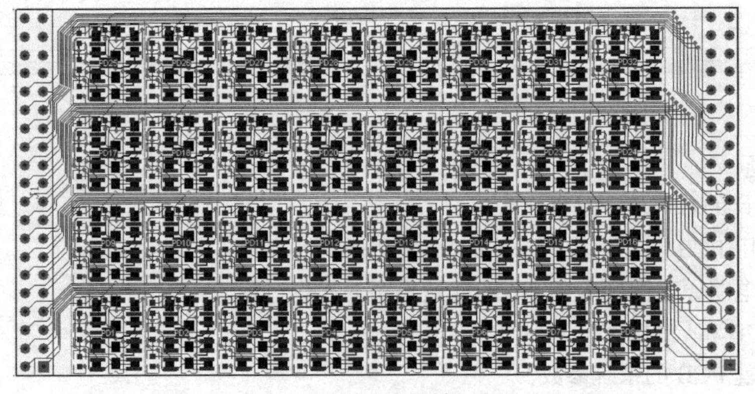

图 7-135 生成的印制电路板

2. 以图 7-135 所示的电路板为例，生成该电路板的网络长度报表。

执行“Reports→Netlist Status”命令，即可生成网络长度报表，如图 7-136 所示。

```
Nets report For
On 2004-11-18 at 15:34:42

GND   Signal Layers Only  Length:13870 mils
K1   Signal Layers Only  Length:4255 mils
K10   Signal Layers Only  Length:3749 mils
K11   Signal Layers Only  Length:3401 mils
K12   Signal Layers Only  Length:2764 mils
K13   Signal Layers Only  Length:2427 mils
K14   Signal Layers Only  Length:1805 mils
K15   Signal Layers Only  Length:1476 mils
K16   Signal Layers Only  Length:889 mils
K17   Signal Layers Only  Length:4459 mils
K18   Signal Layers Only  Length:3838 mils
K19   Signal Layers Only  Length:3495 mils
K2   Signal Layers Only  Length:3612 mils
K20   Signal Layers Only  Length:2856 mils
K21   Signal Layers Only  Length:2519 mils
K22   Signal Layers Only  Length:1898 mils
K23   Signal Layers Only  Length:1568 mils
K24   Signal Layers Only  Length:957 mils
K25   Signal Layers Only  Length:4469 mils
K26   Signal Layers Only  Length:3846 mils
K27   Signal Layers Only  Length:3501 mils
K28   Signal Layers Only  Length:2898 mils
K29   Signal Layers Only  Length:2553 mils
K3   Signal Layers Only  Length:3271 mils
K30   Signal Layers Only  Length:1972 mils
K31   Signal Layers Only  Length:1637 mils
K32   Signal Layers Only  Length:1035 mils
K4   Signal Layers Only  Length:2665 mils
K5   Signal Layers Only  Length:2238 mils
K6   Signal Layers Only  Length:1709 mils
K7   Signal Layers Only  Length:1387 mils
K8   Signal Layers Only  Length:795 mils
K9   Signal Layers Only  Length:4355 mils
NetC1_PD10_1   Signal Layers Only  Length:192 mils
NetC1_PD11_1   Signal Layers Only  Length:192 mils

NetC1_PD12_1   Signal Layers Only  Length:192 mils
NetC1_PD13_1   Signal Layers Only  Length:192 mils
NetC1_PD14_1   Signal Layers Only  Length:192 mils
NetC1_PD15_1   Signal Layers Only  Length:192 mils
NetC1_PD16_1   Signal Layers Only  Length:192 mils
NetC1_PD17_1   Signal Layers Only  Length:192 mils
NetC1_PD18_1   Signal Layers Only  Length:192 mils
NetC1_PD19_1   Signal Layers Only  Length:192 mils
NetC1_PD1_1   Signal Layers Only  Length:192 mils
NetC1_PD20_1   Signal Layers Only  Length:192 mils
NetC1_PD21_1   Signal Layers Only  Length:192 mils
NetC1_PD22_1   Signal Layers Only  Length:192 mils
NetC1_PD23_1   Signal Layers Only  Length:192 mils
NetC1_PD24_1   Signal Layers Only  Length:192 mils
NetC1_PD25_1   Signal Layers Only  Length:192 mils
NetC1_PD26_1   Signal Layers Only  Length:192 mils
NetC1_PD27_1   Signal Layers Only  Length:192 mils
NetC1_PD28_1   Signal Layers Only  Length:192 mils
NetC1_PD29_1   Signal Layers Only  Length:192 mils
NetC1_PD2_1   Signal Layers Only  Length:192 mils
NetC1_PD30_1   Signal Layers Only  Length:192 mils
NetC1_PD31_1   Signal Layers Only  Length:192 mils
NetC1_PD32_1   Signal Layers Only  Length:192 mils
NetC1_PD3_1   Signal Layers Only  Length:192 mils
NetC1_PD4_1   Signal Layers Only  Length:192 mils
NetC1_PD5_1   Signal Layers Only  Length:192 mils
NetC1_PD6_1   Signal Layers Only  Length:192 mils
NetC1_PD7_1   Signal Layers Only  Length:192 mils
NetC1_PD8_1   Signal Layers Only  Length:192 mils
NetC1_PD9_1   Signal Layers Only  Length:192 mils
NetC4_PD10_1   Signal Layers Only  Length:1075 mils
NetC4_PD11_1   Signal Layers Only  Length:1075 mils
NetC4_PD12_1   Signal Layers Only  Length:1075 mils
NetC4_PD13_1   Signal Layers Only  Length:1075 mils
NetC4_PD14_1   Signal Layers Only  Length:1075 mils
NetC4_PD15_1   Signal Layers Only  Length:1075 mils
```

图 7-136 生成的网络长度报表

实 战 练 习

1. 练习目的

以图 7-137 所示的电路原理图为例，生成 PCB 及其三维效果图。通过本例读者可以复习前面几章所学的知识，熟悉由电路原理图生成 PCB 图的步骤与方法，进一步增强自己的电路设计能力。

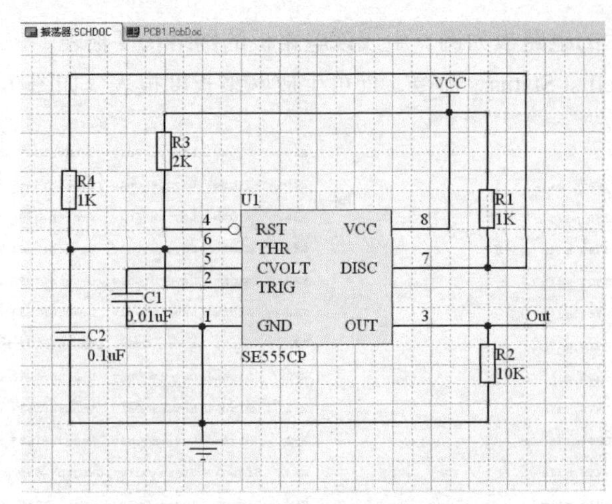

图 7-137　多谐振荡器电路原理图

2. 所用知识

由电路原理图生成 PCB 图的方法与步骤以及各种 PCB 绘图工具的应用。

3. 步骤提示

（1）新建一个 PCB 文档，打开 PCB 编辑器，单击 PCB 编辑窗口下方的“Keep-Out Layer”面板标签，在该层中执行“Place→Keepout→Track”命令或单击工具栏中的 ⁄ 按钮，绘制电路板的电气边框。

（2）加载元器件库，在 PCB 编辑窗口内单击“Libraries”面板标签，打开元器件库，在该面板中单击左上方的“Libraries”按钮，添加 Miscellaneous Devices PCB 元器件库，然后单击“Close”按钮，即完成 PCB 元器件库的加载。

（3）在 PCB 编辑器中执行“Design→Import Changes From[PCB Project1.PrjPCB]”命令并在弹出的工程网络变化对话框中单击 Validate Changes 按钮，若状态栏“Check”一列中出现 ◈ 说明装入的元器件正确，再单击 Execute Changes 按钮将原理图加载到 PCB 编辑器中，如图 7-138 所示。

（4）执行“Tools→Auto Placement→Auto Placer”命令，将得到自动布局的结果，如图 7-139 所示。

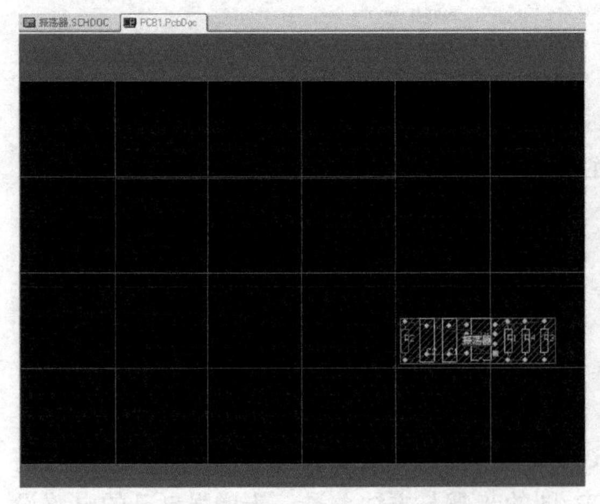

图 7-138　加载原理图后的电路板图

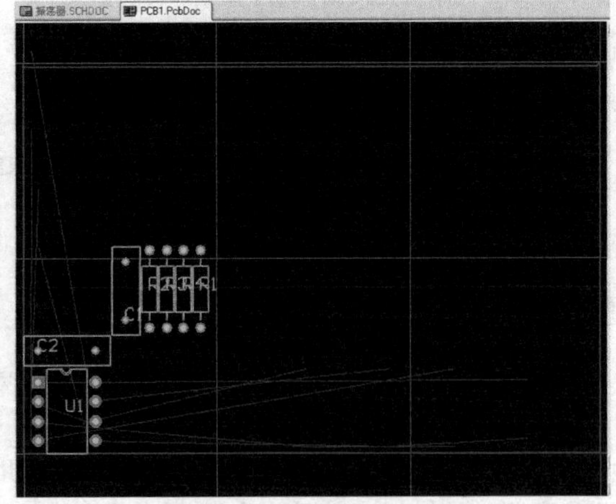

图 7-139　自动布局后的效果

（5）手动元器件布局调整。执行“Edit→Move→move”命令，选中想要移动的元器件，单击空格键进行旋转，直至找到自己想要的角度，再单击鼠标左键来放置元器件，手动调整元器件布局的结果如图 7-140 所示。

（6）执行“Auto Route”命令后，在随后弹出的对话框中选择默认值，单击“Route All”按钮，进行自动布线。布线完毕后，在 PCB 编辑器中将显示如图 7-141 所示的自动布线电路板图。

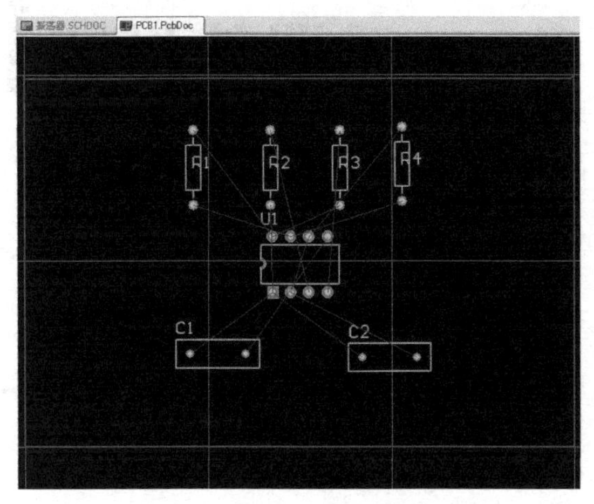

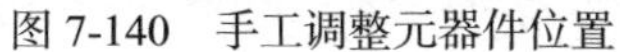
图 7-140　手工调整元器件位置

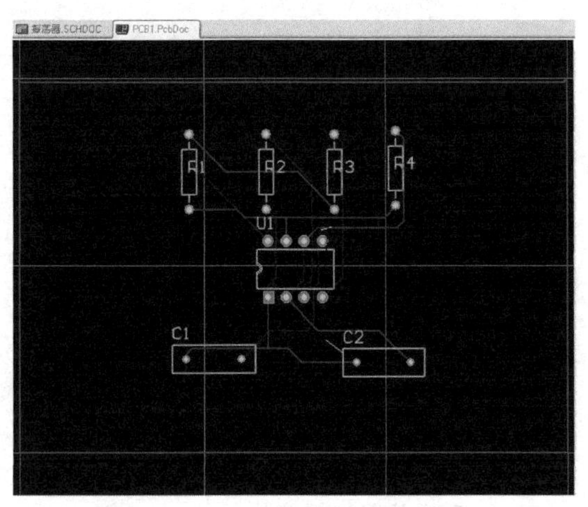

图 7-141　自动布线后的电路板图

（7）执行“View→Board in 3D”命令，系统将自动生成一个 3D 的效果图，如图 7-142 所示。

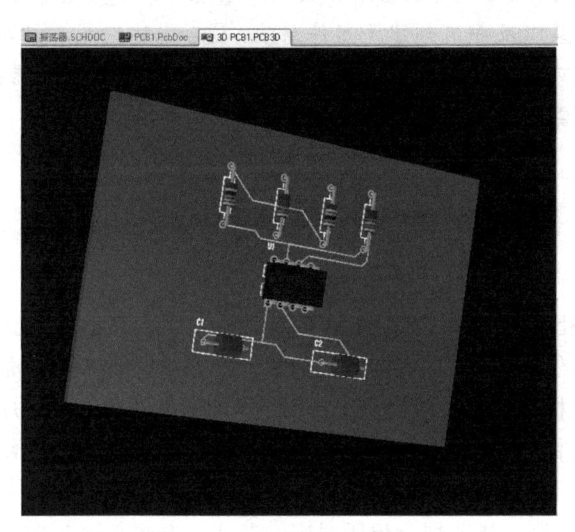

图 7-142　电路板的三维显示

第 8 章 PCB 元器件封装

本章要点：

（1）元器件封装编辑器；

（2）手工添加新的元器件封装；

（3）利用向导添加新的元器件封装；

（4）元器件封装信息报表；

（5）元器件封装规则检查报表；

（6）元器件封装库报表。

本章导读：

本章主要讲述与 PCB 元器件封装密切相关的一些基本知识，包括创建新的元器件库文件、利用向导创建元器件封装以及手工创建元器件封装，最后讲述生成几种元器件封装报表的方法。通过本章的学习，读者可以掌握两种创建元器件封装以及生成几种元器件封装报表的方法，从而创建出自己设计中所需要的元器件封装。

8.1 元器件封装编辑器

所谓元器件封装是指安装半导体集成芯片时所用的外壳，它不仅起着安放、固定、封装、保护芯片和增强电热性能的作用，而且是沟通芯片内部世界与外部电路的桥梁。

芯片的封装在 PCB 板上通常表现为一组焊盘、丝印层上的边框及芯片的说明文字。焊盘主要用于连接芯片的引脚，并通过印制电路板上的铜膜导线连接其他焊盘，形成一定的电路，完成电路板的功能。在封装中，每个焊盘都有唯一的标号，以区别封装中的其他焊盘。丝印层上的边框和说明文字主要起指示作用，指明焊盘组所对应的芯片，方便印制电路板的焊接。本节将介绍用来创建元器件封装的元器件封装编辑器的启动和组成。

8.1.1 元器件封装编辑器的启动

在创建新的元器件封装前，应首先新建一个元器件封装库，来绘制和存储新建元器件封装。Protel DXP 元器件封装库编辑器的启动步骤如下。

（1）执行“File→New→PCB Library”命令，如图 8-1 所示。

（2）系统将自动生成一个默认名为 PcbLib1.PcbLib 的元器件库编辑器，如图 8-2 所示。

（3）执行“File→Save As”命令后，将弹出如图 8-3 所示的对话框，将新建的元器件库编辑器命名为“NEW”。

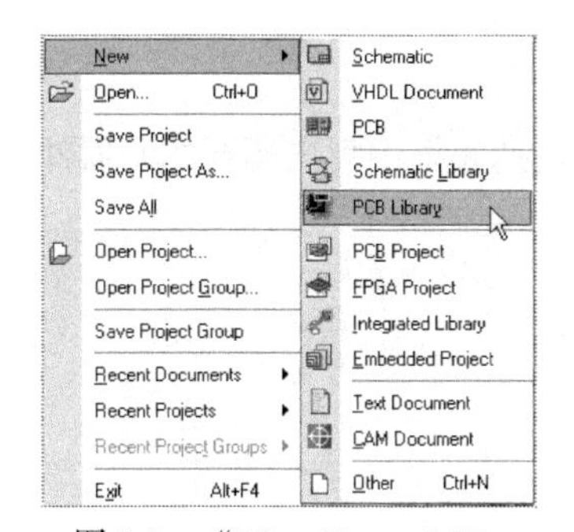

图 8-1　“File→New→PCB Library”菜单命令

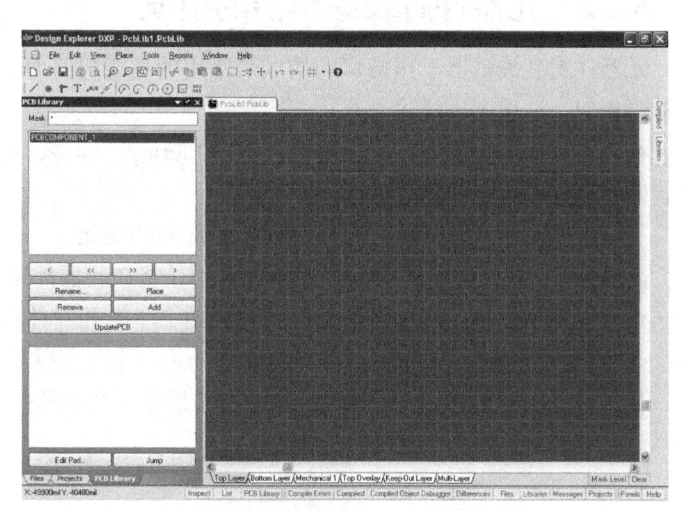

图 8-2　新创建的元器件库编辑器窗口

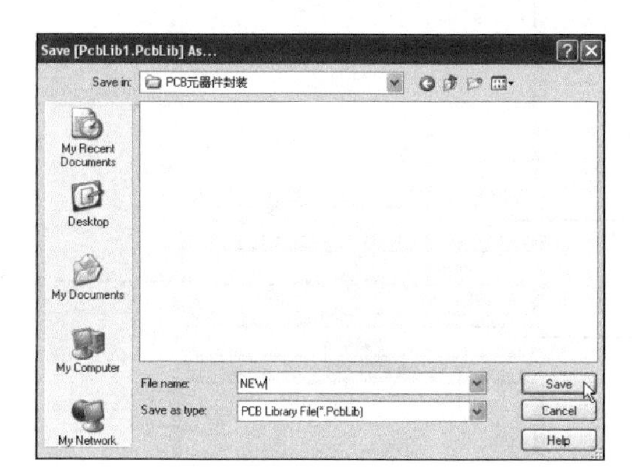

图 8-3　保存新建的元器件库编辑器

（4）单击“Save”按钮，可将元器件库编辑器更名为“NEW.PCBLIB”，如图 8-4 所示。

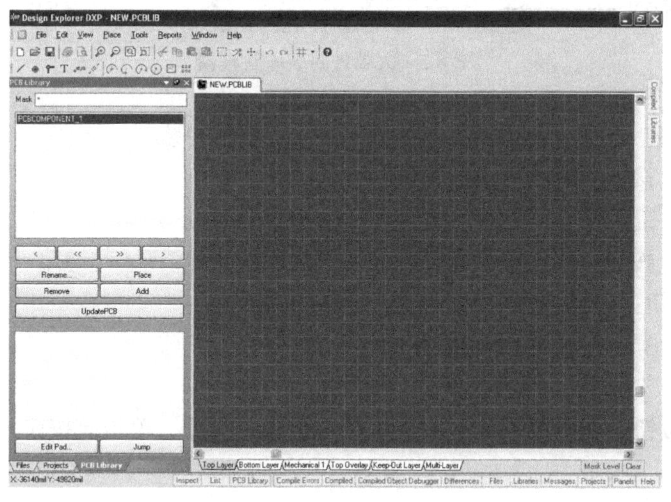

图 8-4　更名后的元器件库编辑器

8.1.2　元器件封装编辑器的组成

元器件封装编辑器工作窗口的构成及常用的功能与前面介绍的 PCB 编辑器、原理图元器件库编辑器相似，这里不再详述。

在元器件库编辑器窗口中，单击“PCB Library”标签，将弹出元器件封装库管理器，元器件封装库管理器的各组成部分如图 8-5 所示。

下面主要介绍元器件封装库管理器中各部分的功能。

◇ Mask：在该文本框中输入元器件名后，将在元器件库封装列表框中列出所要的元器件。

◇ [<]按钮：选择当前元器件封装的上一个元器件封装。

◇ [<<]按钮：选择元器件封装库中的第一个元器件封装。

◇ [>>]按钮：选择元器件封装库中的最后一个元器件封装。

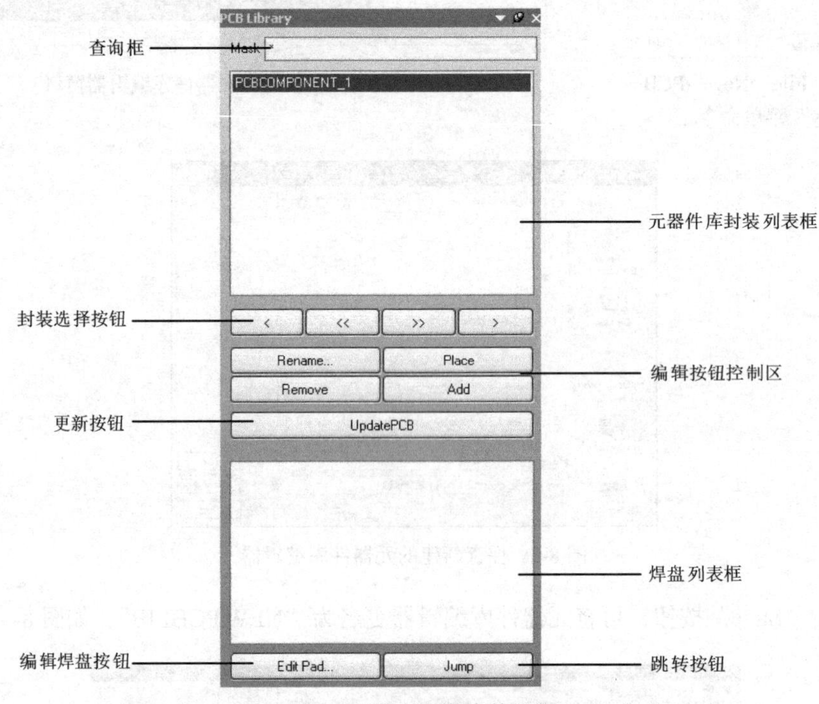

图 8-5　元器件封装库管理器

◇ [>]按钮：选择当前元器件封装的下一个元器件封装。

◇ “Rename”按钮：更改当前元器件封装名。

◇ “Place”按钮：将一个元器件封装放置在 PCB 图中。

◇ “Remove”按钮：将当前元器件封装从封装库中删除。

◇ “Add”按钮：向封装库中添加新的元器件封装。

◇ “UpdatePCB”按钮：更新封装库中的元器件封装。

◇ “Edit Pad…”按钮：编辑焊盘。

◇ “Jump”按钮：在引脚列表区中选中某一引脚焊盘后，单击此按钮，可使工作区放大显示所选的焊盘。

8.2　添加新的元器件封装

与电路原理图中需要自己添加元器件一样，当 Protel DXP 系统文件中没有用户所需要的元器件封装时，用户也可自己设计添加所需的元器件封装。通常，添加新的元器件封装的方法有手工添加和利用向导添加两种，下面将详细介绍这两种添加元器件封装的方法。

8.2.1　手工添加

在添加新的元器件封装之前，应先对各种电气符号的属性进行设置。执行“Tools→Library Options”命令，将弹出如图 8-6 所示的封装库参数设置对话框。

在该对话框中设置“Snap Grid”（捕捉栅格）为 5mil，“Component Gird”（元器件栅格）为 5mil，其他设置保持默认值。

下面以图 8-7 所示的一个电阻的封装为例，讲述手工绘制元器件封装的基本步骤和方法。

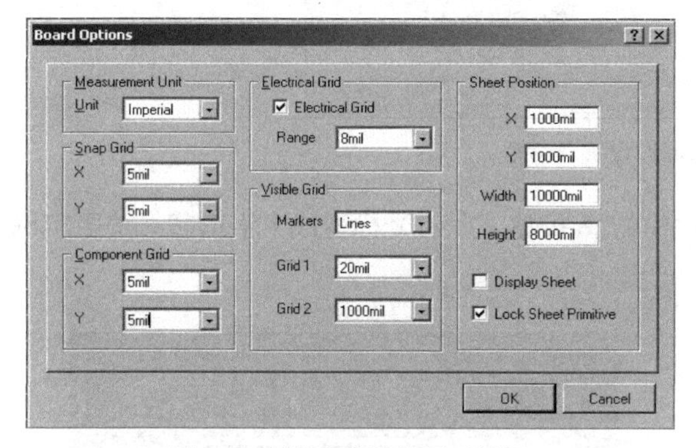

图 8-6　封装库参数设置对话框

图 8-7　电阻封装实例

（1）执行“File→New→PCB Library”命令，打开一个元器件封装编辑器。然后执行“Tools→New Component”命令，弹出如图 8-8 所示的对话框，单击“Cancel”按钮，进入手工绘制元器件封装状态，将板层选定在 Top Overlay（丝印层）。

图 8-8　元器件封装向导

（2）选择 4 个象限的交点为基点，放置焊盘。执行“Place→Pad”命令或单击绘图工具栏中的 按钮后，光标将变成十字形状，按 Tab 键，设置焊盘属性，如图 8-9 所示。

单击“OK”按钮，完成焊盘属性设置，将焊盘 1 移至 4 个象限的交点，单击鼠标左键放置；此时光标仍处于放置焊盘状态，再按 Tab 键，将焊盘属性“Location”设置为（600mil，0）。单击鼠标左键，完成焊盘 2 的放置，如图 8-10 所示。

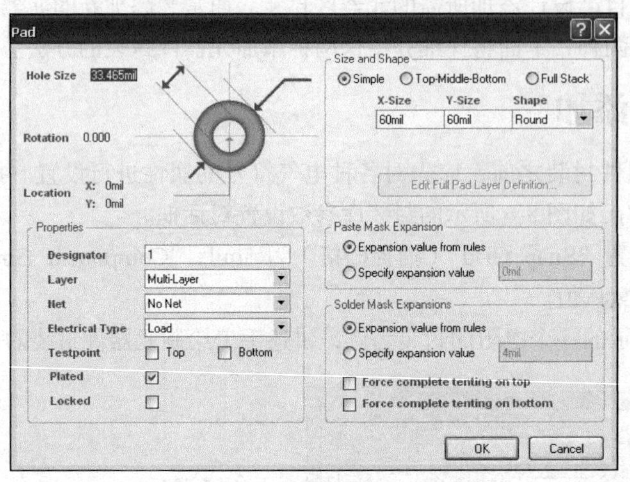

图 8-9　焊盘属性设置对话框

（3）执行“Place→Line”命令或单击工具栏中的 按钮，此时光标变成十字形状，按照实例绘制完成轮廓线，如图 8-11 所示。

图 8-10　放置焊盘

图 8-11　绘制完成的轮廓线

（4）将光标移至所绘制轮廓线的上方，双击鼠标左键，将弹出如图 8-12 所示的设置轮廓线属性对话框。

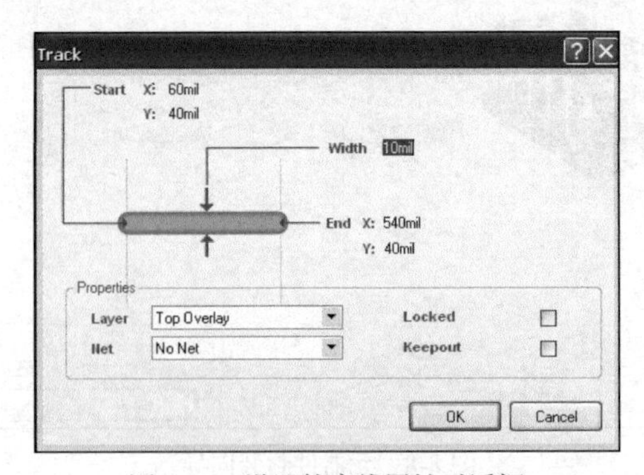

图 8-12　设置轮廓线属性对话框

设置“Width”轮廓线宽度为“10mil”，其他选项设置为默认值，单击“OK”按钮即可完成轮廓线属性的设置。

修改完毕后得到如图 8-13 所示的元器件封装。

（5）在元器件封装编辑器中单击鼠标右键，在弹出的快捷菜单中执行“Tools→Rename Component”命令，在随后弹出的对话框中修改元器件封装名称为“RES”，如图 8-14 所示。

图 8-13　最终绘制完成的元器件封装

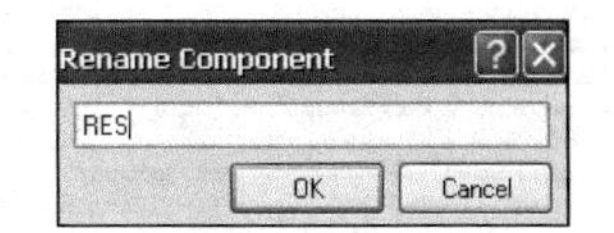

图 8-14　修改元器件封装名称对话框

（6）单击“OK”按钮，在元器件封装管理器中将出现新建的元器件封装名称及其相关参数，如图 8-15 所示。

（7）执行“File→Save As”命令，在弹出的“Save...As”对话框中的“File name”文本框中键入新建元器件封装名称为“RES”，并单击“Save”按钮保存新建元器件封装，如图 8-16 所示。

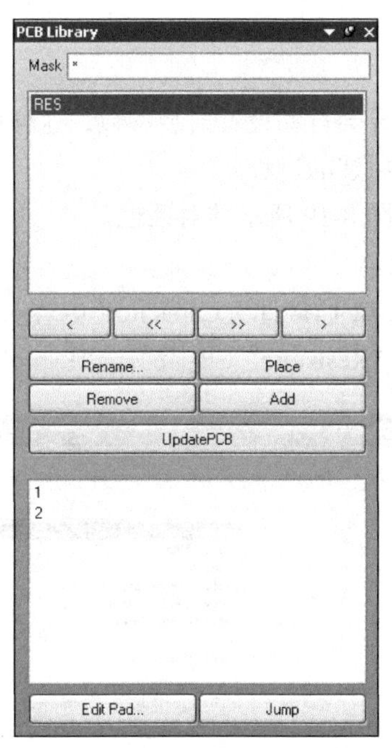

图 8-15　新建元器件封装自动填入元器件封装管理器

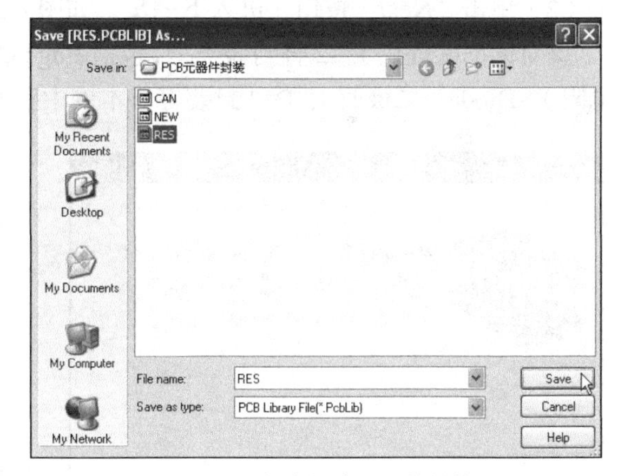

图 8-16　保存新建元器件封装

（8）打开一个 PCB 编辑器，单击“Library”面板标签，在弹出的对话框中单击“Libraries”按钮，将弹出如图 8-17 所示的对话框，在该对话框中单击“Add Library”按钮，在随后出现的对话框中找到“PCB 元器件封装”文件夹并打开，这样就将新建的元器件封装加载到元器件封装库中。

（9）加载新建的元器件封装后的元器件封装库面板如图 8-18 所示，单击“Place”按钮即可将新建元器件封装放置在 PCB 编辑器的工作区中。

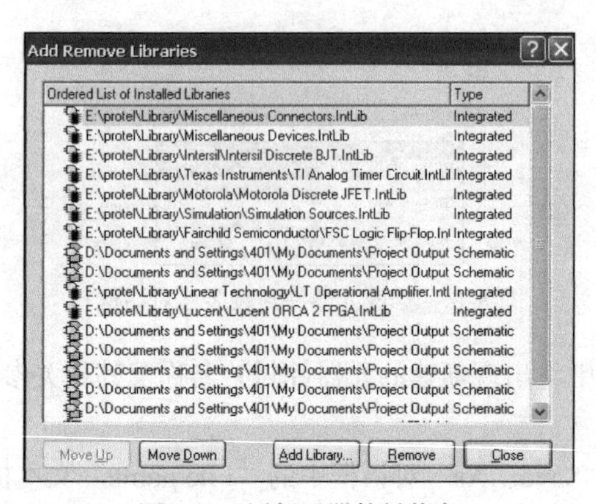

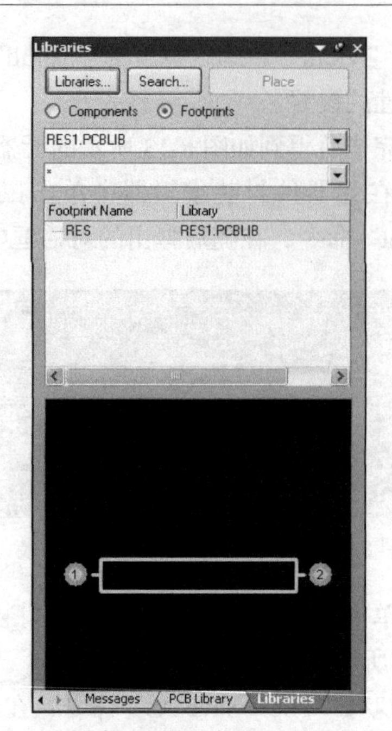

图 8-17　添加元器件封装库　　　　图 8-18　将新建元器件封装添加到元器件封装库

8.2.2　利用向导添加

使用封装向导创建封装，不需特别指定参数，封装向导会自动设置封装参数，这样可以为用户减少很大的工作量。下面具体介绍利用向导创建元器件封装的过程。

（1）执行“Tools→New Component”命令，将弹出如图 8-19 所示的对话框。

（2）单击“Next”按钮，进入下一步，如图 8-20 所示。

该对话框共提供了 12 种封装类型，包括 Edge Connectors（插接件）、Capacitor（电容）、Resistors（电阻）、Diode（二极管）、DIP 封装等。本例中我们选中“Resistors”（电阻）选项。

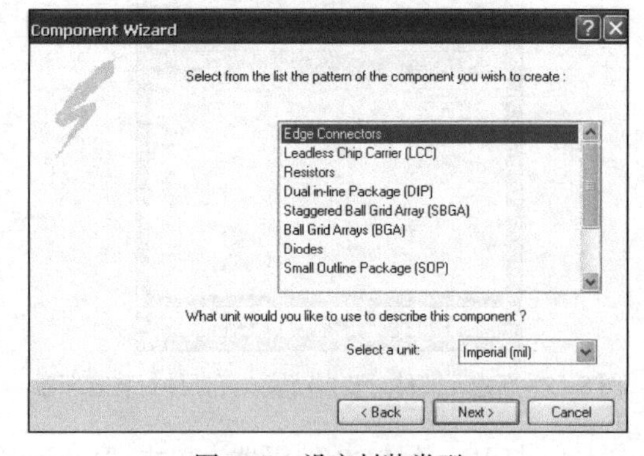

图 8-19　元器件封装向导　　　　图 8-20　设定封装类型

（3）单击“Next”按钮继续，如图 8-21 所示。

该对话框中包含两种焊接方式，分别是 Through Hole（直插焊接）和 Surface Mount（表面贴片）。这里我们选择“Through Hole”选项。

（4）单击“Next”按钮继续，如图 8-22 所示。

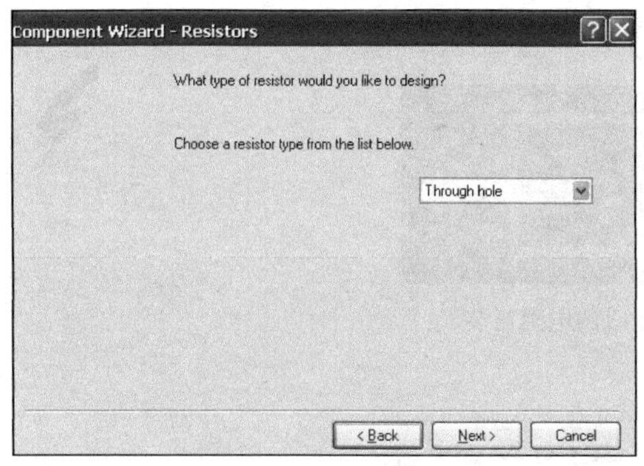

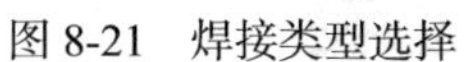
图 8-21　焊接类型选择

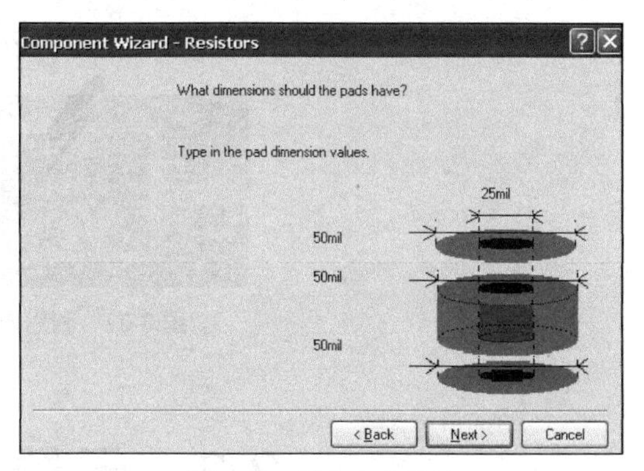

图 8-22　焊盘大小设置

在该对话框中可以设置顶层、中间层和底层的焊盘大小及焊盘瞳孔的大小。我们选择默认值。

（5）单击“Next”按钮继续，如图 8-23 所示。

我们设置焊盘间距为 600mil。

（6）单击“Next”按钮继续，如图 8-24 所示。

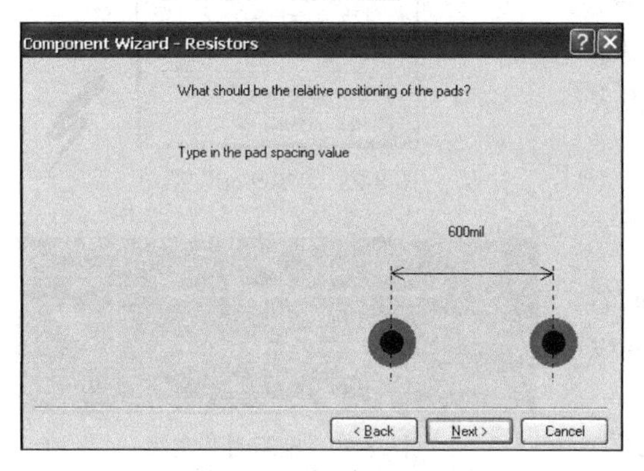

图 8-23　设置焊盘间距

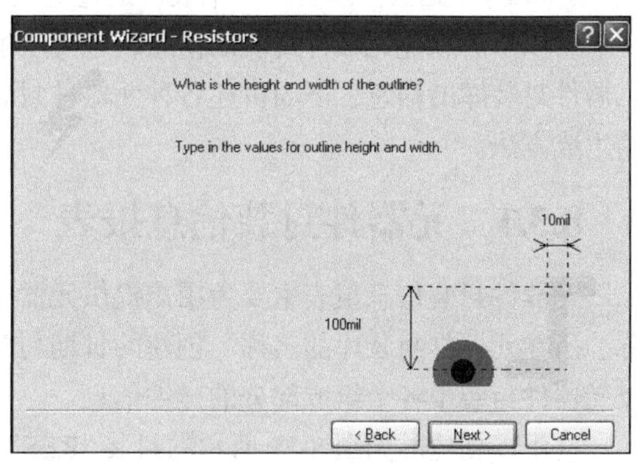

图 8-24　设置电阻外形

在该对话框中可以设置电阻的轮廓线线宽及边心距，我们选择默认值。

（7）单击“Next”按钮继续，如图 8-25 所示。

我们选择 Axial（轴向封装）。

（8）单击“Next”按钮继续，如图 8-26 所示。

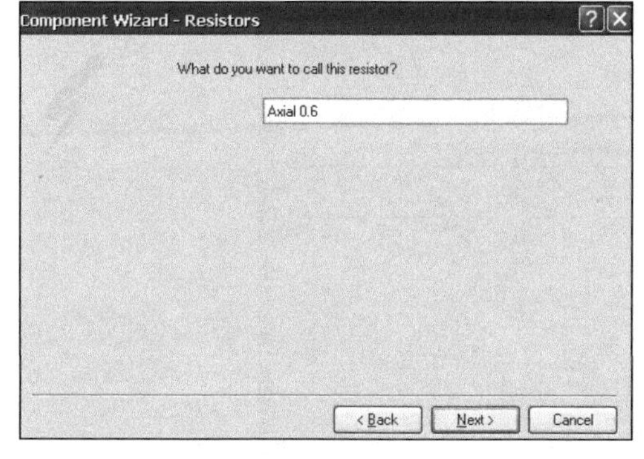

图 8-25　选择封装名称

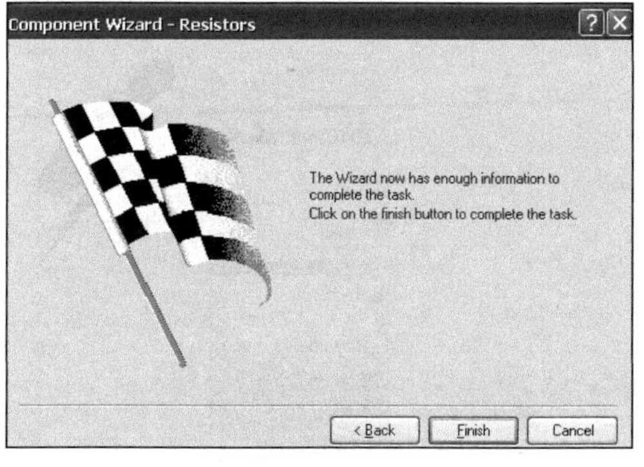

图 8-26　元器件封装完成对话框

单击“Finish”按钮，将生成如图 8-27 所示的新建电阻的封装。

图 8-27　利用向导生成的电阻封装

8.3　元器件封装报表

元器件封装的各种报表命令主要集中在“Report”菜单中，如图 8-28 所示。元器件封装的各种报表主要包括 Component（元器件封装信息）报表、Component Rule Check…（元器件封装规则检查）报表和 Library（元器件封装库）报表。通过这些报表，用户可以了解新建元器件封装的信息，也可了解整个元器件封装库的信息，下面讲述各种元器件封装报表的生成方法。

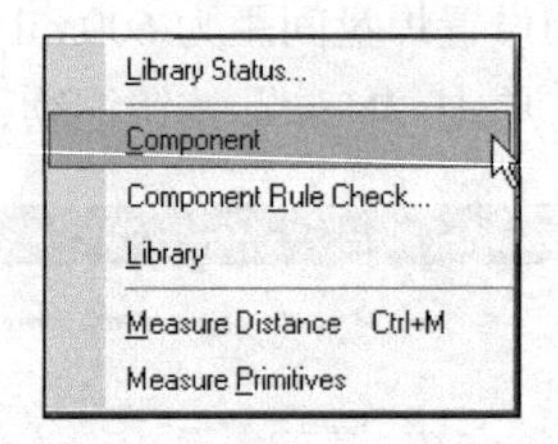

图 8-28　“Report”菜单

8.3.1　元器件封装信息报表

元器件封装信息报表主要为用户提供元器件的名称、所在元器件封装库的名称、创建的日期与时间以及元器件封装中各个组成部分的详细信息。

这里以新建的如图 8-29 所示的封装“RES”为例，讲述生成元器件封装信息报表的方法。

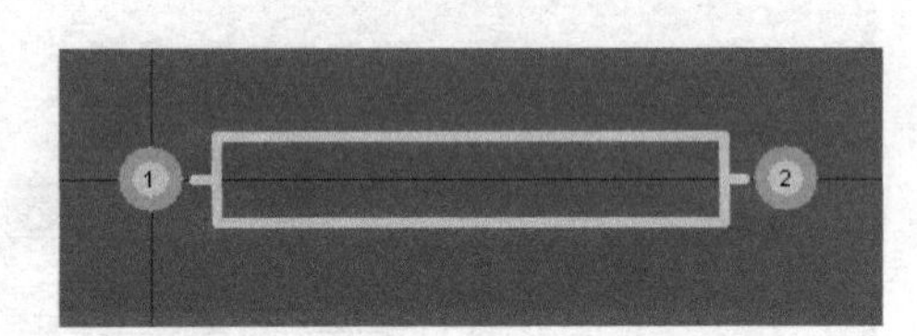

图 8-29　电阻封装实例

生成元器件封装信息报表的方法非常简单，执行“Report→Component”命令，系统将自动生成该元器件封装的信息报表，用户可通过“Search”面板来查看报表，如图 8-30 所示。

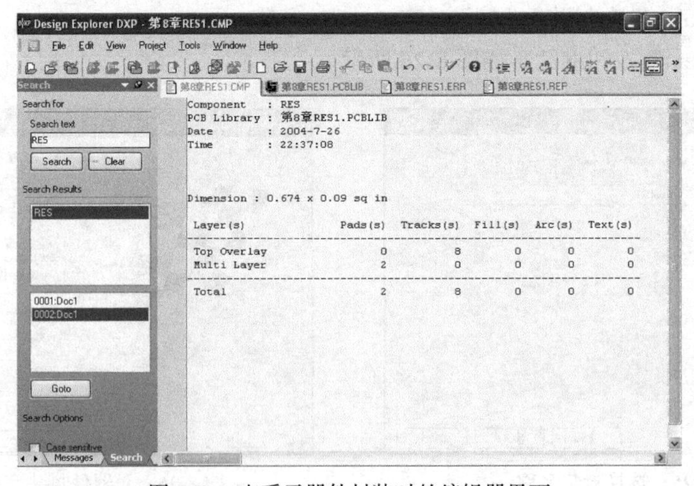

图 8-30　查看元器件封装时的编辑器界面

在“Search”面板中输入“RES”即可查找到电阻封装的信息报表，如图 8-31 所示。

```
Component   : RES
PCB Library : 第8章RES1.PCBLIB
Date        : 2004-7-26
Time        : 22:18:37


Dimension : 0.674 x 0.09 sq in

 Layer(s)               Pads(s)  Tracks(s)  Fill(s)  Arc(s)  Text(s)
-----------------------------------------------------------------------
 Top Overlay                  0          8        0       0        0
 Multi Layer                  2          0        0       0        0
-----------------------------------------------------------------------
 Total                        2          8        0       0        0
```

图 8-31　电阻 RES 的封装信息报表

8.3.2　元器件封装规则检查报表

通过元器件封装规则检查报表，用户可以检查新建元器件封装是否有重名焊盘、是否缺少焊盘名称、是否缺少参考点等。这里以新建的如图 8-32 所示的封装“RES”为例，讲述生成元器件封装规则检查报表的方法。

执行“Report→Component Rule Check…”命令，将弹出如图 8-33 所示的封装规则检查对话框。

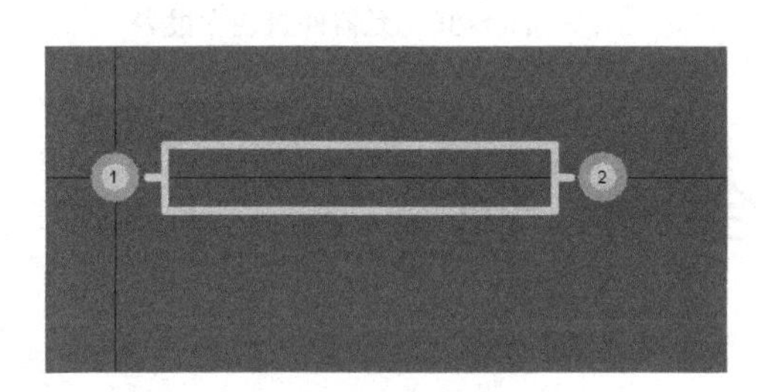

图 8-32　电阻封装实例

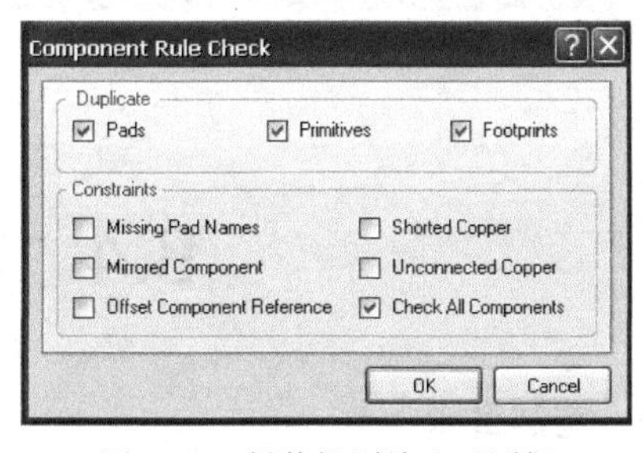

图 8-33　封装规则检查对话框

下面对该对话框中的内容进行介绍。

（1）“Duplicate”选项区

◇ Pads：检查是否有重名的元器件焊盘。

◇ Primitives：检查是否有重名的边框。

◇ Footprints：检查是否有重名的元器件封装。

（2）“Constraints”选项区

◇ Missing Pin Name：检查是否缺少焊盘名称。

◇ Mirrored Component：检查是否有镜像的元器件封装。

◇ Offset Component Referrence：检查是否缺少参考点。

◇ Shorted Copper：检查是否缺少截短铜箔。

◇ Unconnected Copper：检查是否缺少未连接铜箔。

◇ Check All Components：是否检查所有的封装。

在本例中选择默认值，单击“OK”按钮，系统将自动生成元器件封装的规则检查报表，如图 8-34 所示。

```
Protel Design System: Library Component Rule Check
PCB File : 第8章RES1
Date     : 2004-7-26
Time     : 22:25:14

Name               Warnings
------------------------------------------------------------------
```

图 8-34　电阻 RES 封装规则检查报表

由该报表可以看出元器件封装没有错误。

8.3.3　元器件封装库报表

元器件封装库报表主要用来显示封装库的名称、创建日期与时间及元器件封装数目、名称等信息。这里以新建的如图 8-35 所示的封装“RES”为例，讲述生成元器件封装库报表的方法。

执行“Report→Library”命令，系统将自动生成如图 8-36 所示的元器件封装库报表。

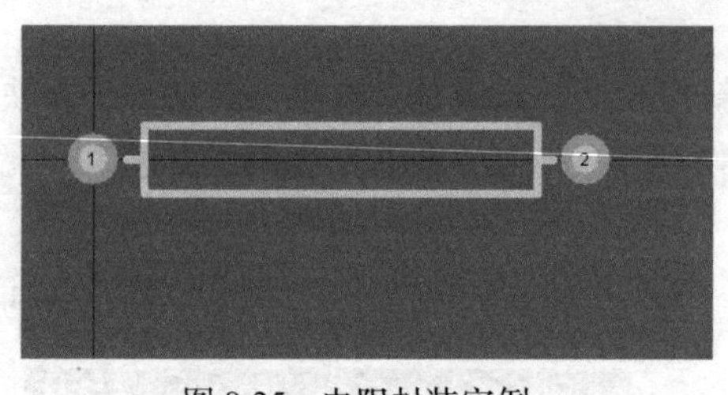

图 8-35　电阻封装实例

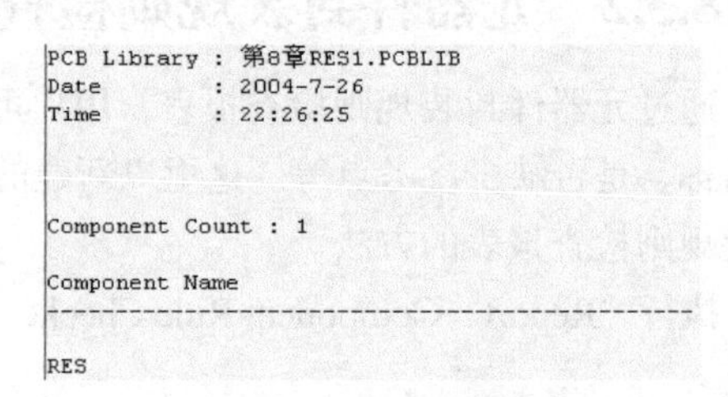

```
PCB Library : 第8章RES1.PCBLIB
Date        : 2004-7-26
Time        : 22:26:25

Component Count : 1

Component Name
----------------------------------------
RES
```

图 8-36　元器件封装库报表

8.4　综 合 范 例

1．范例目标

以图 8-37 所示的元器件封装为例，手工绘制该元器件的封装。通过该实例的练习，读者可以初步掌握新建元器件封装的基本步骤与方法。

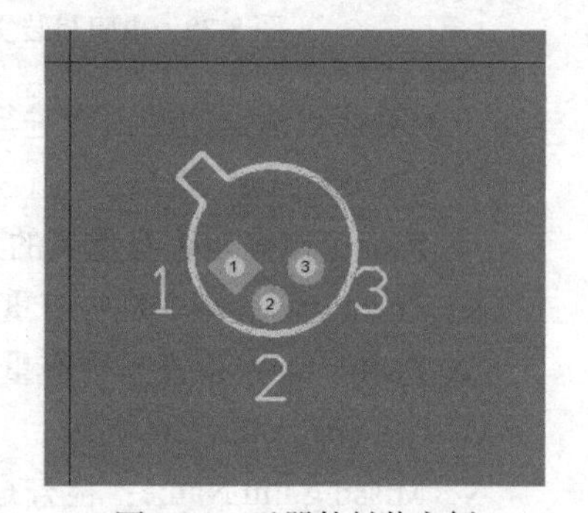

图 8-37　元器件封装实例

2．所用知识

手工创建元器件封装的步骤与方法。

3．详细步骤

（1）进入手工绘制元器件封装状态。执行“File→New→PCB Library”命令，打开元器件封装编辑器。然后执行“Tools →New Component”命令，在随后弹出的元器件封装向导对话框中单击“Cancel”按钮，进入手工绘制元器件封装状态，将板层选定在“Top Overlay”（丝印层）。

（2）放置焊盘。执行“Place/Pad”命令或单击绘图工具栏中的 ◉ 按钮后，光标将变成十字形状，按 Tab 键，设置焊盘属性，如图 8-38 所示。

将“Shape”栏设置为 Rectangle（矩形），单击“OK”按钮，完成焊盘 1 的属性设置，另外两个焊盘则应将“Shape”栏设置为 Round（圆形），“Hole Size”（孔径）设置为默认值 31.496，如图 8-39 所示。

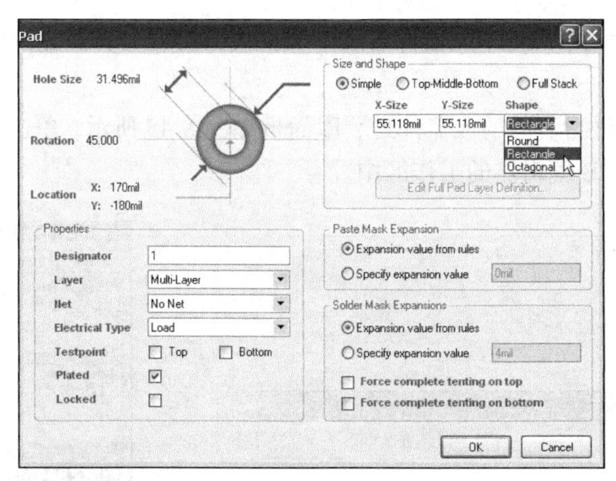

图 8-38　焊盘属性设置对话框

（3）单击工具栏中的 和 按钮，绘制轮廓线中的圆弧部分和直线部分，绘制方法请读者参看 PCB 绘图工具栏的使用，按照图 8-37 所示的元器件封装实例来绘制轮廓线，效果如图 8-40 所示。

（4）将光标移到所绘制的轮廓线上方，双击鼠标左键，在弹出的对话框中设置“Width”（轮廓线宽度）为 10mil，其他选项设置为默认值，单击“OK”按钮即可完成轮廓线属性的设置。单击工具栏中的T按钮，添加文字标注，得到如图 8-41 所示的元器件封装。

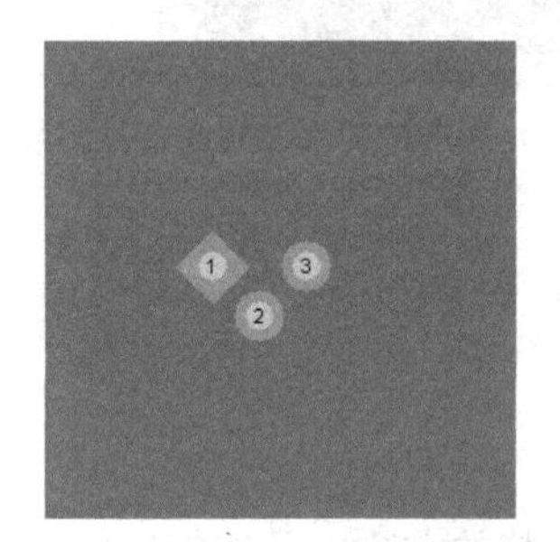

图 8-39　放置焊盘

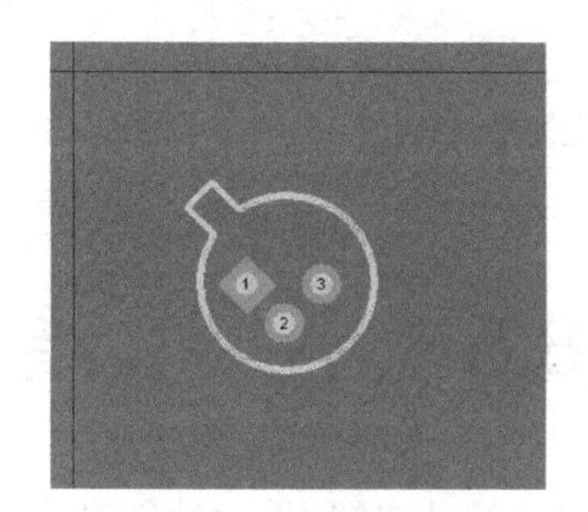

图 8-40　绘制完成轮廓线

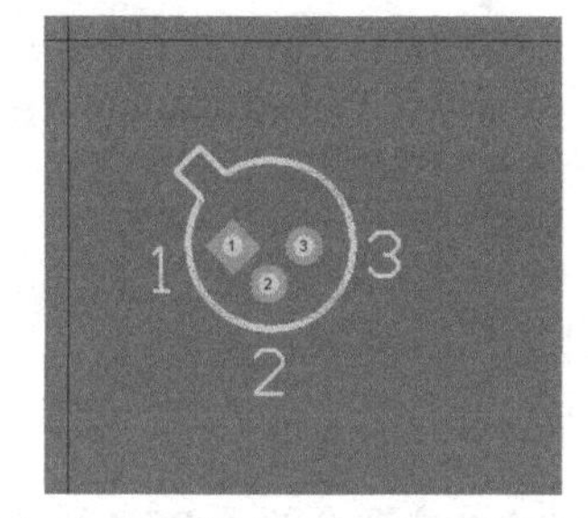

图 8-41　最终绘制完成的元器件封装

（5）在元器件封装编辑器中单击鼠标右键，在弹出的快捷菜单中执行“Tools→Rename Component”命令，在随后弹出的对话框中修改元器件封装名称为“CAN”，如图 8-42 所示。

（6）单击“OK”按钮，在元器件封装管理器中将出现新建的元器件封装名称及其相关参数，如图 8-43 所示。

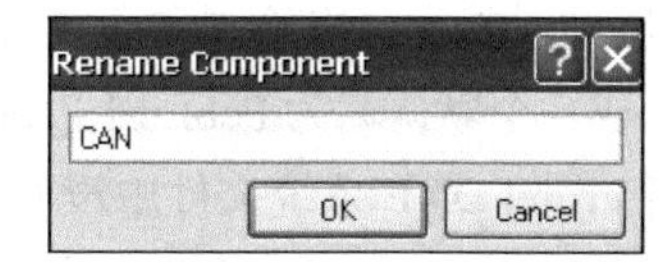

图 8-42　修改元器件封装名称对话框

（7）执行“File→Save As”命令保存新建元器件封装，如图 8-44 所示。

（8）打开一个 PCB 编辑器，单击“Library”面板标签，在弹出的对话框中单击“Libraries”按钮，在随后出现的对话框中，单击

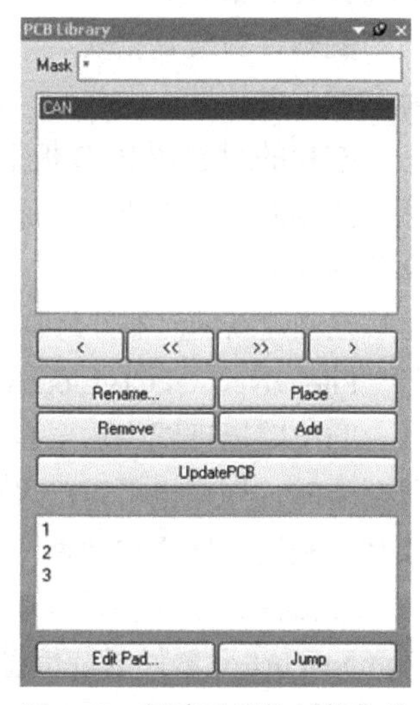

图 8-43　新建元器件封装自动填入元器件封装管理器

"Add Library"按钮，找到"PCB 元器件封装"文件夹并打开，将新建元器件封装加载到元器件封装库中。

（9）加载新建元器件封装后的元器件封装库面板如图 8-45 所示，单击"Place"按钮即可将新建元器件封装放置在 PCB 编辑器的工作区中。

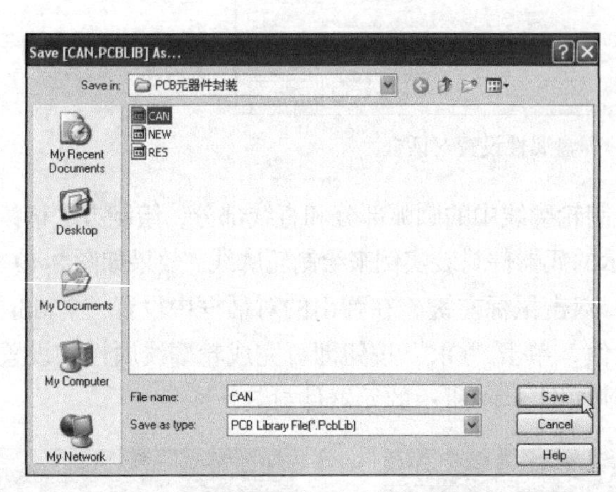

图 8-44　保存新建元器件封装

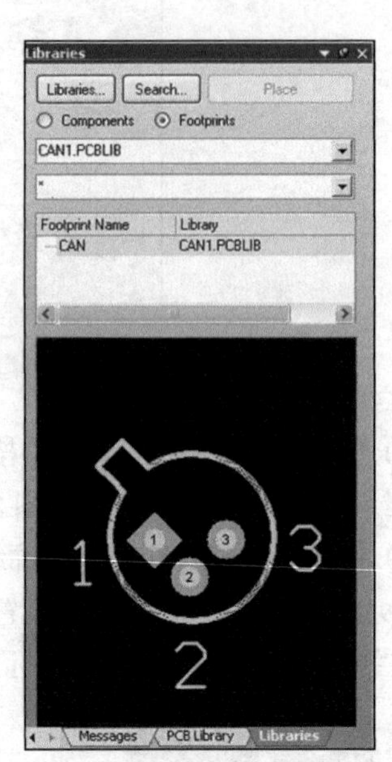

图 8-45　将新建元器件封装添加到元器件封装库

8.5 小　结

本章主要介绍了 PCB 元器件封装的基本知识、两种创建元器件封装的方法以及如何生成几种元器件封装报表。

元器件封装是指安装半导体集成芯片时所用的外壳，它不仅起着安放、固定、封装、保护芯片和增强电热性能的作用，而且是沟通芯片内部世界与外部电路的桥梁。

芯片的封装在 PCB 板上通常表现为一组焊盘、丝印层上的边框及芯片的说明文字。焊盘主要用于连接芯片的引脚，并通过印制电路板上的铜膜导线连接其他焊盘，形成一定的电路，完成电路板的功能。

在创建新的元器件封装前，应首先新建一个元器件封装库，来绘制和存储新建元器件封装。执行"File→New→PCB Library"命令，系统将自动生成一个默认名为 PcbLib1.PcbLib 的元器件库。

与电路原理图中需要自己添加元器件一样，当 Protel DXP 系统文件中没有用户所需要的元器件封装时，用户也可自己设计添加所需的元器件封装。通常，添加新的元器件封装的方法有手工添加和利用向导添加两种。

元器件封装的各种报表命令主要集中在"Report"菜单中。元器件封装的各种报表主要包括 Component（元器件封装信息）报表、Component Rule Check（元器件封装规则检查）报表和 Library（元器件封装库）报表。通过这些报表，用户可以了解新建元器件封装的信息，也可以了解整个元器件封装库的信息。

生成元器件封装信息报表的方法非常简单，执行“Report→Component”命令，系统将自动生成该元器件封装的信息报表，用户可通过“Search”面板来查看报表。

执行“Report→Component Rule Check”命令，将弹出“Component Rule Check”对话框，单击“OK”按钮，系统将自动生成元器件封装的规则检查报表。

执行“Report→Library”命令，系统将自动生成元器件封装库报表。

习　　题

一、思考题

1. 如何启动元器件封装编辑器？简述元器件封装编辑器各组成部分以及功能。
2. 简述手工创建元器件封装的主要特点及其主要步骤。
3. 简述利用向导生成元器件封装的特点并比较手工创建与向导创建之间的异同。
4. 请列举出有哪些常用的元器件封装，并结合自己设计电路的需要，列出 PCB 设计时需要的封装形式。
5. 元器件封装主要包括哪几种报表？各种报表的作用分别是什么？如何生成这些报表？

二、基本操作题

1. 用本章所学的添加元器件封装的两种不同方法创建一个 DIP8 封装，如图 8-46 所示。
2. 用手工添加元器件封装的方法创建如图 8-47 所示的元器件封装形式。

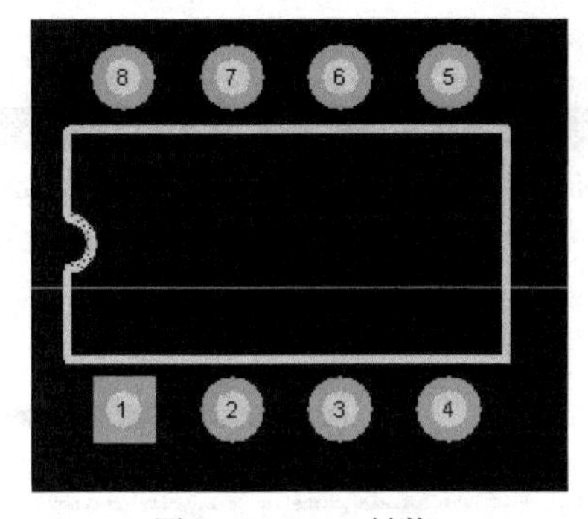

图 8-46　DIP8 封装

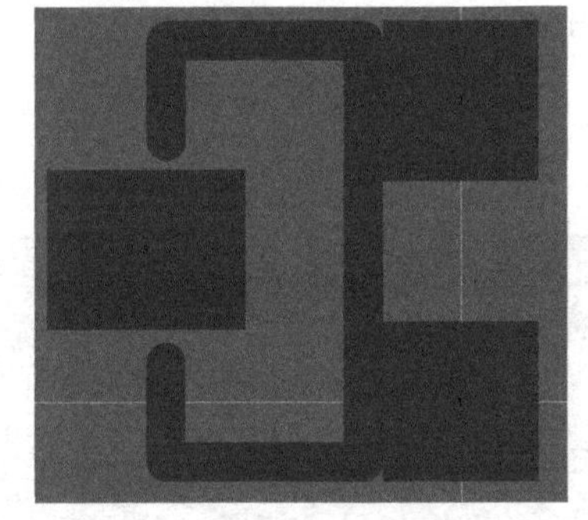

图 8-47　元器件封装

3. 以图 8-47 所示的元器件封装为例，生成该元器件的元器件封装信息报表和元器件封装规则检查报表。该元器件的元器件封装信息报表如图 8-48 所示。

```
Component    : A1011580
PCB Library  : PCB Benchmark.pcblib
Date         : 2004-11-17
Time         : 22:18:09


Dimension : 0.212 x 0.124 sq in

 Layer(s)              Pads(s)  Tracks(s)  Fill(s)  Arc(s)  Text(s)
------------------------------------------------------------------------
 Top Layer                   3          0        0       0        0
 Top Overlay                 0          5        0       0        3
------------------------------------------------------------------------
 Total                       3          5        0       0        3
```

图 8-48　元器件封装信息报表

该元器件的元器件封装规则检查报表如图 8-49 所示。

```
Protel Design System: Library Component Rule Check
PCB File : PCB Benchmark
Date     : 2004-11-17
Time     : 22:21:59

Name            Warnings
-----------------------------------------------------------------------
```

图 8-49　元器件封装规则检查报表

实 战 练 习

1. 练习目的

以图 8-50 所示的元器件封装为例，用封装向导生成该元器件的封装。通过本实例，读者可以对 PCB 设计有一个更清晰的认识，同时掌握元器件封装的创建方法和步骤。

2. 所用知识

创建元器件封装的基本步骤与方法。

3. 步骤提示

（1）执行“Tools→New Component”命令，将弹出封装向导对话框。

（2）单击“Next”按钮，进入下一步，如图 8-51 所示。这里选择创建 Diode（二极管），选中“Diodes”选项。

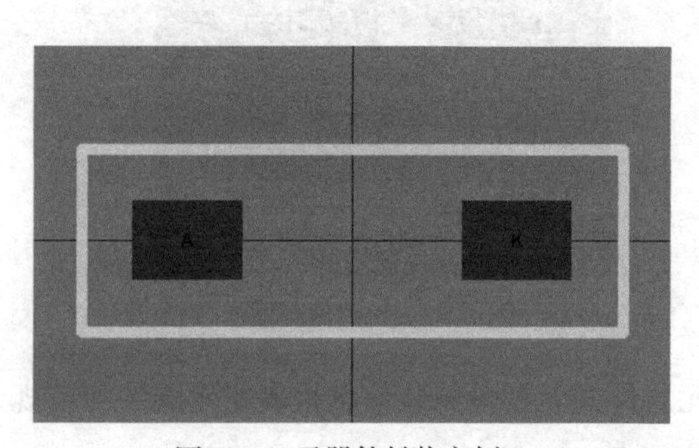

图 8-50　元器件封装实例

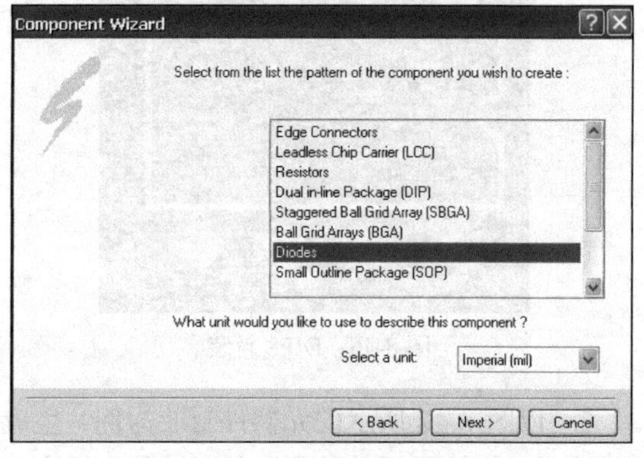

图 8-51　设定封装类型

（3）单击“Next”按钮继续，如图 8-52 所示。这里选择“Surface Mount”（贴片式封装）选项。

（4）单击“Next”按钮继续，如图 8-53 所示。设置焊盘宽度为 70mil，长度为 100mil。

（5）单击“Next”按钮继续，如图 8-54 所示。设置贴片间距为 300mil。

（6）单击“Next”按钮继续，如图 8-55 所示。在该对话框中可以设置电阻的轮廓线线宽及边心距，这里设置边心距为 80mil，线宽设置为 10mil。

（7）单击“Next”按钮继续，如图 8-56 所示。输入封装名称为 Diode（二极管）。

（8）单击“Next”按钮继续，如图 8-57 所示。单击“Finish”按钮，将生成如图 8-58 所示的新建二极管的封装。

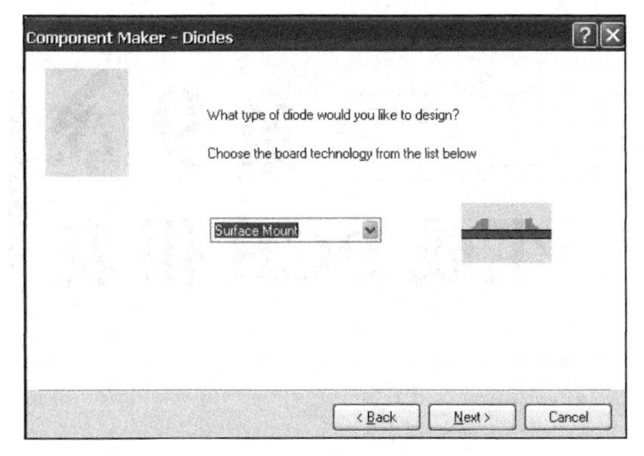

图 8-52　焊接类型选择

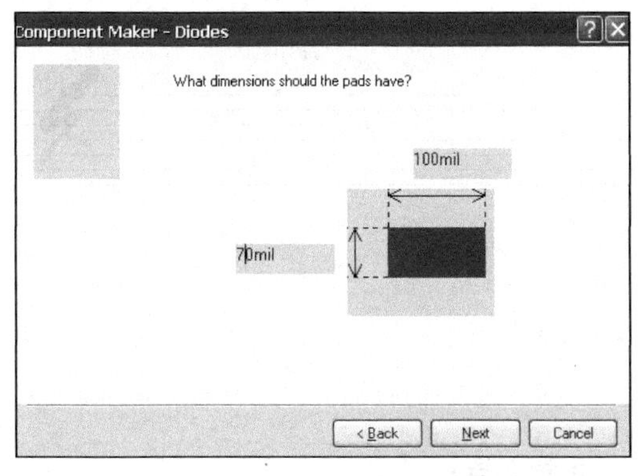

图 8-53　焊盘大小设置

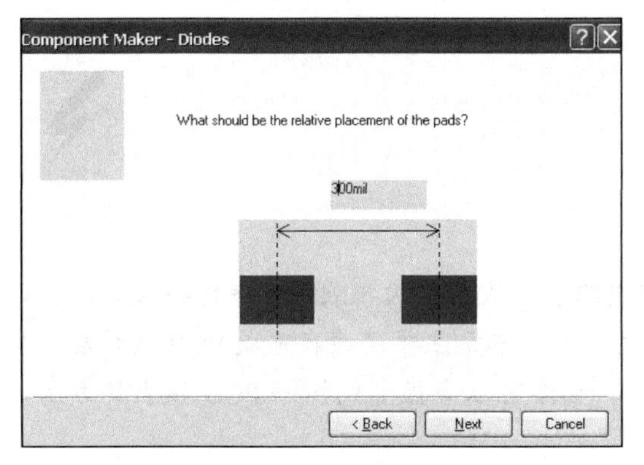

图 8-54　设置贴片间距

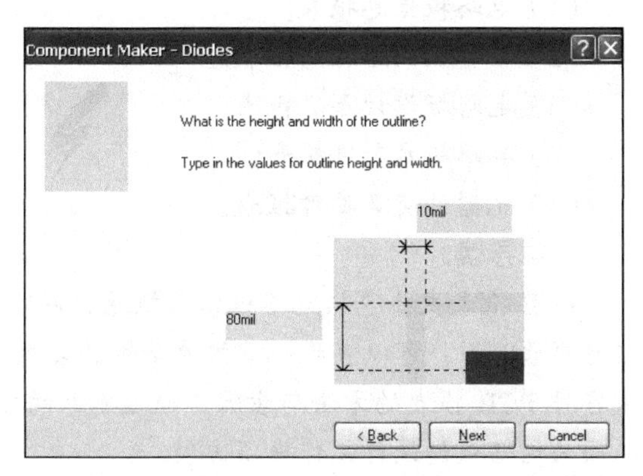

图 8-55　设置电阻外形

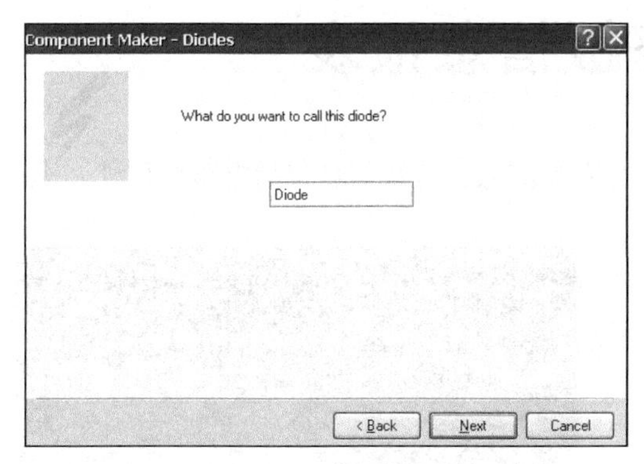

图 8-56　选择封装名称

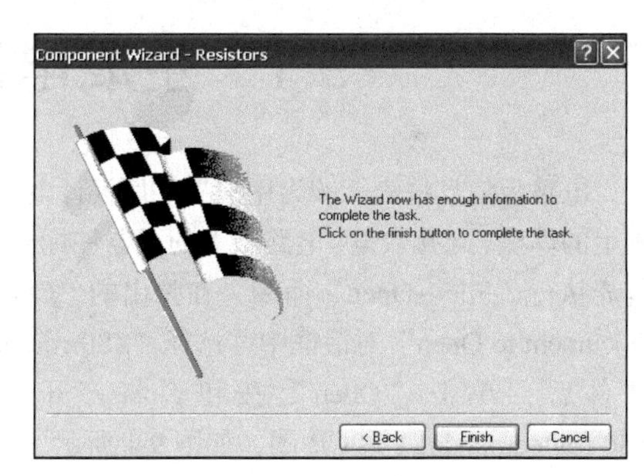

图 8-57　元器件封装完成对话框

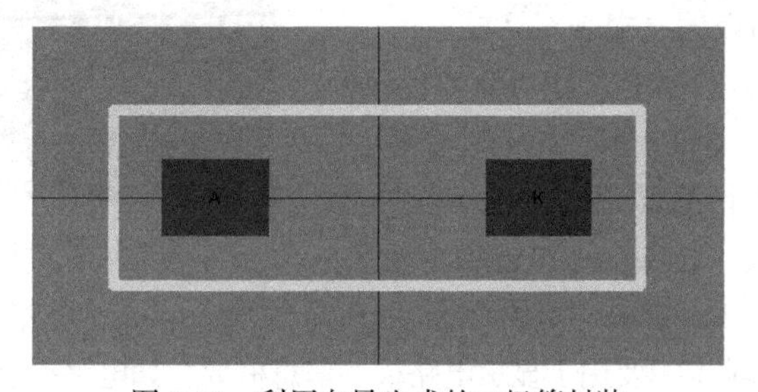

图 8-58　利用向导生成的二极管封装

第 9 章
生成 PCB 报表

本章要点：

（1）电路板信息报表；

（2）电路板网络状态报表；

（3）电路板设计层次报表；

（4）电路板元器件报表；

（5）元器件交叉参考报表。

本章导读：

PCB 报表主要包括电路板信息报表、网络状态报表、设计层次报表和元器件报表等，通过这些报表，用户可以直观地掌握电路板的各种有用信息。本章主要讲述在完成 PCB 设计后，生成各种 PCB 报表的方法与步骤。通过本章的学习，读者可以掌握生成各种 PCB 报表的方法，从而为电路板的设计工作提供方便。

9.1 生成电路板信息报表

电路板信息报表能够为用户提供所设计电路板的完整信息。这些信息包括电路板尺寸、电路板上的焊盘、导孔数量、电路板上的元器件标号等。

首先执行“File→Open”命令，在弹出的“Choose Document to Open”对话框中，选择“Z80-routed”文件后，单击“Open”按钮，将打开名为 Z80-routed.pcbdoc 的 PCB 图，如图 9-1 所示。

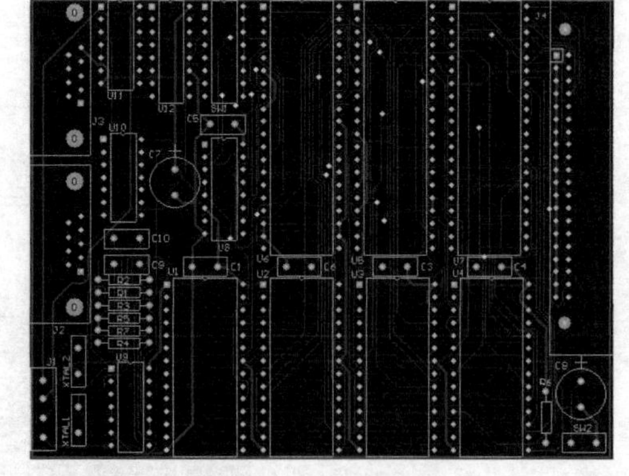

图 9-1 PCB 图实例

执行“Report→Board Information…”命令后，弹出如图 9-2 所示的电路板信息报表对话框。

该对话框共包含 3 个选项卡，分别是 General（概要）、Components（元器件）和 Nets（网络）。下面对 3 个选项卡分别进行简要介绍。

（1）“General”（概要）选项卡：该选项卡主要包含 3 个选项区，分别是：Primitives（原始参数）、Board Dimensions（电路板尺寸）和 Other（其他参数），如图 9-2 所示。该选项卡主要用于显示电路板的信息概要，如电路板上各个组件的数量，包括圆弧数、填充数、焊盘数、字符串数、过孔数、敷铜数、公差配合数、尺寸数量、电路板的尺寸等。

（2）“Components”（元器件）选项卡：该选项卡主要用于显示电路板上使用元器件的流水号及元器件所在层的信息，如图 9-3 所示。

（3）“Nets”（网络）选项卡：该选项卡主要用于显示电路板中的网络信息，如图 9-4 所示。

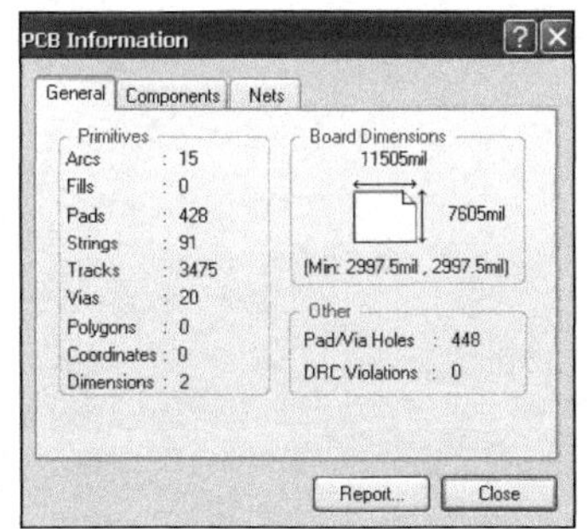
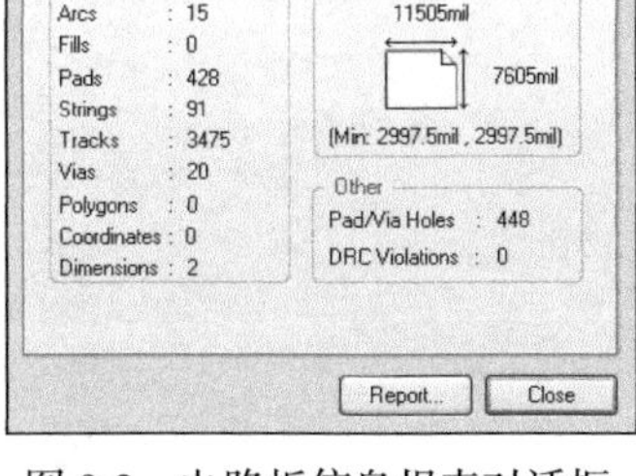

图 9-2 电路板信息报表对话框

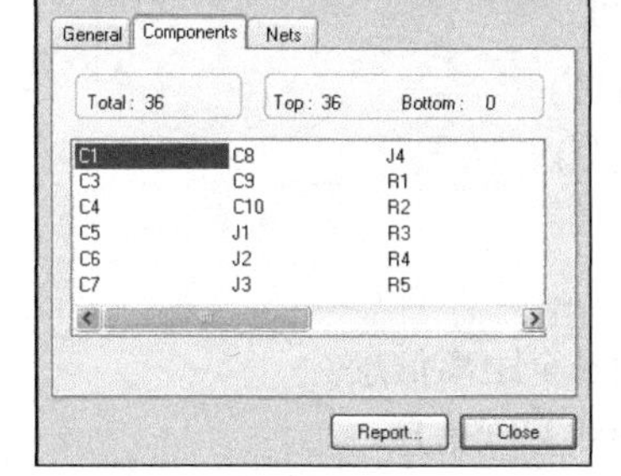

图 9-3 “Components”选项卡

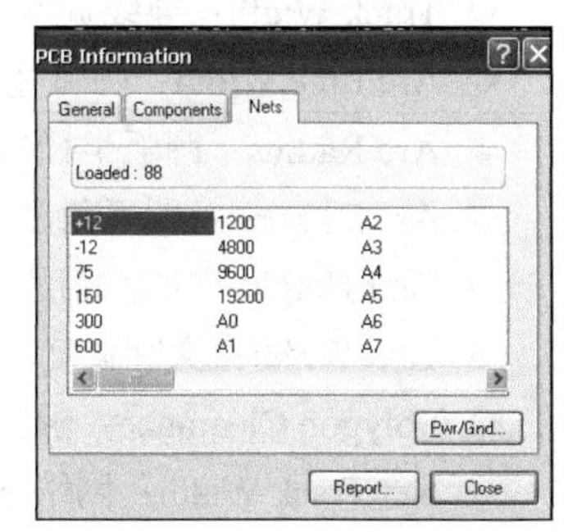

图 9-4 “Nets”选项卡

若执行“Pwr→Gnd”命令，将弹出如图 9-5 所示的内部层信息对话框。该对话框中包括内部层的网络及引脚连接两部分，因为本实例无内部层，所以该对话框为空。

若单击“Report...”按钮，将弹出如图 9-6 所示的选择报表项目对话框。

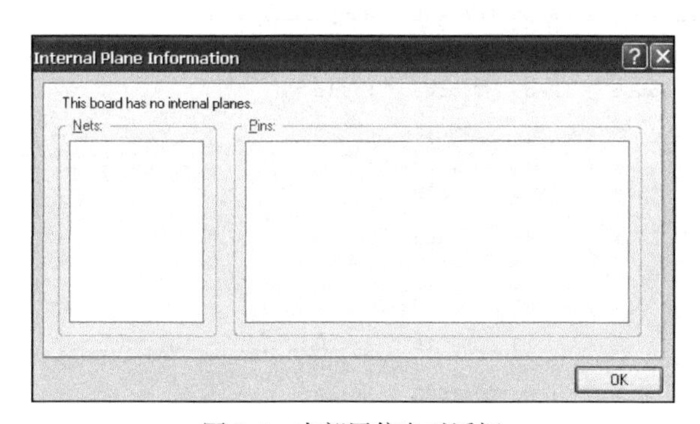

图 9-5 内部层信息对话框

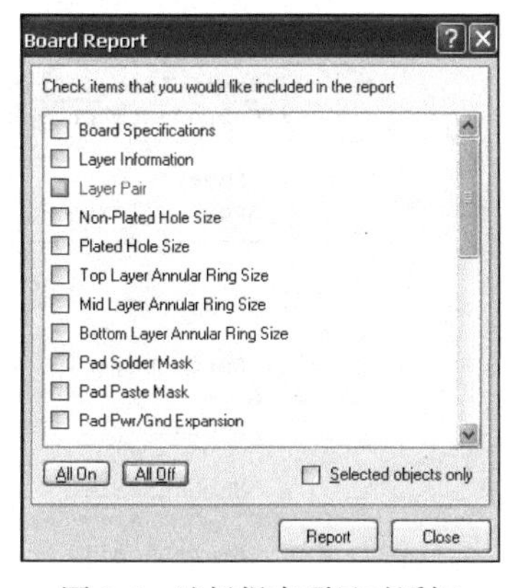

图 9-6 选择报表项目对话框

下面对该报表项目对话框进行简要介绍。

◇ Board Specifications：电路板规范。

◇ Layer Information：板层信息。

◇ Layer Pair：板层对。

◇ Non-Plated Hole Size：电镀孔型号。

◇ Top Layer Annular Ring Size：顶层环孔型号。

◇ Mid Layer Annular Ring Size：中间层环孔型号。

◇ Bottom Layer Annular Ring Size：底层环孔型号。

◇ Pad Solder Mask：焊盘阻焊层信息。

◇ Pad Paste Mask：焊盘助焊层信息。

◇ Pad Pwr/Gnd Expansion：电源层焊盘信息。

◇ Pad Relief Conductor Width：焊盘导线宽度。

◇ Pad Relief Air Gap：焊盘间隙信息。

◇ Pad Relief Entries：焊盘入口信息。
◇ Via Solder Mask：过孔助焊层信息。
◇ Via Pw/Gnd Expansion：电源层过孔信息。
◇ Track Width：导线宽度。
◇ Arc Line Width：圆弧宽度。
◇ Arc Radius：圆弧半径信息。
◇ Arc Degrees：圆弧角度信息。
◇ Text Height：文字高度。
◇ Text Width：文字宽度。
◇ Polygon Clearance：敷铜安全距离信息。
◇ Net Track Width：网络导线宽度信息。
◇ Net Via Size：网络过孔型号。
◇ Routing Information：布线信息。

单击“All On”按钮后，再单击“Report”按钮，将生成如图 9-7 所示的电路板信息报表。

```
Specifications For Z80 - routed.pcbdoc
On 2004-7-27 at 0:29:03

Size Of board                      11.504 x 7.604 sq in
Equivalent 14 pin components       2.86 sq in/14 pin component
Components on board                36

 Layer                        Route     Pads   Tracks    Fills
Arcs    Text
------------------------------------------------------------
----------
 TopLayer                                 0       589        0
0        1
 BottomLayer                              0       996        0
0        1
 Mechanical1                              0         4        0
0        0
 Mechanical4                              0        16        0
0        4
 Mechanical16                             0      1690        0
0       79
 TopOverlay                               0       176        0
15      73
 TopPaste                                 0         0        0
0        1
 BottomPaste                              0         0        0
0        1
 TopSolder                                0         0        0
0        1
 BottomSolder                             0         0        0
0        1
 KeepOutLayer                             0         4        0
0        0
 DrillDrawing                             0         0        0
0        1
 MultiLayer                             428         0        0
0        0
------------------------------------------------------------
----------
 Total                                  428      3475        0
15     163
```

图 9-7　电路板信息报表（部分）

```
Layer Pair                              Vias
----------------------------------------
Top Layer - Bottom Layer                  20
----------------------------------------
Total                                     20

Non-Plated Hole Size         Pads     Vias
----------------------------------------

----------------------------------------
Total                           0        0

Plated Hole Size             Pads     Vias
----------------------------------------
25mil (0.635mm)               322        0
28mil (0.7112mm)               42       20
30mil (0.762mm)                42        0
32mil (0.8128mm)               22        0
----------------------------------------
Total                         428       20

Top Layer Annular Ring Size    Count
----------------------------------
12mil (0.3048mm)                 20
18mil (0.4572mm)                 18
22mil (0.5588mm)                 40
25mil (0.635mm)                 322
32mil (0.8128mm)                 42
72mil (1.8288mm)                  2
118mil (2.9972mm)                 4
----------------------------------
Total                           448


ooooooooooooooooooooooo
```

图 9-7　电路板信息报表（部分）（续）

9.2　生成网络状态报表

网络状态报表主要用于列出电路板中的每一条网络的长度。这里仍以系统自带的文件“Z80-routed”为例，说明生成网络状态报表的方法。首先执行“File→Open”命令，在弹出的“Choose Document to Open”对话框中，选择“Z80-routed”文件后，单击“Open”按钮，将打开名为“Z80-routed.pcbdoc”的 PCB 图。然后执行“Report→Netlist Status”命令，系统将自动生成如图 9-8 所示的电路板网络状态报表。

```
Nets report For
On 2004-7-27 at 0:37:14

+12      Signal Layers Only   Length:3450 mils

-12      Signal Layers Only   Length:3121 mils

1200      Signal Layers Only   Length:461 mils

150      Signal Layers Only   Length:161 mils

19200      Signal Layers Only   Length:626 mils

300      Signal Layers Only   Length:250 mils
```

图 9-8　电路板网络状态报表（部分）

```
4800    Signal Layers Only  Length:1571 mils

600    Signal Layers Only  Length:120 mils

75    Signal Layers Only  Length:161 mils

9600    Signal Layers Only  Length:1609 mils

A0    Signal Layers Only  Length:8173 mils

A1    Signal Layers Only  Length:7452 mils

ooooooooooooooooooooooooooooooooooooo

PC2    Signal Layers Only  Length:1023 mils

PC3    Signal Layers Only  Length:990 mils

PPISEL    Signal Layers Only  Length:2721 mils

RAWBAUD    Signal Layers Only  Length:3155 mils

RD    Signal Layers Only  Length:2735 mils

RESET    Signal Layers Only  Length:5446 mils

SIOSEL    Signal Layers Only  Length:1839 mils

VCC    Signal Layers Only  Length:15468 mils

WR    Signal Layers Only  Length:5837 mils
```

图 9-8 电路板网络状态报表（部分）（续）

9.3 生成设计层次报表

设计层次报表主要用于指出文件系统的组成，它能清晰地显示出层次设计结构。这里仍以系统自带的文件“Z80-routed”为例，说明生成设计层次报表的方法。首先执行“File→Open”命令，在弹出的“Choose Document to Open”对话框中，选择“Z80-routed”文件后，单击“Open”按钮，将打开名为“Z80-routed.pcbdoc”的 PCB 图。然后执行“Report→Report Project Hierarchy”命令，系统将自动生成如图 9-9 所示的电路板设计层次报表。

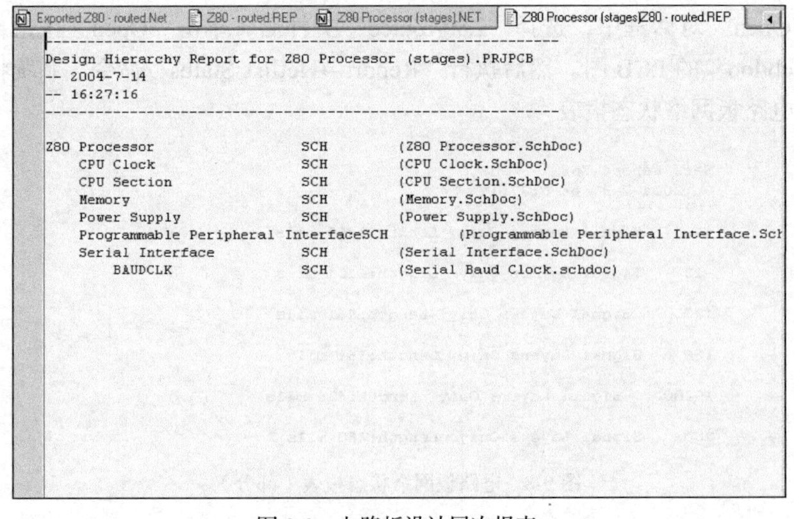

图 9-9 电路板设计层次报表

9.4　生成元器件报表

元器件报表主要用于显示一个电路板或一个项目中的所有元器件，它能为用户采购相应元器件提供方便。这里仍以系统自带的文件“Z80-routed”为例，说明生成元器件报表的方法。首先执行“File→Open”命令，在弹出的“Choose Document to Open”对话框中，选择“Z80-routed”文件后，单击“Open”按钮，将打开名为“Z80-routed.pcbdoc”的 PCB 图。然后执行“Report→Bills of Mateeials”命令，系统自动生成如图 9-10 所示的电路板元器件报表。

该报表简要描述了元器件的流水号、所在元器件库、元器件描述、封装类型和元器件的幅值等信息。这为用户采购这些元器件提供了很大的方便。该报表中一些按钮的功能已在原理图的相应部分进行了介绍，这里不再赘述。

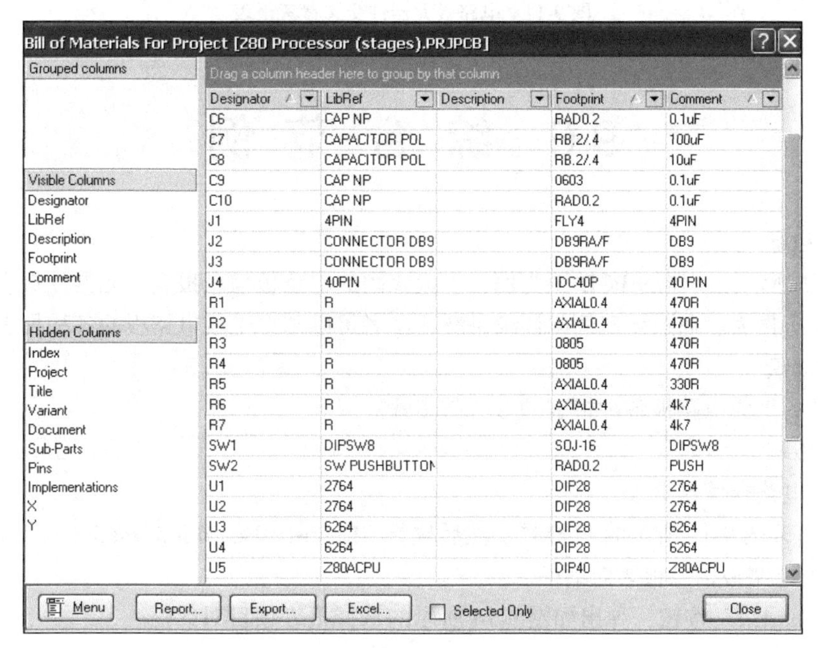

Designator	LibRef	Description	Footprint	Comment
C6	CAP NP		RAD0.2	0.1uF
C7	CAPACITOR POL		RB.2/.4	100uF
C8	CAPACITOR POL		RB.2/.4	10uF
C9	CAP NP		0603	0.1uF
C10	CAP NP		RAD0.2	0.1uF
J1	4PIN		FLY4	4PIN
J2	CONNECTOR DB9		DB9RA/F	DB9
J3	CONNECTOR DB9		DB9RA/F	DB9
J4	40PIN		IDC40P	40 PIN
R1	R		AXIAL0.4	470R
R2	R		AXIAL0.4	470R
R3	R		0805	470R
R4	R		0805	470R
R5	R		AXIAL0.4	330R
R6	R		AXIAL0.4	4k7
R7	R		AXIAL0.4	4k7
SW1	DIPSW8		SOJ-16	DIPSW8
SW2	SW PUSHBUTTON		RAD0.2	PUSH
U1	2764		DIP28	2764
U2	2764		DIP28	2764
U3	6264		DIP28	6264
U4	6264		DIP28	6264
U5	Z80ACPU		DIP40	Z80ACPU

图 9-10　电路板元器件报表

9.5　生成元器件交叉参考报表

元器件交叉参考报表的功能与元器件报表相同，只不过元器件交叉参考报表将一个项目中各个子部分分别列了出来，这样有利于用户查找元器件所在的具体部分。这里仍以系统自带的文件“Z80-routed”为例，说明生成元器件交叉参考报表的方法。首先执行“File→Open”命令，在弹出的“Choose Document to Open”对话框中，选择“Z80-routed”文件后，单击“Open”按钮，将打开名为“Z80-routed.pcbdoc”的 PCB 图。然后执行“Report→Component Cross Reference”命令，系统自动生成如图 9-11 所示的电路板元器件交叉参考报表。

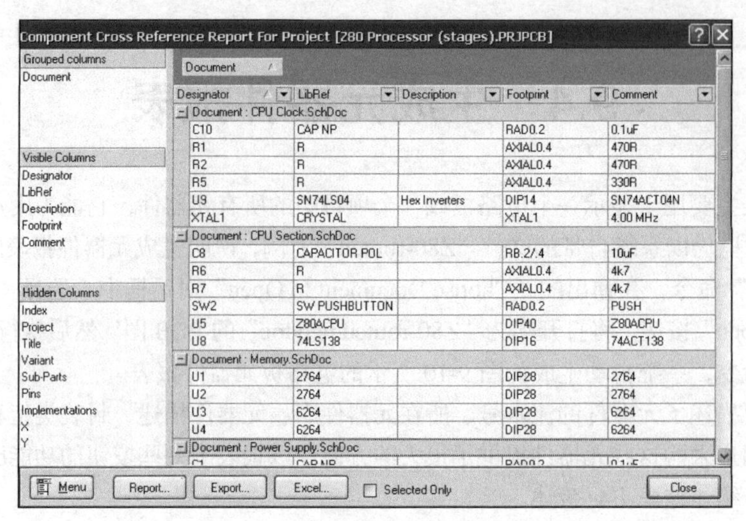

图 9-11　电路板元器件交叉参考报表

9.6 综 合 范 例

1. 范例目标

以图 9-12 所示振荡器的 PCB 图为例，生成该图的电路板信息报表、元器件报表、设计层次报表和网络状态报表。通过该范例的详细讲解，读者可以掌握生成电路板的各种报表的方法。

2. 所用知识

本章所学的生成电路板各种报表的方法与步骤。

3. 详细步骤

（1）生成电路板信息报表。

① 首先打开图 9-12 所示的 PCB 图，然后执行“Report→Board Information…”命令，弹出如图 9-13 所示的电路板信息报表对话框。

单击“Report…”按钮，弹出如图 9-14 所示的选择报表项目对话框。

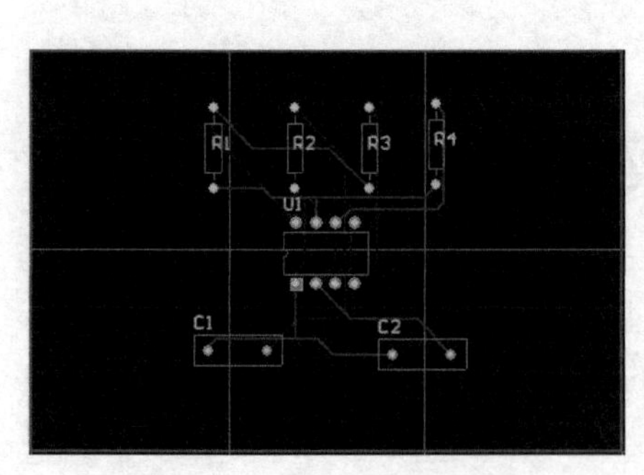

图 9-12　振荡器 PCB 图实例

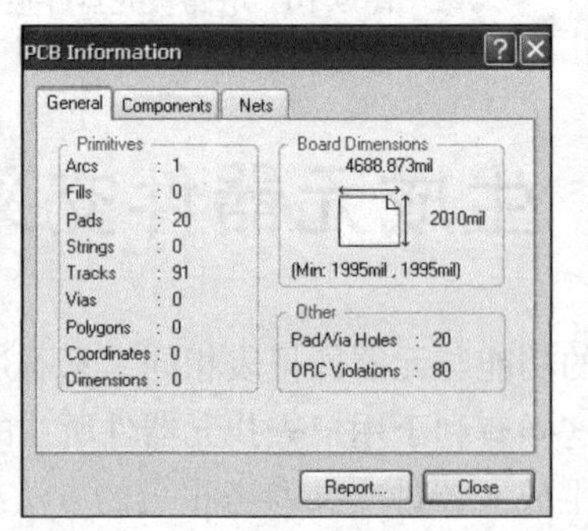

图 9-13　电路板信息报表对话框

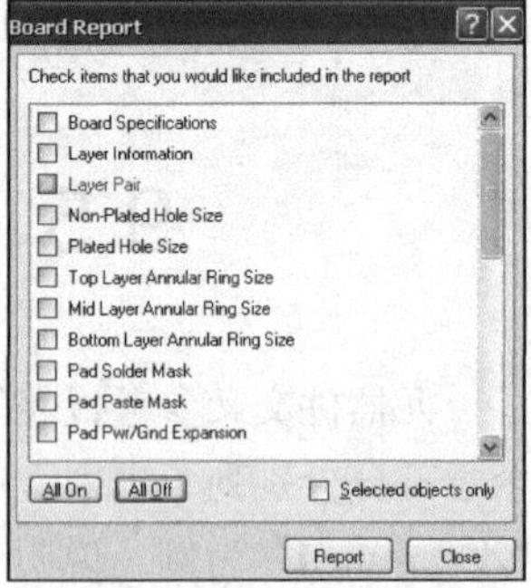

图 9-14　选择报表项目对话框

② 单击“All On”按钮，然后单击“Report”按钮，系统自动生成如图 9-15 所示的电路板信息报表。

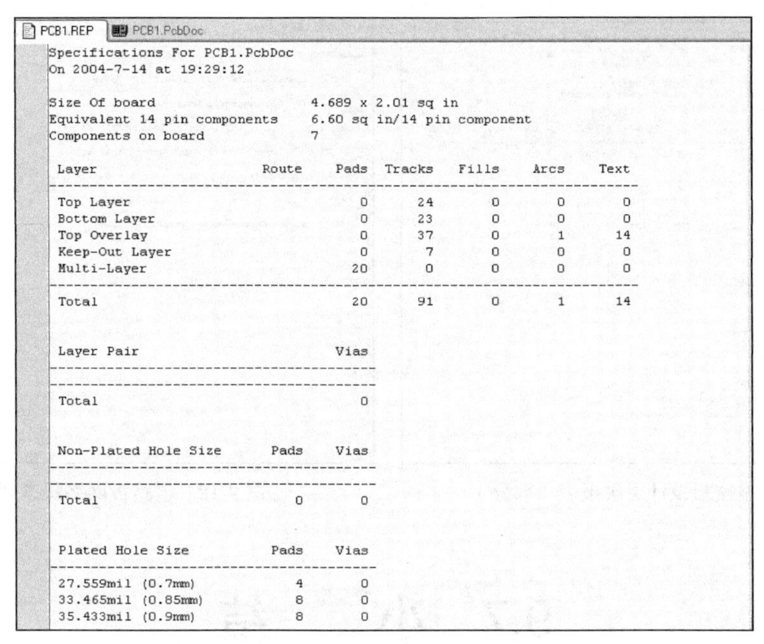

```
PCB1.REP   PCB1.PcbDoc
Specifications For PCB1.PcbDoc
On 2004-7-14 at 19:29:12

Size Of board                 4.689 x 2.01 sq in
Equivalent 14 pin components  6.60 sq in/14 pin component
Components on board           7

 Layer                    Route    Pads  Tracks  Fills   Arcs   Text
 ---------------------------------------------------------------------
 Top Layer                            0      24      0      0      0
 Bottom Layer                         0      23      0      0      0
 Top Overlay                          0      37      0      1     14
 Keep-Out Layer                       0       7      0      0      0
 Multi-Layer                         20       0      0      0      0
 ---------------------------------------------------------------------
 Total                               20      91      0      1     14

 Layer Pair                         Vias
 ----------------------------------------
 ----------------------------------------
 Total                                 0

 Non-Plated Hole Size      Pads     Vias
 ----------------------------------------
 ----------------------------------------
 Total                        0        0

 Plated Hole Size          Pads     Vias
 ----------------------------------------
 27.559mil  (0.7mm)           4        0
 33.465mil  (0.85mm)          8        0
 35.433mil  (0.9mm)           8        0
```

图 9-15　电路板信息报表（部分）

（2）生成元器件报表。执行“Report→Bills of Mateeials”命令，系统自动生成如图 9-16 所示的电路板元器件报表。

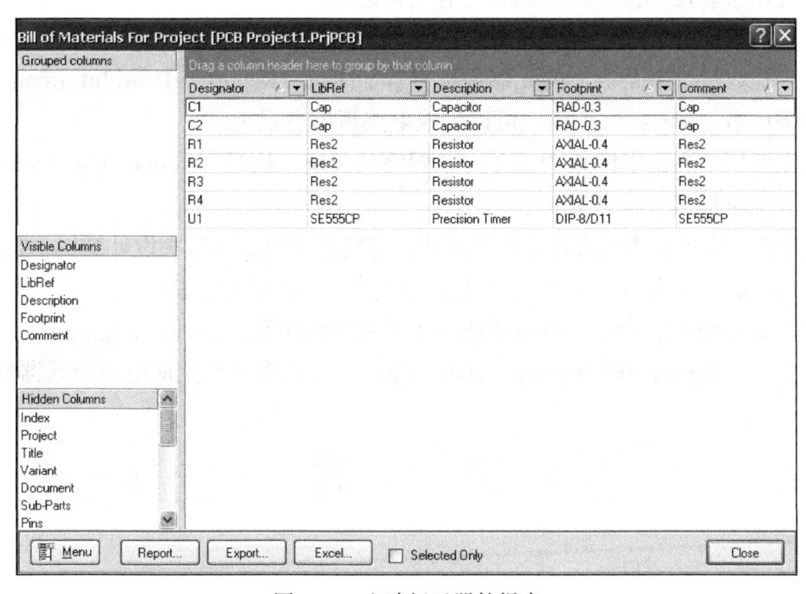

Designator	LibRef	Description	Footprint	Comment
C1	Cap	Capacitor	RAD-0.3	Cap
C2	Cap	Capacitor	RAD-0.3	Cap
R1	Res2	Resistor	AXIAL-0.4	Res2
R2	Res2	Resistor	AXIAL-0.4	Res2
R3	Res2	Resistor	AXIAL-0.4	Res2
R4	Res2	Resistor	AXIAL-0.4	Res2
U1	SE555CP	Precision Timer	DIP-8/D11	SE555CP

图 9-16　电路板元器件报表

（3）生成设计层次报表。执行“Report→Report Project Hierarchy”命令，系统自动生成如图 9-17 所示的电路板设计层次报表。

（4）生成网络状态报表。执行“Report→Netlist Status”命令，系统自动生成如图 9-18 所示的电路板网络状态报表。

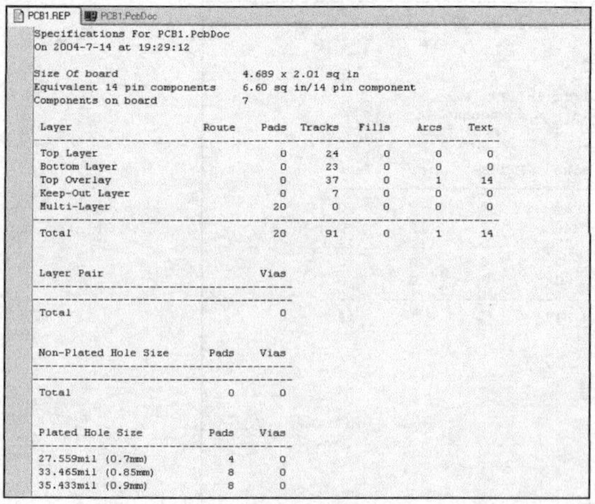

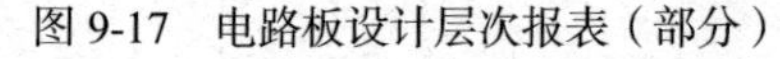

```
PCB1.REP   PCB1.PcbDoc
Specifications For PCB1.PcbDoc
On 2004-7-14 at 19:29:12

Size Of board                    4.689 x 2.01 sq in
Equivalent 14 pin components     6.60 sq in/14 pin component
Components on board              7

 Layer                Route   Pads  Tracks   Fills   Arcs   Text
-------------------------------------------------------------------
 Top Layer                     0      24       0       0      0
 Bottom Layer                  0      23       0       0      0
 Top Overlay                   0      37       0       1     14
 Keep-Out Layer                0       7       0       0      0
 Multi-Layer                  20       0       0       0      0
-------------------------------------------------------------------
 Total                        20      91       0       1     14


 Layer Pair                  Vias
--------------------------------------
--------------------------------------
 Total                         0


 Non-Plated Hole Size    Pads   Vias
--------------------------------------
--------------------------------------
 Total                     0      0


 Plated Hole Size        Pads   Vias
--------------------------------------
 27.559mil (0.7mm)         4      0
 33.465mil (0.85mm)        8      0
 35.433mil (0.9mm)         8      0
```

图 9-17　电路板设计层次报表（部分）

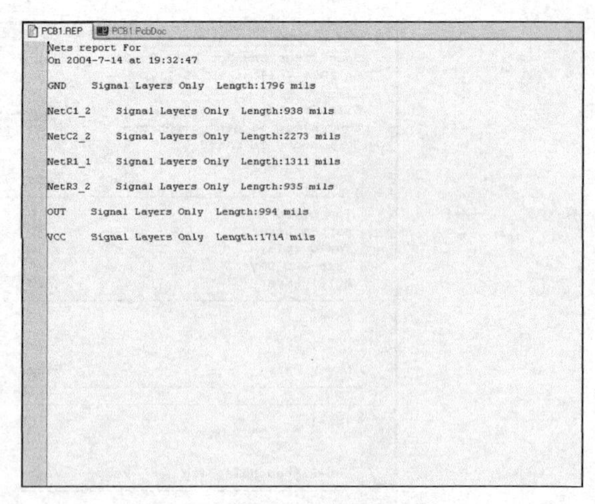

```
PCB1.REP   PCB1.PcbDoc
Nets report For
On 2004-7-14 at 19:32:47

GND     Signal Layers Only  Length:1796 mils

NetC1_2     Signal Layers Only  Length:938 mils

NetC2_2     Signal Layers Only  Length:2273 mils

NetR1_1     Signal Layers Only  Length:1311 mils

NetR3_2     Signal Layers Only  Length:935 mils

OUT     Signal Layers Only  Length:994 mils

VCC     Signal Layers Only  Length:1714 mils
```

图 9-18　电路板网络状态列表

9.7 小　结

本章主要讲述了在完成 PCB 设计后，生成各种 PCB 报表的方法与步骤。

PCB 报表主要包括电路板信息报表、网络状态报表、设计层次报表、元器件报表等，通过这些报表，用户可以直观地掌握电路板的各种有用信息。

电路板信息报表能够为用户提供所设计电路板的完整信息，这些信息包括电路板尺寸、电路板上的焊盘、导孔数量及电路板上的元器件标号等。执行“Report→Board Information”命令，在弹出的对话框中单击“Report”按钮，可以生成电路板信息报表。

网络报表主要用于列出电路板中的每一条网络的长度，执行“Report→Netlist Status”命令，系统将自动生成电路板网络状态报表。

设计层次报表主要用于指出文件系统的组成，它能清晰地显示层次设计结构，执行“Report→Report Project Hierarchy”命令，系统将自动生成电路板设计层次报表。

元器件报表主要用于显示一个电路板或一个项目中的所有元器件，它能为用户采购相应元器件提供方便，执行“Report→Bills of Mateeials”命令，系统将自动生成电路板元器件报表。

习　题

一、思考题

1. PCB 报表主要包括哪几种报表？
2. 简述电路板信息报表、元器件报表、设计层次报表和网络状态报表的主要作用。
3. 如何生成电路板信息报表、元器件报表、设计层次报表和网络状态报表？
4. 简述元器件报表与元器件交叉参考报表的异同。

二、基本操作题

1. 以系统自带的如图 9-19 所示的“4 Port Serial Interface.PcbDoc”文件为例，生成该电路板的信息报表。

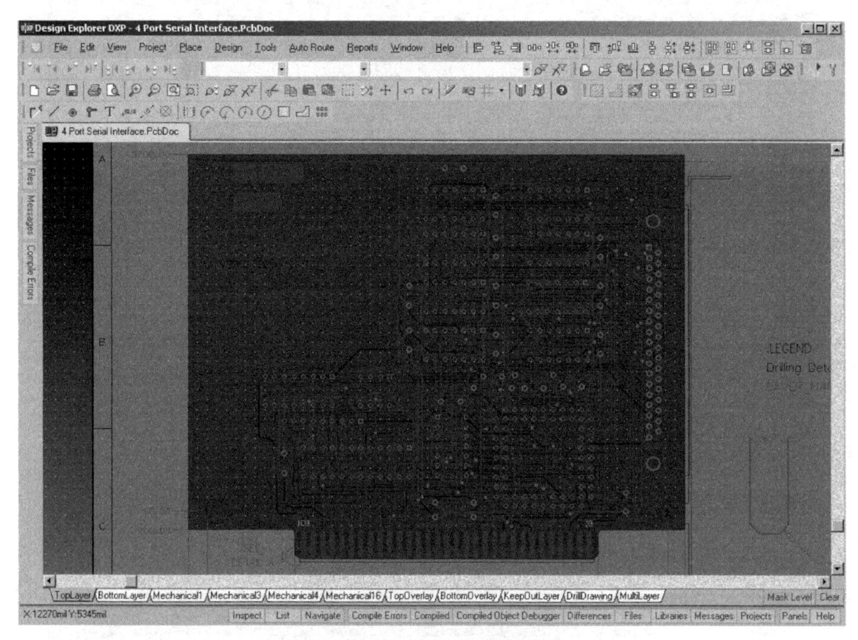

图 9-19　PCB 实例

生成的电路板信息报表如图 9-20 所示。

2. 以图 9-19 所示的 PCB 实例为基础，生成该电路板的设计层次报表和元器件交叉参考报表。

生成的电路板设计层次报表如图 9-21 所示。

生成的该电路板元器件交叉参考报表如图 9-22 所示。

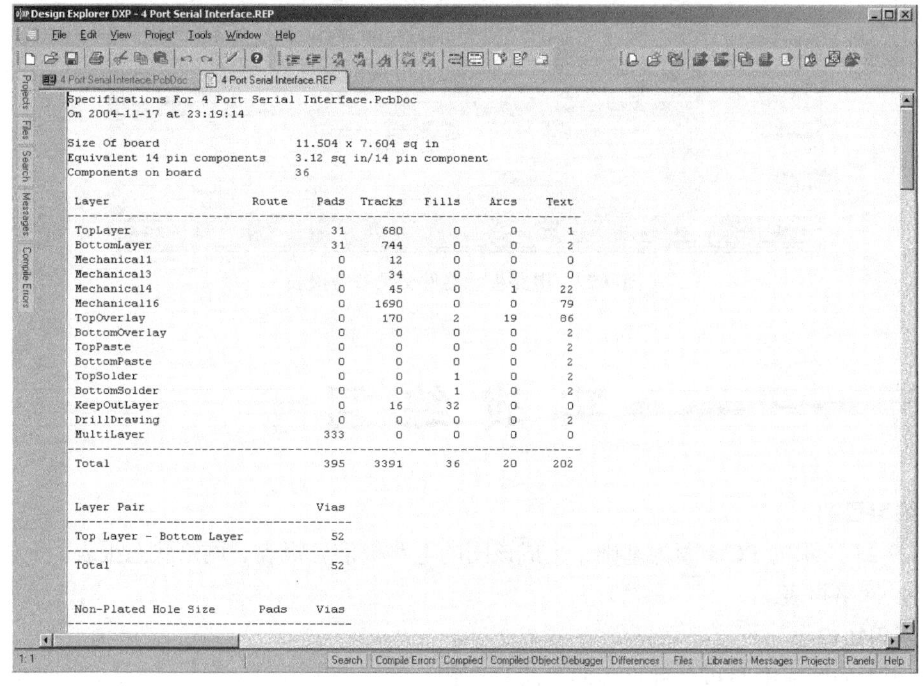

Specifications For 4 Port Serial Interface.PcbDoc
On 2004-11-17 at 23:19:14

Size Of board	11.504 x 7.604 sq in
Equivalent 14 pin components	3.12 sq in/14 pin component
Components on board	36

Layer	Route	Pads	Tracks	Fills	Arcs	Text
TopLayer		31	680	0	0	1
BottomLayer		31	744	0	0	2
Mechanical1		0	12	0	0	0
Mechanical3		0	34	0	0	0
Mechanical4		0	45	0	1	22
Mechanical16		0	1690	0	0	79
TopOverlay		0	170	2	19	86
BottomOverlay		0	0	0	0	2
TopPaste		0	0	0	0	2
BottomPaste		0	0	0	0	2
TopSolder		0	0	1	0	2
BottomSolder		0	0	1	0	2
KeepOutLayer		0	16	32	0	0
DrillDrawing		0	0	0	0	2
MultiLayer		333	0	0	0	0
Total		395	3391	36	20	202

Layer Pair	Vias
Top Layer - Bottom Layer	52
Total	52

Non-Plated Hole Size	Pads	Vias

图 9-20　电路板信息报表

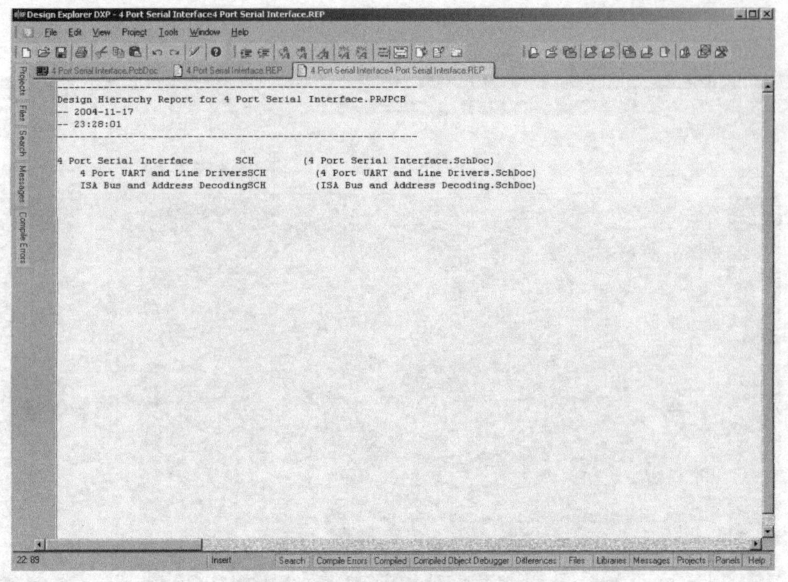

图 9-21 电路板设计层次报表

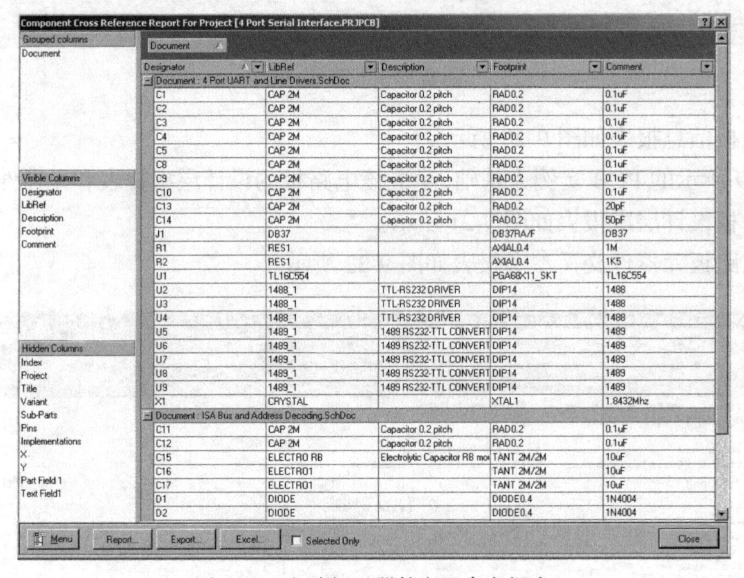

Designator	LibRef	Description	Footprint	Comment
Document : 4 Port UART and Line Drivers.SchDoc				
C1	CAP 2M	Capacitor 0.2 pitch	RAD0.2	0.1uF
C2	CAP 2M	Capacitor 0.2 pitch	RAD0.2	0.1uF
C3	CAP 2M	Capacitor 0.2 pitch	RAD0.2	0.1uF
C4	CAP 2M	Capacitor 0.2 pitch	RAD0.2	0.1uF
C5	CAP 2M	Capacitor 0.2 pitch	RAD0.2	0.1uF
C8	CAP 2M	Capacitor 0.2 pitch	RAD0.2	0.1uF
C9	CAP 2M	Capacitor 0.2 pitch	RAD0.2	0.1uF
C10	CAP 2M	Capacitor 0.2 pitch	RAD0.2	0.1uF
C13	CAP 2M	Capacitor 0.2 pitch	RAD0.2	20pF
C14	CAP 2M	Capacitor 0.2 pitch	RAD0.2	50pF
J1	DB37		DB37RA/F	DB37
R1	RES1		AXIAL0.4	1M
R2	RES1		AXIAL0.4	1K5
U1	TL16C554		PGA68X11_SKT	TL16C554
U2	1488_1	TTL-RS232 DRIVER	DIP14	1488
U3	1488_1	TTL-RS232 DRIVER	DIP14	1488
U4	1488_1	TTL-RS232 DRIVER	DIP14	1488
U5	1489_1	1489 RS232-TTL CONVERT	DIP14	1489
U6	1489_1	1489 RS232-TTL CONVERT	DIP14	1489
U7	1489_1	1489 RS232-TTL CONVERT	DIP14	1489
U8	1489_1	1489 RS232-TTL CONVERT	DIP14	1489
U9	1489_1	1489 RS232-TTL CONVERT	DIP14	1489
X1	CRYSTAL		XTAL1	1.8432Mhz
Document : ISA Bus and Address Decoding.SchDoc				
C11	CAP 2M	Capacitor 0.2 pitch	RAD0.2	0.1uF
C12	CAP 2M	Capacitor 0.2 pitch	RAD0.2	0.1uF
C15	ELECTRO RB	Electrolytic Capacitor RB mo	TANT 2M/2M	10uF
C16	ELECTRO1		TANT 2M/2M	10uF
C17	ELECTRO1		TANT 2M/2M	10uF
D1	DIODE		DIODE0.4	1N4004
D2	DIODE		DIODE0.4	1N4004

图 9-22 电路板元器件交叉参考报表

实 战 练 习

1. 练习目的

以图 9-23 所示的 PCB 图为基础，生成该图的电路板信息报表、网络状态报表、元器件交叉参考报表及网络报表。

2. 所用知识

本章所学的生成电路板各种报表的方法与步骤。

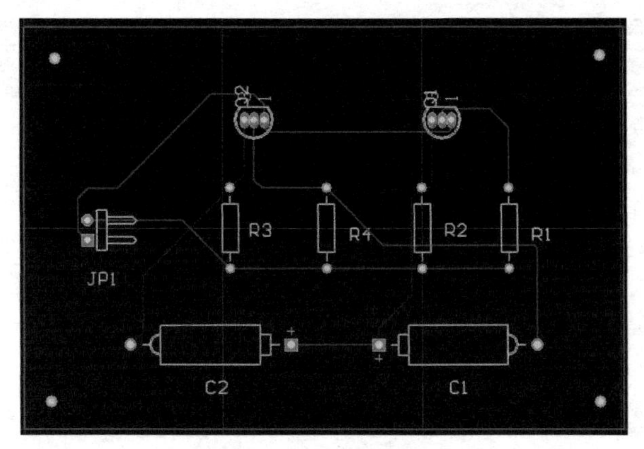

图 9-23　PCB 图实例

3. 步骤提示

（1）生成电路板信息报表。首先打开图 9-23 所示的 PCB 图文件，然后执行“Report→Board Information...”命令，在弹出的电路板信息报表对话框中单击“Report...”按钮，在弹出的选择报表项目对话框中，单击“All On”按钮后，再单击“Report”按钮，系统将自动生成电路板信息报表，如图 9-24 所示。

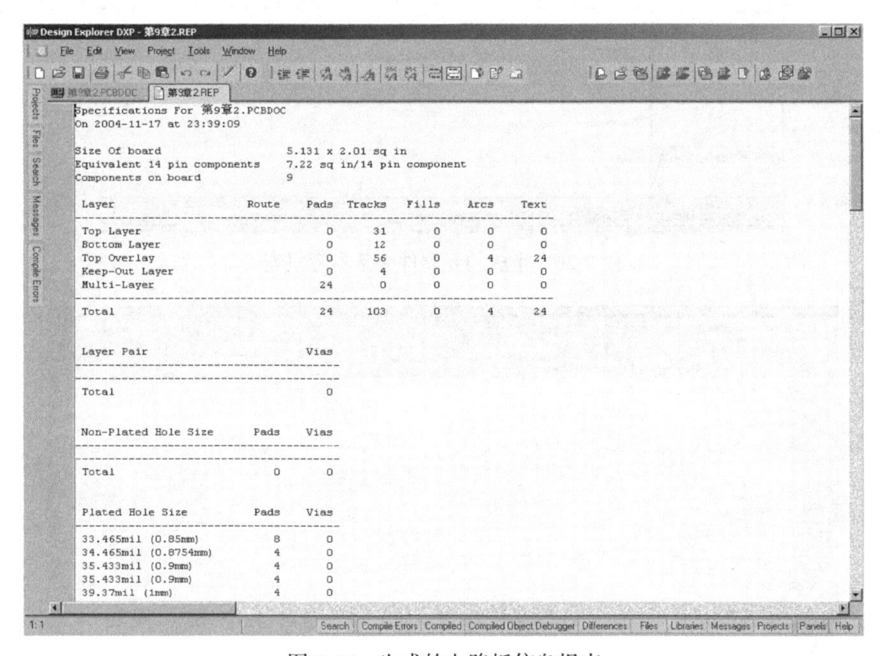

Design Explorer DXP - 第9章2.REP

Specifications For 第9章2.PCBDOC
On 2004-11-17 at 23:39:09

Size Of board　5.131 x 2.01 sq in
Equivalent 14 pin components　7.22 sq in/14 pin component
Components on board　9

Layer	Route	Pads	Tracks	Fills	Arcs	Text
Top Layer		0	31	0	0	0
Bottom Layer		0	12	0	0	0
Top Overlay		0	56	0	4	24
Keep-Out Layer		0	4	0	0	0
Multi-Layer		24	0	0	0	0
Total		24	103	0	4	24

Layer Pair	Vias
Total	0

Non-Plated Hole Size	Pads	Vias
Total	0	0

Plated Hole Size	Pads	Vias
33.465mil (0.85mm)	8	0
34.465mil (0.8754mm)	4	0
35.433mil (0.9mm)	4	0
35.433mil (0.9mm)	4	0
39.37mil (1mm)	4	0

图 9-24　生成的电路板信息报表

（2）生成网络状态报表。执行“Report→Netlist Status”命令，系统将自动生成网络状态报表，如图 9-25 所示。

（3）生成元器件交叉参考报表。执行“Report→Component Cross Reference”命令，系统将自动生成元器件交叉参考报表，如图 9-26 所示。

（4）生成网络报表。执行“Design→Netlist→Export Netlist From PCB”命令，系统将自动生成网络报表，如图 9-27 所示。

```
Nets report For
On 2004-11-17 at 23:34:58

+12     Signal Layers Only  Length:2219 mils

GND     Signal Layers Only  Length:2508 mils

NetC1_1     Signal Layers Only  Length:1689 mils

NetC1_2     Signal Layers Only  Length:2341 mils

NetC2_2     Signal Layers Only  Length:1356 mils

NetQ1_2     Signal Layers Only  Length:728 mils
```

图 9-25　生成的网络状态报表

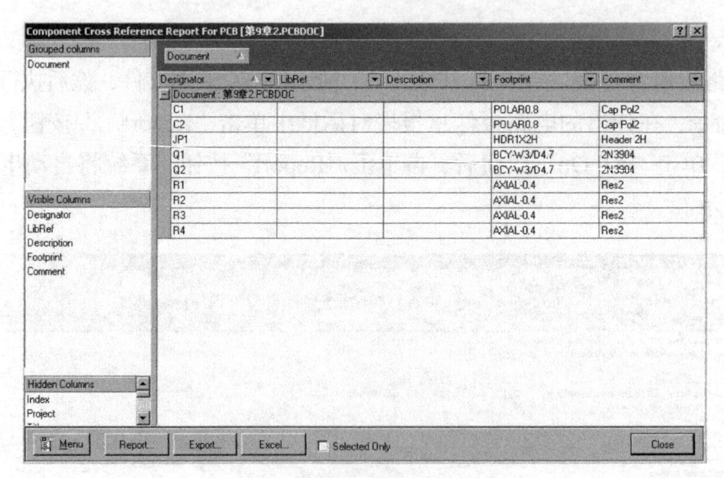

Component Cross Reference Report For PCB [第9章2.PCBDOC]

Document : 第9章2.PCBDOC

Designator	LibRef	Description	Footprint	Comment
C1			POLAR0.8	Cap Pol2
C2			POLAR0.8	Cap Pol2
JP1			HDR1X2H	Header 2H
Q1			BCY-W3/D4.7	2N3904
Q2			BCY-W3/D4.7	2N3904
R1			AXIAL-0.4	Res2
R2			AXIAL-0.4	Res2
R3			AXIAL-0.4	Res2
R4			AXIAL-0.4	Res2

图 9-26　生成的元器件交叉参考报表

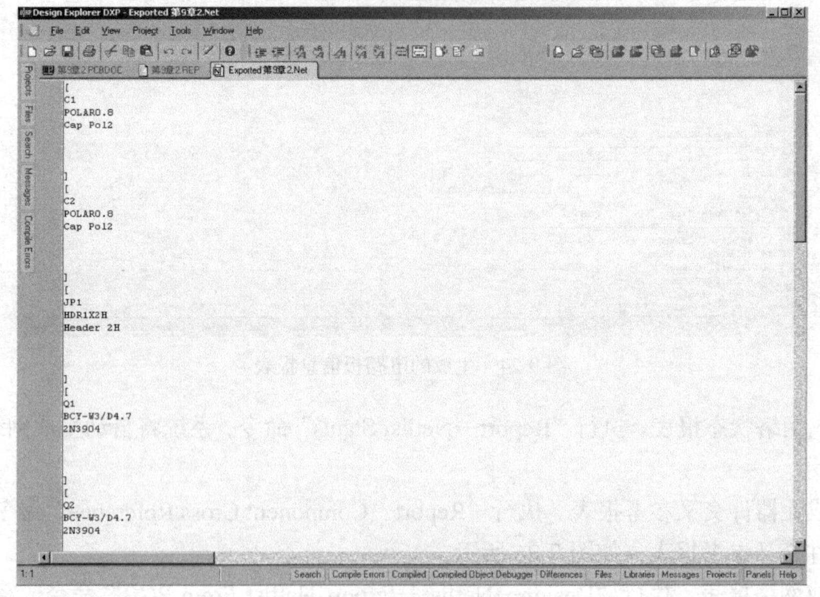

图 9-27　生成的网络报表（部分）

第 10 章 电路仿真

本章要点：

（1）电路仿真的特点；

（2）仿真元器件简介；

（3）仿真器的设置；

（4）设计仿真原理图；

（5）模拟仿真的方法与技巧；

（6）数字仿真的方法与技巧。

本章导读：

本章主要介绍电路仿真的特点、仿真器的设置、仿真元器件及设计仿真原理图的方法与技巧。电路仿真的目的是为了对电路的性能进行检验，以便为后面的电路板设计提供正确的原理图，Protel DXP 中可以提供多种仿真方式，如工作点分析方式、暂态特性/傅立叶分析方式、直流扫描分析方式、交流小信号分析方式、噪声分析方式等。通过本章的学习，读者可以掌握电路仿真的各种方法和技巧，为今后的 PCB 设计打下坚实的基础。

10.1 仿真的特点

在设计一个电子产品之前，通常先在面板上搭接设计好的原理图，然后使用电源、信号发生器、示波器、万用表等电子设备对原理图的各项指标进行检验。但这种方法很难适应当今电子技术的发展，如果大规模而又复杂的集成电路都用这种方法来验证，结果是难以想象的。Protel DXP 为用户提供了一个功能强大的数/模混合电路仿真器，利用它可以提供模拟信号、数字信号和模/数混合信号的仿真。Protel DXP 中的仿真功能主要有以下几个特点。

（1）Protel DXP 为电路的仿真分析提供了一个规模庞大的仿真元器件库，其中包含数十种仿真激励源和将近 6 000 种的元器件。

（2）Protel DXP 支持多种仿真功能，如交流小信号分析、瞬态特性分析、噪声分析、蒙特卡罗分析、参数扫描分析、温度扫描分析、傅立叶分析等十多种分析方式。用户可以根据所设计电路的具体要求选择合适的分析方式。

（3）Protel DXP 提供功能强大的结果分析工具，可以记录各种需要的仿真数据，显示各种仿真波形，如模拟信号波形、数字信号波形、波特图等，可以进行波形的缩放、比较、测量等。而且，用户可以直观地看到仿真的结果，这就为电路原理图的分析提供了很大的方便。

10.2　仿真库中的元器件简介

Protel DXP 提供的原理图元器件库中 Simulation 文件夹下的元器件均可作为仿真元器件使用，下面对仿真激励源和常用的仿真元器件进行介绍。

1．仿真激励源（位于 Simulation Sources.IntLib 库文件中）

（1）直流源：包含直流电压源（VSRC）和直流电流源（ISRC）两种，如图 10-1 所示。双击直流电压源图标，将弹出如图 10-2 所示的直流电压源属性设置对话框。

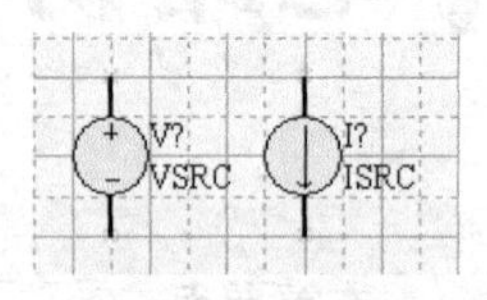

图 10-1　直流源

在该对话框中双击右下方窗口中的“Simulation”选项，将弹出一个对话框，单击“Parameters”标签，将弹出如图 10-3 所示的直流电压源幅值设置对话框。

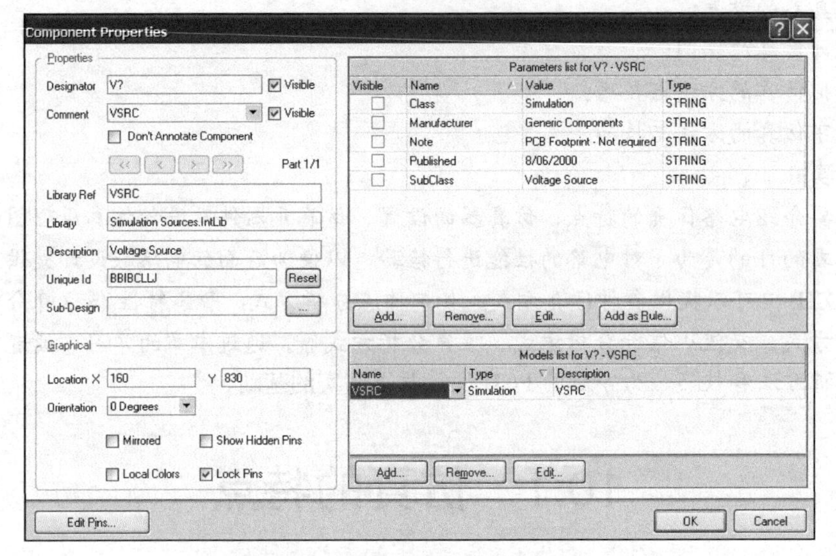

图 10-2　直流电压源属性设置对话框

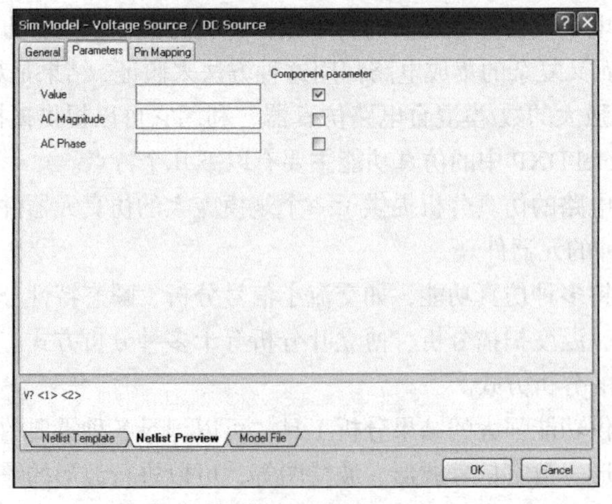

图 10-3　直流电压源幅值设置对话框

该对话框中各个参数的意义如下。

◇ Value：设置直流电压源幅值。

◇ AC Magnitude：若用户想在此电源上进行交流小信号分析，可设置此项，默认值为 1。

◇ AC Phase：交流小信号分析初始相位。

（2）正弦仿真源：共包含正弦电压源（VSIN）和正弦电流源（ISIN）两种，如图 10-4 所示。双击正弦电压源图标，将弹出如图 10-5 所示的正弦电压源的幅值设置对话框。

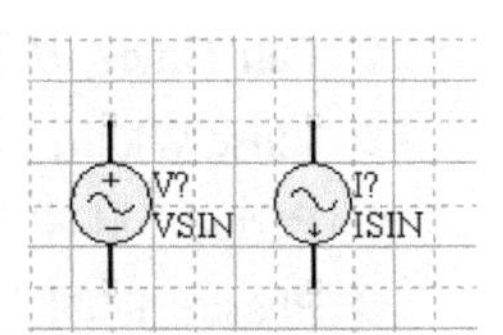

图 10-4　正弦仿真源

该对话框中各个参数的意义如下。

◇ DC Magnitude：直流参数，通常该项设置为 0。

◇ AC Magnitude：若用户想在此仿真源上进行交流小信号分析，可设置此项，默认值为 1。

◇ AC Phase：交流小信号分析初始相位。

◇ Offset：正弦电压源的直流偏移量。

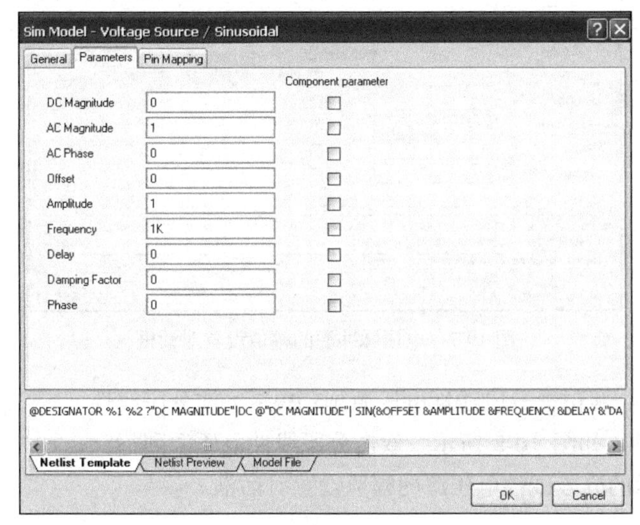

图 10-5　正弦电压源的幅值设置对话框

◇ Amplitude：正弦交流电源的幅值，以伏特为单位。

◇ Frequency：正弦交流电源的频率，以赫兹为单位。

◇ Delay：电源起始延时，以秒为单位。

◇ Damping Factor：每秒正弦波幅值上的减少量，设置为正值将使正弦以指数的形式减少；设置为负值将使幅值增加；设置为 0，将使正弦波幅值不变。

◇ Phase：时间为 0 时的正弦波相移。

若想在原理图中显示设置项，则应将 Component Parameters 设置为☑。

（3）周期脉冲源：共包含电压脉冲源（VPULSE）和电流脉冲源（IPULSE）两种，如图 10-6 所示。双击电压脉冲源图标，将弹出如图 10-7 所示的电压脉冲源的幅值设置对话框。

该对话框中各个参数的意义如下。

◇ DC Magnitude：直流参数，通常该项设置为 0。

◇ AC Magnitude：若用户想在此周期脉冲源上进行交流小信号分析，可设置此项，默认值为 1。

◇ AC Phase：交流小信号分析初始相位。

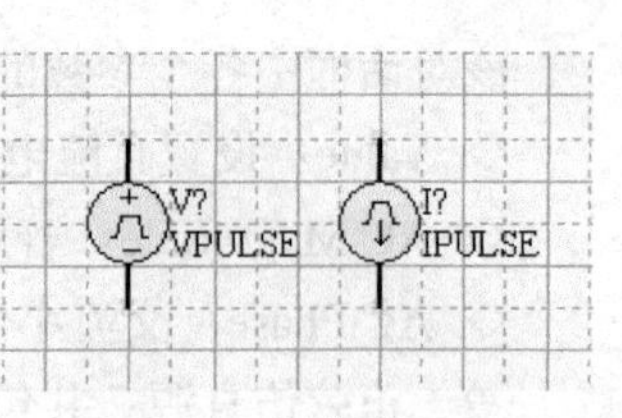

图 10-6 周期脉冲源

◇ Initial Value：起始脉冲电压源的幅值，以伏特为单位。
◇ Pulseed Value：脉冲的幅值，以伏特为单位。
◇ Time Delay：脉冲源从初始状态到激发状态所用的时间。
◇ Rise Time：从起始幅值到脉冲幅值的上升时间。
◇ Fall Time：从脉冲幅值到起始幅值的下降时间。
◇ Pluse Width：脉冲宽度，即激发状态的时间，以秒为单位。
◇ Period：脉冲周期，以秒为单位。
◇ Phase：时间为 0 时的正弦波相移。

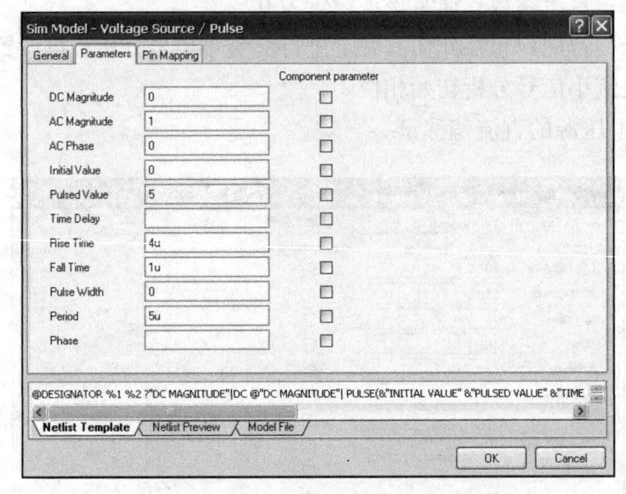

图 10-7 电压脉冲源的幅值设置对话框

（4）分段线性源：共包含分段线性电压源（VPWL）和分段线性电流源（IPWL）两种，如图 10-8 所示。双击分段线性电压源图标，将弹出如图 10-9 所示的分段线性电压源的幅值设置对话框。

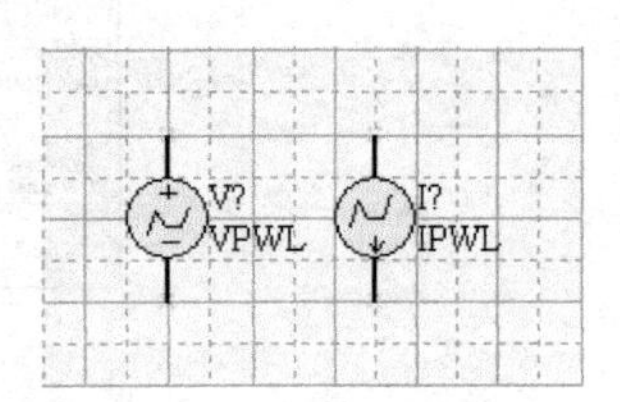

图 10-8 分段线性源

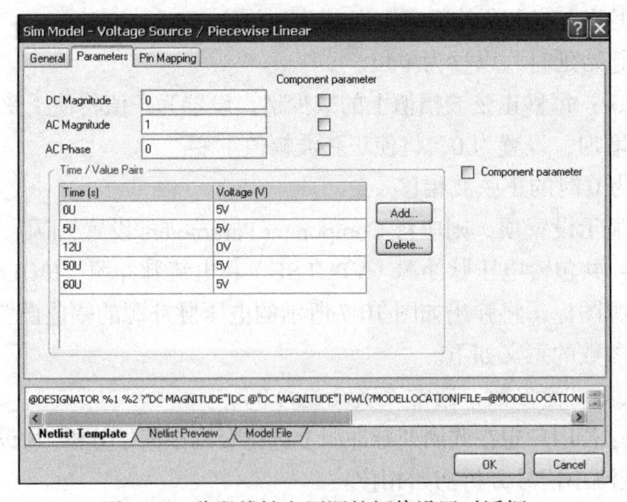

图 10-9 分段线性电压源的幅值设置对话框

该对话框中各个参数的意义如下。

◇ DC Magnitude：直流参数，通常该项设置为 0。

◇ AC Magnitude：若用户想在此分段线性源上进行交流小信号分析，可设置此项，默认值为 1。

◇ AC Phase：交流小信号分析初始相位。

◇ Time/Value Pairs：时间-电压坐标表格，横轴表示时间，纵轴表示电压。单击“Add...”或“Delete...”按钮来添加或删除时间-电压序列。

（5）指数激励源：共包含指数激励电压源（VEXP）和指数激励电流源（IEXP）两种，如图 10-10 所示，双击指数激励电压源图标，将弹出如图 10-11 所示的指数激励电压源的幅值设置对话框。

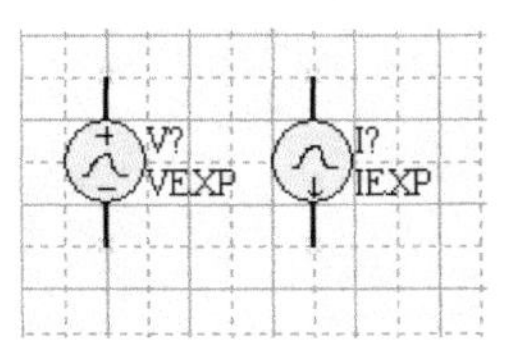

图 10-10　指数激励源

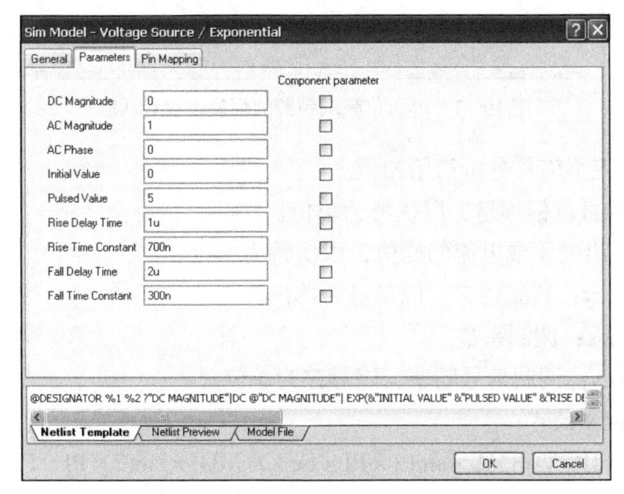

图 10-11　指数激励电压源的幅值设置对话框

该对话框中各个参数的意义如下。

◇ DC Magnitude：直流参数，通常该项设置为 0。

◇ AC Magnitude：若用户想在此指数激励源上进行交流小信号分析，可设置此项，默认值为 1。

◇ AC Phase：交流小信号分析初始相位。

◇ Initial Value：起始指数激励源的幅值，以伏特为单位。

◇ Pulseed Value：输出振幅的最大幅值，以伏特为单位。

◇ Rise Delay Time：输出振幅从初始状态到峰值状态所用的时间。

◇ Rise Time Constant：上升时间常数。

◇ Fall Delay Time：输出振幅从峰值状态到初始状态所用的时间。

◇ Fall Time Constant：下降时间常数。

（6）单频调频源：共包含电压单频调频源（VSFFM）和电流单频调频源（ISFFM）两种，如图 10-12 所示。双击电压单频调频源图标，将弹出如图 10-13 所示的电压单频调频源的幅值设置对话框。

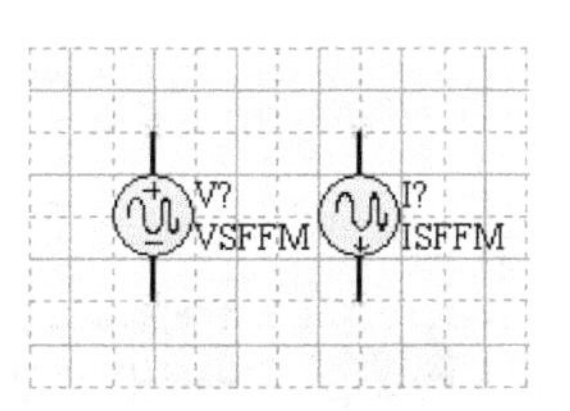

图 10-12　单频调频源

该对话框中各个参数的意义如下。

◇ DC Magnitude：直流参数，通常该项设置为 0。

◇ AC Magnitude：若用户想在此单频调频源上进行交流小信号分析，可设置此项，默认值为 1。

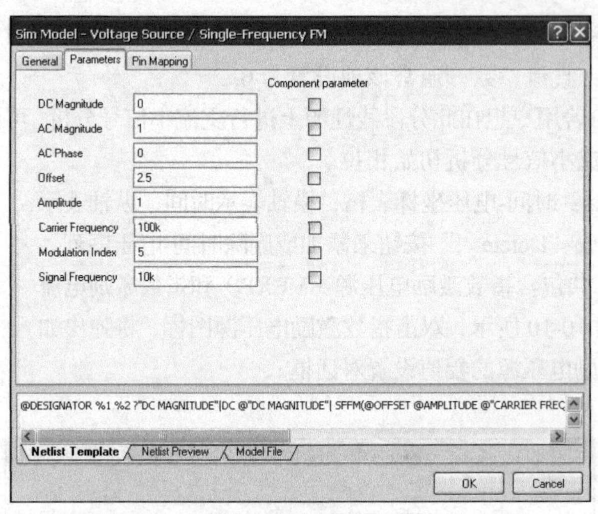

图 10-13　电压单频调频源的幅值设置对话框

◇ AC Phase：交流小信号分析初始相位。

◇ Offset：信号的直流偏移量，以伏特为单位。

◇ Amplitude：输出电压或电流的峰值，以伏特为单位。

◇ Carrier Frequency：载波频率，以赫兹为单位。

◇ Modulation Index：调制系数。

◇ Signal Frequency：调制信号频率，以赫兹为单位。

下面给出波形的定义公式：

$$V(t)=VO+VA\times\sin(2\times PI\times Fc\times t+MDI\times\sin(2\times PI\times Fs\times t))$$

其中：

t——当前时间　　VO——偏置　　VA——峰值

Fc——载频　　MDI——调制指数　　Fs——调制信号频率

（7）线性受控源：共包含电流控制电压源（HSRC）、电流控制电流源（FSRC）、电压控制电压源（ESRC）和电压控制电流源（GSRC）4 种，如图 10-14 所示。双击电流控制电压源图标，将弹出如图 10-15 所示的电流控制电压源的幅值设置对话框。

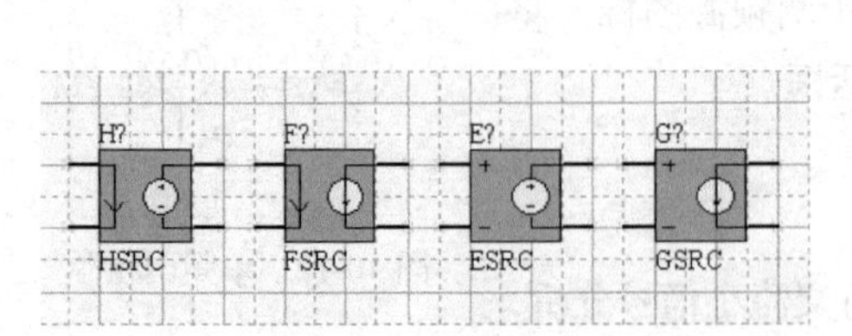

图 10-14　线性受控源

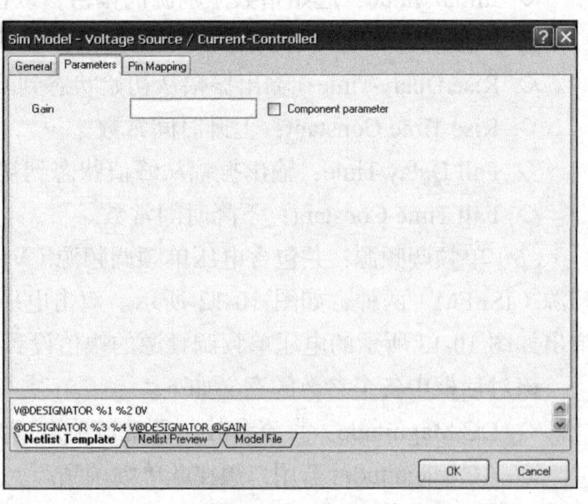

图 10-15　电流控制电压源的幅值设置对话框

该对话框中参数的意义如下。

Gain：对电流控制电压源（HSRC）来说为互阻；对电流控制电流源（FSRC）来说为电流增益；对电压控制电压源（ESRC）来说为电压增益；对电压控制电流源（GSRC）来说为互导。

（8）非线性受控源：共包含非线性电压源（BVSRC）和非线性电流源（BISRC）两种，如图 10-16 所示。双击线性受控源图标，将弹出如图 10-17 所示的非线性受控源的幅值设置对话框。

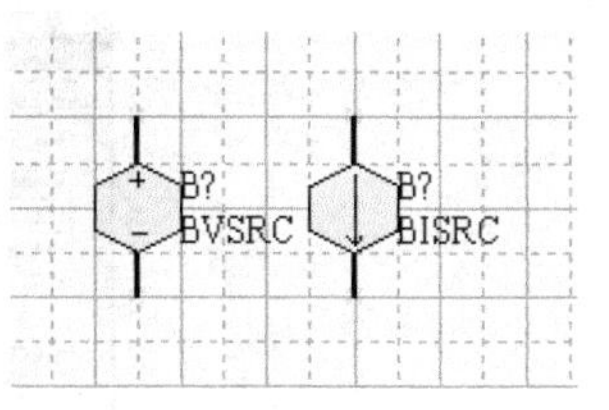

图 10-16 非线性受控源

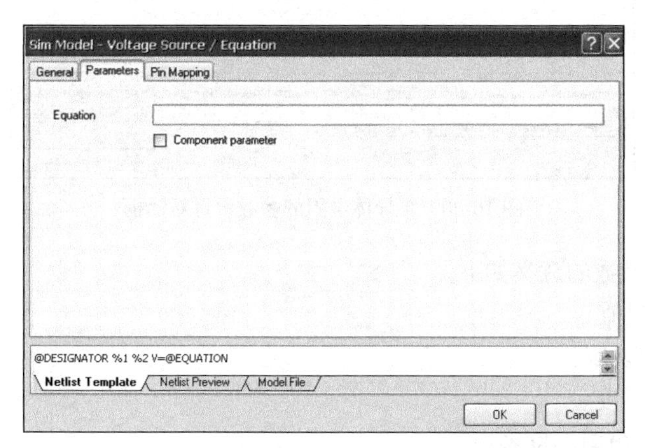

图 10-17 非线性受控源的幅值设置对话框

该对话框中参数的意义如下。

Equation：原波形表达式。V=表达式或 I=表达式，其中表达式为填入“Equation”文本框中的方程。在设计中可以使用标准函数来创建一个表达式，这些标准函数为：ABS、LN、SQRT、LOG、EXP、SIN、ASIN、ASINH、SINH、COS、ACOS、ACOSH、COSH、TAN、ATAN 和 ATANH。可以使用的运算符有：+、−、*、/、^、−If 和 unary 等。若用户已在电路图中定义了名为 NET 的网络标号，则在“Equation”文本框中输入 COS(V(NET))、V(NET)^3 都是有效的。若函数 LOG()、LN()和 SQRT()的参数小于零，则将取这个参数的绝对值。若一个除数为零，或函数 LOG()、LN()的参数等于零，将返回错误信息。

（9）常用的仿真工具栏：如图 10-18 所示。

该工具栏提供了 ± 5V 和 ± 12V 的电压源，以及多种频率的正弦波和方波，使用方法与前面章节中所介绍工具栏的使用方法一样，这里不再详细讲述。

2. 仿真元器件（在 Miscellaneous Devices.IntLib 库中）

下面对常用的仿真元器件进行简要介绍。

（1）电阻：如图 10-19 所示，从左到右分别为半导体电阻、定值电阻和可变值电阻。双击半导体电阻图标，将弹出如图 10-20 所示的半导体电阻的参数设置对话框。

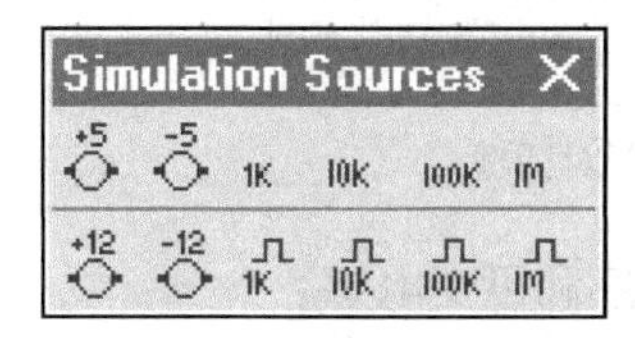

图 10-18 仿真工具栏

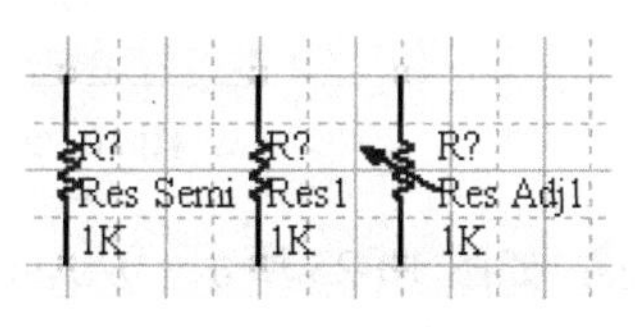

图 10-19 仿真电阻

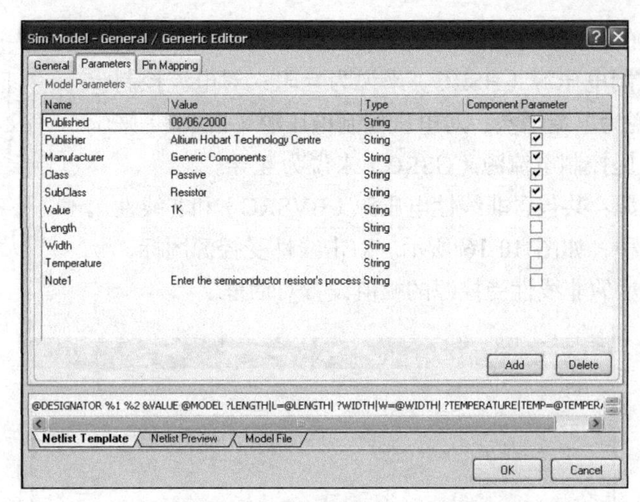

图 10-20　半导体电阻的参数设置对话框

该对话框中各个参数的意义如下。

◇ Value：电阻阻值。

◇ Length：电阻长度。

◇ Width：电阻宽度。

◇ Temperature：电阻温度系数。

其他电阻的参数设置与此类似，这里就不再赘述。

（2）电容：如图 10-21 所示，从左到右分别为定值电容和半导体电容，其中定值电容的参数设置对话框如图 10-22 所示。

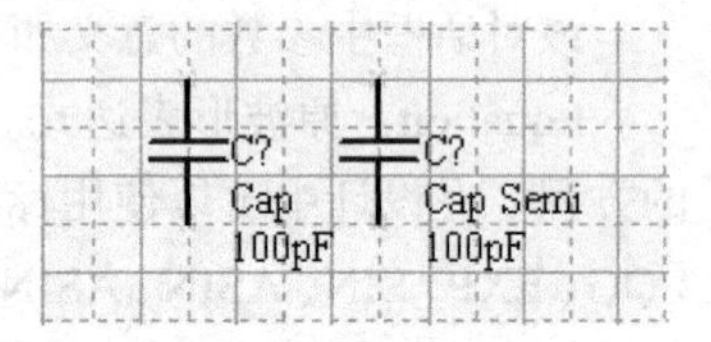

图 10-21　仿真电容

该对话框中各个参数的意义如下。

◇ Value：电容值。

◇ Initial Voltage：初始时刻电容两端电压值，默认值为 0。

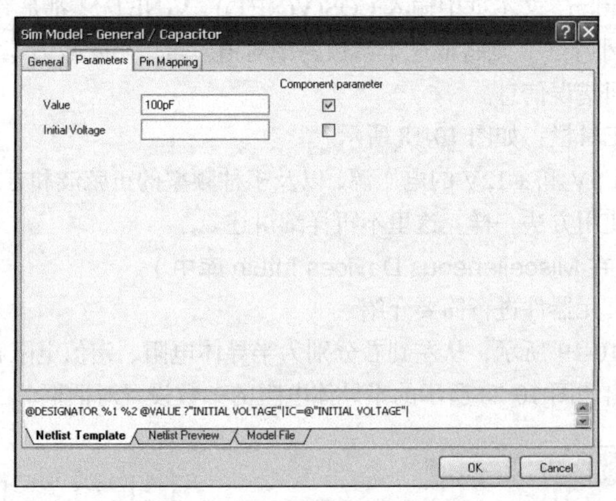

图 10-22　定值电容的参数设置对话框

（3）电感：如图 10-23 所示，从左到右分别为定值电感和可变电感。

双击定值电感图标，弹出定值电感的参数设置对话框，对话框中各个参数的意义如下。

◇ Value：电感值。

◇ Initial Voltage：初始时刻流过电感两端的电流值，默认值为 0。

（4）二极管：图 10-24 所示为仿真库中所包含的几种二极管。

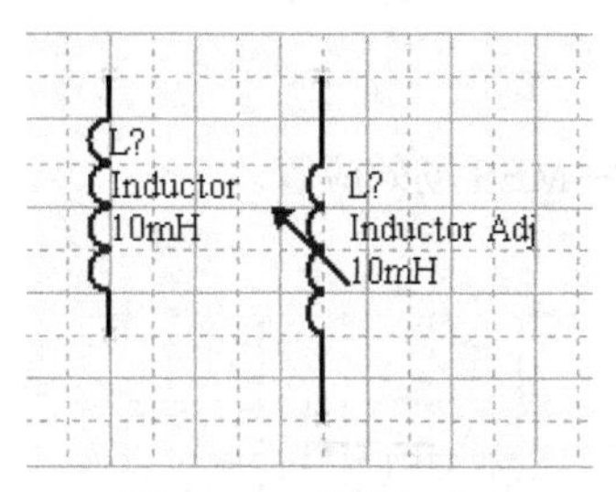

图 10-23　仿真电感

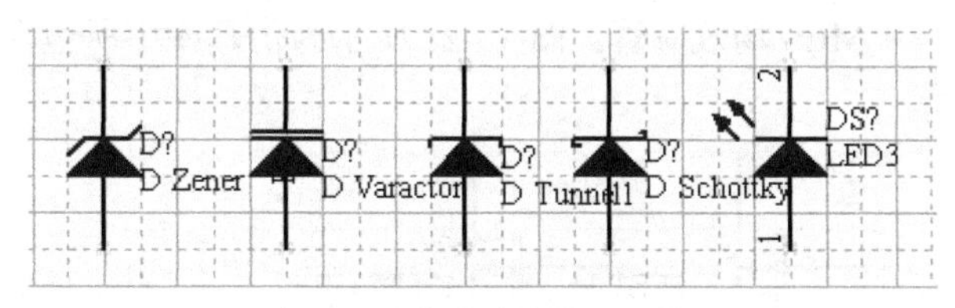

图 10-24　仿真库中的二极管

双击二极管，弹出二极管的参数设置对话框，对话框中各个参数的意义如下。

◇ Area Factor：面积因素。

◇ Start Condition：初始参数。

◇ Initial Voltage：初始电压，默认值为零。

◇ Temperature：元器件工作温度。

（5）三极管：图 10-25 所示为仿真库中所包含的几种三极管。

双击三极管图标，弹出三极管的参数设置对话框，对话框中各个参数的意义如下。

◇ Area Factor：面积因素。

◇ Start Condition：初始参数。

◇ Initial B-EVoltage：基极与发射极之间的初始电压。

◇ Initial C-EVoltage：集电极与发射极之间的初始电压。

◇ Temperature：元器件工作温度。

（6）JFET 结型场效应管：图 10-26 所示为仿真库中所包含的几种结型场效应管。

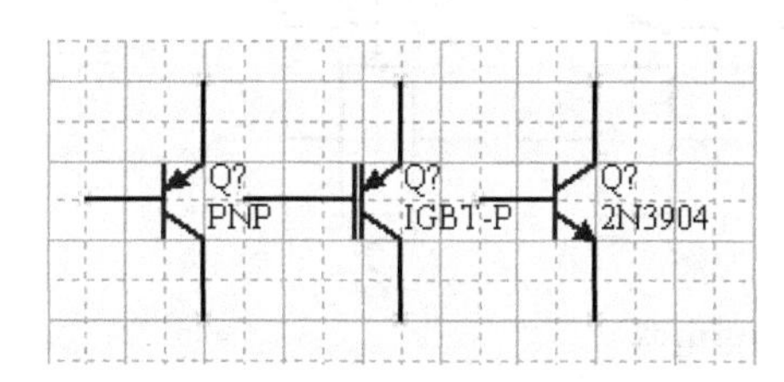

图 10-25　仿真库中的三极管

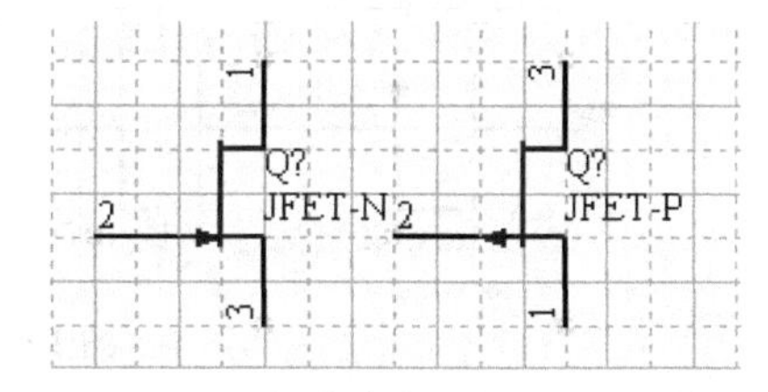

图 10-26　仿真库中的结型场效应管

双击结型场效应管图标，弹出结型场效应管的参数设置对话框，对话框中各个参数的意义如下。

◇ Area Factor：面积因素。

◇ Start Condition：初始参数。

◇ Initial D-S Voltage：漏极与源极之间的初始电压。

◇ InitialG-S Voltage：栅极与源极之间的初始电压。

◇ Temperature：元器件工作温度。

（7）MOS 场效应管：图 10-27 所示为仿真库中所包含的几种 MOS 场效应管。

双击 MOS 场效应管图标，弹出 MOS 场效应管的参数设置对话框，对话框中各个参数的意义如下。

◇ Area Factor：面积因素。

◇ Start Condition：初始参数。

◇ Initial D-S Voltage：漏极与源极之间的初始电压。

◇ InitialG-S Voltage：栅极与源极之间的初始电压。

（8）MES 场效应管：图 10-28 所示为仿真库中所包含的几种 MES 场效应管。

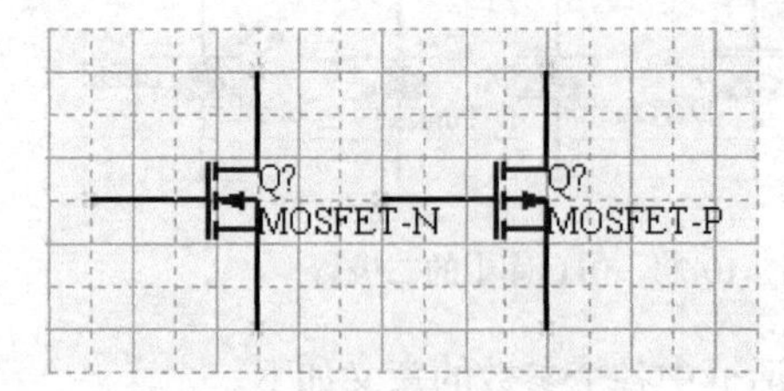

图 10-27　仿真库中的 MOS 场效应管

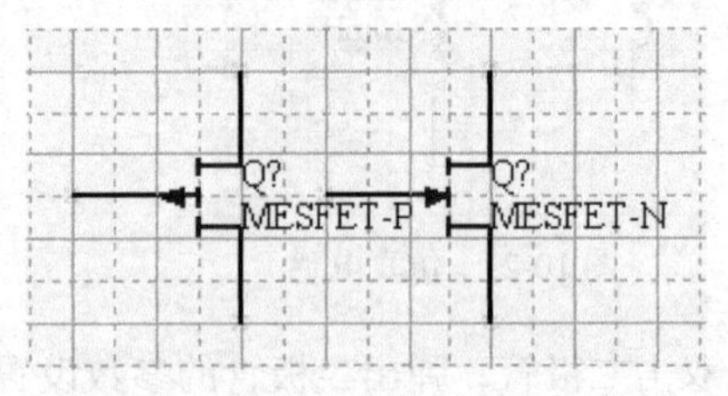

图 10-28　仿真库中的 MES 场效应管

双击 MES 场效应管图标，弹出 MES 场效应管的参数设置对话框，对话框中各个参数的意义如下。

◇ Area Factor：面积因素。

◇ Start Condition：初始参数。

◇ Initial D-S Voltage：漏极与源极之间的初始电压。

◇ InitialG-S Voltage：栅极与源极之间的初始电压。

（9）继电器：图 10-29 所示为仿真库中所包含的几种继电器。

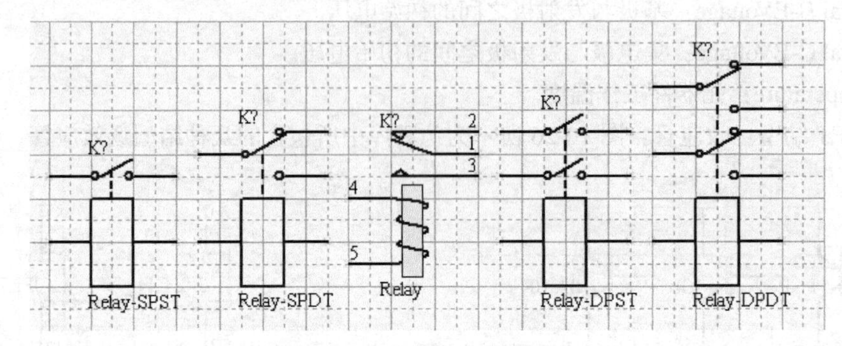

图 10-29　仿真库中的继电器

双击继电器图标，弹出继电器的参数设置对话框，对话框中各个参数的意义如下。

◇ Pullin：触点引入电压。

◇ Dropoff：触点偏离电压。

◇ Contar：触点阻抗。

◇ Resistance：线圈阻抗。

◇ Inductor：线圈电感。

（10）变压器：图 10-30 所示为仿真库中所包含的几种变压器。

双击变压器图标，弹出变压器的参数设置对话框，对话框中参数的意义如下。

Ratio：二次线圈/一次线圈匝数比。

（11）晶振：图 10-31 所示为仿真库中所包含的晶振。

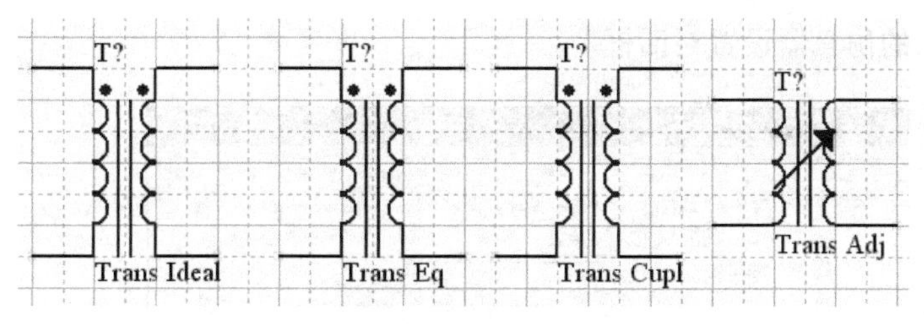

图 10-30 仿真库中的变压器

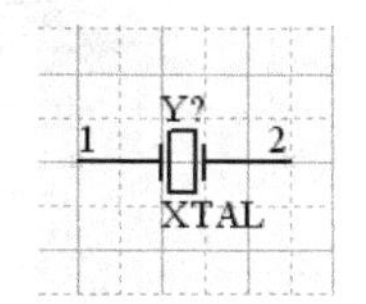

图 10-31 仿真库中的晶振

双击晶振图标，弹出晶振的参数设置对话框，对话框中各参数的意义如下。

◇ Freq：晶振频率，默认值为 2.5MHz。

◇ RS：串联阻抗，单位为欧姆。

◇ C：等效电容，单位为法拉。

◇ Q：等效电路的品质因数。

（12）开关：图 10-32 所示为仿真库中所包含的开关。

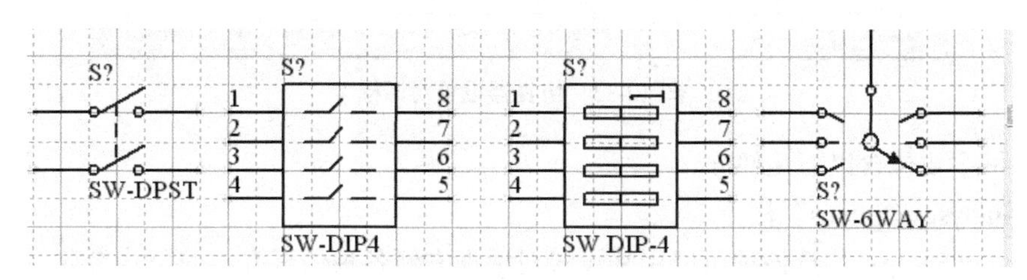

图 10-32 仿真库中的开关

仿真开关的属性设置如下。

◇ STATE1：开关支路 1 的初始状态设置，默认值为 0。

◇ STATE2：开关支路 2 的初始状态设置，默认值为 0。

◇ STATE3：开关支路 3 的初始状态设置，默认值为 0。

◇ STATE4：开关支路 4 的初始状态设置，默认值为 0。

◇ RON：开关闭合时的电阻值，默认值为 1m，单位为欧姆。

◇ ROFF：开关断开时的电阻值，默认值为 100E6，单位为欧姆。

3. 仿真专用函数元器件（在 Simulation Special Function.IntLib 库）

Simulation Special Function.IntLib 仿真函数元器件库是专门为信号仿真提供必要的运算函数，如加、减、乘、除、增益、压控振荡源等专用元器件。

4. 仿真数学函数元器件（在 Simulation Math Function.IntLib 库）

Simulation Math Function.IntLib 仿真数学函数元器件库中主要是一些仿真数学元器件及二端口数学转换函数，其中并不包含真实的元器件，而是便于仿真计算的特殊元器件，例如正弦函数、余弦函数、反正弦函数、反余弦函数、绝对值、开方、加、减、乘、除及指数、对数函数等。

10.3 仿真器的设置

在进行仿真之前，用户应知道对电路进行何种分析，要收集哪些数据以及仿真完成后自动显示哪个变量的波形等。因此，应对仿真器进行相应设置。执行“Design→Simulate→Mixed Sim”

命令，将弹出如图 10-33 所示的仿真器设置对话框。

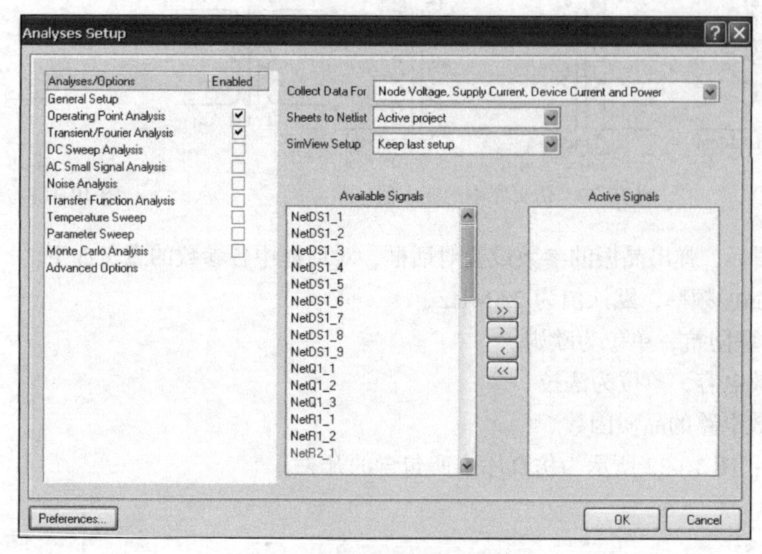

图 10-33　仿真器设置对话框

该对话框主要包含以下几部分。

① “Analyses/Options”栏

◇ General Setup：勾选该项可以用来设置对话框右侧各种仿真方式的公共参数。

◇ Operating Point Analysis：工作点分析方式。

◇ Transient/Fourier Analysis：暂态特性/傅立叶分析方式。

◇ DC Sweep Analysis：直流扫描分析方式。

◇ AC Small Signal Analysis：交流小信号分析方式。

◇ Noise Analysis：噪声分析方式。

◇ Transfer Function Analysis：传输函数分析方式。

◇ Temperature Sweep：温度扫描分析方式。

◇ Parameter Sweep：参数扫描分析方式。

◇ Monte Carlo Analysis：蒙特卡洛分析方式。

② “Collect Data For”下拉列表框：其下拉菜单如图 10-34 所示。

◇ Node Voltages and Supply Current：保存节点电压和电源电流。

◇ Node Voltages，Supply and Device Current：保存节点电压、电源和元器件电流。

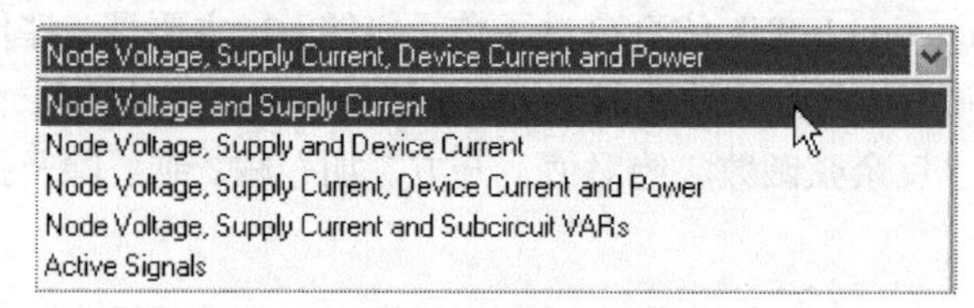

图 10-34　节点数据下拉菜单

◇ Node Voltages，Supply Current, Device Current and Power：保存节点电压、电源电流、元器件电流和功率。

◇ Node Voltages，Supply Current and Subcircuit VARs：保存节点电压、电源电流和支路的电

压与电流。

◇ Active Signals：保存激活的仿真信号。

③ “Sheet to Netlist”下拉列表框：该选项包含如下两项。

◇ Active Sheet：当前激活的仿真原理图。

◇ Active Project：当前激活的项目文件。

④ “SimView Setup”下拉列表框：该选项包含如下两项。

◇ Keep last setup：忽略当前激活的信号菜单，只按上一次仿真操作的设置显示相应波形。

◇ Show active signal：按照“Active Signals”菜单选择的变量显示仿真结果。

⑤ “Available Signals”/“Active Signals”列表框：其中“Available Signals”列表框中列出了所有可以仿真输出的变量，“Active Signals”列表框中列出了当前需要显示的仿真变量。单击 >> 按钮和 << 按钮，可移入、移出所有变量；单击 > 按钮和 < 按钮，可移入、移出所选变量，如图 10-35 所示。

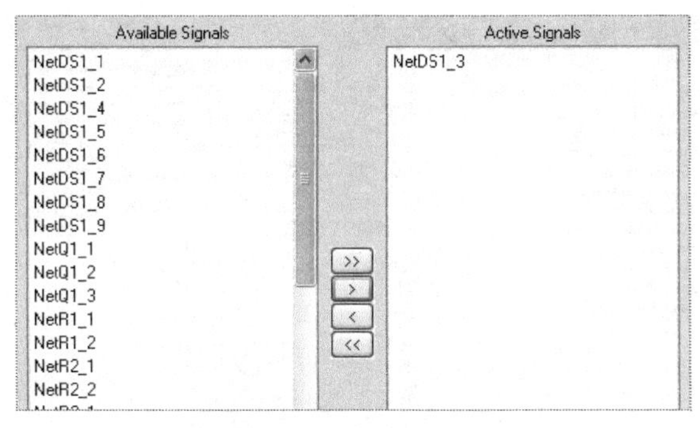

图 10-35　选择信号列表

⑥ “Advanced Option”选项：若单击该选项将弹出如图 10-36 所示的对话框。

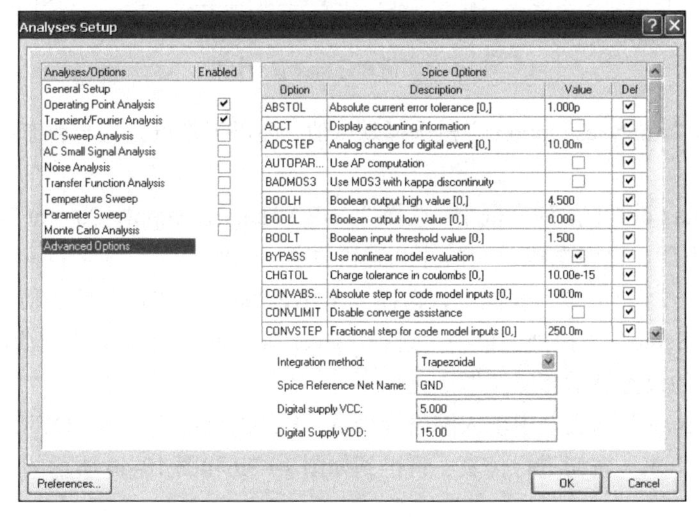

图 10-36　高级仿真设置对话框

该对话框主要用来设置各种默认设置值，包括各种元器件的默认参数及仿真方式设置中的默认参数。其中，VCC 为默认的 TTL 集成电路芯片的电源，VDD 为默认的 CMOS 集成电路芯片的电源，通常取默认值即可。

下面结合具体实例来讲解各种仿真分析方式的设置。

（1）工作点分析方式与暂态特性/傅立叶分析方式

暂态特性分析是从时间为 0 开始，到用户规定的时间范围内进行的。设计者可以规定输出的初始与终止时间和分析的步长，初始值可由直流分析部分自动确定，所有与时间无关的激励源均取它们的直流值；傅立叶分析方式是计算了暂态分析结果的一部分，得到基频、直流分量和谐波。图 10-37 所示为一个模拟电路，电路中元器件的设置如图中所示，未标出的属性设置为默认值。

执行“Design→Simulate→Mixed Sim”命令，进入仿真分析设置对话框，如图 10-38 所示。

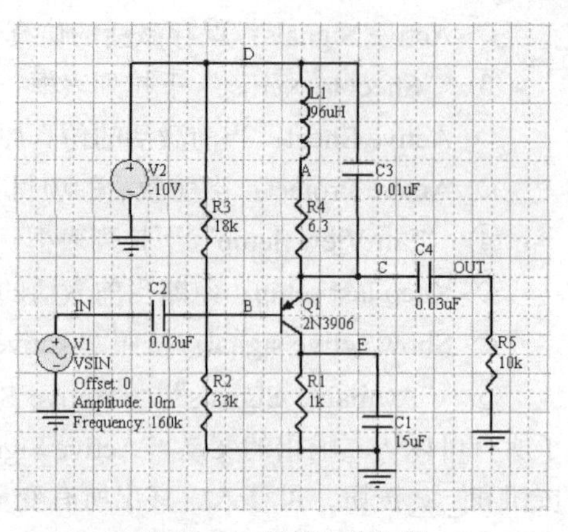

图 10-37　模拟电路实例

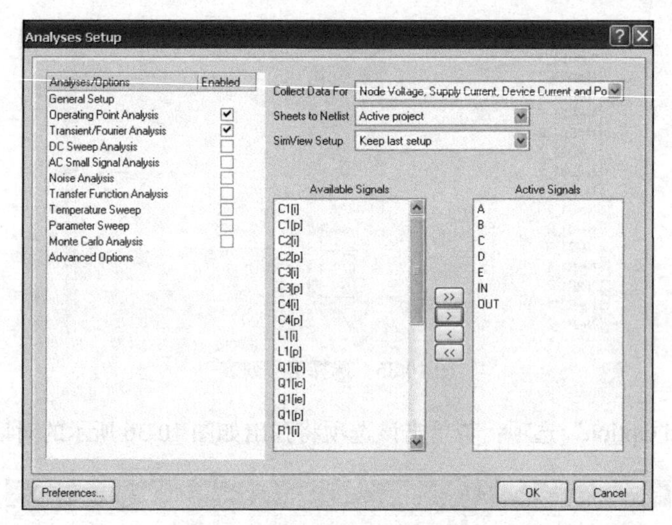

图 10-38　仿真分析设置对话框

在对话框中的“Analyses/Options”栏选择默认值，即以工作点方式与暂态特性/傅立叶方式对电路进行分析。

在“Collect Data For”下拉列表框中，选择“Node Voltages，Supply Current，Device Current and Power（保存节点电压、电源电流、元器件电流和功率）选项。

在“Sheet to Netlist”下拉列表框中，选择“Active Sheet”（当前激活的仿真原理图）选项。

在“Sim View Setup”下拉列表框中，选择“Keep last setup”（忽略当前激活的信号菜单，只按上一次仿真操作的设置显示相应波形）选项。

在“Active Signals”列表框中填入网络标号 A，B，C，D，E，IN，OUT 来观察相应位置的波形。最后，单击“OK”按钮进行仿真，将得到如图 10-39 和图 10-40 所示的.sdf 波形文件和.nsx 文件。

（2）直流扫描分析方式

直流扫描分析是指在指定的范围内，改变输入信号源的电压，每变化一次执行一次工作点分析，从而得到输出支流传输特性曲线。图 10-41 所示为一个晶体管输出特性分析电路，电路中元器件的设置如图中所示，未标出的属性设置为默认值。

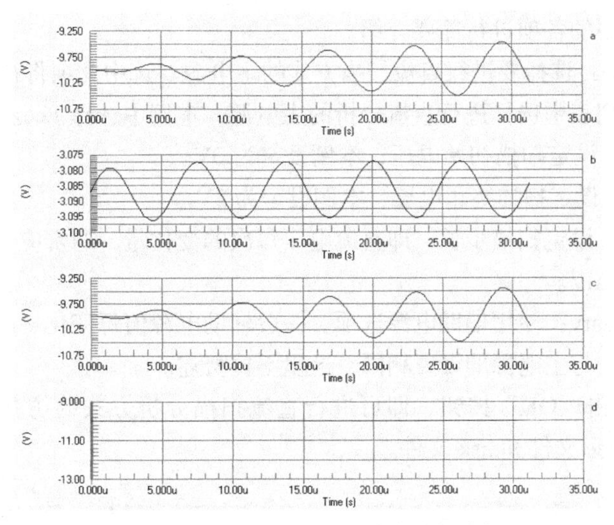

图 10-39 生成的.sdf 波形文件（部分）

```
Free Documents
*SPICE Netlist generated by Advanced Sim server on 2004-7-24 1:01:53

*Schematic Netlist:
C1 E 0 15uF
C2 IN B 0.03uF
C3 C D 0.01uF
C4 OUT C 0.03uF
L1 D A 96uH
Q1 E B C 2N3906
R1 E 0 1k
R2 B 0 33k
R3 D B 18k
R4 A C 6.3
R5 OUT 0 10k
V1 IN 0 DC 0 SIN(0 10m 160k 0 0 0) AC 1 0
V2 D 0 -10V

.SAVE 0 A B C D E IN OUT V1#branch V2#branch @V1[z] @V2[z] @C1[i] @C2[i] @C3[i]
.SAVE @C4[i] @L1[i] @Q1[ib] @Q1[ic] @Q1[ie] @R1[i] @R2[i] @R3[i] @R4[i] @R5[i] @C1[p]
.SAVE @C2[p] @C3[p] @C4[p] @L1[p] @Q1[p] @R1[p] @R2[p] @R3[p] @R4[p] @R5[p] @V1[p]
.SAVE @V2[p]

*PLOT OP -1 1 A=A A=B A=C A=D A=E A=IN A=OUT

*Selected Circuit Analyses:
.OP

*Models and Subcircuit:
.MODEL 2N3906 PNP(IS=4E-14 BF=400 VAF=50 IKF=0.02 ISE=7E-15 NE=1.16 BR=7.5 RC=2.4
+ CJE=6.3E-12 VJE=0.75 TF=5E-10 CJC=5.8E-12 VJC=0.75 TR=2.3E-8 VJS=0.75 XTB=1.5
+ KF=6E-16 )

.END
```

图 10-40 生成的.nsx 文件

执行“Design→Simulate→Mixed Sim”命令，然后单击“DC Sweep Analysis”（直流扫描分析方式）选项，将弹出如图 10-42 所示的直流扫描分析设置对话框。

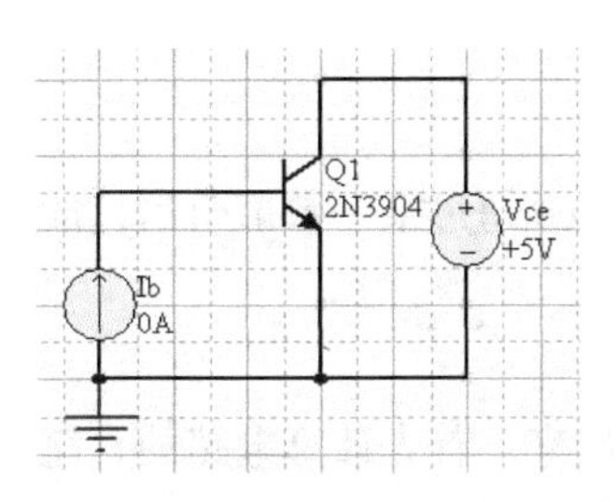

图 10-41 晶体管输出特性分析电路

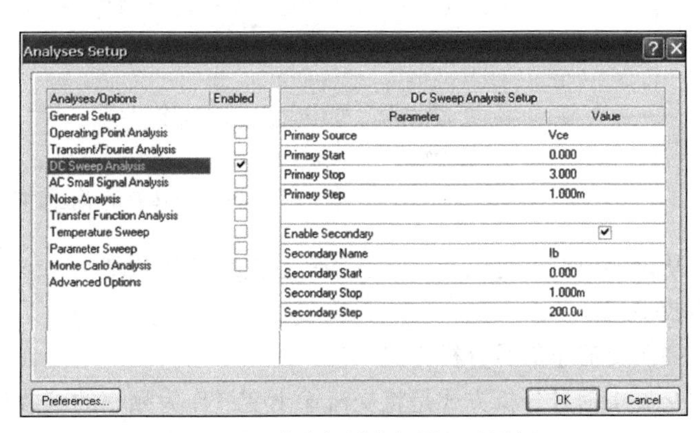

图 10-42 直流扫描分析设置对话框

下面对该对话框中的各项进行简要介绍。

◇ Primary Source：选择要进行直流扫描方式的主电源。选中此项将在“Value”栏中弹出一个下拉列表，可从该列表中选择进行直流分析的主电源，本例中选择 *V*ce。

◇ Primary Start：设定扫描初始电压，本例设定为 0V。

◇ Primary Stop：设定扫描终止电压，本例设定为 3V。

◇ Primary Step：设定扫描步长，即直流电压每次的变化量，通常应设步长为电压变化范围的 1%，本例设定为 1mV。

◇ Enable Secondary：使用辅助电源选项。一般辅助电源值每变化一次，主电源将扫描其整个范围。具体设置方法与主电源的设置相同，这里不再赘述。

设置完毕后，单击“OK”按钮，即可进行直流扫描分析方式的仿真，得到如图 10-43 和图 10-44 所示的.sdf 波形文件和.nsx 文件。

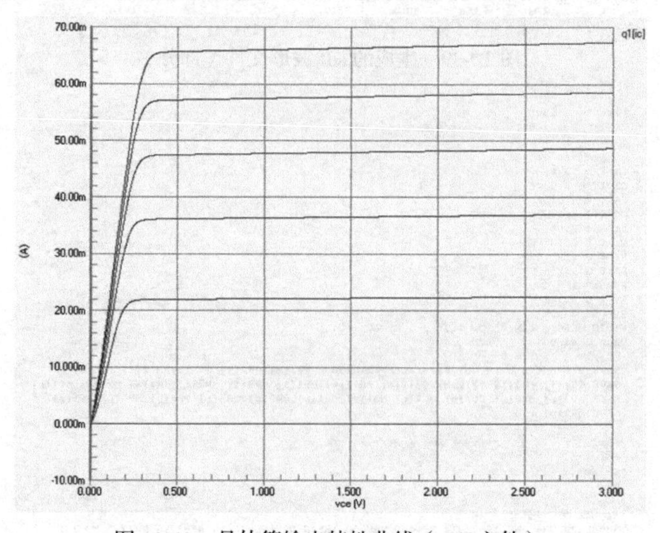

图 10-43　晶体管输出特性曲线（.sdf 文件）

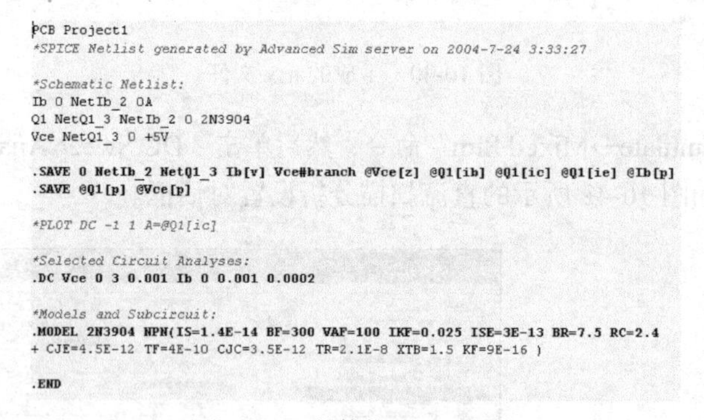

```
PCB Project1
*SPICE Netlist generated by Advanced Sim server on 2004-7-24 3:33:27

*Schematic Netlist:
Ib 0 NetIb_2 0A
Q1 NetQ1_3 NetIb_2 0 2N3904
Vce NetQ1_3 0 +5V

.SAVE 0 NetIb_2 NetQ1_3 Ib[v] Vce#branch @Vce[z] @Q1[ib] @Q1[ic] @Q1[ie] @Ib[p]
.SAVE @Q1[p] @Vce[p]

*PLOT DC -1 1 A=@Q1[ic]

*Selected Circuit Analyses:
.DC Vce 0 3 0.001 Ib 0 0.001 0.0002

*Models and Subcircuit:
.MODEL 2N3904 NPN(IS=1.4E-14 BF=300 VAF=100 IKF=0.025 ISE=3E-13 BR=7.5 RC=2.4
+ CJE=4.5E-12 TF=4E-10 CJC=3.5E-12 TR=2.1E-8 XTB=1.5 KF=9E-16 )

.END
```

图 10-44　晶体管的.nsx 文件

从该输出波形可以看出，各条特性曲线的形状基本一致，在 *V*ce 超过某一数值时后，曲线将变得较平坦。

（3）交流小信号分析方式

交流小信号分析方式是将交流输出变量作为频率的函数计算出来。首先计算电路的直流工作点，来决定电路中所有非线性元器件的线性化小信号模型参数，然后设计者可以在指定的频率范围内对该线性化电路进行分析。图 10-45 所示为一个简单 RC 电路，电路中元器件的设置如图中所示，未标出的属性设置为默认值。

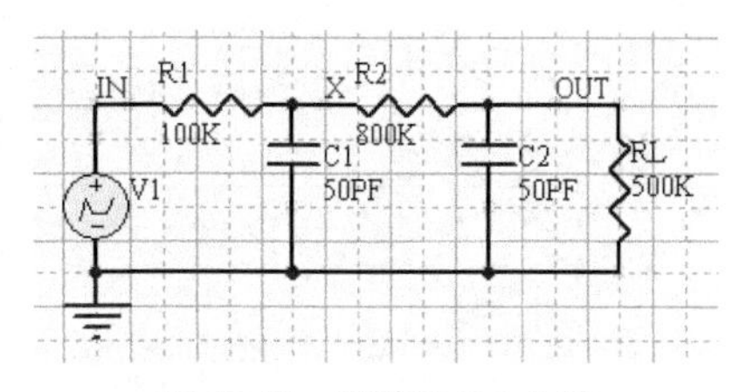

图 10-45　简单的 RC 电路

执行“Design→Simulate→Mixed Sim”命令，然后单击“Analyses/Options”栏中的“AC Small Signal analysis”（交流小信号分析方式）选项，将弹出如图 10-46 所示的对话框。

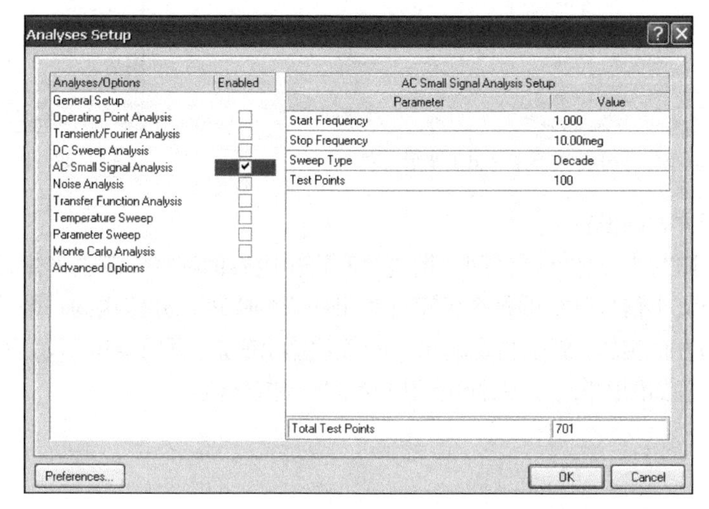

图 10-46　交流小信号分析方式设置对话框

下面对该对话框中的各选项进行简要介绍。

◇ Start Frequency：设置交流小信号分析扫描初始频率，单位为 Hz，本例中取默认值 1Hz。

◇ Stop Frequency：设置交流小信号分析扫描终止频率，单位为 Hz，本例中设置为 10megHz。

◇ Test Points：测试点数，此处设置为 100。

◇ Sweep Type：扫描方式，共有 3 种扫描方式，分别为 Linear（线性方式）、Decade（十倍频方式）和 Octave（八倍频方式），此处设置为 Decade。

◇ Test Points：测试总点数，该值与扫描方式直接相关。

设置完毕后，单击“OK”按钮，系统将自动进行电路仿真，生成如图 10-47 所示的.dsf 波形文件。

在该图中，x 轴为 10 倍频率值，y 轴为电压幅值，通常在实际应用中使用波特图来分析电路的频率响应，因此，用户可以自行改变输出波形的坐标类型来适应不同的仿真需要。本例中输出波形的 x 轴为 10 倍频率值，显得频率变化范围太宽，不利于观察波形效果，我们把 x 轴坐标设置为对数形式，即可看到正确的波形效果。将光标移至 x 轴坐标上的任意一点，此时光标变成一个小手形状，双击鼠标左键，将弹出“Chart Options”（图表设置）对话框，如图 10-48 所示。

在该对话框的“Grid Type”选项区中选择“Logarithmic”（对数方式）单选按钮，默认为以 10 为底的对数坐标，单击“OK”按钮，此时输入波形如图 10-49 所示，其中 x 轴为对数坐标，y 轴仍为 10 倍频坐标的波形显示图。

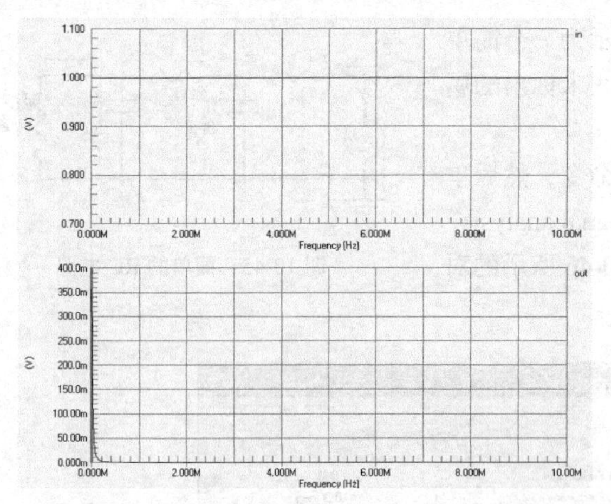

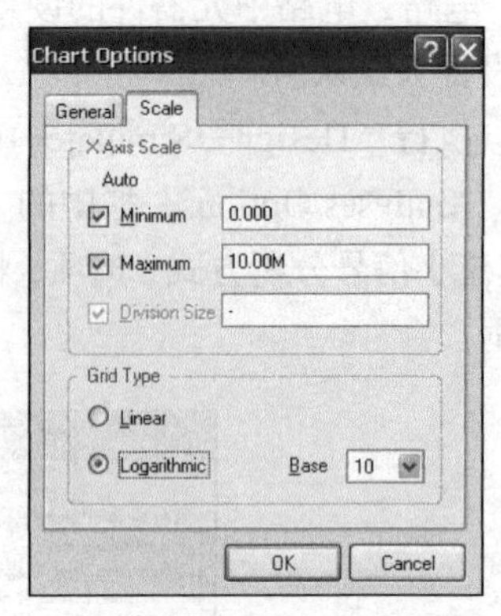

图 10-47　交流小信号分析波形图（.dsf 波形文件）　　　　图 10-48　图表设置对话框

（4）噪声分析方式的设置

由于电路中电阻与半导体元器件间杂散电容和寄生电容的存在，就会产生信号噪声。每个元器件的噪声源在交流小信号分析的每个频率计算出相应的噪声，并传送到一个输出节点，所有该节点的噪声进行均方根相加，就是指定输出端的等效输出噪声。图 10-50 所示为一个放大器电路，电路中元器件的设置如图中所示，未标出的属性设置为默认值。

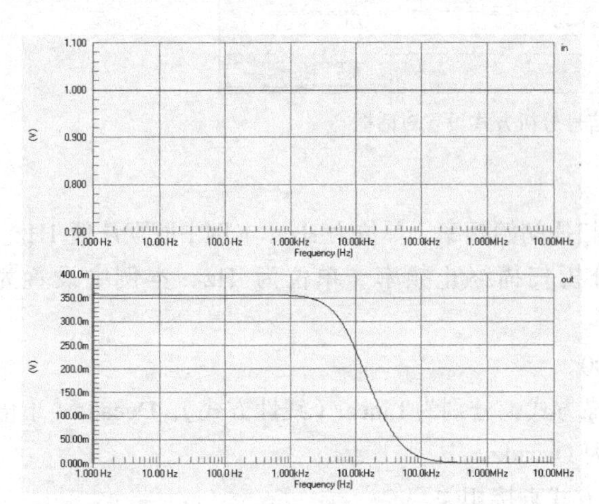

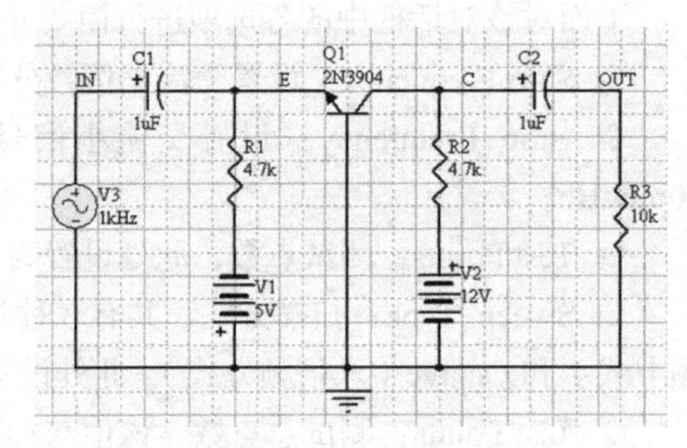

图 10-49　将 x 轴设置为对数坐标后的波形图　　　　图 10-50　放大器电路

进行噪声分析设置，首先进入仿真分析方式设置对话框，在该对话框中单击“Analyses/Options”栏中的“Noise Analysis”选项，将弹出如图 10-51 所示的对话框。

下面对该对话框中的各项进行简要介绍。

◇ Noise Sourse：等效噪声源。选中此项，“Value”栏将出现一个下拉列表，从该列表中选择需要的等效噪声源，此处选择 V3。

◇ Start Frequency：设置扫描初始频率，单位为 Hz，此处设置为 1Hz。

◇ Stop Frequency：设置扫描终止频率，单位为 Hz，此处设置为 5kHz。

◇ Test Points：测试点数，此处设置为 1000。

◇ Points per Summary：扫描点数，此处取默认值 0。

◇ Sweep Type：扫描方式，共有 3 种扫描方式，分别为 Linear（线性方式）、Decade（十倍频方式）和 Octave（八倍频方式），此处设置为 Decade。

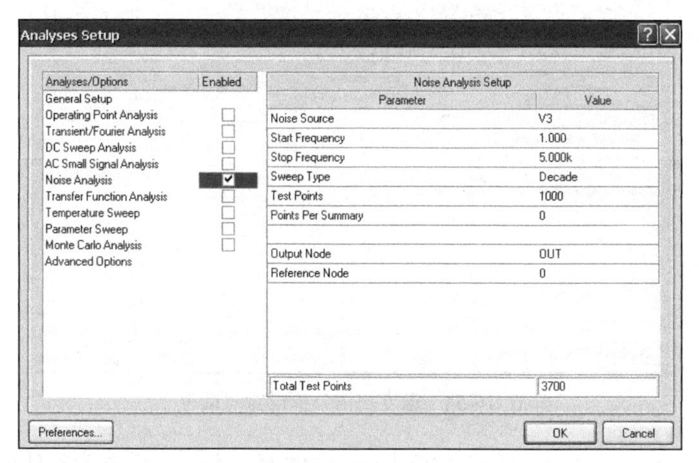

图 10-51　噪声分析设置对话框

◇ Output Node：噪声输出节点。选中此项，“Value”栏将出现一个下拉列表，从该列表中选择需要的输出节点。此处选择 Out 节点。

◇ Reference Node：参考节点。默认值为零，表示接地点为参考点。

设置完毕后，单击“OK”按钮，系统将自动进行电路仿真，生成如图 10-52 所示的.dsf 波形文件。

（5）温度扫描分析方式设置

温度扫描分析是和交流小信号分析、直流扫描分析及暂态特性分析中的一种或几种相连的。该设置规定了在什么温度下进行模拟。图 10-53 所示为一个低通滤波电路，电路中元器件的设置如图中所示，未标出的属性设置为默认值。

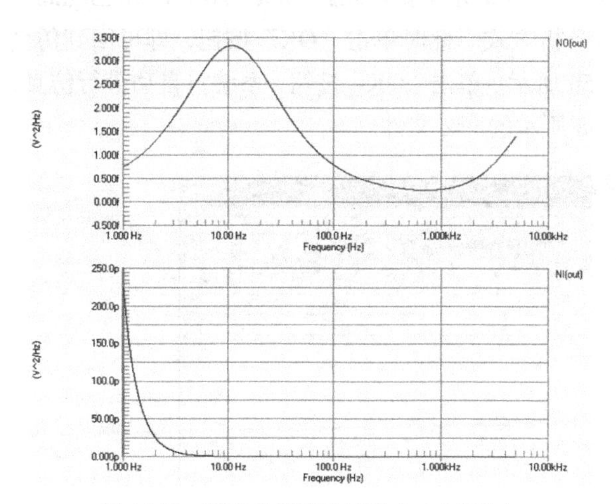

图 10-52　噪声分析输出波形（.dsf 文件）

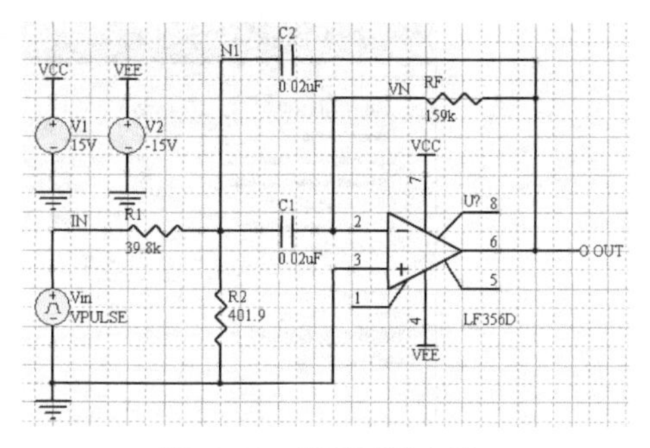

图 10-53　低通滤波电路

进行温度分析方式设置，首先进入仿真分析方式设置对话框，在该对话框中单击“Analyses/Options”栏中的“Temperature Sweep Analysis”选项，将弹出如图 10-54 所示的对话框。

下面对该对话框中的各项进行简要介绍。

◇ Start Temperature：设置扫描初始温度值，默认值为零。本例中设置为默认值 0。

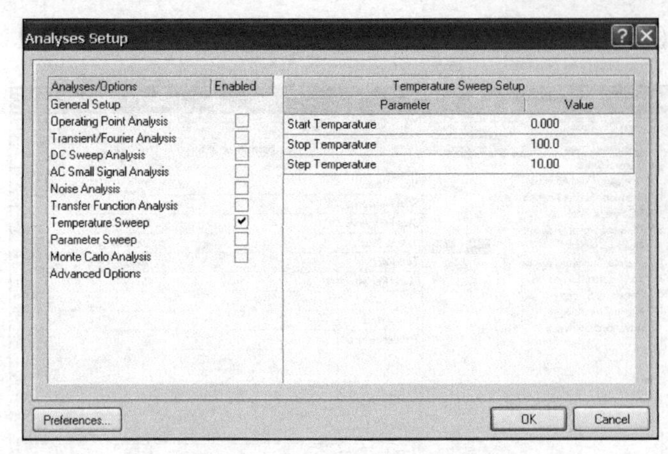

图 10-54　温度扫描分析设置对话框

◇ Stop Temperature：设置扫描终止（最大）温度值。本例中设置为默认值 100。

◇ Step Temperature：设置扫描温度步长。本例中设置为默认值 10。

参数设置完毕后，单击“OK”按钮进行温度扫描分析方式仿真。此时系统将弹出如图 10-55 所示的错误提示对话框。

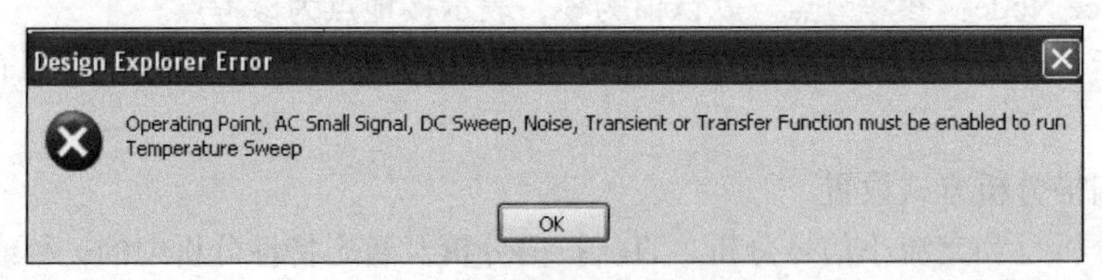

图 10-55　错误提示对话框

由该对话框可知，在进行温度扫描分析之前，应先启动 Operating Point、AC Small Signal、DC Sweep、Noise 和 Transfer Function 5 种仿真分析方式。此时单击“OK”按钮，即可回到仿真分析设置对话框，重新设置后的对话框如图 10-56 所示。单击“OK”按钮，系统将自动进行仿真，最终得到图 10-57 所示的.sdf 波形文件和图 10-58 所示的.nsx 文件。

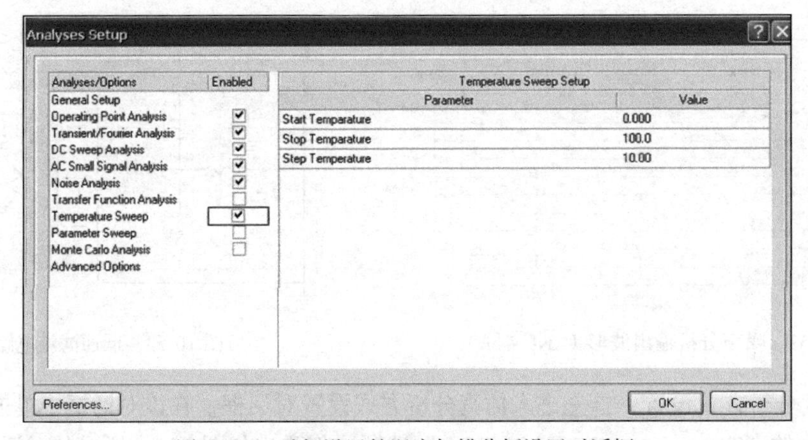

图 10-56　重新设置的温度扫描分析设置对话框

（6）参数扫描分析设置

参数扫描分析允许设计者自定义增幅进行扫描元器件的值，通过该项设置可以改变基本的元器件和模式，但不改变电路的数据。下面仍以图 10-53 所示的低通滤波电路为例，介绍参数扫描分析方式的仿真。

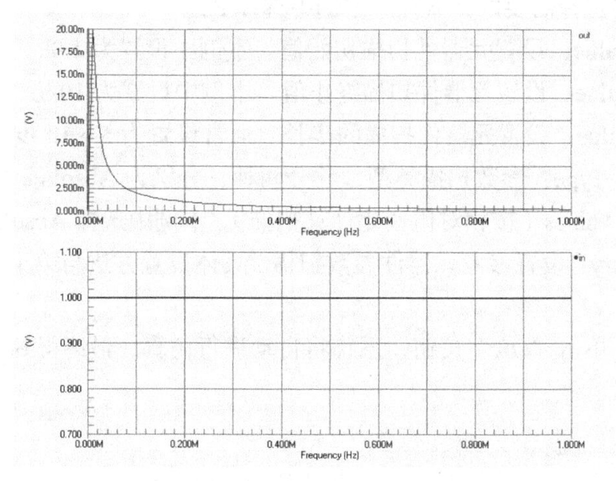

图 10-57　温度仿真分析后的波形（.sdf 波形文件）

```
Free Documents
*SPICE Netlist generated by Advanced Sim server on 2004-7-27 2:52:13

*Schematic Netlist:
C1 N1 VN 0.02uF
C2 N1 OUT 0.02uF
R1 N1 IN 39.8k
R2 N1 0 401.9
RF VN OUT 159k
XU? 0 VN VCC VEE OUT LF356
V1 VCC 0 15V
V2 VEE 0 -15V
Vin IN 0 DC 0 PULSE(-1 1 0 100n 100n 500u 1m) AC 1 0

.SAVE 0 IN N1 OUT VCC VEE VN V1#branch V2#branch Vin#branch @V1[z] @V2[z] @Vin[z]
.SAVE @C1[i] @C2[i] @R1[i] @R2[i] @RF[i] @C1[p] @C2[p] @R1[p] @R2[p] @RF[p] @V1[p]
.SAVE @V2[p] @Vin[p]

*PLOT AC -1 1 A=OUT
*PLOT DC -1 1 A=OUT
*PLOT TRAN -1 1 A=OUT
*PLOT NOISE -1 1 A=OUT
*PLOT OP -1 1 A=OUT

*Selected Circuit Analyses:
.DC V2 0 10 0.02
.AC LIN 100 1 1E6
.TRAN 2E-5 0.005 0 2E-5
.NOISE V(OUT) Vin LIN 1000 1 1E4
.OP
.CONTROL
SWEEP OPTION[TEMP] 0 100 10
.ENDC

*Models and Subcircuit:
* INPUT
VCM2 40 4 2.0000E+00
RD1 40 80 1.0610E+03
RD2 40 90 1.0610E+03
J1 80 102 12 JM1
J2 90 103 12 JM2
CIN 2 3 4.0000E-12
RG1 2 102 2.0000E+00
RG2 3 103 2.0000E+00
** CM CLAMP
* DCM1 107 103 DM4
* DCM2 105 107 DM4
* VCMC 105 4 4.0E+00
* ECMP 106 4 103 4 1
* RCMP 107 106 1E+04
* DCM3 109 102 DM4
* DCM4 105 109 DM4
* ECMN 108 4 102 4 1
* RCMN 109 108 1E+04
** END CM CLAMP
C1 80 90 1.5000E-11
ISS 7 12 4.8000E-04
GOSIT 7 12 90 80 2.4000E-04
* INTERMEDIATE
GCM 0 8 12 0 9.4248E-09
GA 8 0 80 90 9.4248E-04
R2 8 0 1.0000E+05
C2 1 8 3.0000E-11
GB 1 0 8 0 2.8609E+01
RO2 1 0 7.4000E+01
* OUTPUT
RSO 1 6 1.0000E+00
ECL 18 0 1 6 2.0690E+01
GCL 0 8 20 0 1.0000E+00
D2 20 18 DM1
D3A 131 70 DM3
D3B 13 131 DM3
GPL 0 8 70 7 1.0000E+00
VC 13 6 3.1552E+00
RPLA 7 70 1.0000E+04
RPLB 7 131 1.0000E+05
D4A 60 141 DM3
D4B 141 14 DM3
GNL 0 8 60 4 1.0000E+00
VE 6 14 3.1552E+00
RNLA 60 4 1.0000E+04
RNLB 141 4 1.0000E+05
IP 7 4 4.5200E-03
DSUB 4 7 DM2
* MODELS
.MODEL JM1 PJF (IS=3.1500E-11 BETA=9.2528E-04 VTO=-1.000000E+00)
.MODEL JM2 PJF (IS=2.8500E-11 BETA=9.2528E-04 VTO=-9.970000E-01)
.MODEL DM1 D (IS=1.0000E-15)
.MODEL DM2 D (IS=8.0000E-16 BV=4.3200E+01)
.MODEL DM3 D (IS=1.0000E-16)
.MODEL DM4 D (IS=1.0000E-09)
.ENDS LF356

.END
```

图 10-58　生成的.nsx 文件

首先进入仿真分析方式设置对话框，进行参数扫描分析设置，在该对话框中单击“Analyses/Options”栏中的“Parameter Sweep”选项，弹出如图 10-59 所示的对话框。

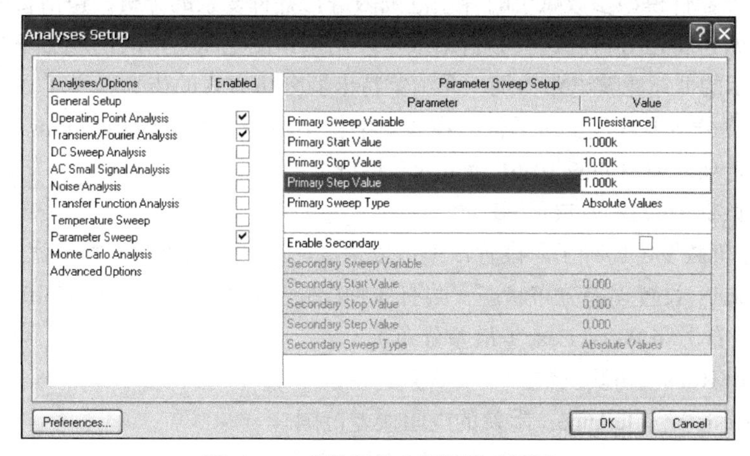

图 10-59　参数扫描分析设置对话框

下面对该对话框中的各项进行简要介绍。

◇ Primary Sweep Variable：设置参数扫描分析的元器件。选中此项，“Value”栏将出现一个下拉列表，从该列表中选择需要的元器件。本例中选择 R1。

◇ Primary Start Value：设置元器件扫描初始值。本例中设置为 1.0k。

◇ Primary Stop Value：设置元器件扫描终止值。本例中设置为 10k。

◇ Primary Step Value：设置元器件扫描的步长。通常设置为 5～10 步。本例中设置为 1.0k。

◇ Primary Sweep Type：参数扫描类型，共分两种，分别为 Absolute Values（按绝对值变化计算扫描）和 Relative Values（按相对值变化计算扫描）。本例中选择 Absolute Values。

◇ Enable Secondary：设置参考元器件参数扫描。具体设置方法与第 1 个元器件的设置相同，这里不再赘述。

参数设置完毕后，单击“OK”按钮，系统将自动进行仿真，最终得到如图 10-60 所示的.sdf 波形文件。

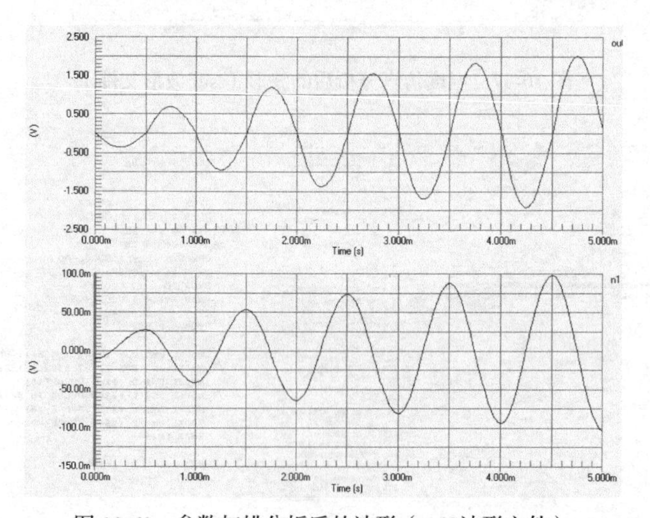

图 10-60 参数扫描分析后的波形（.sdf 波形文件）

（7）蒙特卡罗分析方式设置

蒙特卡罗分析使用随机数发生器按元器件值的概率分布来选择元器件，然后对电路进行仿真分析。它可以在元器件模型参数赋予的容差范围内进行各种复杂的分析，包括直流扫描分析、交流小信号分析及暂态特性分析。这些分析结果可以用来预测电路生产时的成品率和成本等。下面仍以图 10-53 所示的低通滤波电路为例，介绍蒙特卡罗分析方式的仿真。

首先进入仿真分析方式设置对话框，在该对话框中单击“Analyses/Options”栏中的“Monte Carlo Analysis”选项，弹出如图 10-61 所示的对话框。

下面对该对话框中的各项进行简要介绍。

◇ Seed：随机数发生器种子。设置该项可以生成一系列的随机数，默认值为–1。

◇ Distribution：设置误差分布状态，共有 3 种误差分布状态，分别是 Uniform（均匀分布）、Gaussian（高斯分布）和 Worst Case（最差分布）。

◇ Number of Runs：仿真次数。

◇ Default Resistor Tolerance：默认的电阻误差范围。

◇ Default Capacitor Tolerance：默认的电容误差范围。

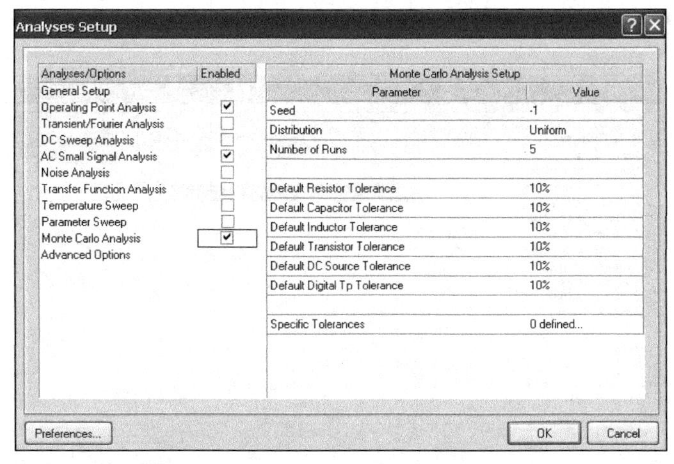

图 10-61　蒙特卡洛分析方式设置对话框

◇ Default Inductor Tolerance：默认的电感误差范围。

◇ Default Transistor Tolerance：默认的晶体管误差范围。

◇ Default DC Source Tolerance：默认的直流电源误差范围。

◇ Default Digital Tp Tolerance：默认的数字元器件传输延迟时间的误差范围。

◇ Specific Tolerances：特定元器件的误差范围。

参数设置基本保持系统默认值，设置完毕后单击“OK”按钮，系统将自动进行仿真，最终得到如图 10-62 所示的.sdf 波形文件。

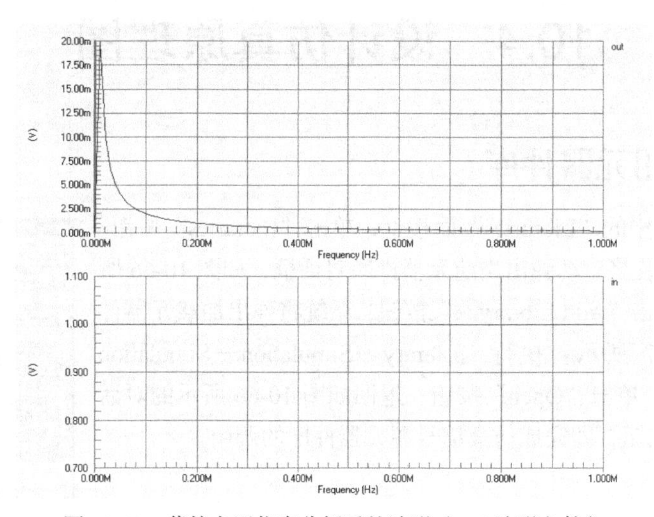

图 10-62　蒙特卡罗仿真分析后的波形（.sdf 波形文件）

（8）传递函数分析方式设置

传递函数分析主要用于计算直流输入阻抗、输出阻抗及直流增益。下面仍以图 10-53 所示的低通滤波电路为例，介绍传递函数分析方式的仿真。

首先进入仿真分析方式设置对话框，在该对话框中单击“Analyses/Options”栏中的“Transfer Function Analysis”选项，弹出如图 10-63 所示的对话框。

下面对该对话框中的各项进行简要介绍。

◇ Source Name：选择电源名称。选中此项，“Value”栏将出现一个下拉列表，从该列表中选择需要的电源。本例中选择 V2。

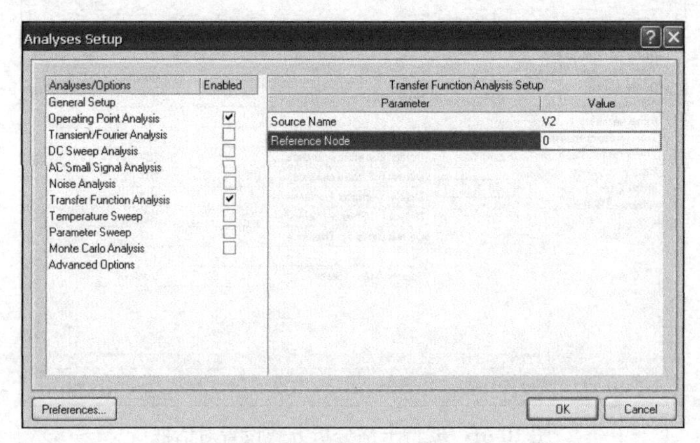

图 10-63　传递函数分析方式设置对话框

◇ Reference Node：选择输入电源的参考节点。选中此项，“Value”栏将出现一个下拉列表，从该列表中选择需要的电源的参考节点。本例中设置为默认值 0。

参数设置完毕后单击“OK”按钮，系统将自动进行仿真，最终得到如图 10-64 所示的.sdf 文件。

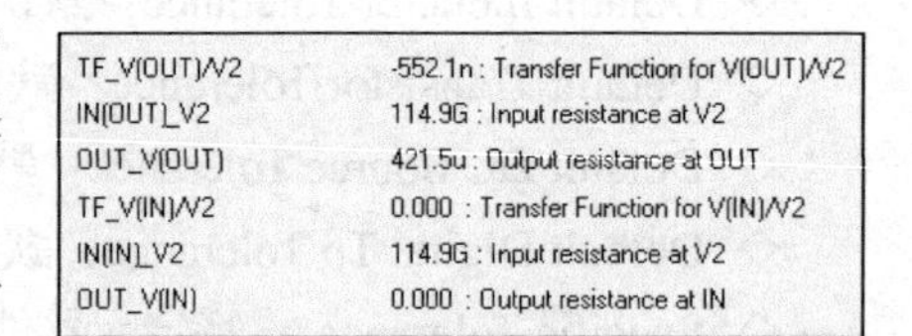

图 10-64　传递函数分析仿真后的.sdf 文件

10.4　设计仿真原理图

10.4.1　调用元器件库

在原理图编辑器中的“Libraries”面板上，单击“Libraries”按钮，如图 10-65 所示。系统将自动弹出当前元器件库对话框，如图 10-66 所示，在该对话框中单击“Add Library…”按钮，系统将弹出加载元器件库窗口，如图 10-67 所示。执行“Library→Simulation→Simulation Source.IntLib”命令，单击“Open”按钮，返回如图 10-66 所示的对话框，单击“Close”按钮，即完成仿真信号源元器件库的调用。

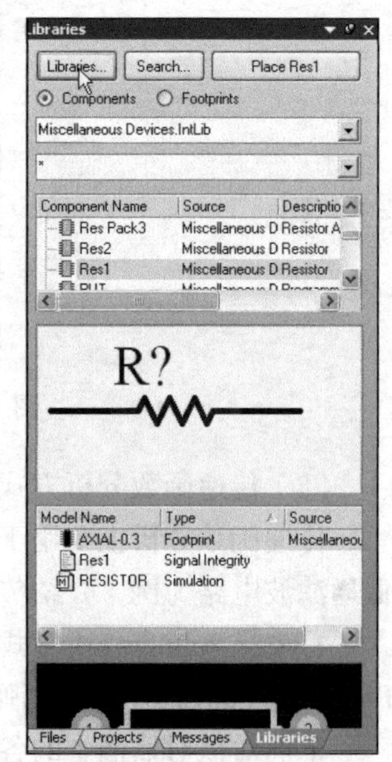

图 10-65　元器件库面板

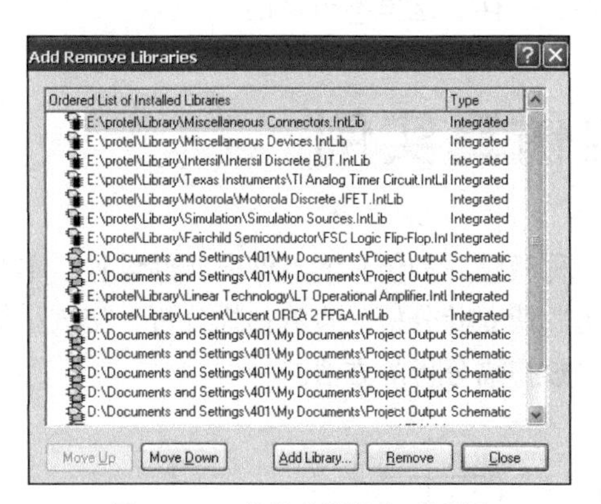

图 10-66　当前元器件库对话框

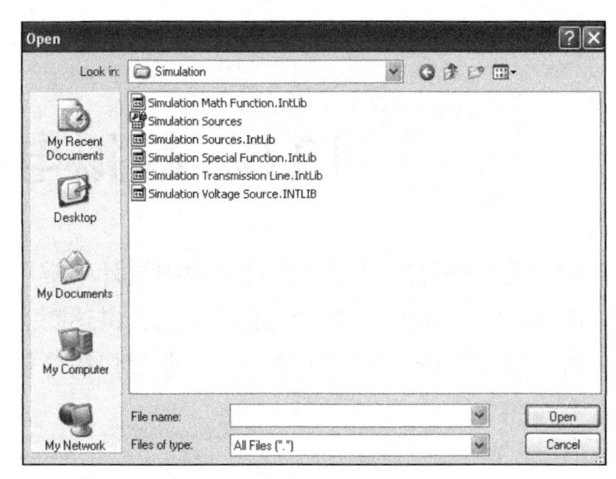

图 10-67　加载元器件库窗口

10.4.2　选择仿真用原理图元器件

在“Libraries”面板中选择“Simulation Source.IntLib”（仿真激励源元器件库），如图 10-68 所示。其他仿真用元器件可以选择该面板中的 Miscellaneous Devices.IntLib 元器件库，如图 10-69 所示。选择好需要的激励源或元器件后，单击“Place D Zener”按钮，即可将激励源或元器件放置在仿真原理图编辑器中。

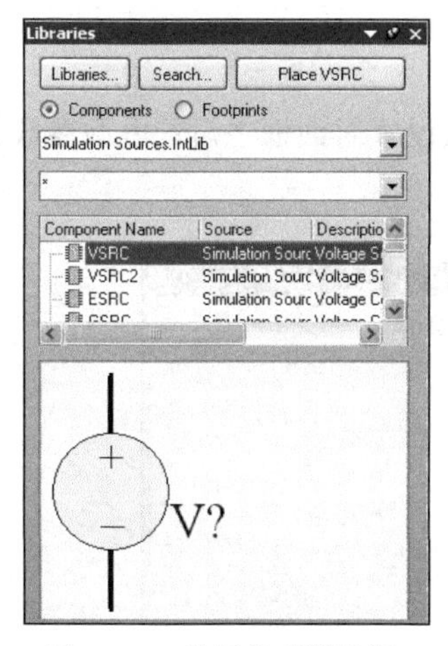

图 10-68　选择仿真激励源

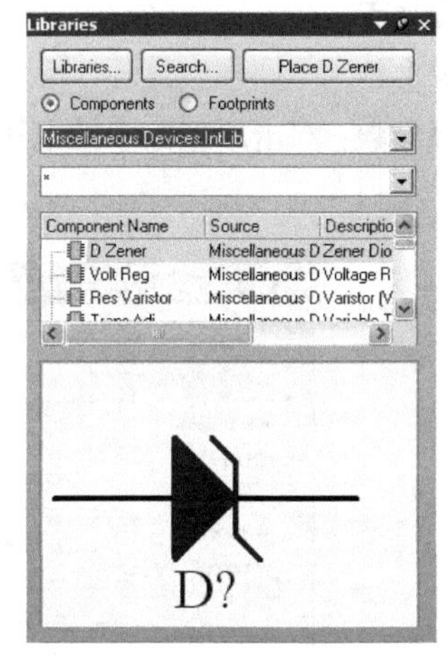

图 10-69　仿真元器件库

10.4.3　仿真原理图

仿真用原理图必须包含所有仿真所必需的信息。通常为使仿真可靠运行，应遵守如下规则。

（1）原理图所用的元器件必须具有 Simulation 属性。

（2）必须有适当的信号源，以驱动需要仿真的电路。

（3）在需要观测的节点上必须添加网络标号。

（4）应根据具体的电路要求设置相应的仿真方式。例如，观测仿真电路中某个节点的电压波形及其相位，应选择瞬态特性分析方式。

（5）有时还需要设置电路的初始状态。

仿真原理图的绘制和前面章节介绍过的原理图的绘制一样，这里不再赘述。

10.5 模拟电路仿真实例

前面几节中已经讲述了仿真原理图设计中常用的各种激励源和仿真元器件的属性设置，本节将以图 10-70 所示的整流滤波电路为例，讲述瞬态分析、傅立叶分析、直流扫描分析、交流小信号分析、噪声分析、传递函数分析、温度扫描分析和参数扫描分析的方法。

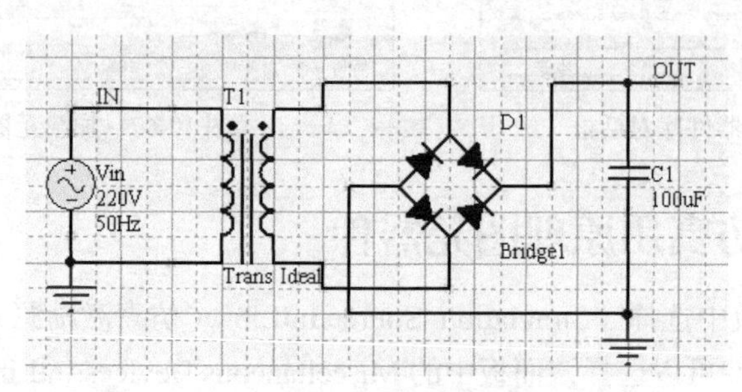

图 10-70　整流滤波电路

1. 瞬态分析与傅立叶分析

具体步骤如下。

（1）设置参数

设置电源参数：双击原理图中的电源，在弹出的参数设置对话框中设置电源参数，如图 10-71 所示。

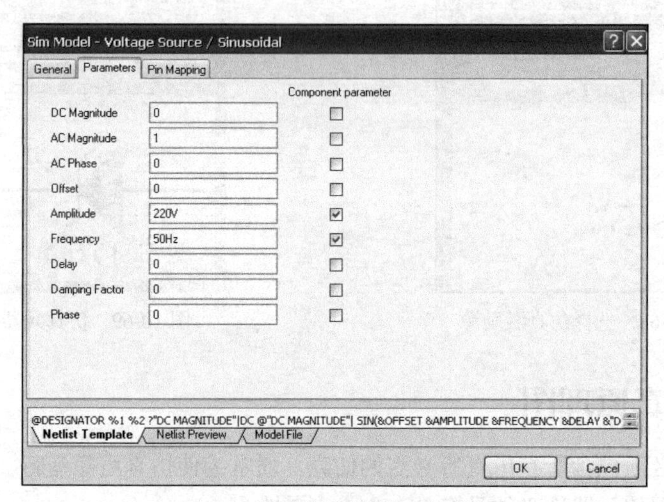

图 10-71　电源参数设置对话框

设置变压器参数：双击原理图中的变压器，在弹出的参数设置对话框中设置变压器参数，如图 10-72 所示。

（2）放置节点网络标号

为了方便信号的观测，通常在需要观测电压波形的节点上放置节点网络标号。有时用户可能需要观测电路中的多个输出点，或者希望观测某个中间节点的波形，以便检查错误出现在仿真电路图中的哪一段范围内，这就需要设置多个网络标号。仿真电路中网络标号的设置方法同原理图的网络标号设置方法相同。本例中希望观测电源的输出波形，放置网络标号为 IN；观测经过电容滤波后的电压，放置网络标号为 OUT。

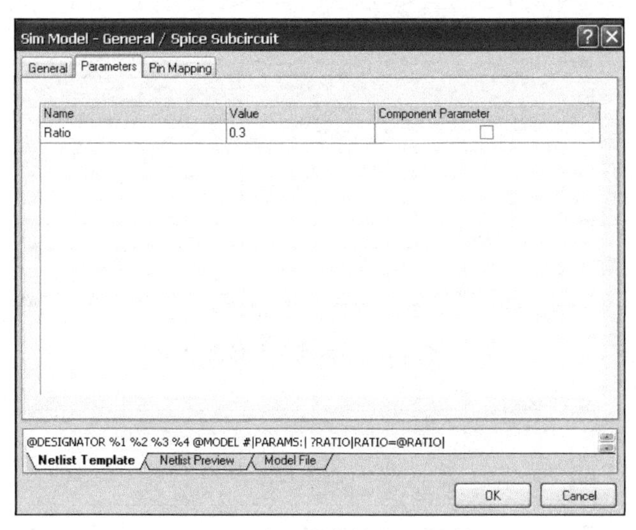

图 10-72　变压器参数设置对话框

（3）仿真

参数设置好后，执行“Design→Simulation→Mixed Sim”命令，在弹出的仿真分析设置对话框中，选择“Operating Point Analysis”（工作点分析方式）和“Transient/Fourier Analysis”（暂态/傅立叶分析方式），将弹出如图 10-73 所示的对话框，直接在该对话框中进行相应设置，然后单击“OK”按钮进行仿真。

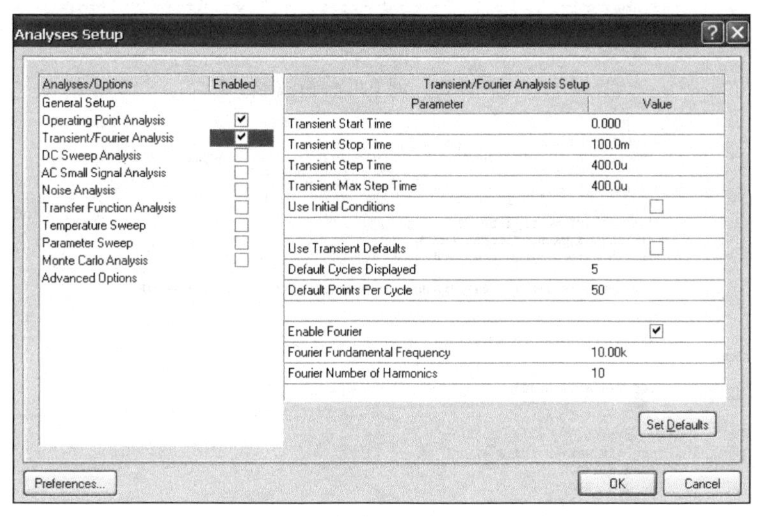

图 10-73　仿真分析设置对话框

（4）仿真结果分析

若仿真电路图正确，将显示如图 10-74 所示的瞬态分析波形、如图 10-75 所示的傅立叶分析波形、如图 10-76 所示的仿真生成的.nsx 文件和如图 10-77 所示的仿真生成的.sim 文件。

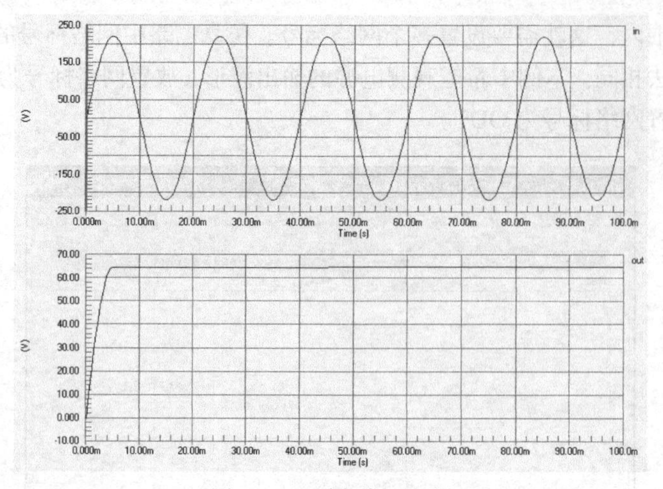

图 10-74　瞬态分析波形

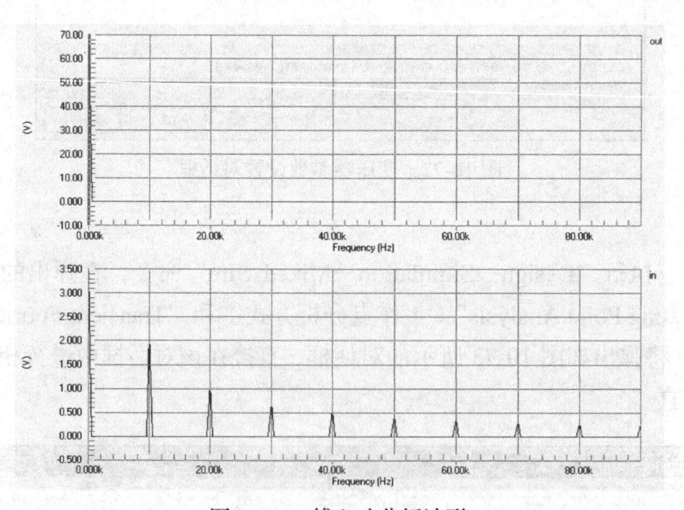

图 10-75　傅立叶分析波形

```
Free Documents
*SPICE Netlist generated by Advanced Sim server on 2004-7-27 9:57:37

*Schematic Netlist:
C1 0 OUT 100uF IC=0
XD1 0 A OUT NetD1_4 BRIDGE
XT1 IN 0 A NetD1_4 IDEALTRANS#0
Vin IN 0 DC 0 SIN(0 220V 50Hz 0 0 0) AC 1 0

.SAVE 0 A IN NetD1_4 OUT Vin#branch @Vin[z] @C1[i] @C1[p] @Vin[p]

*PLOT DC -1 1 A=IN A=OUT
*PLOT OP -1 1 A=IN A=OUT

*Selected Circuit Analyses:
.DC Vin 0 10 0.02
.OP

*Models and Subcircuit:
.SUBCKT BRIDGE 1 2 3 4
D1 1 2 DMOD
D2 1 4 DMOD
D3 2 3 DMOD
D4 4 3 DMOD
.MODEL DMOD D ()
.ENDS BRIDGE

.SUBCKT IDEALTRANS#0 1 2 3 4
BP  1 2 I=( -I(BS) *3E-1 )
BS  3 4 V=( V(1,2) *3E-1 )
.ENDS IDEALTRANS

.END
```

图 10-76　仿真生成的.nsx 文件

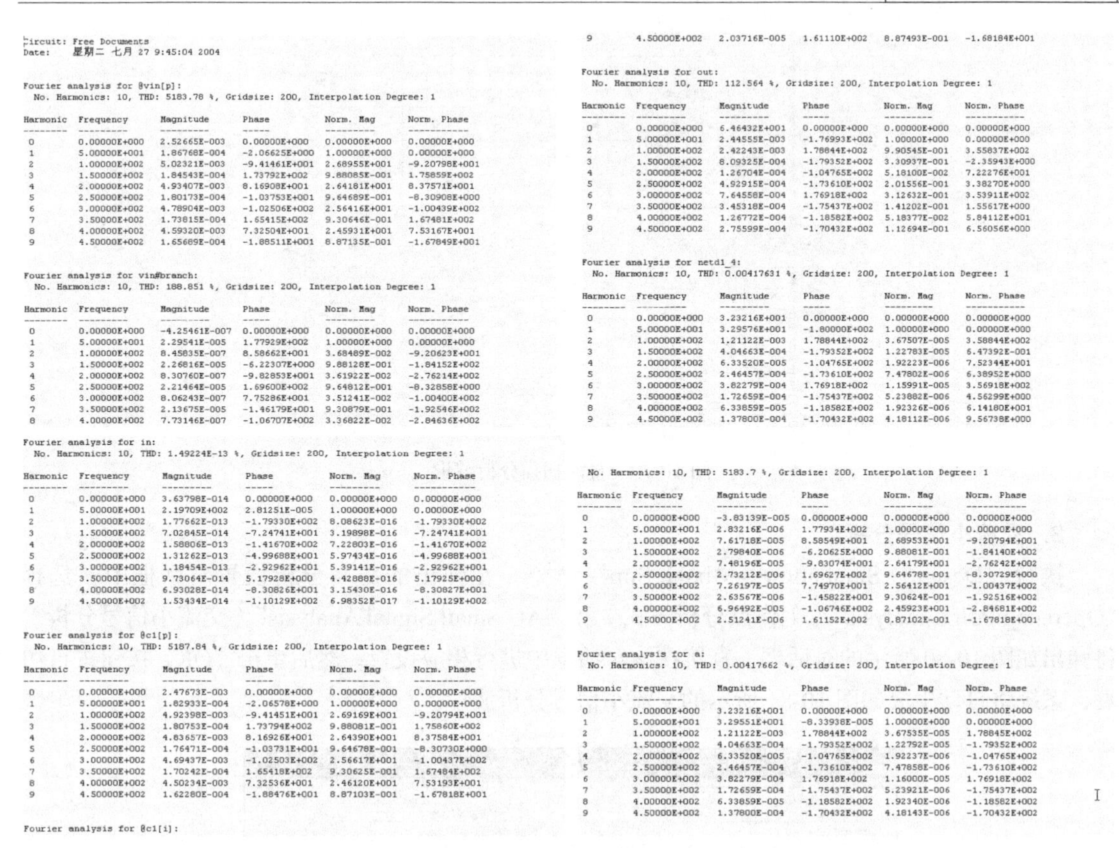

Circuit: Free Documents
Date: 星期二 七月 27 9:45:04 2004

Fourier analysis for @vin[p]:
No. Harmonics: 10, THD: 5183.78 %, Gridsize: 200, Interpolation Degree: 1

Harmonic	Frequency	Magnitude	Phase	Norm. Mag	Norm. Phase
0	0.00000E+000	2.52665E-003	0.00000E+000	0.00000E+000	0.00000E+000
1	5.00000E+001	1.86768E-004	-2.06625E+000	1.00000E+000	0.00000E+000
2	1.00000E+002	5.02321E-003	-9.41461E+001	2.68955E+001	-9.20798E+001
3	1.50000E+002	1.84543E-004	1.73792E+002	9.88085E-001	1.75859E+002
4	2.00000E+002	4.93407E-003	8.16908E+001	2.64181E+001	8.37571E+001
5	2.50000E+002	1.80173E-004	-1.03753E+001	9.64689E-001	-8.30908E+000
6	3.00000E+002	4.78904E-003	-1.02506E+002	2.56416E+001	-1.00439E+002
7	3.50000E+002	1.73815E-004	1.65415E+002	9.30646E-001	1.67481E+002
8	4.00000E+002	4.59320E-003	7.32504E+001	2.45931E+001	7.53167E+001
9	4.50000E+002	1.65689E-004	-1.88511E+001	8.87135E-001	-1.67849E+001

Fourier analysis for vin#branch:
No. Harmonics: 10, THD: 188.851 %, Gridsize: 200, Interpolation Degree: 1

Harmonic	Frequency	Magnitude	Phase	Norm. Mag	Norm. Phase
0	0.00000E+000	-4.25461E-007	0.00000E+000	0.00000E+000	0.00000E+000
1	5.00000E+001	2.29541E-005	1.77929E+002	1.00000E+000	0.00000E+000
2	1.00000E+002	8.45835E-007	8.58662E+001	3.68489E-002	-9.20623E+001
3	1.50000E+002	2.26816E-005	-6.22307E+000	9.88128E-001	-1.84152E+002
4	2.00000E+002	8.30760E-007	-9.82853E+001	3.61922E-002	-2.76214E+002
5	2.50000E+002	2.21464E-005	1.69600E+002	9.64812E-001	-8.32858E+000
6	3.00000E+002	8.06243E-007	7.75286E+001	3.51241E-002	-1.00400E+002
7	3.50000E+002	2.13675E-005	-1.46179E+001	9.30879E-001	-1.92546E+002
8	4.00000E+002	7.73146E-007	-1.06707E+002	3.36822E-002	-2.84636E+002

Fourier analysis for in:
No. Harmonics: 10, THD: 1.49224E-13 %, Gridsize: 200, Interpolation Degree: 1

Harmonic	Frequency	Magnitude	Phase	Norm. Mag	Norm. Phase
0	0.00000E+000	3.63798E-014	0.00000E+000	0.00000E+000	0.00000E+000
1	5.00000E+001	2.19709E+002	2.81251E-005	1.00000E+000	0.00000E+000
2	1.00000E+002	1.77662E-013	-1.79330E+002	8.08623E-016	-1.79330E+002
3	1.50000E+002	7.02845E-014	-7.24741E+001	3.19898E-016	-7.24741E+001
4	2.00000E+002	1.58806E-013	-1.41670E+002	7.22803E-016	-1.41670E+002
5	2.50000E+002	1.31262E-013	-4.99688E+001	5.97434E-016	-4.99688E+001
6	3.00000E+002	1.18454E-013	-2.92962E+001	5.39141E-016	-2.92962E+001
7	3.50000E+002	9.73064E-014	5.17928E+000	4.42888E-016	5.17925E+000
8	4.00000E+002	6.93028E-014	-8.30826E+001	3.15430E-016	-8.30827E+001
9	4.50000E+002	1.53434E-014	-1.10129E+002	6.98352E-017	-1.10129E+002

Fourier analysis for @c1[p]:
No. Harmonics: 10, THD: 5187.84 %, Gridsize: 200, Interpolation Degree: 1

Harmonic	Frequency	Magnitude	Phase	Norm. Mag	Norm. Phase
0	0.00000E+000	2.47673E-003	0.00000E+000	0.00000E+000	0.00000E+000
1	5.00000E+001	1.82933E-004	-2.06578E+000	1.00000E+000	0.00000E+000
2	1.00000E+002	4.92398E-003	-9.41451E+001	2.69169E+001	-9.20794E+001
3	1.50000E+002	1.80753E-004	1.73794E+002	9.88081E-001	1.75860E+002
4	2.00000E+002	4.83657E-003	8.16926E+001	2.64390E+001	8.37584E+001
5	2.50000E+002	1.76471E-004	-1.03731E+001	9.64678E-001	-8.30730E+000
6	3.00000E+002	4.69437E-003	-1.02503E+002	2.56617E+001	-1.00437E+002
7	3.50000E+002	1.70242E-004	1.65418E+002	9.30625E-001	1.67484E+002
8	4.00000E+002	4.50234E-003	7.32536E+001	2.46120E+001	7.53193E+001
9	4.50000E+002	1.62280E-004	-1.88476E+001	8.87103E-001	-1.67818E+001

Fourier analysis for @c1[i]:

Harmonic	Frequency	Magnitude	Phase	Norm. Mag	Norm. Phase
9	4.50000E+002	2.03716E-005	1.61110E+002	8.87493E-001	-1.68184E+001

Fourier analysis for out:
No. Harmonics: 10, THD: 112.564 %, Gridsize: 200, Interpolation Degree: 1

Harmonic	Frequency	Magnitude	Phase	Norm. Mag	Norm. Phase
0	0.00000E+000	6.46432E+001	0.00000E+000	0.00000E+000	0.00000E+000
1	5.00000E+001	2.44555E-003	-1.76993E+002	1.00000E+000	0.00000E+000
2	1.00000E+002	2.42243E-003	1.78844E+002	9.90545E-001	3.55837E+002
3	1.50000E+002	8.09325E-004	-1.79352E+002	3.30937E-001	-2.35943E+000
4	2.00000E+002	1.26704E-004	-1.04765E+002	5.18100E-002	7.22276E+001
5	2.50000E+002	4.92915E-004	-1.73610E+002	2.01556E-001	3.38270E+000
6	3.00000E+002	7.64558E-004	1.76918E+002	3.12632E-001	3.53911E+002
7	3.50000E+002	3.45318E-004	-1.75437E+002	1.41202E-001	1.55617E+000
8	4.00000E+002	1.26772E-004	-1.18582E+002	5.18377E-002	5.84112E+001
9	4.50000E+002	2.75599E-004	-1.70432E+002	1.12694E-001	6.56056E+000

Fourier analysis for netd1_4:
No. Harmonics: 10, THD: 0.00417631 %, Gridsize: 200, Interpolation Degree: 1

Harmonic	Frequency	Magnitude	Phase	Norm. Mag	Norm. Phase
0	0.00000E+000	3.23216E+001	0.00000E+000	0.00000E+000	0.00000E+000
1	5.00000E+001	3.29576E+001	-1.80000E+002	1.00000E+000	0.00000E+000
2	1.00000E+002	1.21122E-003	1.78844E+002	3.67507E-005	3.58844E+002
3	1.50000E+002	4.04663E-004	-1.79352E+002	1.22783E-005	6.47392E-001
4	2.00000E+002	6.33520E-005	-1.04765E+002	1.92223E-006	7.52344E+001
5	2.50000E+002	2.46457E-004	-1.73610E+002	7.47802E-006	6.38952E+000
6	3.00000E+002	3.82279E-004	1.76918E+002	1.15991E-005	3.56918E+002
7	3.50000E+002	1.72659E-004	-1.75437E+002	5.23882E-006	4.56299E+000
8	4.00000E+002	6.33859E-005	-1.18582E+002	1.92326E-006	6.14180E+001
9	4.50000E+002	1.37800E-004	-1.70432E+002	4.18112E-006	9.56738E+000

No. Harmonics: 10, THD: 5183.7 %, Gridsize: 200, Interpolation Degree: 1

Harmonic	Frequency	Magnitude	Phase	Norm. Mag	Norm. Phase
0	0.00000E+000	-3.83139E-005	0.00000E+000	0.00000E+000	0.00000E+000
1	5.00000E+001	2.83216E-006	1.77934E+002	1.00000E+000	0.00000E+000
2	1.00000E+002	7.61718E-005	8.58549E+001	2.68953E+001	-9.20794E+001
3	1.50000E+002	2.79840E-006	-6.20625E+000	9.88081E-001	-1.84140E+002
4	2.00000E+002	7.48196E-005	-9.83074E+001	2.64179E+001	-2.76242E+002
5	2.50000E+002	2.73212E-006	1.69627E+002	9.64678E-001	-8.30729E+000
6	3.00000E+002	7.26197E-005	7.74970E+001	2.56412E+001	-1.00437E+002
7	3.50000E+002	2.63567E-006	-1.45822E+001	9.30624E-001	-1.92516E+002
8	4.00000E+002	6.96492E-005	-1.06746E+002	2.45923E+001	-2.84681E+002
9	4.50000E+002	2.51241E-006	1.61152E+002	8.87102E-001	-1.67818E+001

Fourier analysis for a:
No. Harmonics: 10, THD: 0.00417662 %, Gridsize: 200, Interpolation Degree: 1

Harmonic	Frequency	Magnitude	Phase	Norm. Mag	Norm. Phase
0	0.00000E+000	3.23216E+001	0.00000E+000	0.00000E+000	0.00000E+000
1	5.00000E+001	3.29551E+001	-8.33938E-005	1.00000E+000	0.00000E+000
2	1.00000E+002	1.21122E-003	1.78844E+002	3.67535E-005	1.78845E+002
3	1.50000E+002	4.04663E-004	-1.79352E+002	1.22792E-005	-1.79352E+002
4	2.00000E+002	6.33520E-005	-1.04765E+002	1.92237E-006	-1.04765E+002
5	2.50000E+002	2.46457E-004	-1.73610E+002	7.47858E-006	-1.73610E+002
6	3.00000E+002	3.82279E-004	1.76918E+002	1.16000E-005	1.76918E+002
7	3.50000E+002	1.72659E-004	-1.75437E+002	5.23921E-006	-1.75437E+002
8	4.00000E+002	6.33859E-005	-1.18582E+002	1.92340E-006	-1.18582E+002
9	4.50000E+002	1.37800E-004	-1.70432E+002	4.18143E-006	-1.70432E+002

图 10-77　仿真生成的.sim 文件

2. 直流扫描分析

执行“Design→Simulation→Mixed Sim”命令，在弹出的仿真分析设置对话框中，选择“Operating Point Analysis”（工作点分析方式）和“DC Sweep Analysis”（直流扫描分析），将弹出如图 10-78 所示的对话框，直接在该对话框中进行相应设置，然后单击“OK”按钮进行仿真，系统将自动生成如图 10-79 所示的直流扫描分析波形。

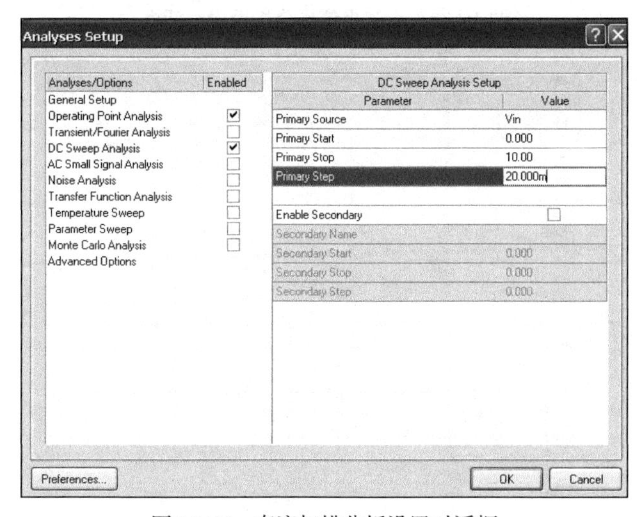

图 10-78　直流扫描分析设置对话框

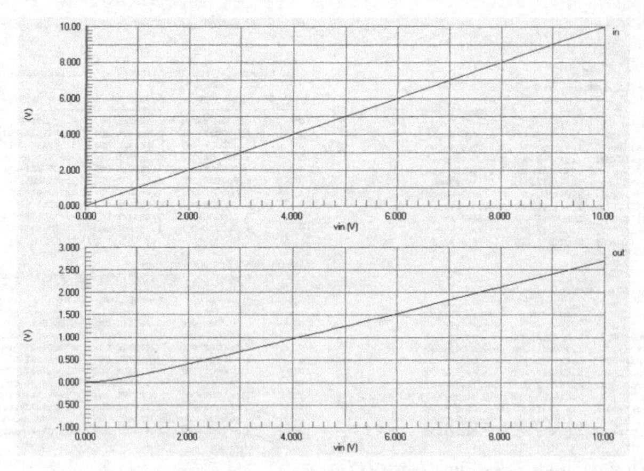

图 10-79　直流扫描分析波形

3. 交流小信号分析

执行“Design→Simulation→Mixed Sim”命令，在弹出的仿真分析设置对话框中，选择“Operating Point Analysis”（工作点分析方式）和“AC Small Signal Analysis”（交流小信号分析），将弹出如图 10-80 所示的对话框，直接在该对话框中进行相应设置，然后单击“OK”按钮进行仿真，系统将自动生成如图 10-81 所示的交流小信号分析波形。

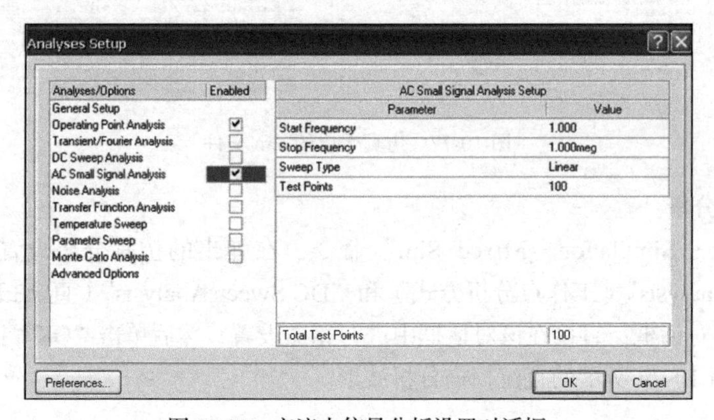

图 10-80　交流小信号分析设置对话框

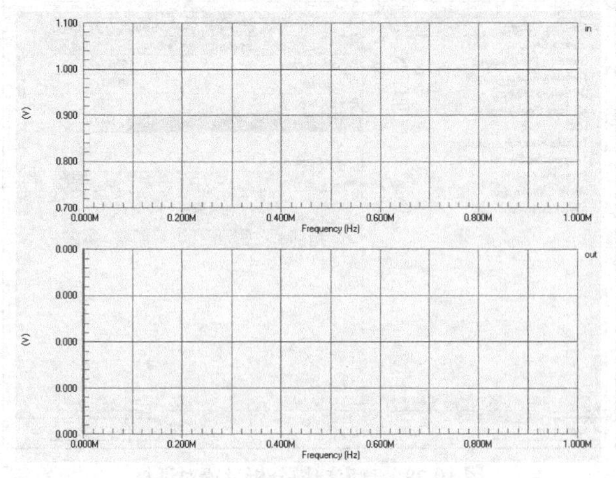

图 10-81　交流小信号分析波形

4. 噪声分析

执行“Design→Simulation→Mixed Sim”命令，在弹出的仿真分析设置对话框中，选择“Operating Point Analysis”（工作点分析方式）和“Noise Analysis”（噪声分析），将弹出如图 10-82 所示的对话框，直接在该对话框中进行相应设置，然后单击“OK”按钮进行仿真，系统将自动生成如图 10-83 所示的噪声分析波形。

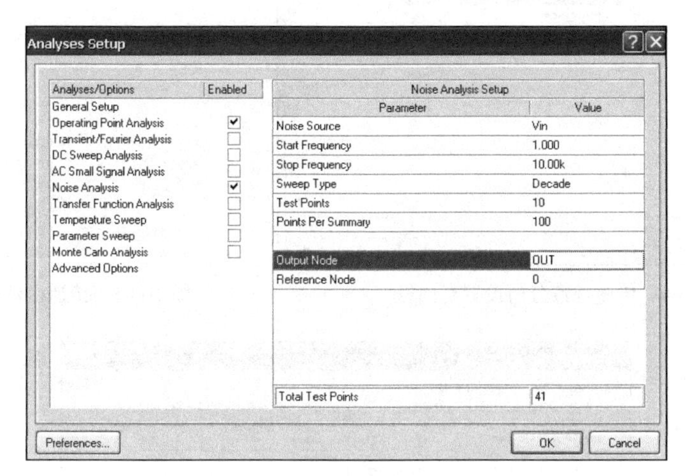

图 10-82　噪声分析设置对话框

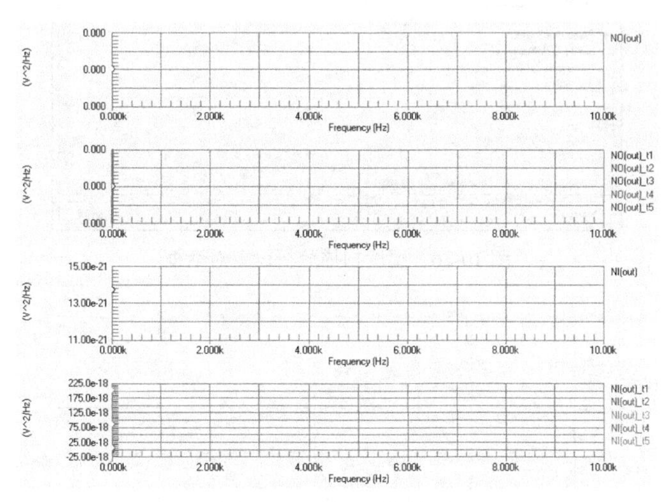

图 10-83　噪声分析波形

5. 传递函数分析

执行“Design→Simulation→Mixed Sim”命令，在弹出的仿真分析设置对话框中，选择“Operating Point Analysis”（工作点分析方式）和“Transfer Function Analysis”（传递函数分析），将弹出如图 10-84 所示的对话框，直接在该对话框中进行相应设置，然后单击“OK”按钮进行仿真，系统将自动生成如图 10-85 所示的传递函数分析的.dsf 文件。

6. 温度扫描分析

执行“Design→Simulation→Mixed Sim”命令，在弹出的仿真分析设置对话框中，选择“Operating Point Analysis”、“AC Small Signal Analysis”、“DC Sweep Analysis”、“Noise Analysis”、“Transfer Function Analysis”和“Temperature Sweep”6 种仿真分析方式，将弹出如图 10-86 所示

的对话框，直接在该对话框中进行相应设置，然后单击“OK”按钮进行仿真，系统将自动生成如图 10-87 所示的温度扫描分析的波形。

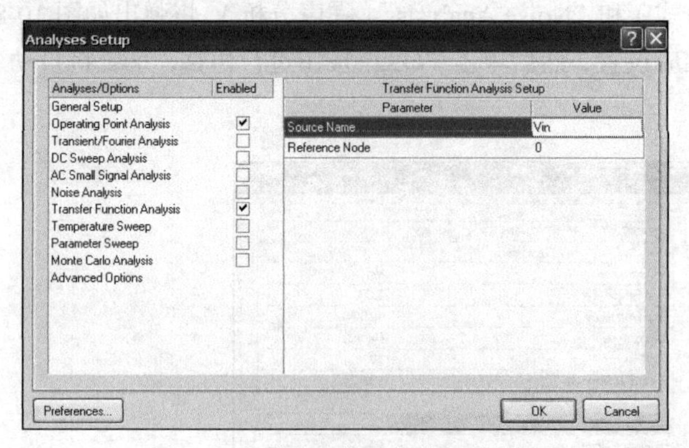

图 10-84　传递函数分析设置对话框

TF_V(OUT)/VIN	0.000 : Transfer Function for V(OUT)/VIN
IN(OUT)_VIN	8.013T : Input resistance at VIN
OUT_V(OUT)	721.2G : Output resistance at OUT
TF_V(IN)/VIN	1.000 : Transfer Function for V(IN)/VIN
IN(IN)_VIN	8.013T : Input resistance at VIN
OUT_V(IN)	0.000 : Output resistance at IN

图 10-85　传递函数分析的.dsf 文件

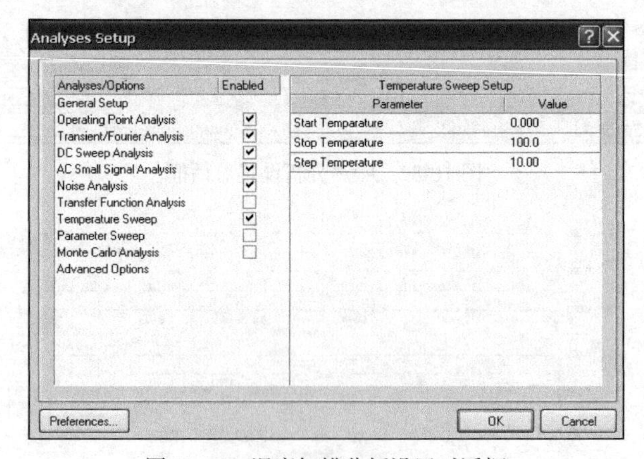

图 10-86　温度扫描分析设置对话框

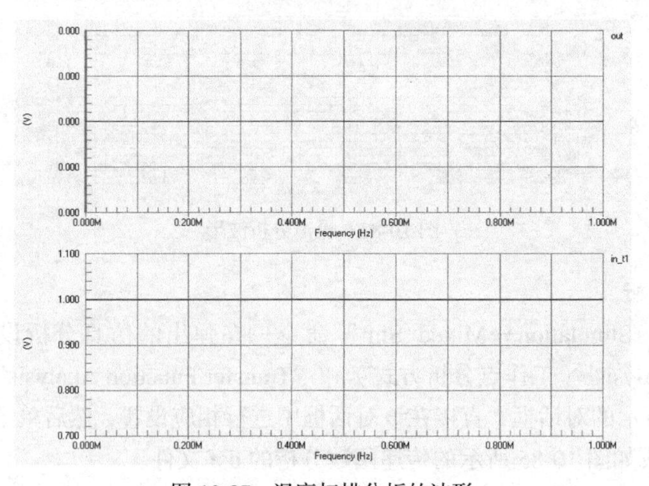

图 10-87　温度扫描分析的波形

7. 参数扫描分析

执行“Design→Simulation→Mixed Sim”命令，在弹出的仿真分析设置对话框中，选择“Operating Point Analysis”、“Transfer/Fourier Analysis”和“Parameter Sweep”3 种仿真分析方式，

将弹出如图 10-88 所示的对话框，直接在该对话框中进行相应设置，然后单击“OK”按钮进行仿真，系统将自动生成如图 10-89 所示的参数扫描分析波形。

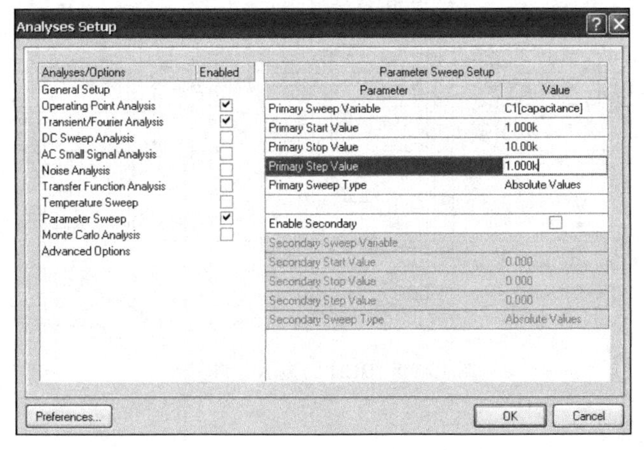

图 10-88　参数扫描分析设置对话框

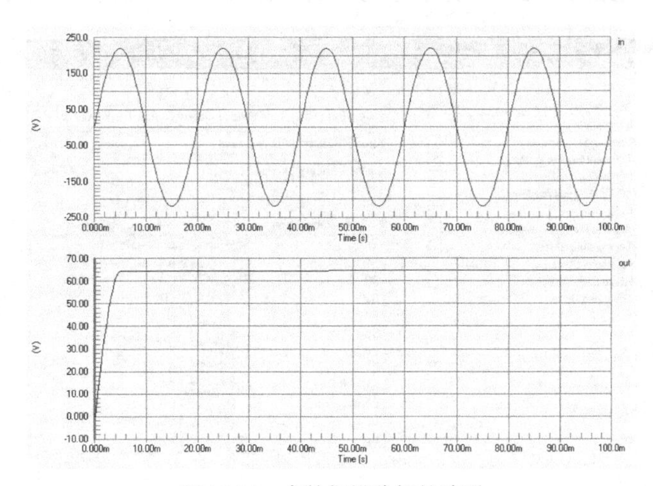

图 10-89　参数扫描分析的波形

10.6　数字电路仿真实例

在数字电路中，设计者关心的主要是个数字节点的逻辑状态，即逻辑电平（1、0、X）。大多数数字电路的仿真元器件有两种模型，分别是计时模型和 I/O 模型。其中，计时模型用于描述元器件的计时特性；I/O 模型用于描述元器件的负载和驱动特性。数字电路元器件所起的作用和电阻、电容等元器件在模拟电路中所起的作用相似，每一个元器件有一个或多个输入及一个或多个输出，而且有些元器件还具有记忆功能，例如触发器、寄存器。

下面以 Protel DXP 自带的数据库中 Example 文件夹下的一个数/模混合电路为例进行电路仿真。

（1）仿真原理图

在此例中，采用数/模混合电路。该电路的功能主要是用来显示一个 BCD 码，前一部分是数字电路部分，后一部分是模拟电路部分，如图 10-90 所示。

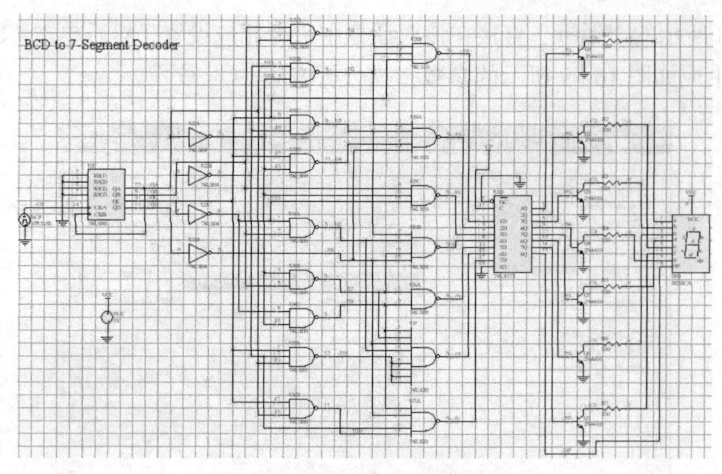

图 10-90　BCD 码显示电路实例

（2）仿真器的设置

该实例结合数字电路的特性，采用瞬态特性仿真方式，仿真器的设置如图 10-91 所示。

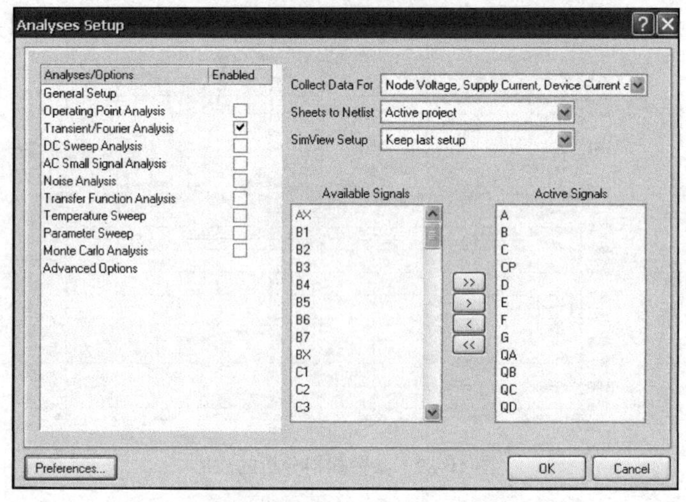

图 10-91　BCD 码电路仿真分析方法设置对话框

（3）仿真器输出仿真结果

仿真器设置完毕后，单击“OK”按钮，仿真器将输出如图 10-92 所示的.sdf 波形显示文件和如图 10-93 所示的.nsx 文件。

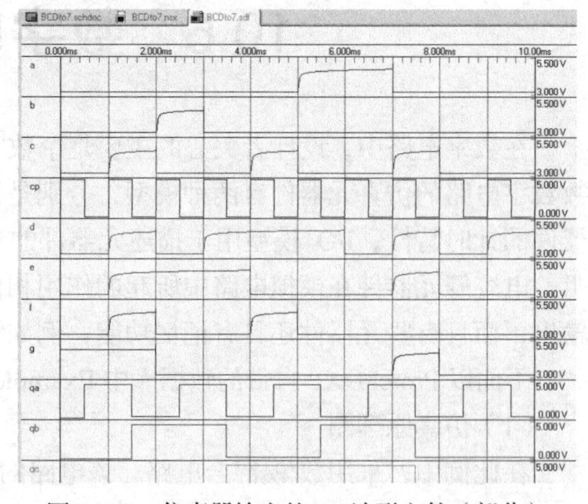

图 10-92　仿真器输出的.sdf 波形文件（部分）

```
BCDto7.schdoc    BCDto7.nsx    BCDto7.sdf
BCDto7
*SPICE Netlist generated by Advanced Sim server on 11/06/2002 7:19:00 PM

*Add Node Bridge Data
ADVB1 [GND$DA B1$DA B2$DA B3$DA B4$DA B5$DA B6$DA B7$DA CP$DA DP$DA]
+ [0 B1 B2 B3 B4 B5 B6 B7 CP DP] dac_mod
ADVB2 [AX$DV BX$DV CX$DV DX$DV EX$DV FX$DV GX$DV N1$DV N10$DV N11$DV]
+ [AX BX CX DX EX FX GX N1 N10 N11] dav_mod
ADVB3 [N12$DV N13$DV N2$DV N3$DV N4$DV N5$DV N6$DV N7$DV N8$DV N9$DV]
+ [N12 N13 N2 N3 N4 N5 N6 N7 N8 N9] dav_mod
ADVB4 [0 CP VCC][GND$AD CP$AD VCC$AD] adc_mod
ADVB5 [VCC$DA][VCC] dac_mod
ADVB6 [QA$DV QB$DV QC$DV QD$DV][QA QB QC QD] dav_mod
.model adc_mod xadc
.model dac_mod xdac
.model dav_mod xdav

*Schematic Netlist:
XDS1 A B C D E F G DP VCC REDCA
Q1 C1 B1 0 2N4410
Q2 C2 B2 0 2N4410
Q3 C3 B3 0 2N4410
Q4 C4 B4 0 2N4410
Q5 C5 B5 0 2N4410
Q6 C6 B6 0 2N4410
Q7 C7 B7 0 2N4410
R1 C1 A 330
R2 C2 E 330
R3 C3 B 330
R4 C4 G 330
R5 C5 D 330
R6 C6 C 330
R7 C7 F 330
AU1 [VCC$AD GND$AD GND$AD GND$AD GND$AD GND$AD CP$AD QA$DV][VCC$DA GND$DA GND$DA
+ GND$DA GND$DA CP$DA QA$DV QD$DV QC$DV QB$DV QA$DV] 74LS90
```

图 10-93　仿真器输出的.nsx 文件

对.sdf 文件进行分析可知，74LS90 的输出波形如图 10-94 所示。该信号经过一系列的数字逻辑运算后，得到锁存器 74LS373 的输入信号，如图 10-95 所示，最后输出的七段 LED 输入端的信号如图 10-96 所示。

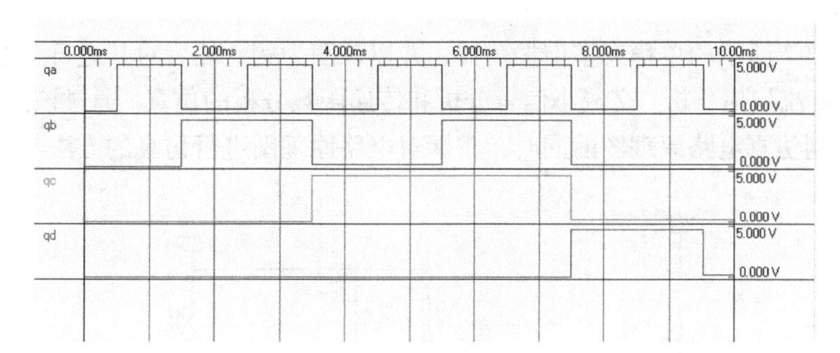

图 10-94　74LS90 的输出波形

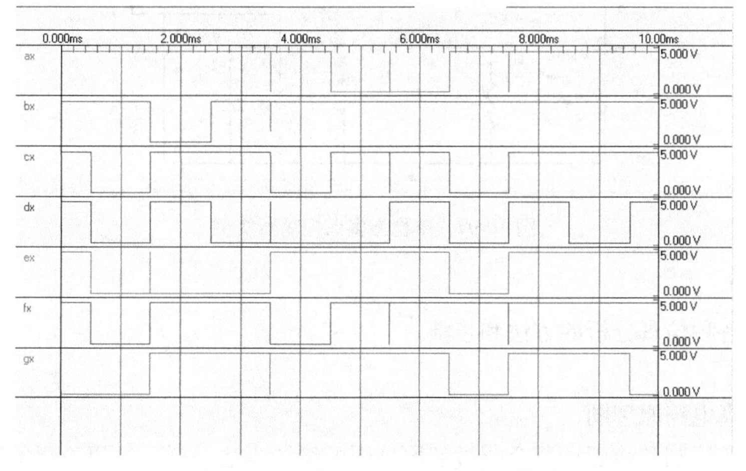

图 10-95　锁存器 74LS373 的输入信号

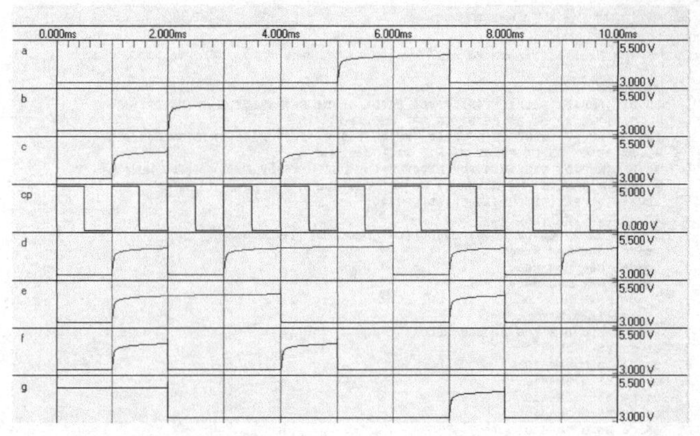

图 10-96　七段 LED 输入端的信号

综上所述，通过 Protel DXP 提供的电路仿真方式，设计者可以通过仿真将要制成电路板的原理图，对电路的性能进行检验，从而查出存在的问题，减少重复设计和资源的浪费，提高工作效率。

10.7　综合范例

1. 范例目标

绘制如图 10-97 所示的单稳态多谐振荡器，并以该图为例，然后对其进行工作点分析方式、瞬态分析方式、直流扫描分析、交流小信号分析和传递函数分析的仿真。通过该范例的详细讲解，使读者在学会绘制仿真电路原理图的同时，掌握对电路原理图进行仿真的方法与步骤。

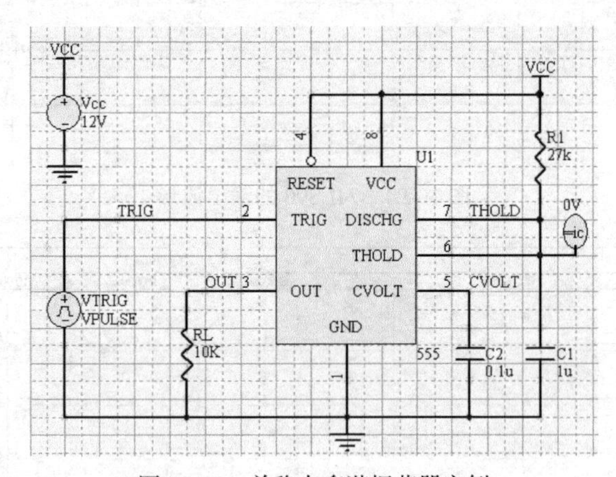

图 10-97　单稳态多谐振荡器实例

2. 所用知识

本章所学的各种仿真分析的方法和步骤。

3. 详细步骤

（1）绘制仿真电路原理图

仿真原理图的绘制和前面章节介绍过的原理图的绘制方法一样，这里不再赘述，读者可参考前面的相关章节。

（2）工作点分析方式和瞬态分析方式

① 设置参数

◇ 直流电压源：Value 设置为 12V，其他参数为默认值。

◇ 周期性电压脉冲源：参数设置如图 10-98 所示。

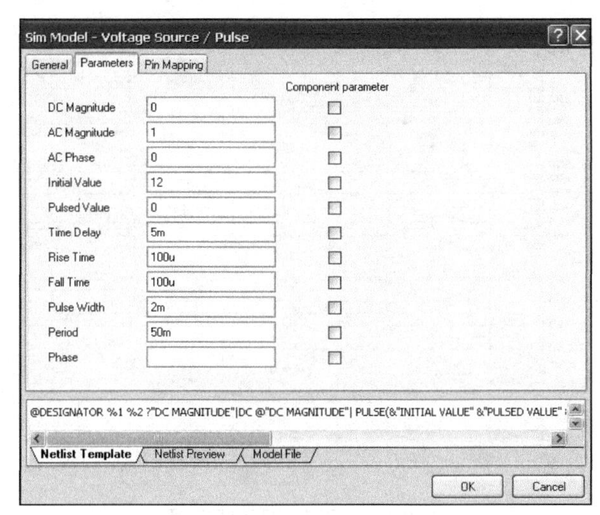

图 10-98　周期性电压脉冲源参数设置对话框

◇ 特殊状态预置符：Initial Voltage 设置为 0V。

② 放置节点网络标号。为了方便信号的观测，通常在需要观测电压波形的节点上放置节点网络标号。本例中希望观测周期性电压脉冲源的输出波形，在 555 定时器的 2 管脚上放置网络标号为 TRIG；在 3 管脚上放置网络标号为 OUT 来观察输出波形；在 5 管脚上放置网络标号为 CVOLT；在 7 管脚上放置网络标号为 THOLD。

③ 仿真。参数设置好后，执行"Design→Simulation→Mixed Sim"命令，在弹出的仿真分析设置对话框中，选择"Operating Point Analysis"（工作点分析方式）和"Transient Analysis"（瞬态分析方式），将弹出如图 10-99 所示的对话框，在该对话框中直接进行相应设置，然后单击"OK"按钮进行仿真。

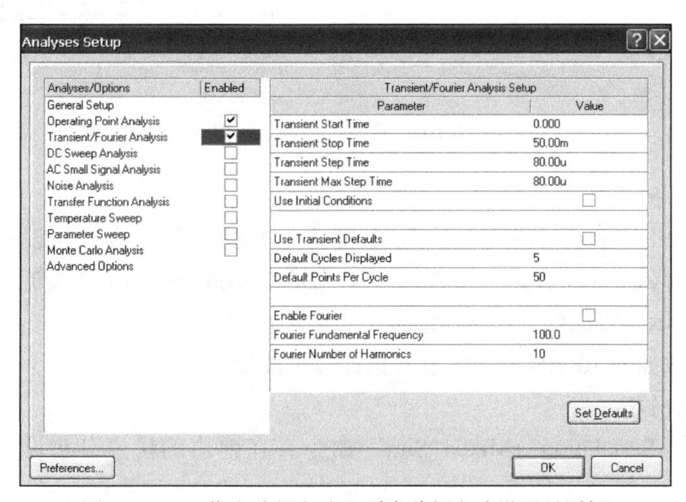

图 10-99　工作点分析方式和瞬态分析方式设置对话框

④ 仿真结果分析

若仿真电路图正确，将显示如图 10-100 所示的工作点分析方式的.dsf 文件、如图 10-101 所示的瞬态分析波形和如图 10-102 所示的仿真生成的.nsx 文件。

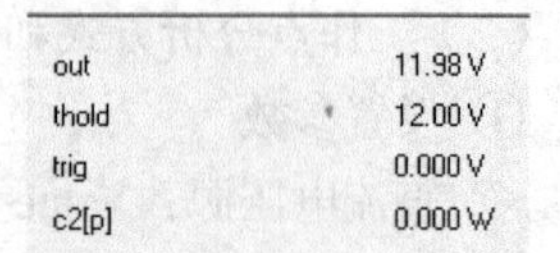

图 10-100 工作点分析的.dsf 文件

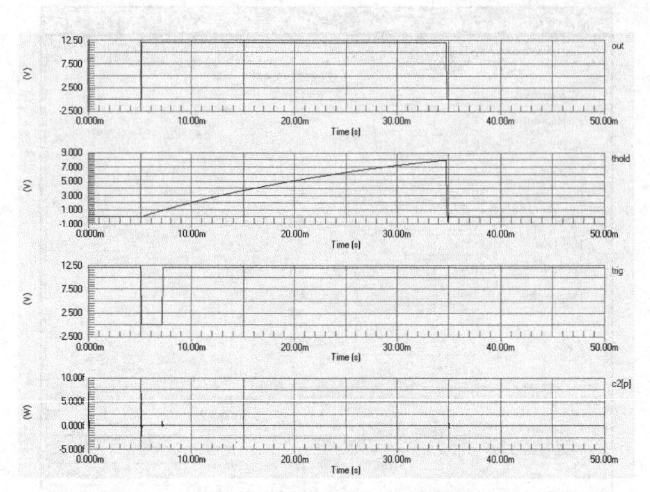

图 10-101 瞬态仿真电压波形

```
555 Monostable Multivibrator
*SPICE Netlist generated by Advanced Sim server on 2004-7-27 15:53:37

*Schematic Netlist:
C1 THOLD 0 1u
C2 CVOLT 0 0.1u
.IC V(THOLD)=0V
R1 VCC THOLD 27k
RL OUT 0 10K
XU1 0 TRIG OUT VCC CVOLT THOLD THOLD VCC 555
VTRIG TRIG 0 DC 0 PULSE(12 0 5m 100u 100u 2m 50m) AC 1 0
Vcc VCC 0 12V

.SAVE 0 CVOLT OUT THOLD TRIG VCC Vcc#branch VTRIG#branch @Vcc[z] @VTRIG[z] @C1[i]
.SAVE @C2[i] @R1[i] @RL[i] @C1[p] @C2[p] @R1[p] @RL[p] @Vcc[p] @VTRIG[p]

*PLOT TRAN -1 1 A=@C2[p] A=OUT A=THOLD A=TRIG
*PLOT OP -1 1 A=@C2[p] A=OUT A=THOLD A=TRIG

*Selected Circuit Analyses:
.TRAN 8E-5 0.05 0 8E-5
.OP

*Models and Subcircuit:
.SUBCKT 555    1  2  3  4  5  6  7  8
EREF 15 1 8 1 .5
GSOURCE 8 3 8 26 12.5E-3
GSINK 3 1 26 1 67E-3
VD1 8 27 DC .8
VD2 28 1 DC .85
VREF 30 1 DC 1.2
C1 29 1 700E-15
RREF2 30 1 100E3
RREF 15 1 100E3
ROUT 3 1 100K
ROUT 3 1 100K
R1 6 1 500E9
R2 2 1 500E9
R3 8 5 75E3
R4 5 9 75E3
R5 9 1 75E3
R6 10 11 1E3
R7 13 14 1E3
R8 8 12 150E3
R9 4 8 500E9
R10 20 19 1E3
R11 16 17 1E3
R12 8 18 150E3
R13 8 21 150E3
R14 22 23 1E3
R15 8 26 150E3
R16 24 25 1E3
R19 7 1 500E9
R20 29 26 1E6
D1 1 11 DMOD
D2 12 11 DMOD
D3 12 14 DMOD
D4 1 14 DMOD
D5 18 17 DMOD
D6 1 17 DMOD
D7 18 19 DMOD
D8 1 19 DMOD
D9 21 14 DMOD
D10 21 25 DMOD
D11 1 23 DMOD
D12 18 23 DMOD
D13 26 25 DMOD
D14 1 25 DMOD1
D15 3 27 DMOD
D16 28 3 DMOD
E1 10 1 6 5 1000
E2 13 1 2 9 1000
E3 16 1 15 12 1000
E4 22 1 15 21 1000
E5 24 1 15 18 1000
E7 20 1 4 30 1000
M1 7 29 1 1 MOSMOD
.MODEL MOSMOD NMOS (LEVEL=1 KP=1 VTO=1 RD=5)
.MODEL DMOD D (RS=1E-6)
.MODEL DMOD1 D (RS=1E-6 IS=1E-9)
.ENDS 555

.END
```

图 10-102 仿真生成的.nsx 文件

4. 直流扫描分析

执行“Design→Simulation→Mixed Sim”命令，在弹出的仿真分析设置对话框中，选择“Operating Point Analysis”（工作点分析方式）和“DC Sweep Analysis”（直流扫描分析方式），将弹出如图 10-103 所示的对话框，在该对话框中直接进行相应设置，然后单击“OK”按钮进行仿真，系统将自动生成如图 10-104 所示的直流扫描分析波形。

5. 交流小信号分析

执行“Design→Simulation→Mixed Sim”命令，在弹出的仿真分析设置对话框中，选择“Operating Point Analysis”（工作点分析方式）和“AC Small Signal Analysis”（交流小信号分析方式），将弹出如图 10-105 所示的对话框，在该对话框中直接进行相应设置，然后单击“OK”按钮进行仿真，系统将自动生成如图 10-106 所示的交流小信号波形。

6．传递函数分析

执行“Design→Simulation→Mixed Sim”命令，在弹出的仿真分析设置对话框中，选择“Operating Point Analysis”（工作点分析方式）和“Transfer Function Analysis”（传递函数分析方式），将弹出如图 10-107 所示的对话框，在该对话框中直接进行相应设置，然后单击“OK”按钮进行仿真，系统将自动生成如图 10-108 所示的传递函数的.dsf 文件。

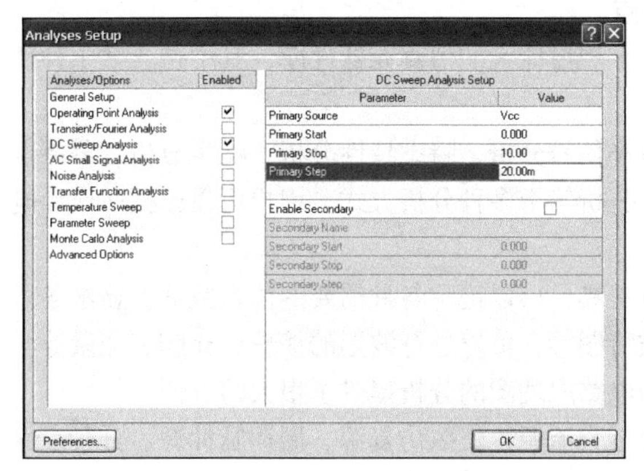

图 10-103　直流扫描分析设置对话框

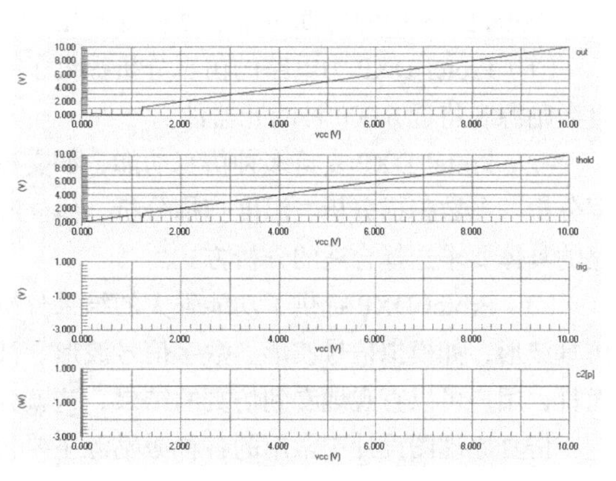

图 10-104　直流扫描分析波形

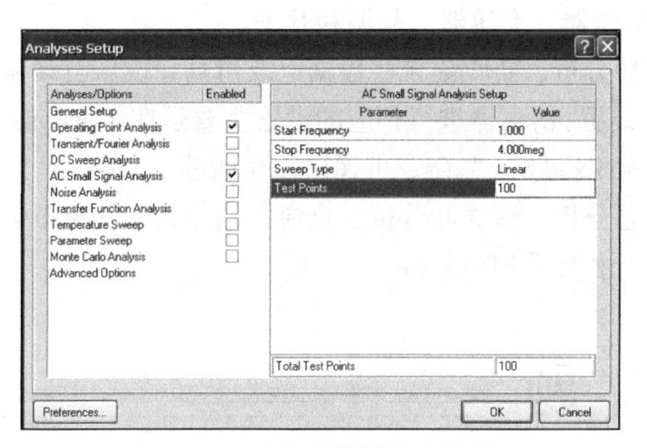

图 10-105　交流小信号设置对话框

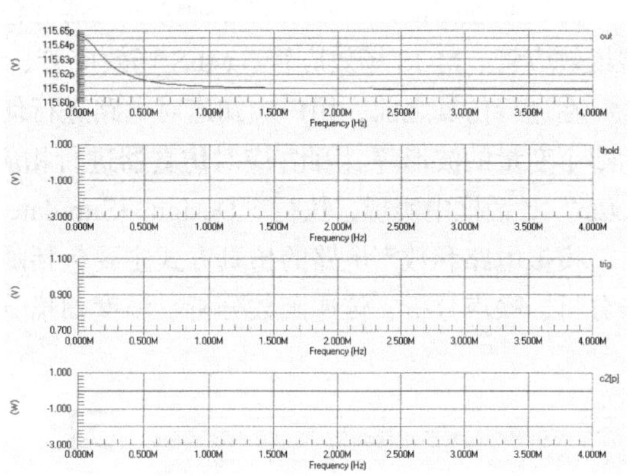

图 10-106　交流小信号波形

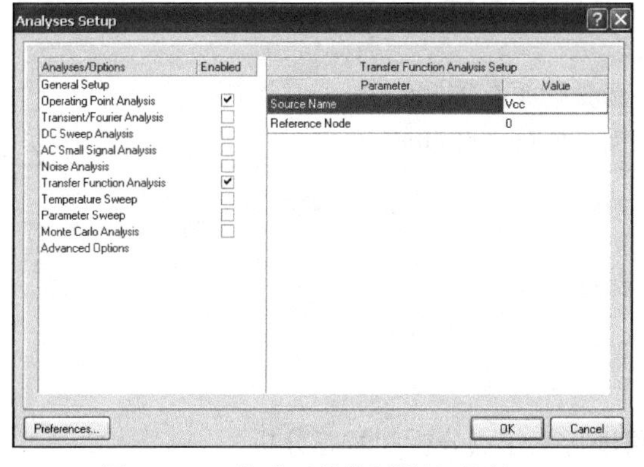

图 10-107　传递函数分析设置对话框

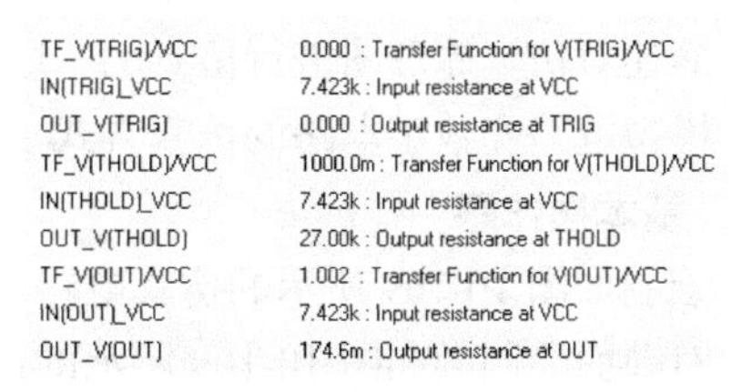

TF_V(TRIG)/VCC　0.000 : Transfer Function for V(TRIG)/VCC
IN(TRIG)_VCC　7.423k : Input resistance at VCC
OUT_V(TRIG)　0.000 : Output resistance at TRIG
TF_V(THOLD)/VCC　1000.0m : Transfer Function for V(THOLD)/VCC
IN(THOLD)_VCC　7.423k : Input resistance at VCC
OUT_V(THOLD)　27.00k : Output resistance at THOLD
TF_V(OUT)/VCC　1.002 : Transfer Function for V(OUT)/VCC
IN(OUT)_VCC　7.423k : Input resistance at VCC
OUT_V(OUT)　174.6m : Output resistance at OUT

图 10-108　传递函数的.dsf 文件

10.8 小　　结

本章主要介绍了电路仿真的特点、仿真器的设置、仿真元器件及设计仿真原理图的方法与技巧。

Protel DXP 中的仿真功能主要有以下几个特点。

（1）Protel DXP 为电路的仿真分析提供了一个规模庞大的仿真元器件库，其中包含数十种仿真激励源和将近 6 000 种的元器件。

（2）Protel DXP 支持多种仿真功能，如交流小信号分析、瞬态特性分析、噪声分析、蒙特卡罗分析、参数扫描分析、温度扫描分析、傅立叶分析等十多种分析方式。用户可以根据所设计电路的具体要求选择合适的分析方式。

（3）Protel DXP 提供了功能强大的结果分析工具，可以记录各种需要的仿真数据，显示各种仿真波形，如模拟信号波形、数字信号波形、波特图等，可以进行波形的缩放、比较、测量等。而且，用户可以直观地看到仿真的结果，这就为电路原理图的分析提供了很大的方便。

仿真原理图设计中常用的各种激励源主要包括直流源、正弦仿真源、周期脉冲源、分段线性源、指数激励源、单频调频源、线性受控源和非线性受控源。

仿真原理图设计中常用的各种仿真元器件包括电阻、电容、电感、二极管、三极管、JFET 结型场效应管、MOS 场效应管、MES 场效应管、继电器、变压器、晶振和开关。

在进行仿真之前，用户应知道对电路进行何种分析，要收集哪些数据以及仿真完成后自动显示哪个变量的波形等。因此，应对仿真器进行相应设置，仿真器进行相应的设置主要是在“Analyses Setup”对话框中实现，执行“Design→Simulate→Mixed Sim”命令可弹出该对话框。

模拟电路和数字电路的仿真方式主要包括瞬态分析、傅立叶分析、直流扫描分析、交流小信号分析、噪声分析、传递函数分析、温度扫描分析和参数扫描分析。

习　　题

一、思考题

1. Protel DXP 中的仿真功能主要有哪些特点？
2. 仿真激励源在哪个元器件库中？常用的仿真激励源有哪些？
3. 仿真元器件在哪个元器件库中？常用的仿真元器件有哪些？
4. 如何进行仿真器的设置？
5. 简述对仿真原理图进行仿真的一般步骤。
6. 模拟电路和数字电路的仿真方式主要包括哪些？

二、基本操作题

1. 绘制如图 10-109 所示的仿真电路原理图。
2. 对前面绘制的如图 10-109 所示的仿真电路进行工作点分析和暂态分析。

工作点分析的结果如图 10-110 所示。

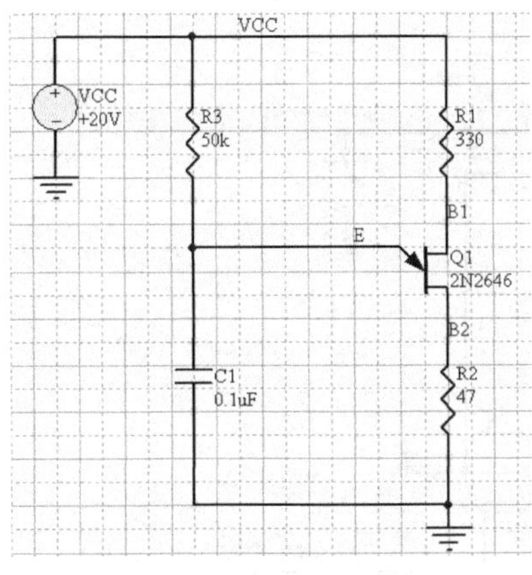

图 10-109　仿真电路原理图

b1	18.08 V
b2	288.0mV
e	4.215 V

图 10-110　工作点分析效果

暂态分析的结果如图 10-111 所示。

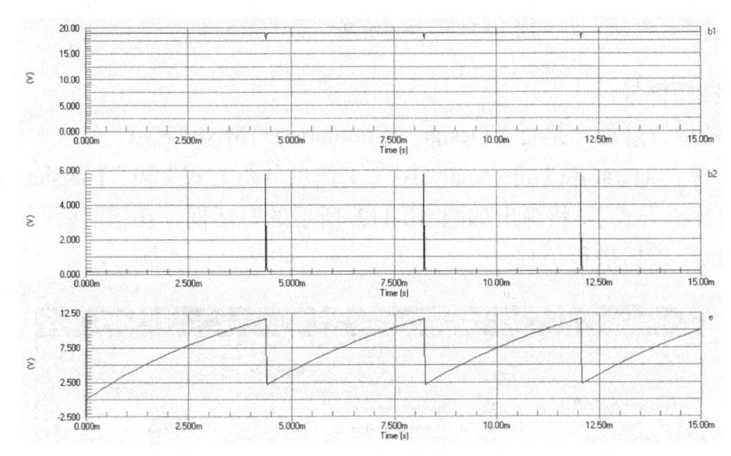

图 10-111　暂态分析效果

实 战 练 习

1. 练习目的

绘制如图 10-112 所示的仿真电路图，然后对其进行瞬态分析、傅立叶分析、直流扫描分析和传递函数分析方式的仿真。

2. 所用知识

电路原理图的绘制，各种仿真方式的方法和步骤。

3. 步骤提示

（1）绘制仿真电路原理图。仿真原理图的绘制和前面章节介绍过的原理图的绘制一样，这里不再赘述。不熟悉的读者可参考前面的相关章节。

（2）瞬态分析和傅立叶分析。

① 参数设置。

直流电压源：V1、V2、V3、V4 的“Value”分别设置为+6V、–8V、+15V、–15V，其他参数

取默认值。

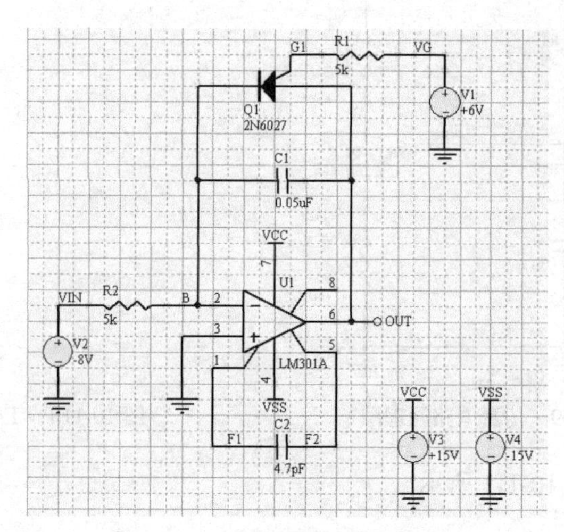

图 10-112　可编程单结晶体管电路

② 放置节点网络标号。

③ 仿真。参数设置好后，执行“Design→Simulation→Mixed Sim”命令，在弹出的仿真分析设置对话框中，选择“Operating Point Analysis”（工作点分析方式）和“Transient/Fourier Analysis”（瞬态分析/傅立叶分析方式），将弹出如图 10-113 所示的对话框，在该对话框中直接进行相应设置，然后单击“OK”按钮进行仿真。

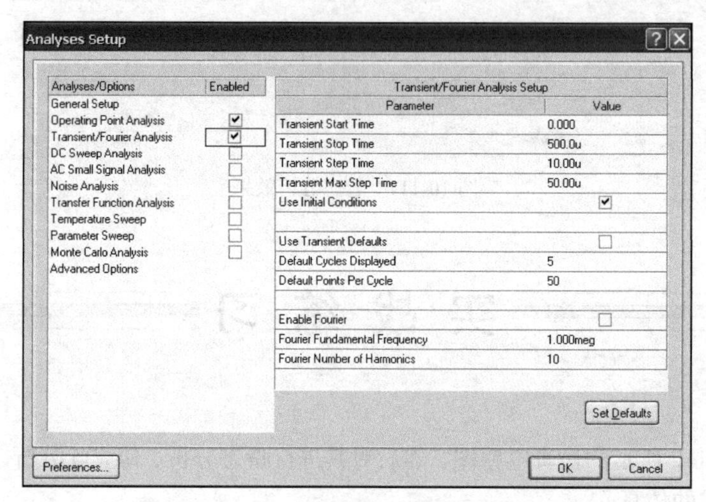

图 10-113　仿真分析方式设置对话框

（3）仿真结果分析。若仿真电路图正确，将显示如图 10-114 所示的瞬态波形文件、如图 10-115 所示的傅立叶分析波形、如图 10-106 所示的.sim 文件和如图 10-107 所示的.nsx 文件。

4. 直流扫描分析

参数设置好后，执行“Design→Simulation→Mixed Sim”命令，在弹出的仿真分析设置对话框中，选择“Operating Point Analysis”（工作点分析方式）和“DC Sweep Analysis”（直流扫描分析方式），将弹出如图 10-118 所示的对话框，在该对话框中直接进行相应设置，然后单击“OK”按钮进行仿真，系统将自动生成如图 10-119 所示的直流扫描分析波形。

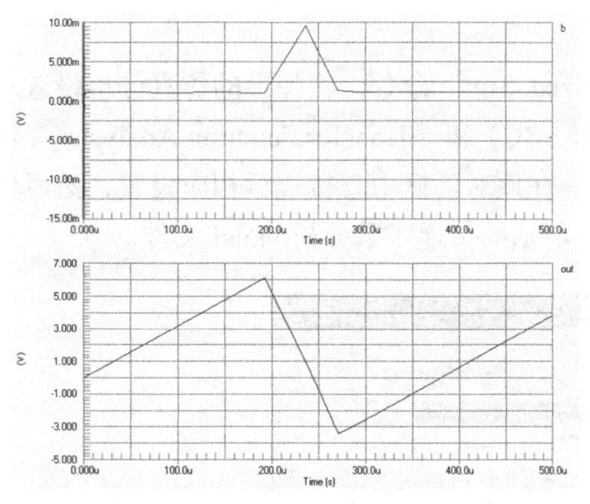

图 10-114　瞬态仿真电压波形

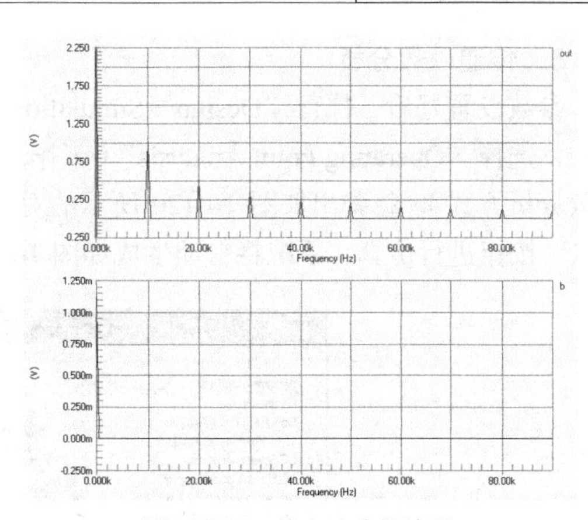

图 10-115　傅立叶分析波形

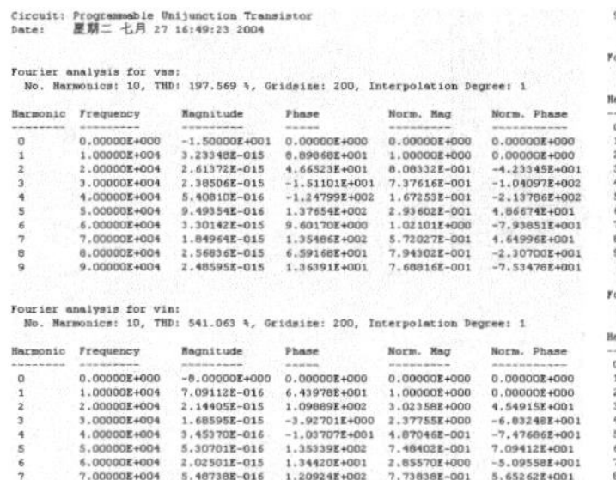

```
Circuit: Programmable Unijunction Transistor
Date:    星期二 七月 27 16:49:23 2004

Fourier analysis for vss:
  No. Harmonics: 10, THD: 197.569 %, Gridsize: 200, Interpolation Degree: 1

Harmonic  Frequency     Magnitude      Phase          Norm. Mag      Norm. Phase
--------  ---------     ---------      -----          ---------      -----------
 0        0.00000E+000  -1.50000E+001  0.00000E+000   0.00000E+000   0.00000E+000
 1        1.00000E+004  3.23348E-015   8.89868E+001   1.00000E+000   0.00000E+000
 2        2.00000E+004  2.61372E-015   4.66523E+001   8.08332E-001   -4.23345E+001
 3        3.00000E+004  2.38506E-015   -1.51101E+001  7.37616E-001   -1.04097E+002
 4        4.00000E+004  5.40810E-016   -1.24799E+002  1.67253E-001   -2.13786E+002
 5        5.00000E+004  9.49354E-016   1.37654E+002   2.93602E-001   4.86674E+001
 6        6.00000E+004  3.30142E-015   9.60170E+000   1.02101E+000   -7.93851E+001
 7        7.00000E+004  1.84964E-015   1.35486E+002   5.72027E-001   4.64996E+001
 8        8.00000E+004  2.56836E-015   6.59168E+001   7.94302E-001   -2.30700E+001
 9        9.00000E+004  2.48595E-015   1.36391E+001   7.68816E-001   -7.53478E+001

Fourier analysis for vin:
  No. Harmonics: 10, THD: 541.063 %, Gridsize: 200, Interpolation Degree: 1

Harmonic  Frequency     Magnitude      Phase          Norm. Mag      Norm. Phase
--------  ---------     ---------      -----          ---------      -----------
 0        0.00000E+000  -8.00000E+000  0.00000E+000   0.00000E+000   0.00000E+000
 1        1.00000E+004  7.09112E-016   6.43978E+001   1.00000E+000   0.00000E+000
 2        2.00000E+004  2.14405E-015   1.09889E+002   3.02358E+000   4.54915E+001
 3        3.00000E+004  1.68595E-015   -3.92701E+000  2.37755E+000   -6.83248E+001
 4        4.00000E+004  3.45370E-016   -1.03707E+001  4.87046E-001   -7.47686E+001
 5        5.00000E+004  5.30701E-016   1.35339E+002   7.48402E-001   7.09412E+001
 6        6.00000E+004  2.02501E-015   1.34420E+001   2.85570E+000   -5.09558E+001
 7        7.00000E+004  5.48738E-016   1.20924E+002   7.73838E-001   5.65262E+001
 8        8.00000E+004  1.28465E-015   4.37394E+001   1.81163E+000   -2.06584E+001
 9        9.00000E+004  9.10036E-016   7.85331E+000   1.28335E+000   -5.65445E+001

Fourier analysis for vg:
  No. Harmonics: 10, THD: 171.466 %, Gridsize: 200, Interpolation Degree: 1

Harmonic  Frequency     Magnitude      Phase          Norm. Mag      Norm. Phase
--------  ---------     ---------      -----          ---------      -----------
 0        0.00000E+000  6.00000E+000   0.00000E+000   0.00000E+000   0.00000E+000
 1        1.00000E+004  1.41797E-015   -1.05288E+002  1.00000E+000   0.00000E+000
 2        2.00000E+004  1.65502E-015   -1.35761E+002  1.16718E+000   -3.04734E+001
 3        3.00000E+004  1.46095E-016   1.14228E+002   1.03031E-001   2.19515E+002
 4        4.00000E+004  3.00220E-016   4.76978E+001   2.11725E-001   1.52985E+002
 5        5.00000E+004  2.25842E-016   -1.20094E+002  1.59272E-001   -1.48067E+001
 6        6.00000E+004  1.24723E-015   -1.53344E+002  8.79586E-001   -4.80561E+001
 7        7.00000E+004  5.74456E-016   -7.05845E+001  4.05126E-001   3.47030E+001
 8        8.00000E+004  1.02688E-015   -1.35526E+002  7.24193E-001   -3.02381E+001
 9        9.00000E+004  2.64074E-016   -1.32274E+002  1.86234E-001   -2.69861E+001

Fourier analysis for vcc:
  No. Harmonics: 10, THD: 197.569 %, Gridsize: 200, Interpolation Degree: 1

Harmonic  Frequency     Magnitude      Phase          Norm. Mag      Norm. Phase
--------  ---------     ---------      -----          ---------      -----------
 0        0.00000E+000  1.50000E+001   0.00000E+000   0.00000E+000   0.00000E+000
 1        1.00000E+004  3.23348E-015   -9.10132E+001  1.00000E+000   0.00000E+000
 2        2.00000E+004  2.61372E-015   -1.33348E+002  8.08332E-001   -4.23345E+001
 3        3.00000E+004  2.38506E-015   1.64890E+002   7.37616E-001   2.55903E+002
 4        4.00000E+004  5.40810E-016   5.52007E+001   1.67253E-001   1.46214E+002
 5        5.00000E+004  9.49354E-016   -4.23458E+001  2.93602E-001   4.86674E+001
 6        6.00000E+004  3.30142E-015   -1.70398E+002  1.02101E+000   -7.93851E+001
 7        7.00000E+004  1.84964E-015   -4.45136E+001  5.72027E-001   4.64996E+001
 8        8.00000E+004  2.56836E-015   -1.14083E+002  7.94302E-001   -2.30700E+001
 9        9.00000E+004  2.48595E-015   -1.66361E+002  7.68816E-001   -7.53478E+001
```

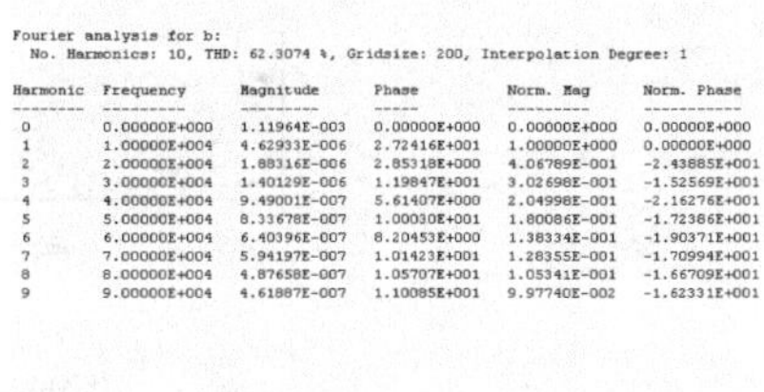

```
Fourier analysis for b:
  No. Harmonics: 10, THD: 62.3074 %, Gridsize: 200, Interpolation Degree: 1

Harmonic  Frequency     Magnitude      Phase          Norm. Mag      Norm. Phase
--------  ---------     ---------      -----          ---------      -----------
 0        0.00000E+000  1.11964E-003   0.00000E+000   0.00000E+000   0.00000E+000
 1        1.00000E+004  4.62933E-006   2.72416E+001   1.00000E+000   0.00000E+000
 2        2.00000E+004  1.88316E-006   2.85318E+000   4.06789E-001   -2.43885E+001
 3        3.00000E+004  1.40129E-006   1.19847E+001   3.02698E-001   -1.52569E+001
 4        4.00000E+004  9.49001E-007   5.61407E+000   2.04998E-001   -2.16276E+001
 5        5.00000E+004  8.33678E-007   1.00030E+001   1.80086E-001   -1.72386E+001
 6        6.00000E+004  6.40396E-007   8.20453E+000   1.38334E-001   -1.90371E+001
 7        7.00000E+004  5.94197E-007   1.01423E+001   1.28355E-001   -1.70994E+001
 8        8.00000E+004  4.87658E-007   1.05707E+001   1.05341E-001   -1.66709E+001
 9        9.00000E+004  4.61887E-007   1.10085E+001   9.97740E-002   -1.62331E+001

Total elapsed time: 2.013 seconds.
```

图 10-116　仿真生成的.sim 文件

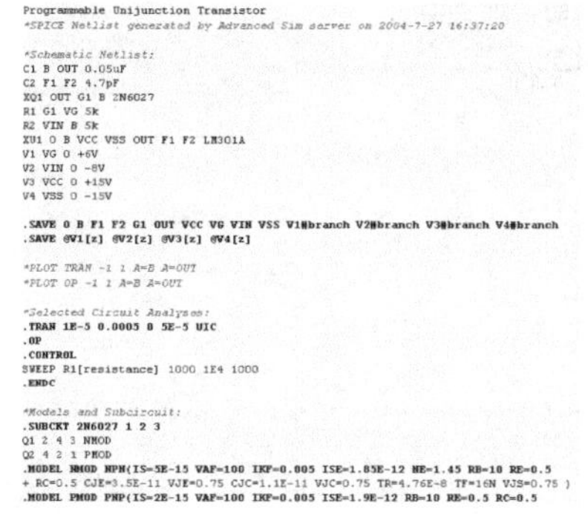

```
Programmable Unijunction Transistor
*SPICE Netlist generated by Advanced Sim server on 2004-7-27 16:37:20

*Schematic Netlist:
C1 B OUT 0.05uF
C2 F1 F2 4.7pF
XQ1 OUT G1 B 2N6027
R1 G1 VG 5k
R2 VIN B 5k
XU1 0 B VCC VSS OUT F1 F2 LM301A
V1 VG 0 +6V
V2 VIN 0 -8V
V3 VCC 0 +15V
V4 VSS 0 -15V

.SAVE 0 B F1 F2 G1 OUT VCC VG VIN VSS V1#branch V2#branch V3#branch V4#branch
.SAVE @V1[z] @V2[z] @V3[z] @V4[z]

*PLOT TRAN -1 1 A=B A=OUT
*PLOT OP -1 1 A=B A=OUT

*Selected Circuit Analyses:
.TRAN 1E-5 0.0005 0 5E-5 UIC
.OP
.CONTROL
SWEEP R1[resistance] 1000 1E4 1000
.ENDC

*Models and Subcircuit:
.SUBCKT 2N6027 1 2 3
Q1 2 4 3 NMOD
Q2 4 2 1 PMOD
.MODEL NMOD NPN(IS=5E-15 VAF=100 IKF=0.005 ISE=1.85E-12 NE=1.45 RB=10 RE=0.5
+ RC=0.5 CJE=3.5E-11 VJE=0.75 CJC=1.1E-11 VJC=0.75 TR=4.76E-8 TF=16N VJS=0.75 )
.MODEL PMOD PNP(IS=2E-15 VAF=100 IKF=0.005 ISE=1.9E-12 RB=10 RE=0.5 RC=0.5
+ CJE=3.5E-11 VJE=0.75 TF=1.6E-8 CJC=1.1E-11 VJC=0.75 TR=5.1E-8 TF=16N VJS=0.75 )
.ENDS 2N6702

.SUBCKT LM301A 3 2 7 4 6 1 8
* USE C=30 PF IN MAIN CIRCUIT (CA TO CB).
* INPUT
RC1 7 80 5.895E+03
RC2 7 90 5.895E+03
Q1 80 2 10 QM1
Q2 90 3 11 QM2
C1 80 90 5.460E-12
RE1 10 12 2.438E+03
RE2 11 12 2.438E+03
IEE 12 4 1.506E-05
RE 12 0 1.328E+07
CE 12 0 1.579E-12
* INTERMEDIATE
GCM 0 8 12 0 2.689E-09
GA 8 0 80 90 1.696E-04
R2 8 0 1.000E+05
* EXTERNAL COMP CAP USED FOR C2 (SEE NOTE ABOVE).
GB 1 0 8 0 1.401E+02
* OUTPUT
RO1 1 6 3.333E+01
RO2 1 0 6.667E+01
RC 17 0 4.758E-05
GC 0 17 6 0 2.102E+04
D1 1 17 DM1
D2 17 1 DM1
D3 6 13 DM2
D4 14 6 DM2
VC 7 13 1.808E+00
VE 14 4 1.808E+00
IP 7 4 1.785E-03
DSUB 4 7 DM2
```

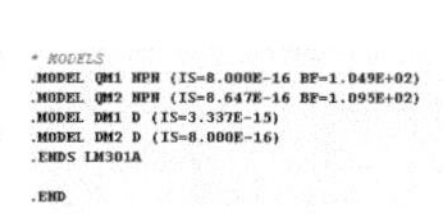

```
* MODELS
.MODEL QM1 NPN (IS=8.000E-16 BF=1.049E+02)
.MODEL QM2 NPN (IS=8.647E-16 BF=1.095E+02)
.MODEL DM1 D (IS=3.337E-15)
.MODEL DM2 D (IS=8.000E-16)
.ENDS LM301A

.END
```

图 10-117　仿真生成的.nsx 文件

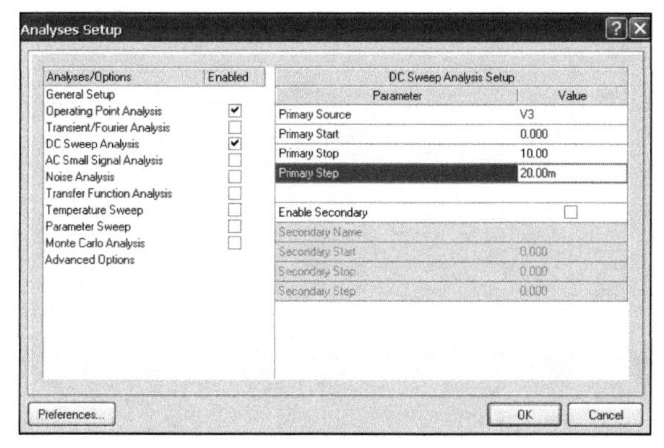

图 10-118　直流扫描分析设置对话框

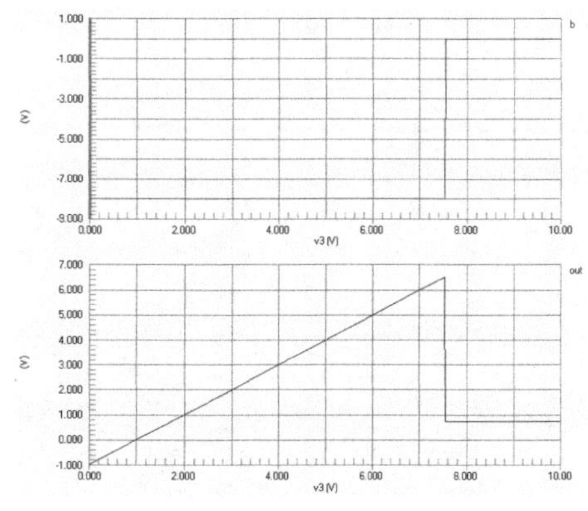

图 10-119　直流扫描分析波形

5. 传递函数分析

参数设置好后，执行“Design→Simulation→Mixed Sim”命令，在弹出的仿真分析设置对话框中，选择“Operating Point Analysis”（工作点分析方式）和“Transfer Function Analysis”（传递函数分析方式），将弹出如图 10-120 所示的对话框，在该对话框中直接进行相应设置，然后单击“OK”按钮进行仿真，系统将自动生成如图 10-121 所示的传递函数分析的.dsf 文件。

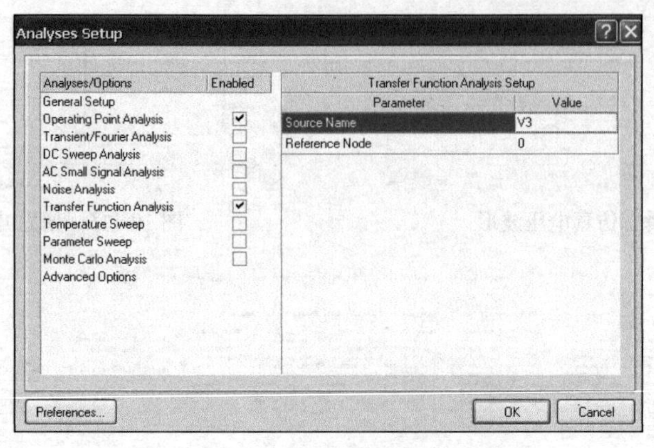

图 10-120　传递函数分析设置对话框

TF_V(OUT)/V3	18.05p : Transfer Function for V(OUT)/V3
IN(OUT)_V3	248.8G : Input resistance at V3
OUT_V(OUT)	626.8u : Output resistance at OUT
TF_V(B)/V3	-615.8f : Transfer Function for V(B)/V3
IN(B)_V3	248.8G : Input resistance at V3
OUT_V(B)	506.1u : Output resistance at B

图 10-121　传递函数分析的.dsf 文件

附录 A
Protel DXP 中常用的快捷键

利用快捷键，可以大大地提高工作效率，表 A1 列出了 Protel DXP 中一些常用的快捷键。

表 A1 Protel DXP 中一些常用的快捷键

快 捷 键	所代表的意义
Page Up	以鼠标为中心放大
Page Down	以鼠标为中心缩小
Home	将鼠标所指的位置居中
End	刷新画面
Ctrl+Del	删除选取的元件（2 个或 2 个以上）
X	选择浮动图件时，将浮动图件左右翻转
Y	选择浮动图件时，将浮动图件上下翻转
Alt+Backspace	恢复前一次的操作
Ctrl+Backspace	取消前一次的恢复
V+D	缩放视图，以显示整张电路图
V+F	缩放视图，以显示所有电路部件
Backspace	放置导线或多边形时，删除最末一个顶点
Delete	放置导线或多边形时，删除最末一个顶点
Ctrl+Tab	在打开的各个设计文件文档之间切换
A	弹出 edit\align 子菜单
B	弹出 view\toolbars 子菜单
J	弹出 edit\jump 菜单
L	弹出 edit\set location makers 子菜单
M	弹出 edit\move 子菜单
S	弹出 edit\select 子菜单
X	弹出 edit\deselect 菜单
←	光标左移 1 个电气栅格
Shift+←	光标左移 10 个电气栅格
→	光标右移 1 个电气栅格
Shift+→	光标右移 10 个电气栅格

续表

快 捷 键	所代表的意义
↑	光标上移 1 个电气栅格
Shift+↑	光标上移 10 个电气栅格
↓	光标下移 1 个电气栅格
Shift+↓	光标下移 10 个电气栅格
Ctrl+1	以零件原来的尺寸的大小显示图纸
Ctrl+2	以零件原来的尺寸的 200%显示图纸
Ctrl+4	以零件原来的尺寸的 400%显示图纸
Ctrl+5	以零件原来的尺寸的 50%显示图纸
Ctrl+F	查找指定字符
Ctrl+G	查找替换字符
Ctrl+B	将选定对象以下边缘为基准，底部对齐
Ctrl+T	将选定对象以上边缘为基准，顶部对齐
Ctrl+L	将选定对象以左边缘为基准，靠左对齐
Ctrl+R	将选定对象以右边缘为基准，靠右对齐
Ctrl+H	将选定对象以左右边缘的中心线为基准，水平居中排列
Ctrl+V	将选定对象以上下边缘的中心线为基准，垂直居中排列
Ctrl+Shift+H	将选定对象在左右边缘之间，水平均布
Ctrl+Shift+V	将选定对象在上下边缘之间，垂直均布
Shift+F4	将打开的所有文档窗口平铺显示
Shift+F5	将打开的所有文档窗口层叠显示
Shift+单左鼠	选定单个对象
Crtl+单左鼠，再释放 Crtl	拖动单个对象
按 Ctrl 后移动或拖动	移动对象时，不受电器格点限制
按 Alt 后移动或拖动	移动对象时，保持垂直方向
按 Shift+Alt 后移动或拖动	移动对象时，保持水平方向

附录B Protel DXP设计的相关技术规范

电路图输入规范

◇ 最大页面规格：64×64 英寸。

◇ 最大页面分辨率：0.1 英寸。

◇ 每个项目的最多页数：无限制。

◇ 页面等级：无限制深度。

◇ 字体支持：所有 Windows 支持的字体。

◇ 输出设备支持：所有 Windows 输出设备。

◇ 网络表输出格式：Protel；EDIF2.0 for PCB；EDIF 2.0 for FPGA；CUPL PLD；MultiWire；Spice 3f5；VHDL。

◇ 每页的最大零件：无限制。

◇ 每个零件的最大针点：无限制。

◇ 每个库的最多零件：无限制。

◇ 最多同时打开的库数量：无限制。

◇ 电子制表工具：总线（Bus）；总线输入（Bus Entry）；Component Part；Junction；Power Port；Wire；Net Label；Sheet Symbol；Sheet Entry。

◇ 非电子制表工具：Text Annotation；Text Box；Arc；Elliptical Arc；Ellipse；Pie Chart；Line；Rectangle；Rounded Rectangle；Polygon；4-point Bezier；Graphic Image。

◇ 可指定零件针脚电子类型：输入；输出；输入/输出；集电极开路；隐含；Hi Z；Emitter；Power；VHDL 缓冲；VHDL 端口。

◇ 用户可定义零件参数：不受限，包括程序库编辑程序和简图纸。

◇ 报告产生：物料单材料明细表；项目分级；交叉引用 。

◇ 输入文件格式：所有 Protel 电路图格式；AutoCAD DXF/DWG 到 2000；P-CAD Schematic ASCII（V15 和 V16）；Orcad Capture （V7 和 V9）。

◇ 输出文件格式：Orcad DOS 电路图；Protel 电路图 V4；Protel ASCII；Protel 电路图模板 ASCII 和二进制。

自动布线规范

◇ 布线方法：拓扑式绘图。

◇ 布线时所用的模式：Memory；Fan out; Pattern；Push-&-Shove；Rip up；Track spacing；Testpoint addition。

◇ 最大的零件数量：无限制。

◇ 每颗零件最大的 Pin 脚限制：5 000。

◇ 最大的网络数量：10 000。

◇ 最大的线段数量：16 000。

附录C Protel DXP 参考教学日历

周　数：16 周
讲　课：28 小时
习题课：______小时
实　验：______小时
讨论课：______小时
上　机：20 小时
测　验：______小时
总　计：48 小时

周　次	讲　　课		习题课，实验课，讨论课，上机，测验	
	教学大纲分章和题目名称	学时	内　　容	学时
第1周	第1章 印制电路板与Protel DXP概述	2	1. 印制电路板设计的基本知识 2. Protel DXP界面、工作流程与基本操作	
第2周	第2章 原理图设计基础	2	1. 电路原理图设计简介与设计步骤 2. 电路原理图设计工具栏与图纸、字体、网格与光标的设置 3. Protel DXP的文件组织与管理	
第3周	上机实践		1. 熟悉Protel DXP界面、工作流程、基本操作 2. 掌握电路原理图设计工具栏 3. 熟悉Protel DXP的文件组织与管理	4
第4周	第3章 设计电路原理图	4	1. 装载元器件库 2. 元器件的放置、编辑、调整与排列 3. 放置节点与连接线路	
第5周	第4章 制作元器件与建立元器件库	4	1. 元器件库编辑器与元器件库管理 2. 元器件绘图工具 3. 创建元器件流程与方法	
第6周	上机实践		1. 掌握元器件的放置、编辑、调整与对齐 2. 掌握元器件绘图工具 3. 掌握创建元器件流程与方法	4
第7周	第5章 设计层次原理图	4	1. 层次原理图设计方法 2. 建立层次原理图 3. 由原理图文件生成方块电路符号	

续表

周　次	讲　课		习题课，实验课，讨论课，上机，测验	
	教学大纲分章和题目名称	学时	内　容	学时
第 8 周	第 6 章 生成报表和文件	2	1. 报表文件简介 2. 产生 ERC 报告 3. 生成各种报表文件	
第 9 周	上机实践		1. 掌握层次原理图的设计 2. 掌握生成各种报表与文件	4
第 10 周	第 7 章 PCB 设计系统	2	1. PCB 设计原则、结构组成与设计流程 2. PCB 环境参数与绘图工具 3. PCB 图的绘制与后处理	
第 11 周	第 8 章 PCB 元器件封装	2	1. 元件封装编辑器 2. 添加新的元件封装 3. 元器件封装报表	
第 12 周	上机实践		1. 掌握 PCB 设计原则、结构组成与设计流程 2. 掌握元器件的封装与报表生成	4
第 13 周	第 9 章 生成 PCB 报表	2	1. 生成电路板信息报表 2. 生成网络状态报表 3. 生成设计层次报表、元器件报表	
第 14 周	上机实践		1. 掌握 PCB 设计原则、结构组成与设计流程 2. 掌握元器件的封装与报表生成	2
第 15 周	第 10 章 电路仿真	4	1. 仿真器的设置 2. 设计仿真原理图 3. 模拟电路仿真与数字电路仿真	
第 16 周	上机实践		1. 掌握仿真器的设置 2. 掌握仿真原理图的设计 3. 掌握模拟电路仿真与数字电路仿真	2

参考文献

1. 茗斋电脑教育研究室. Protel DXP 电路设计制版入门与提高. 北京：人民邮电出版社，2004.
2. 志刚，吴海彬. Protel DXP 实用教程. 北京：清华大学出版社，2004.
3. 池之恒. Protel DXP 电路原理图与电路板设计教程. 北京：海洋出版社，2004.
4. 甘登岱. Protel DXP 电路设计与制版实用教程. 北京：人民邮电出版社，2004.
5. 唐清善，邱宝良. Protel DXP 高级实例教程. 北京：中国水利水电出版社，2004.
6. 吴周桥，乔宇锋，唐新东. Protel DXP 范例入门与提高. 北京：清华大学出版社，2004.
7. 崔玮，王金辉. Protel DXP 使用手册. 北京：海洋出版社，2003.
8. 郝文化. Protel DXP 电路原理图与 PCB 设计. 北京：机械工业出版社，2004.
9. 程昱. 精通 Protel DXP 电路设计. 北京：清华大学出版社，2004.
10. 韩晓东. Protel DXP 电路设计入门与应用. 北京：中国铁道出版社，2004.